AF347441

LEÇONS

SUR

L'ÉLECTRICITÉ

ET

LE MAGNÉTISME

Droits de traduction et de reproduction réservés.

LEÇONS

SUR

L'ÉLECTRICITÉ

ET

LE MAGNÉTISME

PAR

E. MASCART

PROFESSEUR AU COLLÈGE DE FRANCE,
DIRECTEUR DU BUREAU CENTRAL MÉTÉOROLOGIQUE

ET

J. JOUBERT

PROFESSEUR AU COLLÈGE ROLLIN.

TOME I

PHÉNOMÈNES GÉNÉRAUX ET THÉORIE

PARIS

G. MASSON, ÉDITEUR

LIBRAIRE DE L'ACADÉMIE DE MÉDECINE

120, Boulevard Saint-Germain

—

M DCCC LXXXII

PRÉFACE

Cet ouvrage a pour point de départ les leçons professées par l'un de nous pendant plusieurs années au Collège de France. Il comprendra deux parties : la première, principalement théorique, qui forme le présent volume ; la seconde, d'un caractère plus expérimental, dans laquelle nous examinerons les différents phénomènes, les méthodes de mesure et les principales applications.

Ce mode d'exposition nous a paru présenter de grands avantages. Les phénomènes, en effet, sont presque toujours fort complexes, surtout quand il s'agit d'électricité, et l'intelligence de tous les détails qu'ils comportent exige souvent des connaissances plus étendues que celles dont il a été question dans les chapitres auxquels on les rattache par leur caractère dominant. L'interprétation des expériences sera donc singulièrement facilitée par l'exposé antérieur des principes généraux de la science.

Après avoir rappelé et coordonné les faits qui servent à l'établissement de la théorie, nous en avons étudié les conséquences mécaniques. Ce premier volume constitue ainsi un ouvrage distinct et on pourrait résumer la pensée qui nous a guidés en le considérant comme un *Essai sur la Théorie mécanique de l'électricité*, si un pareil titre n'était trop ambitieux.

Nous avons cherché à mettre en relief les vues profondes introduites dans la science par Faraday, et si heureusement développées par Clerk Maxwell, sur la considération des lignes de force et sur le rôle d'un milieu intermédiaire dans les actions électriques et magnétiques. Cette conception jette un grand jour sur les relations qui existent entre les divers ordres de phénomènes et a donné naissance à une théorie de la lumière tout à fait imprévue.

Ayant surtout pour but d'être utiles aux physiciens, nous avons fait tous nos efforts pour simplifier les démonstrations, sans sacrifier la rigueur des raisonnements. Les parties que exigent une analyse d'un caractère plus élevé, et qui sont d'ailleurs faciles à distinguer, pourront être passées sans inconvénient à une première lecture ; dans la plupart des cas, elles ne sont pas indispensables pour suivre le développement de la théorie.

La science de l'électricité a subi depuis quelques années une véritable transformation ; nous reconnaissons avec empressement les nombreux emprunts que nous avons faits aux travaux des savants qui ont le plus contribué à cette réforme, particulièrement aux mémoires de sir W. Thomson et à l'excellent traité de Clerk Maxwell.

20 Janvier 1882.

LEÇONS

SUR

L'ÉLECTRICITÉ

ET LE

MAGNÉTISME

PREMIÈRE PARTIE. — ÉLECTRICITÉ STATIQUE

CHAPITRE PREMIER

PRÉLIMINAIRES

1. Électrisation. — La plupart des corps acquièrent par le frottement, au moins d'une manière temporaire, la propriété d'attirer les corps légers. On dit alors qu'ils sont *électrisés*. Si le corps attiré vient au contact du corps électrisé, il finit, au bout d'un temps plus ou moins long, par être repoussé, et on constate qu'il est lui-même électrisé. Les propriétés électriques peuvent donc se transmettre d'un corps à un autre par simple contact.

Par opposition, on appelle corps à l'état naturel ou a l'état *neutre* ceux qui ne présentent pas de propriétés électriques.

2. Conducteurs, Isolants. — Sur certains corps, comme le verre, la résine, la soie, le caoutchouc, l'électricité reste localisée pendant un temps plus ou moins long aux points où on l'a produite par frottement ou par contact. On les appelle corps *mauvais conducteurs* de l'électricité.

Sur d'autres corps, au contraire, tels que les métaux, les propriétés électriques communiquées en un point se transmettent presque instantanément en tous les points; on les appelle corps *conducteurs*. A cette dernière classe appartiennent la plupart des matériaux qui composent le sol; l'air et les vapeurs, plus généralement tous les gaz, appartiennent à la première. On ne pourra donc conserver l'électricité sur un conducteur qu'en le supportant, en l'*isolant* du sol, par un corps mauvais conducteur, tel qu'une tige de verre, de résine, de caoutchouc durci ou ébonite, des cordons de soie, etc. De là le nom d'*isolants* donné aux corps mauvais conducteurs.

En réalité la distinction des corps en conducteurs et isolants ne correspond pas à une différence essentielle de propriétés. L'électricité se propage sur tous les corps plus ou moins rapidement. On n'en connaît pas qui soient absolument isolants, c'est-à-dire sur lesquels les propriétés électriques se conservent indéfiniment sans altération.

De même, malgré la rapidité avec laquelle l'électricité se transmet sur les meilleurs conducteurs, il n'en existe pas sur lesquels la propagation soit absolument instantanée; on peut établir entre eux, à ce point de vue, des différences appréciables et déterminer la résistance particulière que chacun d'eux oppose au mouvement de l'électricité.

3. Deux électricités. — Dans le frottement mutuel de deux corps, par exemple d'un morceau de verre et d'un morceau de résine, tous deux s'électrisent, mais avec des caractères différents : chacun d'eux repousse un corps léger isolé qu'il a touché lui-même et qui a partagé son électricité; mais la résine attire le corps touché par le verre, et le verre le corps touché par la résine.

L'état du verre est donc autre que celui de la résine, ce que l'on exprime en disant que l'électricité du verre est d'*espèce différente* de celle de la résine. L'expérience montre d'ailleurs que tout corps électrisé se comporte ou comme le verre ou comme la résine de l'expérience précédente. Il attire, par exemple, le corps électrisé par le verre et repousse celui qui a été électrisé par la résine, ou inversement. Il y a donc deux espèces d'électricités, et il n'y en a que deux. On peut résumer cette propriété fondamentale en disant que *deux corps chargés de même électricité, se repoussent et que deux corps chargés d'électricités différentes s'attirent.*

4. Actions électriques. — Masses électriques. — L'action qui s'exerce entre deux corps électrisés, de petites dimensions eu égard à la distance qui les sépare, est dirigée suivant la droite qui les joint.

Coulomb a vérifié directement que *cette force est en raison inverse du carré de la distance.* Elle est aussi fonction de l'état électrique des corps en présence, ou de leur *électrisation.*

Si, entre deux corps identiques de très petites dimensions et placés à l'unité de distance, l'action électrique est égale à l'unité de force, on dit que la *quantité d'électricité* ou la *masse électrique* de chacun d'eux est égale à l'unité.

Si, l'état de l'un des corps restant invariable, ainsi que la distance, l'action réciproque devient 2, 3, ... fois plus grande, on dit que la masse électrique du second est devenue elle-même 2, 3, ... fois plus grande.

La masse électrique d'un corps est donc, toutes choses égales d'ailleurs, proportionnelle à la force qu'il exerce sur un corps extérieur situé à une grande distance par rapport à ses dimensions, et l'action réciproque de deux corps électrisés est proportionnelle au produit de leurs masses électriques.

5. — Lorsque deux corps, par exemple deux disques, l'un de verre, l'autre de métal, le disque de métal étant isolé, après avoir été frottés l'un contre l'autre, sont maintenus en contact, l'ensemble se comporte vis-à-vis de tout corps extérieur, électrisé ou non, comme s'il était à l'état neutre. Cependant les propriétés électriques développées par le frottement n'ont pas disparu, puisqu'il suffit de séparer les deux disques pour constater qu'ils sont électrisés tous deux. Les actions des deux corps au contact sont donc égales et de signes contraires. De là cette double conséquence :

Par leur frottement réciproque deux corps prennent des quantités d'électricité égales et d'espèces différentes;

La loi suivant laquelle l'action varie avec la distance est la même pour les deux électricités.

6. Signes des masses électriques. — On est ainsi amené à considérer les masses électriques d'espèces différentes comme des quantités de même nature et de signes contraires. Lorsqu'une surface fermée renferme des masses d'espèces différentes, l'action exercée sur une masse extérieure égale à l'unité, et située à une grande distance par rapport aux dimensions de la surface considérée, est proportionnelle à la différence des masses électriques de chaque espèce, et attractive ou répulsive suivant l'espèce qui domine. En affectant ces masses des signes + et —, on peut dire que l'action résultante est proportionnelle à la somme algébrique des masses électriques renfermées dans la surface, et répulsive ou attractive suivant le signe de cette somme.

L'usage s'est établi de prendre comme *positive* l'électricité développée sur le verre frotté avec de la résine, et, comme *négative*, l'électricité acquise en même temps par la résine.

7. Force électrique. — Entre deux corps de petites dimensions séparés par une distance r et chargés de masses m et m', l'action a donc pour expression

$$f = \frac{m\,m'}{r^2}.$$

Cette expression est positive si les deux masses sont de même signe, et la force est alors une répulsion. C'est une attraction dans le cas contraire.

Si une masse m est en présence de corps électrisés quelconques, on peut considérer comme évident que l'action totale qu'elle éprouve est la résultante de toutes les actions qu'exercerait sur elle chacune des masses élémentaires considérées isolément, soit que ces masses appartiennent à des corps distincts, soit qu'elles fassent partie de la charge d'un même corps.

Pour abréger le langage, nous appellerons *force électrique en un point*, la résultante de toutes les actions qui s'exerceraient sur une masse d'électricité positive, égale à l'unité, placée en ce point.

8. Partage des masses. — Coulomb a vérifié directement que, lorsqu'une sphère conductrice électrisée est mise en contact avec une sphère identique à l'état neutre, chacune d'elles possède ensuite une masse électrique égale à la moitié de la masse primitive, c'est-à-dire qu'agissant isolément, chacune d'elles exerce sur un corps électrisé extérieur et à la même distance une action moitié moindre que celle de la sphère dans son état primitif. Si la seconde sphère, au lieu d'être à l'état neutre, est elle-même électrisée avant le contact, les charges finales sont encore égales entre elles ; chacune d'elles est la moitié de la somme algébrique des masses primitives, de telle sorte qu'elle est nulle et que les corps se retrouvent à l'état naturel, si les charges primitives étaient égales et de signes contraires.

Il en serait encore de même pour deux conducteurs identiques de forme quelconque, que l'on ferait toucher l'un par l'autre, à la condition qu'ils soient symétriques par rapport au point de contact.

Si la condition de symétrie n'est pas remplie, les charges cessent d'être égales ; mais leur somme algébrique reste toujours égale à la masse primitive. Le fait est d'ailleurs général et s'applique à un nombre quelconque de corps : de quelque manière qu'on les mette en relation les uns avec les autres, et à la condition qu'aucun des conducteurs du système considéré ne soit mis, à un moment quelconque, en communication avec le sol, la somme algébrique des masses électriques du système demeure invariable.

9. Électricité de contact. — Volta a découvert ce fait capital que le contact de deux métaux différents primitivement à l'état naturel, ou plus généralement de deux corps quelconques à la même température, suffit pour les constituer dans deux états électriques différents et les charger respectivement de quantités égales d'électricités de signes contraires.

Le frottement n'est qu'une forme particulière de contact. La cause qui produit l'électricité paraît donc être la même dans les deux cas.

Il résulte de la découverte de Volta que deux sphères conductrices de même rayon n'auront des charges égales, après avoir été mises en contact, que si elles sont de nature identique et à la même température. Mais rien n'est changé à la proposition fondamentale que la somme algébrique des charges est la même avant et après le contact.

10. Électrisation par influence. — Induction. — Lorsqu'un corps primitivement à l'état neutre est placé dans le voisinage de corps électrisés, il devient lui-même électrisé ; le phénomène est désigné sous le nom d'*électrisation par influence* ou *induction*. Si le corps soumis à l'influence est isolé, sa masse électrique totale, d'après ce qu'on vient de voir, doit rester nulle ; il se chargera donc de deux masses égales et de signes contraires distribuées suivant une certaine loi. Le phénomène de l'induction précède toujours l'attraction d'un corps à l'état neutre par un corps électrisé, et l'action qui s'exerce entre les deux corps est simplement celle des masses électriques en présence. On peut donc considérer comme un fait expérimental qu'il n'y a jamais d'action directe que celle de masses électriques sur d'autres masses électriques.

11. Équilibre électrique. — Le caractère essentiel de l'induction est que l'électricité se produit en tout point d'un conducteur où s'exerce une force électrique. L'équilibre ne peut donc exister pour un corps conducteur que si la force électrique est nulle en chacun de ses points ; l'électricité qu'il possède exerce en chaque point de son étendue une action égale et de signe contraire à celle des masses extérieures.

La condition nécessaire et suffisante de l'équilibre électrique dans un système de corps conducteurs, isolés ou non, est donc que *la force électrique soit nulle en un point quelconque de chacun d'eux.*

12. Diélectriques. — Il ne peut, par suite, y avoir de force électrique, à l'état d'équilibre, que dans les corps mauvais conducteurs ou isolants. C'est pour cette raison que Faraday a donné à ces corps le nom de *diélectriques*, pour rappeler que ce sont des corps dans lesquels les forces électriques peuvent exister ou se propager.

13. Localisation de l'électricité à la surface des conducteurs.
— Les expériences de Cavendish et de Coulomb ont montré que, dans tout système électrique en équilibre, *les conducteurs n'ont d'électricité qu'à leur surface extérieure.* La surface de toute cavité fermée, creusée dans le conducteur et ne renfermant pas de masses électriques, est dépourvue d'électricité, et la force électrique est nulle dans toute l'étendue de la cavité. Nous verrons que cette propriété fondamentale n'est compatible qu'avec la loi du carré des distances.

14. Induction sur un conducteur fermé. — Cette localisation de l'électricité à la surface des conducteurs conduit à plusieurs conséquences importantes.

Lorsqu'un conducteur est électrisé *par influence*, chacune des couches positives et négatives dont il se trouve chargé forme une masse inférieure, ou au plus égale, à celle du corps influent ou *inducteur*. Quand le conducteur influencé ou *induit* entoure complètement l'inducteur, la couche électrique extérieure est de même espèce que celle de l'inducteur, et la charge en chaque point est indépendante de la position de ce dernier. Rien n'est changé, quand même l'inducteur vient à toucher la surface interne ; mais alors, s'il est aussi conducteur, il ne forme plus avec l'induit qu'une masse conductrice unique, et la surface interne ne garde aucune trace d'électricité. Il y avait donc à l'intérieur de l'induit une couche électrique égale et de signe contraire à celle de l'inducteur, et, par suite, sur la surface externe, une couche égale et de même signe.

La quantité d'électricité induite par un corps électrisé sur un conducteur qui l'entoure complètement est donc égale à la quantité d'électricité inductrice. Cette propriété est encore vraie si le corps influent est mauvais conducteur, et plus généralement, si les masses électriques influentes sont distribuées d'une manière quelconque dans la cavité du conducteur fermé.

15. Addition des charges. — Nous avons vu plus haut qu'on peut diviser en deux la charge électrique d'un conducteur. On peut de même ajouter sur un conducteur des masses électriques quelconques. Il suffit que le conducteur présente une cavité presque entièrement fermée permettant d'introduire des conducteurs électrisés et de transmettre par contact, à la surface extérieure, l'électricité dont ils sont chargés.

16. — On peut donc à volonté augmenter ou diminuer la somme algébrique des masses électriques contenues à l'intérieur d'une surface fermée, à la condition d'y introduire ou d'en faire sortir des masses positives ou négatives. Mais il est important de remarquer que, si aucune masse ne traverse la surface dans un sens ou dans l'autre, il est impossible, quelles que soient les actions auxquelles on soumette les corps qu'elle renferme, frottement, induction, contact, actions physiques ou chimiques, de modifier la quantité totale d'électricité du système. On ne peut ni créer ni détruire, sur un corps quelconque, une quantité déterminée d'électricité, sans qu'il y ait, en même temps, sur le même corps ou sur un autre, création ou destruction d'une quantité égale d'électricité de signe contraire.

17. Hypothèses sur la nature de l'électricité. — L'électricité, définie et mesurée comme on l'a dit plus haut, est une grandeur d'une nature particulière parfaitement déterminée au point de vue mécanique, affectée d'un signe comme une quantité de mouvement, et la théorie des phénomènes peut être établie, d'après les lois expérimentales, sans le secours d'aucune hypothèse. A cause de la facilité avec laquelle l'électricité se propage dans les conducteurs, on l'a souvent assimilée à un fluide, comme on expliquait autrefois les effets de conductibilité calorifique par la propagation d'un fluide spécial. Quant au caractère de dualité que présentent les phénomènes électriques, on en a rendu compte de deux manières.

D'après Franklin, un corps à l'état naturel renferme une quantité normale de fluide électrique, et il devient électrisé positivement ou négativement suivant que, par l'action de corps extérieurs, on a augmenté ou diminué sa charge de fluide. Les attractions et les répulsions des corps s'expliquent alors par la répulsion mutuelle des fluides et par l'attraction qu'ils exercent sur les masses pondérables.

L'hypothèse des deux fluides, imaginée par Symmer et

adoptée par Coulomb, au moins à titre provisoire, consiste à admettre qu'il y a deux fluides différents, que les molécules d'un même fluide se repoussent, que les fluides différents s'attirent et qu'enfin, dans un corps à l'état naturel, il y a des quantités équivalentes des deux fluides formant le fluide neutre. Un corps serait électrisé positivement ou négativement suivant qu'il contiendrait un excès de l'un ou de l'autre fluide. Les attractions et les répulsions s'expliquent de même par les actions qui s'exercent entre les fluides et la matière pondérable.

Le moindre défaut de ces hypothèses est qu'elles sont superflues. Comme, d'ailleurs, rien ne semble marquer dans les expériences qu'il y ait une limite à l'électrisation des corps, on est conduit à admettre que la charge normale d'un corps dans la théorie de Franklin, ou que la masse de fluide neutre dans la théorie des deux fluides, est illimitée, conséquence qui est évidemment contradictoire avec la notion même d'un fluide matériel.

Un certain nombre des expressions employées dans l'étude de l'électricité ont pour origine l'idée des fluides ; il n'y a pas d'inconvénient sérieux à les conserver, si l'on a soin de les définir par les propriétés mathématiques et expérimentales auxquelles elles correspondent, dans le but, comme l'écrivait Coulomb, « de présenter, avec le moins d'éléments possible, les résultats du calcul et de l'expérience, et non d'indiquer les véritables causes de l'électricité (1). »

18. Densité électrique. — C'est ainsi que l'idée de fluide a conduit à la notion de la densité électrique. Si l'électricité occupe toute l'étendue d'un corps, dans le cas d'un diélectrique, par exemple, et qu'elle y soit distribuée d'une manière uniforme, on appelle *densité électrique*, la quantité d'électricité définie, comme plus haut, qui existe dans l'unité de volume. Si la distribution est irrégulière, la densité en un point est le rapport qui existe entre la charge électrique d'un élément de volume en ce point et le volume lui-même.

Les corps conducteurs n'ont d'électricité qu'à la surface. Si

(1) *Histoire de l'Académie des sciences pour* 1788, p. 673.

la distribution est uniforme, la densité superficielle est la quantité d'électricité qui existe sur l'unité de surface. Dans le cas d'une distribution quelconque, la densité superficielle en un point est le rapport de la charge d'un élément de surface pris autour de ce point à l'étendue de l'élément.

Dans l'hypothèse des fluides, il faut bien admettre que la couche électrique superficielle a une épaisseur et qu'elle pénètre jusqu'à une certaine profondeur, si petite qu'on le voudra, dans le conducteur ou dans le milieu diélectrique qui l'entoure. L'expérience ne permettant pas de déterminer l'épaisseur de cette couche, on peut, toujours dans le même ordre d'idées, ou supposer la densité variable avec l'épaisseur constante, ou la densité constante avec l'épaisseur variable ; dans ce cas, les expressions de *densité électrique* et d'*épaisseur électrique en un point* sont équivalentes.

On voit que, abstraction faite de toute idée de fluide, les expressions de densité électrique en volume ou densité superficielle, ont une signification purement mathématique ou expérimentale, indépendante de toute hypothèse.

CHAPITRE DEUXIÈME

DU POTENTIEL

19. — Nous admettrons d'abord, conformément à l'expérience, que l'action de deux corps électrisés de petites dimensions est dirigée suivant la droite qui les joint et ne varie qu'avec leur distance, en un mot qu'elle satisfait à la définition des forces dites *centrales;* enfin, qu'elle est proportionnelle, par définition (**1**), au produit des quantités d'électricité que possèdent les deux corps.

Nous admettrons en outre, comme évident, que l'action réciproque de deux corps électrisés de dimensions finies est la résultante des actions qui s'exercent, suivant la même fonction des distances, entre les masses élémentaires qui constituent leur charge.

20. Champ électrique. — On donne le nom de *champ électrique* à toute l'étendue de l'espace dans lequel se fait sentir l'action du système électrique que l'on envisage. Un champ électriqne est généralement indéfini; il peut aussi être limité, par exemple, dans le cas où les masses agissantes sont toutes comprises à l'intérieur d'un conducteur entièrement fermé. Pour des masses données de grandeur et de position, la force électrique en chaque point du champ est fonction seulement des coordonnées du point.

A l'état d'équilibre, la force est nulle dans tous les conducteurs; le champ électrique ne comprend donc pas les volumes des corps conducteurs, il est formé des espaces intermédiaires occupés par un milieu isolant ou *diélectrique.*

21. Lignes de force. — Une *ligne de force* dans le champ électrique est une ligne tangente en chaque point à la direction de la force. Une pareille ligne est évidemment continue tant qu'elle ne rencontre pas de masses agissantes.

22. Définition du potentiel. — Considérons un système en équilibre et supposons que, toutes les masses agissantes étant fixées dans les positions qu'elles occupent, on déplace de A en B une masse d'électricité positive égale à l'unité. Le travail des forces électriques qui correspond à ce déplacement est indépendant du chemin suivi pour aller de A en B. C'est la conséquence de l'hypothèse (**19**) que les forces sont *centrales;* on voit d'ailleurs que, s'il en était autrement, on pourrait, en faisant circuler une masse électrique par des chemins convenables, entre les deux points A et B, produire une quantité indéfinie de travail, sans dépense équivalente. Le travail considéré ne dépend donc que des coordonnées des points A et B; il est égal à la différence des valeurs V_A et V_B que prend une même fonction V en ces deux points et l'on peut écrire, en représentant par W_A^B ce travail,

$$(1) \qquad W_A^B = V_A - V_B.$$

La fonction V joue un rôle capital dans l'étude des phénomènes électriques; on l'a appelée *potentiel*. Comme cette fonction n'est définie que par une intégrale, la valeur n'en est déterminée qu'à une constante près et les variations sont mesurées par le travail électrique.

D'après l'équation (1), *l'excès du potentiel en un point A sur le potentiel en B est égal au travail accompli par les actions électriques sur l'unité de masse qui irait de A en B; ou inversement, c'est le travail qu'il faudrait dépenser contre les forces électriques pour amener cette masse de B en A.*

Si l'unité de masse se meut le long d'une ligne de force, le travail pour un déplacement infiniment petit ds est Fds, et le travail total de A en B a pour expression

$$(2) \qquad W_A = \int_A^B F\,ds.$$

23. Surfaces de niveau. — Force électromotrice. — On appelle *surface de niveau* une surface normale en chaque point
à la direction de la force, c'est-à-dire une surface normale
à toutes les lignes de force qu'elle rencontre. Dans le cas des
forces centrales, on peut toujours mener par un point quelconque une surface satisfaisant à cette condition. Si une masse
électrique se meut sur une surface de niveau, le travail élémentaire est constamment nul, puisque la force est toujours
normale au déplacement. Le potentiel a donc la même valeur
pour tous les points d'une même surface de niveau.

Considérons deux surfaces de niveau S_1 et S_2 dont les potentiels sont respectivement V_1 et V_2. Le travail qui correspond
au déplacement de l'unité de masse d'un point de la première
à un point de la seconde, a pour valeur $V_1 - V_2$; il est indépendant du chemin parcouru et même de la position du point
de départ et du point d'arrivée sur les deux surfaces.

Pour une masse m d'électricité allant de la surface du niveau S_1 à la surface S_2, le travail est $m(V_1 - V_2)$. Le travail
électrique, comme celui de la pesanteur sur un corps qui
tombe, se présente sous la forme d'un produit de deux facteurs, l'un m qui correspond au poids du corps, et l'autre
$V_1 - V_2$ à la hauteur de chute.

Quand une masse électrique positive est abandonnée à elle-
même, elle tend à marcher suivant une ligne de force vers les
points où le potentiel est plus faible; l'électricité négative
marcherait vers les hauts potentiels.

Si les masses électriques sont distribuées sur des corps diélectriques, elles ne peuvent se déplacer qu'en entraînant avec
elles le diélectrique lui-même. Les corps conducteurs, au contraire, sont caractérisés par la propriété de laisser un libre
passage aux masses électriques, lesquelles se portent à la surface et s'y distribuent de manière à assurer l'équilibre.

Dans tous les cas, la différence du potentiel $V_1 - V_2$ peut
être considérée comme la cause qui produit le mouvement
des masses électriques; on la désigne souvent sous le nom de
force électromotrice.

24. Expression de la force en fonction du potentiel. — Considérons deux surfaces de niveau infiniment voisines S et S'.

dont les potentiels sont V et V' (fig. 1). Au point M de la première surface la force est F ; si dn désigne la distance des deux surfaces comptée suivant la normale, le travail produit par cette force sur l'unité de masse qui irait de M en M' est égal à Fdn. On a donc l'équation

$$Fdn = V - V' = -dV,$$

qui donne,

$$(3) \qquad F = -\frac{dV}{dn}.$$

Ainsi, *la force en un point est égale et de signe contraire à la dérivée du potentiel par rapport à la normale à la surface de niveau qui passe en ce point.*

Fig. 1

Les composantes de la force par rapport à un axe quelconque jouissent de la même propriété. Menons, en effet, par le point M une droite MA faisant avec la normale un angle θ, et désignons par da la portion de cette droite interceptée par les deux surfaces S et S'. La composante F_a de la force F parallèle à la droite MA a pour expression

$$F_a = F\cos\theta = -\frac{dV}{dn}\cos\theta.$$

La figure donne d'ailleurs

$$dn = da\cos\theta ;$$

on en déduit

$$F_a = - \frac{dV}{du} \cdot \frac{du}{da} = - \frac{\partial V}{\partial a}.$$

Ainsi, *la composante de la force suivant une direction quelconque est égale et de signe contraire à la dérivée partielle du potentiel suivant cette même direction.*

Si l'on considère trois axes rectangulaires, les composantes X, Y et Z de la force F parallèles aux axes sont

$$(4) \qquad \begin{cases} X = - \dfrac{\partial V}{\partial x}, \\ Y = - \dfrac{\partial V}{\partial y}, \\ Z = - \dfrac{\partial V}{\partial z}; \end{cases}$$

il en résulte,

$$(5) \qquad F^2 = X^2 + Y^2 + Z^2 = \left(\frac{\partial V}{\partial x}\right)^2 + \left(\frac{\partial V}{\partial y}\right)^2 + \left(\frac{\partial V}{\partial z}\right)^2$$

25. Équilibre des conducteurs. — Dans l'intérieur d'un conducteur en équilibre la force est nulle (**11**). On a donc, pour toute l'étendue des conducteurs,

$$\frac{\partial V}{\partial x} = 0, \qquad \frac{\partial V}{\partial y} = 0, \qquad \frac{\partial V}{\partial z} = 0,$$

et, par suite,

$$V = \text{const.}$$

D'après cela, *le volume entier d'un conducteur en équilibre est à un même potentiel;* c'est ce qu'on pourrait appeler un *volume de niveau.* Sa surface étant alors une surface de niveau, la force est normale en chacun de ses points; par conséquent, *toutes les lignes de force émanent normalement des conducteurs et y aboutissent normalement.*

26. Valeur numérique du potentiel. — Dans tous les phénomènes, les niveaux électriques n'interviennent que par les différences et non par les valeurs absolues des potentiels correspondants. On peut donc ajouter à ces potentiels une constante quelconque.

Dans l'expression

$$W_1^2 = V_1 - V_2,$$

qui détermine le travail correspondant au déplacement d'une unité d'électricité d'une surface de niveau V_1 à une surface de niveau V_2, supposons que la surface de niveau V_2 soit le sol et que nous convenions de prendre son potentiel égal à zéro, nous aurons simplement

$$W_1^2 = V_1.$$

La valeur numérique du potentiel en un point quelconque est le nombre d'unités de travail qui correspond au déplacement d'une unité d'électricité positive depuis ce point jusqu'au sol par un chemin quelconque. Le signe du potentiel est celui du travail des forces électriques dans ce déplacement.

En d'autres termes, le potentiel en un point est le travail qu'il faudrait dépenser pour amener en ce point, depuis la surface du sol ou d'un corps quelconque communiquant au sol, une masse électrique égale à l'unité.

27. Potentiel dans le cas de la loi du carré des distances. — Nous avons jusqu'à présent laissé indéterminée la loi suivant laquelle l'action des masses électriques varie avec la distance. Nous admettrons désormais que cette loi est l'*inverse du carré de la distance*, conformément aux expériences de Coulomb. Dans ce cas, le potentiel s'exprime simplement en fonction des masses et des distances.

Supposons d'abord que le système électrique se réduise à une masse $+ m$ placée en un point O (fig. 2). Si une masse égale à l'unité, située au point M, à une distance r de la première, se déplace de MM' ou ds suivant une courbe quelconque dont la tangente MT fait l'angle α avec la direction de la force, le travail élémentaire correspondant est

$$dW = F\,ds\,\cos\alpha = F\,dr;$$

comme la force a pour expression

$$F = \frac{m}{r^2},$$

il vient

$$d\mathbf{W} = \frac{m}{r^2}\,dr = -\,m\,d\frac{1}{r} = -\,d\frac{m}{r}.$$

Le travail relatif au déplacement de l'unité de masse de **A** en **B** est, en appelant r_1 et r_2 les distances OA et OB,

$$\mathbf{W}_A^B = \frac{m}{r_1} - \frac{m}{r_2}.$$

Si l'on compare cette équation à l'équation (1), on reconnaît

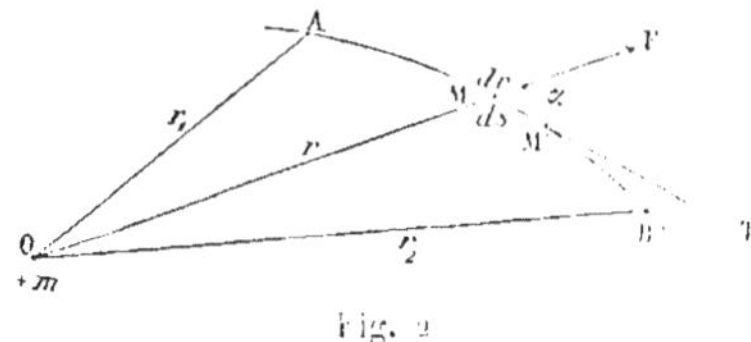

que les deux termes $\frac{m}{r_1}$ et $\frac{m}{r_2}$ représentent respectivement, à une constante près, la valeur du potentiel en A et en B ; par suite, le potentiel d'une masse unique m en un point situé à la distance r est égal, à une constante près, à $\frac{m}{r}$, c'est-à-dire au quotient de la masse agissante par sa distance au point considéré.

Supposons maintenant qu'il y ait plusieurs masses agissantes m, m', m'',..., le travail total relatif au déplacement de l'unité d'électricité est égal à la somme algébrique des travaux partiels qui correspondent à chacune des masses ; on aura donc, en désignant par $\sum \frac{m}{r_1}$ la somme des quotients des différentes masses par leurs distances au point de départ A et par

$\sum \dfrac{m}{r_2}$ la somme analogue pour le point d'arrivée B.

$$W_A^B = \sum \frac{m}{r_1} - \sum \frac{m}{r_2} = V_A - V_B.$$

Si le point B communique avec le sol, le potentiel V_B est égal à zéro. D'autre part, l'expression $\sum \dfrac{m}{r_2}$ devient nulle si le point B est très éloigné des masses considérées, qu'il soit pris dans l'air ou sur le sol; comme le sol, en tant que conducteur en équilibre, a partout le même potentiel, cette expression, qui renferme implicitement les masses relatives

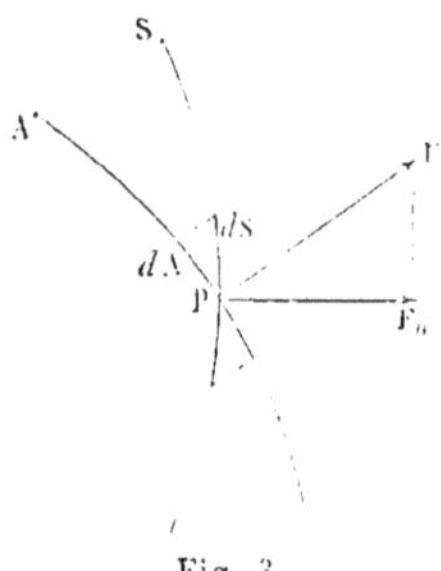

Fig. 3

à l'électricité induite, est aussi nulle sur le sol. La valeur de V_A se réduit alors à $\sum \dfrac{m}{r}$.

On a donc, d'une manière générale, pour l'expression du potentiel V en un point quelconque M du champ,

$$(6) \qquad V = \sum \frac{m}{r}.$$

Ainsi, *le potentiel en un point est égal à la somme des quotients obtenus en divisant chacune des masses agissantes par sa distance au point considéré.*

27. Des flux de force. — Soit A (fig. 3) une surface de niveau et dA un élément de cette surface au point P. Menons par le contour de cet élément les lignes de force correspondantes, lesquelles coupent à angle droit toutes les surfaces de niveau successives. Un canal orthogonal limité ainsi par des lignes de force s'appelle un *tube de force*.

Le tube de force élémentaire limité au contour de l'élément dA découpe sur une surface quelconque S passant par le point P un élément de surface dS.

En P la force électrique F est normale à dA; soit F_n la composante de cette force suivant la normale à la surface S; l'angle des deux forces étant égal à celui des deux éléments de surface, on a

$$\frac{F_n}{F} = \frac{dA}{dS}.$$

ou

$$FdA = F_n dS.$$

Si l'on imagine qu'un liquide, à l'état de régime permanent, traverse normalement l'élément dA avec une vitesse F, le produit FdA représente le volume de liquide qui coule à travers l'élément dA pendant l'unité de temps, ou, plus brièvement, le flux de liquide correspondant à cet élément. Ce flux a encore pour expression le produit $F_n dS$ obtenu en multipliant une section quelconque du canal par la composante de la vitesse suivant la normale à cette section.

Par analogie, nous appellerons *quantité de force ou flux de force correspondant à un élément de surface, le produit $F_n dS$ de la surface de l'élément par la composante normale de la force en ce point*. Le flux de force par unité de surface est égal numériquement à la composante normale de la force.

Les propriétés que nous allons établir justifieront complètement cette analogie.

La notion des lignes de force est due à Faraday, et cet éminent physicien a montré tout le parti que l'on peut en tirer dans l'étude des phénomènes électriques. Faraday appelait *nombre de lignes de force* ce que nous désignons ici par les expressions *quantité* ou *flux de force*. Il nous a paru utile d'adopter une autre dénomination, d'abord pour simplifier le langage, et ensuite parce que le mot *flux* semble mieux correspondre au caractère de continuité que présente la grandeur que l'on veut évaluer.

28. Théorème de Green. — Considérons une surface fermée entièrement convexe S (fig. 4) et soit $+ m$ une masse électrique située au point O, en dehors de cette surface. Un cône infiniment délié d'ouverture $d\omega$, ayant son sommet en O, intercepte sur cette surface deux éléments dS et dS'. Soient f et f' les valeurs de la force électrique en dS et dS', dA et dA'

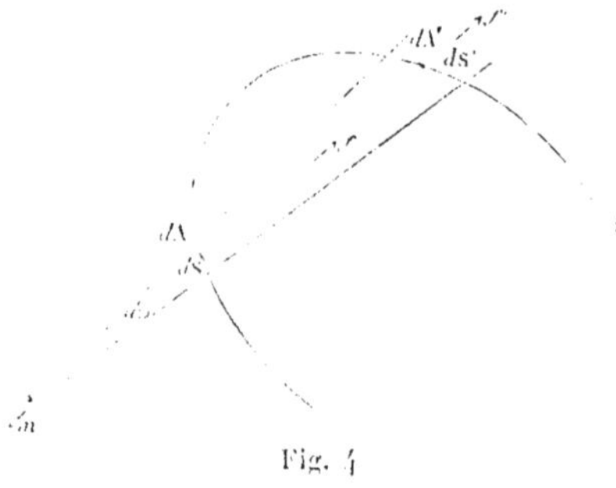

Fig. 4

les sections normales du cône correspondantes, r et r' leurs distances au point O. On a évidemment

$$f r^2 = f'' r'^2 = m,$$
$$\frac{dA}{r^2} = \frac{dA'}{r'^2} = d\omega.$$

et, en multipliant ces équations membre à membre, on obtient

$$f dA = f' dA' = m d\omega ;$$

mais, en vertu du théorème du flux de force, on a aussi

$$f dA = f_n dS, \qquad f' dA' = f'_n dS',$$

et, par suite,

$$f_n dS = f'_n dS' = m d\omega.$$

Si l'on convient de considérer comme positives les composantes normales dirigées vers l'extérieur de la surface, et comme négatives celles qui sont dirigées vers l'intérieur, f_n et f'_n sont de signes contraires, ce qui donne

$$f_n dS + f'_n dS' = 0.$$

Si la surface, tout en restant continue, avait des portions concaves, et si le cône considéré $d\omega$ la coupait en plus de deux points, il la rencontrerait un nombre pair de fois; le produit $f_n dS$ aurait la même valeur numérique pour chacun des éléments interceptés, mais on devrait prendre ces produits alternativement en signes contraires, et la somme algébrique serait

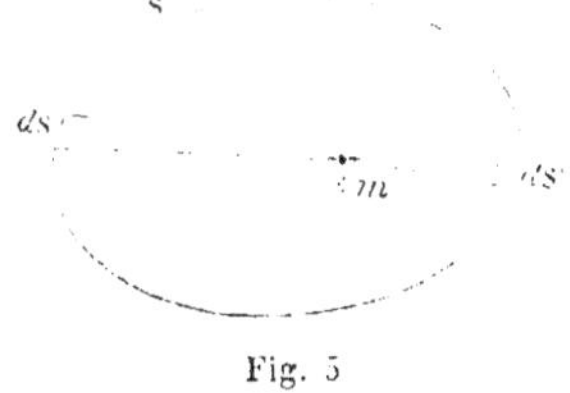

Fig. 5

encore nulle. On a donc, pour une surface quelconque fermée extérieure à la masse agissante m, l'équation

$$\int f_n dS = 0,$$

c'est-à-dire que *le flux total de force qui sort de la surface est égal à zéro.*

Si la masse agissante m est située dans l'intérieur de la surface fermée S (fig. 5), les éléments dS et dS' découpés par un cône d'ouverture $d\omega$ émanant de la masse m donnent toujours la relation

$$f_n dS = f'_n dS' = m d\omega.$$

Mais, dans le cas actuel, les composantes normales f_n et f'_n sont de même signe. On a donc, pour la surface entière,

$$\int\int f_n dS = m \int d\omega = 4\pi m.$$

Donc, *le flux de force qui sort d'une surface S renfermant une masse agissante m est égal à $4\pi m$.* On peut dire, en d'autres termes, que *le flux total de force qui émane d'une masse m, dans toutes les directions, est égal à $4\pi m$.*

Il est évident que, si chaque nappe du cône rencontre plus d'une fois la surface, elle la rencontre un nombre impair de fois, pour lesquelles les valeurs de $f_n dS$ doivent être prises alternativement de signes contraires, et le résultat final est toujours le même.

29. — Supposons maintenant qu'il y ait des masses m, m',

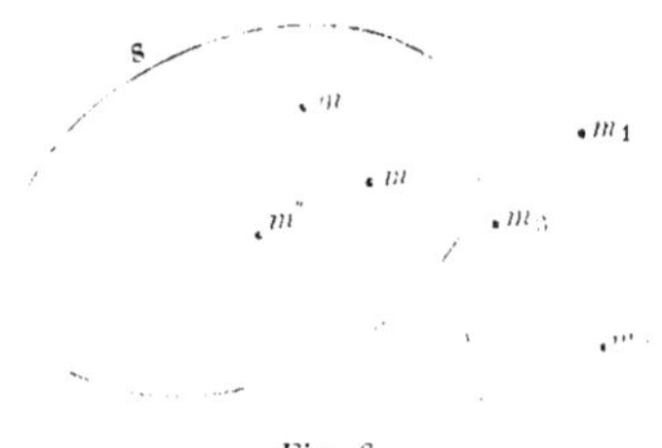

Fig. 6

m'',... comprises dans la surface S (fig. 6), et d'autres masses m_1, m_2, m_3,... à l'extérieur.

En chaque point de la surface, la composante normale F_n de la force résultante F est égale à la somme algébrique des composantes normales des forces émanant de toutes les masses agissantes, tant intérieures qu'extérieures.

En désignant par $\sum_e f_n$ la somme en un point des composantes normales qui proviennent des masses extérieures et par $\sum_i f_n$ la somme des composantes relatives aux masses intérieures, le flux total de force qui sort de la surface S a pour expression

$$\int F_n dS = \int \sum_e f_n dS + \int \sum_i f_n dS.$$

Comme le flux de force est nul pour chacune des masses extérieures, il en résulte

$$\int \Sigma_e f_n dS = 0.$$

Pour chaque masse intérieure, au contraire, on a

$$\int f_n dS = 4\pi m,$$

et, par suite,

$$\int \Sigma_i f_n dS = 4\pi \Sigma m = 4\pi M,$$

M étant la somme algébrique de toutes les masses intérieures.

Il reste finalement

$$(7) \qquad \int F_n dS = 4\pi M.$$

Ainsi, *pour toute surface fermée tracée d'une manière quelconque dans un champ électrique, le flux total de force qui sort de la surface, c'est-à-dire l'excès du flux des forces qui sortent sur le flux des forces qui entrent, est égal à la quantité d'électricité comprise dans la surface multipliée par 4π.*

Si l'on désigne par i l'angle de la direction de la force F en un point de la surface avec la normale, la composante normale a pour expression

$$F_n = F \cos i.$$

En appelant a la normale à la surface de niveau qui passe par le point considéré, et n la normale à la surface S comptée vers l'extérieur, on a d'ailleurs

$$F = -\frac{dV}{da} \quad \text{et} \quad F_n = -\frac{\partial V}{\partial n};$$

de sorte que le théorème précédent peut être exprimé analytiquement par l'une ou l'autre des équations

$$(8) \quad -\int \frac{d\mathrm{V}}{da} \cos i\, d\mathrm{S} = 4\pi\mathrm{M},$$

$$-\int \frac{\partial \mathrm{V}}{\partial n}\, d\mathrm{S} = 4\pi\mathrm{M},$$

qui sont dues à Green.

30. Équations de Laplace et de Poisson. — Soient X, Y et Z les composantes de la force en un point P dont les coordonnées sont x, y, et z, et considérons l'élément de volume $dx\,dy\,dz$.

Si le milieu renferme des masses agissantes distribuées d'une manière continue et que $d\mathrm{M}$ soit la masse totale contenue dans l'élément, on a, en désignant par ρ la densité,

$$d\mathrm{M} = \rho\, dx\, dy\, dz.$$

Le flux de force qui entre par la surface $dy\, dz$ passant par le point P est

$$\mathrm{X}\, dy\, dz;$$

le flux qui sort par la face opposée est

$$\left(\mathrm{X} + \frac{\partial \mathrm{X}}{\partial x}\, dx\right) dy\, dz.$$

L'excès du flux qui sort est égal à

$$\frac{\partial \mathrm{X}}{\partial x}\, dx\, dy\, dz = -\frac{\partial^2 \mathrm{V}}{\partial x^2}\, dx\, dy\, dz.$$

En répétant le même raisonnement pour les autres coordonnées, on voit que le flux total de force qui sort de l'élément de volume a pour expression

$$-\left(\frac{\partial^2 \mathrm{V}}{\partial x^2} + \frac{\partial^2 \mathrm{V}}{\partial y^2} + \frac{\partial^2 \mathrm{V}}{\partial z^2}\right) dx\, dy\, dz.$$

En vertu du théorème précédent, cet excès est égal au produit de 4π par la masse totale d'électricité comprise dans le volume, ce qui donne l'équation

$$\frac{\partial^2 V}{\partial x^2} + \frac{\partial^2 V}{\partial y^2} + \frac{\partial^2 V}{\partial z^2} = -4\pi\rho.$$

On représente habituellement par ΔV la somme des trois dérivées secondes partielles du potentiel par rapport aux coordonnées. On peut donc écrire :

$$(9) \qquad\qquad \Delta V = -4\pi\rho.$$

Si l'élément de volume n'est pas électrisé, $\rho = 0$ et l'équation se réduit à

$$(10) \qquad\qquad \Delta V = 0.$$

Ainsi, *la somme en un point des trois dérivées secondes partielles du potentiel, par rapport à trois axes rectangulaires, est égale et de signe contraire au produit de 4π par la densité de la masse agissante en ce point.*

Cette somme est nulle quand il n'y a pas d'électricité au voisinage du point.

Ce théorème des dérivées secondes avait été énoncé d'abord par Laplace, sous la dernière forme, dans ses travaux sur l'attraction universelle. Poisson l'a complété en montrant qu'il est nécessaire de tenir compte de la densité de la masse agissante au point considéré.

31. — Supposons, en particulier, que l'on prenne pour axe des z la normale à la surface de niveau, de sorte que les axes des x et des y soient dans le plan tangent.

Le flux de force étant nul parallèlement à la surface, on a

$$\frac{\partial^2 V}{\partial x^2} = 0 \qquad \text{et} \qquad \frac{\partial^2 V}{\partial y^2} = 0.$$

S'il n'y a pas d'électricité au point considéré, il résulte aussi du théorème précédent

$$\frac{\partial^2 V}{\partial z^2} = 0.$$

Ainsi, la dérivée seconde partielle du potentiel est nulle dans toute direction tangente à une surface de niveau. Elle est encore nulle par rapport à la normale s'il n'y a pas d'électricité au point considéré.

32. Distribution de l'électricité à la surface des conducteurs. — Le théorème de Poisson permet de démontrer cette propriété fondamentale que *dans tout conducteur en équilibre il n'existe d'électricité qu'à la surface.*

Nous avons vu, en effet, que la force est nulle dans un conducteur en équilibre et que, par suite, le potentiel a une valeur constante dans toute l'étendue des conducteurs. Les dérivées de tout ordre du potentiel sont nulles en chaque point; on a donc

$$\Delta V = o,$$

et, par suite,

$$\rho = o.$$

Ainsi, à l'intérieur d'un conducteur en équilibre, non seulement il n'y a pas de force électrique, mais il n'y a pas d'électricité. La distribution est purement superficielle.

33. Formule de Green. — Le théorème relatif au flux de force nous a donné, pour une surface fermée, l'équation

$$-\int \frac{\partial V}{\partial n}\, dS = 4\pi M.$$

La masse M intérieure à la surface est égale à la somme des masses $\rho\, dv$ comprises dans les différents éléments de volume; on a donc, en tenant compte de l'équation (9).

$$(11) \qquad \int \frac{\partial V}{\partial n}\, dS = -\int 4\pi \rho\, dv = \int \Delta V\, dv.$$

Cette équation est un cas particulier d'une formule plus générale due à Green.

Soient U et V deux fonctions finies et continues de x, y et z. Posons encore

$$\Delta V = \frac{\partial^2 V}{\partial x^2} + \frac{\partial^2 V}{\partial y^2} + \frac{\partial^2 V}{\partial z^2}.$$

et considérons l'intégrale

$$\int U \Delta V \, dv = \iiint U \left(\frac{\partial^2 V}{\partial x^2} + \frac{\partial^2 V}{\partial y^2} + \frac{\partial^2 V}{\partial z^2} \right) dx \, dy \, dz,$$

étendue au volume enveloppé par une surface fermée S.
Cette intégrale se compose de trois termes de la forme

$$\iiint U \frac{\partial^2 V}{\partial x^2} \, dx \, dy \, dz = \iint dy \, dz \int U \frac{\partial^2 V}{\partial x^2} \, dx.$$

En intégrant cette expression par parties, on obtient

$$\iint dy \, dz \int U \frac{\partial^2 V}{\partial x^2} \, dx = \iint U \frac{\partial V}{\partial x} \, dy \, dz - \iiint \frac{\partial U}{\partial x} \cdot \frac{\partial V}{\partial x} \, dx \, dy \, dz.$$

Dans le second membre l'intégrale doit être étendue, pour
le premier terme, à toute la surface S, et, pour le second, au
volume limité par cette surface. En opérant de même pour
les autres coordonnées, la somme des intégrales relatives à la
surface S sera

$$\iint U \left(\frac{\partial V}{\partial x} \, dy \, dz + \frac{\partial V}{\partial y} \, dz \, dx + \frac{\partial V}{\partial z} \, dx \, dy \right).$$

Or, si l'on considère V comme un potentiel, ce qui n'enlève
rien à la généralité de la démonstration, l'expression $-\frac{\partial V}{\partial x} dy \, dz$,
ou $X dy \, dz$, représente le flux de force traversant l'élément de
surface $dy \, dz$, c'est-à-dire la projection d'un élément dS de
la surface sur un plan perpendiculaire à l'axe de x. Il en est
de même pour les autres termes, de sorte que la parenthèse
représente, au signe près, le flux de force qui traverse cet
élément de surface. Cette parenthèse est donc égale à $-F_n dS$,
ou $\frac{\partial V}{\partial n} dS$, et l'on a finalement la *formule de Green* :

$$(12) \quad \int U \Delta V \, dv = \int U \frac{\partial V}{\partial n} \, dS - \int \left(\frac{\partial U}{\partial x} \cdot \frac{\partial V}{\partial x} + \frac{\partial U}{\partial y} \frac{\partial V}{\partial y} + \frac{\partial U}{\partial z} \cdot \frac{\partial V}{\partial z} \right) dv.$$

En y faisant $U = 1$, on retrouve l'équation précédente (11).

Lorsque les fonctions U et V sont identiques, il vient

$$(13) \quad \int V \Delta V \, dv = \int V \frac{\partial V}{\partial n} \, dS - \int \left[\left(\frac{\partial V}{\partial x} \right)^2 + \left(\frac{\partial V}{\partial y} \right)^2 + \left(\frac{\partial V}{\partial z} \right)^2 \right] dv.$$

Si la fonction V représente le potentiel d'un système électrique, la force F est déterminée par l'équation,

$$F^2 = \left(\frac{\partial V}{\partial x} \right)^2 + \left(\frac{\partial V}{\partial y} \right)^2 + \left(\frac{\partial V}{\partial z} \right)^2,$$

ce qui donne

$$(14) \qquad \int V \Delta V \, dv = \int V \frac{\partial V}{\partial n} \, dS - \int F^2 \, dv,$$

ou, d'après le théorème de Poisson,

$$(15) \qquad 4\pi \int V \rho \, dv = - \int V \frac{\partial V}{\partial n} \, dS + \int F^2 \, dv.$$

34. Des tubes de force. — Nous avons vu qu'un tube de force

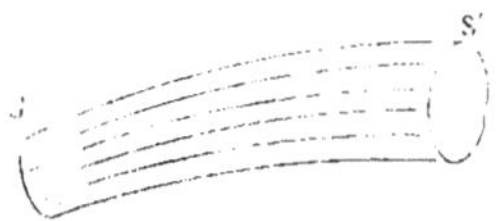

Fig. 7

est un canal orthogonal aux surfaces de niveau, limité latéralement par des lignes de force.

Considérons un tube de force terminé par deux surfaces quelconques S et S' (fig. 7), et appliquons l'équation (7) au volume ainsi défini. La surface latérale ne donne rien dans l'intégrale, puisqu'en chaque point la composante normale de la force est nulle ; l'intégrale se réduit donc aux deux termes fournis par les surfaces terminales.

Supposons d'abord que le canal ne renferme aucune masse électrique. L'intégrale, réduite aux deux termes des bases, doit être nulle, ce qui donne

$$\int F_n dS + \int F'_n dS' = 0,$$

ou, en valeurs absolues,

$$\int F_n dS = \int F'_n dS';$$

c'est-à-dire que *le flux de force est le même à l'entrée et à la sortie du canal.*

On voit, d'après cela, que le flux de force est le même à travers une section quelconque d'un canal orthogonal. Ce flux de force se conserve donc, comme le débit d'un liquide en mouvement dont la vitesse en chaque point serait égale et parallèle à la direction de la force.

Si la section du canal est infiniment étroite et les surfaces terminales normales à la force, l'équation se réduit à

$$F dS = F' dS';$$

d'où il résulte que *la force en chaque point du tube est en raison inverse de la section.*

35. Théorème de Coulomb. — Considérons sur un conducteur en équilibre un élément de surface dS, et menons à l'extérieur le canal correspondant jusqu'à la rencontre d'une surface de niveau S_1 infiniment voisine. Prolongeons le canal à l'intérieur du conducteur d'une manière quelconque, terminons-le par une surface arbitraire S_2, et appliquons le théorème au volume limité par les surfaces S_1 et S_2 et la surface latérale du canal. La force est nulle sur toute la surface S_2 qui fait partie du conducteur, et la composante normale est nulle sur la surface latérale du canal; il n'y aura donc de flux de force que pour la surface extérieure dS_1. Si l'on désigne par σ la densité superficielle de l'électricité sur l'élément dS, la masse totale comprise dans le volume considéré est σdS. Il en résulte

$$F dS_1 = 4\pi \sigma dS.$$

Les deux surfaces étant infiniment voisines et parallèles, on a $dS_1 = dS$, et il reste

$$F = 4\pi\sigma.$$

Ainsi, *la force électrique en un point infiniment voisin d'un conducteur en équilibre, quelles que soient d'ailleurs les masses agissantes, est égale à la densité électrique dans le voisinage de ce point multipliée par 4π.*

Comme on a d'ailleurs

$$F = -\frac{dV}{dn},$$

il en résulte que la densité superficielle à la surface d'un conducteur peut être exprimée en fonction de la force extérieure ou du potentiel par la relation

$$\sigma = \frac{F}{4\pi} = -\frac{1}{4\pi} \cdot \frac{dV}{dn}.$$

36. Éléments correspondants. — Considérons enfin un tube de force infiniment étroit placé entre les surfaces de deux conducteurs auxquelles il aboutit normalement.

Les deux éléments de surface dS et dS' découpés par le tube sont appelés *éléments correspondants*.

Prolongeons le tube de part et d'autre jusque dans l'intérieur des conducteurs, où nous le supposerons terminé par deux surfaces quelconques. Le flux de force est nul sur toute la surface du volume ainsi déterminé, puisque la force est tangente le long des parois latérales et nulle aux deux extrémités qui font partie des conducteurs. Quant aux masses électriques, si on désigne par σ et σ' les densités sur les éléments correspondants dS et dS', leur somme est $\sigma dS + \sigma' dS'$. Cette somme doit être nulle, ce qui donne

$$\sigma dS = -\sigma' dS'.$$

Ainsi, *deux éléments correspondants contiennent des quantités d'électricité égales et de signes contraires.*

Si les deux surfaces en regard sont des plans parallèles, toutes les lignes de force sont des normales aux plans ; les éléments correspondants sont égaux et il reste

$$\sigma = -\sigma'.$$

Il en est de même si les deux conducteurs, sans être plans, sont infiniment voisins, parce qu'alors les éléments de surface dS et dS' peuvent être considérés comme égaux.

37. Champ uniforme. — Lorsque les lignes de force sont parallèles entre elles, les surfaces de niveau sont des plans parallèles. Le flux de force étant constant dans un tube cylindrique, on voit que la force a une valeur constante. On dit alors que le champ est *uniforme*.

Réciproquement, si la force dans un champ électrique est constante en grandeur et en direction, les surfaces de niveau sont nécessairement des plans parallèles.

38. Surface électrisée séparant deux diélectriques. — Supposons enfin qu'une surface électrisée S (fig. 8), n'apparte-

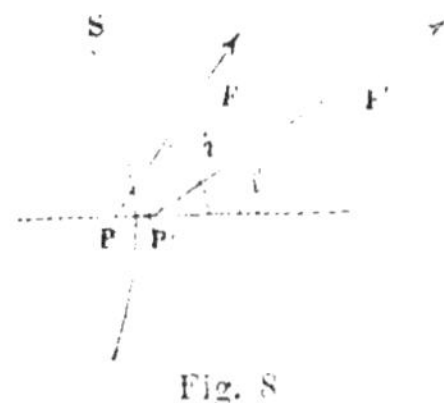

Fig. 8

nant pas à un corps conducteur, sépare deux diélectriques différents.

Considérons un élément de surface dS sur lequel la densité est σ. Menons par le contour de cet élément un canal orthogonal terminé par deux bases égales et parallèles à dS, et de hauteur telle que la surface latérale soit infiniment petite par rapport à celle des bases. Le flux de force relatif aux parois de ce cylindre est négligeable par rapport au flux qui traverse les bases. En appelant F et F' les forces dans les deux milieux au voisinage de cet élément, on aura donc

$$4\pi\sigma dS = F'_n dS - F_n dS,$$

ou

$$4\pi\sigma = F'_n - F_n.$$

Donc *la différence des composantes normales de la force de part et d'autre d'une surface électrisée est égale au produit de 4π par la densité sur la surface.*

Ce théorème comprend, comme cas particulier, celui de Coulomb (**35**) où S est la surface d'un corps conducteur.

39. — Considérons deux points P et P′ situés au milieu des bases du cylindre précédent. L'action F au point P se compose de l'action de toutes les masses extérieures à l'élément et de l'action $-\varphi$ de cet élément. Quand on passe de P en P′, l'action des masses extérieures ne change pas d'une manière sensible, mais celle de l'élément change de signe et devient $+\varphi$. Comme cette force φ est d'ailleurs normale par symétrie, la composante normale de la force varie de 2φ, ce qui donne

$$F'_n - F_n = 2\varphi = 4\pi\sigma,$$

ou

$$\varphi = 2\pi\sigma.$$

La composante normale de la force étant seule modifiée, les composantes tangentielles des forces F et F′ restent égales de part et d'autre de la surface. Appelant i et i' les angles des forces avec la normale d'un même côté de la surface, on a donc

$$F' \sin i' = F \sin i.$$

L'équation précédente donne d'ailleurs

$$F' \cos i' - F \cos i = 4\pi\sigma;$$

on en déduit

$$\frac{\operatorname{tang} i'}{\operatorname{tang} i} = 1 + \frac{4\pi\sigma}{F \cos i} = 1 + \frac{4\pi\sigma}{F_n}.$$

Les forces éprouvent donc une sorte de *réfraction*, lorsqu'elles rencontrent une surface électrisée. On peut remarquer en passant que, la loi de réfraction étant déterminée par

le rapport des tangentes des angles de la normale avec les
forces, il ne se présentera jamais de phénomène analogue à
la réflexion totale.

41. Pression électrostatique. — L'électricité occupe à la
surface du conducteur une couche très mince dont l'épaisseur
ne paraît pas pouvoir être déterminée par expérience, mais
qui est nécessairement finie. Il est probable que cette couche est limitée à la surface même du conducteur et qu'elle
occupe une partie du milieu diélectrique ambiant.

Soit AB (fig. 9) l'épaisseur de cette couche. La force est nulle
en A sur la surface interne S_1 et, à partir du point B sur la
surface externe S_2, elle a pour valeur $F = 4\pi\rho$. Dans l'intervalle, la force varie donc de o à F suivant une loi inconnue.

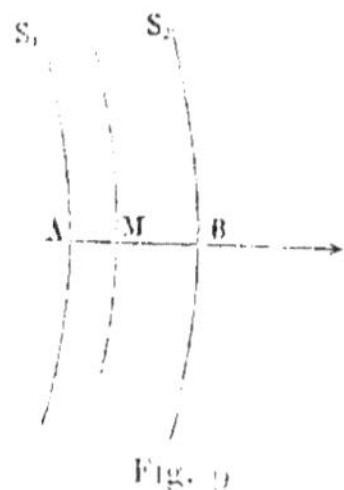

Fig. 9

Soit ρ la densité de la couche en un point M, et V le potentiel. La force en ce point est normale à une surface
de niveau intermédiaire à S_1 et S_2 et a pour valeur $-\dfrac{dV}{dn}$.
Désignons par e l'épaisseur AB. Ce qu'on a appelé jusqu'à
présent densité superficielle représente la quantité d'électricité qui se trouve dans la couche e pour l'unité de surface ;
on a donc

$$\sigma = \int_0^e \rho \, dn.$$

Prenons trois axes rectangulaires dont l'un soit dirigé suivant
la normale en M à la surface de niveau, c'est-à-dire la normale aux surfaces S_1 et S_2, et dont les deux autres x et y soient
dans le plan tangent à cette surface de niveau.

Les dérivées secondes $\dfrac{\partial^2 V}{\partial x^2}$ et $\dfrac{\partial^2 V}{\partial y^2}$ étant nulles (**31**), la densité a pour expression

$$\rho = -\frac{1}{4\pi} \cdot \frac{d^2 V}{dn^2}.$$

La force totale qui s'exerce sur la couche électrique σdS d'un élément de surface est donc, en désignant par p la force sur l'unité de surface,

$$p\,dS = \int_0^e \rho\,dS\,dn\left(-\frac{dV}{dn}\right) = \frac{dS}{4\pi}\int_0^e \frac{d^2 V}{dn^2}\cdot\frac{dV}{dn}\,dn = \frac{dS}{8\pi}\left[\left(\frac{dV}{dn}\right)^2\right]_A^.$$

Comme $\dfrac{dV}{dn}$ est nul au point A, il reste simplement

$$p = \frac{1}{8\pi} F^2.$$

D'autre part,
$$F = 4\pi\sigma,$$
ce qui donne

$$p = \frac{1}{8\pi} 16\pi^2\sigma^2 = 2\pi\sigma^2.$$

Il est remarquable que cette expression puisse être obtenue rigoureusement sans autre hypothèse que l'extrême petitesse de l'épaisseur e, et, par suite, quelle que soit la loi de distribution suivant la normale.

Ainsi, la masse électrique répandue sur chaque unité de surface est poussée vers l'extérieur avec une force égale à $2\pi\sigma^2$, proportionnelle par conséquent au carré de la densité. Cette *pression électrostatique*, ou *tension électrique*, est contrebalancée par la résistance du diélectrique.

Lorsque les conducteurs sont dans l'air, cette force a pour effet de diminuer la pression atmosphérique à leur surface. Si la pression était primitivement P par unité de surface sur les corps à l'état neutre, elle deviendra après l'électrisation, en chaque point de la surface des conducteurs,

$$P - p = P - 2\pi\sigma^2.$$

Ainsi une bulle de savon isolée augmentera de volume par l'électrisation et reprendra son volume primitif quand on le ramènera à l'état naturel. Van Marum, par exemple, a constaté qu'un ballon rempli d'hydrogène devient plus léger et que sa force ascensionnelle augmente quand on l'électrise.

Si la densité est uniforme sur un conducteur, il en est de même de la pression électrostatique, et, comme celle-ci est normale en chaque point, elle donne une résultante nulle.

Si la densité varie d'un point à un autre, l'effet des pressions électrostatiques équivaut, en général, à une force unique et à un couple. Le résultat ainsi obtenu est évidemment identique à celui que donnerait la considération directe des actions des masses extérieures sur les différentes masses élec-

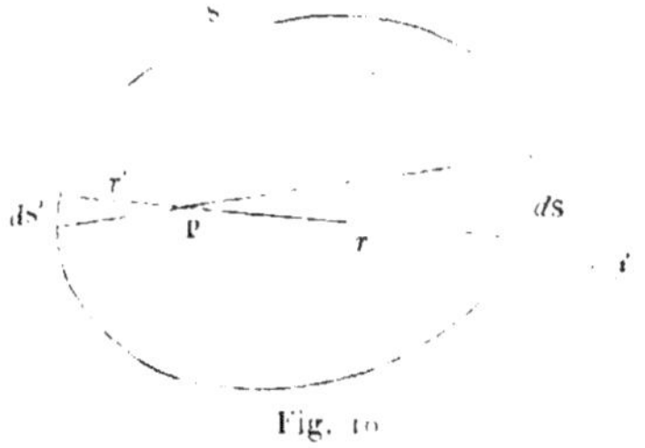

Fig. 10

triques du conducteur, que l'on supposerait fixées à la matière pondérable.

42. Conséquence de la distribution de l'électricité à la surface des conducteurs. — La théorie qui précède a pour base la loi de Coulomb, considérée comme un fait expérimental. On pourrait suivre une marche différente en prenant comme point de départ cet autre fait expérimental, plus facile à vérifier d'une manière rigoureuse, que *l'électricité existe seulement à la surface des conducteurs et qu'à l'intérieur il n'y a ni électricité ni force électrique, même lorsque les conducteurs contiennent des cavités fermées.*

Considérons une surface S électrisée (fig. 10). Menons par un point intérieur P un cône d'ouverture infiniment petit $d\omega$, qui découpe sur la surface, aux distances r et r', deux éléments dS et dS' sur lesquels les densités sont respectivement σ et σ'.

Si les forces électriques sont proportionnelles à une fonction de la distance $f(r)$, l'action de l'élément dS sur l'unité de masse au point P peut s'écrire

$$z \cdot dS f(r).$$

En appelant i l'angle du rayon vecteur r avec la normale à l'élément dS, on a

$$r^2 d\omega = dS \cos i,$$

ce qui donne

$$q = \frac{z\, d\omega}{\cos i}\, r^2 f(r).$$

L'action de l'élément dS' est, de même,

$$q' = \frac{z'\, d\omega}{\cos i}\, r'^2 f(r').$$

et ces deux actions sont directement opposées.

Si la surface considérée est une sphère, les angles i et i' son égaux. Si de plus la sphère est isolée et soustraite à toute action étrangère, la distribution est homogène, et les densités z et z' sont égales.

La force au point P est nulle si les actions des éléments opposés dS et dS' sont égales et il suffit pour cela que l'on ait la relation

$$r^2 f(r) - r'^2 f(r') = \text{const.},$$

c'est-à-dire que les forces électriques soient en raison inverse du carré de la distance.

La loi du carré satisfait donc à la condition, comme on le savait déjà, et c'est la seule. On peut le voir d'une manière simple par le raisonnement suivant dû à M. Bertrand.

Quel que soit $f(r)$, on peut choisir deux valeurs r_1 et r_2 telles qu'entre ces deux valeurs de la variable le produit $r^2 f(r)$ soit toujours croissant ou décroissant quand r augmente.

Construisons une sphère (fig. 11) dont le diamètre soit égal à la somme $r_1 + r_2$, et considérons le point P qui partage le diamètre dans les deux segments r_1 et r_2. Sur ce point, les

actions des éléments opposés dS et dS', déterminés par un
même cône d'ouverture $d\omega$, sont :

pour dS

$$\frac{z\,d\omega}{\cos i}\, r^2 f(r).$$

et, pour dS',

$$\frac{z\,d\omega}{\cos i}\, r'^2 f(r').$$

Toutes les valeurs de r et de r' sont comprises entre les
limites r_1 et r_2 et la valeur de r est toujours plus petite que la
valeur correspondante de r' ; la valeur de $r^2 f(r)$, pour les
éléments de la partie supérieure, sera toujours plus petite ou

Fig. 11

toujours plus grande que celle de $r'^2 f(r')$ pour ceux de la
partie inférieure ; par suite, l'action de la zone DAC plus
petite ou plus grande que celle de la zone DBC. L'équilibre
sera donc impossible, à moins que $r^2 f(r)$ ne soit une constante, c'est-à-dire à moins que la fonction $f(r)$ ne soit précisément en raison inverse du carré de la distance.

13. Actions des couches sphériques. — *L'action d'une couche sphérique homogène sur un point extérieur est la même que
si toute la masse était concentrée au centre de la sphère.*

Considérons, en effet, l'action qu'une sphère S (fig. 12), recouverte d'une couche homogène de densité z, exerce sur un
point P extérieur.

L'action étant évidemment dirigée vers le centre, il suffira de faire la somme des composantes des actions élémentaires suivant cette direction.

Cette composante pour l'élément dS de surface au point A, situé à une distance ρ de P, est

$$\varphi = \frac{\sigma dS}{\rho^2}\cos\alpha.$$

Soit P' le point conjugué du point P, c'est-à-dire tel qu'on ait

$$OP'.OP = R^2;$$

si nous menons AP' et AO, les triangles AOP' et AOP sont

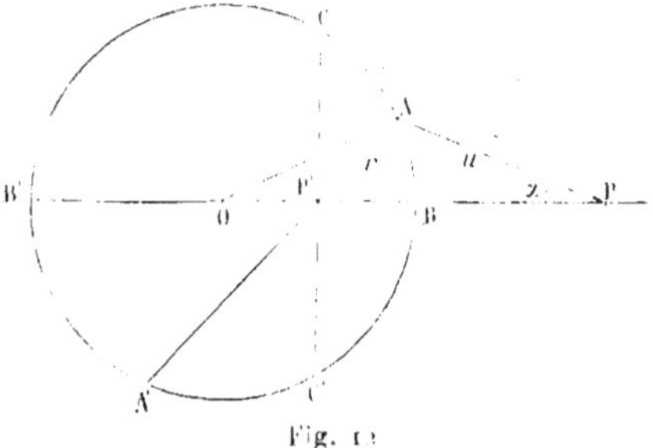

Fig. 12

semblables, à cause de l'angle commun en O et de la relation

$$\frac{OP'}{R} = \frac{R}{OP};$$

par suite, les angles OPA et OAP' sont égaux et l'on a, en appelant r la distance P'A et D la distance OP,

$$\frac{\rho}{r} = \frac{D}{R}.$$

Enfin, soit $d\omega$ l'angle qui sous-tend l'élément dS vu du point P'.

$$r^2 d\omega = dS\cos\alpha.$$

En remplaçant $dS \cos \chi$ par cette valeur dans l'expression de la composante φ, il vient

$$\varphi = \sigma d\omega \frac{r^2}{\rho^2} = \sigma d\omega \frac{R^2}{D^2}.$$

et l'action totale de la sphère est

$$F = \sigma \frac{R^2}{D^2} \int d\omega = \frac{4\pi R^2 \sigma}{D^2} = \frac{M}{D^2}.$$

On voit que l'action est la même que si toute la masse M était concentrée au centre de la sphère.

Le potentiel de la couche sphérique à l'extérieur est aussi le même que si toute la masse était concentrée au centre.

Si le point P est très voisin de la surface, $D = R$ et l'action de la couche est égale à $4\pi\sigma$, conformément à ce que nous avons trouvé déjà (**35**) pour un conducteur quelconque.

La composante parallèle à OP de l'action exercée sur le point P par l'élément de surface dS ne dépend que de l'angle $d\omega$ sous lequel on voit cet élément du point P'. Cette composante est donc la même pour un élément dS' situé en A' et opposé au premier par rapport au point P'.

Il en est de même pour tous les éléments de la zone CB'C', comparés deux à deux aux éléments de la couche CBC'.

Le plan CC' partage donc la surface de la sphère en deux parties dont les actions sur le point P sont égales, chacune d'elles étant égale à $2\pi\sigma \dfrac{R^2}{D^2}$.

Si le point P s'éloigne indéfiniment, les deux zones tendent à devenir égales; s'il est infiniment voisin de la surface, la zone antérieure devient infiniment petite et son action sur un point infiniment voisin se réduit à $2\pi\sigma$. Nous avons déjà obtenu ce résultat (**39**) pour une surface quelconque.

11. Action d'une sphère formée de couches homogènes. — Considérons d'abord une sphère électrisée dans toute son épaisseur et formée de couches concentriques homogènes.

L'action de cette sphère en un point extérieur est la même

que si toute la masse agissante était concentrée au centre, ou encore portée à la surface de manière à y former une couche uniforme.

Sur un point situé à l'intérieur de la sphère, l'action des couches qui l'enveloppent est nulle ; celle des couches de rayon plus petit que sa distance au centre est encore la même que si leur masse était concentrée au centre.

Quand on va vers le centre, la masse agissante diminue donc de plus en plus ; la force est toujours dirigée suivant le rayon, et dépend de la manière dont varie la densité.

Lorsque la densité ρ de la sphère est constante, l'action qui s'exerce sur un point intérieur à la distance r est égale à

$$F = \frac{1}{r^2} \cdot \frac{4}{3} \pi r^3 \rho = \frac{4}{3} \pi \rho r;$$

elle est donc proportionnelle à la distance au centre.

Si la densité en un point est proportionnelle à la puissance n de sa distance l au centre, $\rho = al^n$; l'action à la distance r de la couche d'épaisseur dl est

$$\frac{4\pi l^2 a l^n dl}{r^2} = \frac{4\pi a}{r^2} l^{n+2} dl,$$

et l'action totale

$$F = \frac{4\pi a}{r^2} \int_0^r l^{n+2} dl = \frac{4\pi a r^{n+3}}{r^2(n+3)} = \frac{4\pi a}{n+3} r^{n+1}.$$

Cette action est constante pour $n = -1$; elle croît, au contraire, à mesure que l'on se rapproche du centre, si $n < -1$.

La masse totale de la sphère de rayon R est

$$M = \int 4\pi l^2 a l^n dl = \frac{4\pi a}{n+3} R^{n+3},$$

ce qui donne

$$F = M \frac{r^{n-1}}{R^{n+3}}.$$

Supposons que la densité varie suivant une loi quelconque.

Soit m la masse extérieure à la sphère qui passe par le point P, ρ_0 la densité moyenne de la sphère entière et ρ la densité moyenne des couches extérieures, on aura

$$F = \frac{M - m}{r^2} = \frac{1}{r^2}\left[\frac{4}{3}\pi R^3 \rho_0 - \frac{4}{3}\pi (R^3 - r^3)\rho\right] = \frac{M}{r^2}\left[1 - \left(1 - \frac{r^3}{R^3}\right)\frac{\rho}{\rho_0}\right].$$

La force à la surface est $F_1 = \dfrac{M}{R^2}$, ce qui donne

$$\frac{F}{F_1} = \frac{R^2}{r^2}\left[1 - \left(1 - \frac{r^3}{R^3}\right)\frac{\rho}{\rho_0}\right].$$

La force peut d'abord être croissante à partir de la surface, puis atteindre un maximum, et devenir ensuite décroissante jusqu'au centre. C'est ce qui a lieu, par exemple, pour les variations de la pesanteur dans l'intérieur du globe. Il faut, pour cela, que l'on ait

$$\left(1 - \frac{r^3}{R^3}\right)\frac{\rho}{\rho_0} < 1 - \frac{r^2}{R^2}.$$

Si l'épaisseur $h = R - r$ est très petite par rapport à R, cette condition peut s'écrire

$$3\left(\frac{r}{R}\right)^2 \frac{h}{R}\frac{\rho}{\rho_0} < 2\frac{r}{R}\cdot\frac{h}{R}, \qquad \text{ou} \qquad \frac{\rho}{\rho_0} < \frac{2}{3} < 0,67.$$

La densité moyenne de la Terre étant environ égale à 5,5 et celle de la surface à 2,5, on a, en effet,

$$\frac{\rho}{\rho_0} = \frac{2,5}{5,5} = 0,45.$$

CHAPITRE TROISIÈME

THÉORÈMES GÉNÉRAUX

15. Émission et absorption de forces par les masses électriques. — Le flux de force qui se propage dans un tube orthogonal reste constant, comme nous l'avons vu (**31**), tant que ce tube ne rencontre aucune masse agissante ; le sens de la propagation est celui où le potentiel diminue.

Si le tube rencontre une masse m d'électricité, le flux de force prend, au lieu du passage, un accroissement $4\pi m$, qu'il conserve au delà tant que le tube ne rencontre pas de nouvelles masses. Si la masse rencontrée est sur la surface d'un conducteur, cette masse est telle qu'elle réduit à zéro le flux de force propagé par le tube ; on peut donc dire, de deux éléments correspondants dS et dS' où les densités sont σ et σ', que l'électricité positive de l'élément dS *émet* un flux de force $4\pi\sigma dS$ qui va *s'absorber* à l'autre bout du tube dans la quantité égale d'électricité négative située sur l'élément dS'.

D'après les idées de Faraday, il n'existerait pas de tubes de force indéfinis ; un tube émanant d'un corps électrisé irait toujours aboutir quelque part sur un autre corps, de manière à induire sur l'élément correspondant une quantité d'électricité égale et de signe contraire. Il ne pourrait, d'après cela, exister nulle part une quantité absolue et indépendante d'électricité, soit positive soit négative, et qui n'aurait pas à l'autre extrémité du tube sa quantité complémentaire.

Aucune ligne de force ne peut exister entre deux points

chargés de même électricité. Il n'en peut exister également entre deux points au même potentiel. Enfin, aucune ligne de force ne peut correspondre, sur un conducteur, à un point non chargé d'électricité (**35**).

46. En dehors des masses agissantes, le potentiel ne peut avoir ni maximum ni minimum. — Une masse isolée m concentrée en un point peut être regardée comme une couche répandue sur un conducteur très petit. Si la masse m est positive, le point A qu'elle occupe est un centre d'émission de force pour toutes les directions; si elle est négative, c'est pour toutes les directions un centre d'absorption. Dans les deux cas, les surfaces de niveau voisines sont des surfaces fermées. Ces surfaces à la limite sont même sphériques, car à une distance très petite r du point A, le potentiel des masses extérieures devient négligeable devant le potentiel $\dfrac{m}{r}$ de la masse m.

Les surfaces de niveau étant fermées autour de A, le potentiel y a une valeur maximum ou minimum : maximum, si la masse m est positive; minimum, si elle est négative.

Réciproquement, partout où le potentiel présente un maximum ou un minimum, il y a de l'électricité.

En effet, à partir d'un point A de maximum, le potentiel est décroissant dans toutes les directions, les surfaces de niveau voisines sont nécessairement fermées, et le flux de force qui traverse, par exemple, une surface sphérique S très petite comprenant le point A a une valeur finie Q. Il y a donc dans l'intérieur de cette surface une quantité d'électricité positive égale à $\dfrac{Q}{4\pi}$.

De même, un minimum de potentiel est un centre d'absorption de force où il y a une masse correspondante d'électricité négative.

Donc, *dans un système électrique quelconque, il ne peut y avoir ni maximum absolu ni minimum absolu de potentiel en dehors des masses agissantes.*

47. Points et lignes d'équilibre. — Soit V_0 le potentiel en un point fixe P_0. Le potentiel V en un point voisin P, dont les coordonnées par rapport à des axes passant par le premier sont x, y, z, peut être exprimé par la formule de Maclaurin, en fonction des puissances croissantes des coordonnées, et on a

$$V = V_0 + H_1 + H_2 + H_3 + \cdots,$$

H_1 étant une fonction du premier degré des coordonnées du point P, H_2 une fonction de second degré, etc. Si la fonction H_1 est identiquement nulle, c'est-à-dire si les trois dérivées partielles du potentiel sont nulles,

$$\left(\frac{\partial V}{\partial x}\right)_0 = 0, \quad \left(\frac{\partial V}{\partial y}\right)_0 = 0, \quad \left(\frac{\partial V}{\partial z}\right)_0 = 0,$$

le point P_0 est un point singulier de la surface de niveau V_0; la force y est nulle, c'est donc un *point d'équilibre*. Pour les points voisins, on peut négliger en présence de H_2 les fonctions d'un degré supérieur et l'équation de la surface de niveau se réduit à

$$V = V_0 + H_2.$$

La surface de niveau au point P_0 est tangente à un cône du second degré dont l'équation est $H_2 = 0$.

Si la fonction H_2 elle-même est nulle et que H_n soit la première fonction du développement qui ne s'évanouisse pas, l'équation

$$H_n = 0$$

est celle d'un cône du degré n tangent à la surface du niveau au point P_0. Ce cône sera formé de n nappes ou d'un nombre moindre, correspondant à un nombre égal de nappes de la surface de niveau.

Si les nappes du cône ne se coupent pas, il en est de même des surfaces de niveau et P_0 est un point d'équilibre isolé.

Si les nappes du cône se coupent, chaque ligne d'intersection est aussi l'intersection de nappes correspondantes de la surface de niveau et constitue une *ligne d'équilibre* qui aboutit au point P_0.

48. — *Si la surface de niveau au point* P_0 *est formée de deux nappes qui se coupent, l'intersection des nappes se fait à angle droit.*

Il est évident d'abord qu'en tout point de la ligne d'intersection la force est nulle, puisqu'elle ne peut être à la fois normale aux deux nappes. Si l'intersection a lieu à la surface d'un conducteur, il n'y a pas d'électricité aux points correspondants (**11**); c'est une *ligne neutre*.

D'un autre côté, prenons la tangente commune pour axe des z et l'axe des y tangent à l'une des nappes. Ces deux directions étant sur une surface de niveau, on a (**31**)

$$\left(\frac{\partial^2 V}{\partial z^2}\right)_0 = 0, \qquad \left(\frac{\partial^2 V}{\partial y^2}\right)_0 = 0.$$

La somme des trois dérivées secondes partielles devant être nulle, d'après le théorème de Laplace, il en résulte

$$\left(\frac{\partial^2 V}{\partial x^2}\right)_0 = 0,$$

c'est-à-dire que l'axe des x est aussi tangent à la surface de niveau ; les deux nappes se coupent donc à angle droit.

49. — Ce raisonnement suppose que la fonction H_2 est finie. Si cette fonction s'évanouit aussi, l'équation de Laplace se réduit toujours à

$$\left(\frac{\partial^2 V}{\partial x^2}\right)_0 + \left(\frac{\partial^2 V}{\partial y^2}\right)_0 = 0,$$

quand on prend pour axe des z la ligne d'intersection. Désignons par r la distance du point P à l'axe des z et posons

$$x = r\cos\theta,$$
$$y = r\sin\theta.$$

L'équation de Laplace devient

$$\left(\frac{\partial^2 V}{\partial r^2}\right) + \frac{1}{r}\cdot\frac{\partial V}{\partial r} + \frac{1}{r^2}\cdot\frac{\partial^2 V}{\partial \theta^2} = 0.$$

L'intégrale de cette équation, développée suivant les puissances croissantes de r, est

$$V = V_o + A_1 r \cos(\theta + \alpha_1) + A_2 r^2 \cos(2\theta + \alpha_2) \cdots + A_n r^n \cos(n\theta + \alpha_n).$$

Sur la ligne d'équilibre on a $A_1 = 0$. Si n est l'ordre du premier terme qui ne s'évanouit pas, il vient

$$V = V_o + A_n r^n \cos(n\theta + \alpha_n) + \cdots ;$$

l'équation de la surface tangente à la surface de niveau au point P_o se réduit à

$$\cos(n\theta + \alpha_n) = 0,$$

et représente n plans, passant par la ligne d'intersection, dont les angles successifs sont égaux à $\dfrac{\pi}{n}$.

Dans ce cas, *la surface de niveau est formée de n feuillets se coupant successivement sous l'angle $\dfrac{\pi}{n}$.*

Considérons, comme exemple, la surface d'un conducteur A chargée en partie d'électricité positive et d'électricité négative ; la ligne de séparation des deux couches est une *ligne neutre*. La force est nulle en un point quelconque de la *ligne neutre* et il y a dans le diélectrique une autre surface de niveau qui coupe normalement le conducteur le long de cette ligne. On remarquera que cette surface de niveau particulière sépare les lignes de force émanant du conducteur A de celles qui viennent y aboutir. On peut donc la considérer, au moins dans une partie de son étendue, comme une surface limite des lignes de force. Nous retrouverons cette propriété dans différents cas particuliers.

50. L'état d'équilibre est unique. — On peut remarquer, d'abord, que *la superposition de deux états d'équilibre est un état d'équilibre.*

En effet, dans chacun des deux états d'équilibre le potentiel est constant sur tous les conducteurs. La superposition des deux systèmes de couches électriques produit en chaque point un potentiel égal à la somme des potentiels relatifs aux deux états primitifs. Le potentiel est donc encore constant sur chacun des conducteurs et l'équilibre existe.

Il en résulte que, si l'on change dans un rapport constant la densité électrique en chaque point, on obtiendra un nouvel état d'équilibre, puisque l'opération revient à superposer deux ou plusieurs états d'équilibre identiques.

51. — *Un système de conducteurs* $A_1, A_2, A_3\ldots$, *dont les charges électriques sont toutes nulles séparément, est nécessairement à l'état neutre.*

Désignons, en effet, par V_1, V_2, $V_3\ldots$, les potentiels de ces différents conducteurs, et soit V_1, le plus grand.

Il ne peut y avoir dans le diélectrique aucun point où le potentiel soit plus élevé que V_1, puisqu'il n'y a pas de maximum de potentiel en dehors des masses agissantes. Le potentiel baisse donc dans tous les sens à partir du conducteur A_1, toutes les lignes de force émanent de ce conducteur et aucune n'y aboutit. Comme la somme des flux de force doit être nulle, puisque, par hypothèse, la charge totale de A_1 est nulle, on voit que tous les flux de force élémentaires sont nuls. La densité est donc nulle sur toute la surface et, par suite, le conducteur n'est pas électrisé.

Le conducteur A_1 étant à l'état neutre n'exerce aucune action sur les conducteurs voisins, on peut le supprimer et raisonner de la même manière sur le conducteur suivant A_2 : on démontrera ainsi successivement que tous les conducteurs sont à l'état neutre.

Supposons maintenant que les conducteurs A_1, A_2, $A_3\ldots$ ayant des charges M_1, M_2, $M_3\ldots$, différentes de zéro, il y ait deux états d'équilibre possibles, tels que les densités sur les conducteurs A_1, A_2, $A_3\ldots$, soient σ_1, σ_2, $\sigma_3\ldots$, dans le premier état et σ'_1, σ'_2, $\sigma'_3\ldots$, dans le second.

En changeant les signes de toutes les masses électriques du deuxième état, on aura encore un état d'équilibre, lequel, superposé au premier, donnera un nouvel état d'équilibre où la charge totale sera nulle sur chacun des conducteurs.

Dans ce cas, la densité doit être nulle partout, d'après la remarque précédente. On a donc

$$\sigma_1 = \sigma_1'.$$
$$\sigma_2 = \sigma_2'.$$
$$\sigma_3 = \sigma_3'.$$
$$\cdots\cdots$$

La distribution est donc la même dans les deux états, et par suite l'équilibre est unique. Si le système proposé comprenait des masses fixes, on pourrait toujours les supposer sur des conducteurs infiniment petits et rien ne serait changé aux raisonnements. Le théorème est donc général.

52. Théorèmes relatifs aux surfaces fermées. — *Si le potentiel est constant sur une surface fermée* S *ne renfermant pas de masse agissante, il est constant dans tout l'intérieur.*

En effet, le potentiel ne pourrait varier à l'intérieur de la surface S sans atteindre en un point une valeur maximum ou minimum, ce qui est impossible puisqu'il n'y a pas d'électricité (**15**).

Si la surface considérée est la surface extérieure d'un conducteur, on voit que le potentiel est constant, non seulement dans la masse du conducteur, ce qui est une conséquence déjà déduite des conditions de l'équilibre, mais dans les cavités que celui-ci peut renfermer.

53. — *Si une surface à potentiel constant comprend une portion du diélectrique, le potentiel est constant, non seulement dans l'espace intérieur, mais dans tout l'espace extérieur, en dehors des masses agissantes.*

En effet, le potentiel étant constant à l'intérieur, aucune ligne de force ne traverse la surface ; toutes celles qui pourraient la rencontrer devraient y naître ou s'y absorber, ce qui est impossible puisque la surface ne porte pas d'électricité. Aucune ligne de force ne rencontre donc la surface.

Puisqu'il n'y a aucune ligne de force rencontrant la surface, le potentiel est constant à l'extérieur dans son voisinage immédiat ; on peut donc tracer tout autour une nouvelle surface S' jouissant de la même propriété, sur laquelle on répétera le même raisonnement, et ainsi de suite indéfiniment, à la condition de se tenir toujours en dehors des masses agissantes.

51. — Ce dernier théorème a été démontré par Gauss, d'une manière différente, au moyen du lemme suivant :

Si une surface sphérique ne renferme aucune masse agissante, le potentiel au centre est la moyenne des valeurs du potentiel aux différents points de la surface.

En effet, soit R le rayon de la sphère, m une des masses agissantes située en un point A à une distance d du centre, et r la distance au point A d'un élément dS de la surface ; la valeur moyenne, sur la surface, du potentiel dû à la masse m a pour expression

$$V_m = \frac{\int \frac{m\, dS}{r}}{4\pi R^2} \, ;$$

la somme $\int \frac{m\, dS}{r}$ est la valeur en A du potentiel d'une couche homogène de densité m qui recouvrirait la sphère, elle est égale (**12**) à

$$\frac{4\pi R^2 m}{d}.$$

La valeur moyenne du potentiel sur la sphère est donc

$$V_m = \frac{m}{d},$$

c'est-à-dire, égale à la valeur du potentiel au centre.

Ce raisonnement s'étend évidemment à un nombre de masses quelconque.

Cela posé, supposons que dans une portion du diélectrique limitée par la surface S, le potentiel ait une valeur constante V ; si la valeur du potentiel était différente de V à l'extérieur, il serait toujours possible de tracer une sphère ayant son centre à l'intérieur de S et ne rencontrant à l'extérieur que des points où le potentiel aurait une valeur toujours plus grande ou toujours plus petite que V ; mais alors la valeur moyenne du potentiel sur la sphère serait différente de sa valeur au centre. Le potentiel à l'extérieur de la surface S ne peut donc être différent de V.

55. — *Lorsqu'une surface fermée S enveloppe toutes les masses agissantes et que, sur cette surface, le potentiel a une valeur constante V, il a en chacun des points extérieurs une valeur comprise entre V et zéro.*

Supposons V positif. Comme le potentiel est nul à l'infini, il ne peut avoir en un point P extérieur à la surface une valeur supérieure à V, sans quoi il y aurait quelque part un maximum de potentiel et, par suite, des masses électriques, ce qui est contraire à l'hypothèse. De même, le potentiel en P ne peut pas être plus petit que zéro, sans quoi il y aurait un minimum. Le potentiel à l'extérieur est donc compris entre V et zéro. Il ne peut même être égal à V, à moins que V lui-même ne soit nul. En effet, il ne peut être égal à V sans être un maximum par rapport aux points voisins ou sans faire partie d'une région à potentiel constant qui s'étendrait jusqu'à la surface S ; mais, dans ce dernier cas, d'après le théorème précédent, le potentiel serait constant dans tout le diélectrique et ne pourrait avoir que la valeur zéro, puisqu'il est nul à l'infini.

56. — *Une surface conductrice S qui renferme toutes les masses agissantes ne peut avoir d'électricité que d'une seule espèce.*

En effet, soit V le potentiel de la surface que nous supposerons positif. S'il y avait de l'électricité négative en un point A, des lignes de force aboutiraient à ce point, et il faudrait qu'il y eût quelque part un point extérieur P où le potentiel eût une valeur supérieure à V, ce qui est impossible d'après le théorème précédent.

57. — *Lorsque, dans un système en équilibre, un corps conducteur enveloppe diverses masses électriques, la somme algébrique des quantités d'électricité situées à l'intérieur et sur la surface interne du corps est nulle.*

Soient m, m', m'',... les masses comprises à l'intérieur du conducteur A (fig. 13) et M la masse de la couche répandue sur la surface interne S ; ajoutons qu'il peut y avoir de l'électricité sur la surface extérieure S′ et d'autres masses en dehors. Sur une surface fermée S_1 prise dans le conducteur et comprenant toutes les masses internes, la force est nulle en chaque point.

Le flux de force relatif à cette surface est donc nul et, par

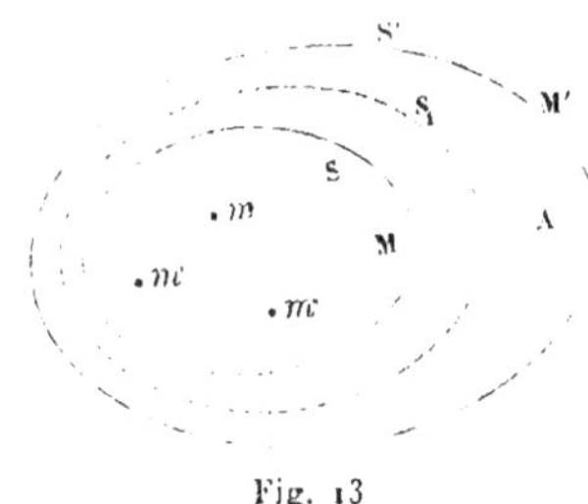

Fig. 13

conséquent, la somme algébrique des masses qu'elle renferme est nulle. On a donc

$$M + m + m' + m'' + \cdots = 0,$$

ou

$$M + \sum m = 0.$$

La couche M développée par influence sur la surface S est égale et de signe contraire à la somme algébrique des masses comprises dans la cavité. Cette couche *absorbe* le flux de force qui émane des masses intérieures. Le système de cette couche et des masses qu'elle comprend donne un potentiel nul et une action nulle en tout point extérieur.

Si le conducteur A est en communication avec le sol, son potentiel est nul ; si donc il n'y a pas d'autres masses agissantes que celles qui sont comprises dans la cavité, la surface extérieure S′ est à l'état neutre et le potentiel est nul partout en dehors de la cavité.

Une masse électrique M′ mise sur la surface S′ isolée y prend une distribution indépendante des masses intérieures. Elle produira un potentiel constant V′ dans toute l'étendue du conducteur A et des cavités qu'il renferme, et ce potentiel s'ajoutera en chaque point au potentiel déjà existant. La masse M' n'aura donc aucune influence sur l'équilibre des masses intérieures.

58. — S'il n'y a pas d'autres masses agissantes que celles qui sont comprises dans la cavité, et si le conducteur A était primitivement à l'état neutre, sa charge totale doit rester nulle ; en même temps qu'une couche M sur la surface intérieure S, il se développera une couche égale et contraire M' sur la surface extérieure S' et on aura,

$$M' = -M = m + m' + m'' \ldots = \sum m.$$

Cette couche M', égale à la somme algébrique des masses intérieures et de même signe, est en équilibre d'elle-même quelle que soit la position des masses intérieures.

On trouve ainsi la loi de Faraday : *La quantité d'électricité induite par un système électrique sur un corps conducteur qui l'enveloppe est égale à la quantité inductrice.*

59. — *L'action que des masses électriques données exercent à l'extérieur d'une surface fermée quelconque est la même que celle d'une couche de même masse répandue sur cette surface suivant une certaine loi.*

Soient $m', m', m'' \ldots$ ou $\sum m$ les masses données, que nous supposerons fixes comme si elles appartenaient à des corps non conducteurs ; une surface S de forme quelconque les renferme. Supposons que, pour un instant, nous remplacions cette surface par un feuillet matériel formant un conducteur infiniment mince relié au sol ; la surface interne de ce feuillet se recouvrira d'une masse $-M = -\sum m$ dont le potentiel pour tous les points extérieurs est égal et de signe contraire à celui de $\sum m$. Une couche $+M$ distribuée de la même manière sur la surface S aura donc partout à l'extérieur un potentiel égal et de même signe que celui des masses considérées $\sum m$.

En général, la couche M ne sera pas en équilibre d'elle-même, c'est-à-dire qu'elle n'aura pas la distribution qui résulterait de la forme de la surface et de l'action des masses extérieures ; les lignes de force ne la coupent pas normalement.

60. — *La couche* $+$ M *sera en équilibre d'elle-même, si la surface* S *est une surface de niveau du système primitif, en tenant compte des masses extérieures.*

Désignons par $\sum m'$ les masses extérieures. Les lignes de force du champ sont les mêmes à l'extérieur de S pour le système $\sum m$ et $\sum m'$ et pour le système M et $\sum m'$; ces lignes étant normales à S par hypothèse, la couche M qui la recouvre y est en équilibre et a un potentiel constant V.

On pourra donc, pour les points extérieurs, remplacer le système $\sum m$ par une masse égale en équilibre sur une surface de niveau qui l'entoure, la densité étant déterminée en chaque point par la condition

$$\sigma = \frac{F}{4\pi} = -\frac{1}{4\pi}\frac{dV}{dn}.$$

Cette substitution modifie toujours le champ à l'intérieur de la surface S ; dans le cas actuel, le potentiel intérieur est devenu constant et égal à V, puisqu'il est constant sur la surface et que la cavité ne renferme plus d'électricité.

Si le potentiel est constant, la force est nulle, le système extérieur $\sum m'$ et la couche M exercent donc en chaque point de l'intérieur de S des actions égales et contraires ; une couche $-$ M exercerait des actions égales et de même signe que celles de $\sum m'$. On peut donc, pour tous les points intérieurs à la surface de niveau S, substituer à l'action des masses extérieures celle d'une couche en équilibre égale aux masses intérieures et de signe contraire.

61. — Il en résulte les théorèmes suivants :

Si l'on considère une surface de niveau S dans un système électrique quelconque, on peut :

1° *Pour tous les points extérieurs, remplacer les masses in-*

térieures $\sum m$ *par une masse* M, *égale et de même signe, en équilibre sur cette surface ;*

2° *Pour les points intérieurs, remplacer les masses extérieures* $\sum m'$ *par la même masse* M *changée de signe, c'est-à-dire par une masse égale et contraire aux masses intérieures, cette couche étant encore en équilibre.*

62. Théorème de Gauss. — Étant donnés deux systèmes électriques, l'un formé de masses $m_1, m_2, m_3, \ldots$ et donnant un potentiel V, l'autre de masses $m'_1, m'_2, m'_3, \ldots$ et donnant un potentiel V', on aura identiquement

$$\sum m V' = \sum m' V,$$

c'est-à-dire que *la somme des masses élémentaires du premier système, multipliées respectivement par la valeur du potentiel du second système au point qu'elles occupent, est égale à la somme analogue relative aux masses du second système;* les sommes doivent être remplacées par des intégrales si les masses occupent une étendue finie.

Cette proposition est une identité et il suffit, pour s'en assurer, de remplacer les potentiels par leurs valeurs en fonction des masses et des distances. On voit alors que chacun des membres de l'équation est égal à la somme des produits obtenus en multipliant chaque masse d'un système par une masse de l'autre et divisant le produit par la distance qui les sépare.

Il suffirait aussi de remarquer que les sommes $\sum m' V$ et $\sum m V'$ désignent le travail qu'il faudrait dépenser pour amener respectivement en présence l'un de l'autre, depuis l'infini jusqu'à la position qu'ils occupent, les deux systèmes $\sum m$ et $\sum m'$ supposés rigides et, dans l'un et l'autre cas, ce travail est évidemment le même.

Lorsque les deux systèmes considérés sont des conducteurs $A_1, A_2, A_3, \ldots$ en équilibre, le potentiel est constant sur chaque conducteur, et si on désigne leurs masses totales par $M_1, M_2, M_3, \ldots$ et $M'_1, M'_2, M'_3 \ldots$, l'équation devient

$$M_1 V'_1 + M_2 V'_2 + M_3 V'_3 \ldots = M'_1 V_1 + M'_2 V_2 + M'_3 V_3 \ldots$$

63. Corollaires. — Les théorèmes suivants, comme l'a montré M. Bertrand, peuvent être considérés comme des corollaires du théorème de Gauss.

I. — *Si un conducteur* A *à l'état neutre, isolé ou non, est soumis à l'action d'une masse électrique m placée successivement en deux points* P *et* P' *du diélectrique, le potentiel dû à la charge induite en* A *sera le même au point* P' *dans le premier cas qu'au point* P *dans le second.*

Remarquons d'abord qu'on peut toujours considérer un point quelconque du diélectrique comme le centre d'une sphère conductrice infiniment petite, puisque la charge que prend cette sphère est toujours nulle, et donne toujours en son centre un potentiel égal à zéro.

Si le corps A est en communication avec le sol, on aura à considérer les deux états d'équilibre suivants :

		Potentiels.	Charges.
1°	Sphère P	U	m
	Sphère P'	V	o
	Corps A	o	x
2°	Sphère P	V'	o
	Sphère P'	U'	m
	Corps A	o	x'

Si l'on applique le théorème de Gauss à ces deux états, on obtient

$$mV' = mV,$$

ou

$$V = V'.$$

Si le corps A est isolé, son potentiel n'est pas égal à zéro, mais sa charge totale est nulle dans les deux états et le résultat final est le même.

II. — *Si, de deux conducteurs* A *et* B, *chacun est mis successivement en communication avec une source qui le porte au potentiel* V, *l'autre étant en communication avec le sol et par suite au potentiel zéro, la quantité d'électricité développée par influence sur le dernier est la même dans les deux cas.*

On a, en effet, dans le premier état

	Potentiel.	Charge.
A	V	x
B	o	$-M$

et, dans le second,

	Potentiel.	Charge.
A	o	$-M'$
B	V	x

Appliquant le théorème précédent, on obtient

$$M'V = MV,$$

ou

$$M' = M.$$

64. Théorème d'Earnshaw. — *Un corps électrisé ne peut pas être en équilibre stable dans un champ électrique.*

Soit un corps électrisé A placé dans un champ produit par des masses extérieures B, et supposons fixées toutes les masses, y compris celle de A.

Désignons par m la masse électrique d'un élément de volume de A en un point P où le potentiel des masses extérieures est V. L'énergie du corps dans le champ est

$$(1) \qquad W = \sum m V.$$

Pour qu'il y ait équilibre stable, il faut que dans une direction quelconque r la dérivée $\dfrac{\partial W}{\partial r}$ soit nulle ou positive.

Soient x, y, z, les coordonnées du point P ; ξ, η, ζ celles d'un point P_0 pris à l'intérieur du corps A, et a, b, c celles du point P par rapport à trois axes nouveaux parallèles aux premiers et passant par le point P_0 ; on aura

$$x = a + \xi,$$
$$y = b + \eta,$$
$$z = c + \zeta.$$

Le potentiel V peut être considéré comme une fonction de a, b, c et de ξ, η, ζ. Si le corps A est astreint à se déplacer parallèlement à lui-même, on aura

$$dx = d\xi,$$
$$dy = d\eta,$$
$$dz = d\zeta,$$

et, par suite

$$(2) \qquad \Delta V = \frac{\partial^2 V}{\partial x^2} + \frac{\partial^2 V}{\partial y^2} + \frac{\partial^2 V}{\partial z^2} = \frac{\partial^2 V}{\partial \xi^2} + \frac{\partial^2 V}{\partial \eta^2} + \frac{\partial^2 V}{\partial \zeta^2}.$$

Cette somme étant nulle pour chacun des termes mV du second membre de l'équation (1), puisque V représente le potentiel des masses extérieures, on aura aussi

$$\Delta W = \frac{\partial^2 W}{\partial \xi^2} + \frac{\partial^2 W}{\partial \eta^2} + \frac{\partial^2 W}{\partial \zeta^2} = 0.$$

L'énergie W est donc une fonction des coordonnées du point P_0, et cette fonction satisfait à l'équation de Laplace, tant que l'équation (2) est elle-même satisfaite. On peut supposer que le point P_0 reste compris à l'intérieur d'une sphère de rayon r assez petit pour que le corps considéré A ne rencontre aucune des masses extérieures. Pour tout déplacement parallèle à l'un des rayons de cette sphère, la variation d'énergie sera

$$dW = \frac{\partial W}{\partial r}\, dr.$$

Appliquons l'équation de Green (**33**) à la surface de cette sphère, nous aurons

$$\int \frac{\partial W}{\partial r}\, dS = \int \Delta W\, dv = 0.$$

L'intégrale $\int \frac{\partial W}{\partial r}\, dS$ devant être nulle, il en résulte que la dérivée $\frac{\partial W}{\partial r}$ est négative pour certaines directions et positive pour d'autres ; par conséquent le corps A n'est pas en équilibre, et il tend à se déplacer vers les régions pour lesquelles l'énergie W diminue.

Il y a équilibre si $\frac{\partial W}{\partial r}$ est toujours nul, c'est-à-dire si l'énergie est constante ou passe par un maximum ou un minimum absolu. On a alors

$$\frac{\partial W}{\partial \xi} = \frac{\partial W}{\partial x} = \sum m \frac{\partial V}{\partial x} = -\sum m X = 0,$$

et, de même.

$$\sum m Y = 0,$$
$$\sum m Z = 0.$$

Les composantes X, Y, Z de la force du champ produit par les masses extérieures peuvent être développées en fonction des puissances croissantes des coordonnées a, b, c, et des composantes X_o, Y_o, Z_o relatives au point P_o, ce qui donne

$$X = X_o + H_1 + H_2 + \cdots\cdots + H_n + \cdots\cdots,$$

$H_1, H_2, \ldots H_n\ldots$ étant des fonctions des degrés 1, $2\ldots n\ldots$ des coordonnées a, b et c.

Il vient alors

$$\sum m X = \sum m (X_o + H_1 + H_2 + \cdots\cdots + H_n) = 0.$$

Pour que cette équation soit satisfaite, il est nécessaire que tous les coefficients du développement soient nuls ; cela exige d'abord que toutes les dérivées de X soient nulles, puisque la position du point P_0 est arbitraire, et ensuite qu'on ait

$$X_0 \sum m = 0.$$

Il faut donc, ou que la masse totale $\sum m$ du corps A soit nulle, ou que les composantes X_0, Y_0 et Z_0 de la force soient nulles elles-mêmes.

Ainsi, pour qu'un corps électrisé soit en équilibre dans un champ électrique, il faut, ou que la force du champ soit nulle, ou que le champ soit uniforme, avec la condition que la somme algébrique des masses électriques que possède le corps soit nulle.

Nous avons supposé pour cette démonstration que l'électricité était fixée sur le corps A et que les masses extérieures formaient elles-mêmes un système rigide. Le théorème s'applique, à plus forte raison, au cas où le système renfermerait des corps conducteurs. Si l'équilibre stable n'existe pas quand on introduit des liaisons dans le système, il existe encore moins lorsqu'on supprime ces liaisons, par exemple, lorsque les corps électrisés sont en partie conducteurs, ce qui laisse plus de jeu au déplacement des masses électriques.

CHAPITRE QUATRIÈME

ÉQUILIBRE ÉLECTRIQUE

65. Conditions d'équilibre des conducteurs. — Le problème général de l'équilibre électrique, quand il ne s'agit que de conducteurs, peut s'énoncer ainsi :

Les conducteurs étant donnés de forme et de position, les uns isolés, les autres en communication avec le sol, les premiers chargés d'une quantité donnée d'électricité, déterminer le potentiel en chaque point.

En d'autres termes, le problème revient à déterminer une fonction V des coordonnées qui satisfasse aux conditions suivantes :

1° La fonction doit devenir nulle à l'infini et prendre une valeur constante sur chacun des conducteurs, cette valeur étant zéro sur tous les conducteurs en communication avec le sol.

2° La somme des trois dérivées secondes partielles de la fonction doit être nulle dans toute l'étendue des diélectriques et à l'intérieur des conducteurs, puisque la densité électrique est nulle en tous ces points.

3° En chaque point de la surface des conducteurs la densité superficielle est déterminée par l'équation

$$\sigma = -\frac{1}{4\pi}\frac{dV}{dn},$$

de sorte que la charge totale M de l'un des conducteurs a

pour expression

$$M = \int \sigma\, dS = -\frac{1}{4\pi} \int \frac{dV}{dn}\, dS.$$

Ces trois conditions sont suffisantes, puisqu'elles déterminent un état d'équilibre satisfaisant aux données de la question, et qu'il n'y a pour le système qu'un seul état d'équilibre.

Ce problème présente le plus souvent de grandes difficultés au point de vue mathématique, et on n'en connaît pas de solution générale. Il n'a été résolu d'une manière complète que dans quelques cas particuliers, dont nous étudierons plus loin les principaux; mais on peut déduire de l'énoncé général un certain nombre de propriétés remarquables.

66. Remarques générales. — Supposons d'abord que, parmi tous les conducteurs en présence A_1, A_2… A_n, un seul A_1, étant isolé, ait reçu une charge M, et que tous les autres soient en communication avec le sol.

Lorsque l'équilibre est établi, le potentiel a une valeur constante V_1 sur A_1, et il est nul sur tous les autres conducteurs. Supposons $V_1 > 0$.

Dans toute l'étendue du diélectrique le potentiel ne peut être ni supérieur à V_1 ni inférieur à zéro, et il est compris entre V_1 et 0 (**55**). Il en résulte que les conducteurs en communication avec le sol ne possèdent que de l'électricité négative; car si leur surface présentait des régions positives, il en partirait des lignes de force qui se dirigeraient vers des points où le potentiel serait plus faible, c'est-à-dire négatif, et ces points n'existent pas.

Toutes les lignes de force du champ émanent donc exclusivement du conducteur A_1; les unes vont aboutir aux conducteurs en communication avec le sol, les autres s'éloignent indéfiniment.

Il en résulte que la charge négative de ces conducteurs est une fraction seulement de celle qui existe sur A_1; les deux charges ne seraient égales que si l'un des conducteurs en communication avec le sol entourait complètement A_1.

67. — Supposons maintenant qu'il y ait en présence du conducteur A_1 d'autres conducteurs isolés A_2, A_3, ……, d'abord à l'état neutre et dont la charge totale est, par suite, restée nulle.

Le potentiel est encore positif et plus petit que V_1 dans toute l'étendue du diélectrique. Il a une valeur constante sur chacun des autres conducteurs; cette valeur est positive, puisque tous les conducteurs ont une partie de leur surface chargée d'électricité positive, qu'il en émane, par conséquent, des lignes de force, et que ces lignes de force se propagent vers des régions où le potentiel est partout positif.

Soit A_2 celui des conducteurs isolés dont le potentiel V_2 est le plus élevé; une portion de sa surface est négative, il reçoit donc des lignes de force. Aucune de ces lignes de force ne lui vient du sol, ni, par hypothèse, des autres conducteurs, dont le potentiel est plus faible; toutes proviennent donc du conducteur A_1, et par suite V_2 est plus petit que V_1. Comme, d'ailleurs, les lignes de force reçues par A_2 ne forment pas la totalité de celles qui sont émises par A_1, chacune des couches positive et négative qui forment la charge nulle de A_2 est plus petite que la charge totale de A_1.

On raisonnerait de même pour tous les autres conducteurs; ainsi, le suivant par ordre de grandeur du potentiel, A_3 par exemple, reçoit des lignes de force de A_1 et de A_2, et ces dernières peuvent être considérées comme provenant indirectement de A_1. Sur chacun des conducteurs isolés, la charge négative est donc moindre que la charge positive de A_1, à moins que l'un d'eux ne forme une surface fermée enveloppant complètement le conducteur A_1.

68. Relations entre les charges et les potentiels. — Désignons toujours par A_1, A_2... A_n les conducteurs, et soient M_1, M_2.... M_n leurs charges respectives et V_1, V_2... V_n les potentiels correspondants.

Supposons d'abord tous les conducteurs isolés, à l'état neutre et au potentiel zéro. Si nous donnons à l'un d'eux, A_1, une charge positive égale à l'unité, son potentiel devient z_{11} et ceux des autres conducteurs sont respectivement z_{21}, z_{31}... z_{n1}. Si, au lieu d'une charge égale à l'unité, on donnait à A_1 la charge M_1, tous les potentiels seraient multipliés par M_1; ils seraient $z_{11}M_1$, $z_{21}M_1$... $z_{n1}M_1$. Supposons qu'on décharge A_1

et qu'on donne à A_2 la charge M_2, les potentiels deviendront $\alpha_{12}M_2$, $\alpha_{22}M_2 \ldots \alpha_{n2}M_2$; et ainsi de suite. Or l'état final, quand tous les conducteurs reçoivent simultanément leurs charges respectives, est la superposition de tous les états obtenus ainsi successivement; on aura donc, pour exprimer le potentiel de chacun des conducteurs, une équation de la forme

$$(\text{1}) \qquad V_p = \alpha_{p1}M_1 + \alpha_{p2}M_2 \ldots \alpha_{pn}M_n,$$

et, par suite, n équations semblables pour le système total.

On en conclut le théorème suivant :

Dans un système électrique quelconque en équilibre, les potentiels des divers conducteurs peuvent s'exprimer linéairement en fonction des charges.

Parmi les n^2 coefficients des équations (1), le coefficient α_{pp} exprime le potentiel du conducteur A_p quand il est chargé de l'unité d'électricité, tous les autres étant à l'état neutre; un coefficient tel que α_{qp} désigne le potentiel que prend, en même temps, un des conducteurs tels que A_q.

Il est facile de voir que ces derniers coefficients satisfont à la relation

$$(\text{2}) \qquad \alpha_{pq} = \alpha_{qp}.$$

En effet, considérons les deux états successifs où chacun des conducteurs A_p et A_q est seul chargé de l'unité d'électricité, tous les autres étant à l'état neutre; l'application du théorème de Gauss (**62**) donne immédiatement la relation (2).

La remarque faite plus haut (**67**) montre que tous les coefficients α sont positifs et qu'un coefficient tel que α_{qp} n'est jamais supérieur à α_{pp} ou α_{qq}.

69. — Si l'on résout les équations (1) par rapport aux charges, on aura n équations de la forme

$$(\text{3}) \qquad M_p = \gamma_{p1}V_1 + \gamma_{p2}V_2 \ldots + \gamma_{pn}V_n,$$

contenant n^2 coefficients dont la signification est évidente.

Le coefficient γ_{pp} exprime la charge qu'il faut donner au conducteur A_p pour le porter au potentiel *un*, tous les autres étant au potentiel zéro. Ce coefficient, qui joue un grand rôle dans la théorie de l'électricité, est appelé la *capacité* du conducteur A_p; nous y reviendrons dans un instant. Un coefficient tel que γ_{qp} exprime la charge que prend, en même temps, par induction, le conducteur A_q en communication avec le sol; on pourrait l'appeler le *coefficient d'électricité induite* sur A_q par A_p.

L'application du théorème de Gauss, dans le cas de deux états successifs où chacun des conducteurs A_p et A_q est porté au potentiel *un*, les autres communiquant avec le sol, montre que ces coefficients sont encore égaux deux à deux et qu'on a la relation

$$(4) \qquad \gamma_{pq} = \gamma_{qp},$$

qui n'est qu'une extension du théorème démontré plus haut (**63**) pour deux conducteurs.

Si on se reporte à la remarque du n° **66**, il est facile de voir que, tandis que les coefficients γ_{pp}, qui expriment les capacités, sont tous positifs, les coefficients d'électricité induite, tels que γ_{pq}, sont tous négatifs; de plus, que la somme de tous ceux qui sont relatifs à l'induction exercée par un même conducteur n'est jamais supérieure, en valeur absolue, à la capacité de ce conducteur lui-même. Par exemple, on a

$$\gamma_{pp} > - [\gamma_{1p} + \gamma_{2p} \cdots \cdots + \gamma_{np}].$$

à moins que l'un des conducteurs A_q en communication avec le sol n'enveloppe complètement le conducteur A_p. Dans ce cas, on aurait

$$\gamma_{pp} = - \gamma_{qp},$$

et les $n-2$ autres coefficients relatifs au conducteur A_p, γ_{1p}, $\gamma_{2p} \cdots \cdots \gamma_{np}$, seraient nuls.

70. Analogies du problème de l'équilibre électrique. — Il est intéressant de rapprocher du problème que nous venons de traiter, deux autres problèmes relatifs à des phénomènes tout différents, mais qui, au point de vue analytique, présentent l'analogie la plus complète : celui de la propagation uniforme de la chaleur dans un milieu homogène et celui du mouvement permanent d'un liquide incompressible et sans frottement.

En résumé, le problème électrique est caractérisé par l'existence d'une fonction des coordonnées V qui, s'annulant à l'infini, a une valeur constante sur chacun des conducteurs, et satisfait pour tout point du diélectrique à la relation

$$\Delta V = 0,$$

dont la signification physique est très simple. X, Y et Z étant les composantes de la force en un point P, la quantité

$$\Delta V = -\left(\frac{\partial X}{\partial x} + \frac{\partial Y}{\partial y} + \frac{\partial Z}{\partial z}\right)$$

représente le flux total de force qui sort d'un élément de volume pris en ce point, et l'équation $\Delta V = 0$ exprime que ce flux est nul dans le diélectrique ou à l'intérieur d'un conducteur, c'est-à-dire là où il ne se trouve pas d'électricité.

Imaginons maintenant que, dans un problème d'électricité statique, on remplace le milieu isolant par un milieu conducteur de la chaleur homogène et *isotrope*, c'est-à-dire qui jouisse des mêmes propriétés dans toutes les directions, et chacun des conducteurs électrisés par des sources qui dégagent ou absorbent de la chaleur, de manière à maintenir sur les surfaces des températures constantes, égales respectivement en valeur numérique aux potentiels primitifs, de sorte que pour chacun de ces conducteurs on ait $t = V$.

Une fois l'équilibre établi, chaque point du milieu sera à une température déterminée et on pourra tracer des surfaces *isothermes*, c'est-à-dire d'égale température ou d'égal niveau thermique. Il est évident que la température d'un point P compris entre deux surfaces isothermes S et S' est indépendante de la situation des sources, et qu'elle resterait la même, ces sources étant supprimées, si on maintenait constantes d'une autre manière les températures t et t' de ces deux surfaces.

L'hypothèse de Fourier consiste d'abord à admettre, ce que l'on peut considérer comme la simple traduction des faits, que la chaleur se propage de proche en proche, que l'état thermique d'un point n'a d'influence sensible que sur les points très voisins et que les points les plus chauds tendent à élever la température des points les plus froids. Fourier admet, en outre, ce qui est moins évident, que les échanges de chaleur ne dépendent que des différences de température et non de leurs valeurs absolues.

Le flux de chaleur qui traverse un élément dS d'une surface isotherme S (fig. 14) est, par raison de symétrie, normal à cette surface et à toutes les surfaces isothermes qu'il rencontre. Le flux de chaleur dQ qui, dans l'unité de temps, va de l'élé-

Fig. 14

ment dS à l'élément dS' infiniment voisin, est proportionnel à la surface dS, à la différence infiniment petite de température $t - t'$, à un coefficient h qui ne dépend que de la nature du milieu, enfin à une fonction de la distance de ces éléments.

On peut donc écrire

$$dQ = h\,dS\,\frac{t-t'}{\varphi(e)}.$$

Si l'on considère une surface intermédiaire S_1 à la température t_1, le flux de chaleur qui va de dS en dS' passe d'abord par l'élément dS_1 à la distance e_1, ce qui donne

$$dQ = h\,dS\,\frac{t-t_1}{\varphi(e_1)} = h\,dS\,\frac{t-t'}{\varphi(e)}.$$

Comme les différences de température $t - t_1$ et $t - t'$ sont proportionnelles aux distances normales, par raison de continuité, la fonction φ est simplement proportionnelle à la distance. Le flux de chaleur entre deux éléments correspondants infiniment voisins, en appelant dt la variation de température comptée dans le sens du flux de chaleur et dn la distance des éléments, peut donc être exprimée par la formule suivante :

$$dQ = - k\,dS \frac{dt}{dn}.$$

Le coefficient k est le *coefficient de conductibilité* du milieu. Il représente le flux de chaleur par unité de surface entre deux plans parallèles distants de l'unité et dont la différence de température serait de $1°$.

Dans le cas actuel, le flux par unité de surface en chaque point a pour valeur

$$Q = - k \frac{dt}{dn};$$

il est proportionnel à la dérivée du potentiel par rapport à la normale à la surface de niveau correspondante.

Le flux de chaleur est le même au travers d'un élément dA d'une surface quelconque A limité au même canal. En appelant θ l'angle que fait cet élément avec la surface de niveau et da la portion de la normale à l'élément dA comprise entre les surfaces S et S', on a

$$dQ = - k\,dA \cos\theta \frac{dt}{dn} = - k\,dA \frac{dt}{dn}\cdot\frac{dn}{da} = - k\,dA \frac{\partial t}{\partial a}.$$

Le flux de chaleur au travers d'un élément de surface quelconque est donc proportionnel à la dérivée partielle de la température dans le milieu par rapport à la normale à cette surface.

Puisque l'équilibre est établi, le flux total de chaleur correspondant à une surface fermée quelconque ne renfermant pas de sources doit être nul. Soient u, v et w les composantes du flux en un point P, et $dx\,dy\,dz$ un élément de volume au même point; le flux qui entre par l'une des surfaces $dy\,dz$ est $u\,dy\,dz$, celui qui sort par la surface opposée est égal à $\left(u + \dfrac{\partial u}{\partial x}\,dx\right)dy\,dz$, la différence est $dx\,dy\,dz\,\dfrac{\partial u}{\partial x}$; le flux total correspondant à la surface entière de l'élément est donc

$$dx\,dy\,dz\left(\frac{\partial u}{\partial x} + \frac{\partial v}{\partial y} + \frac{\partial w}{\partial z}\right);$$

comme ce flux doit être nul, il en résulte

$$\frac{\partial u}{\partial x} + \frac{\partial v}{\partial y} + \frac{\partial w}{\partial z} = -\Delta t = 0.$$

Il est évident d'ailleurs que l'action du système n'est plus sensible à de grandes distances et que la température t qu'il détermine est nulle à l'infini.

La fonction t satisfait donc, pour chaque point du milieu et pour les limites, aux mêmes conditions que la fonction V. On voit, de plus, que si la constante k est égale à l'unité, les valeurs numériques du flux de force électrique et du flux de chaleur pendant l'unité de temps sont en chaque point identiques dans les deux problèmes.

71. — Considérons maintenant le problème correspondant d'hydrodynamique. Supposons que l'espace occupé primitivement par le diélectrique soit rempli par un liquide incompressible et sans frottement; supposons, en outre, que les conducteurs soient remplacés par des surfaces poreuses de telle sorte que le liquide ait en chaque point de leur surface une vitesse normale et égale à la valeur primitive de la force électrique au même point. L'ensemble des trajectoires des molécules qui ont traversé au même instant l'élément dS de la surface d'un conducteur forment un *filet liquide*, qui s'en détache normalement et présente le même débit dans toutes les sections. Comme il n'y a nulle part accumulation de liquide, le flux qui pénètre dans un élément de volume $dx\,dy\,dz$

pris en un point quelconque P est égal à celui qui en sort; or, si on désigne par u, v, w les composantes de la vitesse au point P, cette condition s'exprime par l'équation

$$\frac{\partial u}{\partial x} + \frac{\partial v}{\partial y} + \frac{\partial w}{\partial z} = 0.$$

Le mouvement est d'ailleurs insensible à l'infini ; on voit donc que la vitesse en chaque point dépend d'une fonction des coordonnées satisfaisant aux mêmes conditions que le potentiel ou la température. Partout les lignes de flux coïncideront avec les lignes de force du problème électrique correspondant et en chaque point la force électrique et la vitesse du liquide auront la même valeur numérique.

La corrélation que nous venons d'établir présente un grand intérêt ; car, s'il est clair que les difficultés analytiques sont exactement les mêmes dans les trois espèces de problèmes, il n'en est pas moins vrai que certaines conséquences se présentent d'une façon plus naturelle dans un ordre d'idées que dans un autre et il est évident que tout résultat obtenu dans un cas peut être immédiatement transporté, avec sa traduction spéciale, dans les deux autres. On en trouvera plusieurs exemples par la suite.

72. Capacités électriques. — Nous avons appelé **(69)** *capacité d'un conducteur, la charge qu'il faut lui communiquer pour le porter au potentiel un, quand tous les conducteurs qui l'entourent sont en communication avec le sol.*

Il résulte de cette définition que la capacité d'un conducteur dépend non seulement de sa forme, mais de la forme et de la position de tous les conducteurs qui l'entourent.

Nous représenterons cette constante par la lettre C. Si, les conditions restant les mêmes, on donne au conducteur une charge M, son potentiel sera évidemment, en vertu du principe de la superposition des états d'équilibre,

$$V = \frac{M}{C};$$

on en déduit

$$M = CV.$$

Le problème qui consiste à déterminer la capacité d'un conducteur, dans une circonstance donnée, revient à chercher l'état de l'équilibre du système formé par le conducteur en question et tous les conducteurs qui l'entourent, ceux-ci étant en communication avec le sol; il se confond donc avec le problème général de l'équilibre.

Le mot *capacité* a été emprunté, par analogie, à la théorie de la chaleur; mais il est important de remarquer que, tandis que la capacité calorifique d'un corps ne dépend que de la nature et du poids de ce corps, la capacité électrique d'un conducteur ne dépend ni de sa nature, ni de son poids, mais seulement de sa forme extérieure et de la forme et de la position de tous les conducteurs voisins. La capacité électrique n'est donc point, comme la capacité calorifique, une constante fixe pour le corps considéré.

73. Sphère. — Considérons une sphère conductrice extrêmement éloignée de tout autre conducteur. Soit R son rayon, M sa charge. Par raison de symétrie, cette charge forme à la surface une couche uniforme; elle satisfait d'ailleurs aux conditions d'équilibre, car son action sur tout point intérieur est nulle (**11**). Le potentiel est donc constant dans tout l'intérieur: sa valeur au centre est $\dfrac{M}{R}$; par suite,

$$V = \frac{M}{R} \quad \text{ou} \quad M = RV.$$

La capacité de la sphère est donc

$$C = R;$$

elle est égale au rayon. Cet exemple fait voir que la capacité électrostatique d'un conducteur est une quantité *linéaire*.

74. Ellipsoïde. — Si un conducteur terminé par la surface d'un ellipsoïde est couvert d'une couche électrique homogène limitée elle-même par une seconde surface ellipsoïdale concentrique et homothétique à la première, l'action de la couche sur un point intérieur quelconque P est nulle.

Supposons, en effet, cette couche très mince et menons par le point P (fig. 15) un cône infiniment petit $d\omega$, qui découpe en M à la distance u un élément de surface dS et dans la couche un élément de volume dont la hauteur suivant le rayon vecteur est du. L'action en P de cet élément de volume est dirigée suivant le rayon vecteur et a pour valeur, en appelant ρ la densité,

$$\frac{\rho . u^2 d\omega . du}{u^2} = \rho \, d\omega \, du.$$

L'action de l'élément opposé situé en M′ est aussi $\rho \, d\omega \, du'$.

Fig. 15

Comme les hauteurs du et du' sont égales et les forces directement opposées, leur résultante est nulle; il en est de même pour tous les éléments de surface deux à deux et l'action de la couche entière sur le point P est nulle. Une couche électrique distribuée suivant cette loi sur un ellipsoïde sera donc en équilibre et aura à l'intérieur un potentiel constant.

Soit $(1 + \alpha)$ le rapport de similitude des deux surfaces supposées très voisines. L'épaisseur de la couche en un point N est proportionnelle à la distance des plans tangents aux deux points homologues N et N′, et égale à $p\alpha$, p désignant la perpendiculaire OQ abaissée du centre commun O sur le plan tangent en N; la densité superficielle σ a pour valeur

$$\sigma = \rho p \alpha.$$

L'ellipsoïde étant représenté par l'équation

$$\frac{x^2}{a^2}+\frac{y^2}{b^2}+\frac{z^2}{c^2}=1,$$

la masse totale d'électricité est

$$\mathrm{M}=\frac{4}{3}\pi abc\,(1-z)^3\cdot1\,]\rho=4\pi abc\rho z.$$

On en déduit

$$z=\frac{\mathrm{M}}{4\pi abc}\cdot P=\frac{\mathrm{M}}{4\pi abc}\cdot\frac{1}{\sqrt{\dfrac{x^2}{a^4}+\dfrac{y^2}{b^4}+\dfrac{z^2}{c^4}}}.$$

Le potentiel intérieur étant constant, il suffit d'en calculer la valeur au centre. On a donc, en appelant r le rayon ON,

$$\mathrm{V}=\int\frac{z\,d\mathrm{S}}{r}=\frac{\mathrm{M}}{4\pi abc}\cdot\int\frac{p\,d\mathrm{S}}{r},$$

et la capacité de l'ellipsoïde est donnée par l'équation

$$\frac{1}{\mathrm{C}}=\frac{1}{4\pi abc}\int\frac{p\,d\mathrm{S}}{r}.$$

75. — Pour un ellipsoïde à trois axes inégaux, la capacité est une fonction elliptique, mais elle peut être obtenue facilement dans le cas d'un ellipsoïde de révolution.

Prenons comme élément de surface $d\mathrm{S}$ la zone décrite par un élément ds de la courbe méridienne et supposons que l'axe a soit l'axe de rotation. On a alors

$$d\mathrm{S}=2\pi y\,ds=\frac{2\pi y\,dx}{\left(\dfrac{dx}{ds}\right)}=\frac{2\pi y\,dx}{\dfrac{p}{b^2}}=\frac{2\pi b^2}{p}dx,$$

ou

$$p\,d\mathrm{S}=2\pi b^2\,dx.$$

Cette relation montre déjà que la charge totale d'électricité est la même sur toutes les zones d'égale hauteur. Sur un ellipsoïde très allongé en forme de double pointe, on peut donc dire que la densité linéaire est constante (1).

On en déduit, pour la capacité de l'ellipsoïde,

$$\frac{1}{C} = \frac{1}{4\pi abc} \int \frac{p\,dS}{r} = \frac{1}{2a} \int \frac{dx}{\sqrt{x^2 + y^2}}.$$

Si l'ellipsoïde est de révolution autour du grand axe, on a, en appelant e l'excentricité et C_1 la capacité,

$$\frac{1}{C_1} = \frac{1}{2a} \int_{-a}^{+a} \frac{dx}{\sqrt{b^2 + e^2 x^2}} = \frac{1}{2ae} \left\{ l.\left[ex + \sqrt{b^2 + e^2 x^2} \right] \right\}_{-a}^{+a}$$
$$= \frac{1}{2ae} l. \frac{1+e}{1-e}.$$

Si l'ellipsoïde est de révolution autour du petit axe b, la capacité C_2 est alors

$$\frac{1}{C_2} = \frac{1}{2b} \int_{-b}^{+b} \frac{dy}{\sqrt{a^2 - \frac{a^2 e^2}{b^2} y^2}} = \frac{1}{2ae} \left[\arcsin \frac{ey}{b} \right]_{-b}^{+b} = \frac{\arcsin e}{ae}.$$

Chacune de ces formules donne

$$C_1 = C_2 = a,$$

lorsque l'excentricité est nulle, c'est-à-dire quand l'ellipsoïde devient une sphère.

***

(1) Cette remarque permet d'expliquer le *pouvoir des pointes*. Sur un ellipsoïde très allongé en forme de double pointe, on voit que la densité superficielle est en raison inverse du diamètre et croît toujours à mesure qu'on s'approche de l'extrémité. Si le pouvoir isolant de l'air était lui-même sans limite, la densité et la tension, qui est proportionnelle au carré de la densité, pourraient croître jusqu'à l'infini. Mais en réalité, quand pour une pression donnée de l'air la tension a atteint une certaine valeur, l'électricité passe du conducteur sur les masses d'air qui l'entourent, et celles-ci chargées d'électricité s'échappent d'abord suivant la direction des lignes de force en produisant les phénomènes connus du *vent électrique* et de l'*aigrette*.

76. — Un plateau elliptique peut être considéré comme un ellipsoïde très aplati. On a alors, à la limite,

$$\lim.\left(\frac{p}{c}\right)=\frac{1}{\sqrt{1-\frac{x^2}{a^2}-\frac{y^2}{b^2}}}.$$

La densité sur le plateau a pour expression

$$\sigma=\frac{M}{4\pi ab}\,\frac{1}{\sqrt{1-\frac{x^2}{a^2}-\frac{y^2}{b^2}}},$$

et l'on voit que les lignes d'égale densité sont des ellipses concentriques et homothétiques.

Pour un plateau circulaire on a simplement, à une distance r du centre,

$$\sigma=\frac{M}{4\pi a^2}\cdot\frac{1}{\sqrt{1-\frac{r^2}{a^2}}}=\frac{M}{4\pi a\sqrt{a^2-r^2}},$$

et la capacité du plateau se réduit à

$$C=\frac{2a}{\pi}=\frac{a}{1,571}.$$

77. Sphères concentriques. — Supposons qu'une sphère conductrice soit entourée d'un conducteur terminé par deux surfaces sphériques concentriques à la première.

Soit R le rayon de la sphère A (fig. 16), R_1 et R_2 ceux de l'enveloppe concentrique B, que nous supposerons d'abord isolée. Si la sphère A reçoit une charge électrique M, l'enveloppe B prend (58) une charge égale à $-M$ sur sa surface intérieure S_1 et une charge $+M$ sur sa surface extérieure S_2. Le potentiel au centre de la sphère A a évidemment pour valeur

$$V=\frac{M}{R}-\frac{M}{R_1}+\frac{M}{R_2}=M\left[\frac{1}{R}-\left(\frac{1}{R_1}-\frac{1}{R_2}\right)\right].$$

La capacité C de la sphère intérieure étant la charge qui correspond à $V = 1$, on a

$$\frac{1}{C} = \frac{1}{R} - \left(\frac{1}{R_1} - \frac{1}{R_2} \right).$$

Les deux couches, $+ M$ sur la sphère A et $- M$ sur la surface S_1, ont un potentiel nul à l'extérieur. Le potentiel V_1 de l'enveloppe B dépend donc seulement de la couche exté-

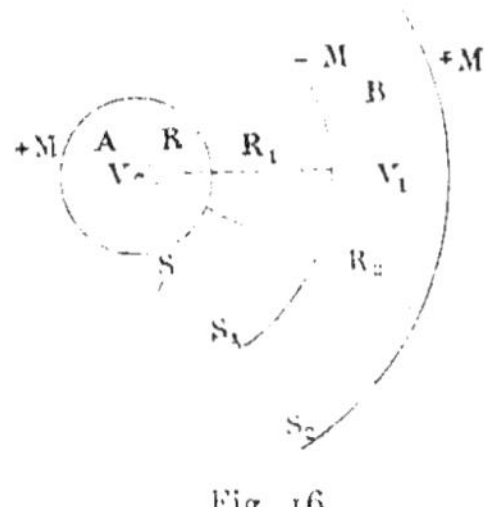

Fig. 16

rieure $+ M$ et il est le même qu'au centre de la sphère S_2 supposée homogène, ce qui donne

$$V_1 = \frac{M}{R_2}.$$

Si l'enveloppe B communique avec le sol, son potentiel devient nul, la charge extérieure $+ M$ disparaît et la capacité de la sphère est alors

$$\frac{1}{C} = \frac{1}{R} - \frac{1}{R_1} = \frac{e}{RR_1}.$$

en appelant e l'épaisseur du diélectrique.

Si l'épaisseur du diélectrique est petite par rapport au rayon de la sphère, on peut négliger la différence entre R_1 et R, et prendre $\frac{R^2}{e}$ au lieu de $\frac{RR_1}{e}$ pour la capacité. Si l'on exprime cette capacité en fonction de la surface S de la sphère, on obtient

$$C = \frac{R^2}{e} = \frac{4\pi R^2}{4\pi e} = \frac{S}{4\pi e}.$$

La charge nécessaire pour porter la sphère au potentiel V a pour expression

$$M = \frac{SV}{4\pi e}.$$

On voit que, dans tous les cas, l'enveloppe concentrique, augmentant la capacité de la sphère, a pour effet de diminuer le potentiel relatif à une charge donnée ou, inversement, d'augmenter la charge relative à un potentiel donné.

78. Condensateurs. — La présence de l'enveloppe permet donc d'accumuler ou de condenser sur la sphère A, pour un même potentiel, une quantité d'électricité plus grande que si cette enveloppe n'existait pas. Le même effet serait produit sur un conducteur quelconque A par la présence d'un second conducteur B en communication avec le sol, ou isolé mais avec une charge nulle, puisque ce conducteur diminue la valeur du potentiel de A pour une charge donnée. On donne le nom de *condensateur* à un ensemble de conducteurs séparés par un diélectrique et disposés de manière à augmenter dans une proportion notable la capacité de l'un d'eux. Dans le cas actuel, la sphère et son enveloppe constituent ce qu'on appelle les *armatures* du condensateur, la sphère A étant le *collecteur* et l'enveloppe B le *condenseur*.

La *force condensante* d'un condensateur est le rapport qui existe entre la charge du collecteur lorsqu'il fait partie de l'appareil de condensation, et la charge qu'il prendrait pour le même potentiel, s'il était éloigné de tout autre conducteur; c'est donc le rapport des capacités du collecteur dans ces deux circonstances. Dans le condensateur sphérique à surfaces concentriques, dont l'armature extérieure communique au sol, la force condensante a pour valeur

$$\frac{C}{R} = \frac{R}{e}.$$

La force condensante ne présente d'ailleurs aucun intérêt dans les applications ; la seule grandeur qu'il importe de connaître, c'est la capacité d'un condensateur.

79. Bouteille de Leyde. — On appelle *bouteille de Leyde* un flacon de verre dont on a couvert par une feuille métallique la surface intérieure et la surface extérieure, en laissant le verre à nu au voisinage de l'ouverture, pour que les feuilles métalliques ne communiquent pas entre elles. Une tige conductrice passant par le goulot de la bouteille correspond avec l'armature intérieure.

L'ensemble de ces deux surfaces conductrices et de la lame diélectrique constitue un condensateur presque fermé.

Le problème précédent correspond au cas d'une bouteille sphérique d'épaisseur constante ; la petite zone qu'on est obligé de supprimer sur la surface extérieure, pour permettre

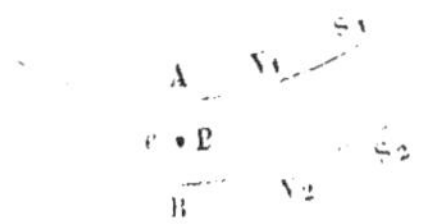

Fig. 17

la communication avec l'intérieur, n'a qu'une influence négligeable ; la capacité est donc représentée par $\dfrac{S}{4\pi e}$ et la charge par la formule

$$M = \frac{SV}{4\pi e}.$$

Il est facile de voir que cette formule s'applique également à une bouteille de Leyde de forme quelconque, d'épaisseur constante très petite, dont les armatures couvrent toute la surface à l'intérieur et à l'extérieur.

Soient S_1 et S_2 (fig. 17) les surfaces opposées des deux armatures, V_1 et V_2 leurs potentiels. L'armature extérieure entourant complètement l'armature intérieure, les masses électriques sur ces deux surfaces sont égales et de signes contraires (**57**). Pour un point P du diélectrique, la force a pour valeur, en appelant σ la densité en A de la couche interne.

$$F = -\frac{dV}{dn} = 4\pi\sigma.$$

Comme l'épaisseur e est supposée très petite, la dérivée $\frac{dV}{dn}$ est sensiblement égale à $\frac{V_2 - V_1}{e}$, ce qui donne

$$\sigma = \frac{1}{4\pi} \cdot \frac{V_1 - V_2}{e}.$$

La charge d'un élément dS de la surface est σdS, et la charge totale a pour expression

$$M = \int \sigma dS = \frac{V_1 - V_2}{4\pi} \int \frac{dS}{e}.$$

Si l'épaisseur e est constante, il vient simplement, en posant $V = V_1 - V_2$,

$$M = \frac{V_1 - V_2}{4\pi} \cdot \frac{S}{e} = \frac{VS}{4\pi e}.$$

La capacité de la bouteille, c'est-à-dire la charge qui correspond à une différence de potentiel égale à l'unité entre les armatures, a donc la même expression que pour les condensateurs sphériques, c'est-à-dire

$$C = \frac{S}{4\pi e}.$$

La charge ne dépend que de la différence des potentiels et nullement de leurs valeurs absolues ; ce résultat était facile à prévoir puisque la force elle-même ne dépend que de cette différence.

80. Cylindres concentriques circulaires. — Soient deux cylindres concentriques à bases circulaires de rayons R_1 et R_2 aux potentiels V_1 et V_2. Considérons l'angle formé par deux

plans passant par l'axe et laissant entre eux un angle infiniment petit $d\omega$, et coupons-le par deux plans perpendiculaires à l'axe, dont nous prendrons l'un pour le plan de la figure (fig. 18). Toutes les lignes de force étant normales à l'axe commun, par raison de symétrie, le volume ainsi déterminé est un tube de force ; les surfaces qu'il intercepte sur les deux cylindres sont entre elles comme les arcs dS_1 et dS_2. Si

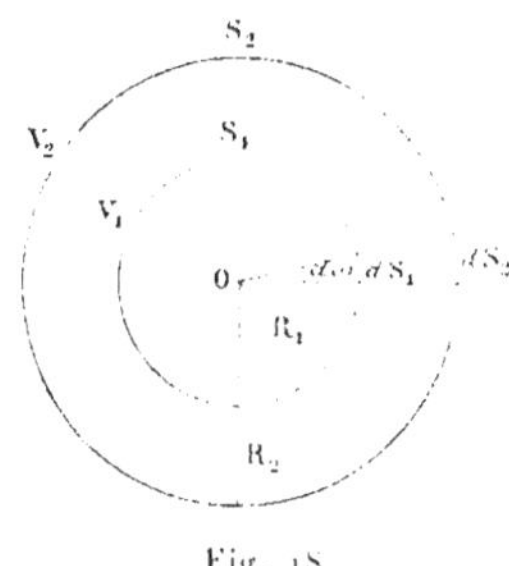

Fig. 18

donc F_1 et F_2 sont les valeurs de la force aux distances R_1 et R_2, on a

$$F_1 dS_1 = F_2 dS_2.$$

Comme d'ailleurs

$$d\omega = \frac{dS_1}{R_1} = \frac{dS_2}{R_2}.$$

on obtient, en substituant,

$$F_1 R_1 d\omega = F_2 R_2 d\omega, \qquad \text{ou} \qquad F_1 R_1 = F_2 R_2 = A.$$

La force en un point quelconque du diélectrique est donc en raison inverse de la distance à l'axe.

Si l'on désigne par F la force et V le potentiel à une distance quelconque R, on a donc

$$F = \frac{A}{R} = -\frac{dV}{dR}.$$

et, par suite,

$$V = -A \int \frac{dR}{R}.$$

En étendant cette intégrale au volume compris entre les surfaces S_1 et S_2 il vient

$$V_2 - V_1 = -Al.R_2 + Al.R_1 = -Al.\frac{R_2}{R_1}.$$

On en déduit, pour la constante A,

$$A = \frac{V_1 - V_2}{l.\frac{R_2}{R_1}}.$$

D'autre part, la densité électrique σ à la surface du cylindre intérieur a pour expression

$$\sigma = \frac{1}{4\pi} F_1 = \frac{A}{4\pi R_1} = \frac{1}{4\pi R_1} \cdot \frac{V_1 - V_2}{l.\frac{R_2}{R_1}}.$$

Soit S l'étendue de la surface comprise entre les deux plans normaux à l'axe ; la masse M d'électricité répandue sur cette surface est

$$M = S\sigma = \frac{(V_1 - V_2)S}{4\pi R_1 l.\frac{R_2}{R_1}}.$$

Si L est la longueur du cylindre ainsi déterminé,

$$S = 2\pi R_1 L,$$

ce qui donne finalement

$$M = \frac{L}{2l.\frac{R_2}{R_1}}(V_1 - V_2).$$

La capacité d'un condensateur cylindrique par unité de longueur est donc

$$C = \frac{1}{2l.\left(\frac{R_2}{R_1}\right)}.$$

Ce problème est très important pour la pratique, parce qu'il correspond précisément au cas des câbles télégraphiques, qui sont formés de fils conducteurs entourés d'une couche isolante garantie elle-même par une armature métallique.

81. Condensateurs plans. — Considérons deux conducteurs terminés par des surfaces planes parallèles S_1 et S_2, à la distance e et aux potentiels V_1 et V_2 (fig. 19). A une distance des bords très grande par rapport à l'épaisseur du diélectrique, les lignes de force sont des droites parallèles entre elles, normales aux surfaces considérées.

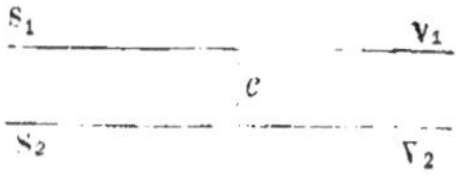

Fig. 19

Le champ électrique entre les deux plans est donc uniforme ; la force a pour expression

$$F = \frac{V_1 - V_2}{e},$$

et la densité sur la surface S_1 est

$$\sigma = \frac{F}{4\pi} = \frac{V_1 - V_2}{4\pi e}.$$

La pression électrostatique (**10**), c'est-à-dire la force qui s'exerce sur l'unité de surface, est

$$p = 2\pi\sigma^2 = \frac{1}{8\pi}\left(\frac{V_1 - V_2}{e}\right)^2 ;$$

elle est proportionnelle au carré de la différence de potentiel et en raison inverse du carré de la distance.

Si une partie de la surface S_1 d'étendue a, située à une grande distance des bords, est seule mobile et que, communiquant toujours avec la surface générale pour conserver le même potentiel, elle soit maintenue dans le même plan par une force antagoniste, cette surface a aura une couche électrique uniforme, et la force P nécessaire pour résister à l'attraction électrique a pour expression

$$P = pa = \frac{a}{8\pi} \cdot \left(\frac{V_1 - V_2}{e}\right)^2.$$

Sir W. Thomson a utilisé cette propriété dans la construction de ses électromètres absolus; il appelle *plateau de garde* (guard-plate) la portion de la surface S, qui entoure la partie mobile pour y maintenir une densité constante.

82. — Supposons maintenant qu'un plateau A conducteur, au potentiel V_1 (fig. 20), soit placé entre deux conducteurs B et B′ terminés par des surfaces parallèles à celles du plateau,

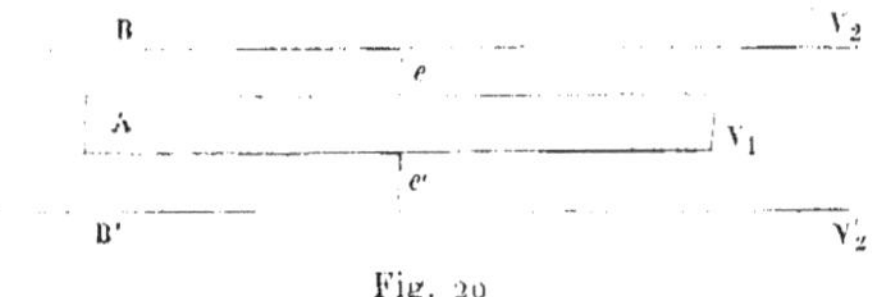

Fig. 20

l'un à la distance e et au potentiel V_2, l'autre à la distance e' et au potentiel V'_2.

La densité sur le conducteur A, à une grande distance des bords, est $\dfrac{V_1 - V_2}{4\pi e}$ pour la face supérieure, et $\dfrac{V_1 - V_2}{4\pi e'}$ pour la face inférieure, de sorte que la charge qui correspond à l'unité de surface du plateau est

$$\frac{1}{4\pi}\left(\frac{V_1 - V_2}{e} + \frac{V_1 - V'_2}{e'}\right).$$

En négligeant la variation de densité sur les bords, la charge totale du plateau A d'étendue S est donc

$$M = \frac{S}{4\pi}\left(\frac{V_1 - V_2}{e} + \frac{V_1 - V'_2}{e'}\right).$$

Si les potentiels V_2 et V_2' sont égaux, on a simplement

$$M = \frac{(V_1 - V_2)S}{4\pi}\left(\frac{1}{e} + \frac{1}{e'}\right),$$

· de sorte que la capacité de ce condensateur est

$$C = \frac{S}{4\pi}\left(\frac{1}{e} + \frac{1}{e'}\right).$$

expression conforme à celle que nous avons obtenue déjà (**79**) pour les condensateurs fermés.

83. Capacité d'un ensemble de conducteurs. — Considérons différents conducteurs dont les capacités électriques sont $C, C', C'', \ldots$ disposés de manière que leur influence réciproque soit nulle. Tous ces conducteurs étant électrisés au même potentiel, si on les réunit à l'aide de conducteurs dont la capacité est négligeable, par exemple des fils fins, il n'y aura aucun échange électrique entre eux, puisqu'ils étaient au même potentiel, et ce potentiel ne changera pas.

Ils constituent alors un conducteur unique dont la charge est égale à la somme des charges primitives. La capacité électrique de l'ensemble C_1 est donc égale à la somme des capacités des conducteurs séparés.

Supposons que les potentiels des conducteurs primitifs soient différents $V, V', V'', \ldots$ les charges correspondantes sont

$$M = VC, \quad M' = V'C', \quad M'' = V''C'' \ldots$$

Toutes ces charges étant distribuées normalement sur le conducteur unique formé par l'ensemble, y produiront un potentiel V_1 donné par l'équation

$$V_1 C_1 = VC + V'C' + V''C'' + \ldots,$$

ou

$$V_1 = \frac{VC + V'C' + V''C'' + \ldots}{C + C' + C'' + \ldots}.$$

Cette expression est fréquemment utilisée dans les recherches expérimentales. On remarquera l'analogie qu'elle présente avec la relation qui lie les températures et les capacités calorifiques lorsqu'on fait le mélange de plusieurs corps à températures différentes.

84. Batteries. — On appelle ainsi le système formé par plusieurs bouteilles de Leyde ou condensateurs quelconques communiquant entre eux.

Si ces condensateurs sont sensiblement fermés, comme les bouteilles de Leyde ordinaires, l'action extérieure de chacun d'eux est inappréciable et on peut les rapprocher sans qu'il y ait entre eux d'influence réciproque.

La communication peut se faire de deux manières :

1° On réunit, d'une part, toutes les armatures intérieures entre elles et, d'autre part, toutes les armatures extérieures; on dit alors que la batterie est disposée en *surface*. L'ensemble constitue un condensateur dont la capacité est égale à la somme des capacités de tous les bouteilles séparées. Si la batterie renferme p bouteilles identiques de capacité C, la capacité C_1 de la batterie est

$$C_1 = pC.$$

2° Toutes les bouteilles étant isolées, on réunit l'armature extérieure de chacune d'elles avec l'armature intérieure de la suivante; on charge l'armature intérieure de la première bouteille au potentiel V_1, l'armature extérieure de la dernière étant au potentiel V_2 et toutes les armatures intermédiaires restent isolées ; c'est la disposition en *série* ou en *cascade*.

85. Charge en cascade. — La première bouteille reçoit sur son armature intérieure une charge m et prend un potentiel V_1; il se produit sur la surface en regard de l'armature extérieure une charge $-m$ égale et contraire. Le conducteur formé par cette armature et l'armature intérieure de la seconde bouteille étant resté isolé, il prend une charge $+m$ qui se distribue normalement sur ce conducteur, comme si les charges internes n'existaient pas, et y établit un potentiel V'. La plus grande partie de cette charge se porte sur l'armature interne de la seconde bouteille dont la capacité est considérable par rapport au reste du conducteur considéré. En continuant le raisonnement, on voit que les armatures intérieures de toutes les bouteilles ont des charges successivement décroissantes, mais la diminution est très lente et on peut considérer toutes les bouteilles comme ayant la même charge interne $+m$, les potentiels successifs étant $V_1, V', V'', \ldots V_2$.

Si la batterie renferme p bouteilles, on peut donc écrire

$$m = C(V_1 - V') = C'(V' - V'') = \cdots = C^{(p-1)}(V^{(p-1)} - V_2),$$

ou

$$\frac{m}{C} = V_1 - V',$$

$$\frac{m}{C'} = V' - V'',$$

$$\vdots \qquad \vdots$$

$$\frac{m}{C^{(p-1)}} = V^{(p-1)} - V_2.$$

Ajoutant toutes ces équations membre à membre, il vient

$$m\left(\frac{1}{C} + \frac{1}{C'} + \frac{1}{C''} \cdots\right) = V_1 - V_2.$$

Ainsi la charge de la première bouteille du système, la seule qui reçoive directement de l'électricité, est

$$m = \frac{V_1 - V_2}{\dfrac{1}{C} + \dfrac{1}{C'} + \dfrac{1}{C''} \cdots}.$$

On a donc, pour la capacité C_1 de la batterie,

$$C_1 = \frac{1}{\dfrac{1}{C} + \dfrac{1}{C'} + \cdots},$$

$$\frac{1}{C_1} = \frac{1}{C} + \frac{1}{C'} + \frac{1}{C''} + \cdots$$

Si les p bouteilles sont identiques, la capacité de la batterie est devenue p fois plus faible que celle de chacune des bouteilles.

Cet arrangement paraît défectueux puisqu'il a pour effet de diminuer beaucoup la capacité de la batterie ; toutefois il présente des avantages précieux dans certaines expériences. Les bouteilles de Leyde ne peuvent supporter qu'une différence de potentiel limitée, au delà de laquelle la décharge s'effectue directement entre les armatures le long de la surface du verre et quelquefois à travers le verre lui-même qui est alors percé par une étincelle. A l'aide d'une batterie en cascade, on peut distribuer la différence totale de potentiel par échelons sur les bouteilles successives.

Telle est, par exemple, la disposition adoptée pour les machines de Holtz ordinaires, où l'on augmente la capacité des conducteurs en mettant chacun d'eux en communication avec l'armature intérieure d'une bouteille de Leyde ; mais on a soin de réunir ces bouteilles en cascade, de manière à conserver la différence de potentiel maximum et, par suite, la distance explosive maximum que comporte le jeu de la machine.

Quand on dispose d'un grand nombre de bouteilles, on peut encore en former plusieurs batteries groupées en surface que l'on réunit ensuite en cascade. On utilise ainsi en totalité la différence de potentiel que peut fournir une machine, et on obtient le maximum d'effet avec la moindre dépense d'électricité.

86. Problème général de l'influence réciproque de deux conducteurs isolés. — Méthode de Murphy. — Pour déterminer la distribution de l'électricité sur deux conducteurs A et B isolés, chargés de masses totales M_a et M_b et soumis seulement à leur influence réciproque, il suffit de connaître pour chacun d'eux :

1° La capacité et la distribution à la surface quand il est isolé et soustrait à toute influence extérieure ;

2° La distribution de l'électricité induite sur la surface quand, mis en communication avec le sol, il est soumis à l'influence d'une masse électrique placée en un point quelconque à l'extérieur.

Soit m la capacité du conducteur A seul, c'est-à-dire la charge qui lui donnerait alors le potentiel un.

Fixons cette masse, dont la distribution est connue, et plaçons dans la position voulue le conducteur B en communication avec le sol. Celui-ci sera au potentiel zéro et se chargera d'une masse connue d'électricité contraire $- m'$.

Fixons de même la masse $- m'$ sur B. Isolons ce conducteur et mettons le premier en communication avec le sol; ce dernier prendra une masse m_1 au potentiel zéro.

Fixant de nouveau la masse $+ m_1$ sur A, on obtiendra sur B une couche induite $- m''$, etc.

En continuant ainsi, on obtiendra successivement sur les deux conducteurs des masses $m, m_1, m_2\dots$ pour le premier, et $- m', - m'', - m'''\dots$ pour le second, chacune d'elles tendant vers zéro assez rapidement.

La superposition de toutes les couches $m, m_1, m_2\dots$ sur A et de toutes les couches $- m', - m'', - m'''\dots$ sur B donne un état d'équilibre avec un potentiel nul sur B et égal à l'unité sur A. En effet, les couches successives m et $- m'$, m_1 et $- m''$,\dots considérées deux à deux, donnent sur B un potentiel nul ; les couches $- m'$ et m_1, $- m''$ et $m_2\dots$ donnent de même sur A un potentiel nul. Il ne reste donc à considérer sur le premier conducteur que la masse m, laquelle produit un potentiel égal à l'unité.

En posant

$$C_a = m + m_1 + m_2 + \dots\dots,$$
$$C'_a = m' + m'' + m''' + \dots\dots,$$

on voit que C_a représente la capacité du conducteur A isolé, en présence du conducteur B réuni au sol et $-C'_a$ le coefficient d'électricité induite sur B (**69**).

Multiplions ces deux masses par V_a ; les charges respectives $C_a V_a$ et $-C'_a V_a$ correspondent à un état d'équilibre avec un potentiel nul sur B et égal à V_a sur A.

Renversant le rôle des conducteurs, on obtiendra, de même, les masses $C_b V_b$ sur B et $-C'_b V_b$ sur A correspondant à un nouvel état d'équilibre, avec un potentiel nul sur A et égal à V_b sur B.

La superposition de ces deux états d'équilibre donne un nouvel état d'équilibre avec addition des potentiels sur chacun des conducteurs, c'est-à-dire le potentiel V_a sur A et V_b sur B. Les charges totales M_a et M_b des deux conducteurs sont alors

$$M_a = C_a V_a - C'_b V_b.$$
$$M_b = C_b V_b - C'_a V_a.$$

Ces équations permettent de calculer les masses totales des deux conducteurs quand on connaît les potentiels.

On peut aussi en déduire les potentiels en fonction des masses, ce qui donne

$$V_a = \frac{C_b M_a + C'_b M_b}{C_a C_b - C'_a C'_b},$$
$$V_b = \frac{C_a M_b + C'_a M_a}{C_a C_b - C'_a C'_b}.$$

87. Action réciproque de deux conducteurs électrisés. — La méthode précédente permet de déterminer la distribution de l'électricité sur les deux conducteurs, puisque la densité finale en chaque point est la somme des densités relatives aux différentes couches superposées, et que, par hypothèse, on connaît la loi de distribution pour chacune d'elles. On a donc tous les éléments nécessaires pour calculer l'action qui s'exerce entre les deux corps; le problème ne présente que des difficultés de calcul.

Cette force se compose de l'action de chacune des deux couches $C_a V_a$ et $-C'_b V_b$ du corps A sur les deux couches $C_b V_b$ et $-C'_a V_a$ du corps B. Les potentiels étant supposés positifs, l'action de $C_a V_a$ est formée de deux termes, l'un répulsif proportionnel au produit $V_a V_b$ des deux potentiels, l'autre attractif proportionnel à V_a^2.

L'action de $-C'_b V_b$ comprend aussi deux termes, l'un attractif proportionnel à V_b^2 et l'autre répulsif proportionnel au produit $V_a V_b$.

En désignant par a, b et c des coefficients qui dépendent de la forme des corps et de leur distance, l'action réciproque R, considérée comme répulsive, a donc une expression de la forme suivante

$$R = 2c\,V_a V_b - a\,V_a^2 - b\,V_b^2.$$

Si les conducteurs A et B sont identiques et disposés symétriquement, les coefficients a et b sont égaux et la formule devient

$$R = 2c\,V_a V_b - a\left(V_a^2 + V_b^2\right).$$

Nous avons supposé que l'action des deux corps se réduit à une résultante unique. S'il en était autrement, le même raisonnement s'appliquerait aux deux résultantes par lesquelles on peut remplacer l'ensemble des forces.

En réalité les calculs que comporte cette méthode, pour déterminer les coefficients C_a, C_b, C_a et C'_b et la force résultante R, sont extrêmement pénibles, même dans les cas les plus simples. Nous indiquerons plus tard l'application qu'en a faite sir W. Thomson au calcul de l'influence réciproque de deux sphères.

CHAPITRE CINQUIÈME

TRAVAIL DES FORCES ÉLECTRIQUES

88. Énergie électrique. — Lorsqu'on met en communication avec le sol différents conducteurs électrisés, le système revient de lui-même à l'état neutre en produisant un travail qui est nécessairement positif. Un système quelconque de conducteurs électrisés possède donc une énergie disponible correspondant à ce travail ; c'est une énergie *potentielle*, que l'on peut appeler simplement *énergie électrique*.

L'électrisation d'un système exige la dépense d'une quantité de travail égale à l'énergie potentielle qu'il acquiert dans ce nouvel état.

Quand on établit une communication entre deux conducteurs, il se produit en général un changement dans la distribution des masses électriques, et cette modification correspond à un travail positif. L'énergie électrique d'un système de conducteurs est donc égale ou supérieure à celle du système que l'on obtiendrait en ajoutant des communications quelconques entre les conducteurs.

Lorsque le système renferme un corps isolant électrisé, on peut considérer les différentes masses électriques dont ce corps est chargé comme appartenant à des conducteurs infiniment petits. Si on relie entre elles toutes ces masses, l'énergie diminue. L'énergie d'un système de corps, dont chacun possède une masse totale déterminée, est donc minimum lorsque tous les corps sont conducteurs.

On peut évaluer l'énergie potentielle d'un système, soit par

le travail dépensé pendant l'électrisation, soit par le travail
fourni dans la décharge.

89. Énergie d'un conducteur unique. — Considérons d'abord
un conducteur unique de capacité C, et supposons qu'on lui ait
déjà communiqué la charge M qui le porte au potentiel V.
Pour augmenter la charge de dM, il faut amener de l'infini
ou de la surface du sol, jusque sur ce conducteur, une quantité
dM d'électricité, et le travail dépensé pour cette opération est
égal à VdM.

L'accroissement dW de l'énergie du conducteur est donc

$$dW = VdM = \frac{MdM}{C}.$$

Lorsque la masse électrique change de M_0 à M_1, l'accroissement d'énergie est

$$W_1 - W_0 = \frac{1}{2C}\left(M_1^2 - M_0^2\right).$$

Comme l'énergie s'annule avec la masse, on voit que l'énergie qui correspond à la masse M est

$$W = \frac{M^2}{2C} = \frac{1}{2}CV^2 = \frac{1}{2}MV.$$

Ainsi *l'énergie électrique d'un conducteur unique est proportionnelle au carré de la charge ou au carré du potentiel.*

90. Énergie d'un système de conducteurs. — Soit maintenant
un nombre quelconque de conducteurs $A_1, A_2, A_3,\ldots$ ayant des
charges $M_1, M_2, M_3,\ldots$ avec des potentiels $V_1, V_2, V_3,\ldots$

Si l'on multiplie la densité en chaque point par x, on obtient
un nouvel état d'équilibre dans lequel les charges totales et
les potentiels sont multipliés par ce même facteur x. On a
donc la charge xM_1 sur A_1 au potentiel xV_1, xM_2 sur A_2 au
potentiel xV_2, etc.

En donnant à x l'accroissement dx, les masses et les potentiels sont multipliés par $x + dx$, et l'accroissement de charge
qui en résulte sur le conducteur A_1 est $M_1 dx$. Le travail cor-

respondant est compris entre $M_1 dx.xV_1$ et $M_1 dx(x+dx)V_1$; il est donc, à un infiniment petit du second ordre près, égal à $M_1 V_1 x dx$. Il en est de même pour les autres conduct'' irs, de sorte que la variation d'énergie du système est

$$d\mathrm{W} = (M_1 V_1 + M_2 V_2 + \cdots)x\,dx = x\,dx\sum MV.$$

Entre deux valeurs x_0 et x_1 l'accroissement d'énergie est

$$\mathrm{W}_1 - \mathrm{W}_0 = \frac{x_1^2 - x_0^2}{2}\sum MV.$$

Si l'on fait $x_0 = 0$ et $x_1 = 1$, ce qui revient à supposer qu'on est parti de l'état neutre pour arriver à l'état considéré en premier lieu, il vient simplement

$$\mathrm{W} = \frac{1}{2}(M_1 V_1 + M_2 V_2 + \cdots) = \frac{1}{2}\sum MV.$$

On voit, d'après cela, que *l'énergie d'un système de conducteurs est égale à la demi-somme des produits de chaque masse par le potentiel correspondant.*

91. — Un conducteur qui reste isolé pendant la charge s'est électrisé seulement par influence, et sa charge totale est toujours nulle; il n'y a donc pas, dans la somme des produits, de terme qui corresponde à un conducteur isolé.

De même, un conducteur maintenu en communication avec le sol est resté au potentiel zéro et ne donne aucun terme dans l'expression de l'énergie.

Il faut remarquer cependant que ces deux sortes de conducteurs interviennent dans la valeur de l'énergie en modifiant par influence les capacités et, par suite, les potentiels des corps électrisés.

Enfin, la même formule convient aussi au cas des corps isolants électrisés d'une manière quelconque. Chacun des éléments de volume des corps isolants peut être considéré, en effet, comme un conducteur infiniment petit sur lequel serait distribuée la masse électrique correspondante. Dans ce cas, la somme qui précède devient une intégrale ; en appelant ρ la densité électrique et V le potentiel sur un élément de volume dv, l'énergie du système a pour expression

$$W = \frac{1}{2} \int V \, dM = \frac{1}{2} \int V \rho \, dv.$$

L'énergie accumulée par l'électrisation sur un système de conducteurs est dépensée au moment de la décharge, et peut être transformée en un travail mécanique ou en un effet équivalent : chaleur dégagée, actions chimiques, etc.

92. — Si l'électricité était une substance matérielle, les masses qui constituent les couches électriques acquerraient pendant la décharge une certaine force vive, en vertu de laquelle elles dépasseraient, comme un pendule, leur position d'équilibre, de manière à restituer au système une fraction de l'énergie primitive ; il se produirait une succession de décharges alternativement de sens contraires jusqu'à ce que la chaleur dégagée sur les conducteurs ait épuisé l'énergie totale disponible, et l'équilibre final ne serait atteint qu'après un certain nombre d'oscillations. L'expérience montre que dans certaines conditions les décharges ont, en effet, un caractère oscillatoire manifeste ; mais nous verrons que ces oscillations peuvent s'expliquer par une cause toute différente. On n'en peut donc rien conclure en faveur de l'hypothèse qui attribuerait une certaine inertie aux masses électriques et, dans l'état actuel de la science, on ne peut invoquer aucun fait décisif pour ou contre cette hypothèse.

93. Décharge des batteries. — Batterie en surface. — *Décharge totale.* — Nous avons vu que la capacité C_1 d'une batterie disposée en surface est égale à la somme des capacités de chacune des bouteilles.

Si l'énergie totale de la batterie est transformée en chaleur pendant la décharge, on a donc, en appelant J l'équivalent mécanique de l'unité de chaleur et Q la chaleur dégagée,

$$W = \frac{1}{2} MV = \frac{1}{2} \frac{M^2}{C_1} = C_1 V^2 = JQ.$$

Si la batterie est formée de p bouteilles identiques, de capacité C, la formule devient

$$W = JQ = \frac{1}{2p} \cdot \frac{M^2}{C} = \frac{1}{2} p C V^2.$$

On voit que, pour une charge donnée, l'énergie, ou la chaleur dégagée, est en raison inverse du nombre des bouteilles; et que, pour un potentiel donné, l'énergie est proportionnelle au nombre des bouteilles.

91. *Décharge incomplète.* — Considérons deux batteries de capacités C_1 et C_2, la première chargée d'une masse M et la seconde à l'état neutre, les armatures extérieures communiquant au sol. Supposons qu'au lieu de décharger la première, on joigne les deux armatures intérieures de manière à constituer une batterie unique de capacité $C_1 + C_2$. La décharge est dite *incomplète;* elle correspond à une perte d'énergie et produit un dégagement de chaleur. Avant le contact, l'énergie potentielle de la première batterie était

$$W_1 = \frac{1}{2} \frac{M^2}{C_1}.$$

Après le contact, l'énergie du système est devenue

$$W_2 = \frac{1}{2} \frac{M^2}{C_1 + C_2}.$$

L'énergie dépensée dans la décharge est

$$W_1 - W_2 = \frac{M^2}{2} \left(\frac{1}{C_1} - \frac{1}{C_1 + C_2} \right) = \frac{M^2}{2 C_1} \cdot \frac{C_2}{C_1 + C_2}.$$

La fraction dépensée de l'énergie primitive est donc

$$\frac{W_1 - W_2}{W_1} = \frac{C_2}{C_1 + C_2} = \frac{1}{1 + \dfrac{C_1}{C_2}}.$$

Supposons que la première batterie se compose de p_1 bouteilles de surface S_1 et d'épaisseur e_1, la seconde de p_2 bouteilles de surface S_2 et d'épaisseur e_2, on aura

$$\frac{C_1}{C_2} = \frac{p_1}{p_2} \cdot \frac{S_1}{S_2} \cdot \frac{e_2}{e_1},$$

ce qui donne

$$\frac{W_1 - W_2}{W_1} = \frac{1}{1 + \dfrac{p_1}{p_2} \cdot \dfrac{S_1}{S_2} \cdot \dfrac{e_2}{e_1}}.$$

95. Décharge d'une batterie en cascade. — La capacité C_1 d'une batterie disposée en cascade est liée aux capacités $C, C',$ C''... des diverses bouteilles isolées par la relation (**85**)

$$\frac{1}{C_1} = \frac{1}{C} + \frac{1}{C'} + \frac{1}{C''} + \cdots = \Sigma \frac{1}{C}.$$

L'expression de l'énergie potentielle du système ne comprend que le terme relatif à la première bouteille, puisque tous les autres conducteurs sont restés isolés ou en communication avec le sol pendant la charge. On a donc

$$W = \frac{1}{2} \frac{M^2}{C_1} = \frac{1}{2} C_1 V^2.$$

Si la cascade se compose de p bouteilles identiques,

$$C_1 = \frac{C}{p},$$

ce qui donne pour l'énergie

$$W = \frac{1}{2} p \frac{M^2}{C} = \frac{1}{2} \frac{C V^2}{p}.$$

Pour une charge donnée, l'énergie de la cascade sera plus grande que celle d'une seule bouteille ; mais, pour un potentiel donné, elle sera p fois plus petite. C'est l'inverse de ce qui avait lieu pour la batterie en surface.

Toutes ces lois relatives à la décharge des batteries ont été trouvées expérimentalement par M. Riess.

En résumé, quand on opère à potentiel constant, c'est-à dire avec une source d'électricité, la meilleure combinaison que l'on puisse faire avec un nombre déterminé de bouteilles, pour obtenir le maximum d'énergie pendant la décharge, consiste à les réunir en surface, pourvu toutefois que les bouteilles puissent supporter la différence de potentiel maximum de la source. Si, au contraire, on dispose d'une quantité d'électricité limitée, il y a tout avantage à mettre la batterie en cascade.

Le premier cas est le plus fréquent, c'est celui qui se présente avec les machines électriques ; mais, comme ces appareils produisent habituellement des potentiels très élevés, il y a souvent intérêt à choisir une combinaison convenable des bouteilles suivant les deux systèmes, qui permette d'utiliser ces potentiels élevés et d'économiser la charge.

96. Travail électrique pendant le déplacement des conducteurs isolés. — *Conducteurs à charge constante.* — L'énergie potentielle d'un système de conducteurs a pour valeur

$$W = \frac{1}{2}\sum MV.$$

Lorsqu'on change la position relative de ces conducteurs, sans établir entre eux aucune communication, on provoque en général un travail positif ou négatif des forces électriques et, par suite, on fait varier l'énergie du système ; si, par un travail extérieur, le système éprouve une déformation en sens contraire des actions électriques, l'énergie augmente d'une quantité correspondante.

Si les conducteurs sont abandonnés à eux-mêmes, ils obéissent aux actions électriques qui les sollicitent ; le travail de ces forces est positif et correspond à une diminution d'énergie du système. On a donc, à chaque instant, en appelant dT le travail des forces électriques et dW la variation correspondante de l'énergie,

$$dW + dT = 0. \tag{1}$$

L'énergie des conducteurs abandonnés à leurs actions réciproques tend donc vers un minimum.

On a d'ailleurs, d'une façon générale,

$$dW = \frac{1}{2} \sum M \, dV + \frac{1}{2} \sum V \, dM ;$$

mais, dans le cas actuel, le dernier terme est nul puisque la charge M est constante sur chacun des conducteurs ; il reste seulement

$$dW = \frac{1}{2} \sum M \, dV .$$

Le déplacement spontané tend donc à se faire de manière que les potentiels diminuent.

Un corps conducteur, primitivement à l'état neutre, serait attiré dans le champ électrique. Sa présence a donc pour effet, comme on le savait, de faire baisser les potentiels.

97. *Conducteurs à potentiel constant.* — Considérons maintenant le cas où les conducteurs sont maintenus à des potentiels constants, par des sources électriques placées en dehors du champ d'action.

Nous supposerons que les différents conducteurs A_1, A_2, A_3..., chargés de quantités M_1, M_2, M_3..., et aux potentiels V_1, V_2, V_3..., communiquent séparément avec des corps de capacités C_1, C_2, C_3..., soustraits à toute influence étrangère, par exemple, des condensateurs fermés dont l'armature extérieure communique avec le sol. Ce cas rentre alors dans celui que nous venons de considérer ; si on désigne par W_a l'énergie des conducteurs et par W_c celle des condensateurs, l'énergie du système est

$$W = W_a + W_c.$$

Si le système éprouve une déformation quelconque sans intervention d'énergie étrangère, la formule (1) est applicable et donne

$$(2) \qquad dT + dW_a + dW_c = 0.$$

L'énergie des conducteurs est

$$W_a = \frac{1}{2} \sum MV,$$

et, par suite,

$$(2) \qquad dW_a = \frac{1}{2} \sum M dV + \frac{1}{2} \sum V dM.$$

Pour l'énergie des condensateurs, dont la capacité est invariable, nous prendrons l'expression

$$W_c = \frac{1}{2} \sum CV^2,$$

d'où l'on déduit

$$dW_c = \sum CV dV.$$

Enfin, pour chaque système formé d'un conducteur et du condensateur correspondant, la charge totale $M + CV$ est constante ; on a donc

$$dM + C dV = 0,$$

et, par suite,

$$V dM + CV dV = 0 ;$$

ce qui donne pour l'ensemble des conducteurs et des condensateurs

$$\sum V dM + \sum CV dV = 0.$$

En tenant compte de cette dernière relation, l'équation (2) peut s'écrire

$$dW_a = \frac{1}{2} \sum M dV - \frac{1}{2} \sum CV dV = \frac{1}{2} \sum M dV - \frac{1}{2} dW_c.$$

On a donc

$$(3) \qquad 2 dW_a + dW_c = \sum M dV = - \sum \frac{M dM}{C}.$$

Cette équation est vraie, quelles que soient les capacités des condensateurs. Rien n'empêche de supposer ces capacités infiniment grandes par rapport aux charges M des conducteurs proposés, de manière que les variations de potentiel dV_1, dV_2... et les variations d'énergie $M_1 dV_1$, $M_2 dV_2$... soient absolument négligeables. On rentre alors dans le cas de condensateurs maintenus à des potentiels constants par des sources extérieures, et l'équation (3) se réduit à

$$2\,dW_a + dW_c = 0,$$

ou

$$-(dW_a + dW_c) = dW_a;$$

ce qui donne finalement, d'après l'équation (1),

$$dT = dW_a.$$

Ainsi, lorsque les conducteurs sont maintenus respectivement à des potentiels constants, l'énergie du système, pour une déformation quelconque, s'accroît d'une quantité égale au travail des forces électriques. Ce travail est positif, si le système est abandonné à lui-même ; il est emprunté, ainsi que le surcroît d'énergie, aux sources qui maintiennent les potentiels constants. Les sources fournissent donc à chaque instant une quantité d'énergie qui se partage en deux parties égales : l'une sert à accomplir le travail dT des forces électriques, l'autre est employée à accroître de dW_a l'énergie électrique du système.

Dans ce cas l'énergie du système tend vers un maximum.

98. — Nous allons faire une application de ces théorèmes au problème suivant qui peut servir de base à la théorie des électromètres symétriques.

Supposons qu'un système de conducteurs soit formé de deux cylindres fixes indéfinis A et B (fig. 21) à axe commun, et d'un cylindre C concentrique aux précédents, mobile dans le sens de cet axe, la longueur du cylindre intérieur C étant d'ailleurs assez grande pour que la densité électrique à chacune de ses extrémités ne dépende que du conducteur fixe le plus voisin. Soient V_1, V_2 et V les potentiels de ces trois corps, A_0, B_0, et C_0 les charges qu'ils possèdent lorsque le cylindre mobile est dans une position symétrique par rapport aux deux autres.

Si le cylindre C se déplace d'une petite quantité x, vers la droite par exemple, la distribution de l'électricité, sur les différentes surfaces voisines de l'ouverture et aux extrémités, n'est pas modifiée; on a simplement, de ce côté, augmenté d'une quantité proportionnelle à x la surface sur laquelle la densité électrique est uniforme et proportionnelle à la différence des potentiels des conducteurs voisins. La moitié de droite du cylindre mobile aura donc gagné une quantité d'électricité proportionnelle à x, et le cylindre fixe B une quantité égale d'électricité contraire; l'effet inverse se sera produit de l'autre côté.

On aura ainsi, en appelant A, B et C les charges nouvelles des trois conducteurs après le déplacement du cylindre intérieur et z la capacité par unité de longueur du cylindre inté-

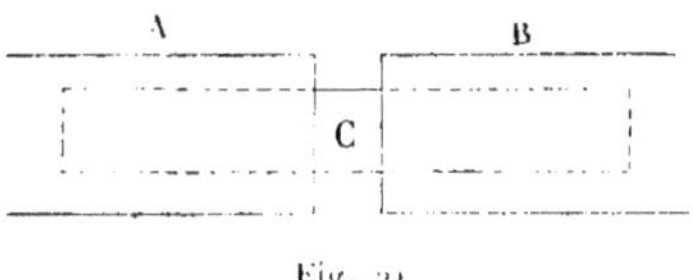

Fig. 21

rieur loin du milieu et des extrémités,

$$C = C_0 + zx(V - V_2) - zx(V - V_1) = C_0 + zx(V_1 - V_2),$$
$$B = B_0 - zx(V - V_2),$$
$$A = A_0 + zx(V - V_1).$$

La variation d'énergie est alors

$$W - W_0 = \frac{1}{2} zx \left[(V_1 - V_2)V - (V - V_2)V_2 + (V - V_1)V_1 \right]$$
$$= zx \left[V(V_1 - V_2) - \frac{1}{2}\left(V_1^2 - V_2^2\right) \right]$$
$$= zx(V_1 - V_2)\left[V - \frac{1}{2}(V_1 + V_2) \right].$$

La résultante F des actions de A et B sur C est, par raison de symétrie, parallèle à l'axe commun; le travail accompli

$F.x$ pendant le déplacement x est égal à la variation d'énergie. On en déduit

$$F = \alpha(V_1 - V_2)\left[V - \frac{1}{2}(V_1 + V_2)\right].$$

On peut d'ailleurs exprimer le coefficient α en fonctions des données du problème. On sait, en effet (**80**), que dans le cas de deux cylindres concentriques indéfinis, dont les rayons sont R et R_1 et les potentiels V et V_1, la charge du cylindre intérieur sur une longueur x est

$$M = \frac{(V - V_1)x}{2} \cdot \frac{1}{l \cdot \frac{R_1}{R}}.$$

Il en résulte

$$\alpha = \frac{1}{2l \cdot \frac{R_1}{R}},$$

et, par suite,

$$F = \frac{V_1 - V_2}{2l \cdot \frac{R_1}{R}}\left[V - \frac{1}{2}(V_1 + V_2)\right].$$

CHAPITRE SIXIÈME

DES DIÉLECTRIQUES

99. Rôle du milieu diélectrique. — Jusqu'ici nous avons raisonné dans l'hypothèse que les actions s'exercent à distance entre les masses électriques, et considéré le diélectrique comme un milieu inerte à travers lequel agissent les forces, mais dénué par lui-même de toute propriété active.

D'un autre côté, il paraît aujourd'hui bien démontré que la chaleur est un mouvement vibratoire dont la propagation s'effectue par l'intermédiaire d'un milieu élastique; or nous avons vu que le problème de l'équilibre électrique et celui de la propagation de la chaleur dans l'état permanent sont définis par les mêmes propriétés mathématiques.

N'est-il pas permis de supposer que dans les deux cas l'analogie est plus intime, qu'elle se poursuit jusque dans le mécanisme des actions élémentaires, et qu'il n'y a d'autre différence dans les deux ordres de phénomènes que celles que nous introduisons nous-mêmes dans l'interprétation physique des lois? S'il en est ainsi, la production des forces électriques doit pouvoir s'expliquer par la seule action du milieu.

Telle est l'idée que Faraday a cherché à mettre en lumière et qui l'a guidé constamment dans ses travaux. Il n'y a pas lieu de chercher ici à démontrer ou infirmer l'exactitude de l'un ou de l'autre de ces points de vue, mais seulement leur équivalence pour l'explication des phénomènes.

Nous commencerons par établir quelques théorèmes sur les relations des forces et des pressions électrostatiques.

100. Expression de la force par les pressions. — Nous avons déjà considéré comme évident (**10**) que *la force qui s'exerce sur un conducteur est la résultante des pressions électriques sur toute sa surface*, mais il peut être utile d'envisager ce théorème d'un autre point de vue.

La pression, par unité de surface, en un point d'un conducteur où la densité est σ et la force F, a pour valeur

$$p = 2\pi\sigma^2 = \frac{1}{8\pi}\,F^2 = \frac{1}{2}\,F\sigma,$$

et cette pression est toujours dirigée vers l'extérieur, quel que soit le signe de l'électricité.

Pour chaque élément de la surface, la pression pdS est la résultante des actions exercées, sur la masse σdS de cet élément, par toutes les masses extérieures au conducteur et par celles qui le recouvrent. Pour la surface entière, la résultante de toutes les pressions est la résultante des actions exercées sur le conducteur, tant par les masses extérieures que par son électricité propre. Mais les actions qu'exercent les unes sur les autres les diverses masses électriques du conducteur ont une résultante nulle puisque, l'équilibre existant, ces masses peuvent être considérées comme fixées sur le conducteur, et que dans ce cas les forces élémentaires s'annulent deux à deux; la résultante des pressions est donc seulement égale à la résultante des actions des masses extérieures.

101. — *Quand un système électrique est entouré par une surface de niveau* S_1, *la force exercée sur ce système est la résultante des pressions qui s'exerceraient sur une couche égale à la charge totale du système, en équilibre sur la surface* S_1.

Supposons qu'une surface de niveau S_1 partage toutes les masses agissantes en deux systèmes, l'un intérieur M_1, l'autre extérieur M_2. Nous avons vu que, pour tous les points extérieurs à S_1, on peut remplacer les masses intérieures par une couche de même masse totale M_1, en équilibre sur la surface. Inversement, le système extérieur M_2 agira sur cette couche M_1 solidifiée sur la surface S_1 comme il agirait sur les masses intérieures, supposées liées entre elles de manière à former un système rigide.

Or, en vertu de la remarque précédente, l'action des masses extérieures sur la couche S_1 et, par suite, sur le système M_1 des masses intérieures, n'est autre chose que la résultante des pressions électrostatiques de cette couche.

Comme l'action totale du système M_1 sur tous les corps extérieurs est égale et de signe contraire à la force que subit ce système, on voit aussi que l'action du système M_1 sur les corps extérieurs est égale à la résultante des pressions élémentaires sur la surface S_1, chacune d'elles étant comptée vers l'intérieur.

102. — *L'action réciproque de deux systèmes M_1 et M_2 est*

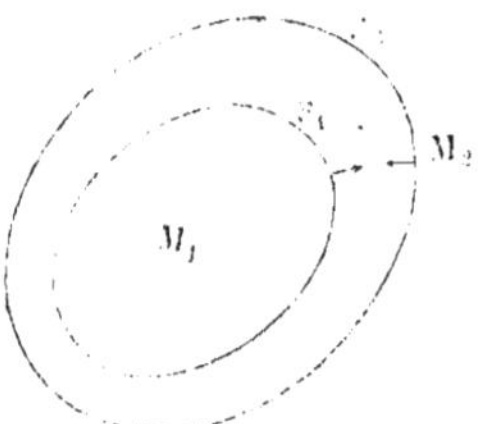

Fig. 22

égale à l'action de deux couches $+M_1$ et $-M_1$ distribuées sur deux surfaces de niveau S_1 et S_2 qui comprennent M_1 et laissent en dehors M_2.

Considérons, en effet, une seconde surface de niveau S_2 (fig. 22) qui comprenne M_1 et laisse encore tout entier à l'extérieur le système M_2.

Disposons sur la surface S_1 une couche $+M_1$ en équilibre, et une couche $-M_1$ en équilibre sur S_2; la couche S_1 peut remplacer le système intérieur $+M_1$ pour tous les points extérieurs à S_1 et la couche S_2 équivaut au système extérieur M_2 pour tous les points compris dans la surface S_2.

L'ensemble de ces deux couches donne d'ailleurs un potentiel constant V_1 à l'intérieur de S_1 et un potentiel constant V_2 à l'extérieur de S_2; enfin un potentiel variable de V_1 à V_2

dans l'espace intermédiaire. La force électrique est donc nulle partout, sauf dans cet espace, où elle conserve la même valeur en chaque point, soit pour les deux systèmes primitifs M_1 et M_2, soit pour les couches équivalentes distribuées sur les surfaces S_1 et S_2.

L'action de la surface électrisée S_1 sur la couche S_2 est donc la même que sur le système M_2; celle de S_2 la même sur S_1 que sur M_1; les actions réciproques des surfaces électrisées S_1 et S_2 sont donc les mêmes que celles des deux systèmes primitifs M_1 et M_2.

Mais nous savons par les théorèmes qui précèdent que les actions éprouvées par les surfaces S_1 et S_2 ne sont autre chose que les résultantes des pressions électriques $p_1 dS_1$ et $p_2 dS_2$ qui s'exercent sur les éléments de ces surfaces. Ces pressions ont pour valeurs, en désignant par F_1 et F_2 la force électrique dans le milieu, au voisinage des éléments considérés.

$$p_1 dS_1 = \frac{1}{8\pi} F_1^2 dS_1,$$

$$p_2 dS_2 = \frac{1}{8\pi} F_2^2 dS_2;$$

elles sont dirigées, les premières à l'extérieur de la surface S_1, les secondes à l'extérieur de la surface S_2, et les résultantes de ces deux systèmes de forces normales $p_1 dS_1$ et $p_2 dS_2$ sont égales et de signes contraires, comme étant l'action et la réaction.

103. — La force réelle qui agit entre les deux surfaces électrisées S_1 et S_2 peut être considérée comme provenant des actions élémentaires qui s'exercent directement et à distance entre les différentes masses électriques qui les recouvrent, prises deux à deux. C'est l'hypothèse qui a servi de base à tous nos calculs jusqu'à présent. Mais on peut admettre aussi que cette action se transmet par l'intermédiaire du milieu ambiant en vertu d'une élasticité spéciale, comme le croyait Faraday. Nous plaçant à ce point de vue, nous allons examiner les conditions mécaniques auxquelles doit alors satisfaire le milieu intermédiaire.

Considérons, pour cela, un canal orthogonal entre les deux surfaces S_1 et S_2. Le flux de force émané de dS_1 (fig. 23) va s'absorber en dS_2, et les deux éléments dS_1 et dS_2 sont exactement dans le même état que s'ils étaient reliés par des cordons élastiques parallèles aux lignes de force et tirant les deux éléments l'un vers l'autre avec une force égale à p_1 par unité de surface sur dS_1 et à p_2 sur dS_2.

Prenons dans le canal un élément de volume terminé par deux surfaces de niveau infiniment voisines S et S′, distantes de dn, et supposons-le solidifié. Cet élément de volume doit être considéré comme soumis à deux tensions tirant extérieurement sur ses bases et dont la résultante est

$$dR = p'dS' - pdS = \frac{1}{8\pi}(F'^2 dS' - F^2 dS).$$

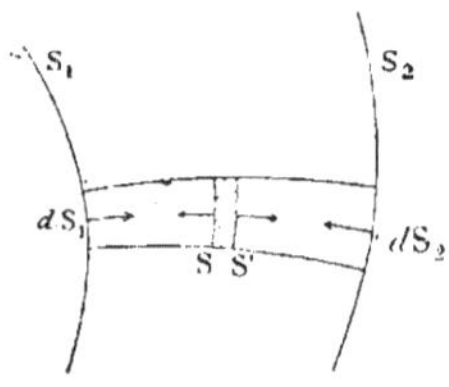

Fig. 23

Comme on a, en vertu des propriétés des tubes de force,

$$FdS = F'dS',$$

il en résulte

$$dR = \frac{1}{8\pi} FdS(F' - F).$$

Les deux surfaces étant infiniment voisines, on peut écrire

$$F' - F = \frac{dF}{dn} dn;$$

ce qui donne

$$dR = \frac{1}{8\pi} dSdn F\frac{dF}{dn} = \frac{1}{2} dSdn \frac{d}{dn}\left(\frac{F^2}{8\pi}\right) = dSdn\frac{1}{2}\frac{dp}{dn}.$$

En appelant R l'action relative à l'unité de volume du diélectrique en un point, on a

$$ R = \frac{1}{2}\frac{dp}{dn}. $$

Le résultat est donc le même que si les forces s'exerçaient sur le diélectrique lui-même et que la force par unité de volume fût déterminée par un potentiel égal en chaque point à $-\dfrac{p}{2}$; l'élément de volume tend à être entraîné dans la direction vers laquelle la fonction p va en augmentant.

101. — Mais dans ces conditions l'élément de volume ne peut être en équilibre; il est donc nécessaire de faire intervenir d'autres forces. Pour les déterminer, il est utile de considérer le problème d'hydrostatique correspondant.

Lorsque, dans un liquide en équilibre, la pression en chaque point est représentée par une fonction p_1 des coordonnées, la résultante des pressions exercées sur une surface fermée est égale à la résultante d'un système de forces ayant un potentiel p_1 et agissant sur le volume tout entier limité par cette surface.

Il suffit, pour s'en assurer, de remarquer que sur un élément de volume dv, limité par deux surfaces d'égale pression et par des surfaces orthogonales et formant un cylindre infiniment petit de base dS et de hauteur dn, la résultante des pressions est égale à

$$ -dS\frac{dp_1}{dn}\,dn = -dv\frac{dp_1}{dn}, $$

$\dfrac{dp_1}{dn}$ étant la dérivée de la pression par rapport à la normale à la surface de niveau. Cette force, ou *poussée*, agit normalement à la surface de niveau et dans le sens vers lequel les pressions diminuent. Elle est d'ailleurs, en vertu de l'équilibre, égale et directement opposée à la résultante de toutes les forces extérieures sur le même volume, par exemple au poids du liquide qu'il renferme, s'il s'agit d'un liquide soumis à la seule action de la pesanteur.

Dans le problème d'électricité, la résultante des forces qui s'exercent sur un élément de volume $dS\,dn$, en vertu des tensions que nous avons considérées le long des lignes de force, est égale à $dS\,dn\ \dfrac{1}{2}\dfrac{dp}{dn}$ et dirigée dans le sens vers lequel la force ou la fonction p augmente.

Pour établir l'équilibre, nous admettrons en outre qu'il existe en chaque point dans le diélectrique une pression p_1.

La surface entière de l'élément de volume étant soumise à cette pression dont la résultante est $d\mathrm{R}_1$, la condition d'équilibre est

$$dR + dR_1 = 0,$$

ce qui donne

$$\frac{1}{2}\frac{dp}{dn} - \frac{dp_1}{dn} = 0,$$

ou

$$p = 2p_1.$$

L'action réelle sur l'élément du volume $dS\,dn$ se compose donc d'une *pression* latérale $p_1 = \dfrac{1}{2}p$ et d'une *tension* sur les bases dS égale à $p - p_1$, c'est-à-dire encore $\dfrac{p}{2}$.

105. Tension et répulsion des lignes de force. — Si l'on considère une couche terminée par deux surfaces de niveau électrisées sur lesquelles on imagine les masses électriques capables de remplacer l'action des corps extérieurs à la couche, les deux surfaces s'attireront avec une force égale à la résultante générale des tensions. En divisant cette couche en deux par une surface orthogonale, il s'exercera entre les deux fragments une *répulsion* égale à la résultante des pressions latérales.

Il est facile d'étendre ces considérations au cas où la seconde surface de niveau n'envelopperait pas la première.

On peut donc imaginer que *les corps conducteurs sont reliés l'un à l'autre par des fils élastiques tendus suivant les lignes de force et qui se repoussent entre eux.* Cette représentation matérielle des phénomènes est un guide utile dans un grand nombre d'applications.

106. — Les propriétés qui précèdent sont la traduction mathématique de l'idée suivant laquelle Faraday se représentait l'état des diélectriques et qu'il résumait lui-même dans les deux paragraphes suivants de ses *Experimental Researches*, série XI, § 1297-1298 :

« L'action inductive qu'on peut concevoir comme s'exerçant dans la direction même des lignes de force qui relient les surfaces terminales de deux conducteurs électrisés serait accompagnée d'une action latérale ou transverse à ces mêmes lignes et qui correspondrait à la dilatation ou la répulsion à laquelle elles semblent obéir. Autrement dit, la force attractive qui s'exerce entre les particules du diélectrique dans la direction même de l'induction est accompagnée d'une force répulsive agissant dans une direction transverse.

« L'induction semble consister en un certain état de polarisation des particules déterminé par l'action du corps électrisé, état dans lequel les particules seraient positives d'un côté, négatives de l'autre, et seraient disposées régulièrement les unes par rapport aux autres, et en relation avec la surface ou les particules mêmes du corps inducteur. Cet état est un état de contrainte, qui est établi et se maintient seulement par l'action d'une force, et qui se détend et fait place à l'état naturel sitôt que la force cesse d'agir. Il n'y a d'ailleurs que dans les corps isolants que cet état peut se maintenir sous l'action d'une quantité fixe d'électricité, attendu que ce sont les seuls où les particules peuvent rester polarisées. »

107. Énergie du milieu diélectrique. — Dans cette manière de voir, toute l'énergie du système électrique doit résider dans le milieu diélectrique et il est facile d'en calculer la valeur en chaque point.

L'énergie totale d'un système est (**91**)

$$W = \frac{1}{2} \sum mV, \quad \text{ou} \quad W = \frac{1}{2} \int V \rho \, dv$$

Remplaçant la densité par sa valeur déduite de l'équation de Poisson

$$\Delta V + 4\pi\rho = 0.$$

il vient

$$W = -\frac{1}{8\pi} \int V \Delta V \, dv.$$

Jusqu'ici l'énergie est évaluée en fonction des masses électriques elles-mêmes. Pour en modifier la signification, il suffira d'appliquer la formule de Green (**33**)

$$\int V \Delta V \, dv = \int V \frac{\partial V}{\partial n} \, dS - \int F^2 \, dv$$

au volume limité par une sphère de très grand rayon r comprenant le système électrisé que l'on envisage. Le premier terme du second membre doit être étendu à la surface de cette sphère. Le potentiel V, à mesure qu'on s'éloigne, tend à devenir en raison inverse de r; le facteur $\frac{\partial V}{\partial n}$ représente la composante normale de la force et devient en raison inverse de r^2. Comme la surface elle-même est proportionnelle à r^2, cette intégrale est en raison inverse de r et tend vers zéro.

Le second membre se réduit donc au deuxième terme et on a pour expression de l'énergie

$$W = \frac{1}{8\pi} \int F^2 \, dv.$$

D'après cela, l'énergie du système est le même que si chaque élément de volume du milieu possédait une quantité d'énergie $\frac{1}{8\pi} F^2 \, dv$. L'énergie w par unité de volume est alors

$$w = \frac{1}{8\pi} F^2 = p.$$

Ainsi *l'énergie par unité de volume est égale en chaque point à la pression électrostatique.*

108. Pouvoir inducteur spécifique. — Si le diélectrique joue ainsi le rôle essentiel dans les phénomènes, on doit s'attendre à ce que tous les milieux ne se comportent pas exactement de la même manière.

On sait, en effet, depuis les expériences de Franklin, que la nature du verre a une grande importance pour la construction des batteries électriques. Cavendish avait fait beaucoup d'expériences pour déterminer directement le rôle comparatif des différents corps employés comme isolants dans les condensateurs, mais ces expériences étaient encore inédites et ignorées lorsque Faraday publia ses importants travaux.

Faraday a constaté que, si l'on fait communiquer les armatures de deux bouteilles de Leyde sphériques de mêmes dimensions, dans l'une desquelles la couche d'air isolante a été remplacée par un diélectrique solide, comme du soufre fondu ou de la résine, une quantité déterminée d'électricité portée sur ce système de conducteurs ne se partage pas en parties égales entre les deux bouteilles. Celle dont le diélectrique est solide prend une charge plus grande.

Le phénomène est général et obéit à une loi très simple. La charge que prend un condensateur fermé, à diélectrique solide ou liquide, est dans un rapport constant avec la charge qu'il prendrait, pour la même différence de potentiel, si le diélectrique était remplacé par une couche d'air.

L'expérience indique, en effet, que l'air et les gaz, même humides, se comportent sensiblement de la même manière, quelles que soient la pression et la température. Si la nature du gaz a une influence appréciable sur laquelle nous reviendrons plus loin, elle peut être négligée dans les applications.

Le rapport ainsi déterminé est ce que Faraday appelle *le pouvoir inducteur spécifique* du diélectrique. C'est, comme on voit, le nombre par lequel il faut multiplier la capacité d'un condensateur à air pour avoir celle du même condensateur dans lequel la lame d'air aura été remplacée par le diélectrique en question.

109. Absorption électrique. — La détermination de cette constante présente, pour la plupart des corps, de grandes difficultés, par suite de l'intervention d'un phénomène auquel Faraday a donné le nom d'*absorption électrique* et qui a la même cause que la charge résiduelle des condensateurs. La capacité d'un condensateur, dans lequel le diélectrique est un corps solide, se présente comme une fonction du temps : elle est croissante et paraît tendre vers une limite à mesure que la durée de la charge augmente. Inversement, quand on décharge le condensateur, l'électricité disponible qui disparaît dans la décharge est quelquefois loin d'atteindre la totalité de celle qu'il possède ; on sait, d'ailleurs, qu'on peut à des intervalles successifs obtenir un nombre plus ou moins grand de décharges d'intensités décroissantes.

Il paraît difficile, dans l'état actuel de la science, de rendre un compte exact de cette propriété. Tout semble indiquer qu'elle est due à un changement progressif dans la structure du diélectrique, à une déformation particulière, sous l'influence des causes qui produisent la polarisation, déformation qui devient permanente, comme dans un corps imparfaitement élastique, et à la suite de laquelle le corps ne revient pas immédiatement à son état primitif quand la cause a cessé d'agir.

Ce qui confirme cette manière de voir, c'est que toutes les circonstances qui dans les cas d'une déformation mécanique facilitent le retour d'un corps à l'état normal, comme les chocs, les variations rapides de température, etc., paraissent accélérer également la disparition de la charge résiduelle et le retour à l'état neutre.

110. Polarisation du diélectrique. — Si l'expérience de Faraday est impuissante à trancher la question des actions à distance ou au contact, elle met en évidence d'une façon indiscutable le rôle actif joué par le milieu dans les phénomènes électriques. On est ainsi conduit à admettre que, sous l'influence électrique, le milieu prend un état de polarisation analogue à celui qu'on constate dans le fer doux sous l'influence d'un aimant.

Poisson a imaginé pour expliquer le magnétisme une hypothèse qui a été transportée à l'étude des phénomènes électriques par Mossotti et adoptée ensuite par Faraday. Cette hypothèse consiste à admettre que le milieu magnétique ou diélectrique est formé de particules, sphériques par exemple, absolument conductrices, disséminées dans un milieu non conducteur.

« Qu'on se figure tout l'espace qui environne une sphère

comme constitué par un diélectrique tel que l'essence de térébenthine ou l'air, parsemé de conducteurs sphériques, comme des balles de fusil, tous isolés les uns des autres, et l'on aura, tant au point de vue de la constitution que des propriétés, l'image exacte de ce que je considère comme étant la constitution et les propriétés du diélectrique lui-même. Si on charge la sphère, tous ces petits conducteurs prendront deux pôles : si on la décharge, ils retourneront à l'état naturel pour se polariser de nouveau toutes les fois qu'on viendra à la recharger. » (Faraday, *Experimental Researches*, série XIV, § 1679.)

Sir W. Thomson a montré que, sans faire aucune hypothèse sur la constitution du milieu, il suffit d'admettre, ce qu'on peut considérer comme un fait expérimental, que chaque élément de volume est transformé par l'induction en un petit aimant ; on retrouve ainsi toutes les conséquences mathématiques de l'hypothèse de Poisson.

111. Définition du diélectrique. — Un diélectrique placé dans un champ se polarise et la somme algébrique des masses qui constituent la charge est toujours nulle. Nous savons d'ailleurs (**59**) que, quel que soit l'état d'un corps électrisé, l'action qu'il exerce sur un point extérieur est égale à celle d'une couche de même masse totale que la sienne distribuée sur la surface suivant une certaine loi : dans le cas actuel, la couche équivalente est donc formée de deux nappes ayant des masses égales et de signes contraires.

D'après la théorie de l'induction magnétique, que nous développerons plus loin, l'action de cette couche remplace non seulement pour les points extérieurs, mais pour les points intérieurs, l'effet de la polarisation ; la distribution est déterminée par la condition qu'en deux points voisins, l'un dans le diélectrique, l'autre à l'extérieur, les composantes de la force normales à la surface de séparation soient dans un rapport constant μ, de telle sorte qu'on ait, en désignant par F'_n et F''_n les composantes normales à l'intérieur du diélectrique et à l'extérieur, comptées dans la même direction,

$$(1) \qquad \frac{F''_n}{F'_n} = \mu, \quad \text{ou} \quad F'_n = \mu F''_n.$$

Sans chercher à approfondir, pour le moment, la nature intime du phénomène, on peut considérer cette équation (1) comme définissant le rôle d'une certaine classe de corps, à laquelle l'expérience montre que doivent appartenir les diélectriques tels que nous les connaissons.

Nous avons vu (**39**) que, de part et d'autre d'une surface électrisée, les composantes des forces parallèles à la surface sont égales et que la différence des composantes normales est proportionnelle à la densité de la couche,

$$F'_n - F_n = 4\pi\sigma.$$

On en déduit

$$-\sigma = \frac{1}{4\pi}(F_n - F'_n) = \left(1 - \frac{1}{\mu}\right)\frac{F_n}{4\pi}.$$

L'hypothèse de Poisson revient donc, en définitive, à supposer

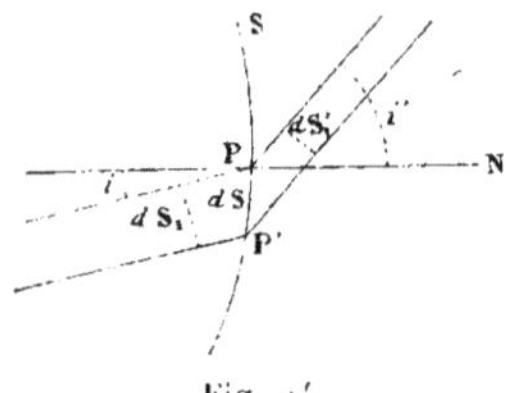

Fig. 24

à la surface du diélectrique une couche *fictice* dont la densité σ satisfasse à cette condition.

112. — Ce résultat peut être présenté sous une autre forme. De part et d'autre d'un élément PP' ou dS de la surface du diélectrique (fig. 24) traçons deux tubes de force et terminons-les par deux bases orthogonales dS_1 et dS'_1 situées, l'une dans l'air, l'autre dans le diélectrique, et seulement assez éloignées pour comprendre entre elles la couche σdS. Le flux de force qui entre par la base dS_1 est $F dS_1 = F_n dS$; celui qui sort par la base dS'_1 est $F' dS'_1 = F'_n dS$; la variation du flux est donc égale à $(F_n - F'_n) dS$, ou, en vertu de l'équation (1) qui définit le diélectrique, à $\left(1 - \frac{1}{\mu}\right) F_n dS$; elle correspond à une masse électrique cdS telle que l'on ait

$$\left(1 - \frac{1}{\mu}\right) F_n = -4\pi\sigma.$$

Les choses se passent donc comme si une fraction constante du flux de force était absorbée par la couche fictive de la surface; cette fraction a pour valeur $1 - \frac{1}{\mu}$.

113. Réfraction du flux. — Les composantes tangentielles restant égales dans les deux milieux, si on appelle i et i' les angles des forces F et F' avec la normale N à la surface S, les relations

$$F \cos i = \mu F' \cos i',$$
$$F \sin i = F' \sin i'.$$

donnent l'équation

$$\tan g\, i = \frac{1}{\mu} \tan g\, i',$$

qui exprime ce qu'on peut appeler la loi de réfraction de la force ou du flux au moment où la force passe de l'air dans un diélectrique liquide ou solide.

114. — D'une manière plus générale, supposons que la surface S sépare deux diélectriques, solides ou liquides, dont les pouvoirs inducteurs spécifiques soient égaux respectivement à μ_1 et μ_2, le rapport des composantes normales $(F_n)_1$ et $(F_n)_2$, de part et d'autre de la surface, est égal au rapport inverse des pouvoirs inducteurs, ce qui donne

$$\frac{(F_n)_1}{(F_n)_2} = \frac{\mu_2}{\mu_1},$$

ou

$$(2) \qquad \mu_1(F_n)_1 = \mu_2(F_n)_2.$$

La couche fictive est déterminée par l'équation

$$(F_n)_2 - (F_n)_1 = 4\pi\sigma,$$

et la loi de la réfraction donne pour les angles i_1 et i_2 des forces avec la normale, de part et d'autre de la surface, la relation

$$\frac{\operatorname{tang} i_1}{\mu_1} = \frac{\operatorname{tang} i_2}{\mu_2}.$$

115. Tubes et flux d'induction. — Convenons d'appeler *induction en un point, le produit de la force* F *par le pouvoir inducteur spécifique* μ *de la substance au point considéré*, et *quantité ou flux d'induction au travers d'un élément de surface, le produit de cet élément par la composante normale de l'induction*; les résultats qui précèdent pourront alors s'exprimer d'une manière très simple.

Remarquons d'abord que dans les milieux gazeux ou, au moins, dans le vide $\mu = 1$; l'induction et la force ont la même expression numérique et il y a identité entre les tubes de force et les tubes d'induction, de même qu'entre les deux espèces de flux.

Dans le cas de milieux contigus de pouvoirs inducteurs spécifiques μ_1 et μ_2, la relation des composantes normales

$$\mu_1 F_1 \cos i_1 = \mu_2 F_2 \cos i_2$$

donne

$$\mu_1 F_1 dS \cos i_1 = \mu_2 F_2 dS \cos i_2.$$

équation qui signifie que le flux d'induction qui traverse l'élément dS conserve la même valeur dans les deux milieux. Nous sommes donc conduits à la loi suivante :

Dans un tube d'induction, le flux d'induction garde une valeur constante, quels que soient les milieux diélectriques qu'il traverse, tant qu'il ne rencontre pas de corps réellement électrisé. Cette loi se confond avec celle de la *conservation du flux de force* quand on ne considère qu'un seul milieu.

Si le tube rencontre une masse m d'électricité, située dans le milieu diélectrique, on peut toujours concevoir cette masse comme séparée du diélectrique par une couche d'air : dans cette couche, le flux d'induction se confond avec le flux de force ; celui-ci variant de $4\pi m$, il en est de même du flux d'induction en vertu du théorème qui précède.

116. Équations caractéristiques de l'induction. — Si l'on applique ce théorème à un élément de volume $dx\,dy\,dz$ situé dans un diélectrique dont le pouvoir spécifique est μ, en un point où la densité réelle d'électrisation est ρ, on obtient l'équation suivante, analogue à celle de Poisson :

$$(3) \qquad \frac{\partial}{\partial x}\left(\mu\frac{\partial V}{\partial x}\right) + \frac{\partial}{\partial y}\left(\mu\frac{\partial V}{\partial y}\right) + \frac{\partial}{\partial z}\left(\mu\frac{\partial V}{\partial z}\right) + 4\pi\rho = 0.$$

Comme nous ne considérons pour le moment que les milieux isotropes, le facteur μ est constant et cette équation se réduit à

$$\mu\,\Delta V + 4\pi\rho = 0.$$

A la surface de séparation des deux milieux, il y aura lieu de distinguer deux densités : la densité σ de la couche fictive qu'il faut supposer à la surface de séparation des diélectriques pour avoir, vis-à-vis de tout point situé en dehors de cette surface, l'effet équivalent de leur polarisation intérieure ; et la densité σ' de la couche réelle qu'on aurait pu développer par le frottement, par exemple, sur cette même surface.

On aura alors pour la surface de séparation des deux milieux les équations

$$(F_n)_2 - (F_n)_1 = 4\pi(\sigma + \sigma').$$
$$\mu_2(F_n)_2 - \mu_1(F_n)_1 = 4\pi\sigma'.$$

En convenant de compter dans chaque milieu les normales à partir de la surface et désignant par V_1 et V_2 les valeurs respectives du potentiel dans les deux diélectriques, ces équations peuvent s'écrire

$$(4) \qquad \frac{\partial V_1}{\partial n_1} + \frac{\partial V_2}{\partial n_2} + 4\pi(\sigma + \sigma') = 0,$$

$$(5) \qquad \mu_1\frac{\partial V_1}{\partial n_1} + \mu_2\frac{\partial V_2}{\partial n_2} + 4\pi\sigma' = 0.$$

Le pouvoir inducteur μ est toujours positif et supérieur à l'unité; il peut être considéré comme égal à l'infini dans les conducteurs.

117. — Dans le cas où les diélectriques n'ont reçu d'électricité ni à l'intérieur ni à la surface, ces équations se réduisent à

$$\Delta V = 0,$$
$$\frac{\partial V_1}{\partial n_1} + \frac{\partial V_2}{\partial n_2} + 4\pi\sigma = 0.$$
$$\mu_1 \frac{\partial V_1}{\partial n_1} + \mu_2 \frac{\partial V_2}{\partial n_2} = 0.$$

On en déduit

$$\sigma = \frac{\mu_2 - \mu_2}{4\pi\mu_1} \frac{\partial V_1}{\partial n_1}.$$

118. Remarques sur la couche fictive. — Bien que la couche de densité σ soit une couche fictive, il faut remarquer que si, pendant que le diélectrique est soumis à l'induction, on ramenait sa surface à l'état neutre, par un procédé quelconque, au moyen d'une flamme reliée au sol par exemple, et qu'on enlevât ensuite les masses inductrices, on trouverait sur cette surface une couche réelle de densité $-\sigma$.

Cette remarque permet d'expliquer les phénomènes que présentent certains corps, par exemple les cristaux pyroélectriques à un axe, tels que la tourmaline. Il suffit de supposer que l'état normal de ces corps est analogue à celui que prennent les diélectriques sous l'influence des forces électriques, autrement dit, qu'ils sont *naturellement polarisés* et que *leur état de polarisation est une fonction de la température.*

Une tourmaline neutre en apparence est une tourmaline qui, en vertu de sa polarisation, produirait à l'extérieur les mêmes forces qu'une couche de masse totale nulle et de densité $+\sigma$ distribuée sur la surface, mais qui, par suite de causes quelconques, par exemple la déperdition au contact du milieu ambiant, s'est recouverte d'une couche réelle de densité $-\sigma$, laquelle annule pour tout point extérieur l'effet de la polarisation intérieure. Si on vient à faire varier la température de la tourmaline, on change l'état intérieur sans modifier la couche développée sur la surface : l'équilibre est rompu, et ne pourra se rétablir que d'une façon plus ou moins lente sous l'action des causes qui avaient amené la neutralisation antérieure ; l'effet observé, dans ces conditions, est la différence des actions de la couche fictive et de la couche réelle.

119. Charges de deux éléments correspondants. — Le théorème des éléments correspondants (**36**) est encore vrai quand les deux conducteurs sont situés dans des milieux différents. Il suffit, pour le voir, de remarquer que l'on peut toujours supposer le conducteur séparé du diélectrique par une couche d'air infiniment mince, comprise entre la surface du conducteur lui-même et une surface de niveau infiniment voisine.

Soient A et B les deux conducteurs, μ_1 et μ_2 les pouvoirs inducteurs des diélectriques avec lesquels ils sont respectivement en contact. Si la surface de séparation S des deux diélectriques n'a pas de couche électrique réelle, le flux d'induction est le même dans toute l'étendue d'un canal orthogonal qui découpe sur les conducteurs et sur cette surface les éléments dS_a, dS_b et dS.

La force, qui serait F_a dans l'air auprès du premier conducteur, devient dans le diélectrique $F_1 = \dfrac{F_a}{\mu_1}$.

La densité apparente σ'_a sur le conducteur, c'est-à-dire celle qui donnerait la force F_1 par la relation ordinaire $4\pi\sigma'_a = F_1$, est égale à l'excès de la densité réelle σ_a du conducteur sur la densité fictive σ_1 à la surface du diélectrique, on en déduit

$$\sigma'_a = \sigma_a - \sigma_1 = \frac{\sigma_a}{\mu_1},$$

$$\sigma_1 = \sigma_a\left(1 - \frac{1}{\mu_1}\right).$$

On a de même, au contact du conducteur B.

$$\sigma'_b = \sigma_b - \sigma_2 = \frac{\sigma_b}{\mu_2},$$

$$\sigma_2 = \sigma_b\left(1 - \frac{1}{\mu_2}\right).$$

Si la surface S possède une couche réelle de densité σ', la couche fictive ayant une densité σ, les forces normales de part et d'autre satisfont à l'équation

$$(F_n)_2 - (F_n)_1 = 4\pi(\sigma + \sigma').$$

On a d'ailleurs, dans les deux milieux respectifs,

$$F_1 dS_a = (F_n)_1 dS.$$
$$F_2 dS_b = (F_n)_2 dS.$$

On en déduit, en remplaçant les forces F_1 et F_2 par leurs valeurs $4\pi\sigma'_a$ et $4\pi\sigma'_b$,

$$\sigma'_b dS_b - \sigma'_a dS_a = (\sigma + \sigma') dS.$$

Cette équation exprime que *la différence des charges apparentes des éléments correspondants des deux conducteurs est égale à la charge totale de l'élément correspondant de la surface de séparation des deux diélectriques.*

120. Énergie d'un système dans les cas diélectriques quelconques. — L'expression générale de l'énergie est, comme nous l'avons vu (**107**),

$$W = \frac{1}{2}\sum mV = \frac{1}{2}\int V\rho \, dv.$$

L'équation

$$\mu\Delta V + 4\pi\rho = 0$$

donne

$$W = -\frac{1}{8\pi}\int \mu V \Delta V \, dv.$$

En vertu de la formule de Green et de la remarque déjà faite (**107**), cette expression se réduit à

$$W = \frac{1}{8\pi}\int \mu F^2 \, dv.$$

On a donc, pour l'énergie de l'unité de volume,

$$w = \frac{1}{8\pi}\mu F^2.$$

121. Comparaison avec les phénomènes calorifiques. — Reprenons la comparaison du problème d'équilibre électrique avec celui de la propagation de la chaleur. Nous avons vu (**70**) qu'entre deux mêmes surfaces de niveau, si le coefficient de conductibilité est égal à l'unité, le flux de chaleur, dans le premier, est égal numériquement au flux de force dans le second; si le coefficient de conductibilité est k, le flux de chaleur est k fois plus grand que le flux de force électrique.

Considérons maintenant deux systèmes corrélatifs, l'un électrique, l'autre calorifique, formés chacun de deux milieux séparés par une même surface S, et tels que les surfaces équipotentielles de l'un coïncident avec les surfaces isothermes de l'autre. Si k_1 et k_2 sont les coefficients de conductibilité des deux milieux, le flux de chaleur à travers un élément dS de la surface de séparation est, dans le premier milieu,

$$k_1 \frac{\partial V_1}{\partial n_1} dS,$$

et, dans le second,

$$- k_2 \frac{\partial V_2}{\partial n_2} dS.$$

Comme l'équilibre thermique est supposé atteint, ces deux flux sont égaux et l'on a

$$k_1 \frac{\partial V_1}{\partial n_1} + k_2 \frac{\partial V_2}{\partial n_2} = 0.$$

Le système électrique donne, de même,

$$\mu_1 \frac{\partial V_1}{\partial n_1} + \mu_2 \frac{\partial V_2}{\partial n_2} = 0.$$

On en conclut

$$\frac{\varphi_1}{\varphi_2} = \frac{k_1}{k_2}.$$

Les flux d'induction sont donc proportionnels aux flux de chaleur, le pouvoir inducteur spécifique jouant dans le problème électrique le même rôle que le coefficient de conductibilité dans le problème calorifique.

122. Variation du potentiel produite par l'interposition d'un diélectrique. — Si l'on introduit (**96**) un corps conducteur dans un champ électrique dû à des conducteurs isolés et électrisés, la présence de ce corps nouveau a pour effet de diminuer le potentiel primitif sur chacun des conducteurs. L'introduc-

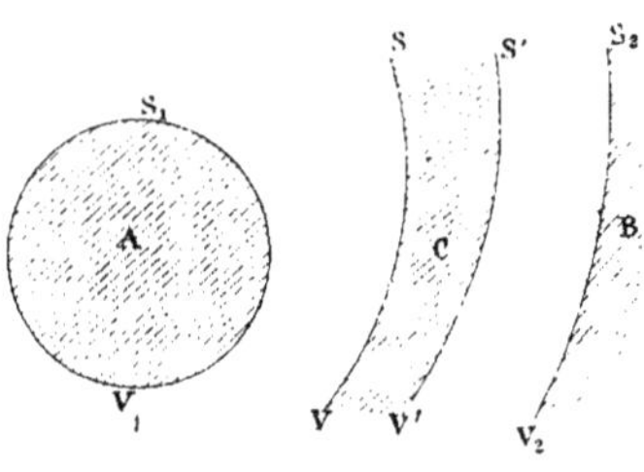

Fig. 25

tion d'un diélectrique solide ou liquide produit à un degré moindre le même effet.

Considérons, comme exemple, un cas particulier, celui d'un conducteur A (fig. 25), chargé d'une quantité M_1 d'électricité, et situé à l'intérieur d'un conducteur fermé B maintenu à un potentiel constant V_2.

L'équilibre étant établi, fixons les masses électriques sur A et B et introduisons dans l'intervalle une couche diélectrique C, de pouvoir inducteur φ, dont les surfaces interne et externe S et S' soient des surfaces de niveau du système primitif, où les potentiels étaient respectivement V et V'. Il est facile de voir que l'équilibre n'est pas troublé quand on distribue sur les surfaces S et S' des charges électriques $-M$ et $+M$ identiques à celles qui se seraient produites si ce milieu était conducteur et que la charge primitive de A eût été remplacée par M.

En effet, les charges $+ M$ sur A, $- M$ et $+ M$ sur C, et $- M$ sur B établissent des potentiels constants sur les corps A, B et C ; d'autre part, les couches égales et contraires $+ M_1$ et $- M_1$ donnent des potentiels constants sur les conducteurs A et B, de sorte que ceux-ci sont en équilibre. La forme des surfaces de niveau intermédiaires aux conducteurs A et B n'est pas modifiée et la force est restée partout dans la même direction.

Depuis la surface S_2 jusqu'à la surface S' l'accroissement de potentiel est le même que si la couche C n'existait pas ; la variation est également restée la même de S en S_1.

Pour établir la condition relative au diélectrique, considérons un canal orthogonal qui découpe sur les surfaces S_1 et S les éléments dS_1 et dS sur lesquels les densités sont en valeur absolues σ_1 et σ. Le flux de force $4\pi\sigma_1 dS_1$ qui émane de l'élément dS_1 est en partie absorbé sur l'élément dS, et la fraction perdue est

$$\frac{4\pi\sigma dS}{4\pi\sigma_1 dS_1}.$$

Cette fraction devant être égale à $1 - \frac{1}{\mu}$ (**112**), il en résulte que le rapport des charges σdS et $\sigma_1 dS_1$ de deux éléments correspondants est aussi $1 - \frac{1}{\mu}$. La condition d'équilibre du diélectrique est donc satisfaite si l'on a

$$\frac{M}{M_1} = 1 - \frac{1}{\mu}.$$

La force étant devenue μ fois plus faible entre les surfaces S et S', la chute du potentiel a diminué dans le même rapport, de sorte que l'accroissement total du potentiel quand on va de B en A est maintenant

$$V' - V_2 + \frac{1}{\mu}(V - V') + V_1 - V = V_1 - V_2 - \left(1 - \frac{1}{\mu}\right)(V - V').$$

En désignant par U_1 le nouveau potentiel du conducteur A, on a donc

$$U_1 - V_2 = V_1 - V_2 - \left(1 - \frac{1}{\mu}\right)(V - V').$$

Si le corps interposé était conducteur, la perte de potentiel du conducteur A serait $V - V'$. L'introduction du diélectrique a donc aussi fait baisser le potentiel sur le conducteur A et la chute est une fraction égale à $1 - \frac{1}{\mu}$ de celle qui serait produite par un conducteur de mêmes dimensions que le diélectrique. Toutefois ce résultat simple est particulier aux conditions qui ont été choisies ; il n'en serait pas de même si le diélectrique n'était pas terminé par des surfaces de niveau du système primitif.

123. — Lorsque le diélectrique occupe tout l'espace compris entre les conducteurs A et B, de manière à constituer un condensateur fermé, on a alors $V = V_1$, $V' = V_2$, et il vient

$$U_1 - V_2 = \frac{1}{\mu}(V_1 - V_2).$$

Pour une même charge, la différence de potentiel est devenue μ fois plus faible par la substitution, à la couche d'air, d'un diélectrique de pouvoir inducteur spécifique égal à μ. En d'autres termes, la capacité du système est devenue μ fois plus grande. C'est précisément l'expérience de Faraday.

La remarque faite plus haut (**119**) donne immédiatement ce dernier résultat. L'interposition d'un diélectrique de pouvoir inducteur spécifique μ, dans tout l'espace qui sépare les deux conducteurs A et B, ne modifie pas la forme des surfaces de niveau, mais la densité apparente en chaque point devient μ fois plus petite que la densité réelle ; les choses se passent donc comme si le système, gardant sa capacité primitive, avait reçu une charge μ fois plus petite.

124. — On peut encore dans le cas qui précède se représenter les phénomènes autrement.

Imaginons que le diélectrique compris entre les conducleurs A et B (fig. 26) soit divisé en un nombre impair de feuillets infiniment minces α, β, α', β'.... par des surfaces de niveau du système primitif, telles que la variation de potentiel soit respectivement la même dans toutes les couches α, α'... ainsi que dans les couches β, β'.... et qu'on ait, par suite,

$$(6) \qquad \begin{aligned} V_1 - V' &= V'' - V''' \quad \cdots \cdots = H_\alpha. \\ V' - V'' &= V''' - V^{IV} \quad \cdots \cdots \ \ H_\beta. \end{aligned}$$

Enfin, mettons sur chacune de ces surfaces des masses égales en valeur absolue à celles qui existent sur les surfaces S_1 et S_2 des conducteurs, alternativement positives et négatives, $+$ M sur les surfaces d'ordre pair et $-$ M sur les surfaces d'ordre

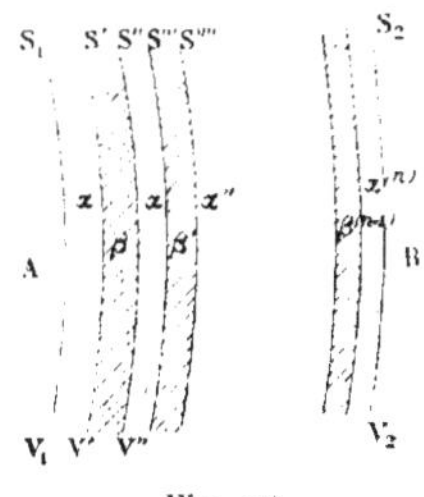

Fig. 26

impair, chacune de ces couches étant en équilibre sous l'action des conducteurs primitifs A et B.

Il est évident que le système ainsi obtenu est en équilibre. La force n'est pas modifiée dans tous les feuillets d'ordre impair, α, α', α''..., mais elle est nulle dans tous les feuillets d'ordre pair β', β', β'... et le potentiel a dans chacun de ces feuillets une valeur constante. C'est comme si tous les feuillets d'ordre pair étaient remplacés par des couches conductrices.

Cette opération a diminué la différence de potentiel entre A et B. En effet, de la surface S_1 à S'' la différence de potentiel, qui était primitivement $V_1 - V''$, est devenue $V_1 - V'$, et l'on a

$$V_1 - V' = \frac{\alpha}{\alpha + \beta}(V_1 - V'').$$

De même entre S'' et S^{IV} la différence primitive de potentiel $V'' - V^{IV}$ est réduite à

$$V'' - V''' = \frac{\alpha'}{\alpha' + \beta'}(V'' \quad V^{IV}).$$

Les rapports

$$\frac{\alpha}{\alpha + \beta}, \quad \frac{\alpha'}{\alpha' + \beta'} \ldots \ldots,$$

sont les mêmes dans toute l'épaisseur du diélectrique, et l'on peut écrire

$$\frac{\alpha}{\alpha + \beta} \quad \frac{\alpha'}{\alpha' + \beta'} \ldots \ldots \quad \frac{1}{\mu}.$$

En faisant ainsi le calcul de proche en proche, on voit que depuis la surface S_1 jusqu'à la surface S_2, le potentiel varie μ fois moins vite que dans l'état primitif, de sorte que la différence de potentiel de deux surfaces S_1 et S_2 est devenue, par l'interposition du diélectrique,

$$U_1 - U_2 = \frac{1}{\mu}(V_1 \quad V_2).$$

ce qui donne le même résultat que précédemment.

Dans cet ordre d'idées, le coefficient μ prend une signification physique ; c'est le rapport $\dfrac{\alpha + \beta}{\alpha}$ de la somme des épaisseurs de deux feuillets successifs à l'épaisseur de celui des deux qui est d'ordre impair. Or, l'expérience indique que plusieurs diélectriques solides ont un pouvoir inducteur spécifique voisin de 2, d'où il résulterait que le rapport $\dfrac{\alpha}{\beta}$ des épaisseurs de deux feuillets successifs serait sensiblement égal à l'unité.

125. — L'expérience indique aussi, et les recherches de Gaugain à ce sujet sont particulièrement intéressantes, que le pouvoir inducteur spécifique varie avec le temps. Il a d'abord une valeur minimum au moment de la charge, puis augmente rapidement et ensuite d'une manière lente, pour tendre vers une limite. En d'autres termes, le potentiel de l'armature intérieure d'un conducteur diminue d'abord rapidement aussitôt après la charge, puis plus lentement.

La force étant nulle dans chacun des feuillets β, β'..., on voit, en effet, que les couches positives sont toutes poussées vers l'extérieur, les autres vers l'intérieur, et que, par suite de leur action mutuelle, les couches qui limitent les feuillets α tendent à se rapprocher, ce qui augmente de plus en plus le pouvoir inducteur.

En généralisant ce raisonnement, on est encore conduit à attribuer aux conducteurs un pouvoir inducteur spécifique infiniment grand.

126. Théorie du déplacement de Maxwell. — Pour expliquer les propriétés des diélectriques et rendre compte des phénomènes par la seule intervention du milieu, Maxwell imagine que, quand un diélectrique est soumis à l'induction, il se produit un phénomène équivalent à un *déplacement* ou à un *glissement* d'électricité dans le sens de l'induction. Par exemple, dans une bouteille de Leyde dont l'armature intérieure est chargée positivement, le déplacement a lieu dans la masse du verre de l'intérieur vers l'extérieur.

Toute augmentation de la charge augmente le déplacement et correspond à un courant d'électricité positive de l'intérieur vers l'extérieur; toute diminution, à un courant allant de l'extérieur vers l'intérieur; la durée du courant est égale à celle de la variation.

Le déplacement par une surface est la quantité d'électricité qui la traverse. Soit σdS cette quantité pour un élément dS de la surface d'un conducteur, le déplacement est égal à $\dfrac{FdS}{4\pi}$, il est donc égal au flux de force correspondant divisé par 4π. Au contact d'un diélectrique la quantité d'électricité a pour valeur $\dfrac{\mu FdS}{4\pi}$, le déplacement est alors égal au quotient du flux d'induction par 4π.

D'une manière générale, *le déplacement en un point quelconque d'un diélectrique est égal au quotient de l'induction par 4π et parallèle à cette force.*

Un corps conducteur n'oppose aucun obstacle au déplacement. Dans un diélectrique, le déplacement est limité par l'action de forces antagonistes que développe le déplacement lui-même, en autres termes, par une espèce d'élasticité, qu'on peut appeler l'*élasticité électrique* du milieu. L'équilibre est établi quand la réaction élastique est égale en chaque point à la force électrique. Si, par analogie, on appelle *coefficient d'élasticité électrique* le rapport de la force au déplacement qu'elle produit, et qu'on suppose le milieu parfaitement élastique, on voit que le coefficient d'élasticité est égal à $\dfrac{4\pi}{\jmath}$ et que, par suite, le pouvoir inducteur spécifique est inversement proportionnel au coefficient d'élasticité du milieu.

C'est le déplacement produit par l'induction à travers la masse entière du diélectrique qui détermine la polarisation du milieu et l'électrisation apparente des conducteurs.

Considérons un tube d'induction entre deux conducteurs. Dans toute l'étendue du tube, le déplacement est constant : chaque section orthogonale est traversée par la même quantité d'électricité. A l'une des extrémités, le déplacement s'est fait du conducteur vers le diélectrique, l'élément correspondant dS du conducteur est dit alors chargé d'électricité positive avec une densité σ ; à l'autre extrémité, le déplacement s'est fait du diélectrique vers le conducteur, l'élément correspondant dS' est chargé avec une densité $-\sigma'$. Dans toute l'étendue du tube, si le diélectrique reste le même, il n'y a pas d'électricité apparente ; mais ce milieu est polarisé, car si on isole par la pensée une portion du tube comprise entre deux sections orthogonales, le déplacement s'est fait en sens inverse pour ces deux sections, et toutes deux paraîtraient électrisées en sens contraires, si leur électrisation n'était neutralisée par l'électrisation égale et opposée des portions du tube en contact. Si le tube traverse la surface de séparation des deux diélectriques, le déplacement est le même dans les deux milieux, mais la polarisation n'est pas la même et la surface aura une électrisation apparente égale à la différence des couches électriques des surfaces des deux milieux en contact.

Il est évident que, puisque l'électrisation du conducteur n'est qu'apparente, toute l'énergie due à l'électrisation doit résider dans le milieu. Elle est égale au travail dépensé pour opérer le déplacement en sens contraire des forces élastiques. D'a près ce que nous avons vu (**120**), ce travail par unité de volume a pour valeur $\dfrac{2F^2}{8\pi}$ ou $\dfrac{1}{2} \cdot \dfrac{2F}{4\pi} \cdot F$; il est donc égal à la moitié du produit de la force électrique par le déplacement.

La théorie du déplacement de Maxwell rend donc un compte satisfaisant des propriétés du milieu.

Elle fournit une interprétation physique du pouvoir inducteur spécifique de Faraday : le pouvoir inducteur spécifique est, à un facteur près, $\dfrac{1}{4\pi}$, l'inverse de coefficient d'élasticité électrique du milieu.

Elle donne l'explication de cette vue de Faraday qu'il n'est pas possible de communiquer à la matière une charge absolue d'électricité : en effet, dans cette théorie, l'électricité se comporte comme un fluide incompressible; la quantité qui peut être contenue dans une surface fermée est invariable, et la production de deux quantités d'électricité égales et de signes contraires apparaît comme la conséquence d'un seul et même phénomène.

Enfin il est naturel de penser que, si l'explication des phénomènes électriques entraîne l'existence d'un milieu incompressible, répandu dans tout l'espace, ce milieu ne saurait être différent de l'éther auquel on attribue les phénomènes lumineux et calorifiques; cette théorie permet donc d'entrevoir entre les deux ordres de phénomènes une dépendance dont la confirmation serait une des conquêtes les plus importantes de la physique.

CHAPITRE SEPTIÈME

CAS PARTICULIERS D'ÉQUILIBRE

127. Représentation du champ électrique. — L'état d'un champ électrique est défini en chaque point par la direction et la grandeur de la force. On peut le représenter soit par les *surfaces de niveau*, soit par les *lignes de force*.

Dans le premier cas, on tracera les surfaces de niveau correspondant aux valeurs numériques du potentiel $1, 2, 3.... n$, telles, par conséquent, que le transport d'une unité d'électricité d'une surface quelconque à la suivante corresponde à une unité de travail.

En chaque point, la force est normale à la surface de niveau ; sa valeur moyenne F_1 entre deux surfaces consécutives d'ordres n et $n+1$, distantes de a, est donnée par l'équation

$$F_1 a = V_n - V_{n+1} = 1.$$

La valeur de la force moyenne est donc en raison inverse de a.

On peut tracer ces surfaces par un procédé graphique.

Prenons d'abord le cas d'un centre unique de force, un point chargé d'une masse m. Le potentiel à la distance r est

$$V = \frac{m}{r} ;$$

l'équation

$$r = \frac{m}{V}$$

détermine le rayon de la sphère pour laquelle le potentiel est V. Donnons à V les valeurs 1, 2, 3... n, et traçons les sphères correspondantes, nous aurons les surfaces de niveau dont les potentiels correspondent à la suite naturelle des nombres.

128. — Supposons maintenant plusieurs centres de masses m, m', m''..... agissant simultanément; le potentiel résultant en un point étant la somme des potentiels relatifs à chacun des centres, il est évident que les points de potentiel V_p s'obtiendront par les rencontres des sphères de potentiels

$$V_n, V_{n'}, V_{n''}\ldots\ldots,$$

tels que

$$n + n' + n'' \ldots\ldots = p,$$

et que le lieu géométrique de tous ces points sera la surface de niveau de potentiel V_p.

Ce procédé est général et permet, au moins en théorie, de déterminer les surfaces de niveau d'un système quelconque.

Quant à leur représentation dans un plan, elle ne pourra se faire d'une manière complète que dans le cas d'un système de révolution, à l'aide d'une figure tracée sur un plan méridien. La force sera toujours contenue dans le plan de la figure, normale en chaque point à la section méridienne des surfaces de niveau et en raison inverse de leur distance.

Si le système est symétrique par rapport à un plan, on pourra encore avoir une représentation complète de l'état du champ dans le plan de symétrie. Dans tout autre cas, une section par un plan quelconque du système des surfaces de niveau donnera encore une série de courbes qui sont naturellement des courbes de niveau; la composante de la force suivant le plan de section est normale à ces courbes en chaque point et en raison inverse de leur distance; mais la valeur de la force réelle ne se trouve pas représentée.

129. — Les lignes de force peuvent donner pour le champ une représentation équivalente. Une pareille ligne, normale en chaque point à la surface de niveau, indique déjà la direction de la force; pour représenter en même temps l'intensité, nous conviendrons de partager le champ en tubes de force tels que le flux correspondant à chacun d'eux ait une valeur constante, égale par exemple à l'unité.

Il suffira, étant donnée une surface de niveau, de la partager en éléments dS tels que $F dS = 1$, et de prendre chacun de ces éléments comme base d'un canal orthogonal.

La division est arbitraire, et on choisira dans chaque cas celle qui conduira aux constructions les plus simples.

130. Champ uniforme. — Dans le cas d'un *champ uniforme*, toutes les surfaces de niveau sont des plans équidistants perpendiculaires à la direction de la force. La division la plus simple consiste à mener deux séries de plans rectangulaires

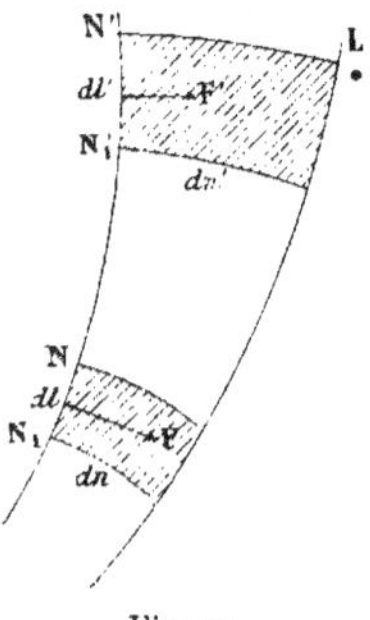

Fig. 27

entre eux et parallèles à la direction de la force. Les surfaces de niveau seront découpées en rectangles égaux.

Toute section par un plan P parallèle à la direction du champ donnera deux systèmes de lignes de force équidistantes, qui seront les intersections du plan de figure avec les deux séries de plans normaux aux surfaces de niveau.

131. Champ symétrique par rapport à un plan. — Pour tous les points du plan de symétrie, la force est parallèle au plan ; on pourra tracer les lignes de force de telle façon que le produit de la force par la distance dl (fig. 27) de deux lignes consécutives soit constant

$$F\,dl = F'\,dl';$$

comme on a

$$F\,dn = F'\,dn',$$

il en résulte

$$\frac{dl}{dn} = \frac{dl'}{dn'}.$$

Les rectangles curvilignes $dndl$, $dn'dl'$, formés par deux surfaces de niveau infiniment voisines L et L' et deux lignes de forces, sont *semblables*.

Les flux de force ne seront déterminés que si on tient compte de la dimension du tube perpendiculaire au plan de symétrie. Si on suppose que cette dimension soit partout la même, les flux ne seront pas égaux, excepté dans le cas où tous les plans parallèles au plan de la figure seraient identiques. Ce cas est celui d'une distribution cylindrique, tous les corps du système étant des cylindres parallèles ; il correspond, dans la théorie de la chaleur, au problème de la *propagation dans un plan*. Le potentiel ou la température ne dépendent plus que de deux coordonnées x et y et l'équation de Poisson se réduit à

$$\frac{\partial^2 V}{\partial x^2} + \frac{\partial^2 V}{\partial y^2} + 4\pi\sigma = 0,$$

σ étant la densité électrique sur le plan.

Nous allons examiner avec quelques détails ce cas particulier, moins pour son importance propre que comme transition utile à des problèmes plus compliqués.

132. Systèmes cylindriques. — Considérons une ligne indéfinie, électrisée uniformément, de densité λ, c'est-à-dire dont la charge soit égale à λ par unité de longueur. En chaque point du diélectrique la force passe par l'axe et lui est normale.

Le flux de force qui émane de l'unité de longueur est égal à $4\pi\lambda$; à la distance r, ce flux traverse la surface latérale $2\pi r$ du cylindre de niveau correspondant, et la force F est donnée par la condition

$$2\pi r\, F = 4\pi\lambda,$$

ou

$$(1) \qquad\qquad F = \frac{2\lambda}{r}.$$

La force est donc en raison inverse de la distance, comme on
l'a vu déjà (**80**) pour les condensateurs cylindriques. L'équation

$$F = -\frac{dV}{dr} = \frac{2\lambda}{r},$$

donne pour les surfaces de niveau

$$(2) \qquad\qquad V = -2\lambda l.r + C'',$$

c'est-à-dire une série de surfaces cylindriques concentriques.
Menons deux plans perpendiculaires à l'axe et distants de ε;

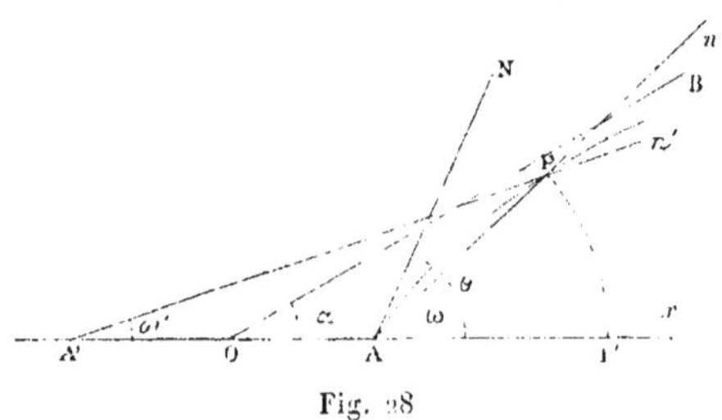

Fig. 28

la masse qu'ils comprennent est $m = \lambda\varepsilon$. Le flux de force qui
passera entre ces deux plans sera donc $4\pi m$, et il est évident
que, si nous menons par l'axe $4\pi m$ plans faisant entre eux
des angles égaux, chacun des $4\pi m$ dièdres ainsi déterminés
constitue un tube orthogonal où le flux de force est égal à
l'unité.

Prenons pour plan de la figure un plan normal à l'axe.
Soit A (fig. 28) la trace de la ligne électrisée, et Ax un axe
quelconque à partir duquel nous numéroterons 1, 2, 3..., les
traces des $4\pi m$ plans menés par l'axe. Soit enfin θ l'angle que
fait avec Ax la droite de numéro N, il est évident que le flux
de force correspondant à l'angle θ est

$$Q = 4\pi m \frac{\theta}{2\pi} = 2m\theta.$$

D'autre part, ce flux vaut N unités; on a donc

$$(3) \qquad Q = 2m\theta = N, \qquad \text{ou} \qquad \theta = \frac{N}{2m}.$$

133. Deux lignes parallèles. — Supposons que le système électrique soit composé de deux lignes parallèles A et A', de densités λ et λ', telles que $m = \varepsilon\lambda$, $m' = \varepsilon\lambda'$; prenons pour axe des x la droite qui joint les deux traces A et A' (fig. 28).

Par ces deux points menons deux droites An et A'n', d'ordres respectivement n et n' par rapport aux centres A et A', et faisant avec l'axe des angles ω et ω'; joignons leur point d'intersection P à l'axe par une courbe quelconque PP'. Il est évident qu'à travers la surface cylindrique PP', il passe un flux n ou $2m\omega$ venant de A et un flux n' venant de A', et, par conséquent, un flux total égal à $n + n' = N$. Il en sera de même pour tous les points de la courbe AP, déterminée par les points de rencontre, deux à deux, de droites émanées de A et de A', et telles que la somme de leurs numéros d'ordre soit égale à N; le lieu de tous ces points est évidemment une ligne de force d'ordre N pour le système résultant.

Au voisinage de l'une des masses agissantes, la force ne dépend que de cette masse, dont l'influence est prédominante. La ligne de flux d'ordre N pour le système résultant est donc tangente en A à la droite d'ordre N émanée de ce point.

L'équation de la courbe AP est

$$(4) \qquad n + n' = N,$$

ou, en remplaçant ces quantités par leurs valeurs en fonction des angles,

$$(5) \qquad m\omega + m'\omega' = m\theta.$$

Telle est l'équation des lignes de force émanées du point A; une équation analogue donnera celles qui émanent du point A'. Si m et m' sont de même signe, toutes ces lignes sont infinies; l'une quelconque d'entre elles, celle d'ordre N, par exemple, est asymptote à une droite OB faisant avec l'axe Ax

un angle α, déterminé par la condition que les droites d'ordre n et n', liées par la relation (4), soient parallèles entre elles, c'est-à-dire que l'on ait

$$(6) \quad \alpha = \frac{n}{2m} = \frac{n'}{2m'} = \frac{n+n'}{2(m+m')} = \frac{N}{2(m+m')} = \frac{m}{m+m'}\theta.$$

Toutes ces asymptotes passent par le centre de gravité O des masses m et m', ce qui est évident et facile à vérifier.

L'équation d'une ligne de force (5) et celle de son asymptote (6) donnent, par l'élimination du rapport $\dfrac{m'}{m}$,

$$\frac{\omega'}{\theta-\omega} = \frac{\alpha}{\theta-\alpha}.$$

C'est l'équation de la ligne de force en fonction des angles que font avec l'axe $A x$ l'asymptote et la tangente à l'origine.

Quant à l'équation des surfaces de niveau, elle est, en appelant r et r' les distances d'un point P aux deux lignes A et A'.

$$V = C^{te} - 2[\lambda\,l.r + \lambda'\,l.r'] = C^{te} - 2l.(r^\lambda r'^{\lambda'}).$$

ou

$$r^\lambda r'^{\lambda'} = C^{te}.$$

131. Plusieurs lignes parallèles. — Il est évident que ce mode de construction est général et peut s'appliquer à un nombre quelconque de lignes électrisées A, A', A"... définies, comme plus haut, par les masses m, m', m'', ..., à la condition que ces lignes soient parallèles et situées dans un même plan.

L'équation générale des lignes de force partant du centre A de masse m sera, dans ce cas,

$$m\omega + m'\omega' + m''\omega'' \ldots\ldots = m\theta.$$

les masses $m, m',\ldots$ pouvant être positives ou négatives : celle de l'asymptote correspondante est

$$(m + m' + m'' \ldots\ldots)\alpha = m\theta.$$

Quand toutes les masses sont de même signe, toutes les lignes de force sont infinies. Dans le cas contraire, une partie des flux de force émis par les masses positives est absorbée par les masses négatives.

D'après le mode de numération adopté, le nombre des lignes de force infinies est égal à la différence entre le nombre de lignes positives et de lignes négatives.

Si les lignes électrisées A, A', A''...., toujours parallèles, ne sont plus dans un même plan, la construction des lignes de force devient plus compliquée. Dans ce cas, le potentiel en un point P situé à des distances r, r', r''... des lignes A, A', A''...., a pour valeur

$$V = C^{te} - \sum 2\lambda l . r = C^{te} - 2l . (r^{\lambda} r'^{\lambda'} r''^{\lambda''} \ldots .),$$

ou

$$r^{\lambda} r'^{\lambda'} r''^{\lambda''} \ldots . = C^{te}.$$

135. Deux lignes de signes contraires. — Considérons en particulier le cas de deux lignes électrisées en sens contraires définies par les masses $+m$ et $-m'$, situées en deux points A et A' (fig. 29) à la distance $2a$, et soit m la plus grande de ces masses. L'équation d'une ligne de force devient

$$u - u' = N.$$

ou

$$m\omega - m'\omega' = m\theta;$$

celle de l'asymptote correspondante est

$$\alpha = \frac{m}{m - m'} \theta.$$

L'angle α ne pouvant devenir plus grand que π, il ne pourra y avoir de lignes de force infinies que pour les valeurs de θ plus petites que

$$\theta_0 = \pi \frac{m - m'}{m}.$$

La ligne de force AP_1 correspondant à cette valeur θ_0 sépare les $m - m'$ lignes de force partant de A et qui sont infinies des m' qui sont finies et vont s'absorber en A'. Cette ligne de force *limite* a pour équation

$$m\omega - m'\omega' = m\theta_0 = (m - m')\pi, \text{ ou } \pi - \omega' = \frac{m}{m'}(\pi - \omega).$$

Cette équation est satisfaite pour $\omega = \pi$ et $\omega' = \pi$; la ligne

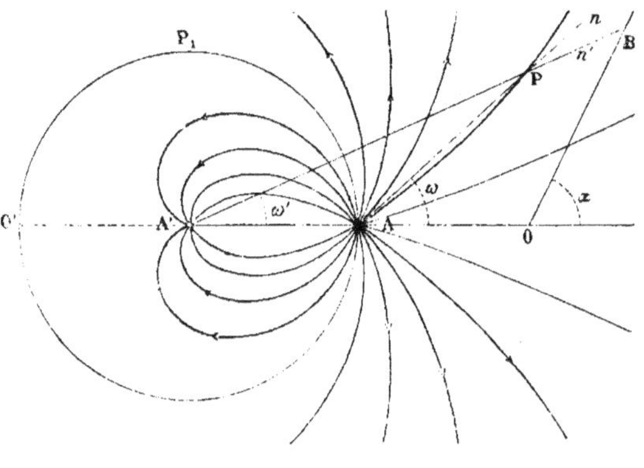

Fig. 79

rencontre donc l'axe à gauche du point A', et le point de rencontre O' est le symétrique du centre de gravité O du système par rapport à la distance AA'. En effet, on a, pour un point quelconque P_1 de la courbe,

$$\frac{r}{r'} = \frac{\sin\omega'}{\sin\omega} = \frac{\sin(\pi - \omega')}{\sin(\pi - \omega)} = \frac{\sin\frac{m}{m'}(\pi - \omega)}{\sin(\pi - \omega)}.$$

Si l'angle $\pi - \omega$ tend vers zéro, il vient,

$$\lim.\left(\frac{r}{r'}\right) = \frac{m}{m'}, \text{ ou } m \times O'A' = m' \times O'A.$$

Le centre de gravité O des deux masses étant déterminé par la condition $m \times OA = m' \times OA'$, il en résulte $OA = O'A'$.

Dans le cas de $m = 2m'$ (fig. 29), on a

$$\theta_0 = \frac{\pi}{2}, \text{ et } 2\omega - \omega' = \pi,$$

on en déduit

$$r' = \frac{r}{2\sin\dfrac{\omega}{2}} = 2a;$$

la ligne de force limite est donc une circonférence ayant pour centre le point A' et passant par le point A.

L'équation des surfaces de niveau est

$$V = C^{te} - 2l.\left(\frac{r'^\lambda}{r^\lambda}\right) = C^{te} + 2l.\left(\frac{r'^\lambda}{r^\lambda}\right),$$

ou

$$\frac{r'^\lambda}{r^\lambda} = C e^{\frac{V}{2}}.$$

136. Deux lignes égales et de signes contraires. — Si l'on suppose les deux masses égales en valeurs absolues, l'équation des lignes de force se réduit à

$$\omega - \omega' = \theta,$$

et celle des surfaces de niveau à

$$V = 2\lambda l.\frac{r'}{r}.$$

La première représente des segments de circonférence tels que ATA' (fig. 30) passant par les deux points A et A' et capables de l'angle θ; la seconde des circonférences $S, S' \cdots$ ayant leurs centres sur la droite AA', et telles que les deux points soient conjugués par rapport à chacune d'elles.

Si on considère deux surfaces de niveau S et S', une couche $+ m$ sur chaque unité de longueur du cylindre S et une couche — m sur chaque unité de longueur du cylindre S′, remplaceront pour tous les points compris entre les deux surfaces l'action des deux lignes indéfinies A et A′ (**61**) ; la figure cor-

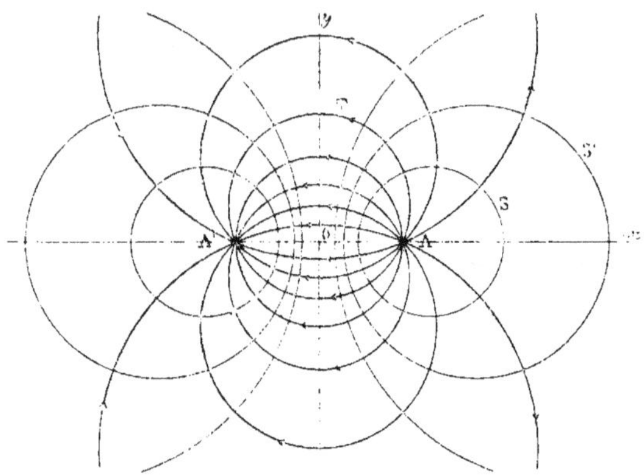

Fig. 3o

respondra, dans ce cas, au problème d'un condensateur formé de deux cylindres indéfinis excentriques.

137. — Imaginons que la distance $2a$ tende vers zéro, mais que la densité λ varie de façon que le produit $2a\lambda$ reste constant. Le potentiel à la distance r, dans une direction qui fait avec la droite A′A l'angle ω, sera

$$ V = 2\lambda l . \left(1 + \frac{2a\cos\omega}{r} \right) = 2 \frac{2a\lambda\cos\omega}{r}. $$

Cette équation représente des circonférences dont les rayons varient comme les inverses des nombres entiers successifs.

On a de même, pour les lignes de force,

$$ \omega - \omega' = \frac{2a\sin\omega}{r} = 0. $$

Les rayons des circonférences qui représentent les lignes de force varient donc aussi comme les inverses des nombres entiers successifs.

138. Systèmes de révolution. — Pour déterminer sur une

surface de niveau les sections des tubes de force élémentaires, nous prendrons d'une part des plans méridiens équidistants, et d'autre part, sur la section méridienne, des points placés de telle manière que dans la révolution autour de l'axe ils partagent la surface en zones successives correspondant à un même flux. La surface se trouvera ainsi divisée en rectangles curvilignes correspondant à un même flux que l'on prendra égal à l'unité.

139. — Un *champ uniforme* peut toujours être considéré comme de révolution autour d'une ligne quelconque parallèle à la direction de la force ; nous pouvons donc lui appliquer ce mode de représentation. Une surface de niveau, qui est un plan perpendiculaire à l'axe, sera coupée par une série de circonférences, comprenant entre elles des zones de surface constante. Les rayons, croissant suivant la loi des anneaux de Newton, seront proportionnels aux racines carrées des nombres consécutifs. Les lignes de force seront ainsi représentées dans le plan méridien par des droites parallèles à l'axe et dont les distances à l'axe sont comme les racines carrées des nombres entiers consécutifs.

Si F est l'intensité de champ et ω l'angle de deux méridiens, r_n et r_{n+1} les distances à l'axe de deux lignes de force successives, on devra prendre

$$F \frac{\omega}{2} \left(r_{n+1}^2 - r_n^2 \right) = 1,$$

ou

$$r_n = \sqrt{\frac{2}{F\omega}} \sqrt{n}.$$

Ce mode de représentation a l'inconvénient, comme on le voit, de ne pas figurer un champ uniforme par des lignes de force équidistantes.

140. Cas d'une masse unique. — Une masse unique m donne un système de révolution autour d'un axe quelconque passant par la masse agissante. Par des plans normaux à un axe Ax (fig. 31), on divisera la sphère en zones concentriques successives de même surface et correspondant à un même flux.

Le flux correspondant au cône circulaire dont le demi-angle au sommet est θ est proportionnel à la surface de la calotte de demi-ouverture θ, c'est-à-dire à la hauteur PB ou à $1-\cos\theta$.

Soit N l'ordre de la ligne de force AN, on aura

$$\frac{N}{4\pi m} = \frac{1-\cos\theta}{2},$$

ou

$$(7) \qquad \cos\theta = 1 - \frac{N}{2\pi m}.$$

Pour tracer les lignes de force, il suffira donc de diviser le diamètre BB' (fig. 32) en $4\pi m$ parties égales, de mener les

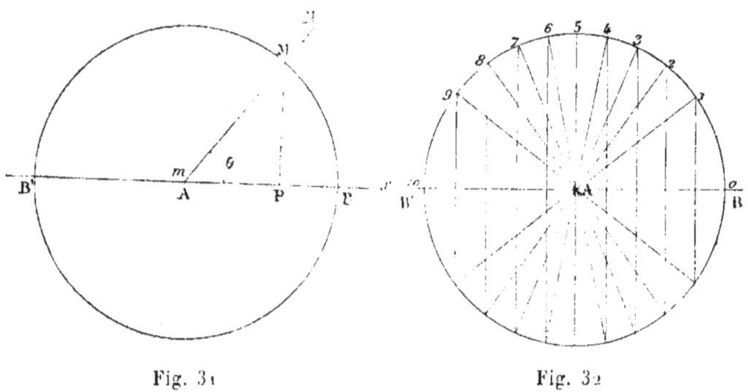

Fig. 31Fig. 32

verticales correspondantes et de joindre au point A les points d'intersection avec la circonférence.

111. Deux masses quelconques. — Soient maintenant deux masses m et m' situées en A et A' (fig. 28); elles forment un système de révolution par rapport à la droite qui les joint. Le flux total qui traverse une zone quelconque de révolution dont le demi-arc est PP' est la somme des flux qui correspondent aux angles ω et ω' pour les deux masses séparément, c'est-à-dire à $n+n' = N$.

Par la même raison que plus haut, la nappe qui correspond au flux de valeur N et qui passe par le point P est tangente en A au cône d'angle au sommet 2θ, qui comprend le même flux pour la masse m prise isolément.

Cette nappe est aussi asymptote à un cône ayant pour sommet le centre de gravité O des deux masses.

L'équation de la ligne de force AP, c'est-à-dire $n+n'=N$, donne

$$2\pi m\,(1-\cos\omega)+2\pi m'\,(1-\cos\omega')=N-2\pi m\,(1-\cos\theta),$$

ou

$$(8)\qquad m\cos\omega+m'\cos\omega'=m'+m\cos\theta.$$

Pour obtenir l'angle α de l'asymptote avec l'axe, il suffit de faire les deux angles ω et ω' égaux dans cette équation ; on obtient ainsi

$$(9)\qquad (m+m')\cos\alpha=m'+m\cos\theta.$$

En éliminant le rapport $\dfrac{m}{m'}$ entre les équations (8) et (9), on a l'équation de la ligne de force en fonctions de θ et de α :

$$\frac{1-\cos\omega'}{\cos\omega-\cos\theta}=\frac{1-\cos\alpha}{\cos\alpha-\cos\theta}.$$

Cette méthode est encore générale et peut s'appliquer à un nombre quelconque de centres situés sur une même droite.

L'équation d'une ligne de force partant de la masse m est

$$m\cos\omega+m'\cos\omega'+m''\cos\omega''\ldots\ldots=m'+m''+\ldots\ldots+m\cos\theta,$$

et celle de l'asymptote,

$$(m+m'+m''\ldots\ldots)\cos\alpha=m'+m''+m'\ldots\ldots+m\cos\theta.$$

Lorsque les masses sont toutes de même signe, toutes les lignes de force sont infinies. S'il y a des masses de signes contraires, la région qui renferme les lignes de force finies, émises par des masses positives et absorbées par des masses négatives, est séparée de la région qui renferme les lignes de force infinies par une surface limite dont la section méridienne est déterminée par la valeur de l'angle θ donnée par l'équation précédente dans laquelle on fait $x = \pi$.

112. Deux masses égales et de même signe. — Si le système est formé de deux masses égales et de même signe situées en A et A' à la distance $2a$ (fig. 33), les surfaces de niveau sont données par l'équation

$$V = \frac{m}{r} + \frac{m}{r'} = m \left(\frac{1}{r} + \frac{1}{r'} \right).$$

Les courbes méridiennes sont des espèces de lemmiscates. La surface correspondant à $V = \dfrac{2m}{a}$ a pour courbe méridienne

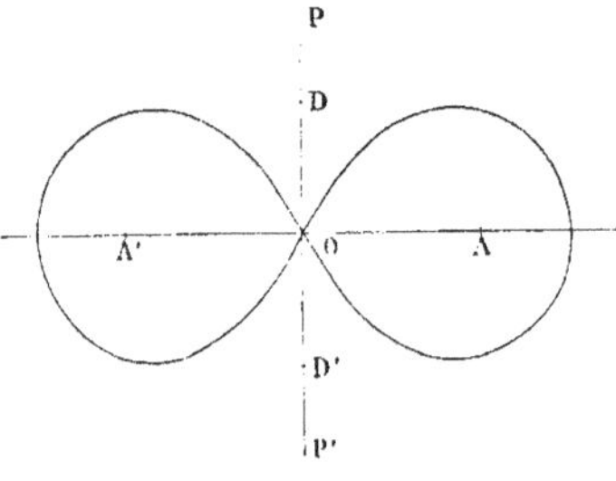

Fig. 33

deux lobes qui se coupent en O. Le point O est un point d'équilibre instable ; la force y est égale à zéro. En ce point, le potentiel présente un minimum relativement à l'axe AA' et un maximum par rapport au plan de symétrie PP'.

Pour toutes les valeurs de V supérieures à $\dfrac{2m}{a}$, la surface de niveau se compose de deux lobes séparés dont la section a la forme d'un ovale et qui entourent chacun des deux centres. Ces ovales tendent de plus en plus à se confondre avec des cercles à mesure qu'on se rapproche du centre.

Pour les valeurs de V inférieures à $\dfrac{2m}{a}$, la surface se compose d'une nappe unique dont l'étranglement tend à disparaître au fur et à mesure que V diminue et qui finalement se confondrait à une grande distance avec une sphère ayant pour centre le point O.

L'équation des lignes de force est

$$\cos\omega + \cos\omega' = 1 + \cos\theta,$$

et celle de l'asymptote

$$2\cos\alpha = 1 + \cos\theta,$$
ou
$$\cos\alpha = \cos^2\frac{1}{2}\theta.$$

En un point de l'axe transverse OP, la force a pour expression

$$F = \frac{2m}{r^2}\sin\omega = \frac{2m}{r^2}\cdot\frac{y}{r} = 2m\frac{y}{(a^2 + y^2)^{\frac{3}{2}}};$$

elle est maximum en des points D et D' pour lesquels

$$y = \pm\frac{a\sqrt{2}}{2}.$$

C'est un maximum relatif à l'axe transverse seulement et au contraire un minimum pour la direction parallèle à AA'.

Les lignes de force émanées de m et de m' sont séparées par le plan normal à l'axe AA' passant au point O.

143. Deux masses inégales et de même signe. — Si les masses, toujours de même signe, sont inégales, la forme générale des surfaces de niveau est la même que dans le cas précédent, sauf la symétrie. Le point d'équilibre correspondant au point de croisement de la surface à deux nappes est donné par la relation

$$\frac{m}{r^2} = \frac{m'}{r'^2}, \qquad \text{ou} \qquad \frac{r}{r'} = \frac{\sqrt{m}}{\sqrt{m'}}.$$

En posant $r + r' = 2a$, on en déduit

$$r = 2a\frac{\sqrt{m}}{\sqrt{m} + \sqrt{m'}} = 2a\frac{1}{1 + \sqrt{\dfrac{m'}{m}}}.$$

Les lignes de force ont pour équation

$$m \cos\omega + m' \cos\omega' = m' + m \cos\theta.$$

Elles forment toujours deux systèmes distincts ; la surface qui les sépare correspond à $\theta = \pi$, et a pour équation

$$m \cos\omega + m' \cos\omega' = m' - m.$$

Si on pose $\dfrac{m'}{m} = 1 + \varepsilon$, l'équation devient

$$\cos\omega + (1 + \varepsilon) \cos\omega' = \varepsilon.$$

ou, en coordonnées rectangulaires, l'origine étant prise au milieu de la distance $2a$,

$$\frac{x - a}{\sqrt{y^2 + (x - a)^2}} + (1 + \varepsilon) \frac{x + a}{\sqrt{y^2 + (x + a)^2}} = \varepsilon.$$

Cette équation représente une surface du sixième degré qui passe par le point d'équilibre et qui a quelque analogie avec une nappe d'hyperboloïde. Sa section méridienne, comme toutes les autres lignes de force, a une asymptote, qui passe par le centre de gravité des deux masses. Cette asymptote a pour équation

$$\cos\alpha = \frac{\varepsilon}{2 + \varepsilon}.$$

141. Deux masses égales et de signes contraires. — Nous examinerons avec plus de détails le cas de deux masses égales et de signes contraires, parce qu'il donne lieu à plusieurs applications importantes.

Les surfaces de niveau, dont l'équation est

$$V = m \left(\frac{1}{r} - \frac{1}{r'} \right),$$

sont des surfaces fermées ovoïdes, à une seule nappe, tendant à se confondre avec des sphères au fur et à mesure qu'elles se rapprochent des centres d'action. Toutes celles qui correspondent à des valeurs positives de V entourent le point A, celles qui correspondent à des valeurs négatives le point A′. Elles sont séparées par un plan de symétrie au potentiel zéro.

Les lignes de force ont pour équation

$$\cos\omega - \cos\omega' = 1 - \cos\theta = \frac{N}{2\pi m}. \qquad (10)$$

Ces lignes de force sont toutes finies et partent du point A pour aboutir au point A′ ; elles sont évidemment symétriques

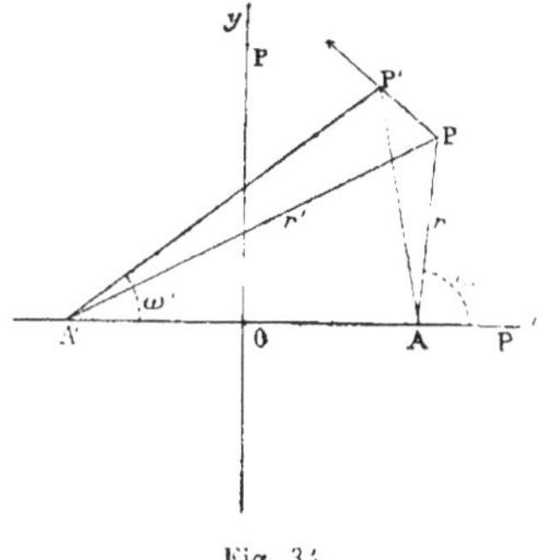

Fig. 34

par rapport au plan de potentiel zéro perpendiculaire en O à l'axe AA′ (fig. 34).

145. — Les angles β et β' que fait la force avec les rayons vecteurs sont déterminés par la condition

$$\frac{r}{\sin\beta}d\omega = \frac{r'}{\sin\beta'}d\omega' = PP', \qquad (11)$$

donnée par les triangles infiniment petits APP′ et A′PP′ ; on a d'ailleurs, par l'équation (10),

$$\sin\omega\, d\omega = \sin\omega'\, d\omega',$$

et, par suite,

$$\frac{\sin\omega\sin\beta}{r} = \frac{\sin\omega'\sin\beta'}{r'}.$$

En remplaçant le rapport de rayons vecteurs dans cette équation par le rapport des sinus des angles opposés dans le triangle APA′, on obtient,

$$\sin^2\omega \, \sin\beta = \sin^2\omega' \, \sin\beta', \qquad (12)$$

ou

$$\frac{\sin\beta}{r^2} = \frac{\sin\beta'}{r'^2}.$$

116. — La force a pour expression

$$F = m\left[\frac{\cos\beta}{r^2} + \frac{\cos\beta'}{r'^2}\right]. \qquad (13)$$

Sa valeur sur l'axe AA′, en P_1, à la distance d du centre, est

$$F_1 = m\left[\frac{1}{(d-a)^2} - \frac{1}{(d+a)^2}\right] = 2ma\frac{2d}{(d^2-a^2)^2} \qquad (14)$$

et sur l'axe transverse, en P_2, ρ désignant la distance AP_2,

$$F_2 = 2ma\frac{1}{\rho^3} = 2ma\frac{1}{(d^2+a^2)^{\frac{3}{2}}}. \qquad (15)$$

Le produit $2ma$ de l'une des masses par la distance qui les sépare, que l'on appellera *moment magnétique* dans le problème correspondant de magnétisme, peut être appelé ici le *moment électrique* du système.

117. — Quand la force est normale à l'axe, on a

$$\beta = \frac{\pi}{2} - \omega, \quad \sin\beta = \cos\omega,$$

$$\beta' = \frac{\pi}{2} + \omega', \quad \sin\beta' = \cos\omega';$$

l'équation (12) devient

$$\cos\omega\sin^2\omega = \cos\omega'\sin^2\omega',$$

ou
$$\frac{\cos\omega}{r^2} = \frac{\cos\omega'}{r'^2}.$$

C'est l'équation de la courbe APX (fig. 35) qui passe par tous les points du plan où la force est verticale. Elle se compose de deux branches symétriques, partant de A et de A' tangentiellement à la verticale et asymptotes à une droite OL.

Pour déterminer la direction de l'asymptote, considérons un point très éloigné; on aura, en appelant δ la différence

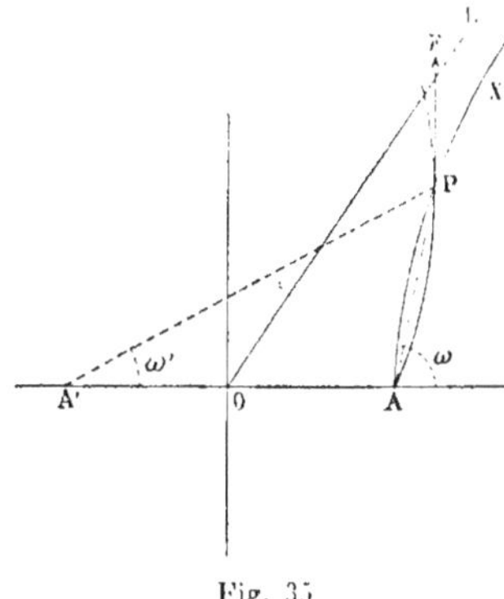

Fig. 35

très petite $\omega - \omega'$ et remarquant que les angles ω et ω' deviennent égaux,

$$\frac{\cos\omega}{r^2} = \frac{\cos\omega'}{r'^2} = \frac{\cos\omega' - \cos\omega}{r'^2 - r^2} = \frac{\sin\omega.\delta}{2r(r' - r)} = \frac{\sin\omega}{2r^2} \cdot \frac{r\delta}{r' - r}$$

$$= \frac{\sin\omega.2a\sin\omega}{2r^2.2a\cos\omega} = \frac{1}{2r^2}\frac{\sin^2\omega}{\cos\omega},$$

ou
$$\tan^2\omega = 2.$$

148. Principe des images. — Nous avons vu (**59**) qu'on peut toujours remplacer une masse électrique quelconque par une masse égale répandue sur une surface de niveau qui l'entoure complètement. Cette couche est en équilibre d'elle-même, et la densité est déterminée par la condition

$$\sigma = -\frac{F}{4\pi}.$$

Pour tous les points intérieurs, le potentiel devient constant et égal à celui de la surface ; mais pour tous les points extérieurs rien n'est changé à l'état du champ.

Considérons, dans le problème précédent, le plan transversal Oy au potentiel zéro (fig. 34). Pour tous les points situés à droite, nous pouvons remplacer la masse $-m$ située en A′ par

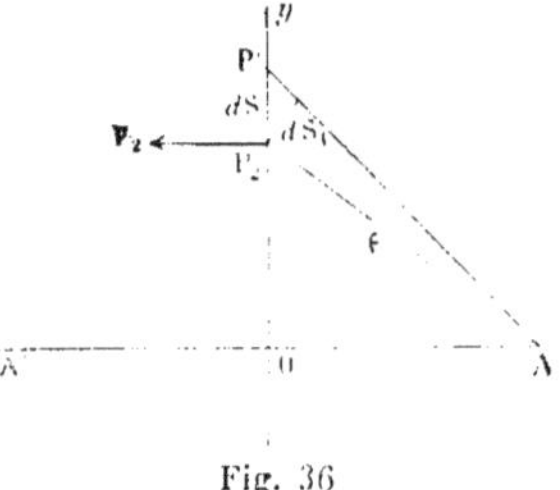

Fig. 36

une masse égale en équilibre sur le plan. La densité sera en chaque point P_2, la force F_2 étant dirigée vers la gauche,

$$-\sigma = \frac{F_2}{4\pi} = \frac{(2ma)}{4\pi} \cdot \frac{1}{\rho^3}.$$

On voit qu'elle est *en raison inverse du cube* de la distance du point considéré P_2 au point A.

On peut remarquer, d'après cette loi de distribution, que la charge d'un élément du plan est en chaque point proportionnel à l'angle sous lequel on le voit du point A. En effet la charge d'un élément de surface dS (fig. 36) est

$$-\sigma dS = \frac{m}{2\pi} \cdot \frac{1}{\rho^2} \cdot \frac{a}{\rho} dS.$$

Or, $\dfrac{a}{\rho} dS$ est la projection dS_1 de l'élément dS sur un plan perpendiculaire à ρ, et $\dfrac{dS_1}{\rho^2}$ est l'angle $d\theta$ sous lequel du point A on voit l'élément dS.

On a donc

$$-\sigma dS = \frac{m}{2\pi} d\theta.$$

Si le plan, ou la masse $-m$, n'existait pas, le flux de force émis par la masse m dans l'angle $d\theta$ serait $m d\theta$. Dans le cas actuel, le flux reçu par la surface dS est $4\pi \dfrac{m}{2\pi} d\theta = 2 m d\theta$. La distribution de ce flux est la même que si la masse m existait seule, mais le flux est doublé en chaque point, toutes les lignes de force qui émanent de m rencontrant le plan.

Le plan, recouvert de la masse $-m$, étant au potentiel zéro, tout l'espace situé à gauche est au potentiel zéro. C'est le cas d'un plan conducteur indéfini O_y, en communication avec le sol, et soumis à l'influence d'une masse électrique $+m$ placée au point A. Un pareil plan intercepte complètement l'action de la masse m sur les points situés derrière lui; il fait l'office d'un *écran électrique*.

Ainsi, la masse $+m$ étant placée en A, en présence d'un plan conducteur O_y en communication avec le sol, on peut, pour les points situés à droite, remplacer ce plan par une masse $-m$ située au point A' symétrique de A.

Pour sir W. Thomson la masse $-m$ en A' est, par rapport au plan O_y relié au sol, l'*image* de la masse $+m$ située en A. On voit, en effet, l'analogie qui existe entre le phénomène électrique et le phénomène optique correspondant. Si le point A est une source de lumière et le plan O_y un miroir réflecteur, l'image de A est virtuelle et située en A'; l'éclairement de l'espace situé à droite du plan est le même que si on remplaçait ce plan par une source de lumière située en A', et l'intensité de cette source virtuelle sera égale à celle de A si le pouvoir réflecteur du plan est égal à l'unité.

149. Induction dans un milieu formé de deux diélectriques séparés par un plan. — Le principe des images permet de déterminer l'état de deux diélectriques indéfinis, séparés par une surface plane, dans l'un desquels se trouve une masse agissante.

Soit m cette masse placée au point A (fig. 37), μ_1 et μ_2 les pouvoirs inducteurs des deux diélectriques séparés par le plan Q, la masse agissante étant située dans le premier.

L'équilibre peut être établi en supposant sur le plan Q une couche m' distribuée comme elle le serait sur un plan conducteur non isolé sous l'influence d'une masse m' placée en A ou au point symétrique B; en d'autres termes, le plan agira sur tous les points situés à sa gauche comme une masse m' placée en A et sur tous les points situés à droite, comme la même

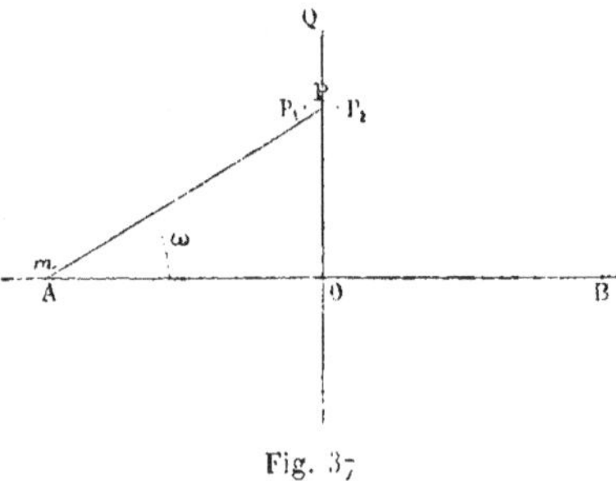

Fig. 37

masse m' placée en B. Le potentiel au voisinage du point P pris dans le plan Q est dans le premier milieu, en P_1,

$$V_1 = \frac{m}{PA} + \frac{m'}{PB},$$

et dans le second milieu, en P_2,

$$V_2 = \frac{m}{PA} + \frac{m'}{PA}.$$

Les composantes normales de la force sont, aux mêmes points,

$$N_1 = \frac{\cos\omega}{\rho^2}(m - m'),$$

$$N_2 = \frac{\cos\omega}{\rho^2}(m + m').$$

Pour satisfaire à l'équation de continuité des diélectriques, il faut que le produit de la composante normale par le pouvoir inducteur spécifique soit le même de part et d'autre de la surface de séparation, ce qui donne

$$\mu_1(m - m') = \mu_2(m + m'),$$

ou

$$m' = m\,\frac{\mu_1 - \mu_2}{\mu_1 + \mu_2} = m\gamma.$$

La densité en chaque point du plan est

$$\sigma' = \frac{2m'a}{4\pi} \cdot \frac{1}{\rho^3} = \frac{\mu_1 - \mu_2}{\mu_1 + \mu_2} \cdot \frac{2ma}{4\pi} \cdot \frac{1}{\rho^3} = \gamma\,\frac{2ma}{4\pi} \cdot \frac{1}{\rho^3}.$$

150. Trois diélectriques séparés par des plans parallèles. — Supposons qu'il y ait trois milieux différents, de pouvoirs in-

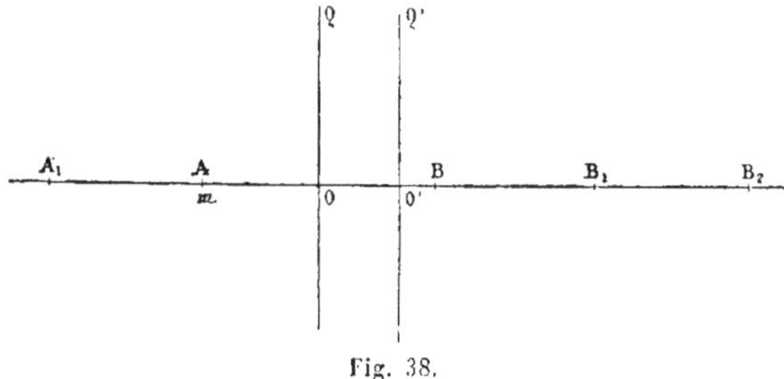

Fig. 38.

ducteurs spécifiques égaux respectivement à μ_1, μ_2 et μ_3, séparés par des plans parallèles Q et Q', et que la masse agissante m soit située dans le premier milieu, en A (fig. 38).

Posons encore

$$\gamma = \frac{\mu_1 - \mu_2}{\mu_1 + \mu_2},$$

$$\gamma' = \frac{\mu_2 - \mu_3}{\mu_2 + \mu_3}.$$

La condition d'équilibre sur le plan Q est satisfaite par une couche $m\gamma$ qui agit, de part et d'autre, comme si elle était en A ou en B.

La masse m en A et la couche $m\gamma$ du plan Q produisent sur le plan Q′ une couche $m(1+\gamma)\gamma' = m'$, qui agira comme si elle était concentrée en A ou en B_1.

La couche m', réagissant sur le plan Q, y produira une couche $-m'\gamma$, dont l'image est en B_1 ou A_1.

De même, la couche $-m'\gamma$ en Q donne sur Q′ une couche $-m'\gamma\gamma'$ dont l'image est A_1 ou B_2..., etc.

La détermination de ces couches successives n'est pas autre chose que l'application de la méthode de Murphy.

On aura ainsi, de proche en proche :
sur le plan Q,

Couches successives.	Images.	
$m\gamma$	A ou	B
$-m'\gamma$	A_1	B_1
$+m'\gamma^2\gamma'$	A_2	B_2
$-m'\gamma^3\gamma'^2$	A_3	B_3
⋮	⋮	⋮

et, sur le plan Q′.

Couches successives.	Images.	
$m(1+\gamma)\gamma' = m'$	A ou	B_1
$-m'\gamma\gamma'$	A_1	B_2
$+m'\gamma^2\gamma'^2$	A_2	B_3
⋮	⋮	⋮

La somme algébrique de toutes ces couches donnera l'état d'équilibre définitif.

Les charges totales M et M′ des plans Q et Q′ seront

$$M = m\gamma - m'\gamma[1 - \gamma\gamma' + (\gamma\gamma')^2 - (\gamma\gamma')^3 + \cdots] = m\gamma - m'\gamma\frac{1}{1+\gamma\gamma'}$$

$$= m\gamma\left[1 - \frac{(1+\gamma)\gamma'}{1+\gamma\gamma'}\right] = m\frac{\gamma(1-\gamma')}{1+\gamma\gamma'}.$$

$$M' = m'[1 - \gamma\gamma' + (\gamma\gamma')^2 - \cdots] = m'\frac{1}{1+\gamma\gamma'} = m\frac{\gamma'(1+\gamma)}{1+\gamma\gamma'}.$$

La densité en chaque point est égale à la somme algébrique des densités de toutes les couches superposées.

Le potentiel V, en un point P dans le premier milieu, peut être considéré comme produit par la masse m et toutes les images situées en B, B_1, B_2..., etc.

Aux différents points B_1, B_2..., il y a deux images différentes provenant des couches des deux plans Q et Q' et l'on a :

en B_1

$$m' - m'\gamma = m'(1 - \gamma) = m(1 - \gamma^2)\gamma',$$

en B_2

$$-m'\gamma\gamma' + m'\gamma^2\gamma' = -m'\gamma\gamma'(1 - \gamma) = -m(1 - \gamma^2)\gamma' \cdot \gamma\gamma',$$

$$\dots\dots\dots\dots\dots\dots\dots\dots\dots$$

en B_{n+1}

$$\pm m'(\gamma\gamma')^n \mp m'(\gamma\gamma')^n\gamma = \pm m'(\gamma\gamma')^n(1 - \gamma) = \pm m(1 - \gamma^2)\gamma'(\gamma\gamma')^n;$$

ce qui donne

$$V_1 = m\left\{\frac{1}{PA} + \frac{\gamma}{PB} + (1 - \gamma^2)\gamma'\left[\frac{1}{PB_1} - \frac{\gamma\gamma'}{PB_2} + \frac{(\gamma\gamma')^2}{PB_3}\cdots \pm \frac{(\gamma\gamma')^n}{PB_{n+1}} \pm \cdots\right]\right\}$$

Le potentiel V_3 dans le troisième milieu est produit, de même, par les images situées aux points A, A_1, A_2..., sur lesquelles les masses sont :

$$m + m\gamma + m' = m(1 + \gamma)(1 + \gamma'),$$
$$-m'\gamma - m'\gamma\gamma' = -m(1 + \gamma)(1 + \gamma')\gamma\gamma',$$
$$\dots\dots\dots\dots\dots\dots\dots\dots\dots\dots\dots\dots$$
$$\pm(m'\gamma^n\gamma'^{n-1} + m'\gamma^n\gamma'^n) = \pm m(1 + \gamma)(1 + \gamma')(\gamma\gamma')^n;$$

on a donc

$$V_3 = m(1 + \gamma)(1 + \gamma')\left[\frac{1}{PA} - \frac{\gamma\gamma'}{PA_1} + \frac{(\gamma\gamma')^2}{PA_2} - \cdots \pm \frac{(\gamma\gamma')^n}{PA_n}\cdots\right].$$

Enfin, dans le second milieu, compris entre les plans Q et Q', le potentiel est dû à la masse m, aux images situées en A_1,

A_2... des couches du plan Q et aux images situées en B_1, B_2... des couches du plan Q'. On trouverait de même

$$V_2 = m(1+\gamma)\left[\frac{1}{PA} - \frac{\gamma\gamma'}{PA_1} + \frac{(\gamma\gamma')^2}{PA_2} - \ldots\right]$$
$$+ m(1+\gamma)\gamma'\left[\frac{1}{PB_1} - \frac{\gamma\gamma'}{PB_2} + \frac{(\gamma\gamma')^2}{PB_3} - \ldots\right].$$

Si le troisième milieu est identique au premier, il suffit de poser $\mu_1 = \mu_3$, et l'on a $\gamma' = -\gamma$.

Il vient alors

$$M = m\frac{\gamma(1+\gamma)}{1-\gamma^2} = m\frac{\gamma}{1-\gamma},$$
$$M' = -m\frac{\gamma(1+\gamma)}{1-\gamma^2} = -m\frac{\gamma}{1-\gamma},$$
$$V_1 = m\left\{\frac{1}{PA} + \frac{\gamma}{PB} - (1-\gamma^2)\gamma\left[\frac{1}{PB_1} + \frac{\gamma^2}{PB_2} + \cdots + \frac{\gamma^{2n}}{PB_{n+1}} + \cdots\right]\right\},$$
$$V_3 = m(1-\gamma^2)\left[\frac{1}{PA} + \frac{\gamma^2}{PA_1} + \frac{\gamma^4}{PA_2} + \ldots + \frac{\gamma^{2n}}{PA_n} + \ldots\right],$$
$$V_2 = m(1+\gamma)\left\{\left[\frac{1}{PA} + \frac{\gamma^2}{PA_1} + \ldots\right] - \gamma\left[\frac{1}{PB_1} + \frac{\gamma^2}{PB_2} + \ldots\right]\right\}.$$

En désignant respectivement par α et β les deux séries qui renferment les distances PA, PA_1,..., PB_1, PB_2..., lesquelles sont des fonctions déterminées des coordonnées du point P, on a simplement

$$V_1 = m\left[\frac{1}{PA} + \frac{\gamma}{PB} - (1-\gamma^2)\gamma\beta\right],$$
$$V_3 = m(1-\gamma^2)\alpha,$$
$$V_2 = m(1+\gamma)[\alpha - \gamma\beta].$$

151. Deux masses égales de signes contraires infiniment voisines. — Supposons que les deux masses égales et de signes contraires $+m$ et $-m$ du problème (**144**) soient infiniment voisines ou, ce qui revient au même, que nous considérions l'état du champ à une distance très grande par rapport à la distance $2a$ des deux points A et A'. La valeur du potentiel en un point P (fig. 39),

$$V = m\left(\frac{1}{r} - \frac{1}{r'}\right) = m\frac{r'-r}{rr'},$$

se réduit à

$$V = m\frac{r'-r}{r^2} = 2am\frac{\cos\omega}{R^2} = 2am\frac{x}{R^3},$$

en appelant ω l'angle de la direction OP avec l'axe A'A.

Soit ϖ une surface, un cercle par exemple, menée par le

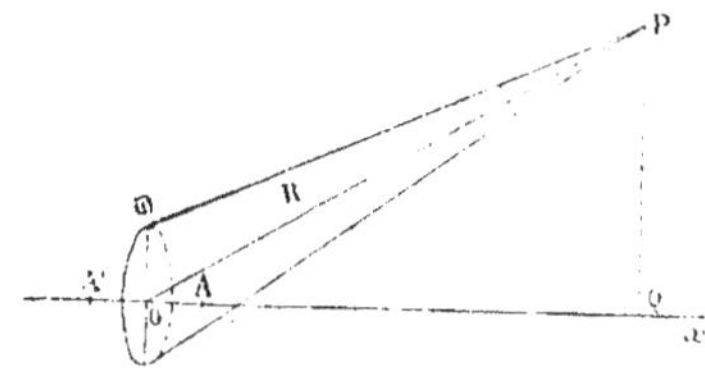

Fig. 39

point O perpendiculairement à AA' et appelons θ l'angle solide sous lequel on voit cette surface du point P ; on a

$$R^2\theta = \varpi\cos\omega,$$

et, par suite,

$$V = \frac{2ma}{\varpi}\theta.$$

Si on prend $\varpi = 2ma$, il vient

$$V = 0. \qquad (16)$$

Ainsi *la valeur du potentiel en un point est l'angle solide sous lequel on voit de ce point une surface égale au moment électrique $2ma$ des deux masses et perpendiculaire au milieu de la droite qui les joint.*

L'équation des surfaces de niveau,

$$V = \frac{\varpi\cos\omega}{R^2} = \frac{\varpi x}{R^3}, \qquad (17)$$

montre que toutes ces surfaces sont semblables et que pour
une même direction ω les valeurs de R sont en raison inverse
des racines carrées des potentiels.

152. — Dans l'équation des lignes de force,

$$\cos\omega' - \cos\omega = \frac{N}{2\pi m},$$

le premier membre peut être transformé de la manière sui-

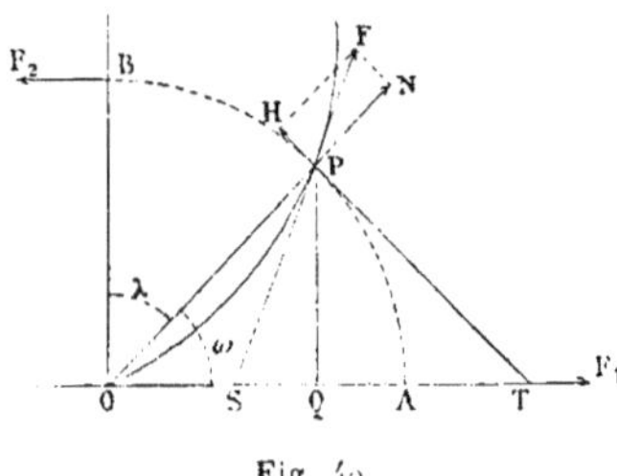

Fig. 40

vante, en appelant ε la différence infiniment petite $\omega - \omega'$:

$$\cos\omega' - \cos\omega = d.\cos\omega = \sin\omega.\varepsilon = \sin\omega.\frac{2a\sin\omega}{R} = \frac{2a}{R}\sin^2\omega.$$

On a donc

$$(18) \qquad \frac{\sin^2\omega}{R} = \frac{1}{2a}.\frac{N}{2\pi m} = \frac{N}{2\pi(2ma)} = \frac{N}{2\pi\varpi}.$$

Toutes ces courbes sont semblables et, pour une même direction, la distance R est en raison inverse de N. Elles sont
tangentes à l'axe à l'origine ; le lieu des points où la tangente
est verticale est évidemment l'asymptote trouvée dans le problème précédent (**141**) et qui a pour équation,

$$\tan^2\omega = 2.$$

153. — Les équations (14) et (15) du n° **146** donnent pour
valeurs de la force sur l'axe et sur la transversale, en A et

en B (fig. 40)

$$F_1 = 2\,\frac{\varpi}{R^3},$$

$$F_2 = \frac{\varpi}{R^3},$$

et, par suite,

$$F_1 = 2F_2.$$

Pour un point P situé à la même distance dans une direction quelconque ω, on a, d'après l'équation (17),

$$(19)\quad
\begin{aligned}
X &= -\frac{\partial V}{\partial x} = -\varpi\left(\frac{1}{r^3} - 3\frac{x^2}{r^2}\right) = \frac{\varpi}{R^3}(3\cos^2\omega - 1),\\
Y &= -\frac{\partial V}{\partial y} = -\varpi\,\frac{-3xy}{r^3} = \frac{\varpi}{R^3}3\sin\omega\cos\omega.
\end{aligned}$$

Du point O, comme centre, menons la circonférence de rayon R qui passe au point P et considérons en ce point la composante normale F_n et la composante tangentielle F_t de la force; on a

$$(20)\quad
\begin{aligned}
F_n &= X\cos\omega + Y\sin\omega = \frac{\varpi}{R^3}2\cos\omega,\\
F_t &= -X\sin\omega + Y\cos\omega = \frac{\varpi}{R^3}\sin\omega.
\end{aligned}$$

Si on désigne par i l'inclinaison de la force F sur la tangente et par λ le complément de l'angle ω, il vient

$$(21)\qquad \tan i = \frac{F_n}{F_t} = 2\cot\omega = 2\tan\lambda.$$

On obtient enfin, pour la force elle-même,

$$(22)\quad
\begin{aligned}
F^2 = X^2 + Y^2 = F_n^2 + F_t^2 &= \left(\frac{\varpi}{R^3}\right)^2(3\cos^2\omega + 1)\\
&= \left(\frac{\varpi}{R^3}\right)^2(3\sin^2\lambda + 1)
\end{aligned}$$

154. — Prolongeons la tangente jusqu'à l'axe en T et la direction de la force jusqu'en S; les triangles OPS et SPT donnent

$$\frac{PS}{\sin \omega} = \frac{OS}{\cos i},$$
$$\frac{PS}{\cos \omega} = \frac{ST}{\sin i};$$

on en déduit

$$OS \frac{\sin \omega}{\cos i} = ST \frac{\cos \omega}{\sin i},$$

et enfin

$$OS \, \tang \, i = ST \, \cotg \, \omega = ST \, \tang \, \lambda.$$

Comme $\tang \, i = 2 \, \tang \, \lambda$, on voit que

$$ST = 2OS,$$

ou

$$(23) \qquad OT = 3OS.$$

Ce théorème est dû à Gauss.

La valeur de la force s'exprime facilement en fonction des mêmes lignes. On a, en effet,

$$R = OT \cos \omega = 3OS \cos \omega,$$
$$OQ = R \cos \omega,$$

et, par suite,

$$3 \cos^2 \omega = \frac{OQ}{OS}.$$

On obtient donc, en substituant,

$$(24) \qquad F^2 = \left(\frac{\varpi}{R^3}\right)^2 \left(\frac{OQ}{OS} + 1\right).$$

155. — Dans l'évaluation de la force en chaque point, les masses électriques n'interviennent que par leur moment $2ma = \varpi$ qui peut rester fini pour des valeurs convenables de m quoique la distance $2a$ soit infiniment petite. Le flux total de force qui émane des deux centres infiniment voisins n'est donc pas déterminé, mais il est facile de calculer le flux qui sort d'une sphère de rayon donné R.

La composante normale au point P correspondant à l'angle ω a pour valeur, d'après les équations (20),

$$F_n = \frac{\varpi}{R^3} 2 \cos\omega.$$

La surface de la calotte d'ouverture angulaire 2ω étant égale à $2\pi R^2(1-\cos\omega)$, celle de la zone élémentaire correspondant à l'angle $d\omega$ est
$$dS = 2\pi R^2 \sin\omega\, d\omega.$$

Le flux de force qui traverse cette zone est donc

$$dQ = \frac{4\pi\varpi}{R} \sin\omega \cos\omega\, d\omega$$

et le flux total correspondant à l'angle ω est

$$Q_\omega = \frac{4\pi\varpi}{R} \int \sin\omega \cos\omega\, d\omega = \frac{2\pi\varpi}{R} \sin^2\omega.$$

Cette expression n'est autre que celle de la ligne de force d'ordre N qui aboutit au contour de la zone considérée, et on aurait pu l'écrire immédiatement.

Si on fait $\omega = \frac{\pi}{2}$, on aura le flux total d'un côté du plan transversal OB ; ce flux a pour valeur $\frac{2\pi\varpi}{R}$; on voit qu'il est en raison inverse de R.

Pour tracer dans un plan méridien les lignes de force qui correspondent aux flux représentés par les nombres 1, 2, 3, 4..., il suffira donc de prendre sur l'axe transverse des longueurs proportionnelles aux nombres $1, \frac{1}{2}, \frac{1}{3}, \frac{1}{4} \ldots$, et de tracer, d'après l'équation (18), les lignes de force qui coupent l'axe en ces différents points.

156. Induction sur un corps infiniment petit. — Le système de deux masses égales et contraires infiniment voisines représente l'état d'un corps infiniment petit, conducteur ou non, primitivement neutre et placé dans un champ électrique quelconque. En effet, le corps se couvre alors de deux couches de masses égales et de signes contraires, dont chacune agit comme si elle était concentrée en son centre de gravité.

Il en est de même pour un corps quelconque primitivement neutre, c'est-à-dire avec une charge totale nulle, quand on considère son action à une grande distance.

157. Sphère polarisée. — **Couches de glissement.** — Considérons deux sphères S et S′ de même rayon (fig. 41), de

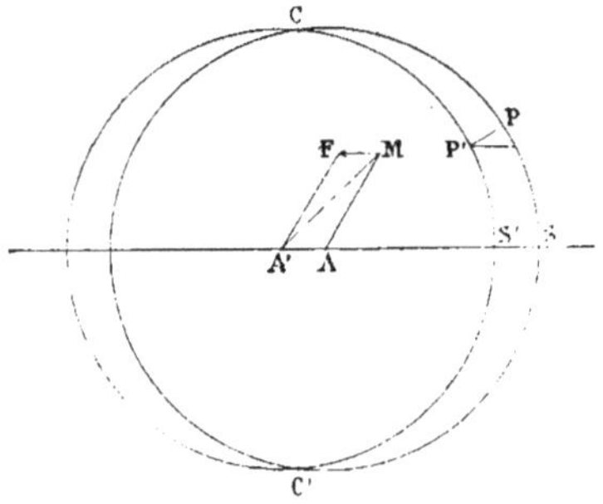

Fig. 41

densités uniformes $+\rho$ et $-\rho$ et dont les centres A et A′ sont à une distance infiniment petite ε. Ce système équivaut en réalité à celui de deux couches égales et de signes contraires répandues sur les deux moitiés d'une surface sphérique.

Cette forme particulière d'électrisation présente un grand intérêt et correspond en magnétisme à un mode d'aimantation très simple. On peut, pour abréger, appeler *couches de glissement* celles qui sont ainsi produites par deux masses homogènes de densités égales et de signes contraires dont l'une a glissé d'une quantité infiniment petite.

Le milieu peut être considéré comme *polarisé*, et l'axe de polarisation électrique est parallèle à la direction suivant laquelle s'est effectué le glissement.

Dans le cas actuel, la densité de la couche en chaque point est proportionnelle à l'épaisseur correspondante P'P de la partie non commune aux deux sphères. Si nous désignons par σ_0 cette densité sur la ligne des centres, on aura

$$\sigma_0 = \rho \delta.$$

Comme l'épaisseur de la couche suivant la ligne des centres est constante, la densité en un point P, à l'extrémité du rayon qui fait avec cette droite l'angle ω, a pour valeur

$$\sigma = \sigma_0 \cos\omega = \rho\delta \cos\omega.$$

Sur un point M pris à l'intérieur, l'action est celle de deux sphères homogènes de rayons AM et A'M sur un point de leur surface respective. Elle est donc, pour la sphère A, égale à $\frac{4}{3}\pi\rho$.AM et dirigée suivant AM ; pour la sphère A', elle est égale à $\frac{4}{3}\pi\rho$.MA' et dirigée suivant MA'. Par suite, la résultante est proportionnelle à AA' et a pour valeur

$$\frac{4}{3}\pi\rho.\text{AA}' = \frac{4}{3}\pi\rho\delta = \frac{4}{3}\pi\sigma_0 ;$$

elle est constante. Désignons cette force par F_i et comptons-la positivement de gauche à droite, nous aurons

$$F_i = -\frac{4}{3}\pi\sigma_0.$$

A l'intérieur de la sphère, les surfaces de niveau sont des plans perpendiculaires à l'axe AA' et équidistants ; le potentiel en un point varie proportionnellement à l'abscisse x du point et, comme il est nul au centre, on a

$$V_i = \frac{4}{3}\pi\sigma_0 x.$$

Pour l'extérieur, la couche considérée peut être remplacée

par les deux sphères homogènes ou par deux masses de signes contraires égales à $\frac{4}{3}\pi R^3 \rho$ concentrées en A et en A', et dont le moment est

$$\varpi = 2.\frac{4}{3}\pi R^3 \rho = \frac{4}{3}\pi R^3 \sigma_0 = u\sigma_0,$$

en appelant u le volume de la sphère. On aura donc pour la distance r, dans une direction qui fait l'angle ω avec l'axe,

$$V_e = u\sigma_0 \frac{\cos\omega}{r^2} = u\sigma_0 \frac{x}{r^3}.$$

La surface de la zone élémentaire $d\omega$ étant

$$dS = 2\pi R^2 \sin\omega \, d\omega,$$

la masse correspondante est

$$\sigma dS = 2\pi R^2 \sigma_0 \sin\omega \cos\omega \, d\omega = d.\pi R^2 \sigma_0 \sin^2\omega.$$

La masse totale M de chacune des couches est donc

$$M = \int \sigma dS = \int_0^{\frac{\pi}{2}} d.\pi R^2 \sigma_0 \sin^2\omega = \pi R^2 \sigma_0.$$

On aurait pu écrire immédiatement ce résultat en remarquant qu'en chaque point de la couche l'épaisseur suivant l'axe étant égale à ε, le volume total est égal au produit de cette épaisseur constante par la projection de l'hémisphère sur un plan perpendiculaire à AA'.

Le flux de force qui émane de la couche positive est

$$Q = 4\pi M = (4\pi R^2)\pi\sigma_0 = S\pi\sigma_0,$$

S étant la surface entière de la sphère.

158. — Il est utile de résumer ici tous les résultats qui précèdent et d'exprimer chacune des quantités en fonction de la densité maximum σ_0 ou de la force intérieure F_i; on a ainsi, en désignant par a le rayon de la sphère et u son volume,

$$F_i = -\frac{4}{3}\pi\rho\partial = -\frac{4}{3}\pi\sigma_0 = -\frac{u\sigma_0}{a^3},$$

$$\sigma = u\sigma_0 = -a^3 F_i,$$

$$V_i = \frac{u\sigma_0 x}{a^3} = -F_i x = -F_i r \cos\omega,$$

$$V_e = u\sigma_0 \frac{x}{r^3} = -F_i \frac{a^3}{r^3} x = -F_i \frac{a^3 \cos\omega}{r^2},$$

$$X_e = \frac{u\sigma_0}{r^3}(3\cos^2\omega - 1) = F_i \frac{a^3}{r^3}(1 - 3\cos^2\omega),$$

$$Y_e = \frac{u\sigma_0}{r^3} 3\sin\omega\cos\omega = -F_i \frac{a^3}{r^3} 3\sin\omega\cos\omega,$$

$$F_n = \frac{u\sigma_0}{r^3} 2\cos\omega = -2F_i \frac{a^3}{r^3}\cos\omega,$$

$$F_t = \frac{u\sigma_0}{r^3}\sin\omega = -F_i \frac{a^3}{r^3}\sin\omega,$$

$$M = \pi a^2 \sigma_0 = \frac{3}{4}\frac{u\sigma_0}{a} = -\frac{3}{4}F_i a^2,$$

$$Q = S\pi\sigma_0 = -S\frac{3}{4}F_i = -3\pi a^2 F_i.$$

159. Sphère conductrice dans un champ uniforme. — Supposons maintenant qu'une sphère ainsi électrisée soit placée dans un champ uniforme, d'intensité φ, parallèle à l'axe des x et soit V_0 la valeur du potentiel dans le plan qui passe par le centre. Si l'on a

$$F_i + \varphi = 0,$$

la force résultante est nulle dans toute la sphère ; le potentiel est donc constant et, si la sphère est conductrice, l'équilibre existe.

Pour obtenir l'état électrique d'une sphère conductrice dans un champ uniforme d'intensité φ, il suffit donc de remplacer F_i par $-\varphi$ dans toutes les formules précédentes, ce qui donne

$$\sigma_0 = \frac{3}{4\pi}\varphi,$$

$$\varpi = a^3\varphi,$$

$$V_i = \varphi r \cos\omega,$$

$$V_e = \varphi \frac{a^2}{r^2}\cos\omega,$$

$$X_e = \varphi \frac{a^3}{r^3}(3\cos^2\omega - 1),$$

$$Y_e = \varphi \frac{a^3}{r^3} 3 \sin\omega\cos\omega,$$

$$F_n = 2\varphi \frac{a^3}{r^3}\cos\omega,$$

$$F_t = \varphi \frac{a^3}{r^3}\sin\omega,$$

$$M = \frac{3}{4}a^2\varphi,$$

$$Q = 3\pi a^2\varphi.$$

160. — Si l'on désigne par R le rayon du cercle tracé sur une surface de niveau par lequel passerait le même flux dans le champ primitif, c'est-à-dire du cercle qui comprend toutes les lignes de force dirigées vers la sphère conductrice, on a

$$\pi R^2 \varphi = 4\pi M = 3\pi a^2\varphi,$$
$$R^2 = 3a^2.$$

Ce cercle a donc une surface triple du grand cercle de la sphère.

Toutes ces lignes de forces aboutissent normalement à la surface de la sphère et en émanent normalement, sauf toutefois celles qui tombent sur l'équateur ; celles-ci font avec la normale un angle de $45°$.

En effet, pour un point quelconque, situé à une distance r dans la direction ω, l'angle θ de la force résultante avec le rayon vecteur r est donné par la relation

$$\tan\theta = \frac{\varphi\sin\omega - F_t}{\varphi\cos\omega + F_n} = \tan\omega \frac{1 - \dfrac{a^3}{r^3}}{1 + 2\dfrac{a^3}{r^3}}.$$

Cet angle θ est toujours nul quand on fait $r = a$, c'est-à-dire quand le point est sur la sphère. Toutefois, pour les points de l'équateur, l'angle ω est égal à $\frac{\pi}{2}$ et l'expression prend une forme indéterminée.

Supposons que l'angle ω diffère très peu de $\frac{\pi}{2}$, l'angle θ pour un point P (fig. 42) voisin de la surface est

$$\tan\theta = \frac{CQ}{QP} = \frac{a\left(\frac{\pi}{2} - \omega\right)}{r - a} = \frac{a \tan\left(\frac{\pi}{2} - \omega\right)}{r - a} = \frac{a}{r - a} \cdot \frac{1}{\tan\omega}.$$

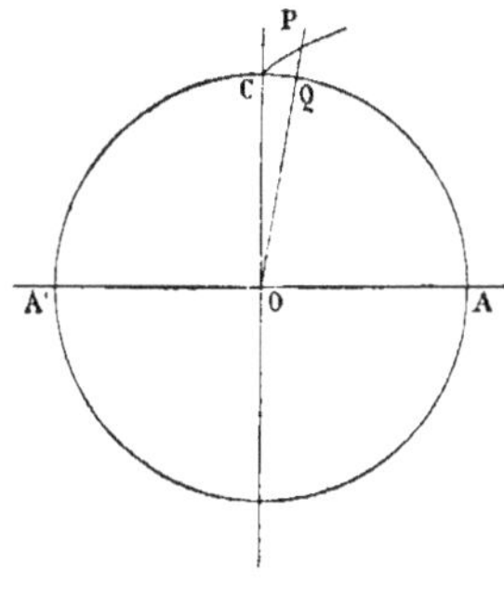

Fig. 42

Multipliant cette équation par la précédente qui est toujours vraie, et remarquant que la différence $r - a$ est très petite, il vient

$$\tan^2\theta = \frac{a}{r - a} \cdot \frac{r^3 - a^3}{r^3 + 2a^3} = \frac{a}{r - a} \cdot \frac{3a^2(r - a)}{r^3 + 2a^3} = \frac{3a^3}{r^3 + 2a^3} = 1.$$

Les lignes de force qui touchent la sphère sur l'équateur font donc avec la surface un angle de $45°$.

La surface de niveau au potentiel primitif V_0 du centre de la sphère est un plan qui aboutit à l'équateur et se prolonge ensuite par la surface même de la sphère. L'équateur est une ligne singulière de cette surface de niveau.

161. Sphère conductrice non isolée dans un champ uniforme. — Il est facile de passer du cas que nous venons de traiter à celui d'une sphère située dans un champ uniforme et communiquant avec le sol. Il faut, en effet, que le potentiel intérieur qui avait une valeur constante V_0 devienne nul, et il suffit pour cela de superposer à l'état précédent une couche uniforme capable de donner à l'intérieur un potentiel égal et de signe contraire à V_0. Soit $-M'$ la masse de cette couche et $-\sigma'$ sa densité, on aura

$$V_0 = \frac{M'}{a} = \frac{4\pi a^2 \sigma'}{a} = 4\pi a \sigma',$$

d'où

$$\sigma' = \frac{V_0}{4\pi a}.$$

La densité résultante en un point quelconque sera

$$\sigma = \sigma_0 \cos\omega - \sigma' = \frac{3}{4\pi}\varphi \cos\omega - \frac{V_0}{4\pi a},$$

$$4\pi\sigma = 3\varphi \cos\omega - \frac{V_0}{a}.$$

Pour que la densité soit nulle en A, au pôle de la sphère, il faut qu'on ait

$$3\varphi a = V_0.$$

Si on appelle V_1 et V_2 les potentiels primitifs en A′ et A, la force du champ a pour valeur

$$\varphi = \frac{V_2 - V_1}{2a},$$

et le potentiel au centre

$$V_0 = \frac{V_1 + V_2}{2}.$$

La condition précédente revient à

$$\frac{3}{2}(V_2 - V_1) = \frac{V_1 + V_2}{2},$$

ou

$$V_2 = 2V_1.$$

Pour que la densité soit nulle en A, il faut donc que les valeurs primitives du potentiel aux deux pôles de la sphère soient dans le rapport de 1 à 2.

Cette densité est négative et, par suite, la surface de la sphère est entièrement négative tant que l'on a $V_2 < 2V_1$.

Dans le cas contraire, la plus grande partie de la surface est encore négative, mais il existe autour du point A une zone plus ou moins étendue d'électricité positive.

162. Sphère diélectrique dans un champ uniforme. — La polarisation uniforme, ou l'électrisation par des couches de glissement, représente également, d'après la théorie de Poisson, l'état d'une sphère diélectrique dans un champ uniforme. Seulement, si nous appelons φ l'intensité du champ, F_i la force intérieure constante due à la couche fictive, la force résultante en chaque point de l'intérieur, au lieu d'être nulle, aura une valeur constante égale à $\varphi + F_i$.

Nous pouvons vérifier qu'en effet la condition relative à l'équilibre des diélectriques est alors satisfaite, c'est-à-dire qu'il y a un rapport constant dans toute l'étendue de la surface entre les composantes normales de la force à l'intérieur et à l'extérieur.

Ce rapport μ, étant donné par la nature du diélectrique, permettra de déterminer la force F_i et, par suite, la distribution de la couche fictive.

Pour un point P pris sur la surface dans une direction ω, la composante normale extérieure est $\varphi \cos\omega + F_n = (\varphi - 2F_i)\cos\omega$, et la composante normale intérieure $(\varphi + F_i)\cos\omega$. Le rapport de ces deux forces

$$\mu = \frac{(\varphi - 2F_i)\cos\omega}{(\varphi + F_i)\cos\omega} = \frac{\varphi - 2F_i}{\varphi + F_i}$$

est donc constant, et on en déduit

$$F_i = -\frac{\mu - 1}{\mu + 2}\varphi.$$

On voit que le problème est complètement déterminé et que l'état de la sphère est identique à celui d'une sphère conductrice de même rayon située dans un champ uniforme dont l'intensité serait $\varphi \dfrac{\mu - 1}{\mu + 2}$. On en conclut (**159**)

$$\sigma_0 = \frac{3}{4\pi} \frac{\mu - 1}{\mu + 2} \varphi.$$

163. — Le flux de force qui sort de la sphère est égal au flux qui la traverse $\pi a^2 (\varphi + F_i)$ augmenté du flux $-3\pi a^2 F_i$ qui correspond à chacune des couches superficielles.

On a donc

$$Q = \pi a^2 (\varphi + F_i - 3F_i) = \pi a^2 (\varphi - 2F_i)$$
$$= \pi a^2 \varphi \left(1 + 2 \frac{\mu - 1}{\mu + 2} \right) = 3\pi a^2 \varphi \frac{\mu}{\mu + 2}.$$

Le cercle de flux équivalent sur les surfaces de niveau primitives aurait un rayon donné par la relation

$$R^2 = 3a^2 \frac{\mu}{\mu + 2} = a^2 \frac{3}{1 + \dfrac{2}{\mu}} ;$$

il est toujours plus grand que celui de la sphère tant que μ est > 1. La force intérieure est

$$\varphi + F_i = \varphi \left(1 - \frac{\mu - 1}{\mu + 2} \right) = \frac{3}{2 + \mu} \varphi ;$$

elle est égale à $\dfrac{3}{4} \varphi$ si $\mu = 2$, ce qui a lieu d'une manière approximative pour la plupart des diélectriques, et devient égale à $\dfrac{3\varphi}{\mu}$ lorsque μ est très grand.

Au voisinage du pôle A, à l'extérieur, la force est

$$\varphi - 2F_i = \varphi \frac{3\mu}{\mu + 2} ;$$

elle est égale à $\dfrac{3}{2}\,\varphi$ pour $\mu = 2$ et devient 3φ quand μ est très grand. Cette force est alors triple de sa valeur primitive; c'est ce qui a lieu avec les conducteurs.

Dans le cas actuel, les lignes de force extérieures ne sont plus normales à la surface. On vérifierait aisément que les composantes tangentielles sont égales et que le rapport des angles θ et ω (fig. 43) de la normale avec les lignes de force à l'extérieur et à l'intérieur satisfait à la loi de réfraction

$$\tan\theta = \frac{\tan\omega}{\mu}.$$

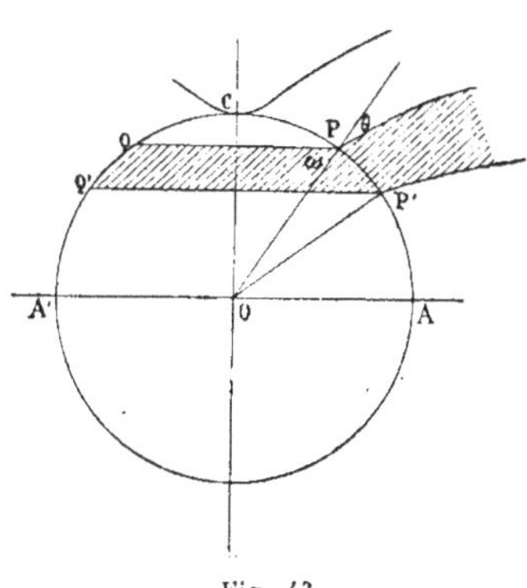

Fig. 43

Pour l'équateur, où $\omega = \dfrac{\pi}{2}$, cette équation donne aussi $\theta = \dfrac{\pi}{2}$. Les lignes de force qui touchent la sphère sur l'équateur sont donc tangentes à la surface.

164. Couches sphériques concentriques dans un champ uniforme. — Il est facile de généraliser le problème qui précède et de l'appliquer à une série de couches sphériques concentriques. Soit, en effet, un système de sphères concentriques S_1, S_2, S_3,... (fig. 44) de rayons a_1, a_2, a_3,... et de pouvoirs inducteurs μ_1, μ_2, μ_3,... placées dans un champ uniforme d'intensité φ.

Considérons la sphère intérieure S_1. Si le milieu de pouvoir inducteur μ_2 qui l'entoure était indéfini et constituait un champ uniforme d'intensité φ_2, cette sphère se recouvrirait d'une couche de glissement M_1, donnant à l'intérieur une force constante F_1 et un champ uniforme $\varphi_1 = \varphi_2 + F_1$; et, pour un point P_1 pris à la surface dans la direction ω, on aurait la relation

$$\mu_1\varphi_1 \cos\omega = \mu_2(\varphi_2 - 2F_1)\cos\omega,$$

ou

$$(25) \qquad \mu_1\varphi_1 = \mu_2(\varphi_2 - 2F_1).$$

Mais le champ uniforme d'intensité φ_2 situé à l'extérieur de la sphère S_1 est celui qui résulterait pour l'intérieur de la

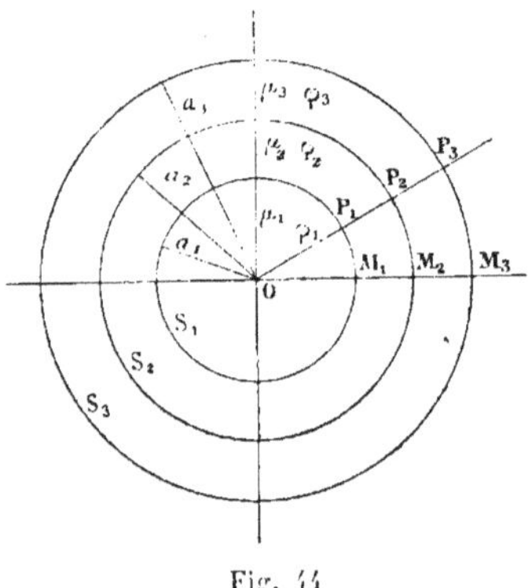

Fig. 44

sphère S_2 d'un champ uniforme extérieur d'intensité φ_3 et de la force intérieure F_2 due à la couche fictive M_2 distribuée sur la surface suivant la même loi, ce qui donnerait

$$\varphi_2 = \varphi_3 + F_2.$$

Pour un point P_2 de cette surface, il y aura à considérer non seulement l'action φ_3 du champ extérieur et celle de la couche M_2, mais aussi l'action de la couche M_1 de la sphère intérieure S_1.

La loi de conservation du flux d'induction donnera entre ces quantités une relation analogue à l'équation (25) et que

nous pouvons écrire immédiatement de la manière suivante,
en supprimant le facteur commun $\cos\omega$:

$$\mu_2\left[\varphi_2 - 2F_1\left(\frac{a_1}{a_2}\right)^3\right] = \mu_3\left[\varphi_3 - 2F_2 - 2F_1\left(\frac{a_1}{a_2}\right)^3\right],$$

ou

$$(26)\qquad \mu_2\varphi_2 = \mu_3(\varphi_3 - 2F_2) + 2(\mu_2 - \mu_3)F_1\left(\frac{a_1}{a_2}\right)^3.$$

Le même raisonnement s'applique à la surface S_3 ; on devra alors tenir compte, pour un point P_3 de sa surface, de l'intensité φ_1 du champ extérieur et des actions des trois couches
intérieures M_3, M_2 et M_1.

On aura ainsi

$$\mu_3\left[\varphi_3 - 2F_2\left(\frac{a_2}{a_3}\right)^3 - 2F_1\left(\frac{a_1}{a_3}\right)^3\right]\mu_4 = \left[\varphi_4 - 2F_3 - 2F_2\left(\frac{a_2}{a_3}\right)^3 - 2F_1\left(\frac{a_1}{a_3}\right)^3\right]$$

ou

$$(27)\qquad \mu_3\varphi_3 = \mu_4(\varphi_4 - 2F_3) + 2(\mu_3 - \mu_4)\left[F_2\left(\frac{a_2}{a_3}\right)^3 + F_1\left(\frac{a_1}{a_3}\right)^3\right].$$

La loi des termes est évidente. En joignant ces équations aux
identités

$$(28)\qquad \begin{aligned}
\varphi_1 &= \varphi_2 + F_1, \\
\varphi_2 &= \varphi_3 + F_2, \\
\varphi_3 &= \varphi_4 + F_3, \\
\vdots\quad &\quad\vdots\quad\quad\vdots
\end{aligned}$$

on pourra déterminer les valeurs de F_1, F_2, F_3... Le problème
est donc complètement résolu.

165. — Supposons qu'il n'y ait que deux couches, limitées
par les surfaces S_1 et S_2, dans un champ extérieur uniforme
d'intensité φ où le diélectrique est de l'air. Il suffit de poser

$$\varphi_3 = \varphi,$$
$$\mu_3 = 1.$$

Les équations (28) donnent alors

$$\varphi_2 = \varphi + F_2,$$
$$\varphi_1 = \varphi + F_2 + F_1.$$

Substituant dans (25) et (26), et posant $\beta = \left(\dfrac{a_1}{a_2}\right)^3$, il vient

$$(29)\qquad
\begin{aligned}
\mu_1(\varphi + F_2 + F_1) &= \mu_2(\varphi + F_2 - 2F_1),\\
\mu_2(\varphi + F_2) &= (\varphi - 2F_2) + 2(\mu_2 - 1)\beta F_1,
\end{aligned}$$

équations qui détermineront les forces F_1 et F_2 en fonction des données du problème.

166. — Supposons, en outre, que le noyau intérieur soit aussi de l'air, ce qui reviendra à déterminer l'état d'une couche sphérique; il faudra faire aussi $\mu_1 = 1$. Représentons par μ le pouvoir inducteur spécifique du milieu antérieurement désigné par μ_2, les équations (29) deviendront

$$\begin{aligned}
F_1(1 + 2\mu) &= (\mu - 1)(\varphi + F_2),\\
F_2(\mu + 2) &= (\mu - 1)(2\beta F_1 - \varphi).
\end{aligned}$$

On en déduit

$$\begin{aligned}
F_1[1 + 2\mu - 2(\mu - 1)\beta] &= -3F_2,\\
F_1[(1 + 2\mu)(\mu + 2) - 2(\mu - 1)^2\beta] &= 3(\mu - 1)\varphi,
\end{aligned}$$

et, par suite,

$$\frac{F_1}{3(\mu - 1)} = \frac{-F_2}{(\mu - 1)[1 + 2\mu - 2(\mu - 1)\beta]} = \frac{\varphi}{(1 + 2\mu)(\mu + 2) - 2(\mu - 1)^2\beta}.$$

La force intérieure à la surface S_1 est

$$F_i = \varphi_1 = \varphi + F_2 + F_1 = \varphi \frac{9\mu}{(1 + 2\mu)(\mu + 2) - 2(\mu - 1)^2\beta},$$

$$F_i = \frac{\varphi}{1 + \dfrac{2(\mu - 1)^2}{9\mu}(1 - \beta)}.$$

La force est constante à l'intérieur de S_1, mais elle n'est pas constante entre S_1 et S_2, ni en dehors de S_2. La valeur de la force à l'intérieur de S_1 en une fraction de l'intensité du champ qui serait égale à l'unité pour $\mu = 1$, à zéro pour $\mu = \infty$. Avec les diélectriques ordinaires où le coefficient μ s'écarte peu de 2, cette fraction est toujours très voisine de l'unité; si la couche est conductrice, le coefficient μ peut être considéré comme infini et F_i devient nul.

Nous verrons plus tard l'intérêt que cette question présente au point de vue du magnétisme.

167. — Hypothèse de Poisson sur la constitution des diélectriques. — L'hypothèse de Poisson, reprise par Faraday pour l'électricité, consiste, comme nous l'avons déjà dit (**110**), à supposer le corps diélectrique formé de petites sphères conductrices disséminées dans un milieu isolant.

Les résultats qui précèdent nous permettent d'exposer ici la méthode employée par Poisson pour calculer, au moins d'une manière approchée, les conséquences de son hypothèse.

Considérons une sphère de rayon a_1 et de pouvoir inducteur spécifique μ_1, située dans un champ d'intensité φ_2 et de pouvoir inducteur μ_2; la force intérieure de la couche électrique est, d'après les équations (25) et (28),

$$F_1 = \varphi_2 \frac{\mu_2 - \mu_1}{\mu_1 + 2\mu_2},$$

et le potentiel extérieur de cette couche sur un point situé à une distance r est égal à

$$V_e = - F_1 \frac{a_1^3}{r^2} \cos \omega.$$

Supposons qu'une sphère de rayon a renferme un grand nombre de petites sphères de rayon a_1 et admettons avec Poisson que l'électrisation de chacune d'elles n'est pas influencée par l'électrisation des sphères voisines et ne dépend que de l'intensité du champ. Si n est le nombre des petites sphères contenues dans la grande, le potentiel à une distance très grande par rapport à a aura pour valeur

$$V = n V_c = - F_1 \frac{n a_1^3}{r^2} \cos\omega = - \varphi_2 \frac{\mu_2 - \mu_1}{\mu_1 + 2\mu_2} n a_1^3 \frac{\cos\omega}{r^2},$$

ou, en posant $h = \dfrac{n a_1^3}{a^3}$, c'est-à-dire en appelant h le rapport de l'espace occupé par les petites sphères au volume de la sphère totale.

$$V = - \varphi_2 \frac{\mu_2 - \mu_1}{\mu_1 + 2\mu_2} h a^3 \frac{\cos\omega}{r^2}.$$

Si la sphère était homogène et de pouvoir inducteur μ, le potentiel V' à la même distance serait

$$V' = - \varphi_2 \frac{\mu_2 - \mu}{\mu + 2\mu_2} a^3 \frac{\cos\omega}{r^2}.$$

L'effet des deux systèmes est identique si l'on a

$$\frac{\mu_2 - \mu}{\mu + 2\mu_2} = h \frac{\mu_2 - \mu_1}{\mu_1 + 2\mu_2},$$

ce qui donne

$$\mu = \mu_2 \frac{\mu_1 + 2\mu_2 - 2h(\mu_2 - \mu_1)}{\mu_1 + 2\mu_2 + h(\mu_2 - \mu_1)};$$

cette valeur de μ représente le pouvoir inducteur *apparent* de la sphère constituée comme nous l'avons supposé.

Si on admet que les petites sphères sont conductrices, il faut faire $\mu_1 = \infty$; il reste alors

$$\mu = \mu_2 \frac{1 + 2h}{1 - h}.$$

Si, enfin, le milieu extérieur est l'air, $\mu_2 = 1$ et il vient

$$\mu = \frac{1 + 2h}{1 - h}, \quad \text{ou} \quad h = \frac{\mu - 1}{\mu + 2}.$$

Pour les diélectriques ordinaires dont le pouvoir inducteur spécifique est voisin de 2, on aurait

$$h = \frac{2-1}{2+2} = \frac{1}{4}.$$

Ce résultat peut donner une idée du degré d'exactitude que comporte le raisonnement de Poisson.

Dans une sphère conductrice, la force intérieure due aux couches induites est égale à l'action du champ extérieur. L'action extérieure d'une sphère polarisée est très petite par rapport à l'action intérieure, puisque le rapport des forces (**158**) est au plus égal à $2\left(\dfrac{a}{r}\right)^3$ et tend vers zéro quand les sphères sont infiniment petites. Mais, si le volume occupé par les sphères conductrices est le quart du volume total, l'action que chacune d'elles exerce sur les voisines n'est plus négligeable par rapport à la force intérieure et le champ se trouve ainsi modifié. Le rapport maximum de la somme des volumes de sphères qui se touchent à l'espace total est égal à $\dfrac{\pi}{3\sqrt{2}}$ ou sensiblement $\dfrac{1}{\sqrt{2}}$. Si ce rapport est réduit à $\dfrac{1}{4}$, la distance des centres de deux sphères voisines est environ égale au diamètre multiplié par $\sqrt{\dfrac{4}{\sqrt{2}}}$. L'action exercée par la couche électrique de l'une des sphères au centre de la plus voisine pourrait donc atteindre une fraction de la force intérieure égale à

$$2\left(\frac{a}{2a\sqrt[3]{\dfrac{4}{\sqrt{2}}}}\right)^3 = \frac{\sqrt{2}}{16} = \frac{1}{11}.$$

Il est vrai que si l'action réciproque des sphères tend à augmenter l'électrisation parallèlement à la force du champ, elle tend à la diminuer dans une direction normale, de sorte qu'on peut rester très près de la vérité en admettant, avec Poisson, que cette influence réciproque est négligeable.

168. — Deux masses inégales et de signes contraires. —
Soient $+m$ et $-m'$ deux masses de signes contraires, situées
en A et A' (fig. 45) à la distance de $2a$, m étant plus grand
que m' en valeur absolue; posons

$$\frac{m}{m'} = k^2.$$

L'équation d'une surface de niveau est

$$V = \frac{m}{r} - \frac{m'}{r'} = m'\left(\frac{k^2}{r} - \frac{1}{r'}\right) = \frac{m'}{r}\left(k^2 - \frac{r}{r'}\right) = \frac{m}{r'}\left(\frac{r'}{r} - \frac{1}{k^2}\right).$$

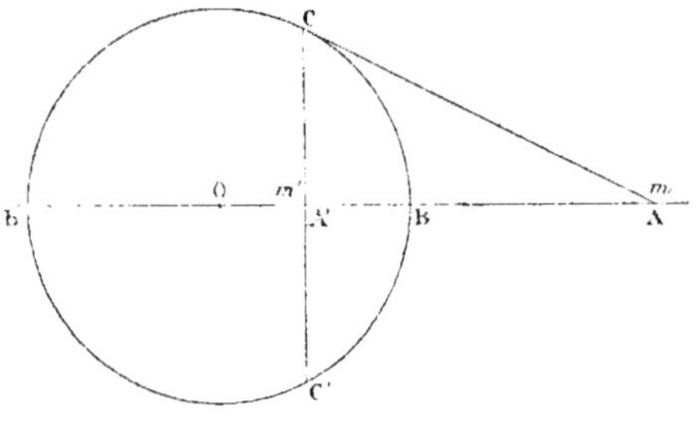

Fig. 45

L'une de ces surfaces correspond au potentiel zéro et a pour
équation

$$\frac{m}{r} - \frac{m'}{r'} = 0,$$

ou

$$\frac{r}{r'} = \frac{m}{m'} = k^2.$$

C'est une sphère comprenant le point A'; les deux points A
et A' sont conjugués par rapport à cette sphère.

Pour déterminer le rayon R et le centre O de la sphère, on
se servira des relations

$$k^2 = \frac{BA}{BA'} = \frac{B'A}{B'A'} = \frac{R}{OA'} = \frac{OA}{R}.$$

On en déduit aisément, en remarquant que $OA - OA' = 2a$,

$$R = 2a\frac{k^2}{k^3 - 1},$$

$$OA = 2a\frac{k^3}{k^3 - 1}, \qquad (30)$$

$$OA' = 2a\frac{1}{k^3 - 1}.$$

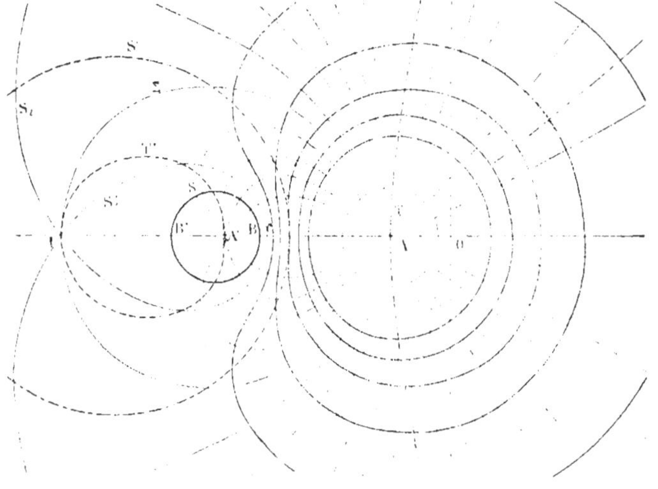

Fig. 46

Les potentiels sont négatifs à l'intérieur de cette sphère et positifs à l'extérieur.

Toutes les surfaces de niveau sont des surfaces fermées à une nappe ou à deux nappes isolées, sauf une seule qui a deux nappes contiguës S_i et S_i' et qui passe par le point I (fig. 46) où la force est nulle. La position de ce point est donnée par l'équation

$$\frac{m}{\overline{IA}^2} = \frac{m'}{\overline{IA'}^2},$$

ou

$$\left(\frac{IA}{IA'}\right)^2 = \frac{m}{m'} = k^3;$$

on a donc

$$\frac{\text{IA}}{\text{IA}'} = k,$$

et, par suite,

$$\text{IA} = 2a\,\frac{k}{k-1},$$

$$\text{IA}' = 2a\,\frac{1}{k-1}.$$

La valeur du potentiel en I, et sur toute la surface à deux nappes, est

$$V_i = \frac{m}{2a}\left(\frac{k-1}{k}\right)^2 = \frac{m'}{2a}(k-1)^2.$$

Il y a évidemment sur l'axe deux autres points C et C' pour lesquels le potentiel a la même valeur et qui appartiennent à cette surface. En effet, le potentiel croît de zéro à l'infini de B en A, et décroît de l'infini à zéro, depuis le point A jusqu'à l'infini. Les distances x et x' des points C et C' au point A sont données par les équations

$$\frac{(k-1)^2}{2a} = \frac{k^2}{x} - \frac{1}{2a-x} = \frac{k^2}{y} - \frac{1}{2a+y}.$$

Toutes les surfaces dont le potentiel est plus grand que V_i entourent seulement le point A; toutes celles dont le potentiel est positif et plus petit que V_i se composent de deux nappes isolées et fermées toutes deux : l'une extérieure au grand lobe de la surface S_i entoure les deux points A et A'; l'autre intérieure au petit lobe S_i' entoure seulement le point A'.

169. — L'équation générale des lignes de force

$$m\cos\omega + m'\cos\omega' = m' + m\cos\theta$$

devient ici

$$m\cos\omega - m'\cos\omega' = -m' + m\cos\theta,$$

ou

(31) $$\cos\omega' - k^2\cos\omega = 1 - k^2\cos\theta.$$

L'asymptote, qui correspond à $\omega = \omega'$, est déterminée par l'équation

$$(1 - k^2) \cos \alpha = 1 - k^2 \cos \theta ;$$

elle passe par le centre de gravité O des deux masses. Ce point est donné par la relation

$$\frac{OA}{OA'} = \frac{m'}{m} = \frac{1}{k^2}.$$

Pour que l'asymptote soit réelle, il faut que l'on ait $\cos \alpha > -1$, ou

$$\frac{1 - k^2 \cos \theta}{1 - k^2} + 1 > 0.$$

La condition

$$\frac{1 - k^2 \cos \theta}{1 - k^2} + 1 = 0$$

donne la valeur de θ qui correspond à la ligne de force limite. L'équation de cette ligne de force est donc

$$\cos \omega' - k^2 \cos \omega = k^2 - 1 ;$$

elle limite évidemment le flux $(= m - m')$ émanant du point A et correspond à la valeur de θ donnée par l'équation

$$1 - \cos \theta = \frac{N}{2 \pi m} = \frac{2(m - m')}{m} = 2\left(1 - \frac{1}{k^2}\right),$$

ou

$$\cos \theta = \frac{2}{k^2} - 1.$$

Cette ligne de force Σ passe en outre au point d'équilibre I, comme on le vérifiera facilement.

Pour déterminer la direction de la tangente, reprenons l'équation (11) déjà employée (n° **145**)

$$(11) \qquad \frac{r\, d\omega}{\sin \beta} = \frac{r'\, d\omega'}{\sin \beta'}.$$

L'équation (31) donne

$$\sin \omega' d\omega' = k^2 \sin \omega\, d\omega,$$

ou, en remplaçant les sinus par les côtés opposés qui leur sont proportionnels dans le triangle APA' (fig. 34).

$$r\, d\omega' = k^2 r'\, d\omega;$$

on en déduit

$$(32) \qquad \frac{r^2}{\sin \beta} = k^2 \frac{r'^2}{\sin \beta'}.$$

170. — Quand la tangente est horizontale, on a

$$\beta + \omega = \pi,$$
$$\beta' = \omega',$$

ou

$$\sin \beta = \sin \omega.$$
$$\sin \beta' = \sin \omega'.$$

L'équation (11) devient alors

$$\frac{r^2}{\sin \omega} = k^2 \frac{r'^2}{\sin \omega}.$$

ou, en remplaçant les sinus par les côtés opposés,

$$\frac{r}{r'} = k^2 \frac{r'^2}{r}.$$

équation qu'on peut écrire

$$\frac{r}{r'} = k^{\frac{2}{3}}.$$

Le lieu des points où la tangente est horizontale est donc une sphère S' comprenant le point A'. Le centre et le rayon de cette sphère se calculeront par les formules (3o) dans lesquelles on remplacera k par $k^{\frac{1}{3}}$.

171. — Lorsque la tangente est verticale, on a

$$\omega + \beta = \frac{\pi}{2},$$

$$\beta' - \omega' = \frac{\pi}{2},$$

ou

$$\sin\beta = \cos\omega.$$
$$\sin\beta' = \cos\omega'.$$

Dans ce cas l'équation (32) devient

$$\frac{r^2}{\cos\omega} = k^2 \frac{r'^2}{\cos\omega'};$$

elle représente une courbe formée de deux branches, l'une partant du point A, l'autre du point A' (fig. 46).

La branche T partant de A est d'abord verticale en ce point. Pour une grande distance, les angles ω et ω' tendent vers l'égalité et l'on a

$$\frac{\cos\omega}{r^2} - \frac{\cos\omega'}{k^2 r'^2} = \frac{\cos\omega - \cos\omega'}{r^2 - k^2 r'^2} = \frac{\sin\omega.2.r}{r(r^2 - kr'^2)} = \frac{2a\sin^2\omega}{r^3(1-k^2)}.$$

d'où

$$\frac{\sin^2\omega}{\cos\omega} = \frac{r(1 - k^2)}{2a}.$$

Le second membre croît jusqu'à l'infini avec r. Donc l'angle ω tend vers $\frac{\pi}{2}$ et la courbe a une asymptote verticale qui passe évidemment par le point O.

La seconde branche est une courbe fermée T' : elle passe par le point A' et par le point I.

172. Électrisation d'une sphère sous l'influence d'un point. — D'après les théorèmes établis précédemment (**61**), nous savons qu'on peut remplacer la masse $- m'$ par une couche égale en équilibre sur l'une quelconque des surfaces de niveau qui

entourent le point A', y compris la nappe S', de la surface à
deux nappes. De même, on pourra remplacer la masse m par
une couche égale sur l'une des surfaces de niveau qui entourent A, y compris la surface S₁. Enfin, toujours pour les points
extérieurs, on pourra remplacer les deux masses m et $-m'$
par une masse $m-m'$ sur une des surfaces qui entourent les
deux points, y compris encore la nappe S₁.

Si en particulier, nous considérons la sphère S de potentiel
zéro, qui entoure le point A', nous pouvons remplacer $-m'$
par une masse égale en équilibre sur la sphère. Rien ne sera
changé pour les points extérieurs ; mais pour les points intérieurs le potentiel sera constant et égal à la valeur qu'il a

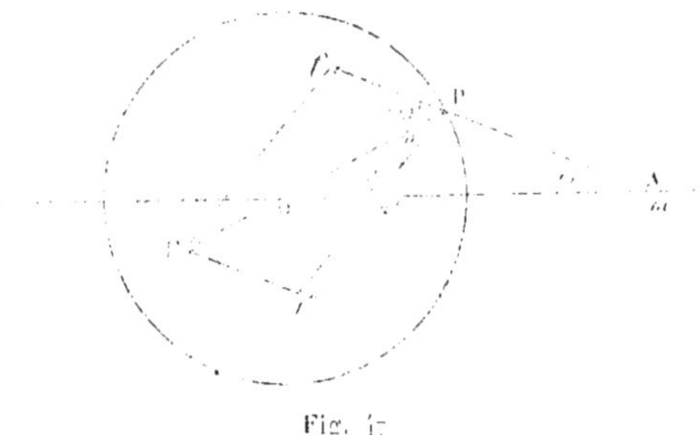

Fig. 47

sur cette surface, c'est-à-dire nul. Pour les points intérieurs
à la surface S, on peut encore remplacer la masse m par une
masse $-m'$ en équilibre sur cette surface et alors le potentiel
sera nul partout à l'extérieur.

Le premier cas correspond à l'électrisation d'une sphère
non isolée soumise à l'influence d'une masse extérieure ; le
second donne l'influence d'une masse électrique sur une surface sphérique non isolée qui l'entoure.

La densité σ de la couche en chaque point doit satisfaire à
la relation

$$F = 4\pi\sigma.$$

Au point P, sur la surface (fig. 47), la force est dirigée suivant PO : c'est la résultante des forces f et f', l'une émanant de

A et l'autre dirigée vers A'. Le triangle formé par les trois forces F, f et f' est semblable au triangle APA'; on a donc

$$\frac{F}{AA'} = \frac{f}{r} = \frac{f'}{r'},$$

et, par suite,

$$F = 2a\frac{f}{r} = 2a\frac{m}{r^2 r} = 2ak^2\frac{m}{r^3} = \frac{2a}{k^2} \cdot \frac{m'}{r'^3}.$$

Il en résulte

$$\sigma = -\frac{2ak^2}{4\pi} \cdot \frac{m}{r^3} = -\frac{2a}{4\pi k^2} \cdot \frac{m'}{r'^3}.$$

Ainsi, sur la surface S, la force et la densité en un point sont en raison inverse du cube de sa distance, soit au point A, soit au point A'.

Cette densité est positive si l'on remplace la masse m par une couche répandue sur la surface sphérique S; ce cas est celui de l'influence d'une masse $- m'$ placée dans l'intérieur d'une surface sphérique non isolée.

La densité est négative si l'on substitue au contraire l'action de cette couche à celle de la masse $- m'$, ce qui correspond au problème d'une sphère S non isolée soumise à l'influence de la masse m en A.

Dans ces deux cas, la sphère est donnée ainsi que la position et la grandeur de l'une des masses.

Si l'on connaît la masse m, le rayon de la sphère R et la distance $AO = d$, on en déduit immédiatement

$$k^2 = \frac{d}{R}, \qquad m' = -m\frac{R}{d}, \qquad 2ad = d^2 - R^2,$$

et, par suite,

$$\sigma = -\frac{d^2 - R^2}{4\pi r} \cdot \frac{m}{r^3}.$$

173. — Si, après avoir isolé la sphère, on superpose à la couche $- m$ une couche quelconque M uniforme, il y a encore équilibre, et le potentiel de la sphère, qui était nul, devient

$$V_1 = \frac{M}{R}.$$

Si l'on fait $M = m'$, la charge totale de la sphère est nulle et son potentiel est

$$V_0 = \frac{m'}{R}.$$

C'est le cas d'une sphère isolée, primitivement neutre, électrisée sous l'influence d'un point extérieur. Comme la masse est nulle, le potentiel au centre ne dépend que de la masse extérieure. On doit donc avoir

$$V_0 = \frac{m'}{R} = \frac{m}{d}.$$

La densité de cette couche nouvelle étant

$$\sigma_0 = \frac{m'}{4\pi R^2} = \frac{m}{4\pi R d}.$$

la densité résultante est

$$\sigma_0 + \sigma = \frac{m}{4\pi R d} - \frac{d^2 - R^2}{4\pi R} \cdot \frac{m}{r^3} = \frac{m}{4\pi R} \left[\frac{1}{d} - \frac{d^2 - R^2}{r^3} \right].$$

La densité sera nulle pour tous les points du petit cercle perpendiculaire à l'axe défini par l'équation

$$r^3 = d(d^2 - R^2).$$

Le plan de ce petit cercle coupe l'axe OA à gauche du point A puisque l'on a $r < \sqrt{d^2 - R^2}$. C'est la *ligne neutre* qui sépare la zone positive de la zone négative. C'est une ligne d'équilibre, la force et la densité y sont nulles. Elle est l'intersection, par la sphère, de la surface de niveau de potentiel

$V_0 = \dfrac{m}{d}$; on sait d'ailleurs (**18**) que les deux surfaces se coupent à angle droit.

La densité serait nulle sur le petit cercle de contact du cône tangent à la sphère et ayant son sommet au point A, cercle dont le plan passe par le point A', si l'on avait

$$\frac{M}{4\pi R^2} = \frac{d^2 - R^2}{4\pi R} \cdot \frac{m}{(d^2 - R^2)^{\frac{3}{2}}} = \frac{m}{4\pi R \sqrt{d^2 - R^2}},$$

et, par suite,

$$\frac{M}{m} = \frac{R}{\sqrt{d^2 - R^2}}.$$

174. Images par rapport à une sphère. — Pour tous les points extérieurs, l'action de la sphère S non isolée et électrisée sous l'influence de la masse m peut être remplacée par celle d'une masse $-m' = -\dfrac{m}{k}$, placée en A'. De même, la surface S' non isolée et soumise à l'influence de $-m'$ équivaut, pour tous les points intérieurs, à la masse $m = km'$ placée en A.

Cette propriété est analogue à celle que nous avons déjà constatée pour le plan (**118**). La masse $-m'$ en A' est l'image de la masse extérieure m par rapport à la surface de la sphère, et l'image de la masse $-m'$ par rapport à cette même surface est une masse plus grande $m = km'$ située en A.

175. Image d'un système quelconque. — Le principe des images par rapport à une sphère peut être étendu à un système quelconque, par exemple à une couche électrisée. En effet, chaque élément du système développe par induction sur la sphère une couche dont l'action sur les points extérieurs est identique à celle de l'image correspondante. Chacune de ces couches étant en équilibre, leur superposition sera un état d'équilibre, et l'action résultante sera égale à l'action résultante de toutes les images. L'ensemble de ces images formera un système qui sera l'image par rapport à la sphère du système donné. Si le système donné est une surface Σ, l'image sera une surface Σ' conjuguée à la première.

176. Action réciproque de deux sphères. — Le principe des images combiné à la méthode de Murphy (**86**) permet de résoudre d'une manière complète le problème très important de l'action réciproque de deux sphères. Soient S_a et S_b les deux sphères (fig. 48), R et R' leurs rayons. La méthode consiste, comme on sait, à déterminer une série de couches successives de la manière suivante. On met sur le conducteur S_a une couche capable de donner un potentiel 1 ; c'est ici une couche uniforme de masse R. Cette couche agit à l'extérieur comme si elle était concentrée en A. On la fixe et on détermine la couche induite sur la surface S_b de la seconde sphère non isolée, ce qui revient à déterminer l'image A' par rapport à

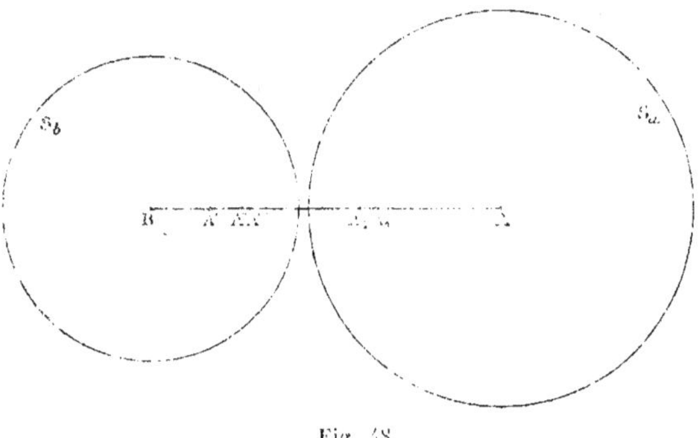

Fig. 48

S_b d'une masse — R en A. On fixe ensuite la couche équivalente à A' et on détermine son influence sur la sphère S_a non isolée, c'est-à-dire la nouvelle image A_1 de A', et ainsi de suite. On répétera la même opération en commençant par la sphère S_b et on multipliera par des coefficients convenables toutes les masses ainsi déterminées. Chacune des masses et des densités pouvant être calculée exactement, le problème de distribution est résolu d'une manière complète.

Quant à la force qui s'exerce entre les deux sphères, c'est la résultante des actions exercées par chacune des masses comprises dans l'une des sphères sur toutes les masses renfermées dans la seconde.

Le calcul ne présente pas de difficultés théoriques, mais il est en réalité très pénible. Sir W. Thomson l'a effectué dans le cas de deux sphères de même rayon lorsque la distance des centres varie de 2R et 4R, c'est-à-dire quand la distance des surfaces est comprise entre 0 et le diamètre d'une des sphères.

Dans le cas actuel, en appelant R le rayon commun des sphères A et B, U et V les potentiels, cR la distance des centres, M et N les charges respectives, on a, en désignant par I. J, a et b des coefficients qui dépendent de c,

$$M = R(IU - JV),$$
$$N = R(IV - JU),$$
$$F = 2bUV - a(U^2 + V^2).$$

expressions analogues à celles que donne la méthode de Murphy (**87**) pour des corps quelconques.

Si l'on veut exprimer la force et le potentiel en fonction des masses, on obtient

$$RU = \frac{I}{I^2 - J^2} M + \frac{J}{I^2 - J^2} N,$$
$$RV = \frac{I}{I^2 - J^2} N + \frac{J}{I^2 - J^2} M,$$
$$R^2 F = 2\beta MN - \alpha(M^2 + N^2),$$
$$\alpha = \frac{a(I^2 + J^2) - 2bIJ}{(I^2 - J^2)^2},$$
$$\beta = \frac{b(I^2 + J^2) - 2aIJ}{(I^2 - J^2)^2}.$$

Si les charges M et N sont égales, il vient

$$M = RV(I - J),$$
$$F = 2(b - a)V^2,$$
$$RV = \frac{M}{I - J}.$$
$$R^2 F = 2(\beta - \alpha)M^2.$$

177. — Comme ces formules n'ont été calculées que jusqu'à $c=4$, il est utile de voir comment on peut les remplacer pour des distances plus grandes.

Supposons que l'action des deux sphères soit la même que si les masses étaient respectivement concentrées aux centres, et que le potentiel de chacune d'elles soit égal à celui que l'on obtiendrait pour le centre en remplaçant la sphère voisine par une masse égale située au centre. On aura ainsi

$$U = \frac{M}{R} + \frac{N}{cR},$$

$$V = \frac{N}{R} + \frac{M}{cR},$$

$$F = \frac{MN}{c^2 R^2},$$

$$F = \frac{c^2-1}{(c^2+1)^2}\, UV - \frac{c}{(c^2-1)^2}(U^2+V^2);$$

et, pour des charges égales,

$$RV = M\left(1+\frac{1}{c}\right) = M\frac{c+1}{c},$$

$$R^2 F = \frac{M^2}{c^2},$$

$$F = \frac{V^2}{(c+1)^2}.$$

Si l'on fait $c=4$, les formules de sir W. Thomson donnent

$$1-J = 0,80258,$$
$$2(3-x) = 0,05846,$$
$$2(b-a) = 0,03766.$$

Les valeurs correspondantes dans la formule approchée sont

$$\frac{c}{c+1} = \frac{4}{5} = 0,80,$$

$$\frac{1}{c^2} = \frac{1}{16} = 0,0625,$$

$$\frac{1}{(c+1)^2} = \frac{1}{25} = 0,04.$$

Ainsi, lorsque la distance des surfaces est égale au diamètre de l'une des sphères et les charges égales, les formules approchées donnent les potentiels en fonction des masses, la valeur de la force en fonction des masses, et la force en fonction des potentiels avec un degré d'approximation qui est, pour ces différentes quantités respectivement, $\frac{1}{300}$, $\frac{1}{16}$ et $\frac{1}{17}$. Comme les erreurs relatives atteignent déjà $\frac{1}{12}$ lorsque $c=3,8$, on voit qu'elles diminueraient très rapidement pour des distances plus grandes.

On peut donc considérer en particulier, comme parfaitement rigoureuse, la méthode employée par Coulomb pour déterminer l'action de deux masses électrisées, et la balance de Coulomb pourra donner des résultats très exacts dans la mesure des potentiels, avec les formules approchées, si l'on a soin seulement que la distance des surfaces des sphères dépasse sensiblement le diamètre de l'une d'elles. On devra toutefois, pour l'évaluation des potentiels au moyen de la balance, prendre des précautions particulières afin d'éliminer ou de calculer l'influence des parois de la cage.

178. Mouvements des petits corps dans un champ électrique. — Nous avons vu (**162**) qu'une sphère de rayon a, placée dans un champ uniforme où la force est φ, s'électrise de telle manière que l'action intérieure de la couche formée est

$$F_i = -\frac{\mu - 1}{\mu + 2}\varphi = -h\varphi.$$

Ce coefficient h est égal à $\frac{1}{4}$ pour les diélectriques ordinaires dont le pouvoir inducteur spécifique est 2, et il devient égal à l'unité pour les conducteurs.

On en déduit (**159**)

$$\sigma_0 = \frac{3h}{4\pi}\varphi$$

$$\varpi = u\sigma_0 = u\frac{3h}{4\pi}\varphi = u\mathrm{K}\varphi.$$

Ce coefficient K est égal à $\dfrac{3}{4\pi}$ pour les conducteurs et prend une valeur moindre pour les diélectriques, puisque le facteur h est toujours plus petit que l'unité.

Considérons maintenant une sphère assez petite pour que, placée en un point quelconque d'un champ variable, elle s'électrise comme elle le ferait dans un champ uniforme où la force serait la même ; le moment électrique de cette sphère sera

$$\varpi = u\sigma_{0} = uK\varphi,$$

et l'axe d'électrisation, étant parallèle à la force φ, sera normal aux surfaces de niveau qui la comprennent.

Supposons que l'on fixe sur la surface les deux couches électriques, lesquelles équivalent au système de deux sphères pleines ou encore de deux masses égales et contraires $\pm m$, écartées d'une distance infiniment petite δ, de telle sorte qu'on ait $\varpi = m\delta$. L'énergie de cette sphère dans le champ est alors, en appelant V_1 et V_2 les potentiels aux points occupés par les masses $-m$ et $+m$,

$$W = \int mV = -m(V_1 - V_2) = -m\delta\frac{V_1 - V_2}{\delta} = -\varpi\varphi.$$

En un point P' où la force est égale à $\varphi + d\varphi$, l'énergie de la sphère serait

$$W' = -\varpi(\varphi + d\varphi).$$

Le travail nécessaire pour amener la sphère du point P au point P' est donc

$$W' - W = -\varpi \, d\varphi.$$

En réalité, si les couches ne sont pas fixées, l'électrisation change avec le déplacement de la sphère et le travail considéré est compris entre $-\varpi \, d\varphi$ et $-(\varpi + d\varpi)d\varphi$; ce travail ne diffère donc que d'un infiniment petit du second ordre de la valeur trouvée.

L'énergie $d\mathrm{W}$, dépensée pour opérer le déplacement, est donc

$$d\mathrm{W} = -\varpi\,d\varphi = -u\mathrm{K}\varphi\,d\varphi,$$

$$(33) \qquad d\mathrm{W} = -\frac{u\mathrm{K}}{2}\,d(\varphi^2).$$

Ainsi, lorsqu'une sphère infiniment petite passe, dans le champ, d'un point où la force est φ_0 à un autre point où la force est φ, l'accroissement d'énergie est

$$\mathrm{W} - \mathrm{W}_0 = -\frac{u\mathrm{K}}{2}(\varphi^2 - \varphi_0^2).$$

Si la sphère vient de l'infini, on aura

$$\mathrm{W} = -\frac{u\mathrm{K}}{2}\varphi^2.$$

La sphère abandonnée à elle-même tend naturellement à dépenser de l'énergie et, par conséquent, d'après l'équation (33), à marcher dans la direction vers laquelle la valeur de φ^2 augmente le plus rapidement. Elle tend donc à se porter aux points où la force est maximum en valeur absolue.

179. — Soit n la direction suivant laquelle φ^2 varie le plus rapidement ; la force qui agit sur la sphère a pour expression

$$(34) \qquad \mathrm{F} = -\frac{d\mathrm{W}}{dn} = \frac{u\mathrm{K}}{2}\cdot\frac{d\varphi^2}{dn},$$

et ses composantes parallèles aux coordonnées sont

$$(35) \qquad \begin{aligned} \mathrm{X} &= \frac{u\mathrm{K}}{2}\cdot\frac{\partial\varphi^2}{\partial x}, \\ \mathrm{Y} &= \frac{u\mathrm{K}}{2}\cdot\frac{\partial\varphi^2}{\partial y}, \\ \mathrm{Z} &= \frac{u\mathrm{K}}{2}\cdot\frac{\partial\varphi^2}{\partial z}. \end{aligned}$$

180. — *Dans un champ électrique variable, la force ne peut être un maximum en aucun point situé en dehors des masses agissantes.*

Ce théorème est une conséquence directe de la démonstration qui précède.

Nous avons vu en effet, d'après le théorème d'Earnshaw (**63**), qu'un corps électrisé ne peut être en équilibre stable dans un champ variable. Comme une sphère infiniment petite ne peut être en équilibre stable qu'aux points où la valeur de φ^2 est un maximum absolu, c'est-à-dire où la valeur de φ est maximum en valeur absolue, il en résulte que cette circonstance ne peut se présenter pour aucun point situé en dehors des masses agissantes.

181. — Le même raisonnement s'applique au mouvement d'un corps très petit de forme quelconque, si l'on néglige les effets de rotation, c'est-à-dire si l'on admet que le corps conserve toujours la même direction par rapport aux lignes de force. Ce corps, en effet, s'électrise proportionnellement à la force du champ au point où il est placé et la variation d'énergie est proportionnelle à la variation du carré de la force.

Indépendamment de ce mouvement de transport, un corps non sphérique tournera sur lui-même en chaque point de manière que, pour un équilibre stable autour de son centre de gravité, l'énergie électrique soit minimum et l'électrisation maximum.

Tel est, d'après sir W. Thomson, le sens véritable des attractions produites sur les corps légers de petites dimensions dans un champ électrique, au moins tant qu'ils n'ont pas été électrisés directement par contact. Ces corps, conducteurs ou non, se déplacent vers les points où la force est maximum en valeur absolue et, s'ils sont abandonnés à eux-mêmes, ils finiront par aboutir aux surfaces électrisées. S'ils étaient mobiles dans un milieu où une résistance étrangère maintiendrait la vitesse très petite, ils marcheraient vers les corps électrisés en suivant, non pas une ligne de force, mais une ligne de variation maximum de la force ; dans certains cas, où le corps est soumis à des liaisons, ce mouvement peut même se faire perpendiculairement à la force.

Le corps est en équilibre aux points pour lesquels on a

$$d\varphi^2 = 0 \qquad \text{ou} \qquad \varphi\, d\varphi = 0.$$

Cette condition peut être réalisée de deux manières

$$\varphi = 0 \qquad \text{ou} \qquad d\varphi = 0.$$

Il y a donc équilibre quand la force est nulle, maximum ou minimum, ou stationnaire. Il y a équilibre en particulier dans un champ uniforme, ce qui était évident *à priori*. L'équilibre est alors indifférent ; il est stable aux maxima de force, instable aux minima et aux points où la force est nulle.

182. Direction d'une aiguille diélectrique dans un champ variable. — Imaginons que sur une sphère chargée, comme nous l'avons toujours supposé, par des couches de glissement, on fasse agir une force F constante de grandeur et de direction faisant avec l'axe d'électrisation l'angle θ ; le moment du couple produit par cette force sera

$$\mathrm{F}m.\mathfrak{z}\cos\theta = \mathrm{F}\varpi\cos\theta.$$

Le moment électrique ϖ est donc le moment du couple que subirait cette sphère dans un champ égal à l'unité dont la force serait perpendiculaire à l'axe d'électrisation.

Si l'on adopte l'idée de Poisson et de Faraday sur la constitution des diélectriques et qu'on les considère comme formés de sphères conductrices disséminées dans un milieu isolant ; si on admet, en outre, que l'électrisation de chacune d'elles n'est pas modifiée par les voisines, le moment électrique d'un corps de forme quelconque dans un champ uniforme est, en appelant U le volume du diélectrique, n le nombre des sphères qu'il renferme et u le volume de chacune d'elles,

$$\varpi = nu\frac{3}{4\pi}\varphi = \frac{nu}{\mathrm{U}}\,\mathrm{U}\frac{3}{4\pi}\varphi = \mathrm{U}\frac{3h}{4\pi}\varphi = \mathrm{U}\mathrm{K}\varphi.$$

L'expression de ce moment est donc la même que pour une sphère homogène.

Avec cette hypothèse, un corps de forme quelconque dans un champ uniforme serait aussi en équilibre par rapport à son centre de gravité, quelle que fût sa direction. En effet, tous les éléments de volume s'électrisent parallèlement à la force du champ et le couple de rotation, étant nul sur chacun d'eux, est nul sur l'ensemble.

Dans un champ variable, au contraire, un corps très petit fixé par son centre de gravité tend à prendre une certaine direction. Chaque élément de volume du n'étant soumis qu'à la force du champ tend à se porter vers les points où la force augmente et les composantes de la force qu'il subit sont

$$X = \frac{K\,du}{2}\frac{\partial \varphi^2}{\partial x},$$

$$Y = \frac{K\,du}{2}\frac{\partial \varphi^2}{\partial y},$$

$$Z = \frac{K\,du}{2}\frac{\partial \varphi^2}{\partial z}.$$

183. — Considérons une courte aiguille infiniment mince et soit φ_0 la force du champ au centre de gravité O de l'aiguille. Prenons la direction de la force pour axe des x; supposons que l'aiguille puisse tourner autour de l'axe des z, et qu'elle fasse l'angle θ avec φ_0.

Pour l'élément de volume du à une distance a du centre et dont les coordonnées sont x et y, la composante φ de la force parallèle au plan aura une expression de la forme

$$\varphi^2 = \varphi_0^2 + Ax + By.$$

Les composantes X et Y de la force seront

$$X = \frac{K\,du}{2}A,$$

$$Y = \frac{K\,du}{2}B.$$

La composante tangentielle au cercle que décrit l'élément de volume du est

$$T = X \sin\theta - Y \cos\theta = \frac{K du}{2} (A \sin\theta - B \cos\theta).$$

La position d'équilibre correspond à la condition

$$A \sin\theta - B \cos\theta = 0, \quad \text{ou} \quad \tang\theta = \frac{B}{A},$$

c'est-à-dire à la direction suivant laquelle la variation de la force est maximum.

Lorsque cet élément est dévié d'un angle $d\theta$ de sa position d'équilibre, la composante tangentielle est

$$dT = \frac{K du}{2} (A \cos\theta + B \sin\theta) d\theta,$$

l'angle θ étant déterminé par la condition d'équilibre, d'où l'on déduit

$$A \cos\theta + B \sin\theta = \sqrt{A^2 + B^2}.$$

On a donc

$$dT = \frac{K du}{2} \sqrt{A^2 + B^2} d\theta.$$

Pour l'aiguille entière, le moment de la résultante par rapport à l'axe sera

$$\int a\, dT = \frac{K}{2} \int a\, du \sqrt{A^2 + B^2} d\theta.$$

En appelant ρ la densité de la substance considérée, la durée t des oscillations infiniment petites est donnée par l'équation

$$t^2 = \pi^2 \frac{\rho \int a^2 du}{\dfrac{K}{2} \int a\, du \sqrt{A^2 + B^2}}.$$

Si l'aiguille est rectiligne et de longueur $2l$, on a

$$\frac{\int a^2 du}{\int a du} = \frac{2}{3} l,$$

ce qui donne finalement

$$t^2 = \frac{4}{3} \pi^2 \frac{\varsigma l}{K \sqrt{A^2 + B^2}}.$$

Ainsi, dans un champ variable, une aiguille diélectrique pouvant tourner librement autour de son centre de gravité se dirige, non suivant la ligne de force, mais suivant la ligne de plus grande variation de la force ; le carré de la durée des oscillations n'est pas simplement en raison inverse de la force du champ, puisqu'il dépend des coefficients de variation, et il est proportionnel, toutes choses égales, à la longueur de l'aiguille.

184. — Le phénomène est particulièrement utile à considérer lorsque le champ est symétrique par rapport au point où se trouve l'aiguille. Supposons, par exemple, que l'aiguille soit placée au milieu O de la distance AA' (fig. 34) de deux masses égales et de signes contraires, et qu'elle puisse osciller autour d'une droite perpendiculaire à AA'. Dans le plan d'oscillation, la force au point O est un minimum pour la direction A'A ou Ox et un maximum pour une direction perpendiculaire Oy. Pour un point voisin de O, on peut donc écrire

$$\varsigma^2 = \varsigma_0^2 + A x^2 - B y^2.$$

Les composantes de la force qui s'exerce sur l'élément du sont

$$X = K du A x = K du A a \cos\theta,$$
$$Y = -K du B y = -K du B a \sin\theta,$$

et la composante tangentielle

$$T = a\mathrm{K}du(\mathrm{A} + \mathrm{B}) \sin\theta \cos\theta.$$

La condition d'équilibre est donc

$$\sin\theta \cos\theta = 0,$$

ce qui donne deux directions, $\theta = 0$ et $\theta = \frac{\pi}{2}$, la première correspondant à un équilibre stable, et la seconde à un équilibre instable.

Pour une déviation très petite $d\theta$ à partir de la position d'équilibre stable, la composante tangentielle est

$$d\mathrm{T} = a\mathrm{K}du(\mathrm{A} + \mathrm{B})d\theta.$$

Si cet élément de volume est seul, la durée des oscillations est donnée par la formule

$$t^2 = \pi^2 \frac{a^2\rho du}{a\mathrm{K}du(\mathrm{A} + \mathrm{B})a} = \pi^2 \frac{\rho}{\mathrm{K}} \frac{1}{\mathrm{A} + \mathrm{B}};$$

on voit qu'elle est indépendante de a et ne dépend que de la densité de la matière considérée, de sa susceptibilité électrique et de la loi de la variation du champ.

Si on assemble sur une droite une série de particules semblables et qu'on suppose qu'elles n'exercent aucune influence les unes sur les autres, chacune d'elles se comportera comme si elle était seule, et l'oscillation de l'aiguille entière se fera dans le même temps que chacune de ses parties; la durée de l'oscillation d'une aiguille pour l'état du champ considéré est donc indépendante de sa longueur.

185. Action d'un champ sur une aiguille conductrice. — Un corps conducteur se comporte d'une manière toute différente. Considérons, par exemple, une aiguille infiniment petite, afin que l'électrisation puisse être supposée identique à celle qui le produirait dans un champ uniforme.

L'aiguille est en équilibre dans une direction normale à la ligne de force, mais il est évident qu'alors l'électrisation est minimum et que l'équilibre est instable.

Lorsque l'aiguille est oblique à la force du champ, les deux couches électriques positive et négative sont symétriques par rapport au centre, et l'action du champ produit évidemment un couple qui tend à amener l'aiguille dans la direction de la force.

La loi de distribution est indépendante de la force du champ et chacune des couches est proportionnelle à cette force. Par suite, le moment du couple qui agit sur l'aiguille, pour une déviation déterminée de la position d'équilibre, est proportionnel au carré de la force ς. Enfin la durée des oscillations est en raison inverse de la force et l'on peut écrire

$$t = \frac{A}{\varsigma},$$

la constante A dépendant du rapport des dimensions longitudinale et transversale de l'aiguille.

CHAPITRE HUITIÈME

SOURCES D'ÉLECTRICITÉ

186. Découverte de Volta. — Nous avons déjà signalé (**9**) la propriété importante découverte par Volta que deux conducteurs et, plus généralement, deux corps quelconques mis en contact prennent, de part et d'autre de la surface de contact, des états électriques différents.

S'il s'agit de deux conducteurs de natures différentes en contact et en équilibre électrique, le potentiel est constant sur chacun d'eux, mais il éprouve un changement brusque de part et d'autre de la surface de séparation.

Nous n'avons pas à rappeler ici toutes les expériences qui ont permis d'établir cette loi capitale pour la science; nous indiquerons seulement la suivante qui servira à bien préciser les conditions du phénomène.

Si deux plateaux, l'un de zinc et l'autre de cuivre, tenus par des manches isolants, primitivement à l'état neutre et à la même température, sont mis en contact par des surfaces parallèles, puis séparés l'un de l'autre, on reconnaît que chacun d'eux est électrisé, le zinc positivement, le cuivre négativement. La charge électrique de chacun des plateaux est proportionnelle, toutes choses égales d'ailleurs, à l'étendue des surfaces en contact.

Tout se passe comme si les plateaux formaient les armatures d'un condensateur entre lesquelles existerait une différence de potentiel déterminée, les couches électriques correspondantes étant situées respectivement dans les deux métaux, de

part et d'autre de la surface de séparation et à une distance
très petite, de sorte que la capacité du système est simplement
proportionnelle à l'étendue des surfaces en regard.

187. Force électromotrice de contact. — Si l'on désigne par
V_1 et V_2 les potentiels du zinc et du cuivre, par εV leur différence $V_1 - V_2$ ou *la force électromotrice de contact* et par C
la capacité du condensateur formé au moment du contact,
la charge des plateaux sera

$$m = C(V_1 - V_2) = C\varepsilon V.$$

L'ensemble des plateaux peut d'ailleurs recevoir une charge
électrique commune M qui porte le zinc, par exemple, à un
potentiel quelconque V. Dans ce cas, la même différence de
potentiel εV se maintient à la surface de contact ; lorsque les
plateaux sont séparés, la charge de chacun d'eux se compose
de la charge $\pm m$ due à la différence de potentiel de contact et
d'une partie de la charge commune M, qui s'est partagée entre
eux suivant les lois régulières de la distribution.

L'expérience présente de grandes difficultés quand on veut
déduire la différence des potentiels de la grandeur des charges,
parce que la distance réelle des plateaux dépend du degré du
poli des surfaces ; le contact n'a lieu le plus souvent que par
un petit nombre de points et la capacité du système peut
varier entre d'assez grandes limites.

On obtient des résultats plus réguliers en maintenant les
plateaux parallèlement entre eux à une certaine distance e et
en les réunissant par un fil extérieur de cuivre ou de zinc.
La différence de potentiel εV produite au point de contact se
maintient sur toute l'étendue des deux plateaux ; la distance
des couches correspondantes est égale sensiblement à l'épaisseur du diélectrique qui les sépare, et la capacité du système
est en raison inverse de cette épaisseur. Si, après avoir supprimé le contact extérieur, on éloigne les plateaux l'un de
l'autre, la charge de chacun d'eux est, en appelant S l'étendue
des surfaces en regard,

$$m = \frac{S}{4\pi e}\,\varepsilon V.$$

Cette expérience permettra donc de déterminer la valeur absolue de εV. Dans tous les cas, si l'on maintient constante la distance e des plateaux et qu'on opère avec des métaux différents on pourra mesurer les rapports des forces électromotrices de contact.

En réalité, ces expériences sont très délicates parce que les plus légères modifications dans l'état des surfaces altèrent les résultats. La nature même du gaz qui constitue le diélectrique paraît avoir une petite influence, soit parce que la couche de gaz adhérente au métal en change les propriétés physiques, soit qu'il y ait en même temps formation d'un composé chimique particulier.

188. Lois de Volta. — Loi du contact. — Quoi qu'il en soit, les idées de Volta ont été confirmées par tous les progrès accomplis en électricité et l'on peut énoncer la loi suivante, comme *loi du contact :*

Entre deux corps en contact, à la même température, il s'établit une différence de potentiel finie, qui dépend de leur nature, et qui est absolument indépendante de leurs dimensions, de leur forme, de l'étendue des surfaces de contact et de la valeur absolue du potentiel sur chacun d'eux.

Volta caractérisait cette propriété en disant qu'il existe entre les deux corps une *tension de contact*, mais la manière dont il concevait le phénomène est parfaitement concordante avec l'idée d'une différence de potentiel.

Nous représenterons cette différence de potentiel caractéristique ou force électromotrice de contact de deux métaux A et B par le symbole A|B, la première lettre désignant le métal dont le potentiel est le plus élevé. On aura donc

$$\varepsilon V = V_a - V_b = A|B.$$

Nous pouvons ajouter de suite que cette différence est fonction de la température, et que le contact de deux corps de nature identique, mais à des températures différentes, donne également naissance à une force électromotrice.

Dans toutes les questions relatives à l'équilibre électrique des conducteurs, nous avons négligé, comme on le voit, les forces électromotrices relatives au contact des différents conducteurs. Tous les calculs supposent donc que les conducteurs sont identiques et à la même température et les résultats doivent être modifiés en tenant compte de cette nouvelle circonstance, à moins qu'il ne s'agisse de potentiels très élevés, auquel cas les effets de contact sont négligeables.

189. Loi des contacts successifs. — Après avoir constaté le fait fondamental de la force électromotrice de contact, Volta a comparé entre eux les résultats fournis par des métaux différents et établi par expérience une seconde loi, dite *loi des contacts successifs*, qu'on peut énoncer ainsi :

Lorsque plusieurs métaux à la même température sont soudés les uns aux autres de manière à former une chaîne continue, la différence des potentiels des métaux extrêmes est la même que si ces deux métaux étaient directement en contact.

Soient A, B, C ..... L, M les métaux constituant la chaîne ; cette loi, avec les symboles adoptés plus haut, est représentée par la formule suivante

$$A_|B + B_|C \cdots\cdots + L_|M = A_|M.$$

On a d'ailleurs identiquement

$$A|M = -M|A.$$

En faisant passer tous les termes dans le premier membre, l'équation devient donc

$$A|B + B|C + \cdots\cdots + L|M + M|A = 0,$$

ce qui revient à dire que *les deux extrémités de toute chaîne terminée par des métaux identiques sont au même potentiel.*

Cette proposition importante est une conséquence nécessaire du principe de la conservation de l'énergie. Si les métaux extrêmes A et A′, de nature identique, pouvaient être maintenus à des potentiels différents par l'effet des contacts intermédiaires, on pourrait, en les joignant par un conducteur de même nature, obtenir dans le conducteur extérieur et dans la chaîne des métaux intermédiaires une décharge continue, c'est-à-dire un flux permanent d'électricité. Ce transport d'électricité, analogue à une succession de décharges, aurait pour conséquence nécessaire la production de phénomènes calorifiques, c'est-à-dire d'énergie, ce qui serait la réalisation du mouvement perpétuel.

Si l'on suppose même que le dégagement de chaleur en certains points du circuit corresponde à une absorption en d'autres points, il y aurait transport de chaleur des points les plus froids aux points les plus chauds, sans travail correspondant. Ce résultat est incompatible avec le principe de Carnot, qui paraît aussi bien établi dans la science que l'impossibilité du mouvement perpétuel.

190. Exceptions à la loi des contacts successifs. — Files électriques. — Volta a constaté que la loi des tensions est quelquefois en défaut. Remarquons, en effet, qu'elle ne paraît nécessaire que s'il n'existe aucune source d'énergie dans le circuit; mais si celui-ci renferme des sources d'énergie d'une nature quelconque, par exemple des corps pouvant donner lieu à des réactions exothermiques corrélatives du passage de l'électricité, l'énergie fournie par ces réactions pourra subvenir à l'entretien d'un courant permanent.

Sans avoir sur ce point des idées aussi précises (il ne désespérait pas de rencontrer des métaux ne satisfaisant pas à la loi), Volta avait été conduit à partager les corps en deux grandes classes. La première renferme ceux qui obéissent à la loi des tensions : elle comprend tous les métaux et un certain nombre de solides. La seconde renferme tous ceux qui n'obéissent pas à cette même loi : à cette classe appartiennent la plupart des liquides et des dissolutions. En associant des corps de la première classe à des corps de la seconde, on peut constituer une chaîne dont les deux extrémités, quoique formées par un même métal, présentent une différence finie de potentiel.

L'expérience montre que, dans ce cas encore, la loi fondamentale de Volta est vérifiée, c'est-à-dire que la force électromotrice correspondant à chacun des contacts est, pour une même température, une quantité constante, indépendante des autres corps qui constituent la chaîne; et la différence de potentiel qui existe entre les deux extrémités de cette chaîne est la somme algébrique de toutes les forces électromotrices relatives à chacun des contacts.

Quand on joint par un conducteur ces deux extrémités, on n'introduit pas de nouvelles forces électromotrices de contact ; un flux permanent d'électricité s'établit dans le circuit, où il est entretenu par l'énergie des actions chimiques. Tel est le principe des *piles électriques*.

191. Conséquences relatives à la distance des atômes. — Lorsque deux métaux sont en contact, l'existence d'une force électromotrice implique la formation de deux couches électriques de signes contraires séparées par une distance finie, et ces couches doivent être localisées respectivement dans les deux métaux. On pourrait déterminer l'intervalle des couches, si l'on connaît la force électromotrice, en mesurant la charge absolue qui reste sur deux plateaux quand on les sépare après les avoir mis en contact, car on a, en désignant simplement par V la force électromotrice,

$$e = \frac{S}{4\pi} \cdot \frac{V}{m}.$$

Sous cette forme l'expérience est à peu près impossible à réaliser, car les charges que conservent les plateaux dépendent seulement de la capacité du système au moment où la séparation devient définitive, et cette capacité n'est, en général, qu'une fraction très petite de la capacité primitive, parce que le contact ne peut pas être rompu simultanément dans toute l'étendue de la surface.

Toutefois sir W. Thomson a pu, par une suite de raisonnements ingénieux, indiquer quelle devait être la limite inférieure de la distance de deux couches électriques.

L'énergie électrique du système des deux lames en contact a pour expression

$$W = \frac{1}{2} m V = \frac{1}{2} C V^2 = \frac{S V^2}{8\pi e},$$

et cette énergie représente le travail nécessaire pour séparer

les deux plateaux. On peut encore vérifier cette conséquence
d'une autre manière. En appelant σ la densité électrique de
chacune des couches, on a

$$4\pi\sigma = \frac{V}{e},$$

et la force qui agit sur l'une des surfaces est

$$F = 2\pi\sigma^2 S = \frac{V^2}{8\pi e^2}.$$

Pour écarter les plateaux à une grande distance, il faudra
dépenser le travail

$$T = -\int F de = -\frac{SV^2}{8\pi} \int_e^\infty \frac{de}{e^2} = \frac{SV^2}{8\pi e}.$$

L'énergie électrique fournie au système au moment du contact est empruntée à l'énergie potentielle primitive des deux
plateaux, et on ne peut admettre que cette dernière soit supérieure à celle qui serait rendue disponible par l'alliage des
deux métaux.

Supposons que, pour le zinc et le cuivre, le rapport des
poids des plateaux soit celui qui constitue le laiton. Soit p
le poids total, ε la somme de deux épaisseurs et δ la densité
moyenne du système, on aura

$$p = S\varepsilon\delta \qquad \text{ou} \qquad S = \frac{p}{\varepsilon\delta}.$$

L'énergie électrique peut donc s'écrire

$$W = \frac{p}{8\pi\delta} \cdot \frac{V^2}{e\varepsilon}.$$

Cette équation demeure vraie tant que les métaux conservent leurs propriétés physiques, et il faut évidemment pour
cela que l'épaisseur totale des deux plateaux soit supérieure à
la distance normale e des couches électriques.

Supposons maintenant que, sans changer le poids total p, on augmente simultanément la surface des deux lames aux dépens de leur épaisseur, l'énergie W croît proportionnellement à la surface ou en raison inverse de l'épaisseur, au moins tant que l'épaisseur ε est supérieure à e. Le maximum d'énergie correspond au cas où $\varepsilon = e$, et l'on a alors

$$W = \frac{p}{8\pi\varepsilon}\left(\frac{V}{e}\right)^2,$$

ou

$$e = V\sqrt{\frac{p}{8\pi\varepsilon} \cdot \frac{1}{W}}.$$

L'énergie W doit rester inférieure à celle qui correspond à l'alliage. Celle-ci étant connue à $\frac{1}{3}$ près de sa valeur environ, on pourra donc déterminer par l'équation précédente une limite inférieure de la distance e des couches électriques. Pour une épaisseur plus faible, les métaux auraient perdu leurs propriétés, puisqu'ils ne seraient plus capables de prendre au contact la différence de potentiel qui les caractérise; on peut donc considérer que la constitution moléculaire de ces corps serait alors modifiée et que l'épaisseur ainsi calculée est de même ordre que la distance moyenne des atômes.

Sir W. Thomson a trouvé ainsi, pour le cuivre et le laiton,

$$e = \frac{1^{mm}}{3 . 10^7},$$

ce qui correspond à $\dfrac{1}{15\,000}$ environ de la longueur d'onde de la lumière verte.

Si l'on pouvait séparer les deux lames sans que les couches électriques en regard se recombinent partiellement, chacune d'elles se trouverait portée à un potentiel extrêmement élevé. Ce potentiel dépend des dimensions des lames, parce que la capacité du système est proportionnelle à la surface de contact, tandis que la capacité de chacune des lames séparées est proportionnelle à ses dimensions linéaires. En admettant que la distance des couches électriques fût de $\frac{1}{10^6}$ de millimètre, M. Helmholtz a montré que pour un disque de zinc de 10 centimètres de rayon en contact avec un disque de cuivre maintenu en communication avec le sol, le potentiel du zinc transporté à une grande distance serait 39.10^6 fois plus grand que le potentiel primitif dû au contact. Avec les nombres de sir W. Thomson, le potentiel final serait encore 30 fois plus grand.

192. Contact des diélectriques. — La première loi de Volta paraît également s'appliquer au contact soit des métaux avec les diélectriques, soit des diélectriques entre eux. Seulement dans ces deux cas la détermination des forces électromotrices de contact présente de très grandes difficultés.

Il suffit d'un point de contact entre deux corps conducteurs pour assurer l'équilibre des potentiels; les charges dépendent alors uniquement de la capacité du système formé par les deux corps au moment où leur séparation devient définitive. Avec les corps mauvais conducteurs, l'équilibre n'a lieu que pour les points en contact, et ceux-là seulement se chargent d'électricité. La charge totale sera donc extrêmement variable avec le nombre des points touchés. Ajoutons que le fait de la pénétration de l'électricité dans les diélectriques vient compliquer encore les expériences.

193. Électrisation par frottement. — Dans l'électrisation des corps par frottement, l'électricité ne semble pas avoir d'autre origine que le contact des deux corps; le frottement n'aurait pour but que de multiplier les points de contact.

Lorsque les corps frottés sont identiques, on ne parvient pas en général à les électriser; il se manifeste parfois des traces d'électricité très faibles, mais alors on peut toujours attribuer le développement de l'électricité à une dissymétrie plus ou moins visible entre les deux corps frottés.

194. Machines électriques. — On est donc conduit à conclure qu'il n'existe que deux modes de production de l'électricité, le *contact* et l'*induction*. Toutes les machines électriques mettent en jeu l'un ou l'autre de ces deux modes et ont seulement pour objet d'accumuler les charges produites d'une manière ou de l'autre sur un conducteur.

La théorie générale de ces machines est très simple. Considérons un conducteur creux, isolé, le cylindre de Faraday, par exemple. Prenons, d'autre part, un gâteau d'électrophore, en résine ou en ébonite, chargé d'électricité négative. Un disque métallique tenu par un manche isolant, placé sur le gâteau et mis un instant en communication avec le sol, se chargera d'électricité positive, et, si on le transporte dans le cylindre et qu'on lui fasse toucher la surface intérieure, une charge égale à la sienne se produira sur la surface extérieure du cylindre ; le disque lui-même sortira à l'état neutre et l'expérience pourra être répétée indéfiniment. Il est évident que rien en théorie ne limite la charge du cylindre, puisque, quelle que soit la charge qu'il a déjà acquise, un conducteur, placé à l'intérieur et mis en communication avec lui ne peut garder d'électricité. Tel est, réduit à sa plus simple expression, le mécanisme des machines fondées sur l'induction.

Supposons maintenant, au lieu du gâteau de l'électrophore, un disque de cuivre en communication avec le sol, et mettons en contact avec lui un disque de zinc tenu par un manche isolant; en vertu de la loi de Volta, le disque de zinc se chargera d'électricité positive; cette charge pourra, comme dans le cas précédent, être transmise au cylindre, et l'expérience recommencée indéfiniment.

Il en sera encore de même, si, au lieu d'un disque de cuivre, on prend un morceau de drap ou de caoutchouc, et un disque de verre au lieu d'un disque de zinc. Il faut, toutefois, tenir compte de la nature isolante des corps employés; le contact ne se produira entre le drap et les différents points de la surface de verre que par le frottement. Quand le verre chargé d'électricité positive sera porté à l'intérieur du cylindre, il déterminera sur la surface intérieure la formation d'une couche égale et de signe contraire à la sienne; seulement il ne suffira pas de lui faire toucher un point de la surface intérieure, pour que les deux charges se neutralisent. Mais on arrivera au même résultat si la surface intérieure du cylindre est armée de pointes : l'équilibre ne sera établi que quand la densité sera nulle à l'extrémité de ces pointes, c'est-à-dire, lorsque l'électricité qui s'en échappe aura neutralisé la charge du disque de verre. C'est la disposition employée dans toutes les machines à frottement.

195. Organes essentiels des machines. — On voit que, dans tous les cas, la machine se réduit à trois organes essentiels, l'un qui développe l'électricité, un autre qui la transporte, un troisième qui la recueille : *un producteur, un transmetteur, un collecteur*. L'énergie potentielle communiquée au collecteur est fournie par le travail mécanique effectué, lorsqu'on transporte le *transmetteur* en sens contraire des forces électriques, depuis le *producteur* chargé d'électricité contraire qui l'attire, jusqu'au *collecteur* chargé d'électricité de même signe qui le repousse.

Dans les machines à frottement, le collecteur reçoit à chaque opération la même quantité d'électricité, et sa charge croît en progression arithmétique.

Dans le cas des machines à induction, on peut faire en sorte que la charge croisse en progression géométrique : il suffit d'accoupler deux machines de manière que les deux inducteurs développent des électricités de signes contraires et que chacun d'eux soit en communication métallique avec le collecteur de l'autre système. A chaque opération, la charge du producteur croît en même temps que celle du collecteur auquel il est relié, et développe par influence une charge plus grande dans le transmetteur à l'opération suivante. C'est la disposition qui est utilisée dans la machine de Varley et dans quelques-unes des machines si ingénieuses, telles que l'appareil à écoulement et le *replenisher*, imaginées par sir W. Thomson. La machine de Holtz repose sur le même principe, avec une disposition un peu plus compliquée.

196. Limite de la charge. — Si la théorie n'assigne aucune limite à la charge du *collecteur*, cette limite est atteinte dans la pratique, soit à cause de la déperdition par l'air ou par les supports, soit par le fait des décharges qui se produisent sous forme d'étincelles entre le collecteur et les autres parties de la machine ou les conducteurs voisins.

Dans le dernier cas, la limite ne dépend que de la forme de

la machine et de sa position par rapport aux conducteurs voisins ; dans le premier, elle dépend des conditions atmosphériques et de la rapidité avec laquelle se succèdent les opérations.

Pour les machines à addition, la limite est atteinte quand, à chaque instant, le gain est égal aux pertes, et cette limite aura toujours une valeur finie.

Dans les machines à multiplication, certaines conditions doivent être remplies pour que la charge du collecteur puisse conserver une valeur finie. Soient C et C' les capacités des deux collecteurs. V et V' leurs potentiels en valeurs absolues. c et c' les capacités des transmetteurs, et n et n' le nombre d'opérations effectuées dans l'unité de temps.

Pour des charges très faibles la déperdition par l'air d'un conducteur électrisé est sensiblement proportionnelle à la charge ou au potentiel.

Si on appelle m et m' des coefficients de proportionnalité relatifs aux deux conducteurs, les pertes de charge pendant l'unité de temps pourront être représentées par mV et m'V'.

Pendant un temps infiniment petit dt, l'accroissement de charge du collecteur C est égal à l'excès de l'électricité qu'il reçoit sur celle qu'il perd ; on aura donc

$$C\,dV = (n'c'V' - mV)\,dt,$$

ou bien :

$$C\frac{dV}{dt} = n'c'V' - mV.$$

L'autre collecteur donnera, de même.

$$C'\frac{dV'}{dt} = ncV - m'V'.$$

En résolvant ces équations différentielles simultanées, on calculerait la valeur acquise par les potentiels V et V' au bout d'un temps quelconque, à partir de valeurs initiales données ; mais les résultats ainsi obtenus ne s'accorderaient avec l'expérience que dans les limites où l'on peut admettre la loi de

Coulomb. On sait que pour des charges un peu grandes la déperdition s'effectue suivant une loi plus rapide.

Ces équations donnent les conditions nécessaires pour que la charge aille en croissant; il suffit, en effet, que les dérivées du potentiel soient positives, ce qui donne

$$n'c'V' - mV > 0,$$
$$ncV - m'V' > 0;$$

on en déduit

$$\frac{m}{n'c'} < \frac{V'}{V} < \frac{nc}{m'},$$

ou bien

$$nn'cc' > mm'.$$

Si cette dernière condition est réalisée au début (et l'on voit qu'elle ne dépend pas de l'électrisation initiale), la charge de la machine ira d'abord en croissant. Si l'inégalité se maintient malgré l'augmentation des coefficients m et m', la charge n'aura d'autre limite que celle qui sera déterminée par la production des étincelles. Si l'inégalité précédente avait lieu en sens contraire, la charge irait en diminuant et deviendrait rapidement nulle.

Lorsque l'appareil est symétrique, la condition d'accroissement de charge est simplement

$$nc > m.$$

Le calcul qui précède s'applique particulièrement à la disposition dans laquelle le collecteur d'une des machines est en communication métallique avec l'inducteur de l'autre; mais le même mode de raisonnement, à quelques détails près, s'appliquera à tous les multiplicateurs d'électricité à influence réciproque.

197. Débit des machines. — Quelle que soit, d'ailleurs, la cause extérieure qui limite la charge, on voit que toutes ces machines fonctionnent comme de véritables *sources,* c'est-à-dire, comme des systèmes capables par le jeu de leurs propres organes de maintenir un conducteur à un potentiel constant, ou de maintenir une différence de potentiel déterminée entre deux conducteurs.

Ce résultat est obtenu lorsque la quantité d'électricité apportée au collecteur est à chaque instant égale à celle qui lui est enlevée, soit par la déperdition au contact de l'air, soit par des décharges provoquées d'une manière quelconque entre ce collecteur et le sol. Le *débit* de la machine est la quantité d'électricité mise alors en mouvement dans chaque unité de temps. Pour les machines à addition, il est évident que le débit, toutes choses égales d'ailleurs, est proportionnel à la capacité du transmetteur et au nombre des opérations effectuées dans chaque unité de temps. Si, comme dans les machines à plateau, le transmetteur fonctionne d'une manière continue, le débit est proportionnel à la vitesse.

Dans les machines à multiplication les phénomènes ne se passent plus d'une manière aussi simple ; mais l'expérience montre encore que le débit est sensiblement proportionnel à la vitesse, bien que cependant il croisse, en général, un peu plus vite.

CHAPITRE PREMIER

PROPAGATION DE L'ÉLECTRICITÉ DANS L'ÉTAT PERMANENT

198. Régime permanent. — Quand on établit une communication métallique entre deux conducteurs isolés, à des potentiels différents V et V', l'équilibre ne peut subsister, l'électricité positive va du corps au potentiel le plus élevé vers celui qui a le potentiel le plus bas; il se produit un *flux d'électricité*, un *courant électrique*. Si les deux corps ont des charges limitées, l'équilibre se trouve établi au bout d'un temps, en général, très court, qui dépend de la nature et des dimensions du conducteur intermédiaire; le courant est alors *variable* avec le temps. Mais si, par un procédé quelconque, on maintient constante la différence de potentiel de deux conducteurs, un régime permanent s'établit et le conducteur intermédiaire devient le siège d'un *courant constant*.

199. Analogie avec les phénomènes calorifiques. — L'analogie de ces phénomènes avec ceux de la propagation de la chaleur entre deux surfaces à températures constantes dans un milieu conducteur est manifeste, et cette analogie se traduit par des lois identiques dans les deux cas.

En rappelant les principes de la théorie de Fourier (**70**), nous avons vu que, si l'on considère dans un milieu conducteur de la chaleur deux surfaces isothermes voisines correspondant aux températures t et $t+dt$, le flux de chaleur dQ qui traverse pendant l'unité de temps un élément de surface dS est normal à l'élément, proportionnel à la différence de température dt des deux surfaces et en raison inverse de leur distance dn, et a pour expression

$$dQ = -kdS\frac{dt}{dn},$$

k étant le coefficient de conductibilité calorifique du milieu; le signe $-$ signifie que le flux de chaleur progresse dans le sens des températures décroissantes. L'expression du flux est le même au travers d'un élément dS' d'une surface quelconque S' isotherme ou non; il est proportionnel à la dérivée partielle $\frac{\partial t}{\partial n}$ de la température par rapport à la normale n' à la surface S' et on a

$$dQ' = -kdS'\frac{\partial t}{\partial n'}.$$

200. Théorie d'Ohm. — Ohm a transporté le mode de raisonnement de Fourier dans l'étude de la propagation de l'électricité. Il admet que tous les points d'un conducteur en équilibre sont dans un même état électrique, à la même *tension*. Lorsque l'équilibre n'a pas lieu, il se produit des échanges d'électricité; la tension en chaque point est en général une fonction du temps et des coordonnées; mais, si une cause étrangère maintient une différence constante entre les tensions des différentes parties du conducteur, il s'établit dans le système, au bout d'un temps plus ou moins long, un régime permanent pour lequel la tension en chaque point devient indépendante du temps.

Ohm admet, en outre, qu'entre deux molécules dont les tensions sont U et U' il se produit pendant l'unité de temps un échange d'électricité proportionnel à la différence des tensions et à une fonction de la distance telle que les molécules voisines aient une influence prédominante.

Cette hypothèse est identique à celle de Fourier (**20**). Sans qu'il soit nécessaire de répéter les raisonnements, il en résulte que les échanges d'électricité ont lieu normalement aux surfaces d'égale tension ou aux surfaces de niveau électrique relatives à cette nouvelle propriété. Le flux d'électricité dQ qui traverse pendant l'unité de temps un élément dS d'une surface de niveau est proportionnel à la dérivée de la tension U par rapport à la normale à cette surface et a pour expression

$$dQ = - c\, dS \frac{dU}{dn},$$

le cofficient c dépendant de la nature du milieu et pouvant être appelé *coefficient de conductibilité électrique*. La dérivée $-\dfrac{dU}{dn}$ est la *force électromotrice* au point considéré. On voit aussi que par un élément dS' d'une surface quelconque il passe un flux d'électricité proportionnel à la force électromotrice suivant la normale à cette surface, ou à la dérivée $\dfrac{\partial U}{\partial n'}$ —.

Dans la théorie d'Ohm, comme dans celle de Fourier, on admet que la direction du flux est constamment parallèle à la direction de la force qui agit sur lui, et par conséquent indépendante de sa condition antérieure. Cette hypothèse est incompatible avec la notion de l'inertie et, par suite, avec celle de la matérialité de ce qui constitue le flux.

Ohm considère la tension comme un état particulier de chaque point en vertu duquel l'électricité tend à s'en échapper, et, lorsque les tensions sont variables dans un milieu, l'électricité s'écoule des points à tension élevée vers les points à tension plus faible. On voit déjà les analogies que présente cette fonction avec le potentiel, puisque la tension est aussi constante dans un conducteur en équilibre. Ohm paraît, dans quelques parties de ses mémoires, concevoir une relation trop étroite entre la densité électrique et la tension, mais il indique aussi qu'on pourrait déterminer la tension en un point, même dans l'état variable, en reliant ce point par un fil avec un électroscope isolé, et la quantité qu'on mesurerait alors n'est autre chose que le potentiel.

201. Hypothèse de Kirchhoff. — Pour préciser la théorie d'Ohm dans les idées actuelles sur l'électricité, il suffit donc d'admettre, comme l'a fait M. Kirchhoff, que la tension et le potentiel sont deux fonctions identiques.

Il résulte de cette hypothèse que dans un système de conducteurs, reliés entre eux, mais non en équilibre électrique, le flux d'électricité en chaque point est proportionnel à la dérivée du potentiel suivant la normale à la surface de niveau, ou, en d'autres termes, proportionnel à la force électrique qui s'exerce en ce point, c'est-à-dire à la résultante des actions de toutes les masses du système dans leur état actuel.

Plus simplement encore, *le flux d'électricité est parallèle et proportionnel au flux de force.*

202. Superposition des états permanents. — Sous une autre forme, on peut dire que l'hypothèse consiste à admettre que la superposition de deux états d'équilibre dynamique est un nouvel état d'équilibre, dans lequel le flux qui traverse un élément de surface est égal à la somme des flux relatifs aux deux états primitifs.

Considérons, en effet, deux états pour lesquels les flux qui traversent un élément de surface dS sont $A\,dS$ et $A'\,dS$; les composantes normales de la force sur cet élément sont $-\dfrac{\partial V}{\partial n}\,dS$ et $-\dfrac{\partial V'}{\partial n}\,dS$. En superposant les deux états, les potentiels s'ajoutent en chaque point, et la force normale sur l'élément dS devient

$$-\left(\frac{\partial V}{\partial n}+\frac{\partial V'}{\partial n}\right)dS.$$

Par hypothèse, le flux au travers de l'élément dS est devenu

$$A\,dS+A'\,dS.$$

Si on suppose les états primitifs identiques, le flux est devenu

$2A dS$ et la force est aussi doublée; le flux d'électricité est donc proportionnel au flux de force.

Si l'état est permanent, c'est-à-dire si le potentiel est invariable en chaque point, le flux qui traverse un élément de surface quelconque est constant. Si l'état est variable, les potentiels varient avec le temps, et le flux d^2Q qui traverse un élément de surface pendant le temps dt est

$$d^2Q = - c dS \frac{\partial V}{\partial t} dt.$$

203. Dans le régime permanent la densité est nulle à l'intérieur des conducteurs. — Le flux d'électricité ne peut s'accumuler dans l'intérieur d'une surface fermée sans en modifier le potentiel, de même qu'un accroissement du flux de chaleur y produirait une élévation de température.

Si le régime permanent est atteint pour un système de conducteurs, le flux total que reçoit chaque élément est nul. En écrivant que la somme algébrique des flux qui entrent dans un élément de volume $dx dy dz$ est égal à zéro, on retrouve l'équation de Laplace :

$$\Delta V = 0.$$

Comme on a toujours, en appelant ρ la densité cubique de l'électricité au point considéré,

$$\Delta V = - 4\pi\rho,$$

il en résulte

$$\rho = 0.$$

La loi de proportionnalité du flux d'électricité au flux de force conduit immédiatement à la même conséquence. En effet, si le régime est permanent, le flux de l'électricité pour un élément de volume est nul : le flux de force qui lui est proportionnel est nul aussi ; mais ce dernier est égal à $4\pi m$, m étant la masse comprise dans le volume considéré; donc $m = 0$. Ainsi, quand un système de conducteurs est arrivé à un régime permanent, la densité électrique est nulle dans tous les conducteurs; les masses électriques qui donnent lieu au potentiel V et dont l'action détermine le courant sont donc entièrement à la surface des conducteurs. Ces masses ne sont pas en équilibre d'elles-mêmes et elles produisent en chaque point la force électromotrice du courant.

Il résulte de là que le flux, quel qu'il soit, s'il a une existence réelle, n'est pas un flux d'électricité libre ; dans l'hypothèse des deux fluides, il faudrait admettre qu'il se trouve à chaque instant, dans chaque élément de volume à l'intérieur du conducteur, la même quantité des deux électricités, et que celles-ci se meuvent en deux courants égaux de directions opposées. Dans l'hypothèse d'un seul fluide, il faudrait considérer chaque élément comme contenant à chaque instant la quantité normale d'électricité, tout en supposant que celle-ci se déplace en totalité ou en partie.

201. Conducteurs linéaires. — Loi d'Ohm. — Considérons d'abord un fil cylindrique d'une grande longueur par rapport à son diamètre, placé dans un milieu parfaitement isolant, et supposons que le régime permanent soit atteint.

S'il n'y a aucune perte par la surface, le flux d'électricité est en chaque point parallèle aux génératrices du cylindre ; les surfaces de niveau sont donc des plans perpendiculaires à l'axe du fil. Le flux d'électricité qui traverse une section quelconque du fil pendant l'unité de temps est le même dans toute sa longueur; appelons ce flux *intensité du courant* et désignons-le par i. Soit V le potentiel au point P situé à une distance x d'un plan fixe normal au fil et S la section du fil.

Le potentiel est simplement une fonction de x et l'intensité a pour expression

$$i = - cS\frac{dV}{dx}.$$

Comme ce flux est indépendant de x, on a

$$\frac{dV}{dx} = a, \quad \text{et} \quad V = ax + b,$$

a et b étant des constantes à déterminer.

Désignons par V_1 et V_2 les valeurs du potentiel et deux points A et B (fig. 49) distants de l, et prenons le point A pour origine des coordonnées, il vient

$$(1) \qquad V = -\frac{V_1 - V_2}{l} x + V_1$$

et, par suite,

$$(2) \qquad I = cS\frac{V_1 - V_2}{l} = \frac{V_1 - V_2}{\frac{l}{cS}}.$$

Le quotient $\frac{l}{cS} = r$ s'appelle la *résistance* du fil entre les deux

points A et B, et l'inverse de cette résistance $\frac{cS}{l}$ est la *conductibilité* de ce même fil.

Les équations (1) et (2) montrent que :

1° *Le potentiel décroît en progression arithmétique le long du fil, dans le sens de la propagation du courant;*

2° *Entre deux points A et B l'intensité du courant est égale au quotient de la différence du potentiel de ces deux points par la résistance du fil intermédiaire.*

Ces deux énoncés constituent la *loi d'Ohm*.

On peut remarquer que la distribution du potentiel et le flux d'électricité dans le cas que nous venons de considérer sont identiques à la distribution des températures et au flux de chaleur qui se propage dans un mur homogène limité par deux plans parallèles maintenus respectivement à des températures constantes.

205. La résistance d'un conducteur est l'inverse d'une vitesse. — La quantité r que nous avons appelée la résistance du conducteur a pour valeur $\frac{l}{cS}$; elle est proportionnelle à la longueur du conducteur, en raison inverse de sa section et du coefficient de conductibilité du milieu.

Le rapport $\frac{1}{c}$ représente la résistance d'un cube égal à l'unité ; on peut l'appeler *résistance spécifique* du conducteur.

La résistance d'un conducteur est une grandeur de même nature que l'inverse d'une vitesse en mécanique.

On a, en effet,

$$r = \frac{V_1 - V_2}{i}.$$

La différence du potentiel $V_1 - V_2$ est égale au quotient d'une masse électrique M par une longueur a ; l'intensité d'un courant, ou le flux pendant l'unité de temps, est égale au rapport de la quantité d'électricité M qui s'écoule pendant le temps t au temps correspondant. On a donc

$$r = \frac{\dfrac{M}{a}}{\dfrac{M}{t}} = \frac{M}{M} \cdot \frac{\dfrac{1}{a}}{t}.$$

Le quotient $\frac{M}{M}$, est un nombre abstrait, et le rapport $\frac{a}{t}$ une vitesse. La résistance r est donc l'inverse d'une vitesse.

206. — On peut d'ailleurs imaginer une expérience dans laquelle cette vitesse aura une signification physique.

Considérons une sphère de rayon R chargée d'une masse M d'électricité et supposons qu'on mette cette sphère en communication avec le sol par un conducteur de résistance r.

Le potentiel de cette sphère est égal à $\frac{M}{R}$; il diminue dès que la communication avec le sol est établie ; mais si la sphère se contracte en même temps que la charge diminue, il peut arriver que le potentiel reste constant.

Cette condition étant réalisée, on aura, en appelant dM la perte de charge de la sphère et dR la diminution du rayon pendant le temps dt,

$$V = \frac{M}{R} - \frac{M - dM}{R - dR} = \frac{dM}{dR};$$

mais, en vertu de la loi d'Ohm,

$$dM = \frac{V}{r} dt.$$

Pour que le potentiel soit constant, il faut que dR soit aussi proportionnel au temps ; posons donc

$$dR = u dt.$$

Il vient alors

$$V = \frac{\frac{V}{r} dt}{u dt} = \frac{V}{ru}.$$

et, par suite,

$$r = \frac{1}{u}.$$

Ainsi la résistance r d'un conducteur est l'inverse de la vitesse u avec laquelle doit décroître le rayon d'une sphère pour que le potentiel y reste constant, malgré la perte d'électricité, quand on la fait communiquer avec le sol par le conducteur considéré.

207. Conducteurs linéaires quelconques. — Nous avons supposé les conducteurs rectilignes, mais le même raisonnement s'applique évidemment à des conducteurs linéaires contournés d'une manière quelconque, le flux d'électricité étant en chaque point normal à la section droite du conducteur.

Si le circuit est formé de deux ou plusieurs portions cylindriques de sections et de natures différentes ajoutées bout à bout, on considérera ces différentes parties séparément.

Soient par exemple V_1 et V_2 les potentiels en deux points A et B (fig. 56) appartenant, le premier à un conducteur dont la section est S et le coefficient de conductibilité c, et le second à un conducteur pour lequel ces quantités sont S' et c'.

Soit V' le potentiel au point O de contact des deux cylindres, situé à des distances l et l' de A et de B et négligeons pour un instant la force électromotrice de contact des deux conducteurs, sur laquelle nous reviendrons plus loin. On a, de part et d'autre du point O,

$$i = \frac{V_1 - V'}{\dfrac{l}{cS}} = \frac{V' - V_2}{\dfrac{l'}{cS'}} = \frac{V_1 - V_2}{\dfrac{l}{cS} + \dfrac{l'}{cS'}} = \frac{V_1 - V_2}{r + r'}.$$

L'intensité du courant est donc en raison inverse de la somme des résistances des deux conducteurs entre les points A et B. Cette relation est évidemment générale.

Ainsi, la résistance d'une série de conducteurs cylindriques

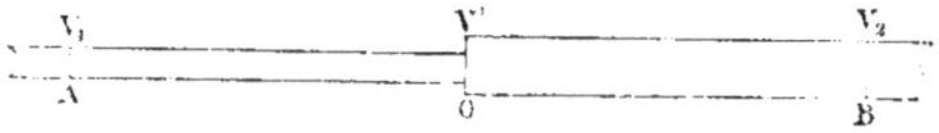

V₁ V' V₂
A O B

Fig. 5.

successifs est égale à la somme des résistances de tous les conducteurs.

Enfin, considérons un conducteur de forme quelconque terminé à ses extrémités par des surfaces de niveau maintenues à des potentiels V_1 et V_2; l'intensité du courant est encore proportionnelle à la différence $V_1 - V_2$ des potentiels et le nombre par lequel il faut diviser cette différence, pour obtenir l'intensité du courant représente la résistance du conducteur. Le nombre ainsi obtenu est la résistance du conducteur cylindrique qui, pour la même différence de potentiel, donnerait la même intensité.

298. Lois de Kirchhoff. — Supposons que des conducteurs linéaires, de natures et de dimensions différentes, soient réunis les uns aux autres par des liaisons complexes, le partage du courant entre ces différents conducteurs doit satisfaire aux deux conditions suivantes qui se déduisent immédiatement de la loi d'Ohm.

1° *Si plusieurs conducteurs aboutissent à un même point, la somme des intensités des courants sur chacun d'eux, comptées à partir de ce point, est nulle.*

En effet, puisqu'il ne peut y avoir accumulation d'électricité au point considéré, il faut que la quantité d'électricité apportée par une partie des conducteurs soit égale à celle qui est emportée par les autres pendant le même temps ; en affectant du signe + les courants qui marchent vers le point et du signe − ceux qui s'en éloignent, on doit avoir

$$(3) \qquad \sum i = 0.$$

2° *Si plusieurs conducteurs forment un polygone fermé, la somme des produits de la résistance de chaque conducteur par l'intensité du courant qui le traverse est nulle.*

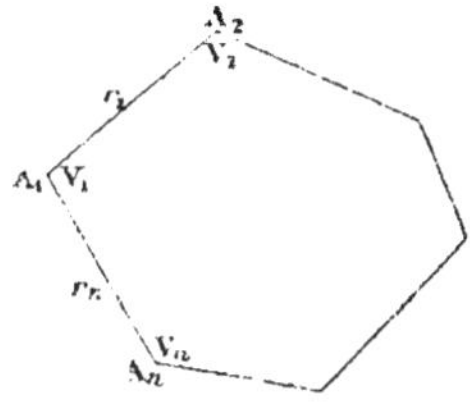

Fig. 51

Supposons, en effet, une série de conducteurs de résistances $r_1, r_2, r_3 \ldots r_n$ qui forment les côtés successifs d'un polygone fermé (fig. 51) ; soient $V_1, V_2 \ldots V_n$ les potentiels aux différents sommets $A_1, A_2 \ldots A_n$, et enfin $i_1, i_2 \ldots i_n$ les intensités des courants successifs, comptées positivement quand on parcourt le circuit dans un sens déterminé. Ces intensités ne sont pas égales parce qu'il peut exister aux différents sommets d'autres conducteurs qui emportent ou amènent des courants.

On aura successivement :

$$\text{Pour le premier conducteur} \quad i_1 r_1 = V_1 - V_2,$$
$$\text{— second —} \quad i_2 r_2 = V_2 - V_3,$$
$$\vdots \qquad \vdots$$
$$\text{— } n^e \text{ —} \quad i_n r_n = V_n - V_1.$$

En ajoutant ces équations membre à membre, tous les potentiels disparaissent et il reste finalement

$$i_1 r_1 + i_2 r_2 + \cdots\cdots + i_n r_n = 0,$$

ou

(4) $$\sum ir = 0.$$

Les deux relations (3) et (4) sont connues sous le nom de *lois de Kirchhoff*.

209. Problème des courants dérivés. — Comme application de ces théorèmes considérons le cas où le circuit se divise en arcs multiples, entre deux points A et B (fig. 52). Soit I l'intensité du courant avant le point A et après le point B, $r_1, r_2 \cdots r_n$ les résistances des conducteurs, $i_1, i_2 \cdots i_n$ les intensités respectives du courant, et enfin R la résistance du

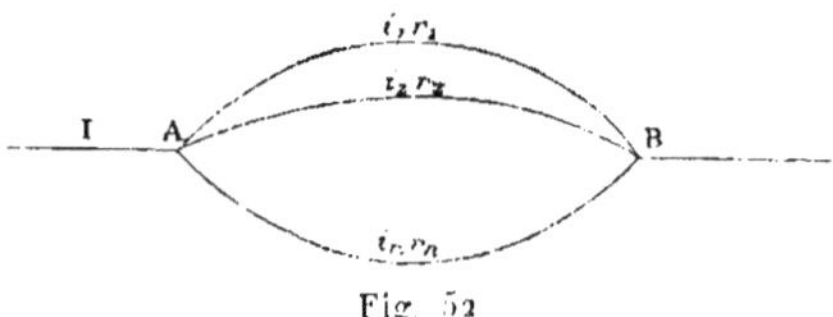

Fig. 52

circuit unique qui équivaudrait au circuit multiple entre les deux mêmes points. On aura

$$I = i_1 + i_2 + i_3 \cdots\cdots + i_n = \sum i,$$
$$i_1 r_1 = i_2 r_2 = i_3 r_3 = i_n r_n = IR.$$

La seconde équation peut s'écrire

$$\frac{i_1}{\dfrac{I}{r_1}} = \frac{i_2}{\dfrac{I}{r_2}} = \cdots\cdots = \frac{i_n}{\dfrac{I}{r_n}} = \frac{I}{\dfrac{I}{R}},$$

et on en déduit

$$\frac{1}{R} = \frac{1}{r_1} + \frac{1}{r_2} + \cdots\cdots + \frac{1}{r_n} = \sum \frac{1}{r}.$$

Ainsi l'inverse de la résistance d'un faisceau de conduc-

teurs aboutissant aux mêmes points est égale à la somme des
inverses de résistances des différents conducteurs séparés ; en
d'autres termes, la conductibilité du faisceau est égale à la
somme des conductibilités des différents conducteurs qui le
constituent, ce qui était évident.

210. Circuits linéaires hétérogènes. — L'existence des forces électromotrices de contact entre les métaux modifie un
peu l'expression de la loi d'Ohm. Considérons deux points P_1
et P_2 (fig. 53) séparés par deux conducteurs différents A et B
dont les résistances sont a et b. Soient V_1 et V_2 les potentiels
aux points P_1 et P_2, V_a et V_b les potentiels au point P de part
et d'autre de la surface de séparation des métaux. L'intensité
du courant de P_1 en P_2 est

$$I = \frac{V_1 - V_a}{a} = \frac{V_b - V_2}{b} = \frac{V_1 - V_2 + V_b - V_a}{a + b}.$$

Fig. 53

Désignant par H_{ab} l'élévation brusque qu'éprouve le potentiel entre les métaux A et B quand on suit le courant, c'est-à-
dire la force électromotrice de contact $V_b - V_a = B|A$ des
conducteurs B et A, il vient

$$I = \frac{V_1 - V_2 + H_{ab}}{a + b}.$$

Supposons maintenant qu'un circuit fermé soit composé de
conducteurs différents A, B, C ..... L (fig. 54), comprenant
des corps de la seconde classe de Volta, c'est-à-dire que la
chaîne des conducteurs n'obéisse pas à la loi des tensions ; le
circuit sera parcouru par un courant permanent.

Appelons r_a, r_b, r_c ..... r_l, les résistances des différents conducteurs, V_a et V'_a, V_b et V'_b,..... les potentiels successifs aux
extrémités de chacun d'eux en suivant le sens du courant, et
représentons de même par H_{ba}, H_{bc} ..... H_{la}, les forces élec-

tromotrices de contact successives; on a

$$H_{ab} = V_b - V'_a,$$
$$H_{bc} = V_c - V'_b,$$
$$\vdots \qquad \vdots \qquad \vdots$$
$$H_{la} = V_a - V'_l.$$

L'intensité du courant étant la même dans toute l'étendue du circuit, on a aussi

$$I = \frac{V_a - V'_a}{r_a} = \frac{V_b - V'_b}{r_b} = \cdots \cdots = \frac{V_l - V'_l}{r_l},$$

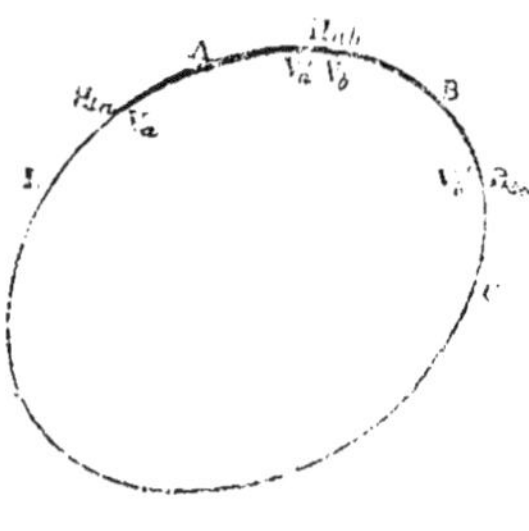

Fig. 54

ou, en combinant par addition ces rapports égaux,

$$I = \frac{(V_b - V'_a) + (V_c - V'_b) + \cdots + (V_a - V'_l)}{r_a + r_b + r_c + \cdots \cdots + r_l} = \frac{H_{ab} + H_{bc} + \cdots + H_{la}}{r_a + r_b + r_c + \cdots \cdots + r_l}.$$

Le numérateur de cette fraction représente la somme algébrique $\sum H$ des forces électromotrices du contact dans la chaîne des conducteurs; c'est la force électromotrice E du circuit. Le dénominateur est la somme des résistances, ou la résistance totale R du circuit. On a donc

$$I = \frac{\sum H}{R} = \frac{E}{R}.$$

211. Cas où le circuit renferme des forces électromotrices. — Il est facile de voir ce que deviennent les lois de Kirchhoff (**208**), quand il y a des forces électromotrices.

Le premier théorème n'est pas modifié. La somme des quantités d'électricité qui émanent d'un point où aboutissent différents conducteurs est toujours nulle, dans l'état permanent; en effet, ce point ne peut être ni un centre de production indéfinie d'électricité, ni un centre d'absorption.

Le second théorème doit être modifié. Supposons que, dans le circuit précédent, les limites des différents conducteurs soient marquées par un changement de métal ou par des points d'embranchement avec les sommets A d'autres conducteurs. L'intensité du courant n'est plus la même dans toute l'étendue du circuit; désignons par $i_a, i_b \cdots i_l$ les intensités sur les différents conducteurs entre deux points successifs de contact ou d'embranchement. On aura, d'après la loi d'Ohm,

$$V_a - V'_a = r_a i_a,$$
$$V_b - V'_b = r_b i_b,$$
$$\cdots\cdots\cdots\cdots$$
$$V_l - V'_l = r_l i_l,$$

et, par suite,

$$r_a i_a + r_b i_b + \cdots + r_l i_l = (V_a - V'_a) + (V_b - V'_b) + \cdots + (V_l - V'_l)$$
$$= (V_l - V'_a) + (V_a - V'_b) + \cdots + (V_a - V'_l)$$
$$= \mathrm{H}_{ab} - \mathrm{H}_{bc} + \cdots + \mathrm{H}_{la} = \sum \mathrm{H} = E,$$

ou

$$(6) \qquad\qquad E = \sum ri.$$

Ainsi, dans un circuit fermé, *la somme des produits de la résistance de chaque conducteur par l'intensité du courant correspondant est égale à la somme algébrique des forces électromotrices du circuit.*

Cette somme est nulle si le circuit est formé de conducteurs de même nature, ou de métaux à la même température, puisque ces derniers obéissent à la loi des tensions.

Les deux relations (5) et (6) fournissent toutes les équations nécessaires à la détermination des intensités dans les diverses branches du circuit. Toute modification dans les résistances ou les forces électromotrices qui n'apportera aucun changement dans les équations sera évidemment sans influence sur l'intensité des courants. Par exemple :

1° On peut modifier à volonté la résistance d'une branche dans laquelle l'intensité est nulle ;

2° On peut introduire dans tous les conducteurs qui aboutissent à un même point des forces électromotrices égales et tendant à produire des courants qui s'approchent ou s'éloignent tous du point considéré, ces forces électromotrices s'annulant deux à deux dans tous les contours fermés qui passent par le point.

212. Conducteurs de forme quelconque. — Électrodes. — L'analogie de la conductibilité électrique avec la conductibilité calorifique et de cette dernière avec les phénomènes d'électricité statique nous permet d'établir directement quelques théorèmes relatifs à la propagation de l'électricité.

Considérons d'abord un milieu unique, isotrope, indéfini. Supposons que, pour les trois ordres de phénomènes différents, la température d'une part et le potentiel d'autre part soient maintenus constants sur différentes surfaces fermées S_1, S_2, ... S_n, et que sur chacune des surfaces les températures et les potentiels t_1 et V_1, t_2 et V_2 ..... soient représentés par les mêmes nombres ou par des nombres proportionnels. Dans le problème calorifique, ces surfaces représenteront les sources de chaleur ; dans le problème d'électricité statique, les conducteurs ; dans le problème de la propagation de l'électricité, on les appelle les *électrodes*.

La température et le potentiel en un point quelconque du milieu sont des fonctions des coordonnées définies par la condition que ces fonctions prennent des valeurs déterminées sur les surfaces limites et satisfassent dans l'intervalle de ces surfaces à la condition

$$\Delta t = 0 \quad \text{ou} \quad \Delta V = 0.$$

La température et le potentiel auront donc en chaque point des valeurs égales ou dans un rapport constant. Les surfaces isothermes et les surfaces de niveau électrique seront identiques dans toute l'étendue du milieu et, par suite, les tubes de flux identiques.

Au travers d'un élément $d\mathrm{S}$ d'une surface quelconque, le flux de chaleur (**70**) est $-k\,d\mathrm{S}\dfrac{\partial t}{\partial n}$, le flux de force électrostatique est $-d\mathrm{S}\dfrac{\partial \mathrm{V}}{\partial n}$ et le courant électrique $-c\,d\mathrm{S}\dfrac{\partial \mathrm{V}}{\partial n}$, k et c étant les coefficients de conductibilité calorifique et électrique. Ces trois flux sont donc proportionnnels entre eux.

D'après cela, toutes les fois qu'un problème de propagation uniforme de la chaleur ou d'électricité statique aura été résolu, le problème correspondant de propagation électrique à l'état permanent se trouvera résolu de la même manière.

Nous avons vu, en particulier, que, si on se donne les potentiels V_1, $\mathrm{V}_2 \cdots$, V_n sur les surfaces fixes S_1, $\mathrm{S}_2 \cdots$, S_n, c'est-à-dire les potentiels des différents conducteurs dans l'air, le potentiel est défini en chaque point du milieu et le problème d'équilibre n'a qu'une solution. De même, si le milieu diélectrique est remplacé par un milieu conducteur, et que les potentiels soient maintenus constants sur les mêmes surfaces S_1, $\mathrm{S}_2 \cdots \mathrm{S}_n$, le flux d'électricité est déterminé en chaque point et l'état permanent est unique.

213. — Supposons maintenant que deux diélectriques, dont les pouvoirs inducteurs sont μ_1 et μ_2, soient séparés par une surface S. Le flux de force ne se conserve pas de part et d'autre de la surface, mais le flux d'induction se conserve, et l'on a (**121**), en comptant la normale n à la surface dans le même sens pour les deux milieux

$$\mu_1\frac{\partial \mathrm{V}_1}{\partial n} = \mu_2\frac{\partial \mathrm{V}_2}{\partial n}.$$

C'est la condition de continuité sur la surface. Si on remplace les diélectriques par des conducteurs dont les coefficients de conductibilité soient c_1 et c_2, le flux d'électricité est alors le même de part et d'autre de la surface S, ce qui donne

$$c_1\frac{\partial \mathrm{V}_1}{\partial n} = c_2\frac{\partial \mathrm{V}_2}{\partial n}.$$

On voit, d'après cela, que si, dans un problème d'électrostatique renfermant des diélectriques dont les pouvoirs inducteurs sont $\mu_1, \mu_2, \cdots \mu_n$, on remplace les diélectriques par des conducteurs dont les coefficients de conductibilité $c_1, c_2, \cdots c_n$ soient respectivement proportionnels aux pouvoirs inducteurs correspondants, c'est-à-dire tels que l'on ait

$$\frac{\mu_1}{c_1} = \frac{\mu_2}{c_2} = \cdots \cdots = \frac{\mu_n}{c_n},$$

le flux d'électricité en chaque point sera proportionnel au flux d'induction du système électrostatique corrélatif.

Ainsi, tous les problèmes qui ont été résolus en électrostatique pour un ensemble de diélectriques fournissent aussi la solution des problèmes correspondants de propagation d'électricité. Tels sont, par exemple, les cas suivants :

Sphères concentriques (**77**).

Cylindres concentriques (**80**) ou cylindres excentriques dont l'un est intérieur à l'autre (**136**).

Plans parallèles (**81**).

Condensateurs fermés à épaisseur constante (**79**).

Sphères concentriques successives formées de milieux différents (**164**).

211. Conducteurs non homogènes. — Nous avons vu aussi (**169**) qu'en assimilant un diélectrique à un milieu de pouvoir inducteur μ_2 dans lequel seraient disséminées de petites sphères de pouvoir inducteur μ_1, le milieu ainsi constitué se comporte comme un diélectrique homogène dont le pouvoir inducteur μ serait représenté par l'expression

$$\mu = \mu_2 \frac{\mu_1 + 2\mu_2 - 2h(\mu_2 - \mu_1)}{\mu_1 + 2\mu_2 + h(\mu_2 - \mu_1)}.$$

dans laquelle h désigne le rapport de la somme des volumes des petites sphères au volume total de l'espace dans lequel elles sont disséminées.

Dans des conditions analogues, la conductibilité spécifique moyenne d'un milieu de conductibilité c_2, renfermant de petites sphères de conductibilité c_1, a pour expression

$$c = c_2 \frac{c_1 + 2c_2 - 2h(c_2 - c_1)}{c_1 + 2c_2 + h(c_2 - c_1)}.$$

Si le rapport $\frac{c_1}{c_2}$ des pouvoirs conducteurs des sphères et du milieu ambiant est très grand, la formule se réduit à

$$c = c_2 \frac{1 + 2h}{1 + h}.$$

De même, le problème du n° **150** donnerait la conductibilité d'un système formé de trois milieux différents séparés par deux plans parallèles.

215. Conducteurs anisotropes. — Nous n'avons jusqu'ici considéré que des corps isotropes, c'est-à-dire des corps jouissant des mêmes propriétés dans toutes les directions. Si le milieu est anisotrope, mais homogène, comme les corps cristallisés, les phénomènes physiques dépendent de la direction suivant laquelle on les envisage.

La dilatation, par exemple, peut être très inégale. Il existe alors trois directions principales, rectangulaires entre elles, et telles que la dilatation d'un cylindre infiniment mince considéré dans le milieu parallèlement à l'une des directions principales s'effectue suivant l'axe du cylindre. Chacune de ces directions est définie par un coefficient particulier, ce qui donne pour le milieu trois coefficients principaux de dilatation l, l' et l''. Si l'on imagine dans le milieu un cylindre infiniment mince dans une direction quelconque qui fasse avec les directions principales des angles dont les cosinus sont γ, γ' et γ'', ce cylindre tourne en même temps qu'il se dilate, mais en restant rectiligne si le milieu est homogène. La dilatation parallèlement à l'axe du cylindre est égale à la somme des projections sur cet axe des trois dilatations principales, et le coefficient L relatif à cette direction a pour valeur

$$L = l\gamma^2 + l'\gamma'^2 + l''\gamma''^2.$$

Les mêmes considérations s'appliquent à la propagation de la chaleur, à la propagation de l'électricité et à l'induction électrostatique.

Dans un milieu anisotrope, le flux de chaleur en un point n'est plus normal à la surface isotherme correspondante; mais, comme pour la dilatation et, en général, pour toutes les propriétés qui sont des fonctions linéaires de causes dont elles dépendent, il y a encore trois directions rectangulaires suivant lesquelles le flux de chaleur est normal aux surfaces isothermes, et auxquelles correspondent trois coefficients principaux de conductibilité k, k' et k''.

Au travers d'un élément de surface dS dont la normale fait avec les axes des angles dont les cosinus sont α, α' et α'', le flux de chaleur est égal à la somme des flux qui correspondent aux projections αdS, $\alpha' dS$, $\alpha'' dS$ de l'élément normales aux trois axes principaux; on a donc, en prenant ces trois directions pour axes de coordonnées,

$$dQ = -dS\left[k\alpha\frac{\partial t}{\partial x} + k'\alpha'\frac{\partial t}{\partial y} + k''\alpha''\frac{\partial t}{\partial z}\right].$$

De même encore, en désignant par c, c' et c'' les coefficients de conductibilité électrique du milieu suivant les axes principaux, le flux d'électricité dM au travers d'un élément de surface dS aura une expression analogue en fonction des potentiels. Si on appelle I_n l'intensité du courant par unité de surface suivant la normale à l'élément, on aura

$$dM = I_n dS = -dS\left[c\alpha\frac{\partial V}{\partial x} + c'\alpha'\frac{\partial V}{\partial y} + c''\alpha''\frac{\partial V}{\partial z}\right].$$

ou

$$I_n = -\left[c\alpha\frac{\partial V}{\partial x} + c'\alpha'\frac{\partial V}{\partial y} + c''\alpha''\frac{\partial V}{\partial z}\right].$$

Cette dernière expression est la somme des projections sur la normale des intensités des courants I, I', I'' suivant les trois directions principales, ou la projection du courant résultant I_n.

En appelant θ l'angle de la normale à l'élément dS avec la direction du courant, laquelle fait avec les axes des angles dont les cosinus sont λ, λ', λ'', on a donc

$$\mathrm{I}_n = (\alpha\mathrm{I} + \alpha'\mathrm{I}' + \alpha''\mathrm{I}'') = (\alpha\lambda + \alpha'\lambda' + \alpha''\lambda'')\,\mathrm{I}_0 = \mathrm{I}_0\cos\theta,$$

et

$$\frac{\lambda}{c\,\dfrac{\partial\mathrm{V}}{\partial x}} = \frac{\lambda'}{c'\,\dfrac{\partial\mathrm{V}}{\partial y}} = \frac{\lambda''}{c''\,\dfrac{\partial\mathrm{V}}{\partial z}}.$$

216. — Nous pouvons maintenant étendre sans difficulté le même mode de raisonnement aux phénomènes d'induction dans les diélectriques anisotropes. Là encore, il existe trois directions principales d'induction, telles que le flux de force est normal aux surfaces de niveau, et qu'on peut caractériser par les pouvoirs inducteurs spécifiques μ, μ' et μ''. Le flux d'induction au travers d'un élément dS est, en appelant φ le flux par unité de surface,

$$\varphi\,dS = -dS\left[\mu\alpha\frac{\partial\mathrm{V}}{\partial x} + \mu'\alpha'\frac{\partial\mathrm{V}}{\partial y} + \mu''\alpha''\frac{\partial\mathrm{V}}{\partial z}\right].$$

Si l'on désigne par β, β' et β'' les cosinus des angles avec les axes de la force électrique F au point considéré, laquelle est normale à la surface de niveau, on peut écrire

$$\varphi = (\mu\alpha\beta + \mu'\alpha'\beta' + \mu''\alpha''\beta'')\,\mathrm{F}.$$

Dans ce cas le déplacement électrique (**126**) n'est plus parallèle à la force électrique.

217. Conducteurs à deux dimensions. — Les considérations qui précèdent s'appliquent aux milieux indéfinis. Rien n'est changé évidemment si on limite le milieu conducteur par une surface formée tout entière par des lignes de flux du système indéfini. Pour un conducteur limité situé dans un milieu isolant, la surface extérieure, quelle qu'elle soit, est toujours parallèle aux lignes de flux et par conséquent, si le milieu est isotrope, normale aux surfaces de niveau.

Tel est le cas de la propagation de l'électricité dans une

plaque mince, que l'on peut considérer comme un conducteur
à deux dimensions. On peut déterminer expérimentalement
le lieu des points qui ont un même potentiel, par la condition qu'aucun courant ne s'établisse dans un fil conducteur
dont une des extrémités est mise en communication avec un
point fixe de la plaque, tandis que l'autre est déplacée dans
son plan. Les résultats donnés par l'expérience sont en parfaite concordance avec ceux qu'on déduit des formules de
Fourier et apportent une nouvelle confirmation de l'analogie
des deux ordres de phénomènes.

Dans les deux cas, on peut supposer aussi que la propagation a lieu avec ou sans perte par le milieu ambiant.

Si il n'y a aucune perte par le milieu extérieur, l'équation
de Poisson, pour tout point pris en dehors des électrodes, se
réduit à

$$\frac{\partial^2 V}{\partial x^2} + \frac{\partial^2 V}{\partial y^2} = 0,$$

et, pour chaque point du contour de la plaque, on a

$$\frac{\partial V}{\partial n} = 0.$$

Il est facile de reconnaître que ce problème se confond
avec le problème de l'équilibre dans le cas d'une distribution cylindrique (**132** et suiv.). Nous avons vu qu'alors, dans
un plan traversé normalement en des points A_1, A_2, A_3 ·· par
des lignes parallèles de densités λ_1, λ_2, λ_3 ···, le potentiel en
un point P, situé à des distances r_1, r_2, r_3 ··· de ces lignes, a
pour valeur

$$V = C'' - 2\sum \lambda\, l\, r.$$

Les flux de force qui, dans une couche d'épaisseur ε comprise entre deux plans parallèles, émanent des différentes
lignes sont

$$\varphi_1 = 4\pi\lambda_1\varepsilon,$$
$$\varphi_2 = 4\pi\lambda_2\varepsilon,$$
$$\dots\dots\dots$$

Si, dans le problème de propagation, on considère les mêmes portions de lignes comme des sources d'électricité, des *électrodes*, les flux d'électricité ou les intensités des courants sont

$$I_1 = c\varphi_1 = 4\pi c \lambda_1 \varepsilon,$$
$$I_2 = c\varphi_2 = 4\pi c \lambda_2 \varepsilon,$$
$$\dots\dots\dots\dots\dots;$$

on en déduit

$$\lambda_1 = \frac{I_1}{4\pi c \varepsilon},$$
$$\lambda_2 = \frac{I_2}{4\pi c \varepsilon},$$
$$\dots\dots\dots,$$

et l'expression du potentiel en P devient

$$V = C^{te} - \sum \frac{I l.r}{2\pi c \varepsilon} = C^{te} - \frac{1}{2\pi c \varepsilon}\left[I_1 l.r_1 + I_2 l.r_2 + \dots \right].$$

Un cas particulièrement intéressant est celui de deux électrodes A_1 et A_2 fournissant des flux égaux et de signes contraires. Dans ce cas

$$I_1 + I_2 = 0$$

et

$$V = C^{te} - \frac{1}{2\pi c \varepsilon} l.\frac{r_1}{r_2}.$$

Les lignes de flux sont des segments de cercle passant par les deux points A_1 et A_2 (fig. 30); les lignes de niveau sont des circonférences ayant leurs centres sur la ligne $A_1 A_2$ et telles que ces deux points soient conjugués par rapport à chacune d'elles. Il est évident, d'après la remarque faite plus haut, que le problème restera le même si, au lieu d'une plaque indéfinie, on considère une plaque circulaire ayant les deux électrodes sur sa circonférence, ou encore une plaque quelconque comprise entre deux segments circulaires passant par les points A_1 et A_2.

218. Résistance d'un conducteur de forme quelconque. — Quel que soit le conducteur que l'on considère, on peut toujours le supposer divisé, par deux séries de surfaces parallèles aux lignes de flux, en tubes infiniment déliés et dont chacun est un tube de flux. Chacun de ces tubes peut lui-même être assimilé à un fil conducteur de section variable dont la résistance est en chaque point en raison inverse de la section. La résistance totale se déduira de la résistance de l'ensemble par les lois ordinaires des courants dérivés : l'inverse de la résistance totale, ou la conductibilité, sera la somme des inverses des résistances de tous ces tubes.

Le calcul sera en général très compliqué; mais quand on connaît par expérience la valeur du potentiel sur les deux électrodes et le flux d'électricité correspondant, il est facile de déterminer la résistance totale de milieu conducteur par la formule d'Ohm (**207**).

Prenons comme exemple le cas de deux électrodes A_1 et A_2 dans un milieu indéfini. Nous pouvons supposer que ces électrodes sont de petites sphères de rayon ρ. Soient V_1 et V_2 leurs potentiels et I la valeur absolue du flux d'électricité qui correspond à chacune d'elles. Si le rayon ρ est négligeable vis-à-vis de la distance $A_1 A_2$, on peut admettre que le potentiel au voisinage de chacune des électrodes est en raison inverse de la distance r et représenté par $\dfrac{b}{r}$, ce qui donnera sur les sphères elles-mêmes

$$V_1 = -V_2 = \frac{b}{\rho}.$$

L'intensité du courant est alors

$$I = c \int F_n dS = -4\pi\rho^2 c \frac{dV}{dn}.$$

Comme on a, sur la surface de la sphère,

$$\frac{dV}{dn} = -\frac{b}{r^2} = -\frac{b}{\rho^2},$$

il vient

$$I = 4\pi c b = 4\pi c V_1 \rho = - 4\pi c V_2 \rho,$$

ou

$$I = 2\pi c \rho (V_1 - V_2).$$

D'après cela, la résistance totale R du milieu aurait pour expression

$$R = \frac{I}{2\pi c \rho}.$$

Le même raisonnement s'appliquerait au cas d'un milieu indéfini d'un côté et terminé de l'autre par un plan sur lequel seraient placées deux électrodes hémisphériques A_1 et A_2. La résistance serait alors double de la précédente et l'on aurait

$$R = \frac{I}{\pi c \rho}.$$

Il est remarquable que la résistance soit indépendante de la distance des deux électrodes et ne dépende que de leurs dimensions et de la conductibilité du milieu. Ce cas peut être considéré comme correspondant à celui de la terre lorsque deux points du sol sont en communication avec des électrodes maintenues à des potentiels égaux en valeurs absolues et de signes contraires.

219. Distribution de l'électricité sur les conducteurs linéaires. — Lorsque le régime est permanent, la densité étant nulle à l'intérieur des conducteurs (**203**), le potentiel est dû uniquement à l'électricité qui existe sur la surface; cette couche électrique est distribuée suivant une loi qu'on peut déterminer dans quelques cas simples.

Considérons un fil cylindrique rectiligne, de diamètre très petit par rapport à sa longueur, et placé, sur toute son étendue, dans des conditions identiques par rapport aux conducteurs voisins. Si ce fil était électrisé et en équilibre, la distribution de la couche superficielle, à quelque distance des extrémités, serait uniforme, c'est-à-dire que toute portion de surface comprise entre deux plans perpendiculaires à l'axe et à l'unité de distance porterait une même quantité d'électricité : soit λ cette quantité qu'on peut appeler la densité linéaire du fil.

Le potentiel V du fil est d'ailleurs proportionnel à la charge totale et, par suite, à la charge de chaque unité de longueur. On a donc

$$V = A\lambda.$$

A étant une constante qui dépend de la section du fil et de la position des conducteurs extérieurs.

Supposons maintenant qu'à partir d'un point P, où la densité est égale à λ, on fasse croître cette densité d'un côté, et décroître de l'autre, suivant une même progression arithmétique. Le potentiel en P n'aura pas changé et sera toujours $A\lambda$, puisque les masses enlevées d'un côté ont été reportées de l'autre à la même distance. Ainsi, quand la densité varie en progression arithmétique, le long du conducteur linéaire et rectiligne, *le potentiel en chaque point est proportionnel à la densité qui existe en ce point.*

Inversement, si le potentiel varie en progression arithmétique, la densité varie suivant la même loi, puisqu'il n'y a qu'une solution au problème de la propagation.

Dans le cas d'un fil rectiligne d'une grande longueur, par lequel un courant permanent se propage en suivant la loi d'Ohm, la densité linéaire varie donc comme le potentiel, en progression arithmétique.

Il est facile de voir qu'il en sera de même toutes les fois que la loi de distribution, quelle qu'elle soit d'ailleurs, ne variera pas d'une manière trop brusque dans le voisinage du point P. Dans ce cas, en effet, la courbe représentative de la densité se confondra avec sa tangente sur une étendue assez grande, de part et d'autre du point P, pour que l'action des masses situées au delà puisse être considérée comme négligeable.

La proportionnalité des densités aux potentiels cesserait évidemment si le fil était recourbé sur lui-même, mais on peut la considérer en général comme sensiblement exacte. Elle est surtout vraie pour les câbles où le fil conducteur est entouré d'une couche diélectrique d'épaisseur constante enveloppée elle-même d'un conducteur en communication avec le sol. Les différentes portions du fil sont alors sans action appréciable les unes sur les autres et le potentiel en chaque point est dû seulement aux masses électriques les plus voisines. Si on appelle γ la capacité de l'unité de longueur du fil, c'est-à-dire la charge qui correspondrait à un potentiel égal à l'unité, la charge d'une longueur dx au potentiel V sera égale à $\gamma V dx$.

220. — Propagation dans un fil avec perte par la surface. — Considérons encore un fil cylindrique traversé par un courant et supposons le régime permanent établi, mais avec déperdition d'électricité par la surface. Le flux n'est plus parallèle à l'axe dans toute l'étendue d'une section normale ; il tend à devenir perpendiculaire au fil au voisinage immédiat de la surface extérieure. Les surfaces de niveau S, S' (fig. 55)

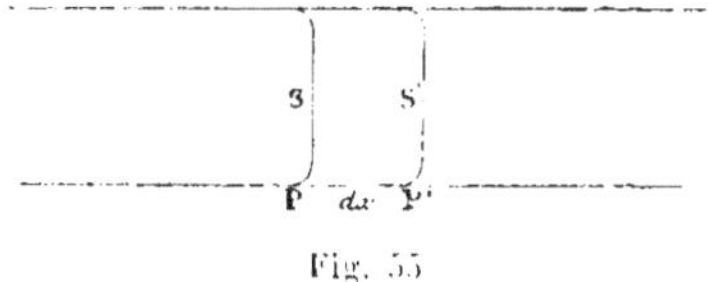

Fig. 55

sont encore planes dans leur plus grande étendue, mais elles s'infléchissent sur les bords pour se raccorder finalement avec la surface extérieure du fil.

La perte qui a lieu par la surface n'est autre chose qu'un flux d'électricité dans le milieu extérieur ; elle est donc proportionnelle au flux de force électrique (**201**). Pour une longueur dx du fil, la charge est $\gamma V dx$ et le flux de force électrostatique $4\pi\gamma V dx$. En appelant c' le coefficient de conductibilité du milieu, l'intensité du courant latéral serait donc $c'4\pi\gamma V dx$. Comme cette intensité est aussi égale au quotient du potentiel V par la résistance du milieu depuis la surface latérale considérée jusqu'aux points où le potentiel est nul, la résistance relative à la longueur dx est $\dfrac{1}{4\pi c'\gamma dx}$ et la résistance ρ' par unité de longueur est égale à $\dfrac{1}{4\pi c'\gamma}$.

Le régime permanent étant établi, le flux total d'électricité qui pénètre par la surface S de l'élément de volume de longueur dx doit être égal à la somme des flux qui sortent par la surface opposée S′ et par la surface latérale, ce qui donne

$$- cS\frac{dV}{dx} = - cS\left(\frac{dV}{dx} + \frac{d^2V}{dx^2}dx\right) + \frac{1}{\rho}Vdx.$$

c'est-à-dire

$$\frac{d^2V}{dx^2} = \frac{1}{cS\rho}V.$$

Le produit cS représente aussi l'inverse de la résistance ρ du fil par unité de longueur; en posant $\beta^2 = \frac{1}{cS\rho} = \frac{\rho}{\rho}$, il vient

$$(7) \qquad \frac{d^2V}{dx^2} - \beta^2V = 0.$$

C'est l'équation de Fourier relative à la propagation de la chaleur dans une barre cylindrique. L'intégrale de cette équation peut être mise sous la forme

$$V = Ae^{\beta x} + Be^{-\beta x}.$$

Pour déterminer les constantes A et B, il suffit de connaître les potentiels V_0 et V_1 en deux points P_0 et P_1 situés à une distance l. Le potentiel en un point P, situé à une distance x de P_0 et $l - x$ ou ρ de P_1, a pour valeur

$$(8) \qquad V = V_0\frac{e^{\beta y} - e^{-\beta y}}{e^{\beta l} - e^{-\beta l}} + V_1\frac{e^{\beta x} - e^{-\beta x}}{e^{\beta l} - e^{-\beta l}}.$$

Si le point P_1 est au sol, on a $V_1 = 0$, ce qui donne

$$(9) \qquad V = V_0\frac{e^{\beta x} - e^{-\beta y}}{e^{\beta l} - e^{-\beta l}}.$$

Si le fil est indéfini, la constante A est nulle, et il vient

$$V = V_0 e^{-\lambda x}.$$

221. — L'intensité du courant dans le fil a pour expression

$$(10) \qquad I = -\frac{1}{\rho}\frac{dV}{dx} = \frac{1}{\sqrt{\rho\rho'}}\cdot\frac{V_0(e^{\lambda l}+e^{-\lambda l}) - V_1(e^{\lambda x}+e^{-\lambda x})}{e^{\lambda l}-e^{-\lambda l}};$$

elle devient, si le point P_1 communique au sol.

$$(11) \qquad I = \frac{V_0}{\sqrt{\rho\rho'}}\cdot\frac{e^{\lambda x}+e^{-\lambda x}}{e^{\lambda l}-e^{-\lambda l}}.$$

et, si le fil est indéfini.

$$I = \frac{V_0}{\sqrt{\rho\rho'}}e^{-\lambda x} = I_0 e^{-\lambda x}.$$

en appelant I_0 l'intensité à l'origine du fil.

222. Résistance d'un conducteur dans le cas d'une déperdition latérale. — D'après l'équation (11), la résistance totale opposée au courant électrique depuis le point P_1 jusqu'au sol, en tenant compte des dérivations. a pour expression

$$R = \sqrt{\rho\rho'}\,\frac{e^{\lambda l}-e^{-\lambda l}}{e^{\lambda l}+e^{-\lambda l}}.$$

Considérons, comme problème plus général, un fil dont différents points P_1, P_2, P_3 ,.... sont réunis au sol par des conducteurs de résistance ρ_1, ρ_2, ρ_3 ,.... Appelons R_1 la résistance totale depuis le point P_1 jusqu'au sol, R_2 la résistance à partir du point P_2 .....; enfin r_1, r_2, r_3 ..... les résistances du fil entre les points de contact successifs P_1P_2, P_2P_3, .., etc. A partir du point P_1 la conductibilité totale est égale à la somme des conductibilités que présentent les différents chemins, ce qui donne l'équation

$$(12) \qquad \frac{1}{R_1} = \frac{1}{\rho_1} + \frac{1}{r_1+R_2}.$$

On aurait une suite d'équations analogues, et finalement

$$(13) \qquad \frac{1}{R_1} = \frac{1}{\rho_1} + \cfrac{1}{r_2 + \cfrac{1}{\cfrac{1}{\rho_2} + \cdots} } + \cfrac{1}{\cfrac{1}{\rho_n} + \cfrac{1}{r_n + R_{n+1}}}.$$

C'est le cas des fils télégraphiques aériens quand on veut tenir compte de la dérivation par les poteaux. Si la dérivation est continue, et qu'on appelle R la résistance à partir du point P, $R + dR$ la résistance à partir du point voisin P′ à la distance dx, les coefficients ρ et ρ' ayant les mêmes significations que plus haut, l'équation (12) devient

$$\frac{1}{R} = \frac{1}{\dfrac{\rho'}{dx}} + \frac{1}{\rho\,dx + R + dR},$$

ou

$$\frac{dR}{R^2 - \rho\rho'} = \frac{dx}{\rho'}.$$

L'intégrale de cette équation est

$$(14) \qquad \frac{R - \sqrt{\rho\rho'}}{R + \sqrt{\rho\rho'}} = \frac{1}{C}\, e^{-2\beta x}.$$

La constante C est déterminée par les conditions limites. Si la résistance dans le milieu extérieur à partir de l'extrémité du fil P_1 est égale à R_1, on obtient en faisant $x = l$,

$$C = \frac{R_1 + \sqrt{\rho\rho'}}{R_1 - \sqrt{\rho\rho'}}\, e^{2\beta l}.$$

CHAPITRE DEUXIÈME

RÉGIME VARIABLE

223. Application des formules de Fourier. — Le problème de la propagation de l'électricité dans un conducteur, lorsqu'on n'atteint pas un régime permanent, par exemple dans le cas de la décharge d'une batterie par un fil, présente de grandes difficultés.

Le flux d'électricité qui pénètre dans un élément de volume n'est pas nul, puisque la charge est variable avec le temps; mais on ne peut plus dire à priori si la densité intérieure varie, ou bien si elle reste encore nulle, l'accroissement de la charge se faisant seulement à la surface.

En l'absence de données expérimentales suffisantes, l'idée la plus simple est de poursuivre l'analogie entre la propagation de la chaleur et celle de l'électricité, et d'essayer l'application des formules de Fourier à l'état variable des conducteurs. C'est admettre implicitement que le flux d'électricité est en chaque point proportionnel à la force électrique en ce point, ou à la dérivée du potentiel de toutes les masses agissantes. Cette proposition paraît assez naturelle s'il est vrai que les forces électriques agissent réellement à distance et d'une manière instantanée, comme on l'admet volontiers pour l'attraction universelle; mais, si les actions électriques se transmettent au contraire par l'intermédiaire du milieu ambiant, en vertu de ce que nous avons appelé l'*élasticité électrique* de ce milieu, il est nécessaire d'admettre que l'état de tension électrique (**99**, **126**) s'établit de proche en proche. Un effet physique de cette nature doit nécessairement exiger un temps fini, quelque faible qu'il soit. Cette question du temps, qui ne joue aucun rôle dans tous les problèmes d'équilibre ou de régime permanent, pourra avoir un effet prédominant dans les phénomènes de l'état variable.

On peut admettre, en d'autres termes, que la force électrique se propage avec une vitesse extrêmement grande, mais non infinie, ou bien que le potentiel d'une masse électrique se propage lui-même avec une vitesse finie.

Dans ce cas, il est possible encore que le flux d'électricité en chaque point soit proportionnel à la force électrique actuelle, mais cette force ne dépendra pas uniquement de la position des masses agissantes, elle dépendra aussi de la vitesse de ces masses, et les effets pourront être très différents suivant que la vitesse de déplacement des masses agissantes sera ou non du même ordre de grandeur que la vitesse de propagation des potentiels.

Enfin nous verrons, à propos des phénomènes d'induction électrodynamique, que le déplacement des courants électriques et leurs changements d'intensité produisent des forces électro-motrices nouvelles, qu'il est possible de calculer dans un certain nombre de cas, et qui peuvent modifier beaucoup les résultats relatifs au régime variable.

Les deux effets que nous venons de signaler sont peut-être produits par le même mécanisme; nous n'en tiendrons pas compte pour le moment.

Sous le bénéfice de ces réserves, nous pouvons encore appliquer les formules de Fourier. De toute façon, les résultats auxquels elles conduisent doivent être d'autant plus voisins de la vérité que les modifications de l'état variable sont plus lentes; en fait, ces résultats représentent d'une manière très approchée la propagation de l'électricité dans les câbles sous-marins et s'appliquent en toute rigueur aux expériences de Gaugain sur la propagation dans les corps très résistants, comme des fils de coton ou des colonnes d'huile.

221. État variable dans un conducteur cylindrique. — Considérons donc, dans un conducteur cylindrique, l'élément de volume de longueur dx compris entre deux sections infiniment voisines S et S' (fig. 55). Le potentiel en un point P n'est plus une simple fonction de x, c'est-à-dire de la position de ce point, mais aussi une fonction du temps t. Pendant le temps dt, le gain d'électricité de cet élément de volume est égal à l'excès du flux qui pénètre par la section S sur le flux qui sort par la section S' et la perte par la surface extérieure, c'est-à-dire

$$\frac{1}{\rho}\frac{\partial^2 V}{\partial x^2}dx\,dt - \frac{1}{\rho}V\,dx\,dt = \left[\frac{1}{\rho}\frac{\partial^2 V}{\partial x^2} - \frac{1}{\rho}V\right]dx\,dt.$$

L'accroissement de charge $\left(\frac{1}{\rho}\frac{\partial^2 V}{\partial x^2} - \frac{1}{\rho}V\right)dt$ par unité de longueur produira une variation de potentiel dV ou $\frac{\partial V}{\partial t}dt$; on aura donc, en admettant que le rapport de la charge au potentiel reste égal à la capacité, comme dans les phénomènes d'électricité statique ou de régime permanent, c'est-à-dire que la charge nouvelle se porte entièrement à la surface.

$$\frac{1}{\rho}\frac{\partial^2 V}{\partial x^2} - \frac{1}{\rho}V = \gamma\frac{\partial V}{\partial t}.$$

En posant $z^2 = \gamma\rho$, l'équation devient

$$(1)\qquad \frac{\partial^2 V}{\partial x^2} - z^2\frac{\partial V}{\partial t} - \beta^2 V = 0.$$

Si la perte par la surface est négligeable, le coefficient β^2 est nul et il reste

$$(2)\qquad \frac{\partial^2 V}{\partial x^2} - z^2\frac{\partial V}{\partial t} = 0.$$

Remarquons d'ailleurs que, si la perte n'est pas nulle, on peut poser

$$V = U e^{-\frac{\beta^2}{z^2}t} = U e^{-\frac{t}{\tau}};$$

l'équation (1) prend la forme de l'équation (2) et devient

$$\frac{\partial^2 U}{\partial x^2} - z^2\frac{\partial U}{\partial t} = 0.$$

Dans les deux cas, le potentiel V est une fonction de x et de t qui tend à devenir une simple fonction de x lorsque le temps augmente.

L'intégrale générale de cette équation a été donnée par Fourier sous plusieurs formes.

Si l'on considère un fil de longueur l, primitivement à l'état neutre, dont l'une des extrémités est en communication avec le sol et dont l'autre extrémité est portée brusquement au potentiel V_0 et maintenue ensuite à ce niveau électrique, la valeur générale du potentiel à la distance x de l'origine du fil et à l'époque t, à partir de l'établissement du contact, est donnée par l'expression

$$(3) \quad \frac{V}{V_0} = \frac{e^{\beta(l-x)} - e^{-\beta(l-x)}}{e^{\beta l} - e^{-\beta l}} - 2\pi e^{-\frac{t}{\gamma^2}} \sum_{n=1}^{n=\infty} \frac{n}{n^2\pi^2 + \beta^2 l^2} e^{-\frac{n^2\pi^2}{a^2 l^2} t} \sin \frac{n\pi}{l} x,$$

qui devient, si la déperdition est négligeable,

$$(4) \quad \frac{V}{V_0} = \frac{l-x}{l} - 2 \sum_{n=1}^{n=\infty} \frac{1}{n\pi} e^{-\frac{n^2\pi^2}{a^2 l^2} t} \sin \frac{n\pi}{l} x.$$

225. Durée de propagation relative. — La seconde équation montre que, s'il n'y a pas de déperdition latérale, le rapport du potentiel à une distance x au potentiel à l'origine est le même pour deux fils différents, en deux points dont les distances à l'origine sont proportionnelles aux longueurs totales des fils, lorsque le rapport $\dfrac{t}{x^2 l^2}$ a la même valeur.

Le temps t nécessaire pour que le potentiel en un point quelconque, au milieu du fil par exemple, atteigne une fraction déterminée du potentiel initial, ou du potentiel final, est donc proportionnel à $x^2 l^2$ ou $\gamma_c l^2$, c'est-à-dire au carré de la longueur du fil, à la capacité et à la résistance de l'unité de longueur. Cette condition donne ce qu'on peut appeler la *durée de propagation relative* de l'électricité.

Il n'y a donc pas pour la propagation des phénomènes électriques, dans les conditions qui précèdent, une vitesse déterminée comme pour le son ou la lumière. La vitesse apparente que l'on a essayé quelquefois d'évaluer en supposant la propagation uniforme et en déterminant le temps nécessaire pour que l'électrisation produite à l'origine d'un fil eût un effet sensible à une certaine distance, dépend des constantes caractéristiques du fil et de la sensibilité des organes par lesquels on mettait ces effets électriques en évidence.

226. Fil indéfini. — L'intégrale générale de Fourier se prête difficilement à des applications numériques; mais on peut choisir d'abord des conditions plus simples qui correspondent en réalité à plusieurs des phénomènes observés et nous permettront de retrouver les principaux résultats obtenus par sir W. Thomson.

Considérons un fil isolé, dont la déperdition par la surface est négligeable, primitivement à l'état neutre et de longueur indéfinie, ou du moins de longueur telle que l'état en un point ne soit pas sensiblement modifié par celui de l'extrémité la plus éloignée. On établit à l'origine du fil un potentiel constant V... Au bout du temps t le potentiel à la distance x est déterminé par l'équation

$$(2) \qquad \frac{\partial^2 V}{\partial x^2} - x^2 \frac{\partial V}{\partial t} = 0.$$

Pour un second fil placé dans les mêmes conditions que le premier et dont la nature est définie par un autre coefficient x', on aura de même

$$(3) \qquad \frac{\partial^2 V'}{\partial x'^2} - x'^2 \frac{\partial V'}{\partial t'} = 0.$$

Posons $x' = mx$, $t' = nt$, m et n étant des constantes; nous pourrons alors considérer le potentiel V' comme une fonction des variables x et t, et l'équation (3) deviendra

$$\frac{\partial^2 V'}{\partial x^2} = \frac{x'^2 m^2}{n} \cdot \frac{\partial V'}{\partial t}.$$

Si l'on choisit les coefficients m et n de façon qu'on ait

$$x^2 = \frac{x'^2 m^2}{n},$$

c'est-à-dire

$$\frac{\varkappa^2 x^2}{t} = \frac{\varkappa'^2 x'^2}{t'},$$

les potentiels V et V' satisfont à la même équation différentielle (2) et aux mêmes conditions limites; ils représentent donc la même fonction de x et de t.

227. — Ainsi, pour des fils indéfinis, ce qui dans la pratique équivaut à des fils assez longs pour que la durée de la propagation ait une valeur sensible, le potentiel V ne change pas lorsque le rapport $\frac{\varkappa^2 x^2}{t}$ conserve la même valeur; c'est donc une fonction de ce rapport.

Il en résulte déjà cette conséquence établie plus haut (**226**) que le temps nécessaire pour provoquer à la distance x un potentiel déterminé, ou, plus exactement, une fraction déterminée du potentiel à l'origine, est proportionnel au carré de la distance et au coefficient $\varkappa^2$ qui caractérise le fil.

Dans ces conditions, l'équation (2) ne renferme réellement qu'une variable indépendante et, en posant

$$\frac{\varkappa^2 x^2}{4t} = z^2,$$

elle devient

$$\frac{d^2V}{dz^2} + 2z\frac{dV}{dz} = 0;$$

on en déduit aisément

$$V = A\int_0^z e^{-z^2}dz + B.$$

Les constantes A et B sont déterminées par les conditions initiales. Pour $z = 0$, c'est-à-dire $x = 0$ ou $t = \infty$, on a $V = V_0$; pour $z = \infty$, c'est-à-dire $x = \infty$ ou $t = 0$, on a $V = 0$.

Il vient alors

$$\frac{V}{V_0} = 1 - \frac{\int_0^z e^{-z^2}dz}{\int_0^\infty e^{-z^2}dz}.$$

L'intégrale que renferme cette formule n'a pas d'expression simple, mais elle se présente dans un grand nombre de problèmes, par exemple dans la théorie des probabilités, et on en a calculé les tables, de sorte qu'elle est bien connue comme valeurs numériques.

Entre les limites o et ∞, en particulier, elle est égale à $\dfrac{\sqrt{\pi}}{2}$, ce qui donne

$$(6) \qquad \frac{V}{V_0} = 1 - \frac{2}{\sqrt{\pi}} \int_0^{z} e^{-z^2}\, dz.$$

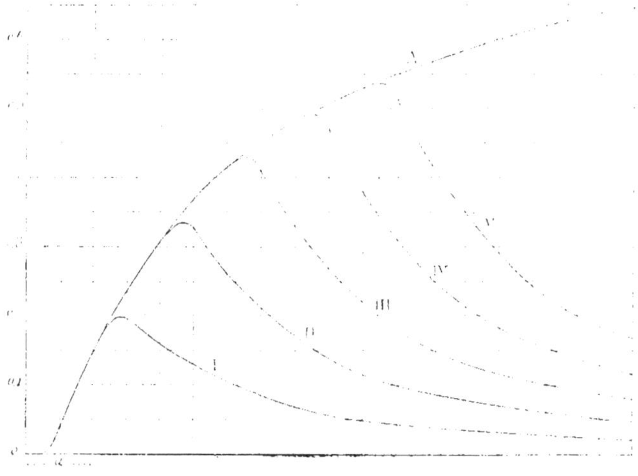

Fig. 56.

La courbe A (fig. 56) représente les valeurs du rapport des potentiels $\dfrac{V}{V_0}$ en fonction de t en prenant $a = \dfrac{z^2 x^2}{4} = z^2 t$. L'ordonnée reste d'abord quelque temps nulle au voisinage de l'origine et ne commence à prendre une valeur sensible qu'à partir du moment où l'on a $t = \dfrac{a}{4}$. La courbe a ensuite pour asymptote une parallèle à l'axe des t à une distance de cet axe égale à l'unité.

228. — L'intensité du courant, à la distance x, a pour expression

$$I = -\frac{1}{\rho}\frac{\partial V}{\partial x} = -\frac{1}{\rho}\frac{dV}{dz}\cdot\frac{\partial z}{\partial x} = \frac{V_1}{\rho}\frac{2}{\sqrt{\pi}}e^{-z^2}\frac{x}{2\sqrt{t}};$$

en remplaçant z^2 par $\dfrac{a}{t}$, il vient

$$(7)\qquad\qquad I = \frac{V_1 x}{\rho\sqrt{\pi t}}\sqrt{\frac{a}{t}}e^{-\frac{a}{t}}.$$

Cette intensité est une fonction du temps; elle est nulle

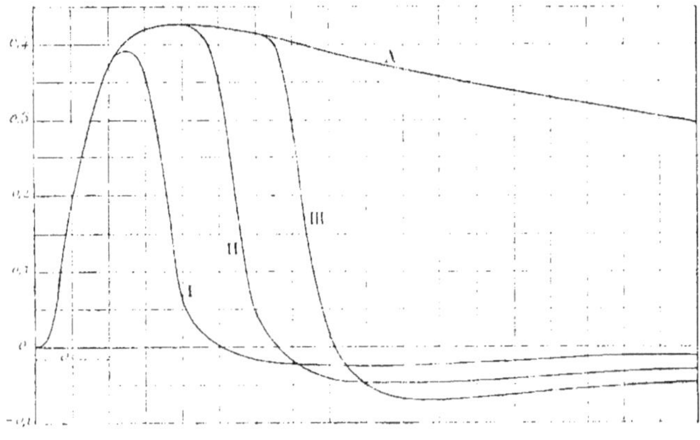

Fig. 57

pour $t = 0$ et pour $t = \infty$ et devient maximum quand on a $\dfrac{dI}{dt} = 0$, ce qui donne $z^2 = \dfrac{1}{2}$. En appelant T l'époque du maximum, on a donc

$$T = 2a = \frac{x^2 x^2}{2} = \frac{x^2}{2}x^2.$$

La courbe A (fig. 57) représente les valeurs de l'expression $\sqrt{\dfrac{a}{t}}e^{-\frac{a}{t}}$ qui est proportionnelle à l'intensité du courant. L'époque $2a$ du maximum étant proportionnelle à $x^2 x^2$, on voit que la courbe est d'autant plus inclinée que la distance x du point considéré à l'origine est plus grande.

229. Contacts momentanés. — Supposons qu'on n'établisse à l'origine du fil qu'un contact momentané avec une source à potentiel constant, c'est-à-dire que cette extrémité ne soit portée au potentiel V_0 que pendant un temps très court τ et ensuite reliée avec le sol.

Le potentiel en un point quelconque s'obtiendra en superposant deux états, le premier dû au potentiel permanent V_0 établi à l'origine du fil au commencement du temps, le second au potentiel permanent $-V_0$ établi seulement à l'époque τ. La valeur du potentiel à la distance x relative à chacun des états est une même fonction du temps écoulé depuis l'établissement, à l'origine du fil, du potentiel correspondant ; le potentiel résultant U est donc égal à $V(t) - V(t-\tau)$. Si l'on suppose le temps τ infiniment petit, il vient

$$U = V(t) - V(t-\tau) = \tau \frac{\partial V}{\partial t} = \tau \frac{dV}{dz} \cdot \frac{\partial z}{\partial t}.$$

On en déduit

$$\frac{U}{V_0} = \frac{\tau}{\sqrt{\tau}} e^{-z^2} \frac{z}{t} = \frac{\tau}{\sqrt{\pi}} \sqrt{a} \frac{1}{t^{\frac{3}{2}}} e^{-\frac{a}{t}} = \frac{\tau}{a} \frac{1}{\sqrt{\pi}} z^3 e^{-z^2}.$$

La valeur de U n'est plus alors une simple fonction de z^2. En représentant par φ la fonction

$$\varphi = \frac{z}{t} e^{-z^2} = \frac{x}{2t^{\frac{3}{2}}} e^{-\frac{a^2 r^2}{4t}},$$

on peut écrire

$$(8) \qquad \frac{U}{V_0} = \frac{\tau}{\sqrt{\pi}} \varphi.$$

230. — On peut d'ailleurs déterminer graphiquement la valeur de $\frac{U}{V_0}$ en prenant la différence des ordonnées de la courbe A (fig. 56) et d'une autre courbe identique qui aurait été déplacée vers la droite d'une quantité τ. Les courbes I, II,

III, IV, V représentent le résultat de cette superposition pour des valeurs de τ égales respectivement à a, $2a$, $3a$, $4a$, $5a$.

On voit, par cette construction et par la formule, que la communication momentanée de l'extrémité du fil avec une source à potentiel constant donne lieu à une sorte d'*onde électrique* qui se propage suivant une loi assez complexe et s'étale à mesure qu'elle se propage.

On obtiendrait de même les intensités correspondant à des contacts momentanés : les courbes I, II, III (fig. 57) représen-

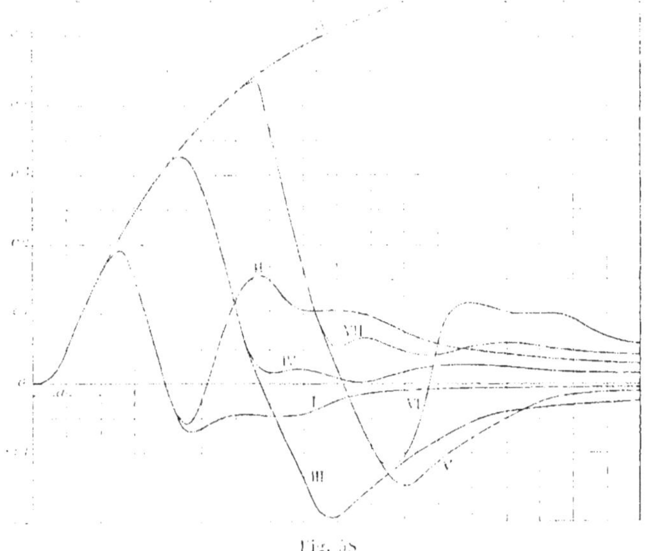

Fig. 58

tent la loi des intensités en un point pour des contacts de durées respectivement égales à a, $2a$, $3a$.

231. — L'époque T_1 du maximum de potentiel pour l'onde relative à un contact infiniment court est déterminée par la condition

$$\frac{\partial U}{\partial t} = 0, \quad \text{ou} \quad \frac{\partial z}{\partial t} = 0.$$

Comme on a

$$\frac{\partial z}{\partial t} = \left(z^2 - \frac{3}{2} \right) \frac{z}{t},$$

le maximum a lieu pour $2z^2 = 3$, ou

$$T_1 = \frac{2a}{3} = \frac{x^2 a^2}{6} = \frac{3}{6} a^2 = \frac{T}{3}.$$

Ce temps T_1 correspond au point d'inflexion de la courbe A (fig. 56), puisque la condition $\frac{\partial U}{\partial t} = o$ équivaut à $\frac{\partial^2 V}{\partial t^2} = o$; il est le tiers du temps T nécessaire pour avoir en ce point l'intensité maximum, avec un potentiel constant à l'origine du fil.

Le temps T_1 peut donc être considéré comme exprimant la *durée de propagation d'une onde électrique*.

232. — On peut déterminer, de même, par une construction graphique ou par le calcul, l'onde qui résulterait de la communication alternative de l'origine du fil avec des sources à potentiels $+ V_o$ et $- V_o$, pendant des temps égaux ou inégaux. Les courbes de la figure 58 correspondent ainsi de contacts alternatifs qu'on peut résumer dans le tableau suivant :

Courbes.	Durées des contacts		
	$-$	$+$	
I	a	a	
II	a	a	a
III	$2a$	$2a$	
IV	$2a$	a	
V	$3a$	$2a$	
VI	$3a$	a	
VII	$3a$	$2a$	a

On voit qu'en choisissant les durées de ces contacts, on peut obtenir une onde beaucoup plus courte que par un contact unique. Le fil est donc rapidement amené à l'état neutre après le passage de l'onde; c'est le problème que l'on se propose de résoudre pour les transmissions télégraphiques.

Pour construire la courbe de contact τ, il suffit d'ajouter algébriquement les ordonnées de la courbe A et d'une autre courbe $- A_\tau$ dont l'origine est déplacée de τ. La courbe relative à un contact suivant τ' de signe contraire s'obtient de même par les ordonnées des courbes $-A_\tau$ et $+A_{\tau+\tau'}$. La courbe relative aux contacts τ et τ' de signes contraires s'obtiendra donc par la somme des ordonnées des trois courbes $A-2A_\tau+A_{\tau+\tau'}$; on évitera ainsi la construction séparée des courbes relatives aux différents contacts.

233. — Dans le cas général, le potentiel V_0 à l'origine du fil ne passe pas subitement de zéro à une valeur constante, c'est une fonction continue $F(\theta)$ du temps θ, compté à partir du moment où l'électrisation commence. L'élément dU du potentiel à la distance x et à l'époque t qui correspond au potentiel V_0 établi pendant le temps $d\theta$ et à l'époque θ à l'origine du fil est égal (**229**) à $\dfrac{F(\theta)}{\sqrt{\pi}}\,\varphi\,(t-\theta)\,d\theta$. Si la durée totale d'électrisation est τ, on aura donc pour le potentiel résultant

$$U=\frac{1}{\sqrt{\pi}}\int_0^\tau F(\theta)\,\varphi\,(t-\theta)\,d\theta.$$

On doit remarquer toutefois que cette expression n'a de sens que pour les valeurs de t supérieures à τ.

Si le potentiel à l'origine varie périodiquement suivant une loi simple, s'il est représenté, par exemple, par $V_0\sin 2nt$, l'état électrique définitif du fil en chaque point varie évidemment suivant la même période. Le potentiel à la distance x peut être exprimé par la formule

$$V=V_0 A\sin(nt-bx),$$

dans laquelle b est une constante et A une fonction de x. En substituant dans l'équation (2), on trouve finalement

$$(9)\qquad V=V_0 e^{-\alpha x\sqrt{n}}\sin\left(2nt-xx\sqrt{n}\right).$$

Une phase déterminée du potentiel à l'origine se transmet donc le long du fil avec une vitesse constante égale à $\dfrac{2\sqrt{n}}{x}$.

Dans ce cas, on peut dire qu'il y a une vitesse de propagation régulière, mais cette vitesse dépend de la période d'oscillation électrique; le temps nécessaire pour parcourir une longueur déterminée est proportionnel à x, et non à x^2, comme on l'avait trouvé pour la durée de propagation relative considérée plus haut (**225**).

Si l'électrisation à l'origine suit une loi plus ou moins complexe et que l'expression du potentiel initial soit décomposable en une série de termes périodiques simples, le potentiel dans le fil sera représenté par une série d'ondes élémentaires correspondantes ; mais ces ondes se propageront avec des vitesses différentes, et il se produira une sorte de dispersion électrique analogue au phénomène que présente la propagation de la lumière dans un milieu réfringent.

234. — Supposons que le potentiel à l'origine V_0 ait alternativement des valeurs constantes égales et de signes contraires, pendant des temps très petits et égaux τ, et que l'opération soit répétée un nombre impair de fois, $2n+1$ par exemple, c'est-à-dire

$$
\begin{aligned}
&+V_0 && \text{de } 0 \text{ à } \tau, \\
&-V_0 && \text{de } \tau \text{ à } 2\tau, \\
&+V_0 && \text{de } 2\tau \text{ à } 3\tau, \\
&\ \ \vdots && \qquad \vdots \\
&+V_0 && \text{de } 2n\tau \text{ à } (2n+1)\tau.
\end{aligned}
$$

On a alors

$$
\frac{U}{V_0} = \frac{\tau}{\sqrt{\pi}} \sum_0^{2n\tau} \varphi(t-\theta).
$$

Les différentes valeurs de la fonction $\varphi(t-\theta)$ sont :

$$
\begin{aligned}
\text{Pour le } 1^{\text{er}} \text{ contact} \quad &+\varphi(t-0) && = +\varphi(t), \\
— \qquad 2^{\text{e}} \quad &-\varphi(t-\tau) && = -\varphi(t) + \tau\varphi'(t), \\
— \qquad 3^{\text{e}} \quad &+\varphi(t-2\tau) && = +\varphi(t) - 2\tau\varphi'(t), \\
&\quad\ \vdots && \qquad \vdots \\
— \quad (2n+1)^{\text{e}} \quad &+\varphi(t-2n\tau) && = +\varphi(t) - 2n\tau\varphi'(t).
\end{aligned}
$$

Ajoutant toutes ces équations. il vient

$$\sum_0^{2n\tau} \varphi(t-\theta) = \varphi(t) - n\tau\varphi'(t) = \varphi(t)\left[1 - \frac{n\tau}{t}\left(z^2 - \frac{3}{2}\right)\right].$$

et, par suite,

$$\frac{U}{V_0} = \frac{\tau}{\sqrt{\pi}}\varphi(t)\left[1 - \frac{n\tau}{t}\left(z^2 - \frac{3}{2}\right)\right] = \frac{\tau}{\sqrt{\pi}}\varphi(t)\left[1 + \frac{n\tau}{a}z^2\left(z^2 - \frac{3}{2}\right)\right].$$

Le maximum de la valeur de U à la distance x se produit à l'époque T_0 déterminée par la condition

$$\frac{\partial U}{\partial t} = 0,$$

qui donne

$$\left(\frac{2a}{3} - t\right)\left[1 + \frac{3}{2}\frac{n\tau}{t}\left(\frac{2a}{3} - t\right)\right] = \frac{n\tau}{t}\left(\frac{4a}{3} - t\right).$$

Si on remplace t, dans tous les termes qui contiennent τ en facteur, par la valeur approchée $\frac{2a}{3}$ qui correspond au maximum T_1 de la première onde, il vient

$$\frac{2a}{3} - T_0 = n\tau,$$

ou enfin

$$T_0 - T_1 = n\tau.$$

Le temps au bout duquel a lieu le maximum diminue donc à mesure que le nombre des contacts augmente ; les ondes sont ainsi raccourcies et la durée du phénomène se trouve notablement diminuée.

Une série d'un nombre impair de contacts alternatifs très courts et d'égales durées produirait donc le long du fil une perturbation de même sens mais beaucoup plus courte que celle d'un contact unique.

235. — Pour un contact de durée infiniment petite τ, le potentiel en un point à l'époque t est

$$U = V_0 \frac{\tau}{\sqrt{\pi}} \frac{1}{t} z e^{-z^2}.$$

L'intensité du courant a pour valeur

$$I = -\frac{1}{\rho} \frac{\partial U}{\partial x} = \frac{V_0}{\rho} \cdot \frac{\tau}{\sqrt{\pi}} \cdot \frac{x}{2} \cdot \frac{1}{t^{\frac{3}{2}}} \left(2z^2 - 1\right) e^{-z^2},$$

ou

$$(10) \qquad I = \frac{V_0}{\rho} \cdot \frac{\tau}{\sqrt{\pi}} \cdot \frac{x}{2a^{\frac{3}{2}}} \cdot \left(\frac{a}{t}\right)^{\frac{3}{2}} \left(2\frac{a}{t} - 1\right) e^{-\frac{a}{t}}.$$

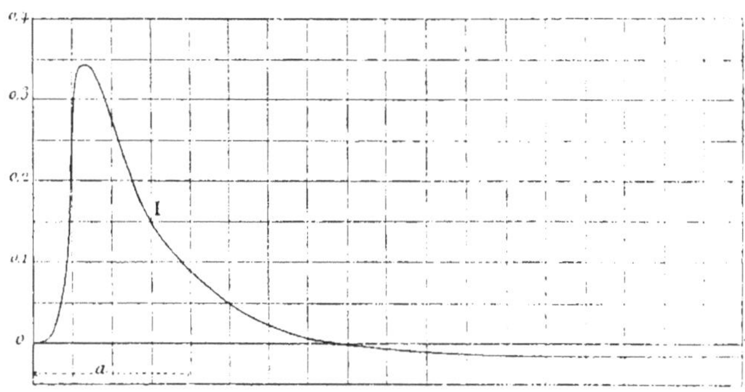

Fig. 59

On vérifie aisément que le maximum, déterminé par la condition $\dfrac{\partial I}{\partial t} = 0$, a lieu pour

$$z^2 = \frac{a}{t} = 3, \qquad \text{ou} \qquad t = \frac{a}{3}.$$

La courbe I (fig. 59) représente les valeurs de l'expression

$$\frac{1}{t}\left(\frac{a}{t}\right)^{\frac{3}{2}}\left(2\frac{a}{t} - 1\right) e^{-\frac{a}{t}},$$

qui est proportionnelle à l'intensité du courant.

236. Fil limité. — Pour passer au cas d'un fil OE (fig. 60) de longueur limitée l, dont l'extrémité E communique avec le sol, considérons un fil indéfini X'X et supposons sur ce fil deux séries de sources O_1, O_2 ..., O', O'', O''' .. , à des distances successives égales à $2l$; les premières O_1, O_2, ... sont identiques à la source donnée qui existe au point O, et les autres O', O'', O''', ... ont la même valeur numérique changée de signe.

Toutes ces sources, O et O', O_1 et O'', ... étant deux à deux symétriques par rapport au point E et de signes contraires, le potentiel en E sera toujours égal a zéro. De même, toutes les sources ajoutées, O_1 et O', O_2 et O'', ... sont deux à deux symétriques par rapport au point O et de signes contraires : le potentiel en ce point ne dépendra que de la source qui s'y trouve. La portion OE du fil indéfini est donc dans le même état que si elle était seule.

L'intensité du courant au point P, situé sur le fil OE à la

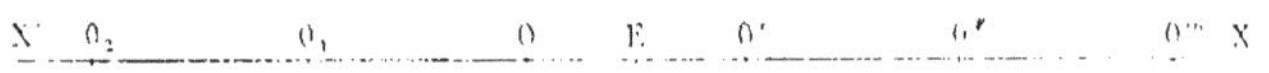

X' O₂ _______ O₁ _______ O E O' _______ O'' _______ O''' X

Fig. 60

distance x de l'origine O, est la somme algébrique des intensités qui seraient produites en ce point par toutes les sources supposées sur un fil indéfini.

Si toutes les sources sont portées au potentiel constant V_0 on aura (**229**), pour la portion de l'intensité due à la source O,

$$i = \frac{V_0 x}{\rho \sqrt{\pi t}}\, e^{-\frac{\alpha^2 x^2}{4t}} = \frac{V_0 x}{\rho \sqrt{\pi t}}\, f(x).$$

Pour les sources situées à gauche, il suffira, dans cette expression, de donner successivement à x les valeurs $x + 2l$, $x + 4l$, ... $x + 2nl$, ... Les sources O', O'', O''', ... donneraient des courants de sens contraires aux précédentes si elles étaient au potentiel V_0, mais, comme elles ont été changées de signe, les flux d'électricité qu'elles produisent sont encore de même sens; on devra donc aussi remplacer x par $2l - x$.

$4l-x, \cdots, 2nl-x, \cdots$, ce qui donne pour l'intensité I,

$$I = \frac{V_0 x}{\rho\sqrt{\pi t}}\left[\cdots + f(4l+x) + f(2l+x) + f(x) + f(2l-x) + f(4l-x) + \cdots\right].$$

Lorsque l'on fait $x = l$, c'est-à-dire quand on considère le phénomène au point E, à l'extrémité du fil qui communique au sol, l'expression se simplifie, et l'on voit immédiatement que l'intensité est double de celle que donneraient toutes les sources de gauche. On a donc

$$I = \frac{2V_0 x}{\rho\sqrt{\pi t}}\left[e^{-\frac{\alpha^2 l^2}{4t}} + e^{-\frac{\alpha^2 3 l^2}{4t}} + e^{-\frac{\alpha^2 5 l^2}{4t}} + \cdots\right].$$

En posant $e^{-\frac{\alpha^2 l^2}{4t}} = v$, il vient

$$(11) \qquad I = \frac{2V_0 x}{\rho\sqrt{\pi t}}\left[v + v^{3^2} + v^{5^2} + v^{7^2} + \cdots + v^{(2n+1)^2} + \cdots\right].$$

L'intensité est nulle d'abord, puisque v est nul quand t est égal à zéro; elle croît ensuite vers la valeur limite $\dfrac{V_0}{\rho l}$.

La courbe représentée par cette série serait assez facile à calculer, parce que les termes vont rapidement en décroissant lorsque v diffère sensiblement de l'unité.

237. — Toutefois sir W. Thomson a résolu le problème à l'aide d'une autre série plus facile à discuter qui se déduit directement de l'équation (4) de Fourier.

D'après cette formule, l'intensité du courant à la distance x de l'origine a pour expression

$$I = -\frac{1}{\rho}\cdot\frac{\partial V}{\partial x} = \frac{V_0}{\rho l}\left[1 + 2\sum_{n=1}^{n=\infty} e^{-\frac{n^2\pi^2}{\alpha^2 l^2}t}\cos\frac{n\pi}{l}x\right].$$

Pour l'extrémité du fil qui communique avec le sol, $x = l$ et il vient

$$I = \frac{V_0}{\rho l}\left[1 + 2\sum_{n=1}^{n=\infty} e^{-\frac{n^2\pi^2}{\alpha^2 l^2}t}\cos n\pi\right].$$

En donnant à n les valeurs successives $1, 2, 3, \ldots$, le cosinus prend alternativement des valeurs égales à -1 et $+1$. Si l'on pose, pour abréger,

$$u = e^{-\frac{\pi^2 t}{\varsigma^2 l^2}},$$

on obtient

$$(12) \quad 1 - \frac{V_0}{\varsigma l}\left[1 - 2\left(u - u^4 + u^9 - \cdots \mp u^{n^2} \cdots\right)\right] = F(t).$$

Pour des valeurs de t très petites, u tend vers l'unité, la série comprise entre parenthèses est égale à $\frac{1}{2}$ et l'intensité

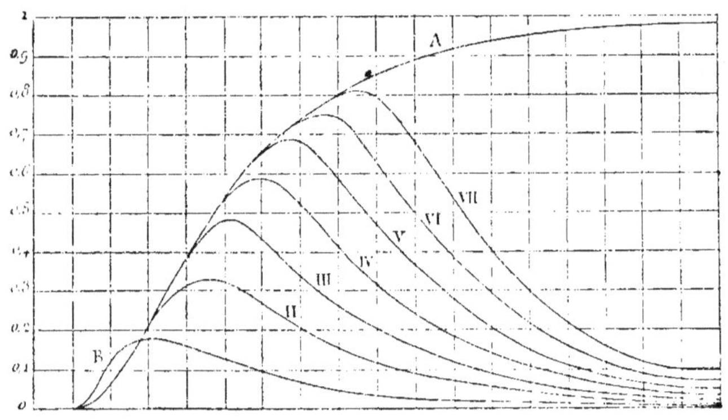

Fig. 61

du courant nulle. À mesure que le temps augmente, u diminue, la série tend vers zéro, et l'intensité du courant croît jusqu'à la valeur limite $\frac{V_0}{\varsigma l}$. La série est d'ailleurs facile à calculer : d'après sir W. Thomson, elle ne diffère d'une manière appréciable de sa valeur maximum qu'à partir du moment où u est supérieur à $\frac{3}{4}$. En appelant a l'époque à laquelle cette valeur est atteinte, on a

$$\frac{3}{4} = e^{-\frac{\pi^2 a}{\varsigma^2 l^2}}, \quad \text{ou} \quad a = \frac{\varsigma^2 l^2}{\pi^2} l.\left(\frac{4}{3}\right).$$

On peut écrire alors

$$u = e^{-\frac{\pi^2 a' t}{x^2 l^2}} \cdot \frac{t}{a'} = \left(\frac{3}{4}\right)\frac{t}{a'}.$$

La courbe A (fig. 61) représente, en fonction du temps et en prenant pour unité l'intensité finale, la courbe de l'intensité du courant produite à l'extrémité du fil qui communique au sol par un potentiel constant établi a l'autre extrémité.

238. Contacts momentanés. — Pour obtenir l'intensité qui correspond à la communication du fil avec une source à potentiel constant V_0 pendant un temps τ, il suffirait, comme pour le cas du fil isolé, de calculer l'expression

$$I_\tau = F(t) - F(t - \tau).$$

ou de construire géométriquement la courbe dont l'ordonnée en chaque point est égale à la différence des ordonnées des deux courbes $F(t)$ et $F(t-\tau)$.

Les courbes II, III, IV, V, VI, VII (fig. 61), représentent ainsi les intensités qui proviennent de contacts dont les durées sont respectivement égales à $2a'$, $3a'$, ..., $7a'$. Le phénomène se présente encore comme une onde électrique ou une impulsion momentanée à l'extrémité du fil.

Si la durée du contact est infiniment petite, la courbe d'arrivée de l'intensité est représentée par l'équation

$$i = \tau \frac{dF}{dt} = \tau \frac{dF}{du} \cdot \frac{du}{dt}.$$

qui donne

$$i = \tau \frac{2V_0}{\rho l} \cdot \frac{\pi^2}{x^2 l^2}(u - 4u^4 + 9u^9 - \cdots \pm n^2 u^{n^2} \pm \cdots).$$

Cette intensité est représentée par la courbe B (fig. 61). Elle est maximum lorsqu'on a $\frac{di}{dt} = 0$, c'est-à-dire

$$u - 16u^4 + 81u^9 - \cdots \mp n^4 u^{n^2} \cdots = 0.$$

équation qui donne sensiblement

$$u = \left(\frac{3}{4}\right)^3, \qquad \text{ou} \qquad t = 3a'.$$

239. — Enfin, pour raccourcir les ondes à l'arrivée et décharger le fil, on pourra encore mettre l'origine du fil alternativement à des potentiels égaux et de signes contraires,

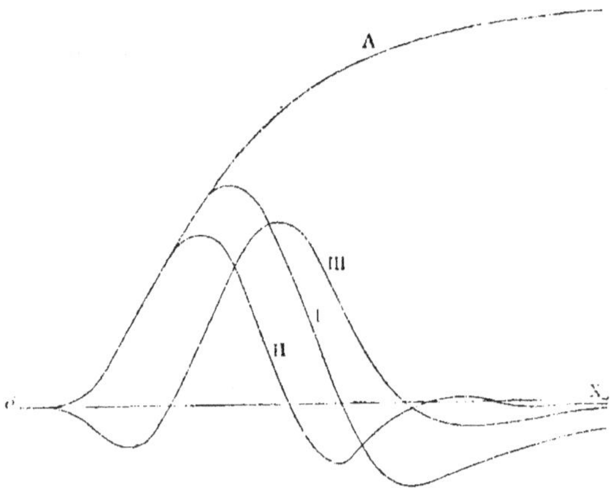

Fig. 62

pendant des temps égaux ou inégaux, en la reliant avec l'un des pôles d'une pile.

Les courbes I, II et III de la figure 62 représentent les ondes d'arrivée des contacts alternatifs suivants :

Courbes.	Durées des contacts.		
	$+$	$+$	
I	$4a'$	$4a'$	
II	$3a'$	$3a'$	a'
III		a'	$4a'$	$2a'$

Sans qu'il soit nécessaire d'insister davantage, pour le moment, sur cette question importante, on voit quelle est la nature du problème et quelles sont les méthodes que l'on peut utiliser pour accélérer la transmission des signaux dans les câbles électriques.

240. Emploi des condensateurs. — Ajoutons encore que, dans la pratique, on a trouvé très avantageux de maintenir le câble constamment isolé en reliant chacune de ses extrémités avec un condensateur. La pile de charge électrise l'une des armatures du condensateur, placé au poste de départ; l'autre armature, qui communique avec le câble, s'électrise en signe contraire, et un flux de même signe que celui qu'aurait donné la pile se porte sur la première armature du condensateur situé à l'autre bout. La seconde armature de ce condensateur communique, par exemple, avec un électromètre, ou est reliée au sol par un galvanomètre.

Si le contact à l'origine est continu, l'électromètre tend vers une déviation maximum; le galvanomètre donne une déviation croissante d'abord et revient ensuite au zéro, de sorte que, même pour un contact permanent, le phénomène se présente déjà sous la forme d'une onde électrique. On conçoit aisément, d'après cela, que des contacts momentanés et alternatifs convenablement choisis peuvent produire des ondes notablement plus courtes que si le fil eût été électrisé directement par la pile de charge.

241. Propagation dans les diélectriques. — Les conséquences de la formule de Fourier appliquée à l'état variable trouvent leur vérification, comme on l'a déjà dit, pour les bons conducteurs dans les phénomènes que présentent les câbles transatlantiques et, pour les conducteurs médiocres, dans les expériences de Gaugain. La formule paraît donc générale et on est conduit à l'appliquer aux diélectriques, qui ne sont jamais, d'une façon absolue, dénués de conductibilité.

Un diélectrique soumis à l'action d'une force électromotrice peut être considéré comme étant à la fois le siège d'un phénomène de polarisation et d'un phénomène de conduction soumis aux lois ordinaires.

Supposons le diélectrique isotrope et soient p son pouvoir inducteur et c son coefficient de conductibilité. L'équation générale de l'induction (**116**) appliquée à un élément de volume

dv situé en un point où la densité est ρ donne

$$\mu \Delta V + 4\pi\rho = 0.$$

D'un autre côté, la variation de la charge $c\Delta V\,dv\,dt$ de l'élément pendant le temps dt produit un accroissement correspondant de densité, ce qui donne l'équation

$$c\Delta V = \frac{d\rho}{dt};$$

on en déduit

$$\Delta V = -4\pi\frac{\rho}{\mu} = \frac{1}{c}\frac{d\rho}{dt},$$

et, par suite,

$$\rho = A e^{-\frac{4\pi c}{\mu}t} = A e^{-\frac{t}{T}},$$

en posant $T = \dfrac{\mu}{4\pi c}$.

Cette équation montre que la densité ρ décroît d'une manière continue, et, par suite, que si, pour une cause quelconque, le diélectrique a reçu une charge intérieure, il ne la gardera pas indéfiniment; cette charge finira toujours par être purement superficielle, comme celle d'un bon conducteur, résultat évident *à priori*.

212. Résidus des condensateurs. — Les phénomènes d'absorption et de charges résiduelles auxquels donnent lieu les diélectriques ne sauraient être considérés comme des effets de leur conductibilité propre. Examinons, en effet, à ce point de vue, la suite des phénomènes auxquels donnent lieu la charge ou la décharge d'un condensateur.

Soient C la capacité du condensateur, R la résistance du diélectrique, E la différence de potentiel des deux armatures à l'instant t, r la résistance du circuit qui réunit extérieurement les deux armatures, E_0 la force électromotrice d'une source intercalée dans ce circuit. L'accroissement de charge $C\,dE$ du condensateur pendant le temps dt est égal à l'excès du flux d'électricité $\dfrac{E_0 - E}{r}\,dt$ fourni par la source sur le flux

$\frac{E}{R} dt$ qui traverse le diélectrique. Il en résulte l'équation

$$(13) \qquad \frac{E_0 - E}{r} - \frac{E}{R} = C \frac{dE}{dt},$$

et, par suite,

$$E = E_0 \frac{R}{R+r} \left(1 - e^{-\frac{t}{T_1}} \right).$$

en posant $T_1 = \frac{CRr}{R+r}$.

Supposons qu'à l'instant t_1 on rompe le circuit et qu'on abandonne l'appareil à lui-même pendant un temps t_2, l'équation (13) se réduit à

$$0 = \frac{E}{R} + C \frac{dE}{dt};$$

en désignant par E_1 la différence du potentiel qui existait au temps t_1 entre les armatures, par E_2 celle qui existe à l'instant $t_1 + t_2$ et posant $T_2 = CR$, on a

$$E_2 = E_1 e^{-\frac{t_2}{T_2}}.$$

Supposons enfin qu'on décharge le condensateur en réunissant les deux armatures par un conducteur de faible résistance ρ, on aura l'équation

$$\frac{E}{\rho} + \frac{E}{R} = C \frac{dE}{dt}.$$

et, au bout d'un temps t_3, c'est-à-dire à l'époque $t_1 + t_2 + t_3$.

$$E_3 = E_2 e^{-\frac{t_3}{T_3}}. \qquad \text{avec} \qquad T_3 = \frac{CR\rho}{R+\rho}.$$

La perte totale du condensateur pendant le temps t_3 est $C(E_2 - E_3)$; la portion qui traverse le circuit extérieur et constitue la décharge Q est égale à $C(E_2 - E_3)\dfrac{R}{R+\rho}$, ce qui donne finalement

$$Q = E_0 \frac{CR^2}{(R+r)(R+\rho)}\left(1 - e^{-\frac{t_1}{T_1}}\right) e^{-\frac{t_2}{T_2}}\left(1 - e^{-\frac{t_3}{T_3}}\right).$$

Pour avoir la décharge complète, il suffit de faire $t_3 = \infty$; on voit qu'on arrive à cette décharge complète d'une manière continue et sans aucune des alternatives auxquelles donnent lieu les condensateurs.

Maxwell a montré qu'un système formé de couches diélectriques parallèles, et même d'éléments diélectriques différents mêlés d'une manière quelconque, est capable de donner lieu à des charges résiduelles, bien que chacun des diélectriques constituants soit dénué de cette faculté. Mais le défaut d'homogénéité ne paraît pas être la seule cause du phénomène, et l'expérience montre que l'existence des charges résiduelles doit être attribuée, dans le plus grand nombre des cas, à une espèce de déformation élastique qui serait la suite de la polarisation du diélectrique. Il est, en effet, à remarquer que toutes les actions, telles que des chocs répétés, des vibrations, des variations brusques et en sens contraires de la température, qui facilitent le retour à l'état normal d'un corps qui a subi une déformation élastique permanente, hâtent également l'apparition des charges résiduelles et le retour à l'état naturel.

La propagation de la chaleur ne donne lieu à aucun phénomène que l'on puisse rapprocher de la charge résiduelle des diélectriques, et, sous ce rapport, l'analogie, si grande d'ailleurs, des deux ordres de phénomènes paraît complètement en défaut.

CHAPITRE TROISIÈME

ÉNERGIE DES COURANTS

213. Dégagement de chaleur. — Lorsqu'un système de conducteurs électrisés éprouve une modification quelconque, sans l'intervention d'aucune force extérieure, l'énergie électrique dans le second état est nécessairement moindre que dans le premier. L'énergie perdue pendant la transformation peut être utilisée sous une autre forme équivalente, telle qu'un travail mécanique, l'élévation d'un poids, l'accroissement de force vive d'un système, un changement d'état physique, une opération chimique ou enfin un dégagement de chaleur.

Pour toute transformation infiniment petite du système considéré, la perte d'énergie est égale à la somme des produits de chacune des masses électriques par la différence des valeurs du potentiel aux points qu'elle occupe avant et après la transformation. Dans le cas d'un courant permanent, le potentiel est invariable en chaque point, malgré le mouvement continu d'électricité ; il en résulte que l'énergie perdue dans une partie quelconque des conducteurs est simplement proportionnelle au temps.

Considérons deux points A et B maintenus respectivement aux potentiels V_1 et V_2, et, sur les surfaces de niveau qui passent en A et B, deux portions S_1 et S_2 correspondantes, c'est-à-dire découpées par un même tube de flux. La quantité d'électricité qui traverse ces deux surfaces est la même ; l'énergie perdue par le courant dans cet intervalle pendant l'unité de temps est égale au produit de la masse d'électricité qui s'écoule, c'est à-dire de l'intensité I du courant, par la chute du potentiel $V_1 - V_2$, si le courant va de A en B, c'est-à-dire par la force électromotrice E qui existe entre ces deux points. On a donc, pour la mesure de l'énergie perdue,

$$W = I(V_1 - V_2) = IE.$$

Nous admettrons comme un fait expérimental qu'aucune partie de cette énergie n'est employée à changer la force vive des masses électriques. Le fait est évident si les surfaces S_1 et S_2 sont égales, puisqu'alors les vitesses sont les mêmes à l'entrée et à la sortie du tube. Pour le cas général, nous avons déjà fait remarquer que le flux est en chaque point parallèle à la force et que, par suite, aucun effet attribuable à l'inertie des masses électriques ne paraît intervenir dans les phénomènes de régime permanent.

Si, d'un autre côté, le conducteur est immobile, au moins dans son ensemble, et, enfin, si le courant ne produit aucun travail mécanique extérieur, l'énergie est nécessairement utilisée dans le conducteur lui-même.

244. Loi de Joule. — Deux cas peuvent se présenter : ou bien la chute de potentiel entre les points A et B est continue et s'effectue suivant la loi d'Ohm; ou bien il se trouve quelque part, dans l'intervalle de ces points, deux surfaces voisines entre lesquelles existe une chute brusque de potentiel, constante et indépendante de l'intensité du courant, c'est-à-dire une force électromotrice constante H. La manière dont l'énergie électrique se dépense le long du conducteur dépend de la loi de variation de potentiels et n'est pas identique dans les deux cas. Partout où la variation de potentiel est continue, l'énergie se dépense d'une manière continue; elle se transforme en énergie calorifique et donne lieu à un dégagement de chaleur le long du conducteur. Là où existe une chute brusque de potentiel, il y a une variation brusque de l'énergie électrique qui se traduit soit par un phénomène calorifique soit par tout autre effet physique équivalent.

Considérons d'abord le premier cas et supposons qu'il n'y ait pas de variations de potentiel indépendantes du courant. Si

R est la résistance du conducteur entre deux points A et B, la loi d'Ohm donne

$$I = \frac{V_1 - V_2}{R} = \frac{E}{R}.$$

L'expression de l'énergie dépensée entre les deux points est donc

$$W = IE = I^2 R = \frac{E^2}{R}.$$

Ainsi, *l'énergie calorifique dégagée sur le conducteur pendant l'unité de temps est égale au produit du carré de l'intensité du courant par la résistance du conducteur.* Si l'on appelle Q la quantité de chaleur, telle qu'on peut la mesurer par les procédés calorimétriques, et J l'équivalent mécanique de la calorie, on a donc

$$I^2 R = JQ.$$

La quantité de chaleur dégagée est proportionnelle à la résistance du conducteur et au carré de l'intensité du courant.

C'est la *loi de Joule*.

245. Relation des lois d'Ohm et de Joule. — On peut arriver à ce résultat par une autre voie :

Considérons un conducteur de capacité C, une batterie par exemple, électrisé au potentiel V : l'énergie potentielle a pour valeur (**89**)

$$W = \frac{1}{2} MV = \frac{1}{2} CV^2.$$

Supposons que cette batterie soit reliée au sol par un fil d'une résistance R assez grande pour que la décharge ait une durée appréciable. Pendant le temps dt, il s'écoule une masse d'électricité dM, et le potentiel diminue de dV ; on a

$$dM = I\,dt = C\,dV,$$

et la perte d'énergie pendant le même temps est

$$dW = CV\,dV = V\,dM = IV\,dt$$

La loi d'Ohm est applicable si l'intensité du courant reste sensiblement constante pendant le temps dt; il en résulte

$$I = \frac{V}{R},$$

et

$$\frac{dW}{dt} = IV = I^2R = \frac{V^2}{R},$$

c'est-à-dire que l'énergie dépensée pendant l'unité de temps est exprimée par la loi de Joule.

Nous venons de déduire la loi de Joule du principe de la conservation de l'énergie et de la loi d'Ohm. On pourrait inversement déduire la loi d'Ohm du même principe combiné avec la loi de Joule. En effet, la loi de Joule donne

$$W = I^2R.$$

On a d'ailleurs

$$W = EI ;$$

il en résulte

$$E = IR,$$

c'est-à-dire la loi d'Ohm.

216. — Nous ferons remarquer que, dans un circuit complexe qui ne renferme pas de forces électromotrices localisées, *la quantité de chaleur développée est un minimum lorsque la distribution des intensités est régie par la loi d'Ohm.*

Imaginons, par exemple, qu'il existe entre les points A et B, aux potentiels V_1 et V_2, une série d'arcs conducteurs (fig. 52). Soit R la résistance de l'un d'eux et I l'intensité déduite de la loi d'Ohm, c'est-à-dire telle qu'on ait $IR = V_1 - V_2 = E$, et supposons que par une altération du régime l'intensité dans ce conducteur devienne $I + i$.

La quantité totale de chaleur développée dans le nouveau système aura pour expression

$$\sum R(I + i)^2 = \sum RI^2 + 2\sum RIi + \sum Ri^2 :$$

mais le produit RI est une constante pour chacun des arcs, et, d'autre part, $\sum i$ est nécessairement nul si le courant qui aboutit au point A n'est pas modifié ; la quantité de chaleur se réduit donc à

$$\sum RI^2 + \sum Ri^2,$$

et elle est évidemment minimum pour $i = 0$, c'est-à-dire quand l'intensité se partage sur tous les arcs d'après la loi d'Ohm.

247. Phénomène de Peltier. — Supposons maintenant qu'entre les deux points A et B, toujours maintenus aux mêmes potentiels V_1 et V_2, la valeur du potentiel au lieu de varier proportionnellement aux résistances, éprouve en un point P entre deux surfaces voisines une chûte brusque $U_1 - U_2 = \Pi$ indépendante de l'intensité du courant ; cette intensité n'aura plus la même expression que dans le cas précédent.

En appelant R_1 et R_2 les résistances des deux portions AP et PB, on a alors (**210**)

$$I = \frac{V_1 - U_1}{R_1} = \frac{U_2 - V_2}{R^2} = \frac{V_1 - V_2 - (U_1 - U_2)}{R_1 + R_2} = \frac{E - \Pi}{R}.$$

L'énergie totale dépensée entre les points A et B est

$$W = I(V_1 - V_2) = IE,$$

ce qui donne

$$W = I(IR + \Pi) = I^2R + I\Pi.$$

Cette énergie se compose donc de deux parties : l'une, proportionnelle au carré de l'intensité et qui échauffe le conducteur dans toute la longueur, correspond à la loi de Joule ; l'autre, proportionnelle à l'intensité, est localisée au point P. Cette dernière partie est positive, si la chûte se fait dans le sens du courant, et négative dans le cas contraire. S'il n'y a pas d'autre travail que celui qui correspond aux changements de température, cette énergie se traduira par un dégagement de chaleur en P dans le premier cas, par une absorption de chaleur dans le second, c'est-à-dire par un refroidissement. Tel est l'effet, connu sous le nom de *phénomène de Peltier*, qui se produit au contact de deux métaux.

Il peut se faire aussi que l'énergie localisée ΠI soit corrélative d'une réaction chimique, la réaction dépensant de la chaleur si Π est positif, et produisant au contraire de la chaleur si Π est négatif, de telle sorte que les variations de température soient alors dues uniquement à la chaleur dégagée en vertu de la loi de Joule.

218. — La réciproque des conclusions que nous venons d'établir est évidente. Si, en un point P quelconque du circuit, on constate la production d'un phénomène calorifique ou chimique dont l'énergie est proportionnelle à l'intensité du courant, on peut affirmer qu'il existe en ce point une variation brusque du potentiel, positive ou négative suivant le signe du travail, et que cette variation est indépendante de l'intensité. Si, de plus, le travail change de sens avec le courant, on en conclura que la variation de potentiel correspondante est fixe et indépendante du courant.

Considérons, en particulier, ce dernier cas; soit r la résistance de la région où se manifeste la chûte de potentiel, et supposons qu'il n'y ait au point considéré que des phénomènes calorifiques. La quantité de chaleur dégagée se compose de deux parties : l'une, définie par la loi de Joule, a pour expression $I^2 r$ et est indépendante du sens du courant; l'autre, due à l'effet Peltier, a pour valeur ΠI et change de signe avec le sens du courant. Si le courant passe dans un sens, la quantité totale de chaleur dégagée est

$$\Pi I \left(1 + I \frac{r}{\Pi} \right),$$

et, s'il passe en sens contraire,

$$- \Pi I \left(1 - I \frac{r}{\Pi} \right).$$

A mesure qu'on fera décroître l'intensité, le terme $I \frac{r}{\Pi}$ deviendra de plus en plus petit, l'effet Peltier sera prédominant, et le renversement du courant tendra de plus en plus à produire des effets égaux et de signes contraires.

Une question se présente ici à propos du phénomène de Peltier. L'effet calorifique que l'on observe pendant le passage du courant, à la soudure des deux métaux, mesure la chûte brusque de potentiel qui existe en ce point, et semble devoir mesurer, par conséquent, la force électromotrice de contact qui existe entre eux d'après la théorie de Volta. Le résultat qu'on obtient ainsi concorde-t-il avec celui que donnent les autres procédés, l'emploi des électromètres, par exemple?

L'expérience répond d'une manière négative à cette question : non seulement les séries de nombres obtenus par les deux procédés ne sont pas concordantes, mais les corps ne s'y trouvent pas rangés dans le même ordre; les nombres des deux séries ne sont pas du même ordre de grandeur, ils sont même parfois de signes contraires. Il est donc certain que dans les deux cas on ne mesure pas le même phénomène. L'explication la plus plausible de ce désaccord est que, dans les mesures électrostatiques, on se trouve en présence d'un phénomène complexe dans lequel la nature du milieu, nécessairement interposé entre les métaux en contact, joue un rôle considérable.

249. Décompositions chimiques. — Toutes les fois qu'un composé liquide est traversé par un courant, il se dédouble : on voit l'un des éléments apparaître sur le conducteur qui amène le courant, l'autre sur celui qui l'emporte. Faraday a désigné ce phénomène sous le nom d'*électrolyse;* il appelle *électrolyte* le corps soumis à la décomposition et *électrodes* les deux conducteurs qui servent à l'entrée et à la sortie du courant, le premier étant l'électrode *positive* et le second l'électrode *négative* (1).

Deux conditions sont nécessaires pour la production de l'électrolyse : il faut que le courant puisse traverser le com-

---

(1) Faraday appelle *anode* le conducteur qui amène le courant, *cathode* celui par lequel il sort; il donne le nom d'*Ions* aux éléments de la décomposition. L'*anion* se dégage sur l'anode, le *cation* sur la cathode; mais ces dernières dénominations n'ont pas été, comme les premières, généralement adoptées.

posé et que celui-ci soit liquide ou tout au moins à l'état pâteux. Ainsi le verre au rouge donne des signes évidents de décomposition, parce qu'il devient à la fois conducteur et pâteux.

Il est extrêmement remarquable que les produits de la décomposition n'apparaissent que sur les électrodes. Clausius, développant une théorie proposée d'abord par Grotthus, interprète ce phénomène d'une manière ingénieuse. Pour lui, les molécules qui composent les corps sont dans un état d'agitation continuelle; mais, tandis que les excursions de chaque molécule sont limitées dans les solides, ces excursions, dans les liquides, peuvent se poursuivre sans limite et suivant des directions quelconques. Ainsi la molécule d'hydrogène qui fait partie d'une molécule d'eau n'est pas liée invariablement à la molécule correspondante d'oxygène; mais, entraînée dans un tourbillonnement incessant, elle peut quitter cette première molécule d'oxygène pour s'unir à une molécule voisine et se transporter ainsi, par voie d'échanges successifs, à des distances infiniment grandes par rapport au rayon d'activité. Dans l'état ordinaire, ces mouvements ont des directions absolument quelconques; le passage de l'électricité aurait pour effet de leur imprimer une tendance systématique, en vertu de laquelle les molécules d'hydrogène descendant le courant seraient poussées vers l'électrode négative; celles d'oxygène, au contraire, remontant le courant, marcheraient vers l'électrode positive.

250. Première loi de Faraday. — Les premières expériences de décomposition de l'eau par l'électricité paraissent dues à Troostwik et Dieman en 1795. Ils employaient l'étincelle des batteries partant entre deux fils d'or ou de platine. L'expérience fut répétée en 1800 au moyen du courant de la pile par Carlisle et Nicholson. Quand on veut opérer avec des étincelles, il y a grand avantage à employer les électrodes dites à la Wollaston, et qui consistent en un fil de platine soudé dans un tube de verre de manière à ne laisser en contact avec le liquide que la section même du fil. Wollaston, Faraday, Armstrong, ont démontré que l'effet de l'étincelle est identique à celui de la pile. Quelle que soit la provenance de l'électricité, la *quantité d'eau décomposée est proportion-nelle à la quantité d'électricité qui passe.*

Cette loi, énoncée par Faraday, a été surtout vérifiée par la mesure électromagnétique des courants; mais la détermination directe du débit d'électricité par les méthodes électrostatiques permet également d'en donner une démonstration très exacte. Dans des expériences récentes, M. Warren de la Rue a fait passer à travers l'eau les décharges d'un condensateur chargé à des potentiels dans le rapport de 1, 2, 3 et vérifié, d'une façon très rigoureuse, la proportionnalité de la quantité d'électricité à la quantité d'eau décomposée. Cette proportionnalité permet de considérer les électrolytes comme des mesureurs d'électricité; on appelle *voltamètre* un appareil disposé de manière à recueillir les gaz qui proviennent de la décomposition de l'eau.

251. — Le travail de la décomposition chimique étant proportionnel à l'intensité du courant, il résulte de la remarque faite plus haut, qu'il doit exister quelque part dans le voltamètre une chùte brusque de potentiel H, indépendante de l'intensité. L'énergie rendue disponible par la chùte du courant en ce point est employée à la décomposition de l'eau et peut être calculée en valeur absolue.

Soit M la quantité d'électricité qui a traversé le voltamètre pendant un certain temps, et P le poids d'eau décomposée. Ces deux quantités étant proportionnelles, le quotient $\dfrac{P}{M} = p$ exprime le poids d'eau décomposée par l'unité d'électricité. Enfin, en désignant par a la chaleur de combinaison de l'unité de poids d'eau à pression constante, JaP représente l'énergie nécessaire pour décomposer un poids d'eau égal à P. Cette énergie étant fournie par la chùte du courant, on doit avoir

$$W = MH = JaP\,;$$

on en déduit

$$H = \frac{JaP}{M} = Jap.$$

Ainsi, entre les deux électrodes d'un voltamètre traversé

par un courant il existe, outre la différence de potentiel due à la résistance du conducteur liquide intermédiaire, une chûte brusque, dont le siège est indéterminé, qui peut se produire soit tout entière sur une électrode, soit partiellement sur les deux, et qui a pour expression numérique le travail mécanique correspondant à l'énergie absorbée par la quantité d'eau que décompose une unité d'électricité.

252. Polarisation des électrodes. — Par quel mécanisme se produit cette différence de potentiel? Il est évident qu'avant le passage du courant les deux électrodes, si elles sont formées d'un même métal, toutes deux en platine par exemple, sont à un même potentiel, probablement différent de celui de l'eau, en vertu de la loi de Volta; mais les variations brusques et de sens contraires qui existent alors, à chacune des électrodes, donneraient dans le voltamètre un travail qui serait évidemment nul. Quand le courant est établi, les deux chûtes sont inégales et leur différence devient égale à H. On est donc conduit à admettre, en suivant les idées de Volta, qu'il s'est produit une modification des surfaces en contact. Le dépôt sur les électrodes des éléments de l'électrolyte donne une explication suffisante de cette modification.

Il suffit, en effet, qu'une lame ait été employée comme électrode ou même plongée dans un gaz pour qu'on trouve, quand on la met dans l'eau en présence d'une lame de même nature, mais neuve ou récemment portée au rouge, une différence de potentiel entre les deux lames.

Considérons, en particulier, la décomposition de l'eau. Les premières portions de gaz qui viennent au contact de la lame de platine paraissent, sinon former avec elle une véritable combinaison, tout au moins s'y déposer à un état de condensation dans lequel le gaz est loin d'avoir l'énergie potentielle qui correspond à l'état libre. Cet effet de condensation des gaz doit avoir lieu surtout au début, et il va ensuite en diminuant progressivement jusqu'à ce que l'épaisseur de la couche soit devenue assez grande pour que les nouvelles bulles n'éprouvent plus aucune action de la part de la lame et puissent se dégager librement.

Ce n'est qu'à partir de ce moment que le travail de la décomposition de l'eau atteint sa valeur normale. Jusque là il n'était que la différence entre cette valeur normale et le travail correspondant à la condensation dont il vient d'être question ; l'expérience montre que cette différence peut avoir au début une valeur très petite.

La modification subie ainsi par la surface des lames serait la cause du phénomène appelé *polarisation des électrodes*, et qui se manifeste par le développement d'une force électromotrice inverse de celle qui produit le courant. On conçoit ainsi comment cette polarisation n'est pas instantanée, comment elle peut croître d'une manière continue depuis zéro jusqu'à une limite maximum, enfin, comment la quantité d'électricité nécessaire pour amener un état de polarisation donné dépend de l'état et des dimensions des lames. Cette quantité s'appelle souvent la *capacité de polarisation* relative à l'état considéré.

En prenant des électrodes de surfaces très inégales et faisant passer dans le voltamètre une quantité déterminée d'électricité à un potentiel donné, on peut à volonté provoquer la polarisation de l'une ou l'autre des électrodes ; les expériences récentes de M. Blondlot montrent que le phénomène suit la même loi, quel que soit le sens du courant, et que, pour une électrode et un électrolyte donnés, la capacité ne dépend pas du sens de la polarisation.

253. Courants secondaires. — Une fois la polarisation établie, si on rompt le courant primitif et qu'on réunisse les deux électrodes par un conducteur, un courant se produit en sens contraire du courant primitif en vertu de la force électromotrice de polarisation H, mais ce courant diminue rapidement et finit par disparaître plus ou moins ; on l'appelle *courant secondaire*.

Il est facile de rendre compte de ce phénomène : quand on a réuni les deux électrodes par un conducteur, la couche de gaz disparaît peu à peu en reformant de l'eau ; la force électromotrice diminue et disparaît avec elle ; enfin il est évident que la quantité totale d'électricité mise en mouvement pendant la durée du courant secondaire doit être égale à celle qu'il avait fallu dépenser pour la polarisation des électrodes.

Il est clair que ce courant resterait constant si on pouvait maintenir constante la force électromotrice Il ; il suffirait d'entretenir à la surface de l'électrode la couche gazeuse nécessaire à la polarisation complète. C'est précisément ce qui a lieu dans le *couple à gaz* de Grove.

254. Actions chimiques successives d'un courant. — Seconde loi de Faraday. — Supposons que dans un même circuit on ait introduit plusieurs couples de Grove, placés à la suite les uns des autres dans le même ordre, et plusieurs voltamètres. Soit n le nombre des couples, n' celui des voltamètres, R la résistance totale du circuit et I l'intensité du courant qui le parcourt. Dans chaque unité de temps, le travail fourni par l'ensemble des couples est $n\mathrm{J}ap\mathrm{I}$; celui qui est dépensé par les voltamètres est $n'\mathrm{J}ap\mathrm{I}$. Enfin une quantité de travail RI^2 est convertie en chaleur dans le circuit, en vertu de la loi de Joule. S'il n'y a aucun autre travail extérieur positif ou négatif, la somme des travaux positifs doit être égale à la somme des travaux négatifs, ce qui donne

$$n\mathrm{J}ap\mathrm{I} = n'\mathrm{J}ap\mathrm{I} + \mathrm{I}^2\mathrm{R},$$

ou

$$(n - n')\,\mathrm{J}ap = \mathrm{IR} = (n - n')\,\mathrm{H}.$$

Le produit IR est une quantité essentiellement positive ; le courant ne peut donc exister que si l'on a

$$n > n'.$$

Les nombres n et n' sont d'ailleurs entiers si la polarisation est maximum dans tous les couples ; si dans l'un d'eux la polarisation était incomplète, la force électromotrice correspondante ne serait qu'une fraction de Il, et n devrait alors être considéré comme un nombre fractionnaire. Dans tous les cas, la condition nécessaire et suffisante de l'existence du courant est que n soit plus grand que n'.

Lorsque le régime permanent est établi, la polarisation étant supposée complète dans les couples ainsi que dans les voltamètres, il y a dans chacun d'eux un même travail effectué pendant le même temps, positif dans les uns, négatif dans les autres. En d'autres termes, *pour chaque unité d'électricité qui traverse le système, une même quantité d'eau se forme dans les couples et se décompose dans les voltamètres.*

255. — Cette seconde loi de Faraday se vérifie encore alors même que la polarisation ne serait pas complète en tous les points de la chaîne considérée. Supposons, pour fixer les idées, que dans l'un des couples l'épaisseur des couches de gaz soit tombée au-dessous de sa valeur limite, et qu'à un instant donné la force électromotrice n'ait plus qu'une valeur H' plus petite que H; le transport d'une unité d'électricité ne correspond plus dans ce couple au même travail que dans les autres, mais la relation $H' = Ja'p$ est toujours satisfaite, si l'on désigne par a' la chaleur de formation de l'unité de poids d'eau avec de l'oxygène et de l'hydrogène à l'état de combinaison partielle où ils se trouvent sur le platine, et le couple ainsi altéré donne naissance à la même quantité d'eau que tous les autres.

La loi est d'ailleurs générale : *pour tout électrolyte, le poids des éléments combinés ou décomposés est proportionnel à la quantité d'électricité qui passe,* que l'opération soit positive ou négative, qu'elle ait lieu avec polarisation des électrodes, comme la décomposition de l'eau ou du sulfate de cuivre avec des électrodes de platine, ou que la polarisation soit négligeable, comme dans l'électrolyse du sulfate de cuivre par deux électrodes de cuivre. Cet énoncé comprend, comme conséquence, que l'électrolyte n'agit *jamais* à la manière d'un simple conducteur et ne laisse passer aucune fraction du courant sans décomposition corrélative.

Dans l'électrolyse du sulfate de cuivre par deux lames de cuivre, si les deux lames sont réellement dans le même état, la force électromotrice de contact du métal avec le liquide est la même de part et d'autre, et, comme il se dissout juste autant de cuivre à l'électrode positive qu'il s'en dépose à l'électrode négative, il doit y avoir égalité entre la chaleur produite et la chaleur dépensée. Au contraire, toute différence dans l'état des deux lames sera accusée par un travail calorifique.

256. — Nous devons cependant exprimer ici une réserve importante sur ce principe de l'équivalence de l'énergie chimique et du travail électrique. On admet, en réalité, qu'il ne se produit, au point où a lieu l'opération chimique, aucun travail extérieur ni aucune variation de température indépendante des résistances. S'il n'en est pas ainsi, on doit tenir compte de tous les travaux secondaires, physiques ou chimiques auxquels peut donner lieu l'électrolyse.

Dans la décomposition de l'eau, par exemple, l'énergie du courant produit d'abord la séparation de l'oxygène et de l'hydrogène et ensuite le travail nécessaire pour que les gaz occupent un certain volume à la pression extérieure.

Lorsque le courant provient d'une pile de Grove, le même travail est fourni par chacun des couples. D'ailleurs le travail extérieur est toujours le même, tant que la loi de Mariotte est vraie, pour le même poids d'eau décomposée et, par suite, pour le même débit d'électricité. Dans ces limites, la condition d'équilibre des couples et des électrolytes est donc indépendante de la pression.

Pour des pressions très élevées, la loi de Mariotte est très éloignée de la vérité ; la chaleur de combinaison propre de l'hydrogène et de l'oxygène est d'ailleurs modifiée, et l'on sait que la décomposition par la pile exige alors l'emploi de forces électromotrices beaucoup plus grandes. La chaleur de formation de l'eau est d'ailleurs fonction de la température, et les conditions d'équilibre dans un circuit pourront être modifiées, si les couples et les électrolytes sont à des températures différentes.

D'autre part, il peut arriver que certains éléments de la décomposition éprouvent des réactions secondaires indépendantes de l'action du courant et donnent lieu à une absorption ou à un dégagement de chaleur. Le résultat final de l'électrolyse n'est plus alors en relation simple avec la force électromotrice, et celle-ci ne peut plus être calculée par la chaleur de combinaison des éléments pris dans l'état où ils apparaissent après l'opération électrique.

257. Équivalents électrochimiques. — Soient A, A′, A″, ··· divers électrolytes, p, p', p'', ··· les poids de chacun d'eux décomposés par une unité d'électricité. Ces nombres sont appelés les *équivalents électrochimiques* des différents corps et l'expérience montre qu'ils sont proportionnels à leurs équivalents chimiques ordinaires.

Si on désigne par a, a', a'', $\cdots$ les chaleurs de combinaison de l'unité de poids pour chacun des composés, les éléments de la combinaison étant pris dans l'état où ils se trouvent par le fait du courant, c'est-à-dire sans tenir compte des réactions secondaires, les produits ap, $a'p'$, $a''p''$, $\cdots$ seront les chaleurs de combinaison des équivalents. Par un raisonnement analogue à celui que nous avons fait pour l'eau, on voit que les forces électromotrices H, H', H'', $\cdots$, relatives à ces divers électrolytes, sont déterminées par les relations

$$H = Jap,$$
$$H' = Ja'p',$$
$$H'' = Ja''p'',$$
$$\cdots\cdots\cdots,$$

qui donnent

$$\frac{H}{ap} = \frac{H'}{a'p'} = \frac{H''}{a''p''}\cdots\cdots = J.$$

Il en résulte que *la force électromotrice d'un électrolyte est égale à l'équivalent mécanique de la chaleur de combinaison de son équivalent électrochimique.*

258. Loi d'Ed. Becquerel. — L'application de cette loi de Faraday ne présente pas d'ambiguité quand il s'agit de composés chimiques analogues. Si l'on produit, par un même courant, l'électrolyse de l'eau et d'une série de sulfates neutres de protoxydes, par exemple, l'équivalent électrochimique de chaque métal est le poids qui se dépose pour le dégagement d'un gramme d'hydrogène; mais il peut y avoir doute si les composés n'ont pas la même formule. Avec deux sulfates neutres, l'un de protoxyde, l'autre de sesquioxyde de fer, décomposés par le même courant, on peut se demander si le même poids de fer ou le même poids d'oxygène sera mis en liberté dans les deux électrolytes. M. Ed. Becquerel a montré que *c'est le métalloïde qui fait la loi:* par conséquent les poids de fer seront, pour les deux électrolytes, dans le rapport de 3 à 2. Il en est de même pour les sels des autres acides, les chlorures, les sulfures, etc.

259. Des couples électriques. — Considérons maintenant un circuit composé de divers électrolytes, les uns donnant lieu à des actions positives, les autres à des actions négatives. En désignant par a pour ceux de la première espèce, et par b pour ceux de la seconde, les chaleurs de combinaison de l'unité de poids, par R la résistance totale du circuit et par I l'intensité du courant, on aura

$$\sum Jap\mathrm{I}=\sum Jbp\mathrm{I}+\mathrm{I}^2\mathrm{R},$$

ou

$$\mathrm{IR}=\mathrm{J}\left[\sum ap-\sum bp\right].$$

Le produit IR qui correspond à la chaleur dégagée dans le circuit en raison des résistances étant essentiellement positif, le courant ne pourra exister que si l'on a

$$\sum ap > \sum bp.$$

Si cette condition n'est pas remplie et que tous les électrolytes soient à l'état naturel, le courant s'établit d'abord au moment de la fermeture du circuit. Une décomposition incomplète polarise les électrodes et le courant cesse dès que la somme des forces électromotrices de polarisation atteint la valeur $\sum ap$; le système reste alors en équilibre. Tel est le cas d'un circuit formé d'un couple Daniell (**263**) et d'un voltamètre ; la substitution du zinc au cuivre dans le couple Daniell donne 24,2 calories, tandis que la décomposition de l'eau en exige 34,5.

260. Dépolarisation par diffusion. — Il peut arriver cependant que l'on constate alors l'existence d'un courant excessivement faible. Ce courant est dû à la cause suivante : la polarisation des électrodes du voltamètre se dissipe peu à peu par suite de la diffusion du gaz ; on conçoit que cette diffusion sera plus ou moins rapide suivant les conditions de l'expérience, mais surtout suivant la valeur de la polarisation elle-même et de son écart par rapport à la polarisation maximum. Le courant observé dans ces circonstances sera celui qui est nécessaire pour rétablir les pertes dues à la diffusion et maintenir l'état d'équilibre qui correspond au maximum de polarisation pour les conditions de l'expérience. Ainsi s'expliquent les diverses particularités auxquelles donnent lieu les phénomènes de polarisation. Quand on unit à un voltamètre une source de force électromotrice insuffisante pour donner un dégagement de gaz continu, l'expérience montre que la force électromotrice de polarisation croît avec l'intensité du courant permanent dont il vient d'être question, mais moins rapidement; que, pour une valeur donnée de ce courant, la force électromotrice diminue quand on augmente la surface des électrodes; enfin, que la force électromotrice reste constante si l'intensité du courant et la surface des électrodes croissent dans le même rapport.

261. Couple de Volta. — Quelques mots nous suffiront maintenant pour compléter la théorie de la pile. Le couple de Volta proprement dit se compose de deux lames, l'une de zinc, l'autre de cuivre, plongées dans de l'eau rendue conductrice par l'addition d'une petite quantité d'acide sulfurique ou d'un sel quelconque, la lame de cuivre étant soudée à une lame de zinc qui fait partie du couple suivant. Entre deux métaux extrêmes identiques, on a ainsi trois contacts, zinc-cuivre, cuivre-eau et eau-zinc. La force électromotrice peut donc s'exprimer par les symboles habituels,

$$E = Zn|Cu + Cu|Aq + Aq|Zn.$$

Volta admettait que l'eau ne joue que le rôle d'un conducteur; on aurait alors

$$Cu|Aq + Aq|Zn = o,$$

et, par suite,

$$E = Zn|Cu.$$

D'après cette manière de voir, la force électromotrice du

couple de Volta ne dépendrait que du contact zinc-cuivre, et ces deux métaux réunis par une couche d'eau se trouve
au même potentiel. L'altération superficielle des métaux au contact des liquides ou des gaz rend très difficile la vérification rigoureuse de l'hypothèse de Volta.

Quoi qu'il en soit, cette altération est tellement rapide et amène dans la valeur de la force électromotrice des changements tels, qu'au point de vue pratique, la force électromotrice du couple de Volta doit être considérée comme dépendant, pour une notable part, du milieu qui forme le troisième élément.

Lorsque le couple est fermé par un conducteur de résistance R, il se produit un courant dont l'intensité est donnée d'abord par la relation

$$I = \frac{E}{R},$$

mais l'eau est aussitôt décomposée, l'oxygène remonte le courant et oxyde la lame de zinc, l'hydrogène le descend et vient polariser la lame de cuivre ; il en résulte une force électromotrice inverse. Quand le régime permanent est établi, la force électromotrice de polarisation est E' et l'intensité I' satisfait à la relation

$$(E - E')I' = I'^2 R,$$

ou

$$I' = \frac{E - E'}{R}.$$

Si on laisse reposer la pile, la polarisation disparaît lentement par diffusion. Quand on ferme de nouveau le circuit au bout d'un certain temps, le courant reparaît d'abord avec l'intensité primitive I, si l'influence de la couche d'oxyde de zinc est négligeable, pour reprendre ensuite l'intensité I' au bout d'un temps généralement très court, mais qui peut être assez long si les surfaces des électrodes sont très grandes et la résistance du circuit considérable. Tant que le couple reste ouvert, la différence de potentiel des extrémités est donc égale à E.

Dans un circuit fermé, la force électromotrice utilisable est seulement $E - E'$. Il se produit dans chaque couple de l'oxyde de zinc et de l'hydrogène aux dépens du zinc et de l'eau. Comme on peut supposer que l'oxygène a passé par l'état gazeux en allant de l'eau au zinc, on voit que l'énergie disponible du couple correspond à l'excès de la chaleur de formation de l'oxyde de zinc sur celle de l'eau pour le même poids d'oxygène. Si l'eau est acidulée, la différence correspond à la substitution du zinc à l'hydrogène dans l'acide sulfurique : cette différence est de 17,7 calories environ.

La couche d'hydrogène qui recouvre le cuivre a encore pour effet d'augmenter beaucoup la résistance du couple, ce qui est une nouvelle cause d'affaiblissement du courant.

262. Couples non polarisables. — Des moyens mécaniques, comme l'agitation du liquide ou le frottement de la lame de cuivre par un corps étranger, permettent, en éliminant la plus grande partie du gaz, de diminuer beaucoup la résistance et même la polarisation; mais on peut supprimer complètement la couche gazeuse par une action chimique et obtenir ainsi des *couples non polarisables*.

Un liquide qui dissoudrait simplement l'hydrogène sans effet calorifique augmenterait déjà la force électromotrice de tout le travail que doit effectuer le gaz pour occuper un volume déterminé à la pression extérieure; mais si l'hydrogène entre dans une nouvelle combinaison chimique, ou même si l'on tient compte de la chaleur de dissolution, la force électromotrice est égale à la somme algébrique des énergies produites aux deux électrodes, ou aux deux pôles du couple.

Tel est, par exemple, le couple employé par Joule où la lame de cuivre est recouverte par une couche d'oxyde que l'hydrogène réduit peu à peu. La force électromotrice est égale à la différence des chaleurs d'oxydation du cuivre et du zinc pour un même poids d'oxygène.

Dans d'autres cas, le liquide renferme en dissolution un sel du métal qui constitue l'électrode positive, par exemple une dissolution de sulfate de cadmium dans laquelle plongent une lame de zinc et une lame de cadmium. Le sulfate dissous subit l'électrolyse quand le circuit est fermé et il se dépose sur la lame de cadmium une quantité de cadmium équivalente au point de zinc dissous. La force électromotrice correspond à la chaleur de substitution du zinc au cadmium dans le sulfate, soit environ 8,3 calories.

Les choses restent dans le même état tant que la proportion du sulfate de zinc dissous n'est pas assez grande pour que ce sel lui-même prenne part à l'électrolyse. A partir de ce moment la polarisation du couple apparaît de nouveau.

En fonction des forces électromotrices de contact, la force électromotrice de ce couple peut être exprimée par les symboles suivants :

$$E = Zn|Cd + Cd|Cd\,O.SO^3 + Cd\,O.SO^3|Zn.$$

263. Couples à deux liquides. — Dans le *couple de Daniell* à sulfates, imaginé pour la première fois par Becquerel, on emploie deux liquides : une dissolution concentrée de sulfate de cuivre autour de la lame de cuivre et une dissolution de sulfate de zinc autour de la lame de zinc. Les deux liquides sont séparés par une membrane, comme une peau, ou par un vase de terre poreuse, afin d'empêcher le mélange des dissolutions sans interrompre la conductibilité.

La force électromotrice est alors

$$D = Zn|Cu + Cu|CuO,SO^3 + CuO,SO^3|ZnO,SO^3 + ZnOSO^3|Zn.$$

Pendant que la lame de zinc se dissout, le cuivre provenant de l'électrolyse du sulfate de cuivre se dépose sur la lame de cuivre. La force électromotrice correspond à la différence des chaleurs de formation du sulfate de zinc et du sulfate de cuivre, c'est-à-dire à la chaleur de substitution du zinc au cuivre dans le sulfate, soit 24,2 calories.

Ce couple présente une constance remarquable et c'est un de ceux dans lequel la force électromotrice change le moins par suite des variations de la température.

Dans le *couple de Grove*, le cuivre est remplacé par du platine : l'hydrogène est absorbé par de l'acide azotique et forme des composés nitrés d'un degré d'oxydation plus faible, le zinc est placé dans une solution d'acide sulfurique ou de sulfate de zinc. En substituant du charbon au platine, on obtient le *couple de Bunsen*.

L'énergie disponible dans les couples de Grove et de Bunsen correspond à une quantité de chaleur d'environ 17 calories, ils ont donc une force électromotrice presque double de celle des couples de Daniell; les liquides présentent d'ailleurs une résistance beaucoup plus faible. Aussi les emploie-t-on de préférence toutes les fois qu'on veut obtenir des courants très intenses; mais les liquides s'altèrent rapidement, la résistance augmente, la force électromotrice diminue et le courant ne tarde pas à s'affaiblir.

264. Phénomènes électrostatiques dans les piles. — Le nom de *pile* donné habituellement à la réunion de plusieurs couples en communication les uns avec les autres provient de la forme imaginée d'abord par Volta. La pile à colonne de Volta se compose d'une série de doubles lames de zinc et de cuivre superposées dans le même sens et séparées les unes des autres par des rondelles de drap humide.

Un couple est formé par l'ensemble des corps qui existent entre deux zincs, c'est-à-dire zinc, cuivre, eau, zinc. On peut imaginer que chacune des lames de zinc appartient par moitié à deux couples successifs.

Si la pile commence à la partie inférieure par un cuivre et se termine en haut par un zinc, on voit que la première lame de cuivre n'intervient pas. La différence de potentiel étant égale à e pour chaque couple, le potentiel ira en croissant de bas en haut et, s'il y a n couples, la force électromotrice E de la pile est

$$E = en.$$

265. *Pile non isolée.* — Si la pile est mise en communication avec le sol par sa partie inférieure à l'aide de conducteurs dont on puisse négliger l'influence, l'extrémité supérieure A a un potentiel $V_a = E = ne$ proportionnel au nombre des couples. On le vérifie facilement, soit au moyen d'un électromètre, soit par la mesure des charges communiquées à un condensateur.

266. *Pile isolée.* — Si la pile, supposée formée de couples identiques et équidistants, n'a pas été mise en communication avec le sol, tout au moins depuis un temps assez long pour qu'elle ait pu prendre son équilibre, sa charge totale doit être nulle et la distribution des potentiels symétrique par rapport au point milieu.

On aura donc, pour les extrémités A et B ou les deux pôles,

$$V_a + V_b = 0,$$
$$V_a - V_b = E,$$

et, par suite,

$$V_a = - V_b = \frac{E}{2}.$$

Supposons qu'on donne à la pile un excès de charge M′; cette charge se distribuera comme elle le ferait sur un conducteur ordinaire de même forme et donnera à l'intérieur un potentiel constant V′ tel qu'on ait, en appelant P la capacité de la pile,

$$V' = \frac{M'}{P}.$$

Le potentiel V′, s'ajoutant en chaque point au potentiel primitif, ne troublera pas la loi des contacts. On aura ainsi, à l'extrémité supérieure A,

$$V_a = \frac{E}{2} + V' = \frac{ne}{2} + V',$$

et, sur le m^e couple à partir du bas,

$$V_m = \left(m - \frac{n}{2} \right) e + V'.$$

Supposons maintenant qu'on mette en communication avec une capacité C le m^e couple d'une pile isolée dont la charge totale est nulle. Cette capacité prend une charge M; il en résultera pour la pile une chute V de potentiel en chaque point, de sorte qu'en désignant par V_m le potentiel nouveau du couple considéré, on aura

$$M = CV_m = PV.$$

On en déduit

$$V_a = \frac{E}{2} - V = \frac{E}{2} - \frac{C}{P}V_m = \frac{ne}{2} - \frac{C}{P}V_m.$$

On a d'ailleurs

$$V_a - V_m = (n - m)\, e.$$

En éliminant entre ces deux équations le potentiel intermédiaire V_m, il vient

$$V_a = e\ \frac{\dfrac{P}{C}\cdot\dfrac{n}{2} + n - m}{1 + \dfrac{P}{C}}.$$

Si le m^e couple est au sol, il est clair qu'on a

$$V_a = e\,(n - m).$$

On déterminerait de la même manière la distribution des potentiels sur une pile quelconque, symétrique ou non. Dans ce dernier cas, le point neutre de la pile isolée et non chargée n'est plus au milieu.

267. Représentation des potentiels à l'intérieur de la pile. — Figurons la pile par une droite telle que chaque portion de longueur soit proportionnelle à la résistance de la partie qu'elle représente, et élevons en chaque point une ordonnée proportionnelle au potentiel de ce point. Supposons qu'il s'agisse de couples de Volta, le potentiel croît d'une quantité constante à chaque contact zinc-cuivre ; la courbe présentera donc aux points correspondants une variation brusque et toujours la même de l'ordonnée. Si la pile est ouverte, le potentiel reste constant dans la pile d'un contact au suivant, la courbe figurative des potentiels sera formée d'une série d'échelons équidistants, comme les marches d'un escalier. La ligne de potentiel zéro passe par le milieu si la pile est restée isolée, ou par un point quelconque si elle est reliée à une capacité ou au sol.

Pour la pile fermée, trois cas peuvent se présenter :

1° Le conducteur interpolaire a une résistance négligeable vis-à-vis de celle de la pile. Les deux pôles sont sensiblement au même potentiel, et chaque contact produit la même variation de potentiel ; mais, d'un contact au suivant, il y a une chute progressive précisément égale. En appelant n le nombre des couples et r la résistance de chacun d'eux, la loi de Ohm donne

$$I = \frac{ne}{nr} = \frac{e}{r};$$

l'intensité est la même qu'avec un seul couple.

2° La résistance de la pile est négligeable vis-à-vis de celle du conducteur interpolaire. La variation des potentiels dans l'intérieur de la pile est à très peu près la même que si elle était ouverte. A l'extérieur, la chute de potentiel est continue, et si R est la résistance du conducteur interpolaire, l'intensité du courant est

$$I = \frac{E}{R} = n\frac{e}{R};$$

elle est donc proportionnelle au nombre des couples.

3° Enfin, si la résistance du conducteur interpolaire est de même ordre que celle de la pile, le potentiel s'élève toujours d'une quantité constante à chaque contact et baisse d'une manière continue, mais d'une quantité moindre, d'un contact au suivant; la différence des potentiels des deux pôles à une valeur finie, moindre que dans le cas de la pile isolée, mais d'autant plus grande que la résistance interpolaire est plus grande, et l'intensité du courant a pour expression, d'après la loi d'Ohm.

$$I = \frac{E}{R + nr}.$$

268. Pile plongée dans un milieu conducteur. — Nous avons admis jusqu'à présent qu'aucune perte d'électricité n'a lieu

par la surface latérale de la pile. Il peut arriver que cette
perte ne soit pas négligeable. Supposons qu'une pile à colonne
de Volta, composée de lames infiniment minces, soit plongée
dans un milieu conducteur, et que l'électricité s'écoule en
même temps par les parois latérales et par les extrémités ; ce
serait le cas d'une pile plongée dans l'eau si l'on néglige les
effets de polarisation. Soit ε la force électromotrice de la pile
par unité de longueur, ρ la résistance intérieure et ρ' la résistance extérieure par unité de longueur (**220**).

Le flux d'électricité est encore parallèle aux génératrices
dans la plus grande étendue de chaque section normale de la
pile, et une partie s'échappe latéralement en chaque point, de
sorte que les surfaces de niveau sont planes et se raccordent
avec la surface latérale, comme dans la figure 55.

Entre deux points infiniment voisins P et P', dont les potentiels sont V et V', l'intensité I du courant intérieur satisfait à l'équation

$$V' = V + \varepsilon\,dx - I\rho\,dx.$$

L'intensité en chaque point est donc donnée par l'équation

$$(1) \qquad I = \frac{1}{\rho}\left(\varepsilon - \frac{dV}{dx}\right).$$

Supposons le régime permanent établi et considérons deux
tranches successives. Le flux d'électricité I qui traverse la
première est égal à la somme du flux I' qui traverse la seconde et du flux i qui s'échappe par la surface latérale, ce
qui donne

$$I = I' + i,$$

ou

$$i = I - I' = -dI.$$

Comme on a

$$i = \frac{1}{\dfrac{\rho'}{dx}}V = \frac{V\,dx}{\rho'},$$

il en résulte, d'après l'équation (1),

$$\frac{1}{\rho}\frac{d^2 V}{dx^2} = \frac{1}{\rho'} V.$$

Posons encore $\beta^2 = \dfrac{\rho}{\rho'}$, cette équation devient

$$\frac{d^2 V}{dx^2} - \beta^2 V = 0,$$

comme pour le régime permanent d'un fil avec perte par la surface (**220**). Pour déterminer les constantes de l'intégrale

$$V = A e^{\beta x} + B e^{-\beta x},$$

supposons que l'on compte les longueurs à partir du milieu de la pile et que, tout étant symétrique, le potentiel soit nul quand $x = 0$; il en résulte

$$V = A \left(e^{\beta x} - e^{-\beta x} \right).$$

En appelant $\pm V_1$ le potentiel aux extrémités de la pile et l sa longueur, il vient

$$(2) \qquad V = V_1 \frac{e^{\beta x} - e^{-\beta x}}{e^{\frac{\beta l}{2}} - e^{-\frac{\beta l}{2}}}.$$

269. — L'intensité du courant dans la pile et celle du courant latéral i ont pour expressions

$$(3) \qquad \begin{aligned}
I &= \frac{1}{\rho}\left(\varepsilon - \frac{dV}{dx} \right) = \frac{1}{\rho}\left[\varepsilon - \frac{V_1 \beta}{e^{\frac{\beta l}{2}} - e^{-\frac{\beta l}{2}}} \left(e^{\beta x} + e^{-\beta x} \right) \right], \\
i &= \frac{V}{\rho'} dx = \frac{1}{\rho'} \frac{V_1}{e^{\frac{\beta l}{2}} - e^{-\frac{\beta l}{2}}} \left(e^{\beta x} - e^{-\beta x} \right) dx.
\end{aligned}$$

Pour déterminer le potentiel $\pm V_1$ des extrémités, il faut évaluer l'intensité I_1 du courant qui s'écoule par chacune d'elles.

On a alors, en appelant encore R_1 la résistance du milieu à partir de ces extrémités,

$$I_1 = \frac{V_1}{R_1} = \frac{1}{\rho}\left[\varepsilon - \frac{V_1\beta}{e^{\frac{\beta l}{2}} - e^{-\frac{\beta l}{2}}}\left(e^{\frac{\beta l}{2}} + e^{-\frac{\beta l}{2}}\right)\right],$$

ce qui donne

$$(4) \qquad \frac{V_1}{e^{\frac{\beta l}{2}} - e^{-\frac{\beta l}{2}}} = \frac{\varepsilon}{\left(\frac{\rho}{R_1} + \beta\right)e^{\frac{\beta l}{2}} - \left(\frac{\rho}{R_1} - \beta\right)e^{-\frac{\beta l}{2}}},$$

$$(5) \qquad I = \frac{\varepsilon}{\rho}\left\{1 - \frac{\beta}{\left(\frac{R_1}{\rho} + \beta\right)e^{\frac{\beta l}{2}} - \left(\frac{R_1}{\rho} - \beta\right)e^{-\frac{\beta l}{2}}}\left(e^{\beta x} + e^{-\beta x}\right)\right\}.$$

Si le milieu extérieur est isolant, $\rho' = \infty$ et $\beta = 0$. Alors le second terme de l'intensité I se présente sous une forme indéterminée, mais on trouve finalement l'expression ordinaire

$$I = \frac{l\varepsilon}{\rho l + 2R_1} = \frac{E}{\rho l + 2R_1}.$$

La résistance totale de la pile et du milieu, à partir du point P, est encore donnée (**222**) par l'expression

$$\frac{R - \sqrt{\rho\rho'}}{R + \sqrt{\rho\rho'}} = \frac{1}{C_1}e^{-2\beta x}.$$

On déterminera la constante C_1 par la condition que cette résistance devienne égale à R_1 pour $x = \frac{l}{2}$, ce qui donne

$$C_1 = \frac{R_1 + \sqrt{\rho\rho'}}{R_1 - \sqrt{\rho\rho'}}e^{-\beta l}.$$

270. Phénomènes électrocapillaires. — Les expériences précédentes ont montré que toute modification de la surface de contact de deux corps amène une variation de la force électromotrice. Cette loi peut être considérée comme générale, et l'on doit admettre *à priori* qu'il existe une relation entre les forces électromotrices de contact de deux corps et toute autre propriété dépendant de l'état des surfaces.

Si l'on emploie, par exemple, une surface de mercure comme électrode négative pour décomposer l'eau, le mercure se polarise, c'est-à-dire que la différence de potentiel de contact des deux liquides augmente de plus en plus avec la force électromotrice extérieure, jusqu'à ce que commence le dégagement des bulles de gaz. Les propriétés capillaires du mercure, c'est-à-dire sa tension superficielle, dépendent uniquement de l'état de la surface et doivent, par conséquent, changer avec la polarisation.

Les expériences de M. Lippmann ont montré qu'il en est ainsi. La tension capillaire du mercure en contact avec l'eau acidulée croît d'abord avec la force électromotrice de polarisation, jusqu'à ce que celle-ci atteigne $0,9$ de la force électromotrice d'un couple Daniell, et diminue ensuite à mesure que la polarisation augmente.

Le raisonnement et l'expérience indiquent aussi que la réciproque est vraie. Si, par un procédé mécanique quelconque, on déforme la surface du mercure et que, par suite, on fasse varier la tension superficielle au contact des deux liquides, la différence de potentiel change en même temps; pendant la déformation, le potentiel varie de telle manière que la tension superficielle qui lui correspond tend à s'opposer au mouvement produit.

CHAPITRE QUATRIÈME

COURANTS THERMOÉLECTRIQUES

271. Découverte de Seebeck. — Nous avons vu qu'un circuit fermé, composé de plusieurs métaux à la même température, ne peut donner lieu à aucun courant; mais la loi n'est plus vraie si les différents points du circuit, et particulièrement les soudures de métaux, ne sont plus à la même température. Le circuit est alors traversé par un courant dit *courant thermoélectrique.*

Cette découverte importante est due à Seebeck (1821).

Dans un circuit formé par un barreau de bismuth dont les extrémités sont réunies par une lame de cuivre, le courant va du bismuth au cuivre à travers la soudure la plus chaude; on dit que le cuivre est négatif par rapport au bismuth. Avec un couple antimoine-cuivre, le courant est inverse, il va du cuivre à l'antimoine par la soudure chaude; l'antimoine est donc négatif par rapport au cuivre.

Il est naturel de penser que les métaux se classent suivant une série régulière, au point de vue de cette nouvelle propriété, et que l'antimoine, négatif par rapport au cuivre, est à plus forte raison négatif par rapport au bismuth. C'est ce que l'expérience vérifie, en effet, et la force électromotrice pour les mêmes températures aux soudures est plus grande avec le couple bismuth-antimoine qu'avec les deux couples bismuth-cuivre ou cuivre-antimoine.

La force électromotrice d'un couple thermoélectrique peut être obtenue en brisant le circuit en un point pris en dehors des soudures et déterminant la différence du potentiel des deux bouts ainsi isolés.

Dans un circuit formé d'un seul métal homogène, il est impossible de provoquer un courant électrique par des variations de température, quelles que soient d'ailleurs la forme et la section du conducteur au voisinage des points chauffés. Il pourra, au contraire, se produire des courants si le métal présente une dissymétrie permanente ou passagère, dans ses propriétés physiques, de part et d'autre des points chauffés.

272. Lois des courants thermoélectriques. — Sans discuter les expériences qui mettent ces particularités en évidence et qui ont servi à établir les lois du phénomène, nous nous bornerons à résumer les lois elles-mêmes.

I. Loi de Volta. — *Dans un circuit métallique quelconque, dont tous les points sont à la même température, il n'y jamais de courant.*

En effet, la somme algébrique de toutes les forces électromotrices de contact est alors nécessairement nulle puisque les métaux obéissent à la loi des contacts successifs (**189**).

II. Loi de Magnus. — *Dans un circuit homogène, il n'y a jamais de courant permanent, quelles que soient la forme du conducteur et les variations de température qui existent entre les différents points du circuit.*

Cette loi entraîne comme conséquence, ou bien que la variation de température d'un point à un autre ne détermine aucune différence de potentiel entre ces deux points, ou bien que cette différence, si elle existe, ne dépend que des températures elles-mêmes et nullement de la loi de variation.

Depuis le point le plus chaud du circuit jusqu'au point le plus froid, on trouve en effet, par deux chemins différents, les mêmes chutes de température distribuées suivant des lois quelconques entièrement indépendantes. S'il existe des différences de potentiel et que la somme totale de ces différences soit nulle, il faut qu'entre les deux températures t et t', de part et d'autre, la variation de potentiel soit la même, quelle que soit la distance des points P et P' entre lesquels a lieu cette chute de température.

Il résulte de la loi de Magnus que *la force électromotrice ne dépend que de la température des deux soudures et nullement de la distribution de la température dans les conducteurs qui les séparent;* car la différence des potentiels aux deux extrémités d'un conducteur homogène ne dépend que des températures de ces extrémités.

Nous représenterons par $E_t^{t'}(AB)$ la force électromotrice de deux métaux A et B lorsque les soudures sont aux températures t et t', le courant allant de A en B à travers la soudure la plus chaude à la température t'. Cette force électromotrice est une fonction des deux températures t et t'.

III. Loi des températures successives (Becquerel). — *Pour un couple donné, la force électromotrice relative à deux températures quelconques t et t' est égale à la somme des forces électromotrices qui correspondent aux températures t et 0, d'une part, puis 0 et t', d'autre part, 0 étant une température intermédiaire entre les deux premières.*

Cette loi peut se traduire de la manière suivante :

$$E_t^{t'} = E_t^0 + E_0^{t'}.$$

Nous savions déjà que la force électromotrice ne dépend que des températures des deux soudures ; cette dernière loi montre que la force électromotrice peut être exprimée par la différence de deux termes, dont l'un ne contient que la température t, l'autre la température t', ces deux termes étant les valeurs d'une même fonction de la température.

On peut donc écrire

$$E_t^{t'} = F(t') - F(t).$$

IV. Loi des métaux intermédiaires (Becquerel). — *Si deux métaux A et B sont séparés dans un circuit par un ou plusieurs métaux intermédiaires maintenus tous à une même température t, la force électromotrice est la même que si les deux métaux étaient unis directement et la soudure portée à la même température t.*

La loi des métaux intermédiaires peut s'exprimer par l'équation

$$E_t^{'}(AB) = E_t^{''}(AC) + E_t^{''}(CB).$$

En effet, si deux métaux A et B sont réunis à la soudure chaude par un métal intermédiaire C, on peut, d'après la loi de Magnus, imaginer qu'un point P de ce troisième métal est à la température inférieure t et interposer, de même, à la soudure froide un morceau du métal C maintenu à la température de cette soudure. On a alors dans le circuit, entre les mêmes limites de température, les deux couples AC et CB; la force électromotrice résultante est celle qui se produirait directement entre les métaux A et B.

Cette loi a une grande importance pratique : elle montre que la soudure qui sert à joindre deux métaux n'a aucune influence sur les phénomènes auxquels ils donnent lieu.

V. Phénomènes d'inversion. — Pour certains couples thermo-électriques, l'intensité de courant augmente d'une manière continue à mesure qu'on élève la température de la soudure chaude, celle de la soudure froide restant invariable. Le couple est dit à *marche uniforme*, lorsque la force électromotrice est proportionnelle à la différence des températures des deux soudures.

Dans la plupart des cas, au contraire, la force électromotrice du couple, après avoir passé par un maximum, devient nulle, puis change de signe.

Il y a donc, à partir d'une certaine température, *inversion* du courant, et l'intensité augmente ensuite d'une manière continue sans manifester de nouvelle inflexion. Ce phénomène a été découvert par Cumming en 1823.

Gaugain a constaté que la température d'inversion dépend de celle de la soudure froide, et que *la moyenne des températures des deux soudures au moment de l'inversion est toujours égale à la température du maximum d'intensité.*

273. Représentation des phénomènes. — Gaugain, dans un travail remarquable sur les phénomènes thermoélectriques, en représente la marche par un procédé graphique qui permet de vérifier facilement les lois qui précèdent. Prenant pour abscisse la différence $t - t_0$ des températures des deux soudures (la soudure froide ayant une température constante de 20°), il élève en chaque point une ordonnée proportionnelle à la force électromotrice correspondante.

On observe sur ces courbes (fig. 63) les propriétés suivantes :

1° Elles sont symétriques par rapport à l'ordonnée maximum, ce qui vérifie la loi relative à la température d'inversion, car on a, en appelant t_m la température du maximum et t_i celle d'inversion,

$$t_m = \frac{t_0 + t_i}{2}.$$

Ces courbes ont été calculées par Gaugain comme des

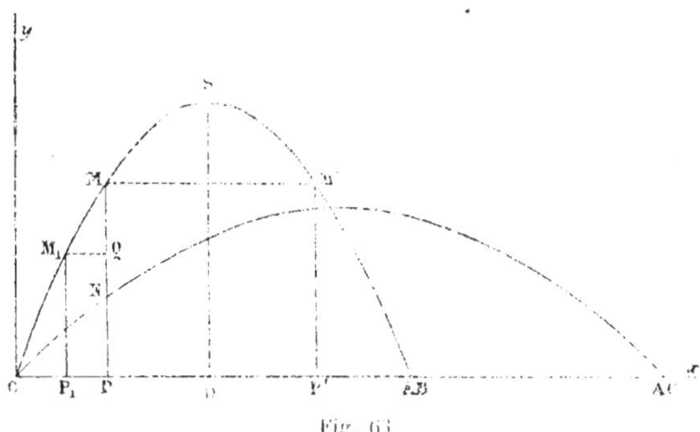

Fig. 63

branches d'hyperboles à axe vertical, mais on peut les remplacer par des paraboles; la différence des ordonnées calculées par les deux courbes pour un même couple sont de l'ordre des erreurs expérimentales; les unes et les autres représentent également bien les expériences. La théorie indique, comme nous le verrons plus loin, que la courbe représentative des forces électromotrices en fonction de température doit être, en effet, une parabole.

2° Si l'on mène une horizontale par un point M_1, qui correspond à la température t_1, les ordonnées, comptées à partir de cette droite, représentent les forces électromotrices relatives à la température t_1 pour la soudure froide. La loi des températures successives se trouve ainsi vérifiée, puisqu'on a

$$MP = MQ + QP = MQ + M_1P_1,$$

c'est-à-dire

$$E'_{t_0} = E'_{t_1} + E'_{t_0}.$$

La température d'inversion correspond au point où la nouvelle ligne des abscisses rencontre la courbe. Si OP représente la température de la soudure froide, OP′ sera celle de l'inversion ; on voit qu'elle dépend de la température de la soudure froide.

3° Si deux courbes AB et AC représentent les forces électromotrices pour les couples formés par un métal A associé respectivement à deux métaux B et C, la différence MN des ordonnées des deux courbes représente la force électromotrice du couple formé par les deux métaux B et C. La relation $MP = PN + NM$ équivaut donc à l'équation

$$E(AB) = E(AC) + E(CB).$$

qui exprime la loi des métaux intermédiaires.

274. Conséquences du principe de Volta. — En laissant à part le phénomène de l'inversion, on peut considérer les lois qui précèdent comme des conséquences du principe de Volta, savoir qu'*il existe au contact de deux métaux une force électromotrice, et que cette force électromotrice est une fonction de la température*.

Dans cet ordre d'idées, la force électromotrice d'un couple est la somme algébrique des deux forces électromotrices de sens contraires qui existent aux deux soudures.

Convenons de représenter par le symbole $\dfrac{A|B}{t}$ la force électromotrice Π de contact de deux métaux A et B à la température t, nous aurons

$$E(AB) = \frac{B|A}{t_2} - \frac{B|A}{t_1} = \Pi_2 - \Pi_1.$$

Soit I l'intensité du courant qui traverse le circuit dont la résistance totale est R. Pendant l'unité de temps, le travail emprunté à la soudure chaude est IH_2, et le travail dépensé à la soudure froide est IH_1; la différence de ces travaux est transformée en énergie calorifique qui se dégage le long du circuit conformément à la loi de Joule, et l'on a

$$IH_2 = IH_1 + I^2R,$$

ou

$$I = \frac{H_2 - H_1}{R}.$$

Le système peut donc être considéré comme une machine thermique dont la source chaude fournit une quantité de chaleur Q_2 donnée par l'équation $JQ_2 = IH_2$, et dont la source froide absorbe une quantité moindre Q_1, déterminée de même par l'équation $JQ_1 = IH_1$, la différence de ces deux quantités étant employée à échauffer le circuit, d'où il résulte

$$J(Q_2 - Q_1) = I^2R.$$

La loi de Magnus est comprise dans l'hypothèse même qu'il n'existe de force électromotrice qu'aux soudures.

La loi des températures successives résulte de l'identité

$$E_{t_1}^{t_2}(AB) = \frac{B|A}{t_2} - \frac{B|A}{0} + \frac{B|A}{0} - \frac{B|A}{t_1} = E_0^{t_2} + E_{t_1}^{0}.$$

Enfin la loi des métaux intermédiaires est également évidente, car on a, par définition.

$$E_{t_1}^{t_2}(AC) = E_{t_1}^{t_2}(C.B) = \frac{C|A}{t_2} - \frac{C|A}{t_1} + \frac{B|C}{t_2} - \frac{B|C}{t_1}.$$

D'autre part, la loi des tensions de Volta donne, pour une température quelconque.

$$\frac{B|C}{t} + \frac{C|A}{t} = \frac{B|A}{t};$$

l'équation précédente devient alors

$$E_1^2(AC) + E_1^2(CB) = \frac{B|A}{t_2} - \frac{B|A}{t_1} = E_1^2(A.B).$$

275. Conséquences de l'inversion. — Toutefois le principe de Volta, restreint au contact des corps de natures différentes, ne suffit pas pour expliquer les phénomènes d'inversion.

Considérons, en effet, un circuit composé de deux métaux A et B. Pour rendre compte de l'inversion avec les seuls effets de contact, il faudrait admettre que la différence de potentiel H_2 à la soudure chaude augmente d'abord avec la température, passe par un maximum, diminue ensuite et devient égale, pour la température d'inversion, à la différence de potentiel H_1 de la soudure froide. Puis la valeur de H_2 continuerait de décroître ; alors, le courant étant changé de signe, le jeu des forces électriques produirait un dégagement de chaleur sur la soudure chaude, une absorption à la soudure froide, outre l'échauffement du circuit en vertu de la loi de Joule. On peut imaginer que les causes de refroidissement du circuit par rayonnement soient tellement diminuées qu'il soit possible de supprimer la source de chaleur, et que le seul passage du courant suffise, non seulement à entretenir la température de la soudure chaude, mais à l'élever encore, et à diminuer celle de la soudure froide, ce qui aurait pour résultat d'exagérer le courant. On aurait ainsi réalisé un circuit métallique qui jouirait de la singulière propriété de transporter de la chaleur des points les plus froids sur les points plus chauds sans aucune dépense d'énergie. Sans être aussi évidemment impossible que le problème du mouvement perpétuel, un pareil résultat est incompatible avec l'allure générale des phénomènes calorifiques ; il est d'ailleurs en contradiction directe avec le principe de Carnot.

Si les courants thermoélectriques n'étaient dus qu'aux forces électromotrices de contact des soudures, le principe de Carnot exigerait que tous les couples eussent une marche uniforme.

Supposons, en effet, qu'une pile thermoélectrique fonctionnant entre les températures t_1 et t_2 soit mise en communication avec un électrolyte dont la force électromotrice de décomposition est E; on aura la relation

$$\mathrm{III}_2 - \mathrm{IH}_1 = \mathrm{I}^2\mathrm{R} + \mathrm{IE},$$

ou

$$\mathrm{J}(Q_2 - Q_1) = \mathrm{I}^2\mathrm{R} + \mathrm{IE}.$$

Si l'intensité du courant I est très petite, et la résistance R médiocre, le terme $\mathrm{I}^2\mathrm{R}$ est négligeable, la force électromotrice d'opposition E est très peu inférieure à $\mathrm{H}_2 - \mathrm{H}_1$ et l'excès de chaleur fournie par la source chaude est employée à produire le travail extérieur IE. Supposons que, par un moyen quelconque, on fasse croître E jusqu'à une valeur E', très peu supérieure à $\mathrm{H}_2 - \mathrm{H}_1$, le courant changera de sens; si la valeur absolue de l'intensité est restée la même, les mêmes quantités de chaleur seront encore mises en jeu à chaque soudure, mais en sens inverse, et l'électrolyte fournira cette fois du travail au lieu d'en absorber. Dans le cas d'un courant très faible, la pile thermoélectrique se comporte donc comme une machine thermique reversible, et on peut lui appliquer le principe de Carnot. Si T_1 et T_2 sont les températures absolues des deux soudures, les quantités de chaleur Q_1 et Q_2, absorbées ou fournies par les deux sources suivant le jeu de la machine, doivent être proportionnelles aux températures absolues T_1 et T_2, et l'on doit avoir

$$\frac{Q_2}{T_2} = \frac{Q_1}{T_1},$$

ou, A étant une constante,

$$\frac{\mathrm{H}_2}{\mathrm{T}_2} = \frac{\mathrm{H}_1}{\mathrm{T}_1} = \mathrm{A}.$$

Il en résulterait

$$\frac{\mathrm{H}_2 - \mathrm{H}_1}{\mathrm{T}_2 - \mathrm{T}_1} = \frac{\mathrm{E}'}{\mathrm{T}_2 - \mathrm{T}_1} = \mathrm{A},$$

et, par suite,

$$E_1^2 = A\,(T_2 - T_1).$$

Pour tous les couples, la force électromotrice devrait donc être proportionnelle à la différence des températures des deux soudures; tous les couples auraient une marche uniforme et, en particulier, le phénomène de l'inversion du courant ne devrait jamais se présenter.

276. Théorie de sir W. Thomson. — Le principe de Volta ne peut donc suffire à l'explication complète des phénomènes thermoélectriques; il faut admettre l'existence de forces électromotrices autres que les forces électromotrices de contact et

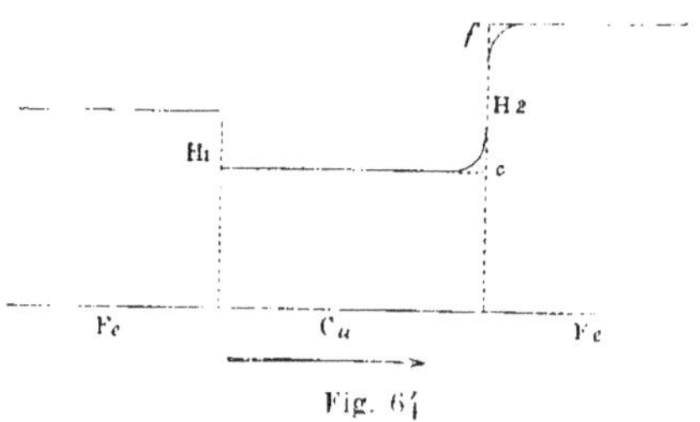

Fig. 64.

capables de donner, comme celles-ci, des phénomènes calorifiques réversibles.

Les moindres changements dans l'état physique des métaux, tels que la trempe, la torsion ou la traction, etc., modifient leurs propriétés électriques; il est donc naturel de généraliser le principe de Volta et d'admettre que le contact de deux parties du même métal à des températures différentes donne aussi lieu à une différence de potentiel.

La force électromotrice qui résulte des variations de la température est nulle dans un fil homogène (loi de Magnus), parce que la chute totale de potentiel de part et d'autre du maximum a la même valeur; mais cette compensation cesse d'avoir lieu de part et d'autre de la soudure de deux métaux différents, et on doit tenir compte de la variation continue du potentiel que les variations de température déterminent le long des conducteurs.

Pour fixer les idées, considérons un couple cuivre-fer, par exemple, fonctionnant entre les températures t_1 et t_2, et soient H_1 et H_2 (fig. 64) les forces électromotrices de contact à ces deux températures; supposons en outre que, le long du cuivre C_u, par suite de l'élévation de température depuis t_1 jusqu'à t_2, le potentiel ait crû d'une quantité c indépendante de l'intensité du courant; qu'inversement sur le fer F_e il y ait, pour le même excès de température, une diminution de potentiel f; le potentiel, dans le voisinage de la soudure chaude, se sera élevé de la quantité $f + c = h$, et la force électromotrice du couple sera maintenant

$$E = H_2 + h - H_1.$$

Nous avons admis implicitement que la température t_2 est

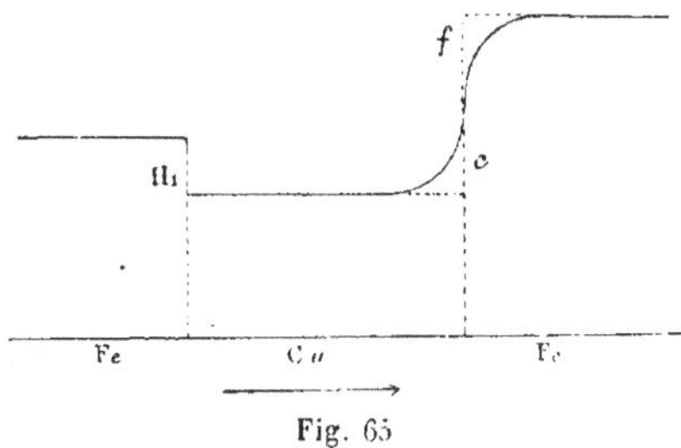

Fig. 65

inférieure à la température d'inversion. Le courant va du cuivre au fer par la soudure chaude; l'énergie calorifique absorbée tant à la soudure chaude que sur les points voisins est égale à $(H_2 + h)I$, et celle qui est dépensée à la soudure froide $H_1 I$.

La température inférieure t_1 restant fixe, la force électromotrice du couple augmentera tant que la somme $H_2 + h$ sera croissante, c'est-à-dire tant que l'on aura

$$\frac{dH_2}{dt} + \frac{dh}{dt} > 0,$$

et le maximum aura lieu pour la température t_m, évidemment indépendante de t_1, déterminée par la condition

$$\frac{dH_2}{dt} + \frac{dh}{dt} = 0.$$

Nous verrons qu'à ce moment la valeur de H_2 est nulle et qu'elle devient ensuite négative. La différence de potentiel au voisinage de la soudure est due alors seulement aux variations de température sur les deux métaux (fig. 65).

La température continuant à croître, H_2 change de signe, le fer qui était positif par rapport au cuivre devient négatif; la distribution du potentiel est représentée par la figure 66 et il se dégage de la chaleur sur les deux soudures.

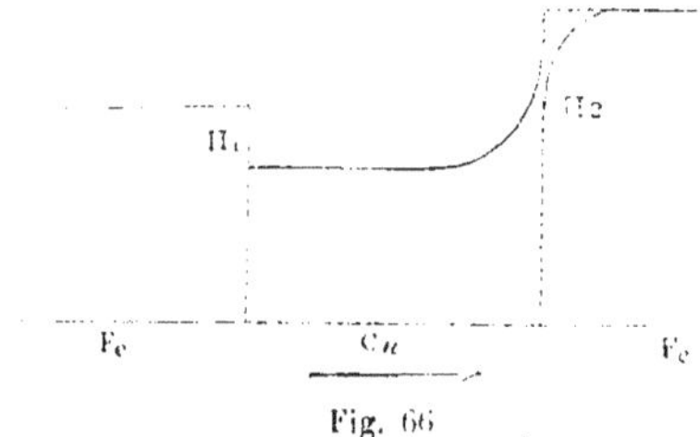

Fig. 66

L'inversion se produit au moment où l'on a

$$H_2 + h = H_1.$$

Pour une température plus élevée sur la soudure chaude, la force électromotrice change de signe, et on a

$$H_2 + h < H_1.$$

Dans ce cas, qui est représenté par la figure 67, le courant absorbe de l'énergie calorifique aux deux soudures, H_2 à la soudure chaude, H_1 à la soudure froide, et il s'en dégage une quantité h sur les points où la température est variable.

Telle est l'idée générale de la théorie de sir W. Thomson dont nous allons développer les conséquences mathématiques.

Nous appellerons *effet Thomson*, les différences de potentiel dues aux variations de température qui forment la base de cette théorie.

277. Pouvoirs thermoélectriques. — Nous avons vu, par la loi des températures successives, que la force électromotrice d'un couple est la différence des valeurs d'une même fonction pour les températures des deux soudures. Si ces tempéra-

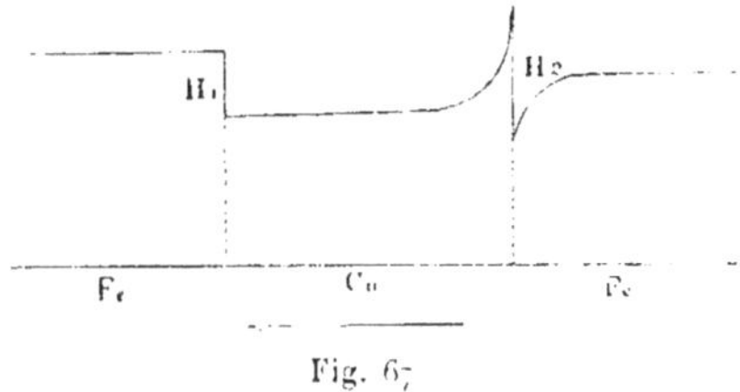

Fig. 67.

tures t et $t+dt$ sont infiniment voisines, la force électromotrice est aussi infiniment petite et a pour expression

$$dE = F(t+dt) - F(t) = \frac{dF}{dt}dt;$$

on peut donc écrire

$$(1) \qquad \frac{dE}{dt} = \varphi(t).$$

Sir **W. Thomson** appelle la fonction $\varphi(t)$ *le pouvoir thermoélectrique des deux métaux considérés à la température t.* Cette fonction n'est autre chose que le coefficient angulaire de la tangente aux courbes de Gaugain. On en déduira la force électromotrice du couple, pour les températures t_1 et t_2 des deux soudures, par la formule

$$E = \int_{t_1}^{t_2} \varphi(t)\,dt.$$

278. — Cette fonction jouit d'une propriété remarquable qui permet d'exprimer d'une manière très simple les phénomènes thermoélectriques.

Le pouvoir thermoélectrique de deux métaux A *et* B *à une température* t *est égal à la différence des pouvoirs thermoélectriques des mêmes métaux* A *et* B *par rapport à un troisième métal quelconque* C.

En effet, la loi des contacts successifs à une même température, donne l'équation

$$E(AC) = E(AB) + E(BC).$$

On en déduit

$$\frac{dE(AC)}{dt} = \frac{dE(AB)}{dt} + \frac{dE(BC)}{dt},$$

ou

$$\varphi(AC) = \varphi(AB) + \varphi(BC),$$

et, par suite,

$$(2) \qquad \varphi(AB) = \varphi(AC) - \varphi(BC).$$

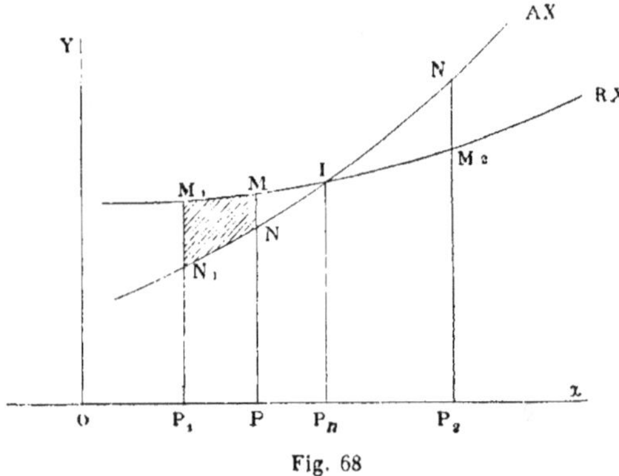

Fig. 68

Si donc on connaît le pouvoir thermoélectrique des différents métaux par rapport à un métal de comparaison X, il sera facile d'en déduire le pouvoir thermoélectrique de deux métaux quelconques par la formule

$$\varphi(AB) = \varphi(AX) - \varphi(BX).$$

Soit AX (fig. 68) la courbe qui représente la valeur de φ en fonction de t pour les deux métaux A et X, BX la courbe analogue pour les deux métaux B et X ; on aura, en vertu de l'équation (2),

$$\varphi(AB) = MP - NP = MN.$$

279. — La force électromotrice du couple AB entre les températures t_1 et t a pour expression

$$E_{t_1}^{t}(AB) = \int_{t_1}^{t} \varphi(t)\, dt = \int_{t_1}^{t} MN \times dt = \text{aire } M_1MNN_1;$$

elle est donc représentée par l'aire du quadrilatère compris entre les courbes AX et BX et les ordonnées correspondant aux deux températures t_1 et t.

Si, la soudure froide restant à une température constante t_1, on fait croître la température t de la soudure chaude, la force électromotrice croît comme l'aire correspondante, jusqu'à ce que la température atteigne la valeur t_n, qui correspond au point de rencontre I des deux courbes.

A cette température t_n le pouvoir thermoélectrique des deux métaux A et B est nul ; on l'appelle le *point neutre*. Quand la température dépasse celle du point neutre, la force électromotrice décroît, puisqu'elle n'est plus représentée que par la différence des deux aires triangulaires qui ont leur sommet en I ; elle devient nulle, en même temps que l'intensité, pour la température t_2 telle que l'on ait

$$\text{aire } M_2IN_2 = \text{aire } M_1IN_1.$$

Enfin, dès que la température de la soudure chaude dépasse t_2, la force électromotrice devient négative et il y a inversion. La température d'inversion dépend donc de la température de la soudure froide.

280. — Les résultats deviennent très simples quand les courbes AX et BX sont des droites. La figure M_1MNN_1 est alors un trapèze, dont la surface a pour valeur

$$P_1P \times \frac{M_1N_1 + MN}{2} = (t - t_1)\frac{\varphi(t_1) + \varphi(t)}{2} = (t - t_1)\varphi\left(\frac{t + t_1}{2}\right).$$

On a d'ailleurs

$$\frac{\varphi\dfrac{t+t_1}{2}}{t_0-\dfrac{t_1+t}{2}}-\frac{\varphi(t)}{t_0-t}=\text{const.}=a,$$

et, par suite,

$$\mathrm{E}'_{t_0}(\mathrm{AB})=a(t-t_1)\left[t_0-\frac{t_1+t}{2}\right].$$

Cette expression est conforme aux expériences de Gaugain (**266**).

Si les droites AX et BX étaient parallèles, on aurait

$$\mathrm{E}'_{t_0}(\mathrm{AB})=\mathrm{A}\,(t-t_1).$$

et le couple serait à marche uniforme.

281. Chaleur spécifique d'électricité. — Supposons maintenant que les variations de potentiel auxquelles est due la force électromotrice soient de deux espèces : des variations brusques, comme celles qui résultent du principe de Volta et qui correspondent au phénomène de Peltier, et des variations continues liées aux variations de température et capables de donner, comme les premières, des phénomènes calorifiques reversibles. Il est évident que, si nous désignons par Π les variations de première espèce et par $\int dh$ la somme des variations continues qui existent entre deux points A et B d'un conducteur, la force électromotrice totale aura pour valeur

$$\mathrm{E}=\Sigma\Pi+\Sigma\int dh.$$

D'après la loi de Magnus, les variations de la seconde espèce entre deux points M et M' d'un même métal ne dépendent que des températures t et t' et nullement de la résistance intermédiaire. On peut donc poser

$$dh=\int_t^{t'} dt=\sigma dt.$$

Si l'intensité du courant est assez faible pour que l'échauffement du circuit, en vertu de la loi de Joule, puisse être considéré comme négligeable, la quantité de chaleur développée ou absorbée pendant l'unité de temps dans la portion du conducteur où se produit la variation dh considérée, sous l'influence du passage d'un courant d'intensité I, aura évidemment pour expression

$$I\,dh = I f(t)\,dt = I\sigma\,dt.$$

La quantité σ est la variation de potentiel et, par suite, le travail calorifique qui, pour l'unité de courant, correspond à a une variation de température égale à l'unité; c'est une fonction caractéristique de la nature du conducteur, mais qui pour chaque conducteur varie avec la température. Sir W. Thom-

Fig. 69

son a donné à cette nouvelle quantité physique le nom de *chaleur spécifique d'électricité*.

282. Force électromotrice d'un couple thermoélectrique. — Cela posé, considérons un circuit (fig. 69) formé d'un nombre quelconque de métaux $A_1 A_2 \cdots A_n$. Soient $H_1, H_2, \cdots H_n$ les variations brusques correspondant aux forces électromotrices de contact; $\sigma_1, \sigma_2, \cdots \sigma_n$ les chaleurs spécifiques d'électricité des métaux $A_1, A_2, \cdots A_n$; enfin $t_1, t_2, \cdots t_n$ les températures des soudures et t_0 la température constante du fil extérieur. La force électromotrice du circuit a pour expression

$$E = H_1 + H_2 \cdots + H_n + \int_{t_0}^{t_1} \sigma_1\,dt + \int_{t_1}^{t_2} \sigma_2\,dt \cdots + \int_{t_{n-1}}^{t_n} \sigma_n\,dt + \int_{t_n}^{t_0} \sigma_1\,dt,$$

ou, en réunissant en une seule les deux intégrales extrêmes,

$$E = \sum H + \int_{t_0}^{t_1} \sigma_1\,dt + \int_{t_1}^{t_2} \sigma_2\,dt + \cdots + \int_{t_{n-1}}^{t_n} \sigma_n\,dt. \quad (3)$$

Supposons que le circuit ne se compose que de deux métaux A et A', les forces électromotrices de contact H_1 et H_2 sont en général de signes contraires. En mettant leurs signes en évidence, on aura

$$(4) \qquad E = H_2 - H_1 + \int_{t_1}^{t_2} (\sigma' - \sigma)\, dt.$$

Si la différence des températures des deux soudures est infiniment petite, on a $t_2 - t_1 = dt$, et l'équation devient

$$(5) \qquad \frac{dE}{dt} = \frac{dH}{dt} + \sigma' - \sigma = \varphi_t(AA').$$

Nous avons vu que pour un courant infiniment faible le circuit peut être considéré comme une machine thermique reversible; on peut donc appliquer le théorème de Carnot et écrire que la somme algébrique des quotients obtenus en divisant la quantité de chaleur absorbée en un point par la température absolue correspondante est égale à zéro.

Appelons T_2 et T_1 les températures absolues entre lesquelles fonctionne le couple, et T la température absolue d'un point quelconque des conducteurs. A la soudure chaude le travail calorifique est $H_2 I$; à la soudure froide $H_1 I$; sur un élément du conducteur compris entre les températures T et $T+dT$, ce travail est $I\sigma dT$. On aura donc, en supprimant le facteur commun I, l'équation

$$(6) \qquad \frac{H_2}{T_2} - \frac{H_1}{T_1} + \int_{T_1}^{T_2} \frac{\sigma' - \sigma}{T}\, dT = 0.$$

Si la différence $T_2 - T_1$ est infiniment petite et égale à dT, on peut écrire

$$(7) \qquad \frac{d}{dT}\left(\frac{H}{T}\right) + \frac{\sigma' - \sigma}{T} = 0.$$

ou

$$\frac{1}{T}\frac{dH}{dT} - \frac{H}{T^2} + \frac{\sigma' - \sigma}{T} = 0,$$

et enfin

$$\frac{H}{T} = \frac{dH}{dT} + \sigma' - \sigma.$$

Le second membre de cette équation n'est autre chose, d'après l'équation (5), que le pouvoir thermoélectrique $\varphi(t)$ des deux métaux ; il vient donc

$$H = T\varphi(t). \tag{8}$$

Ainsi, la force électromotrice de contact de deux métaux, et par suite l'effet Peltier, à une température quelconque, est égale au produit de la température absolue par leur pouvoir thermoélectrique à la même température.

On conclut de cette même équation

$$\frac{dE}{dt} = \varphi(t) = \frac{H}{T},$$

et, par suite,

$$E = \int_{T_1}^{T_2} \varphi \, dt = \int_{T_1}^{T_2} \frac{H}{T} \, dT. \tag{9}$$

283. — La discussion de cette formule conduit aux différents cas examinés par anticipation (**270**). Soit T_n la température qui correspond au point neutre ; pour ce point le pouvoir thermoélectrique est nul, on a donc

$$\varphi(t_n) = 0 \quad \text{et} \quad H_n = 0.$$

Tant que la température T_2 de la soudure chaude est inférieure à T_n, la fonction H_2 est positive, et le courant refroidit la soudure chaude.

Quand on a $T_2 = T_n$, l'effet calorifique est nul à la soudure chaude. Si la température T_2 est comprise entre la température T_n du maximum et la température d'inversion T_i, H_2 est négatif ; le courant échauffe en même temps et la soudure froide et la soudure chaude.

Enfin, si la soudure chaude est à une température supérieure à celle d'inversion, le courant refroidit les deux soudures.

D'après sir W. Thomson, et conformément aux expériences de Gaugain, la force électromotrice d'un couple peut être représentée empiriquement par la formule

$$E = a\,(T - T_1)\left[T_n - \frac{1}{2}(T + T_1)\right].$$

Il en résulte, pour une différence infiniment petite dT entre les températures des deux soudures,

$$\frac{dE}{dT} = a\,(T_n - T),$$

et, par suite,

$$H = aT\,(T_n - T).$$

La force électromotrice du couple et la force électromotrice de contact entre les deux métaux, exprimées en fonction de la température, seraient donc toutes deux représentées par des paraboles.

284. Hypothèse de M. Tait. — M. Tait est arrivé au même résultat en admettant que la chaleur spécifique d'électricité σ caractéristique de chaque métal est proportionnelle à la température absolue. On aurait alors, en désignant par k et k' des coefficients constants pour chaque métal,

$$\sigma = kT, \qquad \sigma' = k'T.$$

L'équation (7) devient dans ce cas

$$\frac{d\left(\dfrac{H}{T}\right)}{dT} + (k' - k) = 0,$$

et on en déduit

$$\frac{H}{T} + (k' - k)\,T + C = 0.$$

On a d'ailleurs, pour le point neutre, $H_n = 0$, ou

$$(k' - k)\,T_n + C = 0.$$

ce qui donne finalement, en posant $k' - k = a$ et remplaçant les températures absolues par les températures ordinaires,

$$H = (k' - k)\,T\,(T_u - T) = a\,T\,(t_u - t).$$

$$E = \int_{T_1}^{T_2} \frac{H}{T}\,dT = (k' - k)(T_2 - T_1)\left[T_u - \frac{T_1 + T_2}{2}\right]$$

$$= a\,(t_2 - t_1)\left(t_u - \frac{t_1 + t_2}{2}\right).$$

On retrouve ainsi les formules empiriques de sir **W. Thomson** et de Gaugain.

Le pouvoir thermoélectrique des deux métaux est alors

$$\varphi(t) = \frac{dE}{dt} = \frac{H}{T} = a\,(t_u - t).$$

il sera donc représenté par une ligne droite en fonction de la température.

Supposons qu'on prenne les pouvoirs thermoélectriques par rapport à un même métal pour lequel k serait nul, et c'est le cas du plomb, comme il semble résulter des expériences de M. Le Roux, l'équation se réduit à

$$\frac{dE}{dt} = \varphi(t) = k'(T_u - T).$$

Les droites qui représentent les pouvoirs thermoélectriques des différents métaux sont inégalement inclinées sur l'axe des températures; elles coupent cet axe au point correspondant à la température du point neutre avec le métal de comparaison, et leur inclinaison sur l'axe est la chaleur spécifique d'électricité correspondant à chacun des métaux.

285. Transport électrique de la chaleur. — Il était important de vérifier par expérience l'hypothèse qui sert de base à cette théorie, savoir l'existence de variations de potentiel dues aux variations de température. Le procédé employé par sir W. Thomson consistait à constater qu'il se produit alors, par le passage d'un courant, des phénomènes calorifiques réversibles analogues à l'effet Peltier.

Considérons une barre de métal, de fer, par exemple, dont la partie médiane AA′ (fig. 70) est maintenue à une température constante T, tandis que les extrêmes B et B′ sont maintenues à 0°.

La distribution des températures est représentée par les courbes BDD′B′; tant que le courant ne passe pas, la distribution est évidemment symétrique et figurée par des courbes telles que BPD et D′P′B′. Le passage du courant produit en chaque point deux effets : 1° un échauffement réglé par la loi de Joule ; 2° un dégagement ou une absorption de chaleur produits par la chute fixe de potentiel qui correspond à la différence des températures de deux points voisins.

Si l'on ne tient compte que de la loi de Joule, la distribution des températures est encore symétrique et peut être représen-

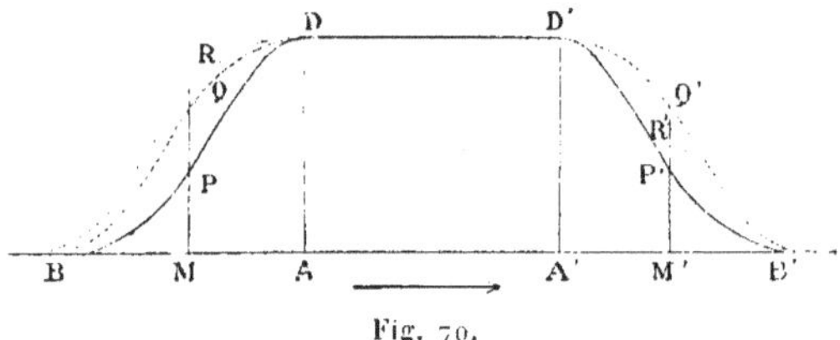

Fig. 70.

tée par les lignes BQD, D′Q′B′ marquées en traits discontinus.

Le second effet est réversible avec le sens du courant. Si le courant va de gauche à droite dans le sens de la flèche. il se produira, par exemple, un nouvel échauffement dans la partie antérieure du fil BA où les températures sont croissantes, et un refroidissement dans la partie postérieure A′ B′ où les températures décroissent. La distribution des températures est alors dissymétrique et peut être figurée par les courbes pointillées BRD et D′R′B′.

En deux points symétriques M et M′ la différence des températures finales t et $t′$ correspond précisément à l'*effet Thomson*. L'échauffement étant plus grand dans la partie antérieure à la région moyenne AA′ où la température est maximum, il y a donc une sorte de *transport électrique de la chaleur* en sens inverse du courant, et ce transport est proportionnel à l'intensité du courant.

Sir **W.** Thomson a constaté ainsi que, pour le fer, le transport électrique de la chaleur est *négatif*, c'est-à-dire en sens contraire du courant, et que le transport est *positif* mais beaucoup plus faible pour le cuivre.

M. Le Roux a étendu les mêmes observations à un grand nombre de métaux ; il a vérifié que l'effet est proportionnel à l'intensité du courant et reconnu qu'il est à peu près nul pour le plomb de sorte qu'à ce point de vue le plomb est sensiblement neutre.

286. Caractère du phénomène de Peltier. — Nous pouvons maintenant revenir avec plus de précision sur le phénomène de Peltier.

La force électromotrice de contact entre deux métaux, d'après la théorie de sir **W.** Thomson, est exprimée par la formule générale

$$H = T \frac{d\mathrm{E}}{d\mathrm{T}}.$$

Si le couple est à marche uniforme, on a, pour les deux températures T_1 et T,

$$E = A(T - T_1),$$

et il en résulte

$$H = AT.$$

La force électromotrice de contact entre les deux métaux est alors proportionnelle à la température absolue, et l'effet Peltier doit suivre la même loi. Aux températures de 25° et de 100°, par exemple, on aurait donc

$$\frac{H_{100}}{H_{25}} = \frac{273 + 100}{273 + 25} = 1 + \frac{75}{298} = 1 + \frac{1}{4}.$$

D'après les expériences de **M.** Le Roux, le couple bismuth-cuivre satisfait assez exactement à cette condition.

Un courant qui traverse une soudure l'échauffe quand il passe dans un sens et la refroidit quand il passe en sens contraire. **M.** Ed. Becquerel a montré que le sens pour lequel il

y a refroidissement est celui du courant que produirait l'é-
chauffement artificiel de la même soudure. Quand un courant
thermoélectrique traverse un circuit, les variations de température produites aux soudures par le courant lui-même tendent donc à l'affaiblir, et on peut dire qu'elles ont pour effet de
développer une force électromotrice inverse de celle qui produit le courant. C'est là une relation nécessaire : si elle n'avait
pas lieu, un courant accidentel dans un circuit métallique produirait entre les soudures une différence de température qui
irait en croissant et le courant s'entretiendrait de lui-même
indéfiniment.

Dans un circuit de deux métaux dont la soudure chaude est
à une température inférieure à celle du point neutre, la force
électromotrice croît avec la température, l'effet Peltier tendra
donc à diminuer la température de cette soudure. Au delà du
point neutre, au contraire, la force électromotrice diminue
quand la température augmente, et l'effet Peltier devra tendre
à augmenter la température de la soudure chaude.

L'effet Peltier à la soudure chaude a donc un signe différent
suivant que la température de cette soudure est inférieure
ou supérieure à celle du point neutre; il en résulte que la
force électromotrice de contact II a dû changer de signe au
point neutre. C'est par un raisonnement analogue que sir
W. Thomson a montré d'abord cette propriété du point neutre
et conclu à l'existence nécessaire de forces électromotrices
dans un conducteur homogène à températures variables.

CHAPITRE PREMIER

PRÉLIMINAIRES

287. Des aimants. — On donne, depuis la plus haute antiquité, le nom de *pierres d'aimant* à certaines pierres naturelles qui ont la propriété d'attirer la limaille de fer; elles sont formées par un oxyde de fer dont la formule chimique est Fe^3O^4. Les différents points d'une pierre d'aimant ne jouissent pas au même degré de ces propriétés attractives : la limaille se porte de préférence sur certains points de la surface et y reste attachée sous forme de houppes.

Ces phénomènes ont une ressemblance évidente avec ceux de l'électricité statique. Toutefois, l'analogie n'est pas complète et l'observation révèle entre eux des différences essentielles : ainsi la pierre d'aimant n'agit pas sur tous les corps indistinctement; la limaille attirée n'est point repoussée après le contact et, une fois détachée, ne jouit d'aucune propriété nouvelle, etc. A chaque pas, dans la suite de cette étude, nous aurons à relever des analogies et des différences de ce genre entre les deux ordres de phénomènes.

Par simple frottement la pierre d'aimant, sans rien perdre de ses qualités primitives, peut aimanter l'acier, c'est-à-dire lui communiquer la propriété d'attirer le fer. Les barreaux d'acier aimantés artificiellement ayant une forme plus régulière que les pierres d'aimant sont plus commodes pour l'étude ; l'expérience montre d'ailleurs que les phénomènes sont exactement de même nature dans les deux cas.

288. Aimants naturels et artificiels ; permanents et temporaires. — On donne le nom général d'*aimant* à tout corps qui a la propriété d'attirer la limaille de fer. Les aimants *naturels* sont les pierres d'aimant que l'on rencontre dans la nature ; les aimants *artificiels* sont des morceaux d'acier ou des échantillons de fer plus ou moins pur, auxquels on a communiqué des propriétés analogues.

Parmi les aimants artificiels, les uns conservent cette propriété nouvelle quand on supprime la cause qui l'a provoquée : ce sont les aimants *permanents*. L'acier trempé est le corps qui convient le mieux pour préparer les aimants permanents, et on l'emploie habituellement sous la forme de baguettes allongées ou de barreaux.

Les différentes variétés de fer et de fonte peuvent aussi être aimantées énergiquement par des pierres d'aimant ou des aimants artificiels, mais elles perdent la plus grande partie de leurs propriétés lorsque la cause aimantante a été supprimée. On obtient ainsi des aimants *temporaires*, et on appelle aimantation *résiduelle*, l'aimantation relativement faible qui persiste, au moins pendant quelque temps, sur les corps auxquels on a communiqué une aimantation temporaire.

289. Corps magnétiques et corps diamagnétiques. — Jusqu'au siècle dernier le fer était le seul corps dont on connût l'attraction par les aimants ; on remarqua ensuite que certains métaux, comme le nickel et le cobalt dont les analogies chimiques avec le fer sont si remarquables, jouissent aussi des mêmes propriétés à un degré moindre. Enfin, à l'aide d'aimants très puissants, on reconnut qu'un très grand nombre de corps sont aussi attirés par les aimants, mais les actions qu'ils éprouvent sont incomparablement plus faibles. On a appelé *magnétiques* tous les corps qui sont attirables à l'aimant, et on a donné le nom de *magnétisme*, soit à l'ensemble des phénomènes auxquels donnent lieu les aimants, soit, par extension, à la cause de ces phénomènes.

En 1778, Brugmans a reconnu qu'un morceau de bismuth est, au contraire, repoussé par un aimant. L'importance de cette observation est restée méconnue jusqu'à ce que Faraday eût découvert dans un certain nombre de corps la même propriété. A cause de la forme particulière sous laquelle il réalisait l'expérience, Faraday a appelé *diamagnétiques* les corps qui sont repoussés par les aimants.

En somme, on peut dire que tous les corps de la nature sont plus ou moins sensibles à l'action des aimants. On les a divisés en deux groupes : les corps *magnétiques*, *paramagnétiques* ou *positifs*, qui sont attirés comme le fer; les corps *diamagnétiques* ou *négatifs*, qui sont repoussés par les aimants comme le bismuth.

290. Distribution du magnétisme dans les aimants. — Pôles. — On peut obtenir un barreau aimanté régulièrement, une aiguille par exemple, en la frottant à plusieurs reprises et toujours dans le même sens avec une pierre d'aimant naturelle ou avec le même point d'un aimant artificiel quelconque.

Quand on plonge une pareille aiguille dans la limaille de fer, les grains de limaille s'attachent surtout aux extrémités de l'aiguille, sur une certaine étendue, et adhèrent les uns aux autres bout à bout, de manière à former des houppes plus ou moins abondantes.

Les actions magnétiques paraissent donc concentrées aux extrémités des aimants réguliers. Nous appellerons ces extrémités les *pôles* de l'aimant, sauf plus tard à définir ce terme avec plus de précision.

291. Des deux espèces de magnétisme. — Les deux extrémités ou pôles de l'aimant ne sont pas de même nature : en effet, tout aimant rendu mobile dans un plan horizontal prend une direction fixe dans l'espace. Cette direction est à peu près du nord au sud. L'aimant écarté de cette direction y revient quand on l'abandonne à lui-même, et c'est toujours la même extrémité qui pointe vers le nord. On appelle pôle *nord* d'un aimant l'extrémité qui se dirige ainsi vers le nord géographique, et pôle *sud* celle qui se dirige vers le sud. On peut donc marquer ces pôles une fois pour toutes sur les aimants permanents dont on fait usage.

292. Lois des actions magnétiques. — Les aimants réagissent les uns sur les autres. Le pôle nord d'un aimant présenté au pôle nord d'un autre aimant mobile le repousse, et attire au contraire le pôle sud. De même les pôles sud de deux aimants se repoussent. Les phénomènes sont donc analogues à ceux des actions électriques : *Deux pôles de même nom se repoussent et deux pôles de noms contraires s'attirent.*

Entre deux aimants voisins, il s'exerce donc quatre actions : deux répulsives entre les pôles de même nom et deux attractives entre les pôles de noms contraires. Si les aimants ont une longueur très grande par rapport à leurs dimensions transversales, et sont situés à une distance notable par rapport à ces mêmes dimensions, on peut considérer l'action de chaque extrémité comme concentrée en un point. L'action réciproque de deux aimants se compose alors de quatre forces dirigées suivant les droites qui joignent deux à deux les centres d'action ou les pôles des deux aimants, et il est impossible en toute rigueur, dans les expériences, de les réduire à un nombre moindre.

Toutefois, en faisant agir l'un sur l'autre les pôles de deux aimants très longs, à des distances assez faibles et dans une position relative convenable pour que les actions des deux autres pôles puissent être considérées comme négligeables, Coulomb a pu établir par l'expérience que *les actions attractives ou répulsives qui s'exercent entre deux pôles sont en raison inverse du carré de leur distance.*

On doit remarquer cependant que rien ne prouve l'existence de ces forces élémentaires. L'expérience montre bien que l'action réciproque des systèmes probablement très complexes qui constituent les aimants peut être réduite à des forces attractives ou répulsives dirigées ainsi suivant les droites qui joignent les pôles; mais, comme un pôle ne peut jamais être séparé de son congénère, l'action directe de deux pôles est une pure conception de l'esprit, avantageuse sans doute pour représenter et calculer les phénomènes, mais sans réalité démontrée par l'expérience. S'il arrive que d'autres vues sur la nature des actions élémentaires conduisent aux mêmes conséquences pour les effets que l'on peut mesurer, si l'on abandonne, par exemple, l'idée même d'une action à distance, on devra considérer ces vues nouvelles comme tout aussi légitimes que les premières.

293. Des masses magnétiques. — L'action de deux pôles à une distance donnée dépend de la puissance particulière de chacun des aimants. L'expérience indique que les actions exercées sur les pôles de deux aimants dans des conditions identiques, par un système quelconque, sont dans un rapport constant ; on peut considérer ce rapport comme étant celui des masses magnétiques des deux pôles. Il résulte de cette définition que l'action d'un système quelconque sur un pôle est proportionnelle à sa masse magnétique ; par suite, l'action réciproque de deux pôles est proportionnelle séparément à la masse de chacun d'eux, c'est-à-dire au produit de leurs masses magnétiques.

En désignant ces masses par m et m', l'action f des deux pôles à la distance d a donc pour expression

$$f = \zeta\frac{mm'}{d^2},$$

ζ étant un coefficient qui dépend du choix de l'unité de masse. Pour que ce coefficient se réduise à l'unité, il suffit de prendre pour *unité de masse celle d'un pôle qui, agissant sur un pôle identique à l'unité de distance, exerce une répulsion égale à l'unité de force*. On a alors

$$f = \frac{mm'}{d^2},$$

et l'action est répulsive ou attractive suivant que les pôles sont de même nom ou de noms différents.

Si deux pôles de masses m et m' sont liés l'un à l'autre, l'action du système ainsi formé sur un troisième pôle de masse M placé à une distance très grande d par rapport à celle qui sépare les deux pôles juxtaposés, est égale à

$$\frac{mM}{d^2} + \frac{m'M}{d^2} = \frac{M(m+m')}{d^2}.$$

elle est proportionnelle à la somme $m+m'$ des deux masses si les pôles sont de même nom, et à la différence $m-m'$ s'ils sont de noms différents. Les masses magnétiques s'ajoutent donc à la manière des quantités algébriques, et on peut les affecter, comme les masses électriques, des signes $+$ et $-$; nous conviendrons de donner le signe $+$ à la masse magnétique d'un pôle nord et le signe $-$ à celle d'un pôle sud.

L'action de deux pôles, exprimée par la formule $f=\dfrac{mm'}{d^2}$, sera positive dans le cas d'une répulsion, les masses étant de même signe, et négative dans le cas d'une attraction.

La loi des actions élémentaires étant la même que pour les phénomènes électriques, on peut appliquer tous les théorèmes relatifs au potentiel électrique, au moins en ce qui concerne les masses fixes et en faisant abstraction pour le moment des phénomènes relatifs aux conducteurs. En particulier, les considérations des lignes de force, des tubes et des flux de force sont immédiatement applicables au magnétisme.

294. Champ magnétique. — Un *champ magnétique* est un espace dans lequel se manifestent des forces magnétiques. La *direction* et l'*intensité* du champ en un point sont la direction et l'intensité de la force qui agirait sur une masse magnétique positive égale à l'unité placée en ce point.

295. Définition des pôles. — **Axe magnétique d'un aimant.** — Nous avons supposé dans ce qui précède que les actions d'un aimant se réduisaient à celles de deux centres magnétiques situés aux extrémités ; il n'en est ainsi, et encore d'une manière approximative, que dans le cas, que nous avons spécifié, de longs aimants cylindriques très éloignés par rapport à leurs dimensions transversales. En réalité les propriétés magnétiques sont sensibles dans toute l'étendue de l'aimant, et présentent seulement un maximum très marqué dans le voisinage des extrémités. C'est ce qu'on reconnaît facilement à la manière dont la limaille s'attache à l'aimant. On doit donc admettre qu'il y a dans l'aimant une série de masses magnétiques, les unes positives, les autres négatives, distribuées suivant une certaine loi et dont l'ensemble constitue la masse magnétique totale.

Cela posé, on peut définir d'une manière plus précise ce qu'on appelle les pôles d'un aimant.

Supposons l'aimant placé dans un champ magnétique uniforme. Les actions qu'exerce le champ aux différents points sont parallèles entre elles et, pour chaque élément de volume, proportionnelles à la masse qui s'y trouve. Toutes celles qui agissent sur les masses positives sont de même sens : elles ont une résultante égale à leur somme, parallèle à leur direction est appliquée au centre de masse, ou au centre de gravité, des masses positives. Il en est de même pour les masses négatives sur lesquelles le champ produit des actions parallèles aux précédentes, mais de sens opposé. L'aimant est donc soumis à l'action de deux forces parallèles et de sens contraires, appliquées l'une au centre de gravité des masses positives, l'autre au centre de gravité des masses négatives. Ces deux points d'application sont les *pôles* de l'aimant; on appelle *axe magnétique* de l'aimant la ligne qui joint les deux pôles, et la *direction* de l'axe magnétique est comptée du pôle négatif vers le pôle positif.

L'aimant est évidemment en équilibre stable lorsque son axe magnétique est parallèle à la direction du champ et de même sens ; l'équilibre est instable si ces deux directions sont parallèles et de sens contraires.

296. La masse magnétique d'un aimant est nulle. — Le voisinage de la Terre peut être considéré comme un champ magnétique uniforme.

L'expérience montre, en effet, que dans une étendue considérable par rapport aux dimensions des aimants dont on fait usage, mais petite par rapport au rayon de la Terre, tous les aimants, soumis à la seule action de la Terre, tendent à prendre la même direction.

Coulomb a vérifié en outre que, sur tout barreau aimanté, l'action du champ terrestre est purement directrice, qu'elle n'a ni composante verticale ni composante horizontale : elle n'a pas de composante verticale, car le poids d'un barreau d'acier est rigoureusement le même avant et après l'aimantation ; la composante horizontale est aussi nulle, car tout aimant rendu mobile dans un plan horizontal n'a aucune tendance à prendre un mouvement de translation. *Les deux forces de sens contraires appliquées aux deux pôles sont donc égales et se réduisent à un couple.* Il en résulte cette conséquence importante que dans tout aimant la somme des masses positives est égale à la somme des masses négatives, autrement dit que *la somme totale des masses magnétiques est nulle.* On a donc toujours $\sum m = 0$.

Sous ce rapport, l'état d'un aimant est comparable à celui que prend par influence un diélectrique, ou un conducteur maintenu isolé.

297. Moments magnétiques. — Soit m la valeur absolue de la masse de chaque pôle, et l la distance des deux pôles; on ap-

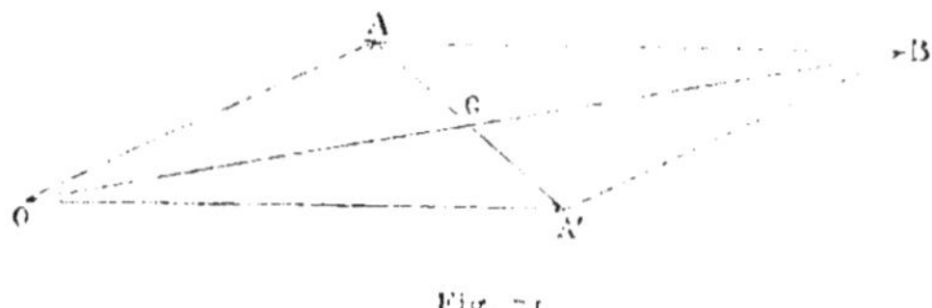

Fig. 71.

pelle *moment magnétique* M de l'aimant le produit ml de la masse par cette distance.

On peut représenter un aimant par une droite OA (fig. 71) ayant pour direction l'axe magnétique et pour longueur la valeur numérique du moment magnétique M.

Ce mode de représentation revient à supposer tous les pôles identiques, de masse égale à l'unité, par exemple, et à les placer sur l'axe magnétique à une distance proportionnelle au moment magnétique de l'aimant considéré.

Lorsqu'un système formé de plusieurs aimants liés entre eux est placé dans un champ uniforme, l'action du champ sur chacun des aimants se réduit à un couple ; on peut donc, pour évaluer l'action totale, transporter tous les aimants parallèlement à eux-mêmes, par exemple de façon que tous les pôles négatifs soient superposés.

Considérons deux aimants représentés par les droites OA et OA' (fig. 71) et soit G le milieu de la droite AA', c'est-à-dire le centre de gravité des deux masses égales à 1 situées en A et A'. Le système est équivalent à un aimant unique dont la longueur serait égale à OG et les masses égales à 2, ou un aimant de longueur double OB avec des masses égales à 1. L'aimant résultant est ainsi représenté par la diagonale du parallélogramme construit sur les droites OA et OA'.

Les moments magnétiques des aimants se composent donc comme les forces. Pour un système quelconque d'aimants liés entre eux, le moment résultant est représenté par la droite qui ferme le polygone construit en ajoutant bout à bout les moments de tous les aimants.

La projection de cette ligne sur un axe quelconque étant égale à la somme des projections de toutes les autres, on voit que *l'axe magnétique d'un système quelconque est la droite sur laquelle la somme des projections des moments partiels des aimants qui constituent le système est un maximum.*

De même, on peut remplacer un aimant par un nombre quelconque d'aimants dont le moment magnétique résultant est égal au moment de l'aimant proposé, par exemple, par les trois projections de ce moment magnétique sur trois axes rectangulaires.

Lorsque deux systèmes magnétiques sont très éloignés l'un de l'autre, leur action réciproque est égale à celle des aimants résultants, car chacun des systèmes peut être considéré comme situé dans un champ uniforme produit par l'autre système.

298. Action d'un champ uniforme sur un aimant. — Si l'on considère un aimant de moment $M = ml$ situé dans un champ uniforme dont l'intensité F fait avec l'axe de l'aimant l'angle θ, le moment du couple produit par l'action du champ est égal à $Fml \sin\theta$ ou $FM \sin\theta$. C'est le moment du couple qui tendrait à faire tourner l'aimant autour d'une droite perpendiculaire à l'axe magnétique et à la force du champ.

Si l'aimant est mobile autour d'un axe quelconque, le couple de rotation ne dépend que des projections M_1 et F_1 du moment magnétique et de l'intensité du champ sur un plan perpendiculaire à l'axe, puisque les projections sur l'axe sont sans influence. En appelant θ_1 l'angle des directions de M_1 et de F_1, le moment du couple est égal à $F_1 M_1 \sin\theta_1$.

En général, désignons respectivement par a, b, c et α, β, γ les cosinus des angles que font avec trois axes rectangulaires les directions de F et de M, et remplaçons ces deux grandeurs par leurs projections sur les trois axes. Le moment Z du couple qui tend à faire tourner l'aimant autour de l'axe des z est

$$Z = Fb.M\alpha - Fa.M\beta = FM(b\alpha - a\beta).$$

On aurait, de même, pour les autres axes,

$$X = FM(c\beta - b\gamma),$$
$$Y = FM(a\gamma - c\alpha).$$

On appelle quelquefois le produit FM le moment de l'action du champ sur l'aimant; c'est le moment du couple qui serait

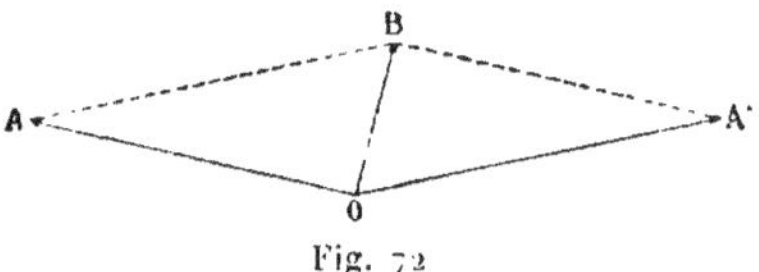

Fig. 72

produit si l'aimant était perpendiculaire à la direction du champ. En particulier, si T est l'intensité du champ terrestre, le produit TM sera le moment de l'action terrestre sur l'aimant.

299. Systèmes astatiques. — Pour deux aimants en particulier (fig. 72), dont les moments magnétiques sont OA et OA′, le moment résultant est la diagonale OB du parallélogramme construit sur OA et OA′. Si les moments OA et OA′ sont égaux et directement opposés, le moment résultant est nul et l'équilibre est stable pour une direction quelconque du système dans un champ uniforme; le système est dit *astatique*.

Si les moments OA et OA′ sont presque égaux et font un angle voisin de 180°, la résultante OB est très petite et dirigée sensiblement suivant la bissectrice de l'angle AOA′; elle est donc à peu près perpendiculaire à chacune des aiguilles. Ainsi, lorsque deux aiguilles aimantées, formant un système *quasi astatique,* sont situées dans un champ uniforme, elles sont en équilibre stable dans une direction perpendiculaire à la force du champ.

Ce cas est précisément celui des aiguilles magnétiques employées pour certains galvanomètres. Le système est d'autant plus voisin d'être astatique que la direction des aiguilles libres se rapproche plus d'être perpendiculaire au méridien magnétique.

300. Polarité magnétique. — Rupture d'un aimant. — Lorsqu'on brise une aiguille aimantée, chacune des portions devient un aimant complet ayant deux pôles de même intensité et de signes contraires, et le phénomène se répète indéfiniment aussi loin qu'on puisse pousser la division par les moyens mécaniques. Ce fait est capital dans la théorie du magnétisme : il montre d'abord qu'il est impossible d'obtenir une masse magnétique positive ou négative indépendante et qui ne soit pas associée à une masse égale et de signe contraire ; ensuite que le magnétisme est un phénomène essentiellement particulaire. On est conduit à admettre que le magnétisme est dû à une espèce de polarisation des molécules pondérables, dont chacune serait un petit aimant avec ses deux pôles situés rigoureusement sur les faces terminales.

301. Aimantation par influence. — La chevelure de limaille de fer qui reste suspendue à un aimant démontre que chaque parcelle de limaille est devenue elle-même un petit aimant. Le nombre des grains en contact direct avec l'aimant est relativement très petit ; les autres, reliés successivement entre eux et rattachés aux premiers, forment des chaînes où les parcelles sont réunies par leurs pôles de noms contraires. Toutefois l'aimantation acquise par les grains de limaille est passagère ; dès que cette limaille est détachée et éloignée de l'aimant, elle reprend sa neutralité première. De même, un barreau de fer doux s'aimante quand il est placé sur le prolongement d'un aimant et prend deux pôles placés semblablement à ceux de l'aimant, c'est-à-dire que les deux extrémités voisines, de l'aimant et du fer doux, ont des magnétismes de signes contraires. Ce fer doux aimanté peut agir à son tour de la même manière sur un second morceau et ainsi de suite. Dès qu'on enlève l'aimant primitif, l'aimantation du premier barreau de fer doux et de tous ceux qui le suivent disparaît au moins en plus grande partie, et toutes les actions qu'ils exerçaient les uns sur les autres disparaissent en même temps.

Plus généralement, lorsqu'un corps magnétique quelconque est placé dans un champ magnétique, il devient lui-même un aimant. C'est une aimantation *par influence* ou *induction magnétique*.

L'axe d'aimantation en chaque point est parallèle à la direction de la force résultante. Cette résultante provient de l'action du champ et de celle qui est produite par le magnétisme induit lui-même. Si le corps considéré est infiniment petit, l'aimantation est exactement parallèle à la force du champ, au point considéré.

Il en résulte aussi cette conséquence que l'action d'un aimant est nulle sur un corps neutre et que toute action exercée par les aimants sur les corps magnétiques est précédée d'une induction magnétique sur ces derniers.

On voit encore l'analogie de ce phénomène avec celui de l'induction électrostatique, et particulièrement l'induction sur les diélectriques.

Le magnétisme développé ainsi par induction ne dépend pas seulement de l'intensité du champ, mais aussi de la nature de la substance considérée; l'aimantation, très énergique avec le fer pur et le nickel, est beaucoup plus faible avec tous les autres corps magnétiques.

302. Fer doux. — Force coercitive. — Le fer est dit absolument *doux* si, après avoir été placé dans un champ magnétique très intense, il perd toute son aimantation quand il en est retiré. Le fer doux, au point de vue magnétique, est aussi du fer doux, au sens vulgaire : il peut être facilement courbé, travaillé, et possède peu d'élasticité. Réciproquement, le fer ordinaire n'est pas doux au sens magnétique du mot; lorsqu'il est impur ou qu'il a subi des modifications mécaniques, il reste plus ou moins aimanté, et cette propriété est désignée par le nom assez barbare de *force coercitive*. Un échantillon de fer a une force coercitive d'autant plus grande qu'il conserve une plus grande quantité de magnétisme rémanent; en même temps, ce fer s'aimante plus difficilement par induction. La force coercitive est donc une propriété analogue au frottement; elle s'oppose, entre certaines limites, aux modifications que les forces extérieures tendent à produire dans l'aimantation et empêche qu'un état d'équilibre unique corresponde à des conditions extérieures données.

Pour l'acier, la force coercitive est très grande : ce métal s'aimante par induction plus difficilement que le fer doux, mais aussi il conserve bien mieux le magnétisme une fois acquis. Les qualités magnétiques de l'acier varient avec la composition du métal et son mode de préparation : elles dépendent beaucoup de la manière dont la trempe a été effectuée, ainsi que du degré de recuit auquel le barreau a été ensuite porté. La force coercitive est d'autant plus grande que l'acier est plus dur et la trempe plus raide.

Jusqu'ici nous avons admis implicitement que le magnétisme d'un aimant est invariable et indépendant des forces auxquelles l'aimant est soumis; mais cette sorte de *rigidité magnétique* est un cas limite qui ne se trouve jamais réalisé en toute rigueur. Lorsqu'un aimant, placé dans un champ magnétique intense, s'y trouve dans sa position normale d'équilibre, son aimantation augmente un peu; elle diminue, au contraire, s'il est dans une direction opposée. Les variations ainsi produites sont faibles en général, et ordinairement passagères, comme celles du fer doux dans les mêmes circonstances; ces variations sont généralement négligeables quand il s'agit de barreaux d'acier fortement aimantés placés dans un champ magnétique peu intense, comme est, par exemple, le champ terrestre.

303. Influence de la température. — La chaleur agit aussi sur le magnétisme des aimants. Une élévation de température modérée diminue le magnétisme, mais d'une manière temporaire, et l'aimant reprend avec sa température initiale son magnétisme primitif. Dans les limites entre lesquelles varie la température ambiante, les effets produits sont sensiblement proportionnels aux variations de la température, de sorte que, si l'on appelle M_0 et M les moments magnétiques d'un aimant aux températures de zéro et de t degrés, on a la relation

$$M = M_0 (1 - at),$$

le coefficient a dépendant de la nature de l'acier.

Un échauffement plus grand, dépassant 100° par exemple, produit un affaiblissement définitif du magnétisme, et un barreau d'acier chauffé au rouge vif a ordinairement perdu, quand il revient à la température ordinaire, toute trace d'aimantation.

L'élévation de température produit des effets analogues sur les propriétés magnétiques du fer doux. A la température ambiante, le magnétisme induit dans le fer par un champ déterminé change peu avec les variations de température, mais au delà de 100° la diminution du magnétisme induit devient très rapide. A une température plus élevée que le rouge, le fer ne conserve plus la propriété d'être attiré par les aimants; il n'est donc même plus alors magnétique.

301. Des fluides magnétiques. — Les physiciens du siècle dernier, en particulier Æpinus et Coulomb, ont cherché à expliquer les phénomènes magnétiques par une hypothèse analogue à celle des fluides électriques.

Dans cet ordre d'idées, il est nécessaire d'attribuer aux fluides, aux aimants et aux corps magnétiques un certain nombre de propriétés qui permettent d'expliquer toutes les expériences.

On admet donc l'existence de deux fluides magnétiques impondérables, composés, comme les fluides électriques, de molécules agissant par répulsion sur les molécules de même espèce et par attraction sur les molécules d'espèce différente, les actions réciproques étant en raison inverse du carré de la distance. La combinaison de ces deux fluides en quantités égales est sans action sur les corps extérieurs et constitue ce qu'on appelle le fluide neutre.

En vertu des phénomènes d'induction magnétique, on doit admettre que le fluide neutre existe en quantité presque indéfinie dans les corps magnétiques et se partage en fluides distincts sous l'influence des aimants.

Comme les aimants permanents ou temporaires sont toujours complets, quelles que soient leurs dimensions, il est nécessaire d'admettre aussi que les fluides compris dans un élément de volume ne le quittent jamais, pour passer sur un élément voisin, de sorte que la séparation de ces fluides ne s'effectue que dans l'étendue de chaque molécule.

Enfin, aucune force intérieure étrangère aux actions directes des fluides magnétiques ne s'oppose à leur séparation ou à leur réunion dans le fer doux. Dans le fer impur et dans l'acier, au contraire, il y a une résistance particulière, une sorte de frottement appelé force coercitive qui limite l'aimantation par influence et empêche ensuite la recombinaison des fluides lorsque la force extérieure a disparu.

Il n'y a pas lieu de s'étonner que la théorie des fluides, avec tous ces compléments qui ne s'y rattachent que d'une manière arbitraire, parvienne à expliquer les phénomènes ; dans ces conditions, la conformité des expériences avec la théorie n'apporte aucun argument en faveur de l'exactitude des hypothèses ; nous n'en ferons d'ailleurs aucun usage.

305. Définition des éléments magnétiques terrestres. — Le champ magnétique qui environne la terre et qu'on peut appeler le champ terrestre, est sensiblement uniforme dans un espace de petites dimensions par rapport à celle du rayon terrestre ; mais la direction et l'intensité de la force varient d'un point à un autre. En réalité, la force en un lieu change même avec le temps de grandeur et de direction ; nous ne tiendrons pas compte pour le moment de ces variations qui sont faibles, et nous supposerons que l'on considère l'état magnétique du globe à une époque déterminée.

L'axe magnétique d'un aimant suspendu librement par son centre de gravité et soustrait à toute autre action que celle du champ terrestre prendrait, dans sa position d'équilibre, la direction de la force terrestre. Dans nos contrées cette direction est à peu près du sud au nord, et elle est fortement inclinée sur l'horizon, le pôle nord pointant vers le sol.

On appelle *méridien magnétique* en un lieu le plan vertical passant par la direction de la force magnétique terrestre.

La *déclinaison* est l'angle que fait le méridien magnétique avec le méridien astronomique : la déclinaison est dite *occidentale* lorsque le pôle nord d'un aimant libre se met à l'ouest du méridien géographique qui passe par son milieu ; elle est *orientale* si ce pôle nord est à l'est du méridien.

L'*inclinaison* est l'angle de la force terrestre avec sa projection sur le plan horizontal.

Soient :

D la déclinaison,
I l'inclinaison,
T l'intensité du champ terrestre,
H la composante horizontale $= T \cos I$.
Z la composante verticale $= T \sin I$.

Une aiguille aimantée mobile seulement autour d'un axe vertical n'obéira qu'à la composante horizontale terrestre et viendra se placer de manière que son axe d'aimantation soit dans le méridien magnétique. Si on l'en écarte d'un angle δ, le moment du couple qui tend à l'y ramener a pour valeur, en appelant M le moment magnétique de l'aiguille,

$$H M \sin \delta ;$$

il est proportionnel au sinus de l'angle d'écart. Ce résultat a été vérifié par des expériences très précises de Coulomb, au moyen de la balance de torsion.

Si l'aiguille est suspendue librement par son centre de gravité ou mobile autour d'un axe horizontal passant par ce point et perpendiculaire au méridien magnétique, la direction de l'axe magnétique, dans la position d'équilibre de l'aiguille, est la direction même de la force terrestre ; l'angle que fait alors son axe magnétique avec l'horizon mesure précisément l'inclinaison.

Supposons maintenant que l'axe horizontal de rotation fasse un angle z avec la normale au méridien magnétique. Nous pouvons remplacer la composante horizontale H par ses deux projections, l'une $H \sin z$ parallèle à l'axe de rotation, l'autre $H \cos z$ perpendiculaire à cet axe. L'aiguille n'obéit qu'aux deux forces Z et $H \cos z$ situées dans le plan qu'elle décrit; la résultante de ces deux forces a pour valeur

$$T_1 = \sqrt{Z^2 + H^2 \cos^2 \alpha},$$

et l'aiguille dans sa position d'équilibre fait avec l'horizontale un angle i déterminé par la relation

$$\cot g\, i = \frac{H \cos \alpha}{Z} = \cot g\, I \cos \alpha.$$

L'angle i est l'inclinaison apparente dans le plan vertical qui fait un angle α avec le méridien magnétique. Si l'on a $\alpha = \frac{\pi}{2}$, il en résulte $i = \frac{\pi}{2}$ et l'aiguille est verticale. Si on fait varier l'angle α de $\frac{\pi}{2}$, on a $\cos\left(\alpha \pm \frac{\pi}{2}\right) = \mp \sin \alpha$, et la nouvelle inclinaison i' a pour valeur

$$\cot g\, i' = \mp \cot g\, I \sin \alpha.$$

On déduit de ces deux équations

$$\cot g^2\, i + \cot g^2\, i' = \cot g^2\, I,$$

formule utilisée souvent pour déterminer l'inclinaison.

Si l'aiguille est chargée d'un poids supplémentaire ou, ce qui revient au même, si l'axe de rotation ne passe pas par le centre de gravité, la direction d'équilibre est modifiée.

Supposons, en particulier, qu'un poids p à une distance d de l'axe de rotation maintienne l'aiguille horizontale dans un certain plan, le moment du couple magnétique se réduit au moment de la composante verticale, et la condition d'équilibre est

$$pd = MZ = MT \sin I.$$

Cette condition est indépendante de l'azimut du plan vertical dans lequel se meut l'aiguille; le contrepoids qui rend l'aiguille horizontale dans un plan, la rendra horizontale dans tous les plans. On peut donc, en plaçant une aiguille sur un pivot vertical, l'équilibrer de manière qu'elle reste toujours horizontale; mais le moment du contrepoids dépend de la composante verticale, et celui-ci devra être modifié si on veut se servir de l'aiguille sous d'autres latitudes.

306. Distribution du magnétisme terrestre. — Les éléments du magnétisme terrestre, intensité, déclinaison, inclinaison, ne sont pas les mêmes aux différents points du globe. Ces éléments varient en fonction des coordonnées géographiques suivant des lois très compliquées; mais, si l'on s'en tient à une première approximation, les variations peuvent être formulées d'une manière très simple.

Le méridien magnétique d'un lieu coupe la surface du globe suivant un grand cercle; tous les points de ce grand cercle ont le même plan pour méridien magnétique.

Tous les méridiens magnétiques se coupent suivant un même diamètre; ce diamètre est l'*axe magnétique* de la terre; les points où il perce la surface ont reçu, quoique l'expression soit incorrecte, le nom de *pôles magnétiques*. L'axe magnétique fait un angle de 15° environ avec l'axe de rotation de la terre.

Il est évident que la déclinaison est variable d'un point à un autre sur un même méridien magnétique. Il n'y a d'exception que pour le méridien qui, passant à la fois par l'axe magnétique et l'axe terrestre, se confond avec le méridien géographique; pour tous les points correspondants la déclinaison est nulle. D'un côté de ce grand cercle, le pôle nord de l'aiguille s'écarte vers l'ouest et la déclinaison est occidentale; de l'autre, il s'écarte vers l'est et la déclinaison est orientale.

Le grand cercle perpendiculaire à l'axe magnétique est appelé *équateur magnétique*. En tous les points de l'équateur magnétique, la force terrestre est horizontale et l'inclinaison nulle. De part et d'autre l'inclinaison va en augmentant jusqu'aux pôles magnétiques où elle est de 90° : dans l'hémisphère nord, c'est le pôle nord qui s'abaisse vers le sol ; dans l'hémisphère sud, c'est le pôle sud.

307. Hypothèse de l'aimant terrestre. — Biot a cherché s'il était possible de représenter l'état magnétique du globe et la variation des éléments magnétiques à sa surface par l'hypothèse d'un aimant central dirigé suivant l'axe magnétique;

il a trouvé que les résultats du calcul s'accordent d'autant mieux avec les observations que la distance des pôles de cet aimant fictif est plus petite.

Si l'on remplace ainsi la terre par un aimant infiniment petit par rapport au rayon, c'est-à-dire par deux masses égales et de signes contraires très voisines, on sait (**153**) qu'à la latitude λ, à partir de l'équateur magnétique, l'inclinaison est donnée par l'équation

$$\operatorname{tg} I = 2 \operatorname{tg} \lambda.$$

Quant à l'intensité de la force T en un point quelconque de la surface, elle peut être exprimée en fonction de la force à l'équateur T_e par la formule

$$T^2 = T_e^2 (3 \sin^2 \lambda + 1).$$

Au pôle magnétique l'intensité est $T_p = 2 T_e$; elle est donc deux fois aussi grande qu'à l'équateur.

Ces deux formules sont, au moins d'une manière approximative, conformes aux observations faites à un moment donné sur toute la surface de la terre.

Quant au moment magnétique absolu de la terre ϖ, on peut l'obtenir très simplement à l'aide de l'équation

$$\varpi = T_e R^3 = \frac{T R^3}{\sqrt{3 \sin^2 \lambda + 1}},$$

dans laquelle R représente le rayon de la terre.

L'hypothèse d'un aimant terrestre a été introduite dans la science par Gilbert. Le pôle qui se trouverait dans l'hémisphère austral a reçu le nom de pôle austral, il est évidemment de même nature que le pôle nord des aimants; le pôle situé dans l'hémisphère boréal est de même nature que le pôle nord des aimants.

Cette conception de l'aimant terrestre a fait donner aussi le nom de pôle austral au pôle des aiguilles qui se dirige vers le nord, et de pôle boréal à celui qui se dirige vers le sud; dans la théorie des fluides, on dira donc, malgré la contradiction qui

existe dans les termes, qu'un pôle nord contient du fluide
austral et un pôle sud du fluide boréal. Mais il vaut mieux
renoncer aux expressions *austral* et *boréal*, qui peuvent donner
lieu à des équivoques, et appeler, comme nous l'avons fait,
magnétisme positif celui qui correspond au pôle nord des
aimants, et magnétisme négatif celui du pôle sud.

308. — L'hypothèse d'un aimant central infiniment petit
n'est qu'une des formes sous lesquelles on peut représenter le
magnétisme terrestre ; c'est même celle qui présente le moindre
degré de probabilité, car la température certainement très
élevée du centre du globe est incompatible avec l'existence
de corps fortement aimantés.

Nous savons, par exemple, que deux couches hémisphériques superficielles égales et de signes contraires, distribuées de
manière à donner en tout point de l'intérieur une force constante, et que nous avons appelées couches de glissement (**157**),
produiraient à l'extérieur les mêmes effets que deux masses
infiniment voisines. La densité de ces couches aurait pour
valeur aux pôles

$$\sigma_0 = \frac{3}{8\pi} T_0 = \frac{3}{4\pi} T_0,$$

et, en un point de latitude magnétique λ,

$$\sigma = \sigma_0 \sin\lambda.$$

Dans cette manière de voir, la terre serait donc recouverte
de deux couches magnétiques, l'une négative dans l'hémisphère nord et l'autre positive dans l'hémisphère sud, la
densité en chaque point étant proportionnelle au sinus de la
latitude magnétique.

La masse totale de chacune des couches est exprimée par

$$\pi R^2 \sigma_0 = \frac{3}{4} R^2 T_0 ;$$

on peut donc la calculer facilement si l'on connaît la valeur
absolue de la force à l'équateur.

Nous verrons, par la suite, qu'il existe encore d'autres façons de concevoir le magnétisme terrestre ; l'aimant central infiniment petit, inadmissible en lui-même, est donc en réalité l'expression mathématique très simple de plusieurs états équivalents, parfaitement compatibles avec les propriétés connues des corps magnétiques.

309. Variations du magnétisme terrestre. — Les éléments du magnétisme terrestre éprouvent aussi des variations avec le temps ; les unes sont purement accidentelles, les autres ont un caractère périodique bien marqué. Les variations à longue période, dites variations séculaires, peuvent être représentées, dans une première approximation, par une rotation de l'axe magnétique autour de l'axe de la terre, rotation en vertu de laquelle l'axe magnétique décrirait de l'est à l'ouest un cône circulaire d'environ $36°$.

Comme le pôle magnétique de la terre, qui se trouve aujourd'hui vers la terre du Prince-de-Galles par $100°$ de longitude ouest, était en 1660 dans le voisinage du cap Nord à $20°$ de longitude est, on voit que la période de révolution complète serait d'environ 800 ans. La déclinaison à Paris, d'abord orientale, était nulle en 1666 ; depuis cette époque elle est occidentale et a été en augmentant jusqu'en 1824 : elle est actuellement décroissante et redeviendra nulle vers 2050, si le phénomène continue de suivre la même marche : le pôle magnétique sera alors de l'autre côté du pôle nord par rapport à nous. Depuis 1666, l'inclinaison à Paris a toujours été en décroissant : elle atteindra son minimum au moment où la déclinaison deviendra nulle.

Les variations à courte période paraissent liées au mouvement apparent du soleil, de la lune, etc., et suivent des lois qui ne sont pas encore bien connues.

Les valeurs moyennes de la déclinaison, par exemple, ont en un même lieu une oscillation diurne bien marquée avec deux maxima et deux minima. L'amplitude de l'excursion de l'aiguille est beaucoup plus grande pendant le jour que pendant la nuit, et l'heure des déviations extrêmes est très différente suivant la position des stations. Ainsi, tandis que le maximum de déviation du côté de l'ouest a lieu, pour la marche moyenne annuelle. vers 9 heures du matin à Hobarton (Tasmanie), Batavia, le Cap et Sainte-Hélène, cette époque correspond au contraire au maximum à l'est pour l'hémisphère nord. Le maximum d'excursion à l'ouest se produit vers 1 heure de l'après midi à Toronto (Canada), Londres et Paris ; vers 2 heures à Pétersbourg ; 3 heures à Nertschinsk et Pékin. Les heures de ces maxima et minima varient d'ailleurs avec les saisons. Les autres éléments du magnétisme, inclinaison et composantes de la force, présentent des oscillations analogues.

En dégageant de la variation diurne moyenne les observations relatives aux différents éléments magnétiques, on peut les rapporter au jour lunaire et on trouve aussi dans les résidus une variation régulière.

Il y a, de même, une variation périodique annuelle.

Enfin les variations accidentelles elles-mêmes, qui semblent se produire simultanément sur une grande étendue sinon sur la totalité de la surface du globe, et qu'on désigne habituellement sous le nom de perturbations ou d'orages magnétiques, paraissent également soumises dans leurs effets moyens à certaines périodes annuelles ou séculaires. Ces perturbations sont en relation directe avec le phénomène des aurores polaires et accompagnées de courants accidentels dans les fils télégraphiques.

CHAPITRE DEUXIÈME ·

CONSTITUTION DES AIMANTS

310. Filets magnétiques. — L'expérience de la rupture d'un barreau aimanté met en évidence ce fait capital que tout élément de volume d'un aimant est lui-même un aimant complet ayant, dans son état actuel, un axe magnétique et un moment déterminés. Nous disons dans son état actuel, car il est évident que, si l'élément de volume, au lieu d'être séparé par la pensée du milieu environnant, en était détaché en réalité, il ne conserverait plus le même état que lorsqu'il faisait partie de la masse générale. Considérons deux molécules ou éléments magnétiques placés bout à bout et en contact par leurs pôles de noms contraires ; si elles sont également aimantées, l'action pour tout point extérieur se réduit à celle des deux extrémités libres. De même, si une série de molécules également aimantées sont placées bout à bout, tous les axes magnétiques étant disposés suivant une même ligne, l'action extérieure de l'aimant linéaire ainsi construit se réduit encore à celles des deux extrémités, chaque point intermédiaire donnant lieu à des actions égales et contraires qui s'annulent. Un pareil assemblage de particules aimantées constitue un *filet magnétique uniforme*.

311. Magnétisme libre. — Mais si, dans cette file de molécules, l'aimantation est variable, il y aura en chaque point une certaine quantité de magnétisme apparent ou *libre*, égal à la différence des masses magnétiques des deux molécules voisines en contact. Si l'on suppose, par exemple, que l'aimantation aille en diminuant depuis le milieu du filet jusqu'aux extrémités, on voit qu'il y aura sur l'une des moitiés de l'aimant linéaire un excès de magnétisme positif distribué suivant une certaine loi, et sur l'autre moitié un excès égal de magnétisme négatif. Le filet magnétique ainsi construit n'est plus uniforme, mais il est évident qu'on pourra le considérer comme résultant de la juxtaposition de filets uniformes de longueurs différentes.

312. Aimant uniforme. — Un aimant de dimensions finies qui serait formé de filets identiques entre eux juxtaposés parallèlement, pourrait être appelé un aimant *uniforme*; les pôles des filets élémentaires étant situés aux extrémités, sur la surface du corps, on voit que l'action de l'aimant tout entier se réduirait à celle de deux couches magnétiques distribuées sur la surface suivant une loi simple.

313. Aimant quelconque. — En un point P d'un aimant quelconque, l'axe magnétique a une direction déterminée et cette direction varie d'une manière continue ; on peut donc tracer dans l'intérieur de l'aimant des lignes tangentes en chaque point à l'axe magnétique et imaginer des filets magnétiques dirigés suivant ces lignes d'aimantation.

L'aimant sera ainsi subdivisé, soit en filets magnétiques non uniformes fermés ou aboutissant à la surface, soit en filets uniformes, les uns fermés, d'autres aboutissant à la surface, d'autres enfin terminés à l'intérieur. Tant qu'on ne fait aucune hypothèse sur la forme des filets, cette conception est la traduction pure et simple des faits et ne présente rien d'hypothétique. Elle conduit à considérer un aimant quelconque comme formé d'une couche magnétique distribuée sur la surface et de masses magnétiques disséminées dans l'intérieur. Il y a donc lieu de considérer une densité superficielle du magnétisme et une densité cubique.

La densité du magnétisme libre en un point est la limite du rapport de la masse magnétique contenue dans un élément de volume pris autour de ce point, au volume lui-même ; la densité superficielle est le quotient de la quantité de magnétisme qui existe sur un élément de surface autour de ce point par l'aire de l'élément.

314. Potentiel d'un aimant. — Cela posé, il est évident que le potentiel de l'aimant en un point extérieur quelconque P aura pour valeur

$$V = \int \frac{\sigma}{r} dS + \int \frac{\rho}{r} dv. \qquad (1)$$

Dans la première intégrale, qu'on étendra à toute la surface de l'aimant, σ désigne la densité superficielle sur l'élément de surface dS dont la distance au point P est égale à r. La seconde intégrale doit être étendue à tout le volume de l'aimant, ρ désignant la densité cubique du magnétisme dans l'élément dv situé à une distance r du point P. Ces densités ρ et σ peuvent être considérées comme celles d'un fluide particulier.

Comme la somme des masses magnétiques est toujours nulle pour un aimant quelconque, on a l'équation de condition

$$0 = \int \sigma dS + \int \rho dv.$$

Les composantes de la force magnétique au point P sont

$$X = -\frac{\partial V}{\partial x},$$

$$Y = -\frac{\partial V}{\partial y},$$

$$Z = -\frac{\partial V}{\partial z};$$

et cette force elle-même a pour valeur

$$F = \sqrt{X^2 + Y^2 + Z^2} = \sqrt{\left(\frac{\partial V}{\partial x}\right)^2 + \left(\frac{\partial V}{\partial y}\right)^2 + \left(\frac{\partial V}{\partial z}\right)^2}.$$

Ces formules sont générales et s'appliquent aussi bien aux points situés dans l'intérieur de l'aimant qu'aux points extérieurs.

On démontrerait, comme en électricité, que la somme ΔV des trois dérivées secondes partielles du potentiel est égale à zéro pour tout point extérieur, et à — $4\pi\rho$ pour tout point intérieur aux corps aimantés.

Les équations fondamentales sont les mêmes que pour l'électricité statique. Nous pourrons donc, sans nouvelle démonstration, appliquer les théorèmes déjà établis, à la condition que ces théorèmes ne dépendent point des propriétés des conducteurs et que, d'autre part, la force coercitive n'ait pas à intervenir.

315. Un aimant équivaut à une surface magnétique. — On démontre ainsi d'une manière immédiate ce théorème de Poisson, que l'action d'un aimant sur tout point extérieur est équivalente à celle d'une couche fictive, de masse totale égale à zéro, distribuée à la surface suivant une certaine loi.

Supposons, en effet, que les masses en question soient des masses électriques fixes et qu'on recouvre l'aimant d'une surface conductrice infiniment mince en communication avec le sol. Il se développera par influence sur la surface interne du conducteur une couche de signe contraire aux masses intérieures; comme la force et le potentiel sont maintenant nuls partout à l'extérieur, la couche induite a sur tout point extérieur un potentiel égal et de signe contraire à celui des masses primitives, et cette couche est égale à la somme algébrique des masses primitives. Une couche égale et de même signe, distribuée sur la surface extérieure suivant la même loi, donnera donc un potentiel égal et de même signe et formera, par suite, un système équivalent pour les points extérieurs au système proposé. La conclusion s'applique évidemment au magnétisme, puisque les deux espèces de masses obéissent à la même loi élémentaire.

Les actions extérieures exercées par l'aimant permettront de calculer la densité de cette couche fictive superficielle, mais n'apprendront rien sur la distribution réelle du magnétisme. Pour connaître cette distribution, il faudrait déterminer aussi par expérience les forces qui agissent à l'intérieur de l'aimant, et y creuser des cavités dans lesquelles on introduirait des aiguilles d'épreuve; mais la soustraction d'une masse, si petite qu'elle soit, modifie la force dans la cavité, parce qu'on supprime des masses très voisines dont l'effet n'est pas négligeable. L'aimant équivaut alors à deux couches fictives, l'une sur la surface extérieure et l'autre sur les parois internes de la cavité ; la somme ΔV des trois dérivées secondes du potentiel est devenue nulle dans cette région, tandis qu'elle y était primitivement égale à $- 4\pi\rho$.

316. Théorie de Poisson. — Nous n'avons jusqu'ici fait aucune hypothèse sur la manière dont les masses magnétiques sont distribuées dans la substance aimantée. Pour établir la théorie de l'aimantation par influence, Poisson considère un corps aimanté comme formé de particules magnétiques disséminées dans un milieu imperméable au magnétisme. Ces particules sont sphériques et équidistantes, si le corps est isotrope et homogène ; chacune d'elles renferme des quantités égales des fluides positif et négatif, partie à l'état neutre à l'intérieur, partie à l'état libre à la surface. Le moment magnétique de chaque particule de volume u peut être représenté par uq, le facteur q dépendant du degré d'aimantation. Si l'on considère un volume dv, très grand par rapport aux dimensions des particules, mais infiniment petit par rapport aux dimensions de l'aimant, toutes les particules qu'il renferme auront leurs axes magnétiques sensiblement parallèles, et le moment magnétique de l'élément de volume sera la somme des moments des particules. En appelant h, comme nous l'avons fait déjà (**167**), le rapport de l'espace occupé par les particules au volume total dv, cet élément de volume renfermera un nombre de particules égal à hdv, et son moment magnétique sera $hqdv$. Cet élément se comportera pour tout point situé à une distance finie comme un aimant infiniment petit, ou comme l'ensemble de deux masses égales et contraires infiniment voisines (**151**). Le moment magnétique de l'aimant par unité de volume est égal à hq.

La valeur du rapport h varie d'un corps magnétique à un autre et, pour un même corps, la valeur de q en chaque point dépend du degré d'aimantation : les actions extérieures augmentent ou diminuent avec le produit hq. Dans les corps qui ne présentent pas de force coercitive, rien ne s'oppose au mouvement des fluides à l'intérieur d'une particule magnétique ; l'équilibre ne peut donc subsister que si la résultante de toutes les forces tant intérieures qu'extérieures est nulle en tout point de la molécule ; au contraire, dans un corps doué d'une force coercitive qui agit à la manière du frottement, il suffit que cette résultante soit inférieure à la valeur donnée de la force coercitive.

La théorie de Poisson n'est pas liée à l'hypothèse des deux fluides, mais il est plus difficile de la dégager de cette conception particulière sur la structure des milieux magnétiques.

317. Théorie de Sir W. Thomson. — Nous exposerons de préférence la théorie du magnétisme sous la forme que lui a donnée Sir W. Thomson. Cette théorie, dans ses résultats essentiels, coïncide avec celle de Poisson, mais elle a l'avantage d'être tout d'abord indépendante de l'idée de fluide et de toute hypothèse sur la constitution du milieu, de sorte qu'elle paraît se rapprocher davantage des faits expérimentaux. L'idée fondamentale est de considérer une portion quelconque d'un corps aimanté comme un aimant complet défini par la direction de l'axe et par son moment magnétique, c'est-à-dire comme un aimant infiniment petit ayant des masses $+m$ et $-m$ à ses extrémités, une longueur ds et, par suite, un moment magnétique égal à mds.

318. Intensité d'aimantation. — Cela posé, on appelle *intensité d'aimantation* I en un point le quotient du moment magnétique d'un élément de volume par le volume lui-même, en d'autres termes la valeur du moment par unité de volume. On aura ainsi

$$(2) \qquad I = \frac{mds}{dv}.$$

Cette intensité I représente le produit hq de la théorie de Poisson.

L'intensité d'aimantation est une grandeur géométrique définie, comme une force, par sa direction, qui est l'axe magnétique de l'élément de volume, et par sa valeur numérique ; elle sera donc représentée en chaque point par une droite de direction et de longueur déterminées.

Tous les phénomènes du magnétisme peuvent être exprimés en fonction de cette quantité seule.

319. Expression du potentiel. — Soit I l'intensité d'aimantation en un point M de l'aimant dont les coordonnées sont x, y et z. Si l'intensité d'aimantation fait avec les axes des angles dont les cosinus soient λ, μ, ν, ses composantes A, B et C suivant les axes auront pour expressions

$$A = I\lambda,$$
$$B = I\mu,$$
$$C = I\nu.$$

Le moment magnétique d'un élément de volume est $mds = Idv$. Son potentiel en un point P situé à la distance r sur une droite faisant un angle θ avec la direction de l'axe magnétique, c'est-à-dire avec la direction de l'intensité d'aimantation, est égal à (**151**)

$$dV = Idv\frac{\cos\theta}{r^2}.$$

Ce potentiel peut être considéré comme la somme des potentiels dV_a, dV_b, dV_c, dus aux trois composantes A, B et C de l'aimantation. Si on désigne par ε l'angle de la droite MP avec l'axe des x et par ξ, η, ζ les coordonnées du point P, on a

$$dV_a = \frac{Adv\cos\varepsilon}{r^2} = \frac{Adv(\xi - x)}{r^3}.$$

D'autre part, l'équation

$$(\xi - x)^2 + (\eta - y)^2 + (\zeta - z)^2 = r^2$$

donne

$$(\xi - x) = r\frac{\partial r}{\partial x},$$

et, par suite,

$$\frac{\xi - x}{r^3} = \frac{1}{r^2}\frac{\partial r}{\partial x} = -\frac{\partial\frac{1}{r}}{\partial x}.$$

On en déduit

$$dV_a = Adv\frac{\partial\frac{1}{r}}{\partial x} = A\frac{\partial\frac{1}{r}}{\partial x}dx\,dy\,dz.$$

On aurait, de même

$$dV_b = B\frac{\partial \frac{1}{r}}{\partial y}\,dx\,dy\,dz,$$

$$\partial V_c = C\frac{\partial \frac{1}{r}}{\partial z}\,dx\,dy\,dz.$$

Le potentiel de l'aimant entier s'obtiendra en étendant ces expressions au volume total, ce qui donne

$$(3)\qquad V = \iiint \left(A\frac{\partial \frac{1}{r}}{\partial x}+B\frac{\partial \frac{1}{r}}{\partial y}+C\frac{\partial \frac{1}{r}}{\partial z}\right)dx\,dy\,dz.$$

Le potentiel au point P se trouve ainsi exprimé en fonction

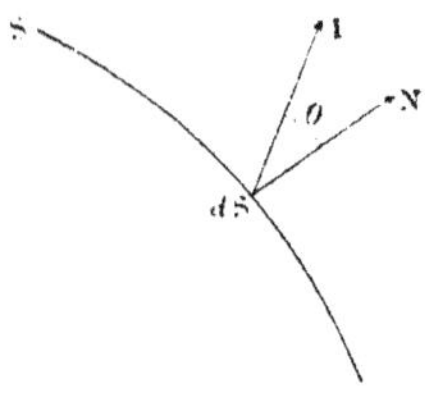

Fig. 73

de la distance r de ce point aux différents éléments de volume de l'aimant et de l'intensité de l'aimantation.

Chacun des termes dont se compose le second membre de l'équation (3) renferme un facteur qui est une différentielle exacte et peut être intégré par parties ; on obtient alors

$$V = \iint \frac{A\,dy\,dz+B\,dz\,dx+C\,dx\,dy}{r} - \iiint \frac{1}{r}\left(\frac{\partial A}{\partial x}+\frac{\partial B}{\partial y}+\frac{\partial C}{\partial z}\right)dx\,dy\,dz,$$

la première intégrale devant être étendue à toute la surface et la seconde au volume de l'aimant.

Soient I l'intensité de l'aimantation en un point de la surface S (fig. 73) et θ l'angle que fait sa direction avec la normale; α, β, γ les cosinus des angles de la normale avec les axes; enfin dS un élément de surface au point considéré, on a

$$I\,dS\cos\theta = I\,dS\,(\alpha + \beta + \gamma)$$
$$= I\alpha\,dS + I\beta\,dS + I\gamma\,dS.$$

Les produits $I\alpha$, $I\beta$, $I\gamma$ sont les composantes de l'aimantation, et $\alpha\,dS$, $\beta\,dS$, $\gamma\,dS$ les projections de l'élément de surface sur les plans coordonnés. On a donc

$$I = A\,dy\,dz + B\,dz\,dx + C\,dx\,dy,$$

et l'expression du potentiel devient

$$(4) \qquad V = \int \frac{I\cos\theta}{r}\,dS - \iiint \frac{1}{r}\left(\frac{\partial A}{\partial x} + \frac{\partial B}{\partial y} + \frac{\partial C}{\partial z}\right)dx\,dy\,dz.$$

Les formules (1) et (4) représentent le même potentiel : si on les identifie, on voit que la densité superficielle et la densité cubique du magnétisme peuvent s'exprimer en fonction de l'intensité d'aimantation de la manière suivante :

$$(5) \qquad \sigma = I\cos\theta = A\alpha + B\beta + C\gamma,$$

$$(6) \qquad \rho = -\left(\frac{\partial A}{\partial x} + \frac{\partial B}{\partial y} + \frac{\partial C}{\partial z}\right).$$

Ainsi, *la densité superficielle du magnétisme est égale à la projection sur la normale à la surface de l'intensité d'aimantation au même point;*

La densité cubique est égale et de signe contraire à la somme des dérivées partielles des composantes de l'aimantation par rapport aux trois axes.

Les quantités ρ et σ, qui représentent les densités d'un fluide dans l'hypothèse de Coulomb, peuvent être considérées comme des quantités purement mathématiques. Ce sont deux symboles définis par les équations (5) et (6) ; pour abréger le langage, on leur conservera le nom de densités, mais sans attacher à ce mot sa signification littérale.

Remarquons que l'équation de Poisson relative aux dérivées secondes devient, dans le cas actuel,

$$\Delta V = -4\pi\rho = -4\pi\left(\frac{\partial A}{\partial x} + \frac{\partial B}{\partial y} + \frac{\partial C}{\partial z}\right).$$

Pour un point extérieur le second membre est identiquement nul, puisque l'intensité d'aimantation est constante et égale à zéro.

320. Aimants uniformes. — Considérons le cas particulier où l'aimantation est *uniforme*, c'est-à-dire, où l'intensité d'aimantation est constante en grandeur et en direction dans toute l'étendue de l'aimant ; les dérivées des composantes A, B, C sont nulles et l'équation (6) donne

$$\rho = 0 ;$$

il n'y a donc de magnétisme qu'à la surface.

Le potentiel se réduit alors à

$$V = I \int \frac{dS \cos\theta}{r},$$

ou, en appelant dS_1 la projection de dS sur un plan normal à l'aimantation,

$$V = I \int \frac{dS_1}{r}.$$

Tous les éléments de volume étant aimantés parallèlement, le moment magnétique de l'ensemble est égal à la somme des moments de tous les volumes élémentaires ; on a donc

$$m = \int I\,dv = I \int dv = Iv.$$

Ainsi, *le moment magnétique d'un aimant uniforme est égal au produit du volume par l'intensité d'aimantation.*

L'expression de la densité superficielle

$$\sigma = I \cos\theta$$

montre que l'action extérieure d'un corps aimanté uniformément est équivalente à celle de deux couches de glissement (**157**), c'est-à-dire des deux couches qui résulteraient de la superposition de deux masses magnétiques homogènes, de densités $\pm\rho$ égales et de signes contraires, dont la partie positive aurait glissé, parallèlement à l'aimantation, d'une quantité δ telle qu'on ait $\rho\delta = I$.

Nous avons dit (**308**) qu'on pouvait expliquer l'action de la terre par un aimant infiniment petit placé au centre, ou par deux couches de glissement; on voit qu'on pourrait aussi supposer la terre uniformément aimantée, cette dernière condition étant équivalente aux deux autres.

321. Force dans l'intérieur d'un aimant. — On ne peut déterminer l'action magnétique dans la substance même d'un aimant sans creuser une cavité qui permette d'y placer un petit aimant d'épreuve ; mais la création d'une surface libre à l'intérieur de l'aimant équivaut à la formation d'une couche superficielle, ayant en général une action finie sur les points qu'elle renferme, et cette action dépend de la forme de la cavité.

Une masse placée dans la cavité est alors située en dehors des masses agissantes, et la force qu'elle subit peut être déterminée à la manière ordinaire. Cette force est la résultante de deux autres, l'une due aux masses extérieures et l'autre à la couche superficielle de la cavité ; la seconde force dépend de la forme et de l'orientation de la cavité tandis que la première en est indépendante.

L'intensité d'aimantation peut d'ailleurs être considérée comme constante en grandeur et en direction dans toute l'étendue du volume infiniment petit que l'on enlèvera ; il sera donc possible de déterminer la seconde force pour certaines formes simples de la cavité.

322. — Considérons d'abord une cavité cylindrique dont les génératrices soient parallèles et les bases normales à l'intensité d'aimantation. La densité de la couche fictive sera nulle sur les parois latérales, puisque la composante normale de l'aimantation est nulle en chaque point ; sur les deux bases, qui sont perpendiculaires à l'aimantation, la densité sera uniforme, égale à $+ 1$ sur l'une et $- 1$ sur l'autre. Si l'étendue de la base est égale à a, il y aura aux deux extrémités du cylindre des masses magnétiques égales et contraires $+ a\mathrm{I}$ et $- a\mathrm{I}$.

Supposons le cylindre circulaire : soit r le rayon de la base et $2h$ la hauteur ; l'action des deux couches sur un point situé au milieu de l'axe est le double de celle d'un disque homogène sur un point de la perpendiculaire élevé en son centre. Pour calculer cette action, supposons la densité égale à l'unité et le disque partagé en zones élémentaires concentriques ; l'action d'une de ces zones située à une distance ρ du point considéré a pour composante suivant l'axe

$$df = \frac{2\pi r\, dr}{\rho^2} \cdot \frac{h}{\rho},$$

ou, en tenant compte de la relation $\rho^2 = r^2 + h^2$,

$$df = 2\pi h \frac{d\rho}{\rho^2}.$$

En intégrant entre les limites $\rho = h$ et $\rho = \sqrt{r^2 + h^2}$, on obtient

$$f = 2\pi \left(1 - \frac{h}{\sqrt{r^2 + h^2}} \right);$$

on aura donc pour l'action des deux couches

$$\mathrm{R} = 2f\mathrm{I} = 4\pi \mathrm{I} \left(1 - \frac{h}{\sqrt{r^2 + h^2}} \right).$$

Deux cas sont particulièrement intéressants, ceux où l'une des deux quantités h et r est très grande par rapport à l'autre.

Lorsque le cylindre est très allongé, le rapport $\frac{r}{h}$ est très petit et la valeur de R tend vers zéro. Alors la force réelle qui agit dans la cavité se réduit à l'action des masses extérieures. Un cylindre infiniment étroit à base quelconque donnera évidemment le même résultat; il en sera encore de même si l'on imagine dans l'aimant une section par une surface parallèle en chaque point aux lignes d'aimantation et qu'on suppose un intervalle infiniment mince entre les deux parties séparées.

Lorsque le cylindre a la forme d'un disque plan, le rapport $\frac{h}{r}$ est très petit et, à la limite, la valeur de R devient

$$R = 4\pi I.$$

Les composantes de cette force parallèles aux axes sont

$$R_x = 4\pi A,$$
$$R_y = 4\pi B,$$
$$R_z = 4\pi C.$$

Ces valeurs conviendront encore au cas d'une section infiniment mince faite dans l'aimant perpendiculairement aux lignes d'aimantation.

Si la cavité a la forme d'une sphère, les parois seront recouvertes de deux couches égales et contraires distribuées comme des couches de glissement; l'action R de cette couche sur tout point intérieur est constante, parallèle à l'aimantation et a pour expression

$$R = \frac{4}{3}\pi \sigma_0 = \frac{4}{3}\pi I.$$

Pour une fente étroite dont la normale fait avec la direction de l'aimantation un angle θ, la force intérieure des couches superficielles est normale à la fente et égale à

$$4\pi\sigma = 4\pi I \cos\theta.$$

L'influence de la forme de la cavité est bien manifeste dans ces différents exemples.

323. Force magnétique. — Dans le cas d'une cavité cylindrique allongée, ou d'une fente parallèle aux lignes d'aimantation, la force en un point ne dépend que du potentiel V des masses extérieures à l'élément de volume enlevé. Les composantes de cette force F sont

$$X = -\frac{\partial V}{dx}, \quad Y = -\frac{\partial V}{dy}, \quad Z = -\frac{\partial V}{dz}.$$

C'est à la force ainsi définie que l'on convient d'attribuer d'une manière spéciale le nom *force magnétique* ou *force résultante en un point de la masse aimantée.*

324. Induction magnétique. — Si la cavité est un cylindre très aplati ou une fente infiniment mince perpendiculaire aux lignes d'aimantation, les composantes de la force réelle F_1 ont pour valeurs

$$(7) \qquad \begin{aligned} X_1 &= X + R_x = X + 4\pi A, \\ Y_1 &= Y + R_y = Y + 4\pi B, \\ Z_1 &= Z + R_z = Z + 4\pi C. \end{aligned}$$

Cette force F_1 joue un rôle important dans l'étude de l'aimantation par influence ; on l'appelle *induction magnétique.*

La somme des trois dérivées partielles de la fonction F_1 donne l'équation

$$\frac{\partial X_1}{\partial x} + \frac{\partial Y_1}{\partial y} + \frac{\partial Z_1}{\partial z} = -\Delta V + 4\pi\left(\frac{\partial A}{\partial x} + \frac{\partial B}{\partial y} + \frac{\partial C}{\partial z}\right)$$
$$= 4\pi\rho - 4\pi\rho = 0.$$

Ainsi l'induction magnétique satisfait à l'équation de Laplace pour tous les points tant intérieurs qu'extérieurs aux milieux aimantés. D'ailleurs elle se confond évidemment avec la force magnétique, pour tous les points extérieurs, puisque l'aimantation I et ses composantes A, B et C sont alors égales à zéro. L'induction magnétique jouit donc des mêmes propriétés que l'induction électrostatique (**115**).

On appellera *ligne d'induction* une ligne à laquelle la force d'induction est tangente en chaque point ; *tube d'induction* un canal limité latéralement par des lignes d'induction ; enfin, *flux d'induction* au travers d'un élément de surface le produit de la surface de l'élément par la composante normale de l'induction. Puisque l'induction satisfait à l'équation de Laplace pour tous les points intérieurs et extérieurs, il en résulte que le flux d'induction est une quantité constante dans toute l'étendue d'un tube d'induction.

325. Différentes espèces d'aimants. — On peut diviser les aimants en catégories distinctes suivant la manière dont varie l'intensité d'aimantation.

326. Solénoïdes magnétiques. — On appelle *solénoïde simple* un aimant ayant la forme d'un filet à section constante, infiniment petite, en chaque point duquel l'intensité d'aimantation est elle-même constante et tangente à la direction du filet.

La densité magnétique est nulle dans toute l'étendue du filet et sur sa surface latérale (**310**) ; aux extrémités seule-

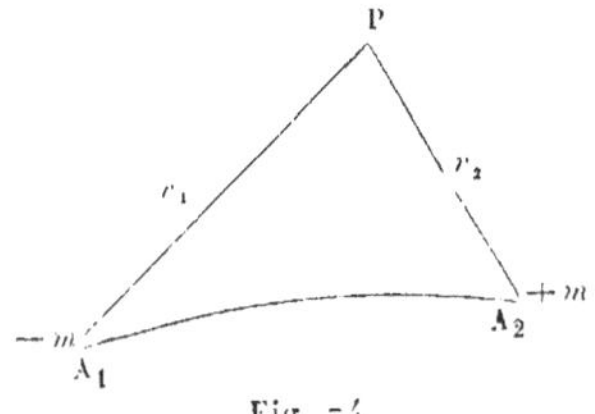

Fig. 74

ment existent deux masses magnétiques égales et de signes contraires ; si I est l'intensité d'aimantation et a la section du filet, ces deux masses ont pour valeur absolue

$$m = a\mathrm{I}.$$

On peut appeler le produit $a\mathrm{I}$ la *puissance magnétique* du solénoïde.

Si, la section du filet et l'intensité d'aimantation étant variables, le produit $a\mathrm{I}$ restait constant, le système constituerait encore un solénoïde magnétique simple.

Un solénoïde simple se comporte pour tous les points extérieurs comme un aimant dont les pôles seraient situés rigoureusement aux extrémités.

Le potentiel en un point P (fig. 74), à une distance r_2 du pôle positif A_2 et à une distance r_1 du pôle négatif A_1, a pour expression

$$V = m \left(\frac{1}{r_2} - \frac{1}{r_1} \right) = a\mathrm{I} \left(\frac{1}{r_2} - \frac{1}{r_1} \right).$$

Si un pareil solénoïde est fermé, le potentiel est nul partout à l'extérieur ; par suite la force est nulle, et l'on ne peut découvrir le magnétisme qui existe dans le système qu'en le brisant en un point et séparant les extrémités.

327. — Un filet magnétique à section constante ou variable, tangent en chaque point à la direction de l'aimantation, et dans lequel la puissance magnétique n'est pas constante, constitue un solénoïde *complexe*. Un pareil système peut être considéré comme la réunion en faisceau de plusieurs solénoïdes simples de longueurs inégales.

Un élément de longueur ds (fig. 75), dont la puissance

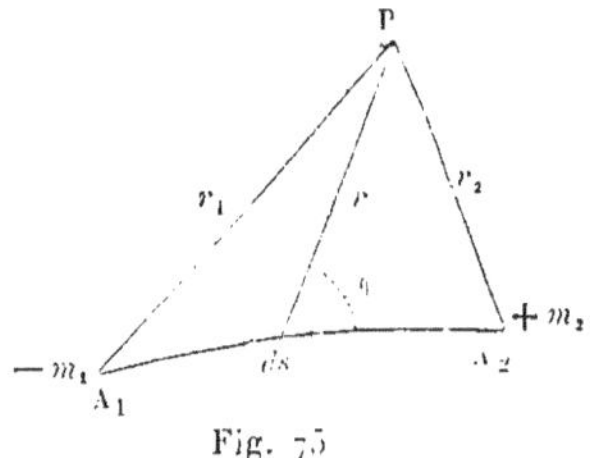

Fig. 75

magnétique est $m = a\mathrm{I}$, a pour potentiel en un point extérieur P

$$dV = \frac{m\,dS}{r^2} \cos\theta = -m \frac{dr}{r^2} = -a\mathrm{I} \frac{dr}{r^2}.$$

Le potentiel en P du filet total est donc

$$V = \int_{A_1}^{A_2} -\frac{m\,dr}{r^2}.$$

En intégrant le second membre par parties et désignant

par $-m_1$ et $+m_2$ les masses des extrémités A_1 et A_2, on obtient

$$V = \frac{m_2}{r_2} - \frac{m_1}{r_1} - \int_{A_1}^{A_2} \frac{1}{r} \frac{dm}{ds}\, ds.$$

Le potentiel est le même que s'il y avait en chaque point du filet une densité linéaire λ définie par la relation

$$\lambda = -\frac{dm}{ds} = -\frac{d(aI)}{ds},$$

et l'on peut écrire

$$V = \frac{m_2}{r_2} - \frac{m_1}{r_1} + \int \frac{\lambda\, ds}{r}.$$

328. Aimants solénoïdaux. — Un aimant est dit *solénoïdal* lorsqu'il peut être divisé en solénoïdes simples aboutissant à la surface ou fermés sur eux-mêmes. Il n'y a pas de magnétisme libre à l'intérieur de l'aimant; la distribution est purement superficielle.

La densité cubique ρ étant nulle, on a

$$(8) \qquad \frac{\partial A}{\partial x} + \frac{\partial B}{\partial y} + \frac{\partial C}{\partial z} = 0.$$

Réciproquement, si la condition (8) est satisfaite, la densité est nulle en tout point intérieur et l'aimant est solénoïdal.

329. Feuillets magnétiques. — On appelle *feuillet magnétique simple* un aimant constitué par deux surfaces infiniment voisines équidistantes, chargées de couches magnétiques uniformes, égales et de signes contraires; ou encore un aimant formé de deux couches infiniment voisines non équidistantes, toujours égales et de signes contraires, et telles que la densité en chaque point soit en raison inverse de leur distance.

Si on désigne par h l'épaisseur du feuillet en un point et par σ la densité de la couche, le produit $h\sigma$ doit être constant; on l'appelle la *puissance magnétique* du feuillet.

On peut dire encore qu'un feuillet magnétique simple est une lame infiniment mince dont l'aimantation est en chaque point normale à la surface et a une intensité inversement proportionnelle à l'épaisseur.

Si on représente par Φ la puissance magnétique du feuillet, on a donc

$$\Phi = h\sigma = h\mathrm{I}.$$

La portion du feuillet qui correspond à un élément dS peut être considérée comme un aimant infiniment petit de moment

$$h\sigma dS = \Phi dS.$$

Le potentiel au point P (fig. 76) de cet élément du feuillet a pour expression

$$dV = \frac{h\sigma dS}{r^2}\cos\theta = \frac{\Phi dS}{r^2}\cos\theta,$$

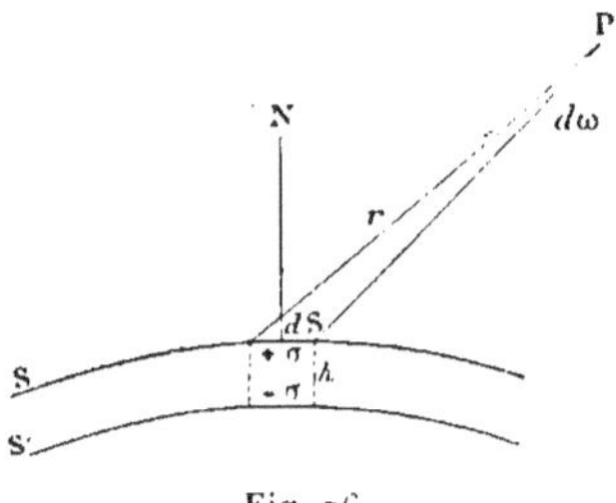

Fig. 76

θ étant l'angle de la normale N menée extérieurement à la surface positive avec la droite r qui joint le point P à l'élément dS.

L'angle solide $d\omega$, sous lequel du point P on voit l'élément dS, est donné par l'équation

$$dS\cos\theta = r^2 d\omega, \qquad \text{ou} \qquad d\omega = \frac{dS\cos\theta}{r^2}.$$

Il en résulte

$$dV = \Phi d\omega.$$

Comme le facteur Φ est constant, le potentiel du feuillet en P a pour expression

$$(9) \qquad\qquad V = \Phi\omega.$$

Il importe de bien définir la signification de l'angle solide ω. Le potentiel dV est positif ou négatif suivant que le point P voit la surface positive ou la surface négative de l'élément dS du feuillet, c'est-à-dire suivant que l'angle θ est aigu ou obtus. L'angle $d\omega$, considéré lui-même comme positif ou négatif dans les mêmes conditions, est la surface découpée sur une sphère de rayon égal à l'unité ayant pour centre le point P par un cône limité au contour de l'élément; c'est la *surface apparente* de cet élément. L'angle ω, ou la surface apparente du feuillet total est, par suite, déterminé par un cône limité au contour même du feuillet; il est positif ou négatif, suivant que la portion de feuillet que voit le point P à travers le contour est elle-même positive ou négative. Le potentiel du feuillet est donc indépendant de sa forme; il ne dépend que de sa puissance magnétique et de son contour. Il en résulte ce théorème important de Gauss :

Le potentiel d'un feuillet magnétique simple en un point extérieur est égal au produit de la puissance magnétique du feuillet par sa surface apparente vue de ce point.

Pour que le potentiel soit nul en un point, il faut et il suffit que la surface apparente du feuillet soit nulle.

La surface apparente du feuillet est nulle si, le contour étant un plan, le point considéré est situé dans ce plan.

Elle est nulle, le feuillet étant quelconque, quand elle se compose de parties de signes contraires donnant une somme algébrique nulle.

En particulier, si le feuillet forme une surface fermée, le potentiel est nul pour tout point extérieur. Pour un point intérieur au feuillet, l'angle ω est égal à 4π, le potentiel est donc constant et égal à $4\pi\Phi$; il est de même signe que la surface intérieure. Ce potentiel ayant une valeur constante tant à l'intérieur qu'à l'extérieur, l'action du feuillet fermé sur un point quelconque est nulle.

330. — Si deux feuillets magnétiques S et S′ (fig. 77) de même puissance ont le même contour et que leurs surfaces en regard soient de signes contraires, leurs potentiels sont égaux pour tous les points situés en dehors de l'espace qu'ils comprennent ; ces potentiels diffèrent, au contraire, de $4\pi\Phi$ pour tous les points situés entre les deux surfaces. En effet, le potentiel de l'un des feuillets S est positif et égal a $\Phi\omega$, celui de l'autre feuillet S′ est $-\Phi\omega'$; la différence est donc

$$\Phi(\omega+\omega')=4\pi\Phi.$$

De même, pour deux points infiniment voisins situés de part et d'autre d'un feuillet magnétique, à une distance finie du contour, la différence des potentiels est égale à $4\pi\Phi$, car elle

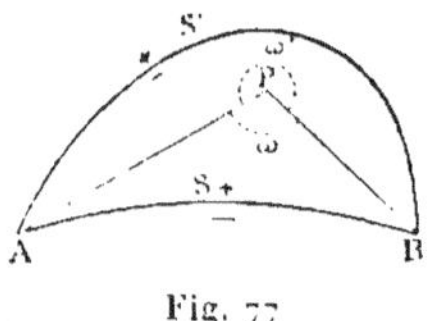

Fig. 77

est pour l'un $\Phi\omega$ et pour l'autre $-\Phi(4\pi-\omega)$. Ainsi, quand le point considéré traverse un feuillet dans le sens de l'aimantation, c'est-à-dire de la face négative à la face positive, le potentiel augmente brusquement de $4\pi\Phi$.

Si, le point restant fixe, le feuillet se déformait de manière à passer de la position S′ à la position S (fig. 77), le potentiel en P éprouverait le même accroissement de $4\pi\Phi$.

En réalité, la variation du potentiel ne se fait pas brusquement sur une surface géométrique, parce que le feuillet a nécessairement une épaisseur finie, et il est facile de voir que le potentiel en P varie d'une manière continue pendant que le point traverse la couche aimantée.

En effet, partageons le feuillet SS′ (fig. 78) en deux couches parallèles d'épaisseurs x et $h-x$ et de puissances Φ_1 et Φ_2, et considérons le point P sur la surface de séparation des deux nouveaux feuillets. Le potentiel en P a pour valeur

$$V = \omega \Phi_2 - (4\pi - \omega)\,\Phi_1$$
$$= \omega(\Phi_1 + \Phi_2) - 4\pi\Phi_1 = \omega\Phi - 4\pi\Phi_1.$$

On a d'ailleurs

$$\Phi_1 = zx = \Phi\frac{x}{h},$$

et, par conséquent,

$$V = \omega\Phi - 4\pi\Phi\frac{x}{h} = \Phi\left(\omega - 4\pi\frac{x}{h}\right).$$

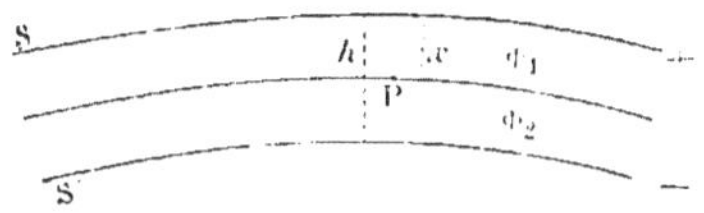

Fig. 78

L'action normale du feuillet au point P est

$$-\frac{\partial V}{\partial x} = -\Phi\frac{\partial\omega}{\partial x} + 4\pi\Phi\frac{1}{h} = -\Phi\frac{\partial\omega}{\partial x} + 4\pi I.$$

Cette expression, comme on aurait pu le prévoir, est la composante normale de l'induction au point P. En effet, nous avons admis implicitement que nous placions le point P dans une fente infiniment mince perpendiculaire aux lignes d'aimantation : le terme $4\pi I$ est la force qu'il faut ajouter aux actions extérieures pour avoir la valeur de la force réelle à l'intérieur de la cavité.

Remarquons encore que, si l'intensité d'aimantation est finie, la puissance magnétique Φ du feuillet est une quantité infiniment petite ; pour tout point extérieur situé à une distance finie du contour du feuillet la force a donc une valeur infiniment petite, tandis que dans l'intérieur du feuillet la force a une valeur finie $4\pi I$, dirigée suivant la normale et en sens opposé à celui de l'aimantation.

331. Aimants lamellaires. — Un aimant est dit *lamellaire* quand il peut être divisé en feuillets magnétiques simples fermés ou en feuillets ouverts ayant leur contour sur la surface de l'aimant.

Désignons par Φ la somme des puissances magnétiques des feuillets que l'on rencontre en allant d'un point donné au point dont les coordonnées sont x, y, z, suivant une ligne tracée dans l'intérieur de l'aimant. Cette quantité Φ est une fonction des coordonnées, indépendante de la ligne qui joint les deux points ; elle a une valeur constante sur toute la surface d'un feuillet, mais varie d'un feuillet à un autre.

Les lignes d'aimantation sont, par définition, orthogonales aux surfaces des feuillets élémentaires, et l'intensité d'aimantation est en chaque point en raison inverse de la distance normale dn de deux feuillets consécutifs. On a donc

$$(10) \qquad I = \frac{d\Phi}{dn}.$$

332. Potentiel d'aimantation. — Ainsi, la fonction Φ jouit, au signe près, par rapport à l'aimantation, des mêmes propriétés que le potentiel par rapport aux forces extérieures. On peut, par analogie, appeler *potentiel d'aimantation* la fonction $-\Phi$. Les composantes de l'aimantation suivant les axes de coordonnées sont respectivement égales aux dérivées partielles correspondantes de la fonction Φ :

$$A = \frac{\partial\Phi}{\partial x}, \qquad B = \frac{\partial\Phi}{\partial y}, \qquad C = \frac{\partial\Phi}{\partial z}.$$

On en déduit

$$(11) \qquad A\,dx + B\,dy + C\,dz = d\Phi.$$

Le premier membre de cette équation est donc une différentielle exacte. Inversement, si l'expression $A\,dx + B\,dy + C\,dz$ est la différentielle exacte d'une fonction des coordonnées, les composantes de l'aimantation sont égales respectivement aux dérivées partielles de cette fonction, et l'aimantation est lamellaire.

On peut exprimer la condition d'aimantation lamellaire par des équations dans lesquelles ne figure pas la fonction Φ.

On a, en effet,

$$\frac{\partial A}{\partial y} = \frac{\partial^2 \Phi}{\partial x \partial y} = \frac{\partial B}{\partial x}, \text{ etc.};$$

ce qui donne les trois équations

$$(12) \qquad \begin{aligned} \frac{\partial A}{\partial y} - \frac{\partial B}{\partial x} &= 0, \\ \frac{\partial B}{\partial z} - \frac{\partial C}{\partial y} &= 0, \\ \frac{\partial C}{\partial x} - \frac{\partial A}{\partial z} &= 0. \end{aligned}$$

333. — Un feuillet magnétique est dit *complexe* lorsque. l'aimantation étant toujours normale en chaque point, la puissance magnétique n'est plus constante dans toute l'étendue du feuillet.

Le potentiel au point P de l'élément dS du feuillet est encore

$$dV = \Phi\, d\omega = \frac{\Phi \cos\theta}{r^2} dS,$$

et le potentiel du feuillet tout entier

$$V = \int \Phi\, d\omega = \int \frac{\Phi \cos\theta}{r^2} dS,$$

l'intégrale étant étendue à toute la surface du feuillet.

Lorsqu'un aimant peut être divisé en feuillets magnétiques complexes, l'intensité d'aimantation n'est plus en raison inverse de la distance de deux feuillets infiniment voisins, mais les lignes d'aimantation sont encore orthogonales aux surfaces des feuillets, ce qui donne la condition

$$(13) \qquad \frac{A}{\dfrac{\partial \Phi}{\partial x}} = \frac{B}{\dfrac{\partial \Phi}{\partial y}} = \frac{C}{\dfrac{\partial \Phi}{\partial z}}.$$

Dans ce cas, l'expression $A dx + B dy + C dz$ n'est plus une différentielle exacte. On peut encore éliminer la fonction Φ entre ces équations, et on obtient

$$(14) \quad A\left(\frac{\partial B}{\partial z} - \frac{\partial C}{\partial y}\right) + B\left(\frac{\partial C}{\partial x} - \frac{\partial A}{\partial z}\right) + C\left(\frac{\partial A}{\partial y} - \frac{\partial B}{\partial x}\right) = 0.$$

Telle est la condition qui doit être satisfaite pour une aimantation lamellaire complexe.

Réciproquement, si l'équation (14) est satisfaite, l'aimant est formé de feuillets magnétiques complexes, puisque les lignes d'aimantation sont orthogonales à un système de surfaces ; à moins que chacune des expressions comprises entre parenthèses ne soit nulle séparément, auquel cas l'aimantation serait lamellaire, d'après les équations (12).

334. Potentiel d'un aimant solénoïdal. — Le potentiel d'un aimant a pour valeur générale

$$V = \int \frac{\sigma}{r} dS + \int \frac{\rho}{r} dv.$$

Si l'aimant est solénoïdal, la densité ρ est nulle partout et le potentiel se réduit à

$$V = \int \frac{\sigma}{r} dS = \int \frac{I \cos\theta}{r} dS.$$

Le potentiel d'un aimant solénoïdal, en un point quelconque intérieur ou extérieur, ne dépend donc que de la densité superficielle, ou de la composante normale de l'intensité d'aimantation en chaque point de la surface. Ce potentiel est indépendant de la manière dont varie l'aimantation intérieure, ou, en d'autres termes, de la forme intérieure des filets solénoïdaux qui aboutissent à la surface, ainsi que de l'existence de filets fermés.

Pour la terre, par exemple, on peut imaginer que le magnétisme soit produit par des filets solénoïdaux, maintenus dans

les roches superficielles à basse température, et aboutissant
à la surface de manière à donner une distribution équivalente
à celle d'une aimantation uniforme (**320**).

335. Potentiel d'un aimant lamellaire. — Si l'aimant est lamellaire, il est composé de feuillets magnétiques fermés et de
feuillets ouverts ayant leur contour sur la surface. La force
extérieure dépend seulement de la forme et de la position du
contour des feuillets ouverts, c'est-à-dire des zones infiniment
minces interceptées sur la surface par deux feuillets voisins,
et nullement de la forme des feuillets.

Pour un point intérieur, la force dans une fente comprise
entre deux feuillets, ou l'induction magnétique, s'obtiendra

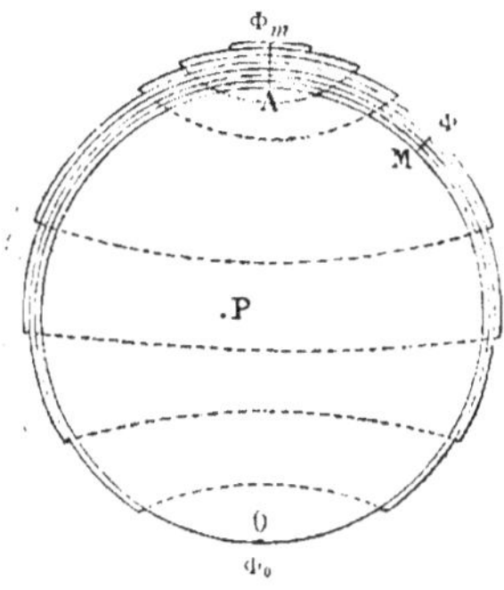

Fig. 79

en composant l'action déterminée par ces zones successives
avec une force de sens inverse à l'aimantation au point considéré et égale à $4\pi I$. Les potentiels à l'aide desquels s'expriment ces forces peuvent être obtenus directement par les
considérations suivantes.

Faisons d'abord abstraction des feuillets fermés et supposons qu'après avoir enlevé tous les feuillets ouverts que renferme l'aimant, on les remplace par des feuillets respectivement de même puissance, terminés aux mêmes contours, mais
appliqués sur la surface elle-même : c'est l'opération qu'on
pourrait réaliser physiquement si chacun des feuillets était
formé d'une membrane élastique, fixée par son contour, qu'on

étendrait de manière à l'appliquer sur la surface de l'aimant, sans modifier sa puissance magnétique. Admettons, par exemple, dans la figure 79, que tous ces feuillets aient leurs faces positives tournées vers le haut, et qu'on les amène à recouvrir le point A de la surface de l'aimant où la fonction Φ a sa valeur maximum.

La surface entière sera ainsi occupée par une série de feuillets dont la superposition constitue un feuillet complexe et produit en tout point extérieur le même potentiel que l'aimant primitif.

Considérons maintenant un point P situé à l'intérieur. Pour tous les feuillets primitivement compris entre les points P et A, le potentiel n'a pas changé par le fait de la transformation; mais pour chacun des autres feuillets qui ont été traversés par le point P, le potentiel a diminué de $4\pi d\Phi$. Soit donc $-\Phi_p$ le potentiel d'aimantation en P et $-\Phi_o$ la valeur de ce potentiel au point O de la surface où la fonction Φ est minimum; pendant la transformation, le potentiel en P aura diminué du produit de 4π par la somme $\int d\Phi$ des puissances magnétiques de tous les feuillets situés entre les points P et O, c'est-à-dire de $4\pi(\Phi_p - \Phi_o)$, et il faudra ajouter cette quantité au nouveau potentiel du point P pour lui rendre la valeur qu'il avait primitivement.

En un point quelconque M du feuillet superficiel résultant ainsi constitué, la puissance magnétique est égale à la somme $\int d\Phi$ de celle des feuillets qu'on y a superposés; elle est donc égale à $\Phi - \Phi_o$, en appelant $-\Phi$ la valeur en ce point du potentiel primitif d'aimantation. Par suite, le potentiel de toutes les couches sur le point P est égal à $\int (\Phi - \Phi_o)\, d\omega$.

Si le point P n'est pas entouré de feuillets fermés, le potentiel en ce point a diminué de $4\pi(\Phi_p - \Phi_o)$ pendant la transformation; la valeur primitive de ce potentiel était donc

$$(15) \qquad V_i = \int (\Phi - \Phi_o)\, d\omega + 4\pi(\Phi_p - \Phi_o).$$

Supposons maintenant qu'il existe des feuillets fermés ; il n'y a à tenir compte que de ceux qui comprennent le point P. Soit Φ_1 la valeur de Φ sur le plus grand d'entre eux. La somme des puissances magnétiques des feuillets ouverts du point O au point P est $\Phi_1 - \Phi_o$; celle des feuillets fermés qui comprennent le point P et qui n'ont pas été déplacés par la transformation précédente est égale à $\Phi_p - \Phi_1$.

Le potentiel au point P est donc

$$V_i = \int (\Phi - \Phi_o)\, d\omega + 4\pi(\Phi_1 - \Phi_o) + 4\pi(\Phi_p - \Phi_1),$$

ou

$$V_i = \int (\Phi - \Phi_o)\, d\omega + 4\pi(\Phi_p - \Phi_o).$$

On voit que les feuillets fermés ne modifient pas l'expression du potentiel intérieur.

Le potentiel extérieur n'est pas changé par le transport des feuillets à la surface ; il a pour expression

$$(16) \qquad V_e = \int (\Phi - \Phi_o)\, d\omega.$$

Les deux formules (15) et (16) peuvent être simplifiées, si l'on remarque que l'intégrale $\int d\omega$ est égale à zéro pour les points extérieurs et à -4π pour les points intérieurs.

Il vient alors

$$(15)' \qquad V_i = \int \Phi\, d\omega + 4\pi\Phi_p,$$

$$(16)' \qquad V_e = \int \Phi\, d\omega.$$

En désignant par Ω une fonction définie par la relation

$$(17) \qquad \int (\Phi - \Phi_o)\, d\omega = \Omega,$$

on pourra mettre le potentiel sous la forme

$$(15)'' \qquad V_i = \Omega + 4\pi(\Phi - \Phi_0).$$
$$(16)'' \qquad V_e = \Omega.$$

336. — Il est facile de montrer que le potentiel, malgré la différence de forme des expressions de V_e et de V_i, varie d'une manière continue quand on traverse la surface de l'aimant. En effet, considérons deux points M_e et M_i infiniment voisins, l'un extérieur et l'autre intérieur à la surface **S**. Quand on passe de M_e à M_i la fonction Ω diminue de

$$4\pi \int d\Phi = 4\pi(\Phi - \Phi_0).$$

On a donc, de part et d'autre de la surface,

$$(18) \qquad \Omega_e = \Omega_i + 4\pi(\Phi - \Phi_0).$$

Les potentiels magnétiques en M_e et M_i sont

$$V_e = \int (\Phi - \Phi_0)\,d\omega = \Omega_e.$$

$$V_i = \int (\Phi - \Phi_0)\,d\omega + 4\pi(\Phi - \Phi_0),$$
$$= \Omega_i + 4\pi(\Phi - \Phi_0) = \Omega_e;$$

les deux valeurs sont donc égales.

337. Potentiel d'induction. — La fonction Ω joue par rapport à l'induction F, le même rôle que la fonction V par rapport à la résultante magnétique F. En effet, les composantes de la force F, ont pour valeurs (**326**)

$$X_1 = -\frac{\partial V}{\partial x} + 4\pi A,$$

$$Y_1 = -\frac{\partial V}{\partial y} + 4\pi B,$$

$$Z_1 = -\frac{\partial V}{\partial z} + 4\pi C.$$

D'un autre côté, nous savons que l'on a (**332**)

$$A = \frac{\partial \Phi}{\partial x}, \quad B = \frac{\partial \Phi}{\partial y}, \quad C = \frac{\partial \Phi}{\partial z}.$$

De l'équation

$$V = \Omega + 4\pi (\Phi - \Phi_0)$$

on déduit

$$-\frac{\partial V}{\partial x} = -\frac{\partial \Omega}{\partial x} - 4\pi \frac{\partial \Phi}{\partial x} = -\frac{\partial \Omega}{\partial x} - 4\pi A,$$

$$-\frac{\partial V}{\partial y} = -\frac{\partial \Omega}{\partial y} - 4\pi \frac{\partial \Phi}{\partial y} = -\frac{\partial \Omega}{\partial y} - 4\pi B,$$

$$-\frac{\partial V}{\partial z} = -\frac{\partial \Omega}{\partial z} - 4\pi \frac{\partial \Phi}{\partial z} = -\frac{\partial \Omega}{\partial z} - 4\pi C;$$

et, par suite,

$$\begin{aligned} X_i &= -\frac{\partial \Omega}{\partial x}, \\ (19) \qquad Y_i &= -\frac{\partial \Omega}{\partial y}, \\ Z_i &= -\frac{\partial \Omega}{\partial z}. \end{aligned}$$

Les composantes de l'induction F_i sont donc égales et de signe contraire aux dérivées partielles de la fonction Ω.

D'autre part, les fonctions V et Ω sont identiques pour tous les points extérieurs aux milieux aimantés, points pour lesquels l'induction et la force magnétique sont elles-mêmes identiques. Par conséquent la fonction

$$\Omega = \int (\Phi - \Phi_0)\, d\omega$$

peut être considérée comme le *potentiel d'induction magnétique* d'un aimant lamellaire.

338. Énergie potentielle des aimants. — L'énergie d'un aimant permanent dans un champ magnétique produit par un système invariable a pour expression générale, en appelant

m la masse magnétique située au point où le potentiel du champ est V,

$$W = \sum m V.$$

ou encore, en fonction de la densité superficielle et de la densité cubique du magnétisme.

$$W = \int V \sigma \, dS + \int V \rho \, dv.$$

Cette énergie est le travail qu'il faudrait dépenser pour amener de l'infini dans la position qu'il occupe l'aimant considéré, ou inversement le travail qu'il pourrait produire en s'éloignant à l'infini.

Pour exprimer l'énergie en fonction de l'intensité d'aimantation, il suffirait de remplacer les densités par leurs valeurs connues; mais il est plus simple de considérer le problème directement. Un élément de volume dv, dont le moment magnétique est $I \, dv$, équivaut à un petit aimant de masse m, de longueur ds, parallèle à la direction d'aimantation. En appelant V et V' le potentiel du champ aux points ou se trouvent les masses $-m$ et $+m$, l'énergie de cet élément de volume est

$$dW = m(V' - V) = m \, ds \frac{V' - V}{ds} = I \, dv \frac{\partial V}{\partial s}.$$

Si on représente par ε l'angle que fait la direction de l'aimantation avec la direction du champ et par dn la distance normale au point considéré des deux surfaces de niveau V et V', on a

$$\frac{\partial V}{\partial s} = \frac{dV}{dn} \cos \varepsilon = F \cos \varepsilon = (X\lambda + Y\mu + Z\nu).$$

X, Y et Z étant les composantes de la force du champ. λ, μ et ν

les cosinus des angles de l'aimantation avec les axes. L'énergie élémentaire a donc pour expression

$$dW = -(X l\lambda + Y l\mu + Z l\nu)\, dv = -(AX + BY + CZ)\, dv,$$

et, par suite, l'énergie de l'aimant total est

$$(20) \qquad W = -\int (AX + BY + CZ)\, dv.$$

Si le champ est uniforme, les composantes X, Y et Z sont constantes. En appelant α, β et γ les cosinus des angles de la force F avec les axes, il vient

$$W = -F\left[\alpha \int A\, dv + \beta \int B\, dv + \gamma \int C\, dv \right].$$

Si on désigne par K le moment magnétique de l'aimant, par l, m et n les cosinus des angles que fait l'axe magnétique avec les axes de coordonnées, on a

$$\int A\, dv = Kl, \qquad \int B\, dv = Km, \qquad \int C\, dv = Kn,$$

et l'énergie devient

$$(21) \qquad W = -FK(\alpha l + \beta m + \gamma n) = -FK \cos \delta,$$

δ étant l'angle de l'axe magnétique avec la direction du champ. Ce résultat pouvait être écrit directement.

L'énergie est minimum et égale à $-FK$ et, par suite, l'équilibre stable quand l'angle δ est nul, c'est-à-dire quand l'axe magnétique est parallèle à la direction du champ. Il y a équilibre instable si ces deux directions sont opposées; l'énergie est alors maximum et égale à FK. Enfin l'énergie est nulle quand les deux directions sont rectangulaires.

339. Énergie d'un feuillet magnétique. — Si le système est un feuillet magnétique simple S, le moment magnétique d'un élément de surface du feuillet est ΦdS et son énergie potentielle dans le champ a pour valeur

$$dW = -\Phi(\lambda X + \mu Y + \nu Z)\,dS;$$

l'énergie du feuillet est donc

$$W = -\Phi \int (\lambda X + \mu Y + \nu Z)\,dS.$$

La parenthèse $(X\lambda + Y\mu + Z\nu)$ représente la projection F_n de la force du champ sur la normale au feuillet; le produit $F_n dS$ est le flux de force du champ correspondant à l'élément dS; ce flux est compté positivement quand il traverse le feuillet de la face négative à la face positive, et négativement en sens contraire. On voit donc que l'intégrale du second membre exprime simplement la valeur du flux limité au contour et, par suite, qu'elle est indépendante de la forme de la surface qui s'y rattache. Soit Q la valeur de ce flux, l'énergie potentielle du feuillet a pour expression

$$(22) \qquad\qquad W = -\Phi Q.$$

Par suite, *l'énergie potentielle d'un feuillet est égale au produit, pris en signe contraire, de la puissance du feuillet par le flux de force qui pénètre par sa face négative.*

310. — Ce résultat peut être obtenu directement. En effet, l'énergie d'une masse m dans le champ d'un feuillet magnétique simple a pour expression

$$dW = mV = m\Phi\omega = \Phi m\omega.$$

Or, le produit $m\omega$ est le flux de force qui émane du point dans l'angle ω et qui, par conséquent, traverse le feuillet en entrant par la surface positive. Le flux dQ qui entre par la surface négative a la même valeur prise en signe contraire, c'est-à-dire $-m\omega$. On a donc

$$dW = -\Phi dQ.$$

Or l'énergie d'un système magnétique dans le champ du feuillet est la somme des énergies des différentes masses; c'est donc le produit, pris en signe contraire, de la puissance magnétique Φ du feuillet par la somme des flux de force qui le traversent, c'est-à-dire par le flux de force qui émane du système et entre dans le feuillet par la face négative.

311. — Si ce système est un second feuillet S', le flux de force Q est proportionnel à la puissance magnétique Φ' de ce second feuillet et on peut écrire $Q = M\Phi'$, le coefficient M étant le flux de force que recevrait le premier feuillet, si la puissance du second était égale à l'unité. L'énergie du premier feuillet dans le champ du second est donc

$$(23) \qquad W = -\Phi\Phi'M.$$

L'énergie du second feuillet dans le champ du premier a la même valeur et s'exprimera de la même manière,

$$W = -\Phi'\Phi M',$$

en fonction du flux de force qui émanant du premier traverserait le second; on en conclut

$$(24) \qquad M = M'.$$

Ainsi *quand deux feuillets magnétiques de puissances égales à l'unité sont en présence, le flux de force qui émane de l'un pour traverser l'autre en entrant par la face négative est le même pour les deux.*

On remarquera l'analogie de cette propriété avec le théorème démontré plus haut (**63**) et relatif à l'induction électrostatique entre deux conducteurs.

312. — L'équation (22) montre que l'énergie d'un feuillet dans un champ magnétique ne dépend que du flux de force qui traverse la surface limitée par le contour du feuillet et qu'il est indépendant de la forme de cette surface. Cette énergie et, par suite, la force qui s'exerce sur le feuillet, peuvent donc être exprimées en fonction de la courbe du contour.

De même l'énergie réciproque de deux feuillets donnée par l'équation (23) ne dépend que des deux contours ; cette énergie et la force réciproque doivent aussi pouvoir s'exprimer en fonction des deux courbes qui limitent les feuillets.

343. Action d'un champ sur un feuillet. — Considérons un feuillet S (fig. 80) situé dans un champ magnétique quelcon-

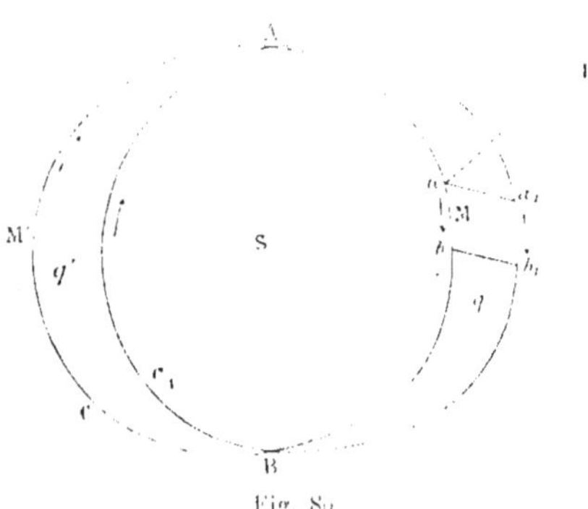

Fig. 80

que. Lorsque ce feuillet éprouve un déplacement infiniment petit, l'accroissement d'énergie potentielle est

$$dW = -\Phi\, dQ,$$

dQ étant l'accroissement du flux de force qui traverse le feuillet par la face négative. Le travail dT des forces magnétiques étant égal et de signe contraire à dW, on a

$$dT = \Phi\, dQ.$$

Comme la forme du feuillet est indifférente, nous pouvons supposer qu'il fait partie d'une surface continue S, passant par les positions C et C_1 qu'occupe successivement le contour, et que celui-ci ne fait que glisser sur la surface.

Le travail des forces magnétiques est proportionnel à l'excès du flux de force qui traverse la surface limitée par le contour C_1 sur celui qui traverse la surface limitée par le contour C. Le flux de force relatif à la portion commune aux deux feuillets disparaît par différence, de sorte qu'en appelant q et q' les flux qui traversent les fuseaux AMB et AM'B, on a

$$dT = \Phi(q - q').$$

Soit ab un élément du premier contour, a_1b_1 sa nouvelle position après le déplacement, F la force du champ en ce point. Pour obtenir la partie dq du flux relative au déplacement, on fera le produit de la force F par la projection sur un

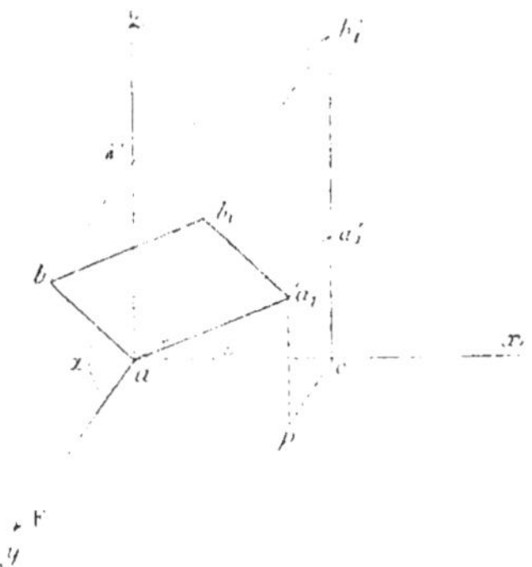

Fig. 81

plan perpendiculaire à cette force du parallélogramme abb_1a_1 qu'a décrit l'élément.

Afin de mieux voir la signification géométrique de ce produit, imaginons un observateur couché le long de la courbe C de manière qu'en regardant le feuillet il ait à sa droite la face négative. Le sens positif des arcs est celui d'un mobile qui irait des pieds à la tête de l'observateur. Prenons pour plan des yz le plan Fds, et la direction de la force F comme axe des y (fig. 81). Soit α l'angle de l'élément ds, compté dans le sens positif, avec la force F. La projection du parallélogramme abb_1a_1 sur le plan des xz normal à la force F est un nouveau parallélogramme $ab'b_1'a_1'$. On peut considérer ce dernier comme ayant pour base $ab' = ds\sin\alpha$ et pour hauteur ac, c'est-à-dire l'abscisse du point a_1, ou la projection z du déplacement aa_1 sur l'axe ax normal au plan Fds. On a donc

$$(25) \qquad dq = F\,ds\,\sin\alpha\,.\,z.$$

Le travail correspondant est

$$\Phi\,dq = \Phi F\,ds\,\sin\alpha\,.\,z.$$

Ce travail est le même que si l'élément ds était soumis à
l'action d'une force

$$d\varphi = \Phi F ds \sin \alpha$$

parallèle à l'axe des x, c'est-à-dire normale au plan Fds.

On est ainsi conduit à ce théorème important :

L'action d'un champ magnétique sur un feuillet est équivalente à celle d'un système de forces appliquées aux différents éléments du contour.

La force qu'il faut supposer appliquée à chaque élément est normale au plan qui passe par l'élément et la direction du champ et dirigée vers la gauche d'un observateur placé dans l'élément suivant la direction positive et regardant la direction de la force F.

314. — Si l'on considère ces actions comme réelles, on peut énoncer le théorème suivant :

L'action d'un champ magnétique sur un élément de contour d'un feuillet est égale au produit de la puissance magnétique du feuillet par la force du champ, la longueur de l'élément et le sinus de l'angle compris, en d'autres termes, par la surface $dA = Fds \sin \alpha$ du parallélogramme construit sur la force F et l'élément ds.

On a donc simplement

$$d\varphi = \Phi dA, \qquad dq = \Phi \varepsilon dA.$$

En particulier, si le système magnétique se réduit à une masse unique m à une distance r de l'élément ds, la force F est égale à $\dfrac{m}{r^2}$ et l'action élémentaire devient :

$$d\varphi = \Phi \frac{m}{r^2} ds \sin \alpha.$$

Donc, l'action d'un pôle magnétique sur un élément de contour d'un feuillet est en raison inverse du carré de la distance et proportionnelle au sinus de l'angle que fait l'élément avec la droite qui joint le pôle à l'élément.

345. — Remarquons encore que dq représente le flux de force coupé par l'élément ds pendant le déplacement aa_1, ce flux de force coupé étant compté comme positif ou négatif suivant que le déplacement s'effectue à gauche ou à droite de l'observateur dont la position a été définie plus haut. Il en résulte ce théorème :

Le travail des forces magnétiques pendant le déplacement est égal au produit de la puissance du feuillet par la somme des flux de force coupés par chacun des éléments du contour.

316. — Supposons que le système extérieur se réduise à une masse magnétique égale à l'unité et placée à l'origine O des coordonnées. Soit C le contour du feuillet et ds un élément situé à la distance r, en un point M dont les coordonnées sont x, y et z.

Appelons λ, μ et ν les cosinus des angles que fait avec les axes la force df. Cette force étant perpendiculaire à l'élément ds et à la droite OM suivant laquelle est dirigée l'action $\dfrac{1}{r^2}$ émanant du point O, on a les relations

$$\lambda x + \mu y + \nu z = 0,$$
$$\lambda dx + \mu dy + \nu dz = 0 ;$$

d'où l'on déduit

$$\frac{\lambda}{y\,dz - z\,dy} = \frac{\mu}{z\,dx - x\,dz} = \frac{\nu}{x\,dy - y\,dx} = \frac{1}{r\,ds\,\sin\alpha},$$

α désignant l'angle que fait la droite OM avec l'élément ds.

Comme la force df est égale à $\dfrac{\Phi}{r^2}\,ds\sin\alpha$, ses composantes $d\xi$, $d\eta$ et $d\zeta$ sont

$$d\xi = \lambda\,df = \frac{\Phi}{r^3}(y\,dz - z\,dy),$$

$$d\eta = \mu\,df = \frac{\Phi}{r^3}(z\,dx - x\,dz),$$

$$d\zeta = \nu\,df = \frac{\Phi}{r^3}(x\,dy - y\,dx).$$

L'action du point O sur le feuillet s'obtiendra en étendant

ces expressions au contour total. Enfin, l'action F du feuillet sur le point O passe par ce point et les composantes X, Y, Z de cette force sont égales et de signes contraires à celles de l'action du point sur le feuillet; on a donc

$$
(26)\qquad
\begin{aligned}
X &= \Phi \int \frac{z\,dy - y\,dz}{r^3} = \Phi \int \frac{z^2}{r^3}\, d\left(\frac{y}{z}\right),\\
Y &= \Phi \int \frac{x\,dz - z\,dx}{r^3} = \Phi \int \frac{x^2}{r^3}\, d\left(\frac{z}{x}\right),\\
Z &= \Phi \int \frac{y\,dx - x\,dy}{r^3} = \Phi \int \frac{y^2}{r^3}\, d\left(\frac{x}{y}\right).
\end{aligned}
$$

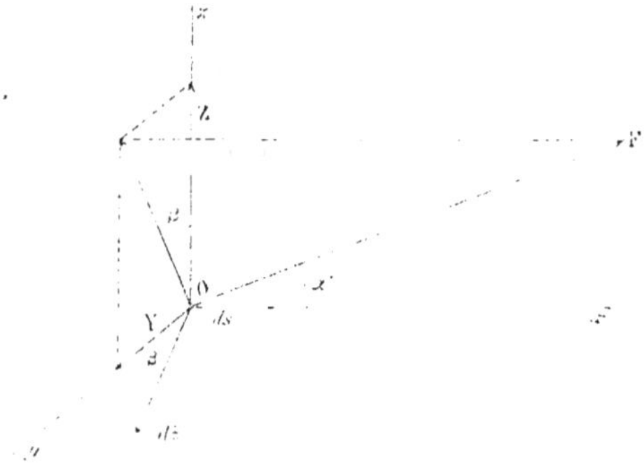

Fig. 82

317. Action réciproque de deux feuillets. — Nous pouvons déterminer maintenant l'action réciproque de deux feuillets S et S'. L'action de S sur S' peut être considérée comme la résultante des actions, déterminées par la règle précédente, qu'exercerait le feuillet S sur chacun des éléments ds' du contour C' du second feuillet.

Supposons que l'un de ces éléments ds' soit situé en O (fig. 82) et dirigé suivant l'axe des x. L'action $d\varphi'$ qui s'exerce sur cet élément est égale à $\Phi' F ds' \sin\alpha'$ et située dans le plan des zy ; les composantes de cette force sont

$$
\begin{aligned}
d\xi' &= 0,\\
d\eta' &= \Phi' F ds' \sin\alpha' \cdot \cos\beta = \Phi' Z ds',\\
d\zeta' &= -\Phi' F ds' \sin\alpha' \cdot \sin\beta = -\Phi' Y ds' ;
\end{aligned}
$$

ce qui donne, en exprimant les forces Z et Y en fonction des coordonnées x, y et z du point M où se trouve l'élément ds,

$$d\xi = 0.$$

$$(27) \qquad d\eta' = \Phi\Phi'ds \int \frac{y\,dx - x\,dy}{r^3},$$

$$d\zeta' = \Phi\Phi'ds' \int \frac{z\,dx - x\,dz}{r^3}.$$

On peut encore considérer l'action du contour C sur l'élément ds' comme la résultante d'actions directes qu'exerceraient sur l'élément ds' chacun des éléments ds. La seule condition imposée à cette action élémentaire est que l'intégrale des composantes partielles étendue au contour C reproduise les expressions qui précèdent.

318. — D'après cela, la solution la plus simple pour l'action de ds sur ds' est une force f dont les composantes parallèles aux axes f_x, f_y, f_z soient, en représentant par a le produit $\Phi\Phi'ds'$,

$$f_x = 0,$$

$$(28) \qquad f_y = -a\frac{x\,dy - y\,dx}{r^3} = -a\frac{x^2}{r^3}d\left(\frac{y}{x}\right).$$

$$f_z = -a\frac{x\,dz - z\,dx}{r^3} = a\frac{x^2}{r^3}d\left(\frac{z}{x}\right).$$

319. — Il est permis d'ajouter à chacune des composantes de l'action élémentaire une différentielle exacte des coordonnées x, y et z, puisque les intégrales étendues au contour C donneront pour ces termes des valeurs nulles. Il y a donc une infinité d'expressions par lesquelles on peut traduire l'action des éléments de deux feuillets magnétiques.

Soient aX, aY et aZ des fonctions des coordonnées x, y, z; on satisfera au problème en prenant pour composantes de l'action

$$f_x = adX.$$

$$(29) \qquad f_y = a\left[dY - \frac{x^2}{r^3}d\left(\frac{y}{x}\right) \right],$$

$$f_z = a\left[dZ - \frac{x^2}{r^3}d\left(\frac{z}{x}\right) \right].$$

350. — Imposons, par exemple, à cette force la condition qu'elle soit dirigée suivant la droite qui joint les éléments, de sorte qu'on ait

$$\frac{f_x}{x} = \frac{f_y}{y} = \frac{f_z}{z} = \frac{f}{r};$$

il en résulte

$$d\mathrm{Y} - \frac{x^2}{r^3} d\left(\frac{1}{x}\right) = \frac{1}{x} d\mathrm{X},$$

ou

$$d\mathrm{Y} = \frac{y}{x} d\mathrm{X} + \frac{x^2}{r^3} d\left(\frac{1}{x}\right),$$

$$d\mathrm{Z} = \frac{z}{x} d\mathrm{X} + \frac{x^2}{r^3} d\left(\frac{z}{x}\right).$$

Pour que les seconds membres de ces deux dernières équations soient des différentielles exactes d'une fonction des coordonnées, il faut qu'on ait

$$d\mathrm{X} = d\left(\frac{x^2}{r^3}\right),$$

et, par suite,

$$d\mathrm{Y} = d\left(\frac{y}{x} \cdot \frac{x^2}{r^3}\right) = d\left(\frac{xy}{r^3}\right),$$

$$d\mathrm{Z} = d\left(\frac{z}{x} \cdot \frac{x^2}{r^3}\right) = d\left(\frac{xz}{r^3}\right).$$

Les composantes de la force élémentaire seront alors

$$f_r = a d\left(\frac{x^2}{r^3}\right),$$

$$(30) \qquad f_y = a \left[d\left(\frac{xy}{r^3}\right) - \frac{x^2}{r^3} d\left(\frac{y}{x}\right) \right],$$

$$f_z = a \left[d\left(\frac{xz}{r^3}\right) - \frac{x^2}{r^3} d\left(\frac{z}{x}\right) \right].$$

La force elle-même peut être déterminée par la relation

$$f = \frac{r}{x} f_x.$$

qui donne

$$f = a\frac{r}{x}d\left(\frac{x^2}{r^3}\right) = \frac{2a}{r^2}\left[dx - \frac{3}{2}\frac{x}{r}dr\right] = \frac{2a}{r^2}\left[\frac{\partial x}{\partial s} - \frac{3}{2}\frac{x}{r}\frac{\partial r}{\partial s}\right]ds.$$

Si on appelle θ et θ' les angles que font respectivement les éléments ds et ds' avec la droite OM qui les joint et ε l'angle de ces deux éléments, on a

$$\frac{\partial x}{\partial s} = \cos\varepsilon,$$

$$\frac{x}{r} = \cos\theta',$$

$$\frac{\partial r}{\partial s} = \cos\theta,$$

et il vient

$$f = \frac{2a}{r^2}\left[\cos\varepsilon - \frac{3}{2}\cos\theta\cos\theta'\right]ds.$$

Si on compte l'action de ds sur ds' et la distance r suivant la direction MO, il faudra changer le signe de la force et remplacer les angles θ et θ' par $\pi-\theta$ et $\pi-\theta'$, ce qui ne change pas le signe du produit des cosinus.

Représentons par $d^2\psi$ l'action de ds sur ds', qui est un infiniment petit du second ordre, et considérons cette force comme répulsive; on aura finalement

$$(31)\qquad d^2\psi = -\frac{2\Phi\Phi'ds ds'}{r^2}\left(\cos\varepsilon - \frac{3}{2}\cos\theta\cos\theta'\right).$$

351. — On peut donner à cette expression une autre forme plus commode pour évaluer le travail.

Soient C et C' (fig. 83) les contours de deux feuillets, ds et ds' les éléments en P et P', et comptons respectivement les arcs s et s' à partir de points fixes O et O'.

On a, d'après la figure,

$$\cos\theta = -\frac{\partial r}{\partial s},$$

$$\cos\theta' = \frac{\partial r}{\partial s'}.$$

Abaissant des extrémités P′ et P″ de l'élément ds' des perpendiculaires P′A et P″A′ sur la tangente à la courbe C au point P, il vient

$$PA = r\cos\theta,$$
$$PA' = r\cos\theta + \frac{\partial(r\cos\theta)}{\partial s'}\,ds',$$

d'où l'on déduit

$$AA' = \frac{\partial(r\cos\theta)}{\partial s'}\,ds'.$$

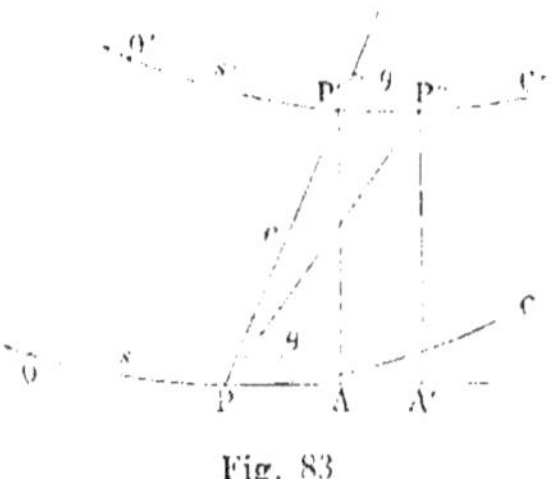

Fig. 83

D'autre part, la distance AA′ est la projection de l'élément ds' sur la tangente en P à la courbe s, ce qui donne

$$AA' = \frac{\partial(r\cos\theta)}{\partial s'}\,ds' = ds'\cos\varepsilon,$$

et, par suite,

$$\cos\varepsilon = \frac{\partial(r\cos\theta)}{\partial s'} = \frac{\partial\left(r\dfrac{\partial r}{\partial s}\right)}{\partial s'} = \frac{\partial r}{\partial s}\frac{\partial r}{\partial s'} + r\frac{\partial^2 r}{\partial s\,\partial s'}.$$

L'action élémentaire peut donc s'écrire

$$d^2\mathcal{G} = \frac{2\Phi\Phi'\,ds\,ds'}{r^2}\left[\frac{\partial r}{\partial s}\frac{\partial r}{\partial s'} + r\frac{\partial^2 r}{\partial s\,\partial s'} - \frac{3}{2}\frac{\partial r}{\partial s}\frac{\partial r}{\partial s'}\right]$$
$$= \frac{2\Phi\Phi'\,ds\,ds'}{r^2}\left[r\frac{\partial^2 r}{\partial s\,\partial s'} - \frac{1}{2}\frac{\partial r}{\partial s}\frac{\partial r}{\partial s'}\right].$$

On a d'ailleurs

$$\frac{\partial^2\sqrt{r}}{\partial s\,\partial s'} = \frac{1}{2\sqrt{r}}\frac{\partial^2 r}{\partial s\,\partial s'} - \frac{1}{4r\sqrt{r}}\frac{\partial r}{\partial s}\frac{\partial r}{\partial s'} = \frac{1}{2r\sqrt{r}}\left[r\frac{\partial^2 r}{\partial s\,\partial s'} - \frac{1}{2}\frac{\partial r}{\partial s}\frac{\partial r}{\partial s'}\right]$$

ce qui donne finalement

$$(32)\qquad d^2\psi = \frac{4\Phi\Phi'\,ds\,ds'}{\sqrt{r}}\frac{\partial^2\sqrt{r}}{\partial s\,\partial s'}.$$

352. — Pour évaluer l'énergie relative du système, supposons que le feuillet S' s'éloigne et que pendant le temps dt la distance r de deux éléments varie de $\frac{\partial r}{\partial t}dt$ ou $2\sqrt{r}\frac{\partial\sqrt{r}}{\partial t}dt$. Le travail élémentaire correspondant de la force $d^2\psi$ est égal à $d^2\psi\frac{dr}{dt}dt$, de sorte que le travail total $d^2\mathrm{T}$ relatif à l'élément ds pour le temps dt est

$$d^2\mathrm{T} = 8\Phi\Phi'\,dt\,ds\int\frac{\partial\sqrt{r}}{\partial t}\frac{\partial^2\sqrt{r}}{\partial s\,\partial s'}ds'.$$

En intégrant par parties, on a

$$\int\frac{\partial\sqrt{r}}{\partial t}\frac{\partial^2\sqrt{r}}{\partial s\,\partial s'}ds' = \left[\frac{\partial\sqrt{r}}{\partial t}\frac{\partial\sqrt{r}}{\partial s}\right] - \int\frac{\partial\sqrt{r}}{\partial s}\frac{\partial^2\sqrt{r}}{\partial s'\,\partial t}ds'.$$

Le premier terme du second membre est nul pour le contour fermé C', ce qui donne

$$d^2\mathrm{T} = -8\Phi\Phi'\,dt\,ds\int\frac{\partial\sqrt{r}}{\partial s}\frac{\partial^2\sqrt{r}}{\partial s'\,\partial t}ds'.$$

Le travail élémentaire relatif aux actions des deux circuits pendant le temps dt est donc

$$d\mathrm{T} = -8\Phi\Phi'\,dt\iint\frac{\partial\sqrt{r}}{\partial s}\frac{\partial^2\sqrt{r}}{\partial s'\,\partial t}ds'\,ds.$$

Ce travail devant être symétrique par rapport aux contours C et C', on a aussi

$$dT = -8\Phi\Phi'dt \int\!\int \frac{\partial\sqrt{r}}{\partial s}\cdot\frac{\partial^2\sqrt{r}}{\partial s\,\partial t}\,ds\,ds'.$$

Il en résulte, en prenant la demi-somme de ces expressions,

$$dT = -\tfrac{1}{4}\Phi\Phi'dt \int\!\int\left[\frac{\partial\sqrt{r}}{\partial s}\frac{\partial^2\sqrt{r}}{\partial s\,\partial t}+\frac{\partial\sqrt{r}}{\partial s'}\frac{\partial^2\sqrt{r}}{\partial s\,\partial t}\right]ds\,ds'$$

$$=-\tfrac{1}{4}\Phi\Phi'dt \int\!\int \frac{\partial}{\partial t}\left[\frac{\partial\sqrt{r}}{\partial s}\frac{\partial\sqrt{r}}{\partial s'}\right]ds\,ds',$$

ou

$$dT = -\tfrac{1}{4}\Phi\Phi'd \int\!\int \frac{\partial\sqrt{r}}{\partial s}\frac{\partial\sqrt{r}}{\partial s'}\,ds\,ds'.$$

L'énergie potentielle relative W des deux feuillets est égale au travail que peuvent accomplir les forces lorsque l'un des feuillets C s'éloigne à l'infini. On a donc

$$(33)\qquad W = \tfrac{1}{4}\Phi\Phi'\int\!\int \frac{\partial\sqrt{r}}{\partial s}\frac{\partial\sqrt{r}}{\partial s'}\,ds\,ds'.$$

353. — Cette expression de l'énergie peut être mise sous plusieurs formes différentes.

On a, en effet,

$$\frac{\partial\sqrt{r}}{\partial s}\frac{\partial\sqrt{r}}{\partial s'}=\frac{1}{4r}\frac{\partial r}{\partial s}\frac{\partial r}{\partial s'}=-\frac{1}{4r}\cos\theta\cos\theta'=-\frac{r}{4}\frac{\partial r}{\partial s}\frac{\partial\frac{1}{r}}{\partial s'}.$$

On peut donc écrire

$$W = \Phi\Phi'\int\!\int \frac{\cos\theta\cos\theta'}{r}\,ds\,ds' = \Phi\Phi'\int\!\int r\frac{\partial r}{\partial s}\frac{\partial\frac{1}{r}}{\partial s'}\,ds\,ds'$$

$$= \Phi\Phi'\int ds\int r\frac{\partial r}{\partial s}\frac{\partial\frac{1}{r}}{\partial s'}\,ds'.$$

En intégrant par parties la dernière expression, on a

$$\int r \frac{\partial r}{\partial s} \frac{\partial \frac{1}{r}}{\partial s} \, ds' = \left[\frac{\partial r}{\partial s} \right] - \int \frac{1}{r} \frac{\partial \left(r \frac{\partial r}{\partial s} \right)}{\partial s'} \, ds'.$$

Le premier terme du second membre devant être étendu au contour fermé C' est nul; il reste donc

$$\int r \frac{\partial r}{\partial s} \frac{\partial \frac{1}{r}}{\partial s} \, ds' = - \int \frac{1}{r} \frac{\partial \left(r \frac{\partial r}{\partial s} \right)}{\partial s} \, ds = \int \frac{\cos \varepsilon}{r} \, ds'.$$

et, par suite.

$$(34) \qquad \mathrm{W} = \Phi\Phi' \int\int \frac{\cos \varepsilon}{r} \, ds \, ds'.$$

Cette formule remarquable est due à F.-E. Neumann. On en déduit, pour la valeur du coefficient M **(311)** qui exprime le flux de force commun aux deux feuillets supposés d'intensité égale à l'unité.

$$(35) \qquad \mathrm{M} = \int\int \frac{\cos \varepsilon}{r} \, ds \, ds'.$$

CHAPITRE TROISIÈME

CAS PARTICULIERS

354. Potentiel d'un aimant uniforme. — L'action magnétique d'un corps aimanté uniformément étant équivalente à celle de deux couches de glissement (**320**), le potentiel V peut se déduire facilement de celui d'une masse homogène qui remplirait tout le volume. Soit P la valeur de ce potentiel en un point M quand la densité de la masse est égale à l'unité, sa valeur sera ρP si la densité est ρ.

Le potentiel du système des deux couches est évidemment la somme du potentiel ρP de la masse positive et du potentiel $-\rho$P' d'une masse négative identique qui aurait glissé en sens inverse de l'aimantation d'une quantité infiniment petite $dx = \delta$. Ce potentiel ρP' est celui de la masse positive au point M', dont les coordonnées sont les mêmes que celles du point M, sauf l'abscisse parallèle à l'aimantation qui a augmenté de dx.

On obtient ainsi

$$(1) \qquad V = \rho P - \rho\left(P + \frac{\partial P}{\partial x}\,dx\right) = -\rho\delta\,\frac{\partial P}{\partial x} = -I\,\frac{\partial P}{\partial x}.$$

Par suite, le potentiel d'un aimant uniforme est égal et de signe contraire au produit de l'intensité d'aimantation par la dérivée partielle, par rapport à la direction de l'aimantation, du potentiel qu'aurait au point considéré une masse uniforme de densité égale à l'unité occupant le volume total du corps.

Les composantes X, Y et Z de la force magnétique sont

égales et de signe contraire aux dérivées partielles du potentiel,
ce qui donne

$$(2) \qquad X = I\frac{\partial^2 P}{\partial x^2}, \qquad Y = I\frac{\partial^2 P}{\partial x \partial y}, \qquad Z = I\frac{\partial^2 P}{\partial x \partial z}.$$

355. Sphère. — Pour une sphère de volume u, par exemple,
la valeur de P, en un point extérieur à la distance r du centre, est

$$P = \frac{u}{r};$$

il en résulte

$$\frac{\partial P}{\partial x} = -\frac{u}{r^2}\frac{\partial r}{\partial x} = -\frac{ux}{r^3},$$

et, par suite,

$$V = Iu\frac{x}{r^3},$$

comme on l'a vu précédemment (**157**).

Dans l'intérieur de la sphère, l'action d'une masse de den-
sité égale à l'unité serait (**14**) égale à $\frac{4}{3}\pi r$, ce qui donne pour
le potentiel, en appelant a le rayon la sphère.

$$P = \frac{2}{3}\pi(3a^2 - r^2).$$

Il en résulte

$$\frac{\partial P}{\partial x} = -\frac{4}{3}\pi x,$$

et, par suite,

$$X = -\frac{4}{3}\pi I, \qquad Y = 0, \qquad Z = 0;$$

c'est-à-dire que l'action intérieure d'une sphère aimantée uniformément est constante, parallèle et de sens contraire à la
direction de l'aimantation, résultat qui a déjà été établi directement (**157**).

L'induction magnétique dans l'intérieur de la sphère est

constante et égale (**321**) à

$$-\frac{4}{3}\pi I + 4\pi I = \frac{8}{3}\pi I,$$

de sorte que le flux total d'induction qui traverse le grand cercle perpendiculaire à l'aimantation a pour expression

$$\frac{8}{3}\pi I . \pi a^2 = \frac{2}{3}(2\pi a)^2 I.$$

356. Ellipsoïde. — Considérons un ellipsoïde homogène dont les axes $2a$, $2b$ et $2c$ sont pris comme axes de coordonnées. En désignant par L, M, N des fonctions connues des axes, le potentiel de cet ellipsoïde en un point de l'intérieur, dont les coordonnés sont x, y et z, est

$$P = \frac{1}{2}(L x^2 + M y^2 + N z^2) + \text{const.}$$

Si l'ellipsoïde est aimanté uniformément dans une direction qui fait avec les axes des angles dont les cosinus sont l, m, n, les composantes de l'aimantation sont

$$\frac{A}{l} = \frac{B}{m} = \frac{C}{n} = I,$$

et l'état de l'ellipsoïde peut être considéré comme produit par la superposition de ces trois aimantations A, B et C, respectivement parallèles aux axes. Le potentiel à l'intérieur est

$$V = -\left(A\frac{\partial P}{\partial x} + B\frac{\partial P}{\partial y} + C\frac{\partial P}{\partial z}\right) = -I(L l x + M m y + N n z),$$

et les composantes de la force parallèlement aux axes ont pour valeurs

$$X = -AL, \quad Y = -BM, \quad Z = -CN.$$

La force magnétique intérieure d'un ellipsoïde aimanté uniformément est donc constante en grandeur et en direction, et fait avec les axes des angles dont les cosinus sont respectivement proportionnels à AL, BM et CN.

Les composantes de l'induction parallèles aux axes sont

$$X_1 = (4\pi - L) A.$$
$$Y_1 = (4\pi - M) B.$$
$$Z_1 = (4\pi - N) C.$$

L'induction est donc aussi une force constante, qui fait avec les axes des angles dont les cosinus sont proportionnels respectivement à $(4\pi - L) A$. $(4\pi - M) B$ et $(4\pi - N) C$.

Enfin, les flux d'induction qui traversent les trois sections principales ont respectivement pour valeurs $\pi b c (4\pi - L) A$, $\pi c a (4\pi - M) B$ et $\pi a b (4\pi - N) C$.

357. — Si l'aimantation est parallèle à l'un des axes, à l'axe a par exemple, on a simplement

$$F = - IL.$$

La quantité de magnétisme M_a distribuée sur chacune des moitiés de l'ellipsoïde est égale, d'après le mode de formation de la couche, à la charge totale qui existerait sur la section principale parallèle aux deux autres axes, si la densité y était uniforme et égale à 1 ; on a donc

$$M_a = \pi b c I = - \pi b c \frac{F}{L}.$$

Le moment magnétique ϖ_a de l'aimant ainsi constitué est égal au produit du volume par l'intensité, ce qui donne

$$\varpi_a = \frac{4}{3} \pi a b c I = - \frac{4}{3} \pi a b c \frac{F}{L}.$$

Les pôles de l'aimant, ou les centres de gravité de chacune des deux couches, sont situés à une distance a' du centre déterminée par l'équation

$$\varpi_a = 2 a' M_a,$$

qui donne

$$a' = \frac{1}{2}\frac{\varpi_a}{M_a} = \frac{2}{3}a.$$

Ainsi le pôle d'un ellipsoïde aimanté uniformément dans une direction parallèle à l'un des axes est à une distance du centre égale aux $\frac{2}{3}$ de la longueur du demi-axe correspondant.

La densité en un point de la surface est donnée par l'équation

$$\sigma = I\cos\theta = I\frac{\dfrac{x}{a^2}}{\sqrt{\dfrac{x^2}{a^4}+\dfrac{y^2}{b^4}+\dfrac{z^2}{c^4}}} = I\frac{px}{a^2}.$$

p étant la perpendiculaire abaissée du centre sur le plan tangent au point dont les coordonnées sont x, y et z.

La charge totale d'une zone, déterminée par deux plans perpendiculaires à l'axe a et distants de dx, est égale au produit de l'intensité I par la différence dS des sections de l'ellipsoïde correspondant à ces deux plans. A la distance x la section est limitée par l'ellipse

$$\frac{y^2}{b^2}+\frac{z^2}{c^2} = 1 - \frac{x^2}{a^2},$$

dont la surface est

$$S = \pi bc\left(1 - \frac{x^2}{a^2}\right);$$

on a donc

$$dS = -\frac{2\pi bc}{a^2}x\,dx.$$

et, par suite, la charge de la zone est

$$dM_a = -\frac{2\pi bcI}{a^2}x\,dx.$$

Le rapport $\dfrac{dM_a}{dx}$ de la charge de la zone à sa hauteur, qu'on peut appeler la densité linéaire rapportée à l'axe d'aimantation, est donc proportionnelle à la distance de cette zone au centre de l'ellipsoïde.

358. — Lorsque les axes de l'ellipsoïde sont inégaux, les coefficients L, M et N sont donnés par les dérivées partielles d'une intégrale elliptique définie ; nous renverrons pour le calcul complet aux traités spéciaux, nous bornant à indiquer les résultats relatifs aux ellipsoïdes de révolution. Dans ce cas, en effet, le problème est plus simple et les coefficients s'expriment à l'aide des fonctions ordinaires.

Si l'ellipsoïde est de révolution autour du petit axe c, on a, en appelant e l'excentricité de l'ellipse méridienne,

$$a = b = \frac{c}{\sqrt{1 - e^2}},$$

$$L = M = 2\pi \left[\frac{\sqrt{1 - e^2}}{e^3 \sin e} - \frac{1 - e^2}{e^2} \right],$$

$$N = 4\pi \left[\frac{1}{e^2} - \frac{\sqrt{1 - e^2}}{e^3 \sin e} \right].$$

Pour un ellipsoïde de révolution autour du grand axe,

$$b = c = a\sqrt{1 - e^2},$$

$$L = 4\pi . \frac{1 - e^2}{e^2} \left[\frac{1}{2e} l . \frac{1 + e}{1 - e} - 1 \right],$$

$$M = N = 2\pi \left[\frac{1}{e^2} - \frac{1 - e^2}{2e^2} l . \frac{1 + e}{1 - e} \right].$$

En faisant $e = 0$ dans ces formules, on retrouve les résultats déjà obtenus directement pour la sphère, c'est-à-dire :

$$L = M = N = \frac{4}{3}\pi,$$

$$F = -\frac{4}{3}\pi I.$$

Pour un ellipsoïde très aplati, dans lequel l'excentricité e

est voisine de l'unité, on a, à la limite,

$$L = M = \pi^2 \frac{c}{a} = \pi^2 \sqrt{1 - e^2},$$
$$N = 4\pi.$$

Enfin, si l'ellipsoïde est très allongé, on a d'une manière approximative

$$M = N = 2\pi,$$
$$L = 4\pi \frac{b^2}{a^2}\left(l.\frac{2a}{b} - 1\right).$$

et le coefficient L tend vers zéro quand l'excentricité e tend vers l'unité.

En résumé, pour un ellipsoïde très aplati, que l'on pourra à la limite confondre avec un disque très mince, la force intérieure est donnée par les équations

$$F = -4\pi I, \quad \text{ou} \quad F = -\pi^2\sqrt{1 - e^2}\, I,$$

suivant que l'aimantation est perpendiculaire ou parallèle au plan du disque.

Pour un ellipsoïde très allongé, on aura de même

$$F = -2\pi I, \quad \text{ou} \quad F = -4\pi^2 \frac{b^2}{a^2}\left(l.\frac{2a}{b} - 1\right)I,$$

suivant que l'aimantation sera perpendiculaire ou parallèle au grand axe.

359. Cylindre aimanté transversalement. — Le cas d'un cylindre se déduirait de celui d'un ellipsoïde, mais il est facile de le traiter directement. Si l'on considère un cylindre circulaire indéfini de rayon a et de densité égale à l'unité, la masse de l'unité de longueur est $\lambda = \pi a^2$.

L'action extérieure de ce cylindre à la distance r de l'axe est égale (**132**) à $\frac{2\lambda}{r} = \frac{2\pi a^2}{r}$, ce qui donne pour le potentiel

$$P = -2\pi a^2 l. r + \text{const.}$$

Si le cylindre a une aimantation transversale uniforme et qu'on prenne l'axe de x parallèle à l'aimantation, le potentiel extérieur sera donc

$$V = -I\frac{\partial P}{\partial x} = I\frac{2\pi a^2}{r}\frac{\partial r}{\partial x} = I\frac{2\pi a^2}{r^2}x.$$

Sur un point intérieur, l'action d'un cylindre circulaire homogène se réduit à celle du noyau cylindrique qui passe par le point. On le verrait aisément par un raisonnement analogue a celui qui a été fait pour la sphère (12). L'action du cylindre sur un point intérieur est donc égale à $\frac{2\pi r^2}{r} = 2\pi r$, et le potentiel devient

$$P = -\pi r^2 + \text{const.}$$

Le potentiel du cylindre aimanté uniformément est donc

$$V = -I\frac{\partial P}{\partial x} = I 2\pi r\frac{\partial r}{\partial x} = I 2\pi x.$$

Par suite, la force intérieure est constante et égale à $-2\pi I$; sa direction est opposée à celle de l'aimantation.

L'induction est aussi constante et a pour valeur

$$F_i = 4\pi I - 2\pi I = 2\pi I.$$

360. Potentiel des feuillets magnétiques. — Nous avons vu que le potentiel d'un feuillet uniforme est égal au produit de sa puissance magnétique Φ par sa surface apparente ω au point considéré. Si le feuillet n'est pas uniforme, le potentiel a pour expression

$$V = \int \Phi\,d\omega.$$

Le calcul du potentiel peut être ramené, par une méthode analogue à la précédente, au potentiel d'une couche magnétique, de manière à éviter l'évaluation des angles solides.

Le potentiel en un point M d'un élément de feuillet dS est égal à celui de deux couches magnétiques $\pm \sigma dS$, égales et de signes contraires, dont la distance normale dn satisfait à la condition $\sigma dn = \Phi$.

Désignons par n la distance de l'élément à un point fixe situé sur la normale du côté de la face négative, le potentiel $f dS$ de la couche σdS peut être considéré comme une fonction de cette distance n, de sorte que le potentiel de l'élément du feuillet sera

$$dS f(n) - dS f(n - dn) = dS\, dn\, \frac{\partial f}{\partial n}.$$

Comme la distance dn des deux surfaces peut être supposée constante, le potentiel du feuillet total est

$$V = \int dS\, dn\, \frac{\partial f}{\partial n} = dn \int dS \frac{\partial f}{\partial n}.$$

Or, l'expression $\int f dS$ représente le potentiel U de la surface positive du feuillet ; on a donc

$$(3) \qquad\qquad V = dn\, \frac{\partial U}{\partial n}.$$

Le potentiel Q d'une couche dont la densité en chaque point serait égale à la puissance magnétique Φ a pour valeur $U\dfrac{\Phi}{\sigma}$ ou $U dn$; il en résulte

$$(4) \qquad\qquad V = \frac{\partial Q}{\partial n}.$$

En appelant $\dfrac{1}{p}$ la distance du point M à l'élément dS, le potentiel Q est égal à $\int p \Phi dS$, ce qui donne encore

$$(5) \qquad\qquad V = \int \Phi \frac{\partial p}{\partial n} dS.$$

Le facteur p représente le potentiel sur l'élément dS d'une masse égale à l'unité située au point M.

361. — Si le feuillet est uniforme, le facteur Φ est une constante. En appelant P le potentiel d'une couche de densité égale à l'unité, on aura $Q = \Phi P$, et les expressions (4) et (5) deviennent

$$(6) \qquad V = \Phi \frac{\partial P}{\partial n},$$

$$(6)' \qquad V = \Phi \int \frac{\partial p}{\partial n} dS.$$

362. — Considérons, par exemple, un feuillet limité par un contour plan ; on peut le remplacer par un feuillet plan de même puissance limité au même contour. Plaçons ce feuillet dans le plan des yz, la face positive du côté de l'axe des x. L'abscisse du point M étant x, on a évidemment $dx = -dn$ et, par suite,

$$\frac{\partial Q}{\partial n} = -\frac{\partial Q}{\partial x},$$

$$(7) \qquad V = -\frac{\partial Q}{\partial x} = -\int \Phi \frac{\partial p}{\partial x} dS.$$

Si le feuillet est uniforme, il vient

$$(7)' \qquad V = -\Phi \frac{\partial P}{\partial x} = -\Phi \int \frac{\partial p}{\partial x} dS,$$

expression que l'on aurait pu obtenir par la considération des couches de glissement (**354**).

363. — Pour un feuillet situé sur une sphère de rayon a, le point M étant à l'extérieur, du côté de la face positive du feuillet, on aura, de même,

$$(8) \qquad V = \frac{\partial Q}{\partial a} = \int \Phi \frac{\partial p}{\partial a} dS,$$

et, si le feuillet est uniforme,

$$(8)' \qquad V = \Phi \frac{\partial P}{\partial a} = \Phi \int \frac{\partial p}{\partial a} dS.$$

Si la face tournée du côté du point M était négative, il faudrait prendre, au contraire, les expressions

$$V = -\frac{\partial Q}{\partial a} - \int \Phi \frac{\partial p}{\partial a} dS,$$

$$V = -\Phi \frac{\partial P}{\partial a} = -\Phi \int \frac{\partial p}{\partial a} dS.$$

364. — Dans le cas de la sphère, le potentiel p est une fonction homogène du degré -1 du rayon a et de la distance r du point M au centre, ce qui donne la condition

$$a \frac{\partial p}{\partial a} + r \frac{\partial p}{\partial r} = -p,$$

ou

$$\frac{\partial p}{\partial a} = -\frac{1}{a}\left(p + r\frac{\partial p}{\partial r}\right) = -\frac{1}{a}\frac{\partial(pr)}{\partial r}.$$

Il en résulte

$$V = \int \frac{\Phi}{a} \frac{\partial(pr)}{\partial r} dS.$$

Les distances r et a restant constantes quand on effectue l'intégration, on peut écrire

$$(9) \qquad V = \frac{1}{a}\frac{\partial}{\partial r}\int pr\Phi\, dS = \frac{1}{a}\frac{\partial(rQ)}{\partial r}.$$

365. Potentiel d'une couche circulaire. — Le potentiel d'un feuillet uniforme à contour circulaire peut être calculé par le potentiel d'une couche circulaire plane ou d'une couche quelconque, sphérique par exemple, limitée au même contour.

Considérons d'abord, d'une manière plus générale, une couche de révolution autour de l'axe des x. Pour un point M dont l'abscisse est x et qui est situé à une distance ρ de l'axe, le potentiel P est une fonction de x et de ρ. Si on développe ce potentiel suivant les puissances croissantes de ρ ou de $\frac{1}{\rho}$, la série obtenue ne renfermera, par raison de symétrie, que des puissances paires de la variable. On peut donc écrire

$$P = A_0 + A_2 \rho^2 + A_4 \rho^4 + \ldots,$$

(10)
$$P = B_0 + B_2 \left(\frac{1}{\rho}\right)^2 + B_4 \left(\frac{1}{\rho}\right)^4 + \ldots.$$

les coefficients $A_0, A_2 \ldots, B_0, B_2 \ldots$ étant des fonctions de x.

Lorsqu'on prend x et ρ comme variables indépendantes, l'équation de Laplace $\Delta V = 0$ devient

$$\frac{\partial^2 P}{\partial x^2} + \frac{1}{\rho}\frac{\partial P}{\partial \rho} + \frac{\partial^2 P}{\partial \rho^2} = 0.$$

Cette condition donne, pour la première série, une nouvelle série développée suivant les puissances croissantes de ρ, dans laquelle les coefficients de tous les termes doivent être nuls séparément, d'où résulte la condition générale

$$\frac{\partial^2 A_{2n}}{\partial x^2} + (2n + 2)^2 A_{2n+2} = 0.$$

On a ainsi successivement :

$$A_2 = -\frac{1}{2^2} \cdot \frac{\partial^2 A_0}{\partial x^2},$$

$$A_4 = -\frac{1}{4^2} \cdot \frac{\partial^2 A_2}{\partial x^2} = +\frac{1}{2 \cdot 4^2} \cdot \frac{\partial^4 A_0}{\partial x^4},$$

$$A_6 = -\frac{1}{6^2} \cdot \frac{\partial^2 A_4}{\partial x^2} = -\frac{1}{2 \cdot 4 \cdot 6^2} \cdot \frac{\partial^6 A_0}{\partial x^6},$$

$$\cdot \quad \cdot \quad \cdot \quad \cdot \quad \cdot \quad \cdot \quad \cdot \quad \cdot$$

$$A_{2n} = -\frac{1}{(2n)^2} \cdot \frac{\partial^2 A_{2n-2}}{\partial x^2} = -\frac{1}{(2 \cdot 4 \ldots 2n)^2} \cdot \frac{\partial^{2n} A_0}{\partial x^{2n}}.$$

Il suffit donc de connaître le premier coefficient A_0 pour en déduire tous les autres. Ce coefficient A_0 est donné par l'expression du potentiel sur l'axe, laquelle dépend de la forme de la couche et de la loi de distribution.

Le potentiel en dehors de l'axe est alors

$$(11) \quad P = A_0 - \frac{\rho^2}{2^2} \frac{\partial^2 A_0}{\partial x^2} + \frac{\rho^4}{(2.4)^2} \cdot \frac{\partial^4 A_0}{\partial x^4} - \frac{\rho^6}{(2.4.6)^2} \cdot \frac{\partial^6 A_0}{\partial x^6} + \ldots$$

Pour la seconde série, l'équation de Laplace aurait donné la condition générale

$$\frac{\partial^2 B_{2n+2}}{\partial x^2} + (2n)^2 B_{2n} = 0,$$

qui ne permet pas de déterminer de la même manière les coefficients successifs.

366. — Dans le cas d'une couche circulaire homogène de densité égale à l'unité, le potentiel P_0 sur l'axe a pour valeur, en prenant le centre pour origine des abscisses,

$$P_0 = 2\pi \left(\sqrt{a^2 + x^2} - x \right).$$

Posant

$$u = \sqrt{a^2 + x^2},$$

ce qui donne

$$\frac{\partial u}{\partial x} = \frac{x}{u},$$

on a donc, pour le premier développement du potentiel en fonction des puissances de ρ,

$$A_0 = 2\pi(u - x),$$

$$\frac{\partial A_0}{\partial x} = 2\pi \left(\frac{\partial u}{\partial x} - 1 \right) = 2\pi \left(\frac{x}{u} - 1 \right),$$

$$\frac{\partial^2 A_0}{\partial x^2} = 2\pi \frac{\partial^2 u}{\partial x^2}, \text{ etc.}$$

Le potentiel P en dehors de l'axe est alors

$$(12) \quad P = 2\pi \left[u - x - \frac{\rho^2}{2^2} \cdot \frac{\partial^2 u}{\partial x^2} + \frac{\rho^4}{(2.4)^2} \cdot \frac{\partial^4 u}{\partial x^4} - \frac{\rho^6}{(2.4.6)^2} \cdot \frac{\partial^6 u}{\partial x^6} + \ldots \right].$$

Les dérivées successives se calculeraient aisément.

367. — Lorsque la couche est circulaire, il est souvent plus avantageux de donner une autre forme au développement.

Désignons par a le rayon du cercle qui limite la couche, par r la distance du point M au centre du cercle, et par θ l'angle que fait la direction de cette droite avec l'axe. On peut encore exprimer le potentiel par l'une des deux séries,

$$(13) \quad \begin{aligned} P &= A_0 + A_1\left(\frac{r}{a}\right) + A_2\left(\frac{r}{a}\right)^2 + \cdots \\ P &= B_0 + B_1\left(\frac{a}{r}\right) + B_2\left(\frac{a}{r}\right)^2 + \cdots, \end{aligned}$$

suivant que r est plus petit ou plus grand que a, c'est-à-dire que le point M est placé à l'intérieur ou à l'extérieur de la sphère de rayon a. Les coefficients sont des fonctions de l'angle θ et, comme les deux expressions doivent avoir la même valeur sur la sphère, ils satisfont à la condition

$$A_0 + A_1 + \cdots = B_0 + B_1 + \cdots$$

Le potentiel étant considéré comme une fonction de r et de θ, l'équation de Laplace devient

$$r^2\frac{\partial^2 V}{\partial r^2} + 2r\frac{\partial V}{\partial r} + \cotg\theta\frac{\partial V}{\partial \theta} + \frac{\partial^2 V}{\partial \theta^2} = 0.$$

On trouve ainsi que les coefficients A et B satisfont aux conditions générales

$$n(n+1)A_n + \cotg\theta\frac{\partial A_n}{\partial \theta} + \frac{\partial^2 A_n}{\partial \theta^2} = 0,$$

$$n(n-1)B_n + \cotg\theta\frac{\partial B_n}{\partial \theta} + \frac{\partial^2 B_n}{\partial \theta^2} = 0.$$

Si on développe le potentiel sur l'axe

$$P_0 = 2\pi\left[\sqrt{a^2 + x^2} - x\right],$$

en fonction des puissances croissantes de $\dfrac{x}{a}$ ou de $\dfrac{a}{x}$, on obtient les deux séries

$$P_0 = 2\pi a\left[1 - \frac{x}{a} + \frac{1}{2}\left(\frac{x}{a}\right)^2 - \frac{1.1}{2.4}\left(\frac{x}{a}\right)^4 + \frac{1\;1.3}{2.4.6}\left(\frac{x}{a}\right)^6 - \cdots\right],$$
$$(14)$$
$$P_0 = 2\pi a\left[\frac{1}{2}\frac{a}{x} - \frac{1.1}{2.4}\left(\frac{a}{x}\right)^3 + \frac{1.1.3}{2.4.6}\left(\frac{a}{x}\right)^5 - \frac{1.1.3.5}{2.4.6.8}\left(\frac{a}{x}\right)^7 + \cdots\right].$$

Pour avoir l'expression du potentiel en dehors de l'axe, en fonction du rapport $\dfrac{r}{a}$ ou de $\dfrac{a}{r}$, il nous suffira de faire remarquer que, si la densité d'une couche sphérique est symétrique par rapport à un diamètre pris pour axe des x, le potentiel de cette couche en un point M ne dépend que de la distance r de ce point au centre O de la sphère et de l'angle θ que fait la droite OM avec l'axe.

D'après un théorème connu de Legendre, ce potentiel peut être exprimé par les formules générales

$$P = A_0 + A_1 X_1 \frac{r}{a} + A_2 X_2 \left(\frac{r}{a}\right)^2 + \cdots\cdots$$
$$P = B_0 \frac{a}{r} + B_1 X_1 \left(\frac{a}{r}\right)^2 + B_2 X_2 \left(\frac{a}{r}\right)^3 + \cdots\cdots,$$

dans lesquelles A_0, A_1 $\cdots$ B_0, B_1 $\cdots$ sont des coefficients constants, et X_1, X_2 $\cdots$ des fonctions de l'angle θ, désignées sous le nom de polynomes de Legendre, et qui sont définies par le développement

$$(1 - 2x\cos\theta + x^2)^{-\frac{1}{2}} = 1 + X_1 x + X_2 x^2 + X_3 x^3 + \cdots\cdots.$$

toutes ces fonctions devenant égales à l'unité lorsque l'angle θ est égal à zéro.

Comme nous connaissons le développement du potentiel d'une couche circulaire homogène pour un point de l'axe, c'est-à-dire lorsque l'angle θ est nul et r égal à x, les coefficients sont connus. Il en résulte que, pour un point situé en dehors de l'axe, le potentiel P a pour expressions

$$P = 2\pi a \left[1 - X_1 \frac{r}{a} + \frac{1}{2} X_2 \left(\frac{r}{a}\right)^2 - \frac{1.1}{2.2} X_3 \left(\frac{r}{a}\right)^3 + \frac{1.1.3}{2.4.6} X_5 \left(\frac{r}{a}\right)^6 \cdots \right],$$

$$(15)$$

$$P = 2\pi a \left[\frac{1}{2}\frac{a}{r} - \frac{1.1}{2.4} X_2 \left(\frac{a}{r}\right)^3 + \frac{1.1.3}{2.4.6} X_4 \left(\frac{a}{r}\right)^5 - \frac{1.1.3.5}{2.4.6.8} X_6 \left(\frac{a}{r}\right)^7 + \cdots \right].$$

368. Potentiel d'un feuillet circulaire uniforme. — Le potentiel d'un feuillet circulaire uniforme s'obtiendra maintenant par l'expression

$$V = - \Phi \frac{\partial P}{\partial x}.$$

On trouve ainsi, avec la première forme (12),

$$V = 2\pi\Phi \left[1 - \frac{\partial u}{\partial x} + \frac{z^2}{2^2}\cdot\frac{\partial^3 u}{\partial x^3} - \frac{z^4}{(2.4)^2}\cdot\frac{\partial^5 u}{\partial x^5} + \cdots \right].$$

Les premiers termes du développement sont alors

$$(16)$$
$$V = 2\pi\Phi \left\{ 1 - \frac{x}{u}\left[1 + \frac{3}{2^2}\frac{a^2}{u^2}\cdot\left(\frac{z}{u}\right)^2 - \frac{3.5}{(2.4)^2}\cdot\frac{4x^2 - 3a^2}{u^2}\cdot\left(\frac{z}{u}\right)^4 + \cdots \right] \right\},$$

et la série est convergente toutes les fois que $z < u$.

La seconde forme de développement (13) donnerait, en prenant l'expression

$$V = \Phi\frac{\partial P}{\partial a}.$$

$$V = 2\pi\Phi \left[1 - \frac{1}{2}\left(\frac{r}{a}\right)^2 X_2 + \frac{1.3}{2.4}\left(\frac{r}{a}\right)^4 X_4 - \frac{1.3.5}{2.4.6}\left(\frac{r}{a}\right)^6 X_6 + \cdots \right].$$

$$(17)$$
$$V = 2\pi\Phi\frac{a}{r}\left[1 - \frac{1}{2}\left(\frac{a}{r}\right)^2 X_2 + \frac{1.3}{2.4}\left(\frac{a}{r}\right)^4 X_4 - \frac{1.3.5}{2.4.6}\left(\frac{a}{r}\right)^6 X_6 + \cdots \right].$$

369. Potentiel d'une couche sphérique. — Considérons enfin une couche sphérique quelconque de rayon a. Le potentiel en un point extérieur M à la distance r du centre peut encore être exprimée par la série

$$(18) \qquad V = a\left[A_0\left(\frac{a}{r}\right) + A_1\left(\frac{a}{r}\right)^2 + A_2\left(\frac{a}{r}\right)^3 + \cdots\right],$$

dans laquelle les coefficients dépendent de la loi de distribution et de la direction de la droite r.

Soit u l'angle de la droite r avec l'axe de z, l l'angle du plan rz avec le plan des yz ; les coordonnées du point M sont alors

$$(19) \qquad \begin{aligned} z &= r\cos u, \\ y &= r\sin u\cos l, \\ x &= r\sin u\sin l. \end{aligned}$$

En prenant pour variables indépendantes r, u et l, l'équation de Laplace donne

$$r\frac{\partial^2(rV)}{\partial r^2} + \frac{\partial^2 V}{\partial u^2} + \cot g\, u\,\frac{\partial V}{\partial u} + \frac{1}{\sin^2 u}\cdot\frac{\partial^2 V}{\partial l^2} = 0 ;$$

il en résulte, pour les coefficients, la condition générale

$$n(n+1)A_n + \frac{\partial^2 A_n}{\partial u^2} + \cot g\, u\,\frac{\partial A_n}{\partial u} + \frac{1}{\sin^2 u}\cdot\frac{\partial^2 A_n}{\partial l^2} = 0.$$

L'intégrale générale de cette équation a été donnée par Laplace : si l'on pose

$$A_{n,m} = \left[\cos^{n-m}u - \frac{(n-m)(n-m-1)}{2(2n-1)}\cos^{n-m-2}u \right.$$
$$\left. + \frac{(n-m)(n-m-1)(n-m-2)(n-m-3)}{2.4.(2n-1)(2n-3)}\cos^{n-m-4}u - \cdots\right]\sin^m u,$$

le coefficient A_n exprimé au moyen des nouveaux symboles, se compose de $2n+1$ termes développés suivant les sinus et les cosinus des multiples de l'angle l et a pour valeur

$$A_n = g_{n,0}A_{n,0} + (g_{n,1}\cos l + h_{n,1}\sin l)A_{n,1}$$
$$+ (g_{n,2}\cos 2l + h_{n,2}\sin 2l)A_{n,2} + \cdots + (g_{n,n}\cos nl + h_{n,n}\sin nl)A_{n,n}.$$

Les facteurs désignés par g, h, avec différents indices, sont des coefficients numériques à déterminer dans chaque cas particulier.

370. — Si l'on considère une sphère aimantée d'une manière quelconque, son action extérieure est équivalente à celle de deux couches de masses égales et de signes contraires distribués à la surface suivant une certaine loi.

Le coefficient A_0 du premier terme est nul. En effet, à une grande distance, le potentiel devient simplement égal au quotient de la masse totale par la distance. Le produit $A_0 a^2$ qui forme le numérateur du premier terme représente dans ce cas la masse totale, et on sait que dans tout aimant la masse totale est nulle.

Le coefficient du terme suivant a pour valeur

$$A_1 = g_{1,0}\cos u + (g_{1,1}\cos l + h_{1,1}\sin l)\sin u.$$

ou, en tenant compte des équations (19),

$$A_1 = g_{1,0}\frac{z}{r} + g_{1,1}\frac{y}{r} + h_{1,1}\frac{x}{r}.$$

Ce terme devient prédominant à une grande distance, et le potentiel se réduit alors à

$$V = A_1\frac{a^3}{r^2} = \frac{a^3 g_{0,1}}{r^2}\frac{z}{r} + \frac{a^3 g_{1,1}}{r^2}\frac{y}{r} + \frac{a^3 h_{1,1}}{r^2}\frac{x}{r};$$

il en résulte (**151**) que les trois produits $a^3 g_{0,1}$, $a^3 g_{1,1}$, $a^3 h_{1,1}$ représentent respectivement les moments magnétiques de la sphère par rapport aux axes des z, des y et des x. En désignant par a^3K le moment magnétique résultant et par α, β et γ les cosinus des angles que fait sa direction avec les axes, on a

$$K = \frac{h_{1,1}}{\alpha} = \frac{g_{1,1}}{\beta} = \frac{g_{1,0}}{\gamma} = \sqrt{h_{1,1}^2 + g_{1,1}^2 + g_{1,0}^2}.$$

371. Aimants solénoïdaux. — Le potentiel d'un aimant solénoïdal (**330**) ne dépend que des surfaces formées par les extrémités des solénoïdes élémentaires qui le constituent.

Si tous ces solénoïdes sont fermés, le potentiel de l'aimant est nul partout, et la force magnétique nulle. Dans ce cas, l'induction se réduit en chaque point à $4\pi I$ et elle est parallèle à l'aimantation.

372. — Supposons qu'un aimant solénoïdal soit limité par une surface du canal, l'aimantation étant en chaque point normale à la section droite du canal. Le flux d'induction Q qui traverse un élément dS de la section droite est égal à $4\pi I dS$ et le flux total d'induction a pour valeur

$$Q = 4\pi \int I dS.$$

Chacun des filets solénoïdaux forme une courbe fermée, de longueur l, normale en chaque point à la section droite du canal. Si la structure de l'aimant est telle, comme nous en verrons plus loin des exemples, que le produit de l'intensité d'aimantation I d'un filet par sa longueur l soit une quantité constante A, le flux d'induction pourra être exprimé par la formule

$$(20) \qquad Q = 4\pi \int I dS = 4\pi A \int \frac{dS}{l}.$$

Si l'aimant est un anneau de révolution et qu'on appelle x le rayon d'un solénoïde élémentaire, on aura

$$Q = 4\pi A \int \frac{dS}{2\pi x} = 2A \int \frac{dS}{x}.$$

Considérons, par exemple, un tore. Soit a le rayon de la section et R la distance de son centre à l'axe de rotation, pris comme axe des z ; on a alors

$$\int \frac{dS}{x} = \int_{R-a}^{R+a} \frac{z}{x} \, dx = \pi \left[R - \sqrt{R^2 - a^2} \right]$$

et le flux total d'induction a pour valeur

$$(21) \qquad Q = 2\pi A \left[R - \sqrt{R^2 - a^2} \right].$$

373. Cylindre. — Un cylindre aimanté uniformément et terminé par des sections droites équivaut à deux couches magnétiques de densités $\pm I$, égales et de signes contraires, qui recouvriraient les deux bases A et B. Le potentiel d'un pareil aimant en un point quelconque est donc égal à la somme des potentiels V_a et V_b des deux couches terminales.

Si la section droite du cylindre est circulaire, les potentiels V_a et V_b peuvent être exprimés par les formules trouvées précédemment (**365** et **366**).

Pour un point M situé sur l'axe à l'extérieur et du côté de la face positive A, la force magnétique a pour expression (**322**), en désignant par α et β les angles sous lesquels on voit du point M les rayons des deux bases,

$$F = 2\pi I (1 - \cos \alpha) - 2\pi I (1 - \cos \beta) = 2\pi I (\cos \beta - \cos \alpha),$$

et elle est dirigée dans le sens de l'aimantation.

Pour un point intérieur, les actions des deux bases sont de même signe, ce qui donne une force

$$F = 4\pi I - 2\pi I (\cos \alpha + \cos \beta).$$

dirigée en sens contraire de l'aimantation.

Enfin, l'induction sur l'axe à l'intérieur est

$$F_1 = 4\pi I - F = 2\pi I (\cos \alpha + \cos \beta) :$$

elle est parallèle à l'aimantation et varie très lentement tant que le point considéré est à une distance notable des bases.

Si on désigne par l la longueur du cylindre et par a son rayon, l'induction F_0 au centre du cylindre a pour valeur

$$F_0 = 2\pi I \cdot 2 \cos \alpha = 4\pi I \frac{\dfrac{l}{2}}{\sqrt{a^2 + \left(\dfrac{l}{2}\right)^2}} = 4\pi I \frac{1}{\sqrt{1 + \left(\dfrac{2a}{l}\right)^2}}.$$

Lorsque la longueur du cylindre est très grande par rapport à son diamètre, on peut prendre l'expression approchée

$$F_0 = 4\pi I \left[1 - \frac{1}{2}\left(\frac{2a}{l}\right)^2 \right].$$

L'induction est alors sensiblement la même dans toute l'étendue de la section médiane, et le flux total d'induction Q_0 qui le traverse a pour expression

$$Q_0 = \pi a^2 F_0 = (2\pi a)^2 I \left[1 - \frac{1}{2}\left(\frac{2a}{l}\right)^2 \right].$$

Si le cylindre est assez long pour que la parenthèse ne diffère pas sensiblement de l'unité, le flux d'induction dans la section médiane est égal à $(2\pi a)^2 I$. Ce flux est donc proportionnel au carré du contour ; il a encore sensiblement la même valeur dans une section quelconque suffisamment éloignée des extrémités.

CHAPITRE QUATRIÈME

INDUCTION MAGNÉTIQUE

374. Caractères généraux de l'induction magnétique. — Il n'existe probablement aucun corps qui placé dans un champ magnétique n'éprouve l'effet de l'induction, c'est-à-dire ne devienne lui-même un aimant, au moins d'une manière temporaire.

Lorsque le corps est isotrope, l'axe d'aimantation induite coïncide en chaque point avec la direction de la force magnétique. Pour certains corps l'aimantation induite est de même sens que la force ; ce sont les corps que nous avons appelés *paramagnétiques* ou simplement *magnétiques*. Pour les autres, le sens de l'aimantation est opposé à celui de la force ; ce sont les corps *diamagnétiques*. En présence d'un pôle d'aimant, les corps de la première classe prennent dans la partie la plus voisine un pôle de signe contraire, ceux de la seconde un pôle de même signe.

Nous admettrons qu'en chaque point d'un corps isotrope soumis à l'induction magnétique, l'aimantation est proportionnelle à la résultante de toutes les forces magnétiques qui s'exercent en ce point. Ces forces dépendent, non seulement du champ primitif, mais aussi du magnétisme développé par induction sur le corps lui-même. En désignant par F la force résultante, à laquelle on donne quelquefois le nom de *force magnétisante*, par I l'intensité d'aimantation, on peut écrire

I = kF.

Le facteur k, qui exprime le rapport de l'aimantation à la force magnétisante, est appelé *coefficient d'aimantation induite;* ce coefficient est positif ou négatif suivant qu'il s'agit d'un corps magnétique proprement dit ou d'un corps diamagnétique.

L'hypothèse de la proportionnalité de l'aimantation à la force magnétisante se vérifie d'une manière très approchée toutes les fois que le coefficient k a une valeur très faible. Cette condition est réalisée pour la plupart des corps magnétiques, sauf le fer, le nickel et le cobalt. Quand il s'agit du fer ou du nickel, pour lesquels le coefficient k peut atteindre des valeurs très grandes, telles que 3o ou 4o, la proportionnalité existe encore tant que la force F ne dépasse pas une certaine limite, quand ces corps, par exemple, sont aimantés par la terre. Il en est de même avec le fer impur, le fer écroui, la fonte et l'acier plus ou moins trempé, dont le coefficient d'aimantation est notablement plus faible. Le coefficient k est toujours très petit pour les corps diamagnétiques;

il atteint à peine $\dfrac{1}{400\,000}$ pour le bismuth qui est le corps le plus actif de cette seconde classe.

Si la proportionnalité de l'aimantation à la force magnétisante n'existe pas, on doit considérer le coefficient k comme étant lui-même une fonction de l'aimantation. Nous examinerons d'abord le cas où ce coefficient est constant et le même dans toutes les directions, c'est-à-dire où le corps est isotrope et l'aimantation induite assez faible.

375. Aimantation induite proportionnelle à la force magnétisante. — Considérons un corps quelconque dans le champ magnétique. Soit V le potentiel du champ et Ω celui qui est produit par les masses induites, le potentiel résultant U aura pour valeur

$$U = V + \Omega.$$

En un point quelconque les composantes de la force magnétisante parallèles aux axes sont

$$X = \frac{\partial U}{\partial x}, \qquad Y = \frac{\partial U}{\partial y}, \qquad Z = \frac{\partial U}{\partial z}.$$

La force elle-même a pour expression

$$F = -\frac{d\mathrm{U}}{dn};$$

sa direction est celle de la normale n à la surface de niveau qui passe par le point considéré.

L'intensité d'aimantation I et ses composantes A, B et C parallèles aux axes deviennent alors

$$\mathrm{I} = k\mathrm{F} = -k\frac{d\mathrm{U}}{dn},$$

$$\mathrm{A} = -k\frac{\partial\mathrm{U}}{\partial x}, \qquad \mathrm{B} = -k\frac{\partial\mathrm{U}}{\partial y}, \qquad \mathrm{C} = -k\frac{\partial\mathrm{U}}{\partial z}.$$

Ajoutant ces dernières équations après les avoir multipliées respectivement par dx, dy, dz, il vient

$$\mathrm{A}dx + \mathrm{B}dy + \mathrm{C}dz = -k\left(\frac{\partial\mathrm{U}}{\partial x}dx + \frac{\partial\mathrm{U}}{\partial y}dy + \frac{\partial\mathrm{U}}{\partial z}dz\right) = -kd\mathrm{U}.$$

Si la valeur de k est constante dans toute l'étendue du corps, le premier membre de l'équation est la différentielle exacte d'une fonction Φ des coordonnées, et on a

$$\mathrm{A} = \frac{\partial\Phi}{\partial x}, \qquad \mathrm{B} = \frac{\partial\Phi}{\partial y}, \qquad \mathrm{C} = \frac{\partial\Phi}{\partial z}.$$

Il en résulte (**332**) que l'aimantation est *lamellaire*.

376. L'aimantation induite est superficielle. — D'un autre côté, l'expression générale de la densité magnétique

$$\rho = -\left(\frac{\partial\mathrm{A}}{\partial x} + \frac{\partial\mathrm{B}}{\partial y} + \frac{\partial\mathrm{C}}{\partial z}\right)$$

se réduit ici à

$$\rho = -k\left(\frac{\partial^2\mathrm{U}}{\partial x^2} + \frac{\partial^2\mathrm{U}}{\partial y^2} + \frac{\partial^2\mathrm{U}}{\partial z^2}\right) = -k\Delta\mathrm{U}.$$

Comme, en vertu de l'équation de Poisson, on a $\Delta U = -4\pi\rho$, il vient

$$\rho(1 + 4\pi k) = 0, \qquad \text{ou} \qquad \rho = 0;$$

c'est-à-dire que *la densité magnétique est nulle dans toute l'étendue du corps*. L'aimantation est donc aussi *solénoïdale* et il n'y a de magnétisme sensible qu'à la surface.

Cette conclusion suppose que la parenthèse $1+4\pi k$ n'est pas nulle ; mais ce dernier cas ne se présente jamais, la valeur

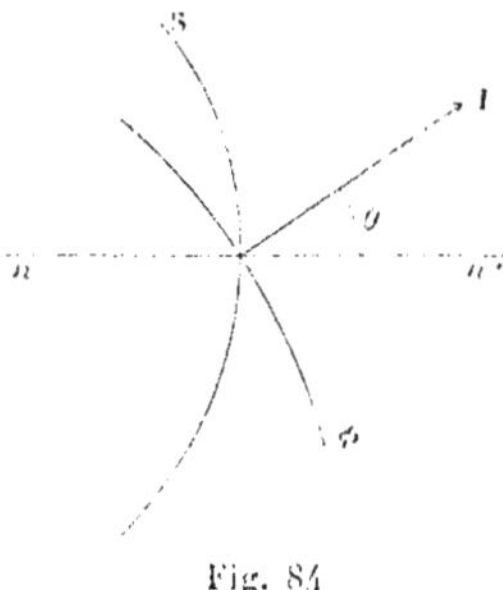

Fig. 84

absolue de k pour les corps diamagnétiques étant très loin d'atteindre $\dfrac{1}{4\pi}$.

377. — La densité superficielle σ de la couche induite est, en appelant θ l'angle de l'aimantation avec la normale à la surface (fig. 84),

$$\sigma = I \cos\theta.$$

Désignons cette normale par n quand on la compte vers l'intérieur, par n' quand on la compte vers l'extérieur, et soit a la normale à la surface pour laquelle la fonction Φ conserve une valeur constante, on a

$$I = \frac{d\Phi}{da},$$

$$\sigma = I \cos\theta = -\frac{\partial\Phi}{\partial n'} = \frac{\partial\Phi}{\partial n}.$$

378. — Le potentiel dû aux masses induites, c'est-à-dire à la couche superficielle, a pour valeur

$$\Omega = \int\!\!\int \frac{\sigma dS}{r}.$$

La fonction Ω est finie et continue et satisfait à l'équation de Laplace aussi bien à l'intérieur qu'à l'extérieur de la surface. Si on désigne par Ω' la valeur qu'elle prend à l'extérieur, on aura, pour deux points voisins situés de part et d'autre de la surface, la condition

$$\Omega = \Omega'.$$

379. Équation de continuité. — Coefficient d'induction. — Le principe de la conservation du flux d'induction (323) permet d'établir très simplement les conditions de continuité des potentiels V, U et Ω à la surface du corps aimanté.

Considérons deux points infiniment voisins pris sur une même normale de part et d'autre de la surface ; soit F_i la valeur de l'induction au point intérieur, F'_i la valeur de la force magnétique au point extérieur. Si $(F_i)_n$ et F'_n désignent les composantes normales de ces deux forces comptées dans une même direction, on a, en vertu du théorème de la conservation du flux, la condition

$$(F_i)_n = F'_n.$$

L'aimantation étant parallèle à la force magnétisante, l'induction devient, dans le cas actuel,

$$F_i = F + 4\pi I = F + 4\pi kF = F(1 + 4\pi k);$$

elle est proportionnelle à la force magnétisante.

Si l'on pose

$$\mu = 1 + 4\pi k,$$

on a donc

$$F_i = \mu F.$$

et l'équation relative à la surface devient alors

$$(2) \qquad \mu F_n = F'_n, \qquad \text{ou} \qquad \mu = \frac{F'_n}{F_n}.$$

Ainsi, *pour deux points infiniment voisins pris de part et d'autre de la surface, le rapport des composantes normales de la force magnétique est constant.* C'est la conséquence fondamentale de la théorie de Poisson dont nous avons déjà fait usage (**111**) pour définir les diélectriques. Le coefficient μ représentait le pouvoir inducteur spécifique du diélectrique; nous l'appellerons ici le *coefficient d'induction magnétique*. Il importe de ne pas le confondre avec le coefficient d'aimantation induite qui a été représenté par k.

380. — En exprimant l'équation (2) en fonction des potentiels, on obtient

$$\mu \frac{\partial U}{\partial n} + \frac{\partial U'}{\partial n'} = 0,$$

ou

$$(3) \qquad \mu \left(\frac{\partial V}{\partial n} + \frac{\partial \Omega}{\partial n} \right) + \left(\frac{\partial V}{\partial n'} + \frac{\partial \Omega'}{\partial n'} \right) = 0.$$

Pour déterminer l'aimantation d'un corps placé dans un champ magnétique et limité par une surface S, il faut donc trouver deux fonctions Ω et Ω' qui satisfassent aux conditions suivantes :

1° La fonction Ω est finie et continue dans l'intérieur de la surface et satisfait à l'équation de Laplace $\Delta\Omega = 0$.

2° La fonction Ω' est finie et continue à l'extérieur, nulle à l'infini, et satisfait également à l'équation de Laplace.

3° Les fonctions Ω et Ω' sont égales entre elles sur la surface et leurs dérivées satisfont alors à l'équation de continuité (3).

Ces fonctions représentent le potentiel d'une couche magnétique distribuée sur la surface du corps. La densité de cette couche en chaque point est déterminée par la variation des composantes normales, ce qui donne

$$F'_n - F_n = 4\pi\sigma.$$

on en déduit

$$\sigma = \frac{1}{4\pi}\left(F'_n - F_n\right) = \frac{\mu - 1}{4\pi} F_n = k F_n.$$

381. Cas de deux milieux magnétiques différents. — Aimantation relative. — Supposons que le corps A, limité par la surface S, soit situé dans un milieu magnétique dont le coefficient d'induction est μ' ; le théorème de la conservation du flux d'induction donne encore

$$\mu F_n = \mu' F'_n,$$

c'est-à-dire

$$\mu \frac{\partial U}{\partial n} + \mu' \frac{\partial U'}{\partial n} = 0,$$

ou

$$(4) \qquad \mu \left(\frac{\partial V}{\partial n} + \frac{\partial \Omega}{\partial n}\right) + \mu' \left(\frac{\partial V}{\partial n} + \frac{\partial \Omega'}{\partial n}\right) = 0.$$

Les fonctions Ω et Ω' qui déterminent la couche superficielle sont définies par les mêmes conditions que précédemment, avec cette seule différence que l'équation de continuité (4) renferme les coefficients d'induction des deux milieux.

La densité superficielle est encore donnée par les composantes normales

$$4\pi\sigma = F'_n - F_n = F_n\left(\frac{\mu}{\mu'} - 1\right).$$

Si l'on pose

$$\mu_1 = \frac{\mu}{\mu'} = 1 + 4\pi k_1,$$

c'est-à-dire

$$k_1 = \frac{\mu - \mu'}{4\pi\mu'} = \frac{k - k'}{1 + 4\pi k'},$$

l'expression de la densité devient

$$4\pi\sigma = F_n(\mu_1 - 1), \qquad \text{ou} \qquad \sigma = k_1 F_n.$$

Cette couche superficielle est celle qui détermine le mouvement du corps A dans le milieu. Elle est la même que si le

milieu extérieur était supprimé, ou plus exactement remplacé
par de l'air, et le coefficient d'induction du corps remplacé
par une autre valeur μ_1, ou le coefficient d'aimantation k
par une valeur différente k_1. L'aimantation apparente I_1 du
corps aurait alors pour projection normale

$$I_1 \cos\theta = \frac{1}{4\pi}(\mu_1 - 1) F_n = k_1 F_n.$$

382. — La discussion de ce problème donne lieu à quelques
conséquences analogues à celles qu'on déduit du principe
d'Archimède pour les corps plongés dans les fluides.

On peut, en effet, considérer k_1 comme le coefficient relatif
d'aimantation du corps par rapport au milieu qui l'entoure, k
et k' étant les coefficients des deux milieux par rapport à l'air.
Si le coefficient k du corps est plus grand que le coefficient k'
du milieu, la valeur de k_1 est positive et l'aimantation apparente du corps est positive. Si l'on a, au contraire, $k < k'$,
la valeur de k_1 est négative et le corps paraîtra diamagnétique. Dans le cas où les coefficients k et k' seraient égaux,
l'aimantation du corps A paraîtrait nulle, ce qui doit être
puisqu'il serait situé dans un milieu identique à lui-même et
que le magnétisme induit est superficiel.

On serait ainsi conduit à admettre qu'il n'existe pas une
opposition réelle de propriétés entre les corps magnétiques et
les corps diamagnétiques, et que la différence des effets est
due à la nature plus ou moins magnétique du milieu extérieur. Les corps diamagnétiques conservant leurs propriétés
caractéristiques dans le vide le plus parfait qu'on puisse
produire, il faut admettre, dans cette manière de voir, que
le vide est un milieu magnétique et que son coefficient d'aimantation est plus grand en valeur absolue que celui de
tous les corps diamagnétiques connus.

Si, au contraire, on veut admettre la valeur zéro pour le
coefficient d'aimantation du vide, il faut donner une valeur
négative à ceux de tous les corps diamagnétiques. Dans ce cas,
le coefficient d'induction μ est plus grand que l'unité pour les
corps magnétiques et plus petit que l'unité pour les corps

diamagnétiques. On ne connaît d'ailleurs aucun corps pour lequel μ soit négatif, car le coefficient d'aimantation des corps diamagnétiques n'est jamais plus grand que $\dfrac{1}{4\pi}$ en valeur absolue; nous avons déjà dit que pour le bismuth, le corps le plus diamagnétique connu, on a environ $k = -\dfrac{1}{400\,000}$. Le coefficient d'induction des corps diamagnétiques ne diffère donc de l'unité que d'une quantité extrêmement petite. Pour le fer doux et le nickel, le coefficient k étant compris entre 30 et 40, la valeur de μ est voisine de 500; le rapport des deux valeurs absolues de k pour le fer et le bismuth est donc à peu près

$$40 \times 400\,000 = 1,6 . 10^7.$$

Remarquons cependant que l'influence d'un milieu magnétique ne pourrait en toute rigueur être comparée à celle d'un fluide, et permettre d'appliquer le principe d'Archimède, que si l'on avait $k_1 = k - k'$. Il est vrai que cette relation, d'après la remarque qui précède, est très sensiblement vérifiée pour tous les corps diamagnétiques et tous les corps très peu magnétiques; mais elle serait fort éloignée de la vérité si le milieu ambiant avait un coefficient d'aimantation voisin de l'unité, et surtout si les propriétés magnétiques du milieu étaient comparables à celles du fer doux.

383. Susceptibilité et perméabilité magnétiques. — Les phénomènes d'induction magnétique peuvent s'exprimer, comme on le voit, à l'aide de deux coefficients.

Le *coefficient d'aimantation induite* k exprime le rapport de l'intensité de l'aimantation à la force magnétique, ou, en d'autres termes, l'intensité d'aimantation dans un champ égal à l'unité. Ce coefficient porte quelquefois le nom de Neumann, qui l'a employé le premier. Sir W. Thomson l'appelle *coefficient de susceptibilité magnétique*.

Le second coefficient, désigné par μ, est le *coefficient d'induction magnétique;* c'est l'analogue du pouvoir inducteur spécifique d'un diélectrique en électricité. Il est égal au rapport des composantes normales de la force à l'extérieur et à l'intérieur du milieu considéré et relié au précédent par la relation

$$\mu = 1 + 4\pi k.$$

Sir **W.** Thomson a donné à ce coefficient μ le nom de *coefficient de perméabilité magnétique*. Voici en quels termes il justifie le choix de cette expression.

« Le pouvoir conducteur d'un corps solide pour la chaleur, ou, plus brièvement, sa conductibilité calorifique a son analogue : en électricité statique, dans le pouvoir inducteur spécifique d'un diélectrique ; en magnétisme, dans ce que Faraday appelait le pouvoir conducteur du milieu pour les lignes de force, et qu'on désigne souvent par le nom de coefficient d'induction magnétique ; en hydrodynamique, dans la propriété spéciale que présentent les corps poreux et qu'on appelle *perméabilité*, qui est mesurée, toutes choses égales d'ailleurs, par le flux de liquide au travers de l'unité de surface. Le mot de *perméabilité* semble s'adapter également à la qualité qu'on envisage dans les différents cas : on peut employer l'expression de perméabilité calorifique comme synonyme de conductibilité ; de perméabilité pour les lignes de forces, comme synonyme de pouvoir inducteur spécifique ; de perméabilité magnétique, comme synonyme de pouvoir conducteur pour les lignes de force. » (*Reprint of papers*, § 628.)

381. Corps anisotropes. — Nous n'avons considéré que l'induction produite sur les corps isotropes. Les expériences de Plücker sur les corps à texture fibreuse et les cristaux ont montré que l'action magnétique pouvait s'exercer d'une manière inégale dans les différentes directions. Poisson avait prévu l'existence de pareils corps et, pour les concevoir dans sa théorie, il suffit de substituer aux sphères conductrices, disséminées dans le milieu non conducteur, des ellipsoïdes égaux orientés dans une même direction. Si le corps ainsi constitué « était une sphère homogène et qu'on le fit tourner sans déplacer son centre de gravité et sans rien changer aux forces extérieures ni à la fonction V, les actions magnétiques de ce corps changeraient néanmoins en grandeur et en direction. Ce cas particulier ne s'étant pas encore présenté à l'observation, nous l'exclurons de nos recherches, quant à présent... » (*Mémoire sur la théorie du magnétisme*. Mém. de l'Institut pour 1821-22, tome V, p. 278.)

Pour les raisons que nous avons déjà développées en électricité (**215**), il doit exister dans ce cas trois axes d'aimantation principaux rectangulaires. Si on place successivement chacun des axes dans la direction du champ, on aura, entre les coefficients k, k', k'' de susceptibilité et les coefficients μ, μ', μ'' de perméabilité, les relations

$$\mu = 1 + 4\pi k, \qquad \mu' = 1 + 4\pi k', \qquad \mu'' = 1 + 4\pi k''.$$

Quand le corps sera orienté d'une manière quelconque par rapport au champ, on pourra substituer au champ réel trois champs dont les directions soient rectangulaires et parallèles aux axes principaux, et considérer l'aimantation réelle comme la résultante de trois aimantations.

Cette superposition est évidemment légitime toutes les fois qu'il s'agit de corps peu magnétiques ou de corps diamagnétiques; elle n'est que la conséquence du principe de la proportionnalité de l'aimantation à la force magnétisante.

385. Aimantation uniforme. — Si la surface d'un corps est telle qu'une aimantation uniforme dans une certaine direction produise une force intérieure constante, et qu'on le place dans un champ uniforme dont la force est parallèle à cette direction, il prendra une aimantation uniforme, puisque la force magnétisante aura la même valeur en tous les points, et cela sans qu'il soit nécessaire de faire aucune restriction sur la grandeur du coefficient k. La force magnétisante F étant la somme de l'intensité du champ φ et d'une force CI due à l'aimantation induite, laquelle est évidemment proportionnelle à l'intensité d'aimantation, on aura

$$I = kF = k(\varphi + CI),$$

et, par suite,

$$I = \frac{k}{1 - kC}\varphi.$$

Comme l'action intérieure d'un corps aimanté uniformément est donnée (**354**) par les dérivées partielles du second ordre du potentiel P d'une masse homogène, la force Cl ne peut être constante que si la fonction P est représentée par une polynome du second degré, c'est-à-dire que si le corps est limité par une surface du second degré. Lorsque le coefficient k est très petit, c'est-à-dire pour tous les corps diamagnétiques et les corps peu magnétiques, on a sensiblement

$$I = k \varsigma.$$

Dans ce cas, l'aimantation induite dans un champ uniforme est uniforme et indépendante de la surface du corps.

On peut remarquer d'ailleurs que l'induction magnétique est soumise aux mêmes lois que l'induction des diélectriques, de sorte que tous les résultats auxquels nous sommes arrivés en électrostatique sont applicables au magnétisme, sans autre modification que la substitution du potentiel magnétique au potentiel électrique, et du coefficient d'induction magnétique au pouvoir inducteur spécifique.

386. Sphère. — Pour une sphère aimantée uniformément, on a (**355**)

$$C = -\frac{4}{3}\pi.$$

L'aimantation produite sur une sphère par un champ uniforme sera donc

$$I = \frac{k}{1 + \frac{4}{3}\pi k}\varsigma = \frac{3}{4\pi}\frac{\mu - 1}{\mu + 2}\varsigma = \frac{3}{4\pi}k\varsigma.$$

Le coefficient h ou $\dfrac{\mu - 1}{\mu + 2}$ est égal à l'unité pour les corps conducteurs en électricité ; il est toujours positif et plus petit que l'unité pour les corps magnétiques, et il diffère peu de l'unité quand μ est grand. Ce coefficient est, au contraire, négatif et très petit pour les corps diamagnétiques.

Le moment magnétique de la sphère a pour valeur

$$\varpi = a \mathrm{I} = h \mathrm{R}^3 \varphi.$$

A l'intérieur, la force résultante est

$$\mathrm{F} = \varphi - \frac{4}{3}\pi \mathrm{I} = \varphi(1 - h) = \varphi \frac{3}{\mu + 2}.$$

et l'induction

$$\mathrm{F}_1 = \mathrm{F}\mu = \varphi \frac{3\mu}{\mu + 2}.$$

La première de ces expressions représente également la force totale extérieure sur un point voisin de l'équateur, et la seconde sur un point voisin du pôle. Le rapport de ces deux forces est donc égal à $\frac{1}{\mu}$.

Dans le cas où μ est très grand, les formules se simplifient, et l'on a sensiblement

$$\mathrm{F} = \frac{3}{\mu}\varphi,$$
$$\mathrm{F}_1 = 3\varphi,$$
$$\varpi = \mathrm{R}^3\varphi.$$

387. Hypothèse de Poisson. — Si l'on imagine, avec Poisson, qu'un corps magnétique soit constitué par un ensemble de petites sphères d'une conductibilité magnétique absolue ($\mu = \infty$), disséminées dans un milieu non magnétique, le rapport du volume occupé par toutes les sphères au volume total a pour expression (**167**)

$$h = \frac{\mu - 1}{\mu + 2}.$$

En adoptant la valeur $\mu = 500$ pour le fer, il vient

$$h = 1 - \frac{3}{500} = 1 - \frac{1}{167}$$

Or la valeur maximum que puisse atteindre le rapport h avec des sphères égales est $\dfrac{\pi}{3\sqrt{2}} = 1 - \dfrac{1}{3,86}$. Il faudrait donc supposer dans le cas actuel que les sphères ont des volumes inégaux et que les intervalles des plus grosses sont remplis par des sphères d'un diamètre moindre. Seulement il paraît alors bien difficile que les sphères voisines ne réagissent pas les unes sur les autres et que l'aimantation de chacune d'elles, comme le suppose la théorie de Poisson, puisse être déterminée uniquement par le champ extérieur.

388. Ellipsoïde. — Cylindre. — Pour un ellipsoïde aimanté uniformément dans une direction quelconque, les composantes de la force intérieure parallèles aux axes sont égales respectivement à $-AL$, $-BM$ et $-CN$ (**356**).

Dans un champ uniforme, où la force φ fait avec les axes des angles dont les cosinus sont $\lambda, \lambda', \lambda''$, les composantes de l'aimantation seront

$$A = \frac{k}{1+kL}\,\varphi\lambda,$$

$$B = \frac{k}{1+kM}\,\varphi\lambda',$$

$$C = \frac{k}{1+kN}\,\varphi\lambda''.$$

Ces équations supposent que l'aimantation est assez faible pour qu'il soit permis de superposer les effets produits dans des directions différentes.

Si l'un des axes de l'ellipsoïde est parallèle à la direction du champ, l'axe des x par exemple, on a

$$I = \frac{k}{1+kL}\,\varphi.$$

et, quelque grande que soit la valeur de k, l'aimantation sera uniforme.

On pourra, par les résultats indiqués au n° **357**, appliquer cette expression à différents cas particuliers.

Pour un cylindre circulaire indéfini perpendiculaire à la direction du champ (**358**), on aurait

$$1 - \frac{k}{1 + 2\pi k}\,\mathfrak{F}.$$

389. Problème de Barlow. — Le cas d'une couche diélectrique comprise entre les surfaces de deux sphères concentriques et située dans un champ uniforme (**166**) correspond à celui d'une couche magnétique de même forme placée dans

Fig. 85

les mêmes conditions. Cette question est connue sous le nom de *problème de Barlow.*

Il se produit alors, comme nous l'avons vu en électricité (**165**), deux couches magnétiques, l'une M_1 sur la surface interne S_1 (fig. 85), et l'autre M_2 sur la surface externe S_2 du volume considéré.

Les actions intérieures F_1 et F_2 de ces deux couches sont déterminées par les équations

$$\frac{F_1}{3(\mu-1)} = \frac{F_2}{(\mu-1)(1+2\mu) - 2(\mu-1)\beta} = \frac{\mathfrak{F}}{9\mu + 2(\mu-1)^2(1+\beta)}.$$

où β désigne le rapport $\left(\dfrac{a_1}{a_2}\right)^3$ des cubes des rayons.

L'action des deux couches est constante dans l'intérieur de

la petite sphère S_1 et a pour valeur

$$F = \frac{\varphi}{1 + \frac{2(\mu - 1)^2}{9\mu}(1 - \beta)},$$

mais elle n'est pas constante dans l'épaisseur de la substance magnétique ni à l'extérieur.

On a donc, pour l'action totale $\varphi - F$ à l'intérieur,

$$\frac{\varphi - F}{F} = \frac{2(\mu - 1)^2}{9\mu}(1 - \beta) = \frac{8\pi k}{9\left(\frac{1}{4\pi k} + 1\right)}(1 - \beta),$$

et, si k est très grand,

$$\frac{\varphi - F}{F} = \frac{8}{9}\pi k(1 - \beta).$$

Le potentiel extérieur en P des couches M_1 et M_2, à la distance r du centre et sur un rayon qui fait l'angle ω avec la force du champ, est

$$V_r = -\frac{\cos\omega}{r^2}[F_1 a_1^3 + F_2 a_2^3] = -\frac{a_2^3\cos\omega}{r^2}[F_1\beta + F_2]$$

$$= \frac{a_2^3\cos\omega}{r^2}\,\frac{(\mu - 1)(1 + \mu)(1 - \beta)}{(1 + 2\mu)(\mu + 2) - 2\beta(\mu - 1)^2}\varphi = A\frac{a_2^3\cos\omega}{r^2}\varphi,$$

en posant

$$A = \frac{(\mu - 1)(1 + 2\mu)(1 - \beta)}{(\mu + 2)(1 + 2\mu) - 2\beta(\mu - 1)^2}.$$

On en déduit, pour l'action du magnétisme induit en deux points situés à la distance r sur la ligne OA et sur la ligne OB, c'est-à-dire au pôle et à l'équateur,

$$V_p = 2\left(\frac{a_2}{r}\right)^3 A\varphi,$$

$$V_e = -\left(\frac{a_2}{r}\right)^3 A\varphi.$$

390. — Pour une sphère pleine on a $\beta = 0$, et, par suite,

$$A_0 = \frac{(\mu-1)(1+2\mu)}{(1+2\mu)(\mu+2)} = \frac{\mu-1}{\mu+2} = h.$$

Le rapport des actions exercées au même point par une sphère creuse et par une sphère pleine de même diamètre extérieur est donc

$$\frac{A}{A_0} = \frac{(\mu+2)(1+2\mu)(1-\beta)}{(\mu+2)(1+2\mu)-2\beta(\mu-1)} = \frac{1}{1+\dfrac{9\mu}{(\mu+2)(1+2\mu)}\cdot\dfrac{\beta}{1-\beta}}.$$

Si on applique cette formule au fer il vient, en prenant $\mu = 500$,

$$\frac{A}{A_0} = \frac{1}{1+\dfrac{1}{112}\cdot\dfrac{\beta}{1-\beta}}.$$

En donnant à β différentes valeurs, on trouve que, tant que l'épaisseur de la couche sphérique est plus grande que le cinquième du rayon, l'action magnétique à l'extérieur ne diffère pas de 0,01 de celle que donnerait une sphère pleine de même diamètre.

Les expériences anciennes de Barlow sont conformes aux résultats de ce calcul. Avec des sphères de 10 pouces de diamètre extérieur, Barlow n'a pas trouvé de différence appréciable entre les actions exercées par deux sphères différentes, l'une pleine et l'autre creuse, cette dernière ayant une épaisseur égale aux $\frac{2}{3}$ du rayon.

Au contraire, l'action de la sphère creuse n'était que les $\frac{2}{3}$ de celle de la sphère pleine, quand l'épaisseur était réduite à $\frac{1}{30}$ de pouce environ. Avec la valeur de $\mu = 500$, le calcul donnerait $\frac{1}{2}$ pour le rapport des deux actions.

391. — Nous avons vu (**385**) que l'action totale au voisinage d'une sphère pleine est, auprès du pôle,

$$F_p = \varphi \frac{3\mu}{\mu + 2},$$

et, auprès de l'équateur,

$$F_e = \varphi \frac{3}{\mu + 2}.$$

En faisant encore $\mu = 500$, comme pour le fer doux, il vient

$$F_p = 3\varphi \frac{1}{1 + \frac{2}{500}} = 3\varphi \left(1 - \frac{2}{250}\right),$$

$$F_e = 3\varphi \frac{1}{502} = 3\varphi \frac{1}{500}.$$

La force est sensiblement nulle à l'équateur, et elle a pris au pôle une valeur triple de la force du champ.

Si le coefficient μ est voisin de l'unité et qu'on pose

$$\mu = 1 + x,$$

on obtient de même

$$F_p = \varphi \frac{1 + x}{1 + \frac{x}{3}} = \varphi \left(1 + \frac{2x}{3}\right),$$

$$F_e = \varphi \frac{1}{1 + \frac{x}{3}} = \varphi \left(1 - \frac{x}{3}\right).$$

À l'intérieur d'une sphère creuse, la force est

$$F = \varphi \frac{1}{1 + \frac{2(\mu - 1)^2}{9\mu} \cdot \left(1 - \frac{\beta}{\dots}\right)}$$

Si le coefficient μ est très grand, on peut écrire

$$F = \varphi \frac{1}{1 + \frac{2}{9}(\mu - 2)(1 - \beta)}.$$

Si le coefficient μ est très voisin de l'unité et qu'on pose encore $\mu = 1 + \alpha$, il vient

$$\frac{F}{\varphi} = \frac{1}{1 + \frac{2}{9}\alpha^2(1 - \beta)} = 1 - \frac{2}{9}\alpha^2(1 - \beta).$$

Une petite aiguille aimantée introduite dans la sphère creuse y détermine une nouvelle couche induite qui se superposera à la première et dont il est facile de calculer la distribution, puisque l'action extérieure d'une pareille aiguille équivaut à celle d'une sphère aimantée uniformément ; mais l'action de cette nouvelle couche sera toujours parallèle à l'axe magnétique de l'aiguille et n'influera pas sur sa direction. Les oscillations de cette aiguille ne dépendent donc que de l'action résultante du champ extérieur et des couches induites par le champ lui-même.

392. Corps anisotropes. — Considérons une sphère anisotrope dans un champ uniforme. Soient k, k', k'' les trois coefficients principaux d'aimantation et $\lambda, \lambda', \lambda''$ les cosinus des angles de l'intensité φ du champ avec les axes ; les coefficients d'aimantation étant supposés très petits, les intensités des trois aimantations partielles auront pour valeurs

$$I = k\lambda\varphi,$$
$$I' = k'\lambda'\varphi,$$
$$I'' = k''\lambda''\varphi ;$$

et les moments magnétiques correspondants seront

$$m = aI = a\varphi k\lambda,$$
$$m' = aI' = a\varphi k'\lambda',$$
$$m'' = aI'' = a\varphi k''\lambda''.$$

On en déduit, pour le moment magnétique résultant,

$$M^2 = m^2 + m'^2 + m''^2 = u^2\varphi^2(k^2\lambda^2 + k'^2\lambda'^2 + k''^2\lambda''^2) = u^2\varphi^2 H^2.$$

L'axe magnétique résultant de la sphère fait avec les axes de coordonnées des angles dont les cosinus $\alpha, \alpha', \alpha''$ sont donnés par les équations

$$\frac{\alpha}{k\lambda} = \frac{\alpha'}{k'\lambda'} = \frac{\alpha''}{k''\lambda''} = \frac{1}{H},$$

et cet axe fait avec la direction du champ un angle θ défini par la relation

$$\cos\theta = \alpha\lambda + \alpha'\lambda' + \alpha''\lambda'' = \frac{k\lambda^2 + k'\lambda'^2 + k''\lambda''^2}{H}.$$

En désignant par M' le moment du couple produit par l'action du champ sur la sphère, on a

$$M' = \varphi M \sin\theta,$$

ou, en remplaçant M et θ par leurs valeurs,

$$M'^2 = \varphi^2 M^2(1 - \cos^2\theta) = u^2\varphi^4[H^2 - (k\lambda^2 + k'\lambda'^2 + k''\lambda''^2)^2]$$
$$= u^2\varphi^4[k^2\lambda^2 + k'^2\lambda'^2 + k''^2\lambda''^2 - (k\lambda^2 + k'\lambda'^2 + k''\lambda''^2)(\lambda^2 + \lambda'^2 + \lambda''^2)]$$
$$= u^2\varphi^4\{\lambda'^2\lambda''^2(k' - k'')^2 + \lambda''^2\lambda^2(k'' - k)^2 + \lambda^2\lambda'^2(k - k')^2\}.$$

La sphère ne peut être en équilibre qui si le couple produit par l'action du champ est nul; il faut donc que les trois carrés compris dans la parenthèse soient nuls séparément. Comme les coefficients k, k', k'' sont différents, par hypothèse, il faut que deux des cosinus $\lambda, \lambda', \lambda''$ soient égaux à zéro et, par suite, que l'un des axes principaux d'aimantation coïncide avec la direction du champ.

Le calcul qui précède convient également à un corps homogène de forme quelconque situé dans un champ uniforme, puisque le moment magnétique par rapport à l'un des axes principaux est simplement proportionnel au volume du corps et à la composante de la force du champ.

Si le champ est variable, on supposera infiniment petit le volume considéré de la substance ; le moment du couple qui tend à le faire tourner autour de son centre de gravité aura encore la même expression en fonction de l'intensité du champ au point occupé par l'élément de volume.

393. Détermination expérimentale des coefficients d'aimantation. — Lorsqu'un cylindre est aimanté d'une manière uniforme parallèlement à l'axe, l'action qu'il exerce sur un point intérieur ne dépend que des deux couches terminales. Si le cylindre est très allongé, cette action est négligeable pour tous les points dont la distance à l'une des extrémités reste très grande par rapport au diamètre : la force résultante sera donc produite uniquement par les masses extérieures. Si le champ extérieur est uniforme et parallèle à l'axe, l'aimantation dans la plus grande partie du cylindre sera uniforme et proportionnelle à l'intensité du champ. Dans le voisinage des extrémités seulement, l'aimantation induite sera un peu modifiée : la couche superficielle, au lieu d'être uniforme et limitée à la surface terminale, aura une distribution plus complexe et se répandra en partie sur les surfaces latérales.

D'après cela, le coefficient d'aimantation d'une substance isotrope peut être défini comme le quotient par la force du champ de l'intensité de l'aimantation qu'acquiert un cylindre infiniment mince de la substance, placé parallèlement à la force dans un champ uniforme, ou l'aimantation qu'il prend dans un champ égal à l'unité.

De même, le coefficient d'aimantation d'un milieu anisotrope dans une direction déterminée est l'aimantation longitudinale que prendrait un cylindre infiniment mince parallèle à cette direction dans un champ égal à l'unité.

394. — On voit aussi que, pour déterminer le coefficient d'aimantation de corps très magnétiques comme le fer, on ne peut se servir de l'action extérieure produite par des sphères ou des corps allongés dans une direction perpendiculaire au champ. En effet, le rapport de l'aimantation à la force est respectivement égal à

$$\frac{3}{4\pi} \cdot \frac{1}{1 + \dfrac{3}{4\pi k}}, \qquad \frac{1}{4\pi} \cdot \frac{1}{1 + \dfrac{1}{4\pi k}}, \qquad \frac{2}{4\pi} \cdot \frac{1}{1 + \dfrac{2}{4\pi k}},$$

suivant que le corps est une sphère, un disque ou un ellipsoïde de révolution très allongé. Ces rapports diffèrent trop peu des valeurs approchées qu'on obtient en y faisant k infini, pour qu'il soit possible d'en déduire la valeur du coefficient k avec quelque précision.

Au contraire, avec les corps allongés parallèlement aux lignes de force, l'aimantation tend à devenir sensiblement proportionnelle à k et indépendante de la forme du corps.

395. Déplacement des corps dans un champ magnétique. — Attractions et répulsions. — L'énergie potentielle d'une sphère diélectrique infiniment petite (**178**) dans un champ est

$$W = \frac{u\mathrm{K}}{2}\varphi^2 - u\frac{3h}{4\pi}\frac{\varphi^2}{2}.$$

Cette expression représente aussi l'énergie d'une sphère magnétique infiniment petite et même d'un élément de volume quelconque d'une substance homogène et isotrope dont le coefficient d'aimantation, positif ou négatif, est très faible ; on a alors $\dfrac{3h}{4\pi} = k$, et $W = -uk\dfrac{\varphi^2}{2}$.

Pour un déplacement très petit, la variation d'énergie est

$$d\mathrm{W} = -\frac{uk}{2}d(\varphi^2).$$

Si le corps est magnétique, le coefficient k est positif, l'énergie diminue quand le corps se rapproche des points où la valeur absolue de la force est maximum. Un corps magnétique très petit dans un champ variable tend donc à marcher vers les points où la force est maximum. Comme il n'y a pas de maximum absolu de force en dehors des masses agissantes

(**180**), il en résulte que si ce corps est abandonné à lui-même, il finira par aboutir à la surface des aimants; il est donc *attiré* par les aimants.

Pour les substances diamagnétiques, le coefficient k est négatif. Un petit corps diamagnétique se rapproche des points où la force est minimum; il tend à s'éloigner de plus en plus des centres de force, il est donc *repoussé* par les aimants.

Comme le champ peut renfermer des points où la force est nulle, et qui sont alors des minima absolus pour la valeur de ζ^2, on voit qu'il peut y avoir équilibre stable pour un corps diamagnétique dans un champ variable, en dehors des masses agissantes.

Faraday avait déjà énoncé, comme résultat de l'expérience, cette loi *que les corps magnétiques marchent vers les points où la force est maximum et les corps diamagnétiques vers les points où la force est minimum.* C'est à sir W. Thomson que l'on doit la véritable interprétation du phénomène.

Dans un champ uniforme, l'énergie d'un petit corps isotrope, magnétique ou diamagnétique, est constante et par conséquent la force nulle.

396. — Pour un corps magnétique anisotrope, l'énergie totale est la somme des énergies qui correspondent aux moments magnétiques $u\zeta k\lambda$, $u\zeta k'\lambda'$, $u\zeta k''\lambda''$, dus aux composantes $\zeta\lambda$, $\zeta\lambda'$, $\zeta\lambda''$ de la force parallèles aux trois axes; on a donc

$$ W = u \frac{\zeta^2}{2} (k\lambda^2 + k'\lambda'^2 + k''\lambda''^2). $$

Si le corps est astreint à tourner autour de son centre de gravité, l'équilibre stable correspond au cas où l'énergie est minimum, c'est-à-dire au cas où l'expression comprise entre parenthèses est maximum.

Comme il est déjà nécessaire, pour l'équilibre, que deux des cosinus λ, λ' et λ'' soient nuls, ce maximum aura lieu quand la parenthèse se réduira au terme qui correspond au plus grand des coefficients k, k' et k''. Alors l'axe de plus grande aimantation est parallèle à la force du champ.

Si le corps passe d'une position pour laquelle la force et la

direction du champ sont définies par c_1, λ_1, λ_1', λ_1'', à une autre
position pour laquelle les valeurs des mêmes quantités sont
c_2, λ_2, λ_2', λ_2'', la variation d'énergie est

$$W_2 - W_1 = -\frac{u}{2}\left\{ c_2^2\left[k\lambda_2^2 + k'\lambda_2'^2 + k''\lambda_2''^2\right] - c_1^2\left[k\lambda_1^2 + k'\lambda_1'^2 + k''\lambda_1''^2\right] \right\}.$$

Cette variation est négative, et le déplacement tend à se faire
sous la seule influence des forces magnétiques, lorsque la
parenthèse est positive.

Si le corps est assujetti à se déplacer parallèlement à lui-
même, l'expression précédente devient

$$W_2 - W_1 = -\frac{u}{2}\left[k\lambda^2 + k'\lambda'^2 + k''\lambda''^2\right](c_2^2 - c_1^2).$$

On voit que le corps tendra, dans tous les cas, à marcher
vers les points où la force est maximum. Cette tendance sera
d'ailleurs d'autant plus marquée que le second facteur sera
plus grand ; elle sera maximum quand l'axe principal de
plus grande aimantation sera parallèle au champ, minimum
quand elle lui sera perpendiculaire.

397. — Si le corps est diamagnétique, les valeurs de k, k', k''
sont négatives et les conclusions opposées à celles qui précèdent. L'équilibre stable dans un champ uniforme a lieu quand
l'axe de plus faible aimantation est parallèle à la direction du
champ. Dans un champ variable le corps tend à se déplacer
dans le sens où la force décroît, et l'action est maximum quand
l'axe de plus faible aimantation est parallèle aux lignes de
force. Ces deux causes peuvent agir en sens contraires et donner
des effets différents suivant que l'une ou l'autre sera prédominante. C'est ainsi qu'on peut expliquer beaucoup d'expériences qui ont paru pendant longtemps contradictoires ou
paradoxales.

Les résultats seraient encore plus complexes pour les corps
dont les coefficients principaux d'aimantation ne seraient pas
tous trois de même signe.

De pareils corps seraient magnétiques dans certaines conditions et diamagnétiques dans d'autres. On n'en connaît aucun exemple; mais le cas pourrait être réalisé artificiellement en plaçant, dans un champ non uniforme, une sphère magnétique cristallisée entourée d'un fluide également magnétique et dont le coefficient d'aimantation serait intermédiaire entre les coefficients de plus grande et de plus petite aimantation de la sphère. La sphère serait magnétique suivant l'axe de plus grande aimantation, diamagnétique suivant l'axe de plus faible aimantation ; elle se dirigerait dans le sens des forces croissantes quand le premier de ces axes serait parallèle au champ, dans le sens inverse quand ce serait le second. Ces actions sont d'ailleurs si faibles qu'il y aurait sans doute de grandes difficultés à les mettre en évidence.

398. Équilibre des masses allongées dans un champ uniforme. — Nous avons vu, en électrostatique (**185**), qu'un cylindre allongé conducteur placé dans un champ uniforme est en équilibre lorsque l'axe du cylindre est perpendiculaire ou parallèle à la force du champ, que cet équilibre est instable dans le premier cas et stable dans le second.

Il doit en être de même pour une masse allongée de fer doux placée dans un champ magnétique uniforme, puisque l'aimantation d'une sphère de fer doux est une fraction très voisine de l'unité, $h = \frac{\mu - 1}{\mu + 2}$, de l'électrisation que prendrait cette sphère dans un champ électrique où les forces auraient les mêmes valeurs absolues.

On sait en effet, depuis Gilbert, qu'une aiguille de fer doux mobile autour d'un axe vertical se met en équilibre dans le méridien magnétique, et que, si elle était mobile autour de son centre de gravité, elle prendrait la direction de l'aiguille d'inclinaison.

Toutefois il ne suffit pas, pour expliquer cette expérience, de dire que le fer s'aimante en chaque point parallèlement à la force du champ, car alors l'aiguille devrait être en équilibre dans toutes les positions ; il faut donc que l'aimantation de la masse ne soit pas uniforme.

Le couple qui agit sur l'aiguille, quand elle est oblique à la force du champ, tient à ce que les réactions des différentes particules ont modifié l'aimantation ; la direction parallèle au champ est celle qui, par suite de ces réactions, correspond au maximum d'aimantation.

399. — Considérons, en effet, une série de balles de fer doux B, B', B"…. fixées sur un axe non magnétique et placées dans un champ uniforme ; soit α l'angle de l'axe avec la direction du champ.

Si ces balles sont assez éloignées pour ne pas réagir les unes sur les autres, l'aimantation de chacune d'elles est parallèle au champ et l'action résultante est nulle. Mais, si la distance des balles n'est pas très grande par rapport à leurs dimensions, il est clair que l'aimantation de chacune d'elles est augmentée par leurs réactions et qu'elle a lieu suivant des directions qui font avec l'axe des angles ω, ω',… plus petits que α et variables d'une sphère à l'autre. Chaque sphère n'est plus en équilibre, elle est soumise à l'action d'un couple, et l'ensemble de ces couples tend à ramener l'axe commun dans la direction du champ. Dans cette position l'aimantation est maximum.

Au contraire, si l'axe est perpendiculaire à la direction du champ, les actions réciproques tendent à diminuer l'aimantation de chacune des balles isolées ; il y a équilibre instable et l'aimantation de l'ensemble des sphères est minimum.

Ainsi, l'existence d'une position d'équilibre stable pour une aiguille magnétique dans un champ uniforme implique l'existence de réactions entre les différents éléments magnétiques qui la composent ; il est donc en contradiction avec l'hypothèse de Poisson sur la constitution des corps magnétiques laquelle admet que ces réactions n'existent pas.

400. — Les conséquences seraient à peu près les mêmes pour l'équilibre d'un corps diamagnétique, quoique les réactions agissent dans un sens opposé.

En effet, l'aimantation induite est alors de sens contraire à la force magnétisante. Une série de balles B, B', B"…., disposées sur une droite perpendiculaire au champ, s'aimantent dans une direction opposée à celle du champ ; les réactions augmentent donc la force magnétisante sur chacune des balles. Cette direction correspond dès lors à un maximum d'aimantation et à un état d'équilibre.

Supposons maintenant que la ligne des balles fasse un angle α avec la direction du champ : comme le sens de l'aimantation est inverse et que chaque pôle tend à développer un pôle de même nom dans la partie la plus voisine d'une autre balle, les réactions diminuent la force magnétisante et en modifient la direction ; l'effet est d'ailleurs d'autant plus marqué que l'angle α est plus petit. Les couples qui agissent sur les sphères tendent encore à faire prendre à l'axe une direction parallèle au champ. L'aimantation est alors minimum.

Ainsi une aiguille diamagnétique doit aussi, dans un champ uniforme, prendre une direction parallèle à celle du champ pour être en équilibre stable.

Toutefois, le coefficient d'aimantation pour les corps diamagnétiques est tellement faible, que les réactions des particules sont négligeables et que leur effet doit échapper à tout moyen d'observation.

En fait, une aiguille diamagnétique, pourvu qu'elle ne soit pas cristallisée, est en équilibre indifférent dans un champ magnétique uniforme ; dans toutes les expériences où l'on constate des phénomènes de direction, l'effet est dû aux propriétés *magnéto-cristallines* (**397**) du corps en observation.

101. Équilibre des corps dans un champ variable. — Dans un champ variable les phénomènes sont plus complexes.

Les corps diamagnétiques obéissent simplement à la loi de Faraday, c'est-à-dire que chacun des éléments de volume tend à se déplacer vers les points où la force est minimum, et le mouvement de l'ensemble du système est déterminé par cette tendance de chaque élément.

Considérons, par exemple, le champ produit par les pôles opposés A et A' de deux aimants identiques, ou par les deux pôles d'un aimant en fer à cheval, ou, plus simplement, le champ de deux masses égales et de signes contraires (fig. 34).

Au centre de figure O, à égale distance des deux aimants, la force a une valeur minimum par rapport à la ligne diamétrale AA', et une valeur maximum par rapport à une direction Oy normale à la première. Une petite sphère magnétique isotrope, mobile seulement le long de la droite Oy, marche vers le point O où elle est en équilibre stable ; une sphère diamagnétique dans les mêmes conditions serait en équilibre instable au point O, et tendrait à s'en écarter indéfiniment. Si même cette sphère était absolument libre et située sur la droite O*y* à une petite distance du point O, elle s'éloignerait de ce point en suivant la ligne O*y*, c'est-à-dire *normalement aux lignes de force*, parce que c'est la direction suivant laquelle la force varie le plus rapidement.

102. — Une aiguille allongée magnétique, mobile autour du point O, se dispose parallèlement à la ligne des pôles AA'. en équilibre stable, chacun des éléments de volume se portant vers les points où la force est maximum.

Pour une aiguille diamagnétique, au contraire, la position d'équilibre stable correspond à la direction perpendiculaire à la ligne des pôles.

Les aiguilles se mettent donc *parallèlement* ou *transversalement* à la ligne de deux pôles de noms contraires, suivant que le coefficient d'aimantation est positif ou négatif. De là les noms de *paramagnétiques* ou de *diamagnétiques* donnés par Faraday aux corps qui appartiennent à la première ou à la seconde classe.

103. — Nous venons de voir que, même dans un champ uniforme, une aiguille magnétique se place parallèlement aux lignes de force, et d'autre part, les différents éléments tendent à marcher vers les points où la force est maximum.

Lorsque ces deux espèces d'actions sont concordantes comme dans le cas qui précède, la position d'équilibre est facile à déterminer; mais il peut arriver que la tendance de chacun des éléments à marcher vers les maxima de force ait pour résultat d'amener le système dans une direction qui ne soit pas parallèle aux lignes de force. Alors la position d'équilibre dépend des conditions de l'expérience. Imaginons, par exemple, une série d'aiguilles de fer doux identiques disposées normalement et à égales distances les unes des autres sur une tige non magnétique, et plaçons ce système entre les pôles opposés des deux aimants. Si les aiguilles sont très écartées, chacune d'elles tend à se mettre parallèlement aux lignes de force et le système entier sera en équilibre perpendiculairement à la ligne des pôles. Si, au contraire, on rac-

courcit les aiguilles de plus en plus, ou si on les multiplie de
manière à les rapprocher presque au contact, il arrivera un
moment où la tendance de chacune d'elles à se porter vers les
points de force maximum deviendra prédominante et le système entier se placera cette fois parallèlement aux lignes de
force, c'est-à-dire suivant la ligne des pôles.

On conçoit que tous les cas intermédiaires puissent se
présenter et même que, pour un système magnétique donné,
la direction d'équilibre parallèle ou transverse dépende de la
loi de variation du champ dans lequel il est placé.

104. Oscillations d'une aiguille isotrope infiniment petite. —
Le problème est identique à celui qui a été traité précédemment (**183, 184**) pour les diélectriques.

En particulier, si le champ est symétrique par rapport au
centre de l'aiguille, la durée des oscillations est donnée par la
formule

$$t^2 = \pi^2 \frac{\rho}{K} \frac{1}{A+B}.$$

et est indépendante de la longueur de l'aiguille. Ce dernier
fait avait été trouvé expérimentalement par Matteucci pour
des aiguilles de bismuth non cristallisées; l'explication en a
été donnée par sir W. Thomson.

Dans le cas actuel, le coefficient

$$K = \frac{k}{1 + \frac{4}{3}\pi k}$$

se réduit sensiblement à une constante pour les grandes valeurs de k et devient égal à k pour les petites. La méthode
des oscillations dans un champ symétrique ne pourra donc
être employée pour déterminer le coefficient d'aimantation
de corps très magnétiques comme le fer; au contraire, elle
conviendra très bien au cas de corps faiblement magnétiques
ou de corps diamagnétiques.

Si le champ varie d'une manière quelconque, la méthode
des oscillations, même pour les corps à coefficient très faible.

fournirait difficilement de bonnes déterminations de la valeur de k. La position d'équilibre de l'aiguille dépend alors, comme nous l'avons vu, de la loi de variation du champ et de la longueur de l'aiguille ; il en est de même de la durée des oscillations.

105. Influence de la température. — La température a une influence bien marquée sur la valeur du coefficient k ; cependant il reste encore beaucoup d'incertitudes sur les lois de la variation.

Le fait le plus anciennement connu et le mieux caractérisé est que le fer doux a perdu, au rouge, d'une manière à peu près absolue, ses propriétés magnétiques. La même chose se produit pour le nickel à partir de 300 degrés ; elle n'arrive, au contraire, pour le cobalt, que vers la température de fusion du cuivre.

Si on ne considère que des températures comprises entre — 20 et 150 degrés, on trouve que le pouvoir inducteur du fer reste sensiblement constant, bien qu'il y ait lieu de croire qu'il est d'abord croissant et passe par un maximum ; que celui du nickel décroît d'une façon continue ; enfin que celui du cobalt est constamment croissant. L'existence d'un maximum vers le rouge est certaine pour ce dernier métal.

La chaleur agit aussi sur les corps cristallisés magnétiques ou diamagnétiques, non seulement pour diminuer les coefficients, mais pour diminuer les propriétés magnéto-cristallines qui tiennent surtout à la différence de ces coefficients. Pour le bismuth, la différence des coefficients diminue de moitié de 30 à 140 degrés ; et, pour le carbonate de fer, des deux tiers entre les mêmes limites de température.

CHAPITRE CINQUIÈME

DES AIMANTS

106. Aimantation. — Pour aimanter un corps doué de force coercitive, un barreau d'acier par exemple, on peut le placer dans un champ magnétique constant ou soumettre successivement ses différents points à l'action d'un champ variable, comme celui qu'on obtient en frottant le barreau avec un aimant.

Ce dernier procédé est le plus anciennement et le plus fréquemment employé. Chacun des points du barreau prend à chaque instant une aimantation qui dépend de l'aimantation déjà acquise, de la force résultante actuelle et, jusqu'à un certain point, du temps pendant lequel elle agit.

Quelle que soit la méthode employée, une partie du magnétisme développé est *temporaire* et disparaît avec les forces extérieures. Une autre partie est *permanente* ou *résiduelle* et toutes les expériences montrent que ces deux espèces d'aimantation ont une limite maximum.

Avec le fer, l'aimantation temporaire est plus grande et l'aimantation résiduelle plus faible que pour l'acier ; mais l'une et l'autre ont un maximum dépendant uniquement de la qualité de la matière. Dans le cas des forces très faibles, l'aimantation paraît être purement temporaire aussi bien pour l'acier que pour le fer.

Le problème général de l'aimantation consisterait à déterminer, pour un corps de forme et de nature données, soumis à des forces connues, quelle serait en chaque point l'aimantation temporaire et, ces forces extérieures une fois supprimées, l'aimantation résiduelle. Ce problème n'a été résolu théoriquement que dans un très petit nombre de cas.

407. Induction de l'aimant sur lui-même. — Force démagnétisante. — Le magnétisme définitif d'un aimant doit être considéré comme formé de deux parties, l'une due aux masses magnétiques maintenues fixes par la force coercitive, et qu'on peut appeler le *magnétisme rigide*, l'autre résultant de l'induction de la première sur le corps magnétique, et qui constitue le *magnétisme induit*.

L'action intérieure du magnétisme induit est évidemment de sens contraire à la force qui le produit; il en résulte que l'induction d'un aimant sur lui-même tend toujours à diminuer l'aimantation et agit comme *force démagnétisante*.

Le magnétisme *apparent*, celui dont nous observons les effets, résulte de la superposition de ces deux magnétismes. Aussi la détermination de l'intensité et de la distribution du magnétisme apparent présentera-t-elle, en général, de grandes difficultés.

Le problème se simplifie quand la force démagnétisante est en chaque point proportionnelle au magnétisme rigide qui existe en ce point; la loi de la distribution est alors la même que si l'effet secondaire d'induction n'existait pas.

En particulier, dans le cas où le magnétisme rigide est uniforme, le magnétisme apparent sera lui-même uniforme, si l'action inductrice secondaire est constante dans l'intérieur de l'aimant.

Cette condition est réalisée, comme on l'a vu plus haut, pour une sphère aimantée uniformément; elle l'est également pour un ellipsoïde ayant une aimantation uniforme parallèle à l'un des axes, et pour un cylindre circulaire droit indéfini, aimanté perpendiculairement à l'axe.

408. — Considérons d'abord une sphère. Désignons par I l'aimantation rigide, par I' l'aimantation induite et par I_1 l'aimantation apparente; la force démagnétisante est alors

(**355**) égale à $\frac{4}{3}\pi I_1$, et l'on a

$$I' = kF_1 = k\frac{4}{3}\pi I_1 = k\frac{4}{3}\pi (I - I').$$

On en déduit

$$(1) \qquad I' = I \frac{1}{1 + \dfrac{3}{4\pi k}} = I_1 \frac{4}{3} \pi k.$$

Pour un ellipsoïde aimanté parallèlement à l'un des axes, l'action démagnétisante a pour valeur $I_1 L$, $I_1 M$ ou $I_1 N$, suivant l'axe dont il s'agit (**356**). Elle est $4\pi I_1$ ou $\pi^2 \sqrt{1 - e^2}\, I_1$ pour un disque, suivant qu'il est aimanté transversalement ou parallèlement à un diamètre (**357**). Pour un ellipsoïde de révolution allongé, elle est $2\pi I_1$ si l'aimantation est transversale, et $4\pi I_1 \dfrac{b^2}{a^2}\left(l.\dfrac{2a}{b} - 1 \right)$ si l'aimantation est longitudinale (**357**).

Cette dernière expression tend vers zéro quand le rapport $\dfrac{b}{a}$ diminue de plus en plus. La force démagnétisante serait encore plus petite pour un long cylindre (**373**).

La forme de lames minces ou de cylindres très allongés est donc celle qui convient le mieux pour obtenir des aimants permanents, puisque la force démagnétisante est alors la plus faible possible. Ce sont, en effet, les formes qui ont été consacrées par la pratique. L'expérience montre, en outre, que l'influence de la trempe est alors beaucoup moindre que dans le cas des aimants gros et courts. Coulomb avait déjà constaté que la trempe n'a qu'une influence peu appréciable sur la rigidité magnétique d'un fil d'acier.

409. Cas particuliers d'aimantation. — *Sphère.* — Il résulte de la discussion qui précède qu'une sphère d'acier pleine, homogène et isotrope. placée dans un champ magnétique uniforme, prendra une aimantation temporaire uniforme et gardera ensuite une aimantation résiduelle uniforme.

L'aimantation temporaire aura une expression de la forme

$$(2) \qquad I = \frac{k}{1 + \dfrac{4}{3}\pi k}\, F,$$

dans laquelle le coefficient k doit être regardé, non plus comme une quantité constante, mais comme une fonction de l'intensité F du champ réel; la fraction par laquelle on doit multiplier la force F pour avoir l'aimantation I, tend, en effet, à devenir en raison inverse de F, c'est-à-dire égale à $\dfrac{I_0}{F}$, à mesure que F augmente, puisque l'aimantation tend vers un maximum I_0.

De même, l'aimantation résiduelle est une fraction de l'aimantation temporaire, fraction variable et qui tend vers une valeur limite $\dfrac{1}{m}$, puisque l'aimantation résiduelle a un maximum; celle-ci est alors une fraction $\dfrac{I_0}{m}$ de l'aimantation temporaire maximum.

Dans tous les cas, la loi de la distribution est la même : la densité en chaque point est égale à la projection normale de l'aimantation, c'est-à-dire proportionnelle à l'abscisse du point comptée à partir du centre sur le diamètre parallèle à l'aimantation. La densité linéaire comptée suivant le même axe est également proportionnelle à l'abscisse. Le moment de sphère est $a I_1$, la masse totale de chacune des couches $\dfrac{3}{4}\dfrac{a I_1}{a}$, la distance des pôles $\dfrac{4a}{3}$, et chaque pôle est au $\dfrac{2}{3}$ du rayon à partir du centre.

110. *Ellipsoïde.* — Il en est de même pour un ellipsoïde homogène et isotrope dont un des axes coïncidait pendant l'aimantation avec la direction du champ uniforme; il faut seulement remplacer le facteur $\dfrac{4}{3}\pi$ par un coefficient L qui dépend de la forme de l'ellipsoïde (**357**).

L'aimantation maximum I_0 et la fraction $\dfrac{1}{m}$ qui détermine le maximum d'aimantation résiduelle ont des valeurs qui sont liées à celles qui correspondent à la sphère par des relations qui dépendent de la forme de l'ellipsoïde.

La loi de distribution est encore connue et les pôles sont à une distance du centre égale au $\frac{2}{3}$ du demi-axe parallèle à l'aimantation.

On pourra, de même, obtenir un aimant uniforme avec un disque circulaire aimanté perpendiculairement à un plan ou parallèlement à un diamètre (**357**).

411. *Tore.* — Un cas simple réalisable expérimentalement est celui d'un corps limité par une surface canal fermée, un tore par exemple, dans laquelle l'aimantation serait en chaque point parallèle à l'axe. L'aimant peut alors être considéré comme formé de solénoïdes simples, parallèles à l'axe, et fermés sur eux-mêmes (**371**), l'action extérieure du système est toujours rigoureusement nulle.

412. *Cylindre.* — On peut encore joindre aux exemples qui précèdent et qui correspondent à des volumes finis et réalisables en toute rigueur, celui d'un cylindre circulaire indéfini, homogène et isotrope, situé dans un champ uniforme perpendiculaire à l'axe; l'aimantation est alors représentée par l'expression

$$I = \frac{k}{1 + 2\pi k}\, F.$$

Les cas que nous venons d'examiner paraissent être les seuls où l'on puisse déterminer théoriquement la distribution du magnétisme, au moins lorsque le coefficient k n'est pas indépendant de la force magnétisante.

413. Aimants quelconques. — Méthodes expérimentales. — Pour un corps quelconque le problème de l'aimantation ne peut être abordé que d'une manière expérimentale par l'étude des actions extérieures; mais nous avons déjà fait remarquer que la connaissance du champ extérieur d'un aimant ne peut rien apprendre sur la distribution intérieure du magnétisme, elle permettrait seulement de déterminer la distribution de la couche fictive équivalente à l'aimantation réelle.

Nous rappellerons les principales méthodes expérimentales employées pour en préciser la signification théorique.

414. *Oscillations.* — Cette méthode, employée par Coulomb, consiste à faire osciller une très petite aiguille horizontale devant les différents points du barreau placé verticalement dans le plan méridien de l'aiguille. En désignant par n et N les nombres d'oscillations faites par l'aiguille sous l'influence seule de la terre et sous l'action combinée de la terre et du barreau, l'action du barreau sur l'aiguille dont on suppose le magnétisme invariable est proportionnelle à la différence $N^2 - n^2$ des carrés des deux nombres. On mesure ainsi la composante normale de la force magnétique au point considéré. Coulomb admettait que cette composante normale est proportionnelle à la densité, de la couche fictive superficielle, au point le plus rapproché de l'aiguille, sauf au voisinage de l'extrémité; dans ce cas il déterminait la densité soit par un procédé graphique, soit en doublant la valeur obtenue par les oscillations de l'aiguille. On ne peut méconnaître ce qu'il y a d'arbitraire dans ce mode de correction; il est d'ailleurs tout à fait inexact, comme on le verra plus loin (**119**), que la force normale en un point soit proportionnelle à la densité de la couche fictive correspondante, et qu'elle puisse donner directement la distribution du magnétisme.

415. *Balance de torsion*. — Une seconde méthode, également due à Coulomb, consiste à mesurer la répulsion exercée par chaque point de l'aimant, à une distance constante et très petite, sur le pôle d'une longue aiguille mobile dans un plan perpendiculaire à l'axe du barreau. Si on considère comme invariable le pôle de l'aiguille, la torsion qu'il faut donner au fil de suspension pour maintenir l'aiguille dans la position voulue, mesure encore avec une certaine approximation la composante normale de la force magnétique.

416. *Emploi du fer doux*. — Dans les deux cas précédents, on admet que le magnétisme de l'aimant auxiliaire est invariable, de sorte que l'action qu'il subit est simplement proportionnelle à l'intensité du champ. Si l'aiguille oscillante est en fer doux et que l'aimantation de cette aiguille soit proportionnelle à l'intensité du champ, l'action qu'elle subira sera proportionnelle au carré de la composante normale.

De même, on peut placer un morceau de fer doux (*clou d'épreuve* de M. Jamin) sur les différents points de l'aimant et déterminer la force nécessaire pour l'en détacher; cette force d'arrachement est encore, avec les mêmes restrictions, proportionnelle au carré de la composante normale.

Toutefois, dans ces deux méthodes, on ne tient compte ni de la variation du coefficient k avec l'intensité de la force magnétique, ni des modifications apportées par la présence du fer doux dans l'état magnétique du barreau précisément sur la région que l'on explore. Les résultats fournis par l'emploi du fer doux ne paraissent donc pas aussi bien définis que ceux qu'on obtient par les aimants.

417. *Mesure du flux par les courants d'induction.* — Cette méthode est la seule qui donne des résultats rigoureux ; on en trouvera plus loin la théorie. Il suffira ici de dire qu'elle permet, au moyen des courants induits, de déterminer le flux de force ou le flux d'induction magnétique qui traverse un circuit fermé.

Si on entoure le barreau en un point par un anneau formé d'une ou plusieurs spires et relié à un galvanomètre, et que par un procédé quelconque on supprime brusquement l'aimantation, le courant momentané produit dans l'anneau mesure le flux total d'induction qui traversait le plan limité par l'anneau au point considéré ; si l'anneau enserre étroitement le barreau, le flux d'induction qui traverse l'anneau est celui qui existe dans la section même du barreau.

L'anneau étant placé au même point, on le fait glisser suivant l'axe du barreau de manière à l'emporter à une distance qu'on puisse considérer comme infinie ; le courant mesure cette fois le flux total de force émané de l'aimant à partir du point de départ.

L'expérience montre, comme c'était évident d'ailleurs d'après le théorème de la conservation du flux d'induction, que le courant est le même que dans le cas précédent.

En mesurant de l'une ou de l'autre manière le flux correspondant aux différents points, on peut construire une courbe qui représentera l'état magnétique du barreau. La courbe a une ordonnée maximum qui correspond à la ligne neutre ; elle s'abaisse de part et d'autre et devient asymptote à l'axe du barreau supposé prolongé indéfiniment. On peut l'appeler avec Gaugain *courbe de désaimantation*.

Si, l'anneau étant placé au point dont l'abscisse est x, on le fait glisser d'une quantité dx, le courant mesure le flux extérieur correspondant à cette longueur dx, ou, ce qui revient au même, la variation du flux intérieur d'induction. En déplaçant successivement l'anneau de quantités égales, on pourra construire la courbe dont les ordonnées représentent le flux extérieur, et par suite la composante normale aux différents points. Les ordonnées de cette courbe sont les dérivées des ordonnées de la courbe de désaimantation.

Cette méthode fournit donc, comme les précédentes, mais d'une manière exacte, les valeurs de la composante normale en chaque point du barreau.

118. Distribution de la couche fictive. — La couche fictive n'est point une couche d'équilibre, mais on sait (**39**) que sa densité en chaque point satisfait à la relation

$$\sigma = \frac{1}{4\pi}(F_n - F'_n),$$

dans laquelle F_n et F'_n désignent, pour deux points infiniment voisins pris de part et d'autre de la surface, le premier à l'extérieur et le second à l'intérieur, les composantes normales des actions exercées par les masses extérieures et par la couche. Les méthodes qui précèdent donnent la composante F_n, mais la composante F'_n est en général inconnue; par suite, elles ne permettront de déterminer la densité de la couche fictive que dans certains cas particuliers.

Il peut arriver, en effet, que la couche fictive puisse remplacer les masses magnétiques qui existent réellement dans l'aimant, non seulement pour les points extérieurs, mais pour les points intérieurs; c'est ce qui a lieu dans les phénomènes d'induction magnétique, lorsque le coefficient k est constant. Alors il y a un rapport constant μ entre les composantes normales extérieure et intérieure, et la densité a pour expression

$$\sigma = \frac{1}{4\pi}\frac{\mu - 1}{\mu} F_n = \frac{k}{1 + 4\pi k} F_n.$$

Dans ce cas la distribution est entièrement connue quand on

connaît la composante normale extérieure en chaque point.
Il n'en est plus de même si le coefficient k est variable et,
à plus forte raison, s'il existe du magnétisme rigide.

Les méthodes ordinaires ne donnent donc pas directement
la distribution de la couche fictive dans un barreau aimanté;
il est inexact, en particulier, de considérer l'abscisse du centre de gravité de la courbe des composantes normales comme
donnant la position du pôle. Il suffit, pour s'en convaincre,
d'examiner le cas d'un cylindre aimanté uniformément suivant
une direction parallèle à l'axe. Nous avons vu (**373**) que son
action peut être représentée par celle de deux couches, l'une
positive, l'autre négative, distribuées d'une manière uniforme
sur chacune des bases. Il est facile de voir que pour la surface latérale le flux de force n'est pas nul, bien que la densité soit nulle. Le centre de gravité de la courbe qui représente le flux qui traverse la surface latérale tombe à l'intérieur de l'aimant, tandis que le pôle se trouve rigoureusement
situé sur la surface terminale.

Remarquons que, si les composantes normales ne donnent
pas la distribution, elles permettent, en vertu du théorème de
Green, de calculer la masse totale du magnétisme. Pour l'aimant tout entier, cette masse est évidemment nulle; mais le
flux total de force considéré d'un côté ou de l'autre de la ligne
neutre est égal au produit de 4π par la masse de la couche
fictive correspondant à ce côté. Cette masse totale est représentée par l'aire de la courbe qu'on obtiendrait en prenant
comme ordonnées les valeurs trouvées pour la composante
normale en tous les points de l'axe de l'aimant, supposé prolongé indéfiniment, ou, plus simplement, par l'ordonnée
maximum de la courbe de désaimantation.

119. Aimants cylindriques. — Coulomb a déterminé par
expérience, et à l'aide des méthodes indiquées plus haut, ce
qu'il appelle la distribution du magnétisme dans des aiguilles
cylindriques.

Il a constaté d'abord que pour les aimants *courts*, c'est-à-dire
ceux dont la longueur est plus petite que 50 fois le diamètre,
la force normale en chaque point (qu'il confondait avec la densité) est proportionnelle à la distance au point milieu.

La densité linéaire serait donc la même que pour une sphère ou un ellipsoïde aimanté uniformément.

La courbe de distribution est alors figurée par une droite OB (fig. 86) faisant un certain angle α avec l'axe OA du barreau. Une droite OB′ formant le prolongement de la première

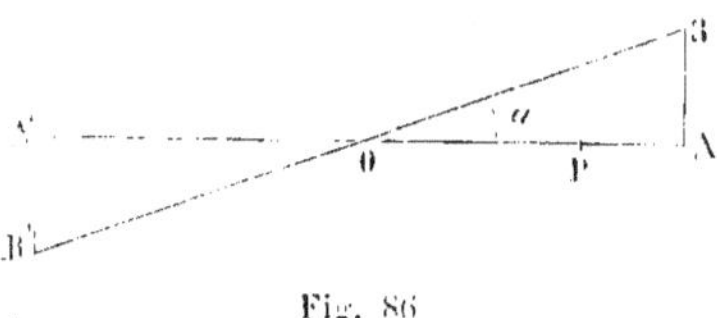

Fig. 86

figurerait le magnétisme négatif sur l'autre moitié du barreau. Le centre de gravité de la surface se projette, comme pour une sphère, au tiers de la demi-longueur du barreau à partir des extrémités.

Cette loi doit représenter la distribution réelle du magnétisme d'une manière assez approchée, car Coulomb a vérifié que, toutes choses égales, le moment magnétique des barreaux courts est proportionnel au cube de la longueur.

Si le barreau est *long*, c'est-à-dire si la longueur L dépasse 50 fois le diamètre d, le magnétisme est insensible sur une certaine longueur de part et d'autre du centre et peut être encore représenté par un triangle CAA′ (fig. 87) dont la base occupe une longueur égale à 25 fois le diamètre. L'angle α de la droite figurative des densités est constant pour des barreaux qui ne diffèrent que par la longueur. La quantité de magnétisme est alors constante et la même que dans un aimant limite, pour lequel on aurait $L = 5od$; cette quantité peut donc être représentée par $a\,(5od)^2$ et le moment par $a\left(L - \dfrac{5o}{3}d\right)(5od)^2$.

Coulomb ne considère toutefois ces résultats que comme une première approximation. Il a constaté que, si l'on prend, à partir de l'extrémité A d'un aimant, des points équidistants, les tangentes successives aux points correspondants de la courbe figurative font entre elles des angles égaux. La courbe qui satisfait à cette condition est donnée par l'équation $e^{-y} = \cos \beta x$, qui pour les petites valeurs de x se confond sensiblement avec un arc de parabole CB (fig. 87) tangente à l'axe en un point C à une distance l de l'extrémité; la quantité

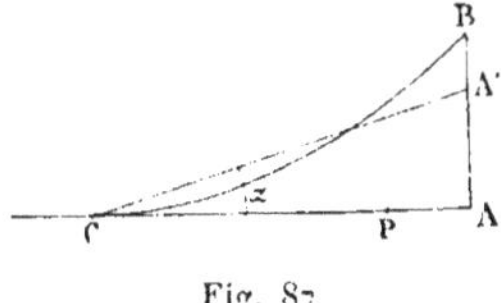

Fig. 87

de magnétisme est alors proportionnelle à l^3, soit bl^3, et le pôle est situé à une distance de l'extrémité égale à $\dfrac{l}{4}$. Le moment magnétique aurait pour valeur $\left(L - \dfrac{l}{2}\right) bl^3$.

On voit que le moment magnétique pour un cylindre très long tend à devenir proportionnel à la longueur, comme dans le cas de l'aimantation induite.

120. Formules empiriques. — Ces deux fragments de parabole ne représentent pas la distribution du magnétisme par une fonction continue. Biot a trouvé que l'on satisfait aux expériences de Coulomb d'une manière très exacte par la formule exponentielle

$$(3) \qquad y = a\left(\mu^x - \mu^{2l-x}\right),$$

dans laquelle y est le magnétisme en un point situé à une distance x d'une des extrémités, a et μ des constantes.

Biot arrive à cette formule en assimilant l'aimant à une pile de Volta qu'il considère elle-même comme une série de plaques dans lesquelles les électricités des plaques extrêmes A et B *dissimulent* des quantités d'électricité de signes contraires variant en progression géométrique avec le nombre des plaques. En nommant N le nombre total des plaques, l'électricité positive de A dissimule dans la $n^{ième}$ plaque une quantité d'électricité négative exprimée par ax^n, et l'électricité négative de B dissimule dans ce même élément une quantité d'électricité positive exprimée par $a\alpha^{N-n}$, de sorte que la quantité d'électricité libre dans cet élément est, si on suppose les charges extrêmes égales entre elles,

$$y = a(\alpha^n - \alpha^{N-n}).$$

Pour passer de cette formule à la précédente, il suffit de poser $N = 2lp$ et, par suite, $n = xp$, en appelant p le nombre de couples par unité de longueur, et de prendre $\varphi = \alpha'$.

Il paraît difficile de discuter un raisonnement n'ayant pour base que la notion vague de l'électricité dissimulée.

121. — La formule à laquelle nous sommes arrivés (**260**) pour le flux qui s'échappe latéralement d'une pile de Volta plongée dans un milieu médiocrement conducteur est équivalente à celle de Biot. Les conditions pour lesquelles cette formule a été obtenue peuvent être considérées comme s'appliquant à un cylindre magnétique placé dans un champ uniforme parallèle à l'axe, auquel cas le potentiel varie proportionnellement à l'abscisse.

122. — Green, partant d'une conception particulière de la force coercitive, a trouvé que, pour un cylindre circulaire placé dans ces conditions, la densité linéaire, à une distance x comptée à partir du milieu d'un barreau de longueur $2l$ et de rayon a, doit être exprimée par la formule

$$\lambda = \pi k F q a \frac{e^{\frac{qx}{a}} - e^{-\frac{qx}{a}}}{e^{\frac{ql}{a}} + e^{-\frac{ql}{a}}},$$

dans laquelle F représente l'intensité du champ et q une constante donnée par l'équation

$$0,231863 - 2\,l.q + 2q = \frac{1}{\pi k p^2}.$$

Green admet que le coefficient d'aimantation k est constant dans toute l'étendue du corps ; dans ce cas, la densité linéaire

est proportionnelle à la composante normale. Maxwell donne
le tableau suivant des valeurs correspondantes de q et de k

k	q	k	q
∞	0,00	11,80	0,07
336,4	0,01	9,13	0,08
62,02	0,02	7,52	0,09
48,41	0,03	6,32	0,10
29,47	0,04	0,143	1,00
20,18	0,05	0,0002	10,00
14,79	0,06	0,0000	∞

Pour des valeurs de k négatives, q devient imaginaire; la
formule ne semble donc pas pouvoir s'appliquer aux corps
diamagnétiques.

La formule de Green paraît représenter très exactement la
distribution du magnétisme temporaire dans le fer doux ainsi
que celle du magnétisme permanent dans les barreaux de
forme cylindrique. Green a vérifié que la valeur du moment
qu'on en déduit pour une aiguille de cette forme.

$$(3) \qquad m = Aa^2\left(2l - \frac{2}{3}\,\frac{e^{3l} - e^{-3l}}{e^{3l} + e^{-3l}}\right).$$

s'accorde d'une manière très remarquable avec les déterminations faites par Coulomb sur des aiguilles qui ne différaient
que par la longueur. L'accord cesse cependant d'être tout à
fait satisfaisant quand la longueur de l'aiguille est inférieure
à vingt-cinq fois le diamètre.

L'aire de la courbe qui correspond à la formule de Green a
pour expression

$$S = \pi a^2 Fk\left(1 - \frac{2}{e^{3l} + e^{-3l}}\right);$$

elle représente la valeur totale du flux de force latéral. Pour
un cylindre très long, elle se réduit sensiblement à $\pi a^2 Fk$; le
flux qui s'échappe par les extrémités peut alors être considéré
comme négligeable.

Si on admettait que l'abscisse du centre de gravité de cette
aire déterminât la position du pôle, on aurait la distance $2l$
des deux pôles en divisant le moment m par la masse S ; on
obtiendrait ainsi :

$$(6) \qquad \cfrac{2l - \dfrac{2}{\beta}\dfrac{e^{3l} - e^{-3l}}{e^{3l} + e^{-3l}}}{1 - \dfrac{2}{e^{l} + e^{-3l}}}.$$

123. — Dans le cas d'un aimant permanent on peut arriver
à la même formule en assimilant le flux d'induction magnétique qui existe au milieu du barreau à un flux d'électricité
qui se propagerait avec déperdition latérale. En reprenant les
notations déjà employées (**222**) et considérant les résistances ρ
et ρ' comme des constantes, la résistance R en un point quelconque du barreau a pour expression

$$R = \sqrt{\rho\rho'}\,\frac{Ce^{-2\beta x} + 1}{Ce^{-2\beta x} - 1},$$

en posant

$$C = \frac{R_1 + \sqrt{\rho\rho'}}{R_1 - \sqrt{\rho\rho'}}\,e^{2\beta l} = C_1 e^{2\beta l}.$$

Désignons par Q le flux d'induction qui traverse une section quelconque du barreau ; le rapport du flux latéral $- dQ$
relatif à la longueur dx au flux intérieur $Q - dQ$ est égal au
rapport inverse des résistances, ce qui donne

$$-\frac{dQ}{Q} = \frac{R}{\rho}\,dx.$$

En appelant Q_0 la valeur du flux qui traverse la section
neutre du barreau située à une distance l de l'extrémité, on
en déduit

$$Q = Q_0\,\frac{C_1 e^{\beta(2l - x)} - e^{-\beta x}}{C_1 e^{\beta l} - e^{-\beta l}}.$$

Ce flux étant parallèle à l'axe au milieu du barreau, la dérivée $\dfrac{dQ}{dx}$ doit être nulle pour $x = l$; il en résulte

$$C_1 = e^{-2\beta l},$$

et, par suite,

$$Q = Q_0 \frac{e^{\beta x} + e^{-\beta x}}{e^{\beta l} + e^{-\beta l}}.$$

Le flux latéral relatif à l'unité de longueur est $-\dfrac{dQ}{dx}$; ce flux est égal au produit de la composante normale F_n par la surface correspondante $2\pi a$.

On a donc

$$(7) \qquad -\frac{dQ}{dx} = 2\pi a F_n = Q_0 \beta \frac{e^{\beta x} - e^{-\beta x}}{e^{\beta l} + e^{-\beta l}}.$$

421. — Cette formule devient identique à celle de Green si l'on pose

$$\beta = \frac{q}{a},$$

et

$$Q_0 \beta = \pi k F q a,$$

d'où l'on déduit

$$(8) \qquad Q_0 = k F \pi a^2.$$

Comme on a $\beta = \sqrt{\dfrac{\rho}{\rho'}}$, et que la résistance ρ est évidemment en raison inverse de a^2, on en conclurait que la résistance extérieure ρ' est indépendante du rayon, et que la quantité de magnétisme prise par un barreau dans une condition déterminée serait proportionnelle à sa section et indépendante de sa longueur.

La première de ces conséquences paraît assez difficile à justifier : nous avons admis, au contraire (**220**), que la résistance ρ' est en raison inverse de la capacité γ et, par suite, en raison inverse du rayon.

On serait plutôt conduit à poser

$$\beta = \sqrt{\dfrac{\delta}{\rho}} = c\sqrt{\dfrac{\lambda}{a}}.$$

Dans cette hypothèse, la formule devient identique à celle qui a été trouvée par M. Jamin comme résultat de ses expériences. En appelant γ la *tension* en chaque point, ou la densité, p et s le périmètre et la section du barreau, enfin A et c deux constantes, M. Jamin trouve

$$\gamma = A c \sqrt{\dfrac{s}{p}}\, e^{-c\sqrt{\frac{pl}{s}}}\left(1 - e^{-c\sqrt{\frac{2p'}{s}}}\right)\left(e^{-c\sqrt{\frac{px}{s}}} - e^{c\sqrt{\frac{px}{s}}}\right).$$

Si la section du barreau est circulaire et de rayon a, on a

$$\sqrt{\dfrac{p}{s}} = \sqrt{\dfrac{2}{a}}$$ et, en posant $c\sqrt{2} = \mathrm{B}$, la formule devient

$$(9)\qquad \gamma = \dfrac{A\mathrm{B}}{2}\sqrt{a}\; e^{-\frac{\mathrm{B}}{\sqrt{a}}l}\left(1 - e^{-\frac{\mathrm{B}}{\sqrt{a}}2l}\right)\left(e^{-\frac{\mathrm{B}}{\sqrt{a}}x} - e^{\frac{\mathrm{B}}{\sqrt{a}}x}\right).$$

Pour l'identifier avec la formule (7), il suffit de poser

$$\beta = \dfrac{\mathrm{B}}{\sqrt{a}} = c\sqrt{\dfrac{2}{a}},$$

$$\dfrac{Q\beta}{e^{\beta l} + e^{-\beta l}} = \dfrac{A\mathrm{B}}{2}\sqrt{a}\; e^{-\frac{\mathrm{B}}{\sqrt{a}}l}\left(1 - e^{-\frac{\mathrm{B}}{\sqrt{a}}2l}\right);$$

on en déduit

$$(10)\qquad Q_0 = \dfrac{Aa}{2}\left(1 - e^{-\beta l}\right).$$

ou, pour les barreaux un peu longs,

$$Q_0 = \dfrac{Aa}{2}.$$

Il résulte de ces expressions, que la quantité de magnétisme d'un barreau serait proportionnelle, non plus à sa section, mais à son périmètre, comme si le flux d'induction qui s'établit dans la section moyenne d'un aimant permanent était limité à une couche superficielle dont l'épaisseur, d'ailleurs très petite, dépendrait de la nature du barreau et des procédés employés pour l'aimanter.

125. Hypothèses sur la constitution des aimants. — D'après la théorie de Poisson, l'aimantation d'un milieu serait produite par la séparation des fluides magnétiques dans l'intérieur de chaque particule, et, comme aucune limite n'est assignée à la quantité de fluide neutre qui peut exister dans un volume déterminé, l'aimantation pourrait elle-même croître sans limites.

Nous verrons plus loin comment Ampère, partant des propriétés magnétiques des courants électriques, a été conduit à admettre que chaque particule d'un corps magnétique est entourée à l'état naturel par un courant électrique infiniment petit et constitue un aimant élémentaire. Dans un corps magnétique soustrait à toute force extérieure, ces aimants élémentaires ne sont soumis qu'à leurs actions réciproques et sont orientés indifféremment dans toutes les directions. Si le corps est soumis à l'action d'un champ magnétique, les axes des différentes particules aimantées tendent à prendre en chaque point la direction du champ, et l'aimantation qui en résulte pour le milieu est d'autant plus grande que ces particules ont été plus déviées de leur direction primitive. S'il arrivait que les axes de toutes les particules fussent parallèles entre eux, l'aimantation du milieu atteindrait une valeur maximum.

Telle est la conséquence que W. Weber a déduite de la théorie d'Ampère, et toutes les expériences semblent confirmer, en effet, qu'il y a une limite à l'aimantation.

126. Théorie de Weber. — Admettons, avec Weber, que chaque unité de volume renferme n molécules magnétiques et que le moment de chacune d'elles soit égal à m. Si toutes ces molécules étaient parallèles, le moment magnétique de l'unité de volume serait $M = nm$, et l'aimantation du milieu serait maximum.

Lorsque le milieu est à l'état neutre, les molécules sont orientées indifféremment dans toutes les directions. Pour exprimer cette propriété, menons par le centre d'une sphère un rayon parallèle à chacun des axes des n molécules; les extrémités de ces rayons seront distribuées sur la sphère d'une manière uniforme.

Le nombre des molécules dont les axes font avec une direction déterminée, que nous prendrons pour axe des x, un angle inférieur à α est $\dfrac{n}{2}(1 - \cos \alpha)$; et le nombre des molécules dont les angles avec l'axe des x sont compris entre α et $\alpha + d\alpha$ est égal à $\dfrac{n}{2}\sin \alpha\, d\alpha$.

Supposons maintenant ce milieu dans un champ uniforme dont l'intensité X est parallèle à l'axe des x, et considérons l'action qui s'exerce sur une molécule dont l'axe magnétique fait un angle α avec la direction du champ.

Si cette molécule était libre, elle deviendrait parallèle à la force du champ et, toutes les autres molécules éprouvant une rotation analogue, le milieu atteindrait le maximum d'aimantation sous l'influence d'une force extérieure quelconque même infiniment faible.

Comme il n'en est pas ainsi, on doit admettre que chaque molécule est sollicitée à reprendre sa direction primitive par une force antagoniste qui provient, soit de la constitution même du milieu, soit des réactions que les molécules aimantées exercent les unes sur les autres.

L'hypothèse la plus simple est de supposer que cette force antagoniste D est constante et agit dans la direction primitive de l'axe de chaque molécule.

La direction nouvelle de l'axe d'une molécule dans sa position d'équilibre est donnée alors par celle de la résultante des forces D et X.

127. — Pour avoir la direction de la molécule, traçons une sphère dont le rayon soit égal à la réaction du milieu, et prenons, à partir du centre, une longueur OS égale et opposée à l'intensité du champ (fig. 88).

Une molécule dont l'axe était dirigé primitivement suivant OP est soumise aux deux forces — SO et OP dont la résultante est SP. Si le point S est dans l'intérieur de la sphère, c'est-à-dire si la réaction du milieu est plus grande que l'intensité du champ, les axes des molécules déviées se-

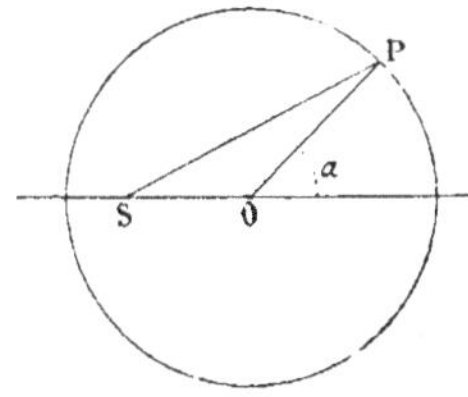

Fig. 88

ront encore orientées dans toutes les directions, mais non plus uniformément.

Si la force du champ est supérieure à la réaction du milieu, le point S est en dehors de la sphère (fig. 89) et les axes des

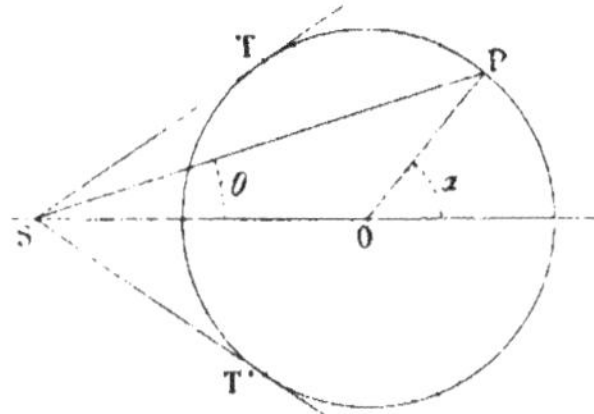

Fig. 89

molécules déviées sont tous compris dans le cône TST' tangent à la sphère.

Soient :

α l'inclinaison primitive de l'axe d'une molécule sur l'axe des x,

θ l'inclinaison finale,

β la déviation $\alpha - \theta$,

R la résultante de la force magnétisante X et de la réaction D du champ.

La condition d'équilibre est

$$m\,X \sin\theta = m\,D \sin\beta = m\,D \sin(\alpha - \theta);$$

on en déduit

$$(11) \qquad \mathrm{tg}\,\theta = \frac{D \cos\alpha}{X + D \sin\alpha}.$$

128. — La structure du milieu étant symétrique par rapport à l'axe des x, l'intensité d'aimantation est donnée par la somme des projections des moments magnétiques de toutes les molécules sur l'axe des x.

La projection du moment d'une molécule a pour expression $m\cos\theta$; le nombre de celles qui faisaient primitivement l'angle α avec l'axe des x est $\frac{n}{2}\sin\alpha\,d\alpha$: la résultante est donc

$$I = \int_0^\pi m \cos\theta\,\frac{n}{2}\sin\alpha\,d\alpha = \int_\pi^0 \frac{mn}{2}\cos\theta\sin\alpha\,d\alpha,$$

ou

$$I = -\frac{M}{2}\int_\pi^0 \cos\theta\sin\alpha\,d\alpha.$$

Le triangle SOP donne l'équation

$$R^2 = D^2 + X^2 + 2DX\cos\alpha,$$

d'où l'on déduit

$$R\,dR = -DX\sin\alpha\,d\alpha.$$

On a d'ailleurs

$$D^2 = R^2 + X^2 - 2RX\cos\theta.$$

En exprimant ainsi les angles α et θ par leurs valeurs en fonction de R, il vient

$$I = \frac{M}{4}\int \frac{R^2 + X^2 - D^2}{X^2 D}\,dR = \frac{M}{12DX^2}\left[R(R^2 + 3X^2 - 3D^2)\right]_{R_1}^{R_2}.$$

Dans le premier cas, où l'on a $X < D$, les limites de l'intégrale sont $R_2 = D + X$ et $R_1 = D - X$.

Dans le second cas, où l'on a $X > D$, les limites de l'intégration sont $R_2 = X + D$ et $R_1 = X - D$.

Toutes réductions faites, il vient alors :

$$\text{Quand} \quad X < D, \quad I = \frac{2}{3} M \frac{X}{D};$$

$$X = D, \quad I = \frac{2}{3} M;$$

$$- \quad X > D, \quad I = M \left[1 - \frac{1}{3} \frac{D^2}{X^2} \right];$$

$$- \quad X = \infty, \quad I = M.$$

D'après cette théorie, l'aimantation est d'abord proportionnelle à la force magnétique jusqu'à ce que celle-ci soit égale à la réaction du milieu, auquel cas l'aimantation atteint les deux tiers de sa valeur maximum. Puis, quand la force magnétique devient plus grande, l'aimantation croît moins rapidement et tend vers une limite finie.

La courbe OL (fig. 90), qui représente cette aimantation en fonction de la force magnétique, est donc formée d'une partie

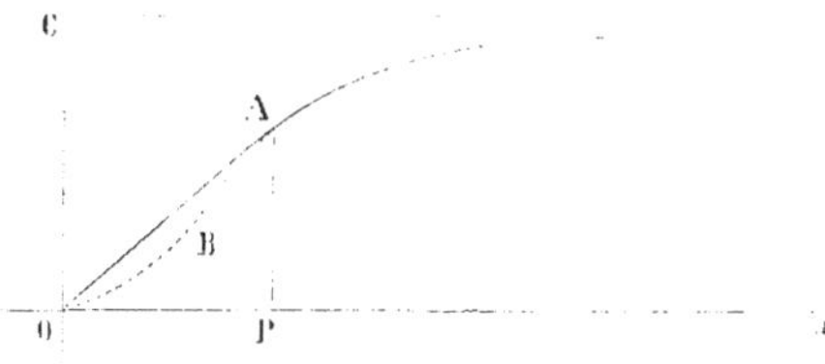

Fig. 90

rectiligne OA qui se prolonge par une courbe AL asymptote à une droite horizontale CD.

429. — Les expériences de Weber lui-même s'accordent avec cette loi d'une manière satisfaisante.

Toutefois les recherches plus récentes ont montré que la valeur de k ne peut pas être considérée comme constante, même pour les petites forces. Ce coefficient va tout d'abord en croissant d'une manière régulière pour atteindre un maximum et diminuer ensuite.

L'aimantation du fer en fonction du champ doit donc être représentée d'abord par une courbe telle que OBA (fig. 90) ayant un point d'inflexion ; on a confondu souvent cette première partie de la courbe avec la tangente qui passe par l'origine et qui donne pour k la valeur maximum. La théorie de Weber ne rend pas compte de cette variation du coefficient d'aimantation pour les petites forces ; d'autre part, elle n'apprend pas non plus ce que peut être l'aimantation résiduelle.

130. Théorie de Maxwell. — Pour combler cette dernière lacune en restant dans le même ordre d'idées, Maxwell suppose dans le milieu une sorte d'élasticité imparfaite. Il admet que les axes des molécules magnétiques reviennent à leur position primitive, après la suppression de la force magnétique, tant que la rotation qu'elles ont éprouvée reste inférieure à une certaine valeur β_0, mais que ces axes conservent une déviation permanente $\beta - \beta_0$ lorsque la rotation β a été plus grande que la limite inférieure β_0. Cette déviation $\beta - \beta_0$ caractérise l'état permanent de la molécule.

Cette hypothèse ne représente sans doute pas la réalité des phénomènes, mais elle peut en donner une idée approximative et permet de soumettre le problème au calcul.

D'après Maxwell on peut en déduire, par un calcul analogue au précédent, l'aimantation temporaire I et l'aimantation permanente I'. En posant

$$L = D \sin \beta,$$

on obtient ainsi :

Quand $X < L$,

$$I = \frac{2}{3} M \frac{X}{D}, \qquad I' = 0 ;$$

Quand $X = L$,

$$I = \frac{2}{3} M \frac{L}{D}, \qquad I' = 0 ;$$

Pour $L < X < D$,

$$I = M\frac{2}{3}\frac{X}{D} + \left(1 - \frac{L^2}{X^2}\right)\left[\sqrt{1 - \frac{L^2}{D^2}} - \frac{2}{3}\sqrt{\frac{X^2}{D^2} - \frac{L^2}{D^2}}\right],$$
$$I' = M\left(1 - \frac{L^2}{D^2}\right)\left(1 - \frac{L^2}{X^2}\right);$$

Pour $X = D$,

$$I = M\left[\frac{2}{3} + \frac{1}{3}\left(1 - \frac{L^2}{D^2}\right)^{\frac{3}{2}}\right], \qquad I' = M\left(1 - \frac{L^2}{D^2}\right)^2;$$

Pour $X > D$,

$$I = M\left[\frac{1}{3}\frac{X}{D} + \frac{1}{2} - \frac{1}{6}\frac{D}{X} + \frac{(D^2 - L^2)^{\frac{3}{2}}}{6X^2D} - \frac{\sqrt{X^2 - L^2}}{6X^2D}(2X^2 - 3XD + L^2)\right],$$
$$I' = \frac{M}{4}\left[1 - \frac{L^2}{XD} + \sqrt{1 - \frac{L^2}{D^2}}\sqrt{1 - \frac{L^2}{X^2}}\right]^2;$$

Enfin pour $X = \infty$,

$$I = M, \qquad I' = \frac{M}{4}\left(1 - \sqrt{1 - \frac{L^2}{D^2}}\right)^2.$$

La figure 91 représente la marche du phénomène pour les valeurs particulières : $M = 1000$, $L = 3$, $D = 5$. Les forces magnétisantes sont prises comme abscisses ; les ordonnées de la courbe OAB représentent le magnétisme temporaire, celles de la courbe O'A' le magnétisme résiduel. La première se compose d'abord d'une portion rectiligne correspondant aux valeurs de X comprises entre o et 3, puis elle se relève brusquement et s'approche rapidement de son asymptote. La courbe du magnétisme résiduel ne commence que lorsque X est égal à L ; le maximum M' vers lequel elle tend, et qui est figuré par la droite C'D', est égal à 0, 81M.

On doit remarquer que le magnétisme résiduel ainsi calculé correspond au cas où l'aimantation du corps lui-même ne produit qu'une force démagnétisante insensible ; ces résultats conviennent donc seulement à un corps très allongé aimanté longitudinalement.

Il est difficile d'admettre qu'une courbe discontinue comme celle qui représente le magnétisme temporaire puisse être l'expression exacte du phénomène. On déduit toutefois de cette

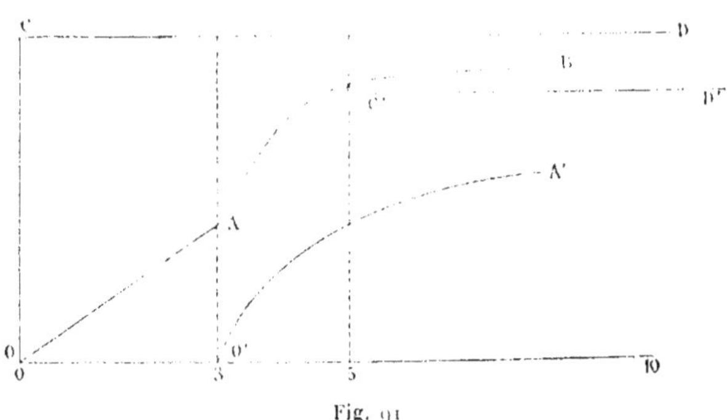

Fig. 91

théorie des conséquences curieuses relatives à l'action successive de forces magnétisantes de signes contraires et qui sont vérifiées par l'expérience.

Supposons qu'une pièce de fer, après avoir été soumise à l'action d'une force X_0, ait acquis une aimantation permanente. Une force nouvelle X_1 de même sens est sans effet tant qu'elle reste inférieure à X_0, et, si elle est plus grande que X_0, le magnétisme résiduel est le même que si la force primitive X_0 n'avait pas agi.

Si la force nouvelle X_2 est de sens contraire, elle produit un effet permanent bien avant qu'elle atteigne X_0; pour une certaine valeur de cette force, l'aimantation résiduelle du fer paraîtra annulée, mais le métal n'est pas à l'état neutre, car il est insensible à l'action d'une force $-X$, tant que X est inférieur à X_2, tandis qu'une force positive plus faible produit une aimantation permanente dans la direction primitive.

131. — M. Jamin donne de ces phénomènes une explication différente. Il admet que l'action du champ sur un barreau se fait sentir à une profondeur plus ou moins grande suivant son intensité. Lorsque l'aimantation apparente est devenue nulle, le magnétisme n'était pas détruit : il y avait seulement super-position de deux aimantations contraires. Un champ inverse d'intensité inférieure à X_2 n'a aucune action sur la couche superficielle, mais un champ direct d'intensité moindre détermine la formation d'une nouvelle aimantation superficielle dont l'action s'ajoute à celle qui était restée dans les profondeurs.

M. Jamin a vérifié ces idées théoriques en enlevant la couche superficielle d'aimantation inverse et mettant à nu la couche sous-jacente d'aimantation directe. Il y réussit soit par un procédé mécanique, en usant à la meule ou à la lime la surface extérieure de l'aimant, soit par des moyens chimiques, en dissolvant cette surface par un acide.

Il faut remarquer toutefois que cette prédominance des couches superficielles est peut-être un phénomène accidentel particulier à l'acier et tenant simplement à la constitution de ce métal. En effet, lorsqu'il s'agit de barreaux fortement trempés, comme ceux qu'on recherche pour la fabrication des aimants, la trempe est nécessairement très inégale ; elle se produit surtout au voisinage de la surface, où le refroidissement est très rapide, de sorte que la force coercitive a son maximum d'action dans les couches superficielles. L'action inductive et la force démagnétisante se manifestent alors dans des conditions toutes différentes de celles qui se présentent pour les corps homogènes.

132. Influence de la température. — Le magnétisme induit par l'action d'un aimant sur lui-même offre peut-être le moyen le plus simple d'expliquer l'influence de la température.

Il est naturel d'admettre que le magnétisme rigide n'est pas altéré par de faibles variations de température, puisque l'aimantation reprend sa valeur primitive quand l'aimant revient lui-même à sa température initiale ; on conçoit difficilement que le magnétisme rigide puisse réparer ses pertes, car toutes les actions intérieures tendent à le diminuer. Dans cet ordre d'idées, l'affaiblissement temporaire du magnétisme serait dû simplement à un accroissement du magnétisme induit et, par suite, le coefficient d'aimantation k devrait croître d'abord avec la température.

Pour des températures plus élevées, au-dessus de 100° par exemple, le magnétisme éprouve une diminution définitive ; le magnétisme rigide a donc été lui-même altéré. Dans ces conditions on ne peut pas dire si le coefficient d'aimantation continue de croître avec la température, puisque l'affaiblissement est produit par une double cause. Comme le fer et l'acier au rouge vif ne sont même plus attirables à l'aimant, il faut admettre que le coefficient d'aimantation devient alors nul ou du moins extrêmement faible.

Il semble donc que, pour l'acier et le fer, le coefficient d'aimantation doive croître d'abord avec la température pour diminuer ensuite jusqu'à zéro, de manière à passer par un maximum à une température déterminée.

S'il en est ainsi, un barreau aimanté à une température inférieure à celle du maximum doit perdre du magnétisme quand on l'échauffe, et l'inverse doit se produire pour un barreau aimanté à une température supérieure à celle du maximum.

L'expérience montre que les choses se passent ainsi avec le cobalt. Pour le fer et l'acier, les faits connus jusqu'à présent s'accordent en partie avec cette manière de voir ; mais il existe trop peu d'expériences faites dans des conditions bien définies pour qu'on puisse apprécier jusqu'à quel point elle se rapproche de la vérité. Tout porte à croire cependant que les phénomènes réels sont plus complexes.

CHAPITRE SIXIÈME

ÉTAT MAGNÉTIQUE DU GLOBE

433. Méthode de Gauss. — La représentation du magnétisme terrestre par l'hypothèse d'un aimant central ou les hypothèses équivalentes ne constitue qu'une première approximation assez grossière : le problème est en réalité beaucoup moins simple. Gauss l'a traité d'une manière tout à fait générale dans l'hypothèse que les effets observés à la surface terrestre sont dus uniquement à l'action de masses magnétiques.

Quelle que soit la distribution de ces masses, qu'elles soient à l'intérieur du globe ou à l'extérieur, les actions élémentaires s'exerçant en raison inverse du carré de la distance, la force en chaque point est encore déterminée par un potentiel. L'espace qui entoure la terre constitue le champ magnétique du système, et on peut le supposer divisé en tranches par des surfaces de niveau correspondant à des valeurs équidistantes du potentiel. La surface qui correspond à une valeur donnée V peut être formée d'une ou plusieurs nappes ; mais on sait que deux surfaces de potentiels différents ne se coupent pas et que la force, normale en chaque point, est en raison inverse de la distance de deux surfaces consécutives.

434. Parallèles magnétiques. — Un certain nombre de ces surfaces rencontrent le globe terrestre : on appelle *parallèles magnétiques* les lignes d'intersection correspondantes avec la surface de la terre ; ces lignes sont des lignes de niveau. Comme elles appartiennent à la fois à la surface de la terre, supposée sphérique, et à la surface de niveau, elles sont normales en chaque point à la verticale et à la force magnétique ; elles sont donc normales au méridien magnétique qui passe par ces deux lignes et, par suite, à l'intersection de ce méridien avec la surface de la terre, c'est-à-dire à la méridienne magnétique. Les parallèles magnétiques forment ainsi à la surface de la sphère terrestre un système orthogonal aux méridiennes magnétiques.

Considérons les parallèles correspondant à deux surfaces de niveau V_1 et V_2 infiniment voisines (fig. 92) ; soit ds l'arc

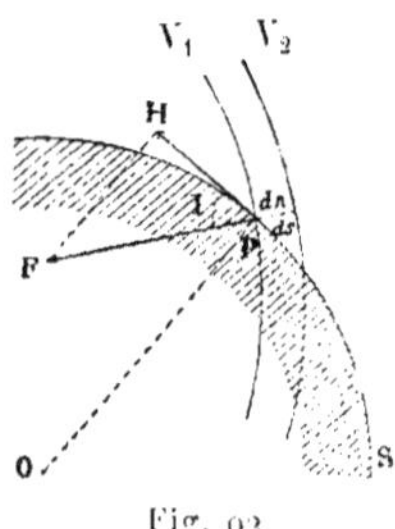

Fig. 92

de la méridienne magnétique compris entre eux et dn la distance normale des deux surfaces au même point. Si l'on appelle F la force magnétique et I l'inclinaison, on a évidemment

$$F = -\frac{dV}{dn} = -\frac{dV}{ds\cos I} ;$$

on en déduit

$$(1) \qquad F\cos I = H = -\frac{\partial V}{\partial s}.$$

La composante horizontale, normale en chaque point au parallèle magnétique, est donc en raison inverse de la distance de deux parallèles consécutifs ; mais la force totale et la composante horizontale ne sont plus nécessairement constantes le long d'un parallèle magnétique, comme cela avait lieu dans la théorie de Biot.

135. Équateur magnétique. — La somme des masses magnétiques étant nulle pour le système total, et aussi séparément pour chacun des corps aimantés, il existe une surface de niveau pour laquelle on a $V = 0$; cette surface coupe le globe terrestre suivant sa ligne neutre s'il est le seul corps magnétique, ou dans le voisinage de cette ligne si les autres corps magnétiques sont suffisamment éloignés.

Le parallèle de potentiel nul s'appelle l'*équateur magnétique*: le long de cet équateur, la force n'est pas constante, elle n'est pas non plus nécessairement horizontale. Dans la théorie de Biot l'équateur, était une ligne d'inclinaison nulle.

L'équateur magnétique sépare à la surface de la terre les points pour lesquels le potentiel est positif de ceux où il est négatif. De part et d'autre de l'équateur, la valeur absolue du potentiel va en croissant d'une manière continue.

436. Pôles magnétiques terrestres. — On donne habituellement le nom de *pôles magnétiques terrestres* aux points de la

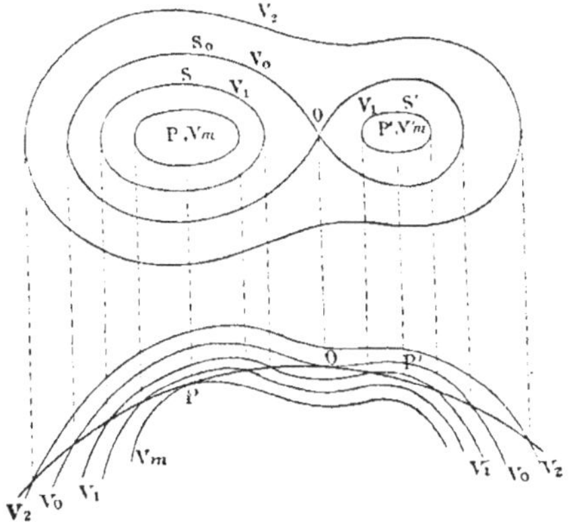

Fig. 93

surface où le potentiel est maximum ou minimum. Un pôle est un point où la surface de niveau devient tangente à la surface de la terre; la force y est évidemment verticale.

Le nombre des pôles est de deux au minimum, puisqu'il y a au moins deux points où les surfaces de niveau sont tangentes à la surface de la sphère; mais il peut y en avoir un plus grand nombre. Supposons, par exemple, qu'il y ait deux pôles P et P′ (fig. 93) situés dans la région positive, c'est-à-dire sur l'hémisphère sud. Ces pôles pourraient appartenir à une même surface de niveau qui aurait deux points de contact avec la surface de la sphère : mais, plus généralement, nous les considérerons comme appartenant à deux surfaces de niveau différentes, de potentiels V_m et V'_m, V_m étant plus grand que V'_m.

Puisque les points P et P' sont des points de maximum, le potentiel décroît dans tous les sens autour de chacun d'eux et on peut toujours choisir une valeur V_1 du potentiel, inférieure à V'_m, telle que l'intersection de la surface V_1 avec la sphère donne deux courbes fermées S et S', isolées l'une de l'autre et dont chacune entoure l'un des points ; on peut prendre aussi une valeur V_2 assez petite pour qu'une même courbe d'intersection comprenne les deux points.

En faisant varier le potentiel d'une manière continue de V_1 à V_2, on trouvera une valeur V_0 pour laquelle les deux courbes, précédemment séparées, arriveront au contact, pour se confondre en une seule S_0 ; la réunion pourra se faire, soit par un simple point de croisement comme dans la figure 93, soit par un plus grand nombre de points d'intersection ou de contact. Soit O l'un de ces points. Il est évident d'abord que la composante horizontale y est nulle et que, par suite, le point répond à la définition ordinaire des pôles ; seulement, il est à remarquer que si on s'en écarte on trouve dans certaines directions des potentiels croissants et dans d'autres des potentiels décroissants : pour les premières directions, le point O se comportera comme un pôle sud et, pour les secondes, comme un pôle nord. C'est ce qu'on peut appeler un *faux pôle*.

Ainsi il ne peut y avoir deux pôles distincts dans un même hémisphère, sans qu'il y ait en même temps au moins un faux pôle. Or, les observations ne donnent rien de semblable, et c'est par une interprétation inexacte des phénomènes que l'on a cru quelquefois pouvoir déduire des observations l'existence de deux pôles dans l'hémisphère nord.

Dans le voisinage du pôle, en effet, les parallèles magnétiques ont une forme elliptique ; leurs normales, c'est-à-dire les méridiennes magnétiques, ne concourent pas au même point, mais les points de convergence qu'elles accusent plus ou moins nettement sont les centres de courbure et n'ont évidemment aucune relation avec les pôles.

L'observation conduit donc à cette conséquence qu'il n'existe, en dehors de circonstances tout à fait accidentelles et locales, que deux pôles magnétiques à la surface de la Terre, un pôle négatif dans l'hémisphère nord et un pôle positif dans l'hémisphère sud.

Il est important d'ajouter aussi que les pôles magnétiques terrestres, tels que nous venons de les définir, n'ont rien de commun avec les pôles magnétiques proprement dits, considérés comme centres de gravité des masses magnétiques positives et négatives. On voit aussi que la corde qui joint les deux pôles magnétiques terrestres ne doit pas être prise pour l'axe magnétique terrestre. L'axe magnétique de la Terre est la droite qui joint les deux centres de gravité dont il vient d'être question ; c'est la droite suivant laquelle la somme des projections des moments magnétiques des divers éléments est un maximum (**297**).

437. Propriétés d'un polygone fermé. — On sait que si l'on transporte une masse magnétique égale à l'unité d'un point P_1 où le potentiel est V_1 en un point P_2 où il est V_2, que l'on désigne par F la force, par *ds* l'élément du chemin décrit par la masse et par ε l'angle de la force avec l'élément, le travail magnétique est exprimé par l'équation

$$V_1 - V_2 = \int_{P_1}^{P_2} F\,ds \cos\varepsilon.$$

Ce travail est indépendant du chemin parcouru, et il est nul toutes les fois que l'on revient sur la surface de niveau primitive en faisant décrire à la masse une courbe fermée quelconque. Supposons que les deux points P_1 et P_2 soient situés à la surface de la Terre et qu'on déplace la masse suivant cette surface ; le travail de la composante verticale est nul à chaque instant, l'expression du travail ne dépend que de la composante horizontale H et se réduit à

$$(2) \qquad V_1 - V_2 = \int_{P_1}^{P_2} H\,ds \cos\varepsilon,$$

l'intégrale du second membre étant nulle, toutes les fois qu'on fait décrire à la masse un circuit fermé.

Cela posé, considérons un polygone de grands cercles passant par les points $P_0, P_1, P_2\ldots$ (fig. 94). Traçons en ces différents points les méridiennes géographiques $P_0 M_0, P_1 M_1, P_2 M_2,\ldots$ et les méridiennes magnétiques $P_0 D_0, P_1 D_1. P_2 D_2\ldots$

Soient :

$\delta_0, \delta_1, \delta_2\ldots$ les déclinaisons comptées positivement du nord vers l'ouest ;

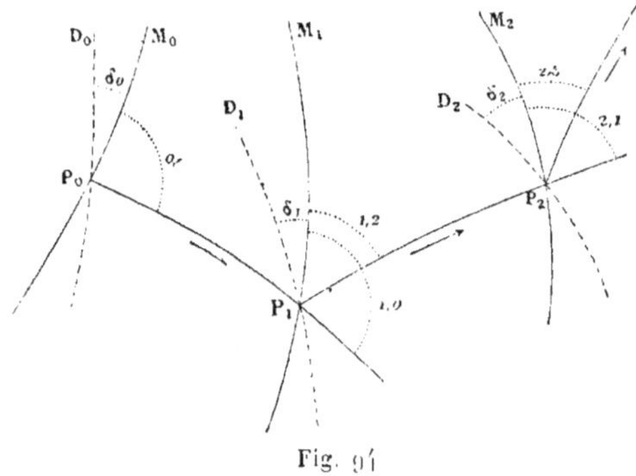

Fig. 94

0.1 l'azimut de l'arc $P_0 P_1$ au point P_0, cet azimut étant compté positivement du nord vers l'est ;

1.0 l'azimut de l'arc $P_0 P_1$ au point P_1 compté positivement dans le même sens, etc. ;

$\varepsilon_{0.1}, \varepsilon_{1.0},\ldots$ les valeurs des angles ε en ces différents points.

On a

$$\text{Au point } P_0, \quad \varepsilon_{0.1} = \delta_0 + 0.1 ;$$
$$\text{»} \quad P_1, \quad \varepsilon_{1.0} = \delta_1 + 1.0,$$
$$\varepsilon_{1.2} = \delta_1 + 1.2 ;$$
$$\text{»} \quad P_2, \quad \varepsilon_{2.1} = \delta_2 + 2.1,$$
$$\varepsilon_{2.3} = \delta_2 + 2.3 ; \text{ etc.}$$

Sur le côté $P_0 P_1$ la composante horizontale H n'est constante ni en grandeur ni en direction ; cependant, si ce côté est très petit par rapport aux dimensions du globe terrestre, on peut admettre que la valeur de H reste constante, égale à la moyenne des valeurs qu'elle a aux points P_0 et P_1, et poser

$$H \cos \varepsilon = \frac{1}{2}\left(H_0 \cos \varepsilon_{0,1} + H_1 \cos \varepsilon_{1,0}\right).$$

Le théorème exprimé par l'équation (2) donne alors

$$\int_{P_0}^{P_1} H ds \cos \varepsilon = \frac{P_0 P_1}{2}\left[H_0 \cos\left(\varepsilon_0 + 0,1\right) + H_1 \cos\left(\varepsilon_1 + 1.0\right)\right].$$

On aura donc, pour le polygone fermé,

$$
\begin{aligned}
0 =\ & \frac{P_0 P_1}{2}\left[H_0 \cos\left(\varepsilon_0 + 0.1\right) + H_1 \cos\left(\varepsilon_1 + 1.0\right)\right] \\
& + \frac{P_1 P_2}{2}\left[H_1 \cos\left(\varepsilon_1 + 1.2\right) + H_2 \cos\left(\varepsilon_2 + 2.1\right)\right] \\
& + \dots \dots \dots \dots \dots \dots \dots \dots \dots \dots \\
& + \frac{P_n P_0}{2}\left[H_n \cos\left(\varepsilon_n + n.0\right) + H_0 \cos\left(\varepsilon_0 + 0.n\right)\right].
\end{aligned}
\tag{3}
$$

En appliquant cette équation au triangle formé par les stations de Paris, Göttingue et Milan, et prenant comme inconnue la valeur de H_0 à Paris, Gauss a trouvé par le calcul $H_0 = 0{,}517$, tandis que l'observation donnait $0{,}518$.

438. Introduction des coordonnées géographiques. — Considérons un point quelconque P à une distance r du centre de la Terre ; soit u (fig. 95) le complément P'D de la latitude et l la longitude CQ comptée vers l'est. Nous décomposerons la force magnétique F au point P en trois autres rectangulaires, l'une Z suivant la verticale et comptée positivement vers le zénith, l'autre X dans le méridien et dirigée vers le nord, la troisième Y dirigée vers l'ouest.

En tenant compte des relations

$$dx = -r\,du, \qquad dy = -r \sin u\,dl, \qquad dz = dr,$$

les composantes de la force deviennent

$$X = -\frac{\partial V}{\partial x} = \frac{1}{r}\frac{\partial V}{\partial u},$$

(4)
$$Y = -\frac{\partial V}{\partial y} = \frac{1}{r\sin u}\frac{\partial V}{\partial l},$$

$$Z = -\frac{\partial V}{\partial z} = -\frac{\partial V}{\partial r}.$$

On a d'ailleurs

$$H = \sqrt{X^2 + Y^2},$$

$$\tan \delta = \frac{Y}{X},$$

$$F = \sqrt{X^2 + Y^2 + Z^2},$$

$$\tan I = -\frac{Z}{\sqrt{X^2 + Y^2}}.$$

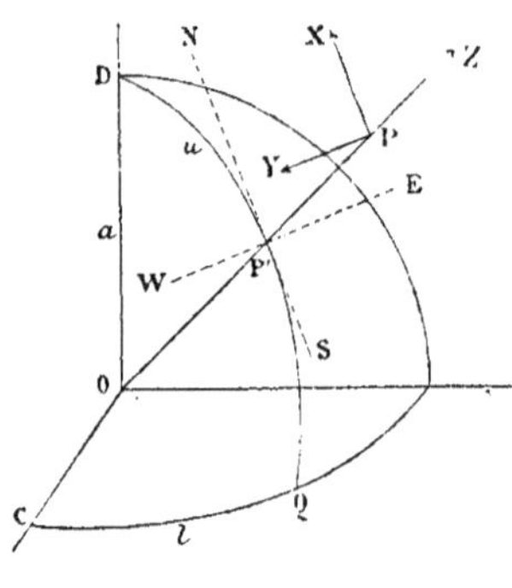

Fig. 95

Lorsque le point P est à la surface de la Terre en P', on doit prendre $r = a$ et les équations (4) donnent

$$aX = \frac{\partial V}{\partial u},$$
(5)
$$aY \sin u = \frac{\partial V}{\partial l}.$$

Comme on a d'ailleurs

$$\frac{\partial^2 V}{\partial u \partial l} = \frac{\partial^2 V}{\partial l \partial u},$$

il vient

$$\frac{\partial X}{\partial l} = \frac{\partial (Y \sin u)}{\partial u},$$

et, par suite,

$$Y \sin u = \int_0^u \frac{\partial X}{\partial l}\, du + f'(l).$$

Pour $u = 0$, c'est-à-dire au pôle Nord, on a $Y \sin u = 0$ et, par suite, $f'(l) = 0$. Il vient donc finalement

$$(6) \qquad Y \sin u = \int_0^u \frac{\partial X}{\partial l}\, du.$$

On est ainsi conduit à ce théorème remarquable de Gauss :

Il suffit de connaître pour tous les points de la surface de la terre la composante horizontale dirigée vers le nord, pour connaître la composante dirigée vers l'ouest et, par suite, la composante horizontale totale.

439. Expression du potentiel. — Quelle que soit l'aimantation de la Terre, le potentiel extérieur peut être représenté, comme on l'a vu (**369**), par l'expression

$$V = a \left[A_1 \left(\frac{a}{r}\right)^2 + A_2 \left(\frac{a}{r}\right)^3 + \cdots \right],$$

qui, pour un point situé sur la surface, se réduit à

$$V = a (A_1 + A_2 + \cdots).$$

On en déduit, pour les composantes de la force magnétique,

$$X = \frac{1}{a}\frac{\partial V}{\partial u} = \frac{\partial A_1}{\partial u} + \frac{\partial A_2}{\partial u} + \cdots,$$

$$(7) \qquad Y = \frac{1}{a \sin u}\frac{\partial V}{\partial l} = \frac{1}{\sin u}\left[\frac{\partial A_1}{\partial l} + \frac{\partial A_2}{\partial l} + \cdots\right].$$

$$Z = -\frac{\partial V}{\partial r} = 2A_1 + 3A_2 + 4A_3 + \cdots$$

Les coefficients A_1, A_2, A_3, sont des fonctions des deux angles l et u. A_n s'exprime (**368**) par $2n+1$ termes en sinus et cosinus. Il y aura donc, si l'on veut représenter l'état de la Terre par une série de cette forme, 3 coefficients numériques à déterminer pour A_1, 5 pour A_2, 7 pour A_3, etc.

Gauss a trouvé que, dans l'état des déterminations magnétiques connues, il était inutile de pousser le développement au delà du quatrième terme, de sorte qu'il reste alors vingt-quatre coefficients numériques à calculer.

Chaque point de la surface fournit trois équations par les valeurs des composantes X, Y, Z; il suffirait donc de connaître ces trois éléments en huit points quelconques du globe pour obtenir la solution complète du problème. Pour éviter les erreurs provenant des termes négligés et des observations inexactes, Gauss a appliqué la méthode des moindres carrés aux données relatives à quatre-vingt-quatre points pris, pour faciliter les calculs, sur douze méridiens équidistants et sept parallèles. Les résultats obtenus ont été ensuite appliqués à quatre-vingt-dix-neuf autres points.

Les formules calculées par Gauss assignent aux deux pôles les positions suivantes pour l'année 1838 :

Pôle N. latitude $70° 35'$ longit. $262° 01'$ E,
Pôle S.   » $78° 35'$ » $150° 10'$ E;

ils sont loin, comme on voit, de correspondre aux extrémités d'un même diamètre.

Quant à l'axe magnétique vrai, déterminé par la condition que la somme des projections des moments soit un maximum, il est parallèle au diamètre terrestre qui correspond au point de l'hémisphère nord dont la latitude est de $77° 50'$ et la longitude $294° 09'$. Sa direction ne coïncide pas exactement avec la ligne des pôles.

Cette direction est celle pour laquelle le coefficient A_1 a sa valeur maximum (**370**). Quant au moment magnétique de la Terre, il est égal à $a^3 K$. En comparant ce moment à celui d'un barreau d'acier qui pesait environ 500^{gr} et qui avait servi à la détermination absolue du magnétisme terrestre, Gauss a trouvé qu'il est environ 8.10^{21} fois plus grand. Si on suppose la Terre aimantée uniformément, on déduit de ce nombre que le moment magnétique de chaque mètre cube du globe terrestre est le même que celui de huit barreaux comme celui de Gauss. En admettant que l'aimantation du barreau fût aussi uniforme, son intensité d'aimantation serait environ 2200 fois celle du globe terrestre.

110. Le magnétisme terrestre est-il seulement intérieur ? — Remarquons que si les masses agissantes se trouvaient en partie à l'intérieur, et en partie à l'extérieur, le potentiel pourrait être exprimé par la somme de deux séries

$$V = A_1 \left(\frac{a}{r}\right)^2 + A_2 \left(\frac{a}{r}\right)^3 + \cdots + A_n \left(\frac{a}{r}\right)^{n+1} \cdots$$
$$+ B_1 \left(\frac{r}{a}\right)^2 + B_2 \left(\frac{r}{a}\right)^2 + \cdots + B_n \left(\frac{r}{a}\right)^n \cdots$$

la première relative aux masses intérieures, la seconde relative aux masses extérieures. En désignant par V_n le terme général du développement, on aurait donc

$$V_n = A_n \left(\frac{a}{r}\right)^{n+1} + B_n \left(\frac{r}{a}\right)^n ;$$

on en déduit

$$\frac{dV_n}{dr} = - \frac{n+1}{r} A_n \left(\frac{a}{r}\right)^{n+1} + \frac{n}{a} B_n \left(\frac{r}{a}\right)^{n-1} .$$

Pour un point de la surface, on a simplement

$$V_n = A_n + B_n,$$
$$(8) \qquad \frac{dV}{dr} = - \frac{n+1}{a} A_n + \frac{n}{a} B_n.$$

La composante verticale

$$Z = - \frac{dV}{dr} = - \left(\frac{dV_1}{dr} + \frac{dV_2}{dr} + \cdots\right) = -(Z_1 + Z_2 \cdots + Z_n \cdots)$$

a pour terme général

$$(9) \qquad \mathrm{Z}_n = \frac{1}{a}[n\mathrm{B}_n - (n+1)\mathrm{A}_n].$$

Cette équation, combinée à la précédente (8), donne

$$\mathrm{B}_n = \frac{1}{2n+1}[a\mathrm{Z}_n + (n+1)\mathrm{V}_n], \qquad \mathrm{A}_n = \frac{1}{2n+1}[n\mathrm{V}_n - a\mathrm{Z}_n];$$

et on peut séparer ainsi l'effet dû aux masses intérieures de celui que produisent les masses intérieures.

Les calculs de Gauss ayant montré qu'on satisfait aux observations au moyen des seuls coefficients A, il en résulte que les coefficients B sont sensiblement nuls; par suite, aucune part sensible de l'action terrestre ne paraît due aux masses magnétiques extérieures.

111. Influence du Soleil et de la Lune. — Toutefois certaines variations périodiques des éléments du magnétisme terrestre paraissent liées aux mouvements apparents du Soleil et de la Lune, ou dépendre de certains phénomènes accessoires tels que les taches du Soleil. L'influence de ces astres ne paraît donc pas douteuse; tout porte à croire cependant qu'ils n'agissent pas directement, en tant que corps magnétiques, mais que leur influence est indirecte et modifie seulement l'état magnétique du globe terrestre.

Un astre, en effet, quelle que soit la distribution du magnétisme qu'il possède, équivaut, pour les points très éloignés, à un aimant infiniment petit ou à une sphère aimantée uniformément.

Désignons par :

      I l'intensité moyenne d'aimantation de la Terre ;
      R son rayon ;
      I′ l'intensité moyenne d'aimantation d'un astre ;
      R′ son rayon ;
      ϖ' son moment magnétique ;
      D sa distance à la Terre.

L'action de la Terre à l'équateur, où elle est minimum, a pour valeur (**153**)

$$T_e = \frac{\varpi}{R^3} = \frac{4}{3}\pi I.$$

Si l'on suppose que la ligne des pôles de l'astre considéré soit dirigée vers la Terre, ce qui est le cas le plus favorable, la force F_p qu'il exercera sur la Terre sera (**153**)

$$F_p = 2\frac{\varpi'}{D^3} = 2 \cdot \frac{4}{3}\pi I' \left(\frac{R'}{D}\right)^3.$$

Le rapport de l'action polaire de l'astre considéré à l'action équatoriale de la Terre est

$$\frac{F_p}{T_e} = 2\frac{I'}{I}\left(\frac{R'}{D}\right)^3 = \frac{1}{4}\frac{I'}{I}\left(\frac{2R'}{D}\right)^3.$$

Ce rapport est donc proportionnel à l'aimantation de l'astre et au cube de son diamètre apparent.

Le diamètre apparent du Soleil et celui de la Lune sont d'environ 30′, c'est-à-dire plus petits que 0,01, de sorte que l'on a

$$\frac{F_p}{T_e} < \frac{1}{4}\frac{I'}{I}\,10^{-6}.$$

Si ces astres sont aimantés comme la Terre, la variation maximum qu'ils peuvent produire à l'équateur sur la déclinaison est donc inférieure à $\dfrac{10^{-6}}{4}$ ou $\dfrac{1''}{20}$, c'est-à-dire absolument inappréciable. Pour arriver à des variations de 10′, comme celles qu'on observe fréquemment, il faudrait que l'intensité d'aimantation du Soleil et de la Lune fût 12000 fois plus grande que celle de la Terre. Or, l'acier le plus énergiquement aimanté n'a pas une intensité 10000 fois plus grande que celle de la Terre; le Soleil et la Lune devraient donc, pour produire une perturbation de 10′, avoir une aimantation plus énergique que celle des meilleurs barreaux d'acier.

On arriverait aux mêmes conclusions en supposant que la Lune, par exemple, est aimantée par la Terre. Si la Lune est à l'équateur, l'action qu'elle subit de la Terre est

$$f = \frac{4}{3}\pi I \left(\frac{R}{D}\right)^3,$$

et l'intensité d'aimantation a pour valeur

$$I' = kf = \frac{4}{3}\pi I k \left(\frac{R}{D}\right)^3.$$

On en déduit

$$\frac{I'}{I} = k\frac{4}{3}\pi \left(\frac{R}{D}\right)^3 = k\frac{4}{3}\pi \left(\frac{1}{60}\right)^3 = \frac{k}{54000}.$$

Quelque valeur que l'on admette pour le coefficient k, en supposant même qu'on assimile la Lune au fer le plus doux, le rapport des aimantations sera toujours très petit et la réaction de la Lune sur la Terre absolument négligeable. A plus forte raison en serait-il de même pour le Soleil.

CHAPITRE PREMIER

COURANTS ET FEUILLETS MAGNÉTIQUES

412. Expérience d'Œrsted. — Des expériences anciennes sur les décharges électriques avaient montré déjà que le passage d'un courant dans un fil conducteur est capable de modifier le magnétisme d'une aiguille d'acier. Ces phénomènes, auxquels on n'accorda d'abord qu'une attention médiocre, étaient un premier indice des relations qui existent entre l'électricité et le magnétisme. C'est seulement en 1820, à la suite de l'expérience d'OErsted, que l'existence de ces relations a été mise en pleine lumière par les immortels travaux d'Ampère.

Lorsqu'un conducteur rectiligne traversé par un courant est approché d'une aiguille aimantée, l'aiguille est, en général, déviée de sa position d'équilibre. Pour définir dans chaque cas les effets assez complexes qui se manifestent suivant les positions respectives de l'aimant et du courant, Ampère a donné une règle très simple : qu'on suppose un observateur couché dans le fil, de manière que le courant entre par les pieds et sorte par la tête ; l'observateur, tournant la face vers l'aiguille, voit toujours le pôle Nord se porter à sa gauche, que nous appellerons désormais la *gauche du courant*. Si l'aiguille était soustraite à l'action de la Terre et à toute autre action que celle du courant, elle se mettrait en croix avec lui.

413. Champ magnétique d'un courant. — Le fait fondamental qui ressort de l'expérience d'Œrsted est qu'un courant électrique de forme quelconque crée autour de lui un véritable *champ magnétique*.

Ce champ jouit bien des propriétés reconnues d'un champ magnétique ordinaire, car les actions qu'il exerce en un point sur des masses magnétiques égales et de signes contraires sont égales et directement opposées. La force est d'ailleurs proportionnelle à la masse magnétique considérée, car, si l'on met dans le voisinage d'un courant une petite aiguille soumise en même temps à l'action de la Terre, la direction qu'elle prend est indépendante de son moment magnétique ; la résultante des deux forces qui proviennent du champ terrestre et du champ créé par le courant a donc elle-même une direction fixe, et, par suite, ces deux forces gardent entre elles un rapport constant.

L'action du courant change également de signe, sans changer de grandeur, quand on renverse simplement le sens du courant ; ainsi, quand le fil conducteur est replié sur lui-même, les deux portions en contact, qui sont traversées par des courants égaux et de sens contraires, n'ont aucune action sur un pôle d'aimant.

L'existence du champ créé par le courant peut être mise en évidence par le procédé ordinaire des spectres magnétiques. Par exemple, si on répand de la limaille de fer sur une feuille de papier traversée normalement en son milieu par un courant rectiligne, on voit la limaille se distribuer en cercles concentriques à la trace du courant. On en conclut que les lignes de force sont des circonférences dont le centre est l'axe du courant. La force est donc normale en chaque point au plan qui passe par ce point et par le courant ; elle est d'ailleurs dirigée vers la gauche de l'observateur d'Ampère.

Les surfaces de niveau successives autour d'un courant rectiligne sont ainsi formées par une série de plans passant par l'axe du fil et faisant entre eux des angles égaux. Il en est de même au voisinage d'un courant quelconque, de sorte que les surfaces de niveau naissent autour de chaque portion du fil, en faisant entre elles des angles égaux.

444. Action d'un courant rectiligne sur un pôle. — Expériences de Biot et Savart. — Biot et Savart ont déterminé par expérience la grandeur de la force en chaque point. Ils soumettaient à l'action d'un courant vertical une petite aiguille aimantée horizontale placée à diverses distances sur une droite passant par le courant et perpendiculaire au méridien magnétique. Dans ces conditions, la force résultante efficace est la somme de la composante horizontale H du champ terrestre et de la force φ du courant.

On fait d'abord osciller l'aiguille sous l'influence de la Terre seule, puis à des distances a et a' du fil, sous l'influence simultanée de la Terre et du courant. Si on appelle n, N et N' les nombres d'oscillations de l'aiguille en un temps donné t dans ces trois expériences, on a, en désignant par K une constante qui dépend de l'aimantation de l'aiguille et de son moment d'inertie,

$$n^2 = KH,$$
$$N^2 = K(H + \varphi),$$
$$N'^2 = K(H + \varphi').$$

On en déduit

$$\frac{\varphi}{\varphi'} = \frac{N^2 - n^2}{N'^2 - n^2}.$$

Or, l'expérience a montré qu'en employant la méthode des alternatives pour éliminer l'influence des variations d'intensité du courant, on avait toujours

$$\frac{N^2 - n^2}{N'^2 - n^2} = \frac{a'}{a}.$$

Il en résulte $\varphi a = \varphi' a'$, c'est-à-dire que l'action du courant en un point est en raison inverse de la distance.

D'autre part, les expériences relatives à la décharge des batteries, celles de Colladon et de Faraday, en particulier, et les mesures plus précises faites avec le voltamètre, ont montré que l'action magnétique d'un courant est proportionnelle à la quantité d'électricité qui s'écoule pendant l'unité de temps, c'est-à-dire à l'intensité i du courant.

L'action exercée par un courant rectiligne sur une masse magnétique m située à la distance a peut donc être représentée par l'expression

$$(1) \qquad \varphi = \frac{kim}{a},$$

dans laquelle k est un coefficient qui reste à déterminer.

En réalité, l'action observée dans cette expérience, comme dans celle d'OErsted, est toujours celle d'un courant fermé ; mais il est facile de reconnaître que, si la portion rectiligne considérée est suffisamment grande et le reste du courant suffisamment éloigné, cette dernière partie du circuit n'exerce qu'une action insensible et que l'effet observé dépend uniquement de la partie la plus voisine. L'action de la portion rectiligne peut alors être considérée comme égale à celle d'un courant rectiligne indéfini. Il en résulte donc la loi suivante de Biot et Savart :

L'action d'un courant rectiligne indéfini sur un pôle est normale au plan qui passe par le courant et par le pôle, dirigée vers la gauche du courant et en raison inverse de la distance du courant au pôle.

Une expérience plus simple, au moins en théorie, conduirait au même résultat. Qu'on suppose une portion du circuit verticale et un aimant placé d'une manière quelconque sur un appareil mobile autour d'un axe coïncidant avec celui du courant. On constatera que le système mobile reste en repos pour toutes les positions de l'aimant, quels que soient le sens et l'intensité du courant. Il résulte de là que les moments par rapport à l'axe des actions exercées sur les différentes masses de l'aimant ont une somme nulle.

Si m est la masse magnétique située à la distance a de l'axe, on aura donc

$$\Sigma m \varphi a = 0.$$

En supposant l'aimant réduit à deux masses $+ m$ égales et

de signes contraires, situées aux distances a et a' du courant, l'équation se réduit à

$$m(\varphi a - \varphi' a') = 0 \qquad \text{ou} \qquad \varphi a = \text{const}^e,$$

c'est-à-dire, la loi de Biot et Savart.

L'expérience porte avec elle sa vérification, car si on cesse de faire coïncider l'axe de rotation avec l'axe du courant, le système se déplace et tend à tourner dans un sens ou dans l'autre pour atteindre une position d'équilibre.

445. Potentiel d'un courant rectiligne indéfini. — Nous allons démontrer que le champ magnétique d'un courant est défini par un potentiel, c'est-à-dire par une fonction dont les dérivées partielles, par rapport aux axes des coordonnées, représentent les composantes respectives de la force prises en signes contraires.

Dans le cas d'un courant rectiligne, les surfaces de niveau sont des plans passant par le courant. Prenons le courant pour

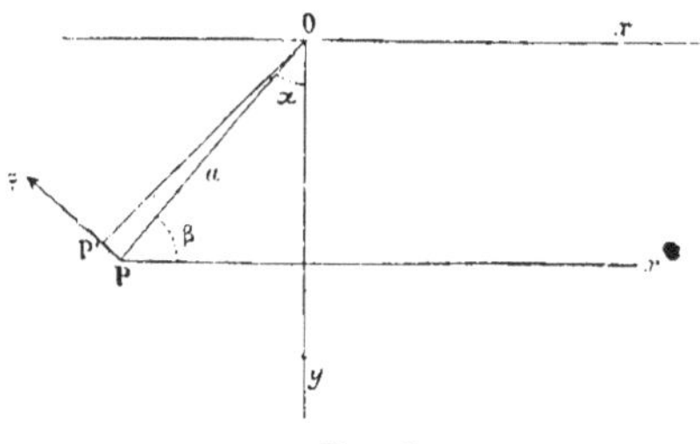

Fig. 96

axe des z et, pour plan des xy, un plan normal au courant passant par le point P (fig. 96). Si on imagine que le courant aille d'avant en arrière de la figure, la force φ en un point P du plan, d'après la règle d'Ampère, est normale à PO et tendrait à faire tourner ce point autour du courant dans le sens des aiguilles d'une montre. Désignons par α l'angle POy. Pour un déplacement très petit, PP', dans le sens de la force, le travail sur une masse positive égale à l'unité serait

$$dT = \varphi \times PP' = \varphi a\, d\alpha = k i\, d\alpha.$$

Comme l'angle β que fait la droite PO avec une parallèle Px' à l'axe des x est complémentaire de α, on peut écrire

$$dT = - ki\, d\beta.$$

Ce travail est égal à la diminution correspondante $-dV$ du potentiel ; on en déduit

$$dV = ki\, d\beta,$$

et, par suite,

$$V = ki\beta + C^{te}.$$

Remarquons que l'angle β est l'angle rectiligne de l'angle dièdre des deux plans menés du point P, l'un par le courant, l'autre parallèle au courant et à l'axe des x ; le double de cet angle β mesure la surface ω du fuseau découpé par le dièdre dans une sphère de rayon égal à l'unité ayant son centre en P ; on peut donc écrire

$$V = \frac{ki}{2}\,\omega + C^{te}.$$

La surface ω n'est autre chose que l'angle solide sous lequel, du point P, on voit le plan des xz indéfini dans un sens et limité de l'autre par le courant, c'est-à-dire la surface apparente de ce plan.

On en conclut que *le potentiel d'un courant rectiligne indéfini en un point est, à une constante près, proportionnel au produit de l'intensité par la surface apparente d'un plan indéfini dans un sens et limité de l'autre par le courant.*

Pour déterminer le signe de cette surface apparente, nous rappellerons que, dans la pratique, le courant rectiligne indéfini fait nécessairement partie d'un circuit fermé et que, si la portion non rectiligne est très éloignée du point P, l'angle sous lequel on voit le circuit entier, que nous pouvons supposer plan, ne diffère que d'une quantité insensible du plan indéfini dont il fait partie. Nous conviendrons d'appeler *face positive* du courant celle qui se trouve à la gauche de l'observateur couché dans le courant et qui regarde vers l'intérieur, *face négative* celle qui se trouve à sa droite, et nous prendrons l'angle ω positif ou négatif suivant que du point P on verra la face positive ou la face négative du courant.

446. Le potentiel d'un courant indéfini n'est pas une simple fonction des coordonnées. — En un point donné, l'angle ω ne donne la valeur du potentiel d'un courant indéfini qu'à une constante près. Il est facile de voir quelle est la signification de cette constante. Supposons que la masse positive égale à l'unité considérée au point P (fig. 96) décrive une circonférence autour du point O dans le sens de la force et revienne à sa position primitive. L'angle ω a repris la même valeur, mais la force φ a effectué un travail $\varphi . 2\pi a$, c'est-à-dire $2\pi ki$ ou $4\pi \dfrac{ki}{2}$, et cette masse a traversé le plan du courant par la face négative. Pour n tours de la masse, ce travail serait égal à $4\pi n \dfrac{ki}{2}$, et le potentiel aurait diminué de la même quantité $-4\pi n \dfrac{ki}{2}$.

D'autre part, l'expression $\dfrac{ki}{2}\omega$ est le travail qu'il faudrait dépenser contre les forces magnétiques pour amener cette masse de l'infini au point P sans traverser le plan du courant.

Si donc, par analogie avec les propriétés des feuillets magnétiques, on appelle potentiel en un point le travail nécessaire pour y amener de l'infini une masse magnétique positive égale à l'unité, ce potentiel a pour expression

$$(2) \qquad V = \frac{ki}{2}\omega - 4\pi n \frac{ki}{2} = \frac{ki}{2}(\omega - 4\pi n).$$

Le potentiel magnétique du courant en un point P n'est donc pas une simple fonction des coordonnées, mais une fonction ayant une infinité de valeurs qui diffèrent les unes des autres d'un multiple de $4\pi \dfrac{ki}{2}$, c'est-à-dire du travail qui correspond à la rotation complète autour du courant d'une masse magnétique égale à l'unité. Cette propriété peut être facilement généralisée.

447. Potentiel d'un courant angulaire. — Considérons deux courants rectilignes indéfinis AA' et BB' (fig. 97) de même intensité, situés dans le même plan et marchant dans les directions indiquées par les flèches. Soit Q la projection du pôle P sur ce plan. Le potentiel en P du courant AA' est proportionnel à la surface apparente du plan AA'X ; celui de BB' est proportionnel à la surface apparente du plan BB'X.

Avec le sens actuel des courants, et en supposant que leurs plans s'étendent indéfiniment vers la droite, ces deux surfaces apparentes doivent être prises en signes contraires, et le potentiel résultant est proportionnel à leur différence. Or, la

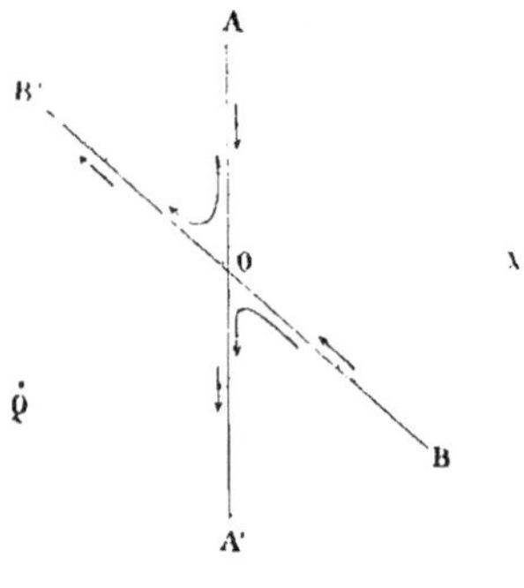

Fig. 97

partie commune AOBX disparaît : le potentiel est donc proportionnel à la surface apparente de l'angle BOA' diminuée de la surface apparente de l'angle AOB'.

D'un autre côté, le système des deux courants indéfinis est identique à celui des deux courants angulaires BOA' et AOB' dont le premier tourne en avant sa face positive, et le second sa face négative.

On peut donc dire que le potentiel en un point P d'un courant angulaire tel que BOA' est proportionnel à sa surface apparente, à une fonction près des coordonnées du sommet de l'angle, fonction dont le signe dépend du signe de la surface tournée vers le point et qui disparaîtra, du reste, dans les applications.

418. Potentiel d'un courant triangulaire. — Supposons en outre qu'il existe dans le même plan un troisième courant CC' (fig. 98) identique aux premiers, et formant avec eux un triangle *abc*.

Le potentiel en P des deux premiers est proportionnel à la surface apparente de l'angle B*c*A', moins celle de l'angle A*c*B'. Le potentiel du courant CC' est proportionnel à la surface apparente du plan CC'X prise avec le signe . Si l'on ajoute l'effet des trois courants, la partie commune B*ab*A' disparaît et il reste finalement dans l'expression du potentiel la surface

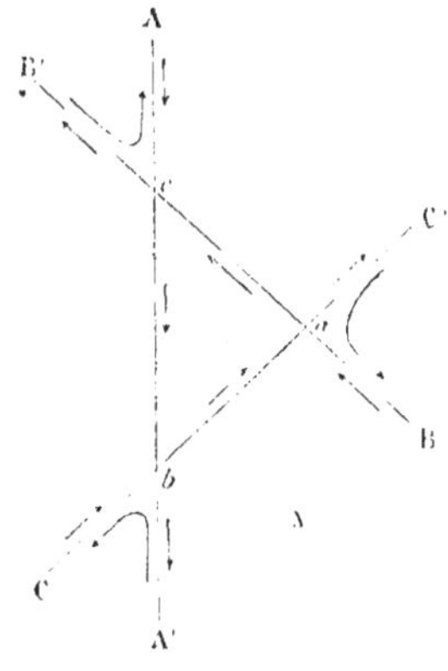

Fig. 98

apparente du triangle *abc* et celles des angles extérieurs A*c*B', C*b*A' et B*a*C', ces dernières étant prises toutes trois négativement.

Ajoutons au système trois courants angulaires de même intensité, figurés par les flèches courbes ; ils introduiront dans le potentiel les surfaces apparentes des mêmes angles, prises cette fois positivement, de sorte qu'il ne restera plus que la surface apparente du triangle. Il ne reste aussi de tous les courants que celui qui circule autour du triangle, puisque chacune des lignes extérieures est parcourue par des courants égaux et de signes contraires.

Ainsi *le potentiel en un point P d'un courant fermé triangulaire est proportionnel, à une constante près, à la surface appa-*

rente du triangle entouré par le courant, ou à l'angle solide sous lequel on voit le triangle du point P.

En désignant cet angle solide par ω on a donc

$$V = \frac{ki}{2}\omega + C''.$$

Le théorème s'applique évidemment à un quadrilatère quelconque; en effet, on peut toujours diviser le quadrilatère en deux triangles et supposer qu'il existe le long de la diagonale deux courants égaux et de sens contraires. Par cette addition, on ne change rien au système électrique, et on transforme le courant donné en deux courants triangulaires, présentant du même côté leurs faces positives. Le potentiel est donné par la somme des deux angles apparents des triangles ou par l'angle apparent du quadrilatère.

149. Potentiel d'un courant fermé quelconque. — Par le contour d'un courant fermé nous pouvons mener une surface quelconque et supposer cette surface divisée par deux systèmes de lignes en un nombre quelconque de quadrilatères et de triangles infiniment petits à côtés rectilignes. Si on suppose les contours de chacune de ces figures élémentaires parcourus par des courants de même intensité et de même sens que le courant principal, on obtiendra un système de courants fermés, qui sera équivalent au courant donné, puisque chacune des lignes intérieures est parcourue par deux courants égaux et de signes contraires et que les seules portions efficaces sont celles qui forment par leur ensemble le courant donné. Tous les courants élémentaires ayant leurs faces positives tournées dans le même sens, le potentiel du système est proportionnel à la somme des surfaces apparentes des courants élémentaires. c'est-à-dire à la surface apparente du courant proposé.

Donc, *le potentiel en un point* P *d'un courant fermé quelconque est donné, à une constante près, par l'angle solide sous lequel du point* P *on voit le contour du courant.*

150. Équivalence d'un courant fermé et d'un feuillet magnétique. — Théorème d'Ampère. — Soit ω la valeur de l'angle solide sous lequel du point P on voit le contour du courant, on a, d'après le théorème qui précède,

$$(3) \qquad V = \frac{ki}{2}\omega + C^{te}.$$

Pour un feuillet magnétique de puissance Φ, qui serait terminé au même contour, on aurait (**329**)

$$V = \Phi\omega.$$

Les deux potentiels seront donc égaux, à une constante près, si l'on a

$$(4) \qquad \frac{ki}{2} = \Phi = 1,$$

le symbole 1 étant une nouvelle expression de l'intensité du courant définie par cette condition même et que nous appelons l'*intensité électromagnétique*.

Les potentiels du courant et du feuillet pour lesquels $1 = \Phi$ ne sont pas absolument identiques, mais ils ne diffèrent que par une constante et leurs coefficients différentiels sont les mêmes. Par suite, les actions exercées par le courant et par le feuillet sont les mêmes pour chaque point du champ. Nous sommes ainsi conduits au célèbre théorème d'Ampère :

L'action magnétique d'un courant fermé est égale à celle d'un feuillet magnétique de même contour.

Les faces positives du courant et du feuillet se correspondent et sont à la gauche de l'observateur placé dans le courant et qui regarde vers l'intérieur du circuit.

Nous avons déduit ce théorème important de l'expérience de Biot et Savart, mais on pourrait le considérer comme un fait expérimental, vérifié par toutes ses conséquences, et l'accepter comme point de départ pour en déduire toutes les propriétés magnétiques des courants.

451. Remarques sur l'équivalence d'un courant fermé et d'un feuillet magnétique. — Il est important d'insister sur les conditions d'équivalence du courant et du feuillet. Nous avons vu qu'avec le feuillet, la force n'est pas une fonction continue des coordonnées : elle est constante dans l'intérieur du feuillet

et change de signe au moment où l'on traverse l'une des surfaces ; les lignes de force émanent de part et d'autre de la face
positive et sont absorbées par la face négative. Ces changements brusques n'existent pas dans le cas du courant fermé :
la force est une fonction continue des coordonnées et les
lignes de force sont des courbes fermées qui ne touchent pas
le circuit et ne rencontrent aucune masse agissante. On conçoit qu'il puisse en être ainsi sans contradiction ; car le feuillet
équivalent au courant est assujetti à la seule condition d'être
limité au même contour, et on peut supposer, lorsqu'une
masse magnétique se déplace dans le voisinage d'un courant,
que le feuillet équivalent se déforme constamment et fuit devant elle sans être jamais rencontré.

L'analogie des deux systèmes devient plus étroite si au lieu
de considérer la force magnétique d'un feuillet on considère
l'induction. Nous savons, en effet (**324**), que l'induction magnétique est une fonction continue des coordonnées, que le
flux d'induction se conserve dans toute l'étendue d'un canal
orthogonal, et que la force et l'induction magnétiques ont
la même valeur pour tout point situé en dehors des milieux
aimantés. En particulier, l'induction magnétique dans l'é-
paisseur d'un feuillet est identique à la force qui s'y produirait si le feuillet, tout en conservant le même contour et la
même puissance magnétique, était déformé de manière à ne
plus comprendre le point considéré, et cette force est égale à
celle d'un courant équivalent qui suivrait le contour. Il en
est évidemment de même pour un ensemble quelconque de
courants ; d'où l'on déduit cette loi générale :

*Un système quelconque de courants fermés équivaut à un
système magnétique, et l'action des courants en un point est
identique à l'induction au même point du système magnétique
équivalent.*

**152. Énergie relative d'un système magnétique et d'un cou-
rant.** — Le potentiel d'un courant en un point P est, à une
constante près, égal à $-I\omega$, si l'on désigne par ω l'angle solide
sous lequel on voit la face négative du courant. Le produit
$-mI\omega$ est le travail qu'on dépenserait pour amener depuis
l'infini jusqu'en ce point une masse magnétique égale à m sans

traverser une surface continue limitée au courant. L'énergie
potentielle de la masse m au point P est donc, à une constante
près, égale à $-ml\omega$.

Si, pour arriver au point P, cette masse a traversé n fois la
surface du courant en entrant par la face positive, il a fallu
chaque fois dépenser un travail $ml4\pi$; le travail total est alors

$$ml\,(4\pi n - \omega).$$

Inversement, si la masse est abandonnée à elle-même, elle
tend à tourner indéfiniment autour du courant et dépense à
chaque tour une énergie égale à $m.4\pi l$.

Cette continuité de mouvement n'est pas possible avec deux
systèmes magnétiques, parce que le potentiel est alors une
fonction déterminée des coordonnées : elle serait d'ailleurs
incompatible avec le principe de la conservation de l'énergie.
Dans le cas des courants le mouvement peut être continu,
parce qu'il intervient nécessairement dans le phénomène une
énergie étrangère, telle que celle des actions chimiques qui
s'effectuent dans les piles.

Si l'on appelle encore Q le flux de force du système magnétique qui traverse la surface du courant en entrant par la face
négative, l'énergie relative des deux systèmes a pour expression, à une constante près,

$$(5) \qquad\qquad W = -IQ.$$

Lorsque le système magnétique est abandonné à lui-
même, le travail $d\mathrm{T}$ des forces magnétiques pour un déplacement infiniment petit quelconque est égal et de signe contraire à la variation d'énergie et on a

$$d\mathrm{T} + d\mathrm{W} = 0,$$

ou

$$d\mathrm{T} = Id\mathrm{Q}.$$

Le mouvement du système a donc lieu de telle façon que
la valeur de Q tende vers un maximum.

Pour deux positions successives caractérisées par les indices 1 et 2, le travail sera, à une constante près,

$$T_1^2 = I(Q_2 - Q_1).$$

Il est important, en effet, de remarquer que d'une manière générale la différence $Q_2 - Q_1$ ne dépend pas seulement des positions finale et initiale du système magnétique, mais aussi du chemin suivi par chaque masse; car il faudrait ajouter le terme $m.4\pi I$ au travail de toutes celles qui auraient contourné l'une des branches du courant. Si un aimant uniforme long et flexible, par exemple, était placé au voisinage d'un courant, le pôle positif tournerait indéfiniment autour du courant dans un sens, le pôle négatif en sens contraire.

Toutefois, si le contour du courant est rigide, ainsi que le système magnétique, toutes les masses qui constituent l'aimant exécutent nécessairement le même nombre n de révolutions et dans le même sens, et le travail correspondant est égal à $n.4\pi I\sum m$. Comme la masse totale d'un aimant est toujours nulle, le travail relatif à un déplacement quelconque ne dépend que des positions initiale et finale et non du chemin parcouru; dans ce cas, le travail est nul lorsque l'aimant revient à sa position primitive.

Il est donc impossible d'obtenir le mouvement continu d'un aimant par un courant qui traverse un circuit rigide ; l'action réciproque des deux systèmes est alors identique à celle de deux aimants. Les valeurs maximum et minimum du flux de force Q correspondent à des positions d'équilibre relatif, stables dans le premier cas et instables dans le second. Le mouvement peut être continu, au contraire, si le circuit est déformable, s'il contient, par exemple, des parties liquides, des contacts glissants, ou s'il peut être brisé en certains points pendant que l'aimant se déplace.

153. Action réciproque de deux courants fermés. — Un courant fermé et un feuillet, équivalents vis-à-vis d'un système magnétique quelconque, le sont-ils encore vis-à-vis d'un autre courant? Ainsi, le courant C_1 et le feuillet S_1 de même contour sont équivalents vis-à-vis du système magnétique M_2 ;

supposons que ce système magnétique soit un feuillet S_2 ;
l'action réciproque qui s'exerce entre S_1 et S_2 est identique à
celle qui s'exerce entre S_1 et le courant C_2 équivalent à S_2 ;
mais cette dernière action est-elle la même que celle qui
s'exercerait entre les deux courants C_1 et C_2 ? L'affirmative
paraît probable ; mais ce n'est là qu'une induction et il serait
facile de trouver des exemples pour lesquels le même mode
de raisonnement conduirait à des conséquences manifeste-
ment erronées. Ainsi, dans des conditions convenablement
choisies, il peut se faire que les actions exercées sur un aimant par un aimant et par un morceau de fer doux soient les
mêmes ; on n'en saurait conclure que le fer doux et l'aimant seraient encore équivalents vis-à-vis d'un autre morceau de fer doux.

C'est donc comme un résultat expérimental, et non comme
une déduction nécessaire de la théorie, que nous admettrons le
théorème suivant d'Ampère :

*L'action réciproque de deux courants fermés est identique à
celle des deux feuillets magnétiques respectivement équivalents
à chacun d'eux.*

154. Énergie relative de deux courants. — L'énergie potentielle de deux feuillets magnétiques a pour valeur (**341**)

$$W = - \Phi \Phi' M.$$

D'après le théorème d'Ampère, celle de deux courants fermés
sera exprimée, à une constante près, par la formule

$$(6) \qquad W = - II'M,$$

dans laquelle I et I' sont les intensités des deux courants, et M
le flux de force qui, émanant de l'un des circuits, traverse
l'autre par sa face négative, lorsque l'intensité dans chacun
d'eux est égale à l'unité.

Le travail dT des forces magnétiques correspondant à un
déplacement infiniment petit sera donné par l'équation

$$(7) \qquad dT = - dW = - II'dM.$$

455. Rotations électromagnétiques. — Nous avons vu (**452**
que l'action réciproque d'un aimant et d'un courant rigide ne
peut pas produire un mouvement continu. Il en serait de
même pour deux courants rigides, mais l'impossibilité cesse
si l'un des systèmes est déformable, et les considérations qui
précèdent permettent d'expliquer simplement la plupart des
expériences de cette nature.

Considérons, par exemple, un courant indéfini rectiligne
dont la trace est en O (fig. 99), et un aimant PP′ dont l'un des
pôles P′ est assujetti à se déplacer dans une glissière AB perpendiculaire au courant, tandis que l'autre pôle P peut décrire une circonférence autour du courant, grâce à un contact
mobile qui lui livre le passage à chaque tour. Le pôle P tour-

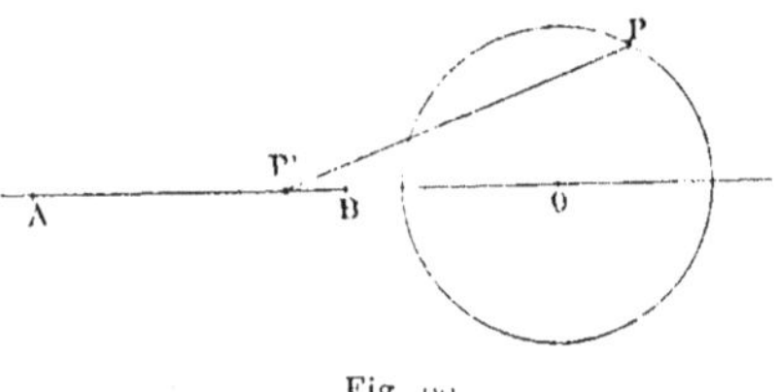

Fig. 99

nera indéfiniment autour du courant et, abstraction faite des
frottements, sa vitesse ira en s'accélérant, parce que l'action
magnétique du courant fournit à chaque rotation un travail
égal au produit de $4\pi I$ par la masse du pôle. En réalité il s'é-
tablit un régime régulier, à partir du moment où les résistances
passives font équilibre à la force motrice. Nous verrons plusieurs exemples de mouvements continus du même genre dans
un des chapitres suivants.

L'action d'un courant sur lui-même peut donner lieu aussi
à des déformations ou à des mouvements continus.

Soit ACB (fig. 100) une portion d'un circuit mobile autour
d'un axe passant par les deux points A et B par lesquels elle
se rattache au circuit général. On peut imaginer que la ligne
AB est parcourue par deux courants de sens contraires, de
même intensité que le courant lui-même, et décomposer
ainsi le système en deux circuits fermés distincts s et s′.

S'il n'existe pas dans le champ d'autres forces que celles
qui proviennent de ces deux circuits, l'énergie relative des
deux courants est

$$W = -I'M.$$

Comme l'énergie tend vers un minimum, la partie mobile
se déplacera de façon que le flux de force M soit maximum.

Si les deux contours s et s' sont plans, il est clair que la
partie mobile s se placera dans le plan s' de manière à en

Fig. 100

former le prolongement ; on le voit d'une manière évidente
par l'action qu'exerceraient l'un sur l'autre les deux feuillets
magnétiques équivalents.

Si le circuit général est formé d'un fil flexible d'une longueur déterminée, l'action du courant sur lui-même tendra
à lui donner une surface maximum, c'est-à-dire à lui faire
prendre la forme d'une circonférence de cercle.

Si le fil est élastique, il s'allongera jusqu'à ce que l'élasticité fasse équilibre aux forces électromagnétiques.

456. Expériences de Faraday. — Dans certains cas la formule fondamentale

$$W = -IQ$$

paraît en défaut, des mouvements continus pouvant être produits, alors que le flux de force qui traverse le circuit mobile semble nul ou invariable.

Considérons, par exemple, un arc ACB de courbe plane (fig. 101), mobile autour d'une droite AB passant par l'axe d'un aimant PP', l'une des extrémités étant placée entre les deux pôles et l'autre en dehors, et supposons qu'un courant aille du point A au point B par l'arc ACB. Le flux de force magnétique émanant du pôle P qui traverse la portion ACB du circuit paraît nul puisque le pôle est dans le plan du circuit et, d'ailleurs, l'arc ACB paraît dans tous les azimuts avoir une situation identique

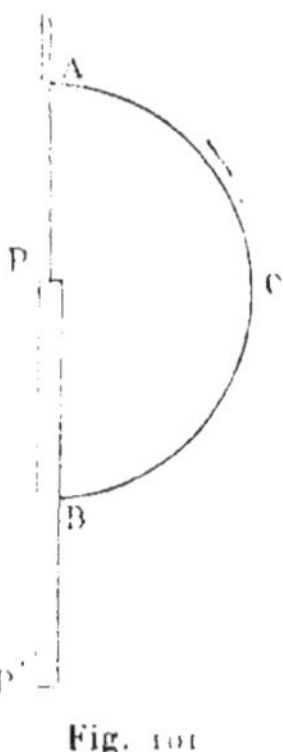

Fig. 101

par rapport au pôle. Cependant l'arc ACB prend un mouvement de rotation continu qui, si le pôle P est un pôle Nord, le fait tourner, pour un observateur placé au-dessus du point A, dans le sens des aiguilles d'une montre.

Pour analyser le phénomène, substituons au courant le feuillet équivalent; nous pouvons supposer que la partie mobile de ce feuillet est constituée par une lame élastique indéfiniment extensible, qui forme en arrière du pôle une surface concave et présente au pôle sa face négative. Cette surface tendant à embrasser une plus grande portion du flux marchera dans le sens indiqué et le mouvement sera continu, le feuillet élastique pouvant s'enrouler sur lui-même indéfiniment.

La variation du flux de force pour une rotation θ du plan du courant sera égale à $2m\theta$; le travail des forces électromagnétiques relativement à ce pôle sera $2ml\theta$ pour le déplacement θ et, pour un tour entier, $4\pi ml$.

Le moment du couple de rotation par rapport à l'axe est donc exprimé par

$$\frac{4\pi ml}{2\pi} = 2ml;$$

il est à remarquer que ce moment est indépendant de la grandeur et de la forme de l'arc.

Quant à l'action du pôle inférieur P′, elle est évidemment nulle ; car une portion quelconque du flux de force émané de ce point et qui rencontre le feuillet le traverse nécessairement deux fois, en entrant d'abord par la face positive, puis par la face négative ; il ne peut y avoir, de ce chef, aucune variation d'énergie et, par suite, aucune cause de mouvement.

Si les deux pôles étaient en dehors de la ligne AB qui joint les extrémités du courant mobile, l'action de chacun d'eux serait nulle, et il n'y aurait pas de rotation. De même, si les deux pôles étaient dans l'intervalle AB, la variation totale du flux de force relative à un déplacement quelconque de l'arc serait nulle, puisque les deux pôles donneraient des variations égales et contraires. L'arc doit encore rester immobile.

Ces différentes expériences sont dues à Faraday.

457. Autre forme de l'expression du travail électromagnétique. — Dans l'exemple précédent, le travail $2ml\theta$ correspondant à une rotation θ est égal au produit de *l'intensité du courant par le flux de force coupé par l'arc ACB dans le déplacement.* Il est facile de généraliser l'expression du travail sous cette nouvelle forme.

Considérons, en effet, un système magnétique fixe dans le champ duquel un courant éprouve un déplacement ou une déformation quelconque. Soient s et s' les deux positions successives du courant (fig. 102), et Q et Q′ les flux de force du système magnétique qui traversent la face négative dans les deux cas. Le travail correspondant des forces électromagnétiques est $I(Q'-Q)$.

Menons deux plans P et P′ tangents aux deux positions du circuit; joignons les points de contact AA′ et BB′, et désignons par Q_1 et Q_2 les flux correspondant aux surfaces A'ACBB'C' et A'ADBB'D'. On a évidemment

$$Q' \quad Q = Q_2 - Q_1.$$

Mais Q_2 est le flux de force coupé par l'arc BDA, Q_1 le flux coupé par l'arc ACB pendant le déplacement ; on peut donc dire que le travail des forces électromagnétiques est égal à l'excès du flux coupé par l'une des portions de circuit sur le flux coupé par l'autre. Si les forces traversent le plan de figure d'avant en arrière, les valeurs des flux sont positives pour le sens du courant indiqué par la flèche.

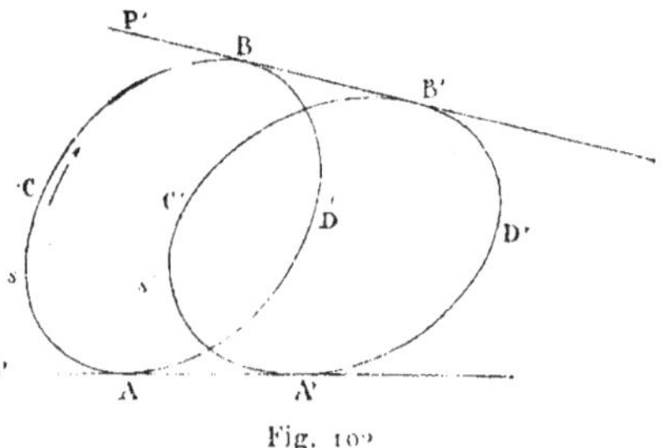

Fig. 102

Pour les éléments de la courbe ACB le mouvement a lieu à la droite d'un observateur qui serait placé dans le courant et regarderait dans la direction de la force, et le flux de force coupé entre avec le signe — dans l'expression du travail. Pour la courbe BDA le mouvement a lieu vers la gauche et le flux de force coupé se trouve pris avec le signe +.

Si l'on convient de donner le signe + au flux de force coupé par le circuit quand le mouvement a lieu vers la gauche de l'observateur et le signe — quand il a lieu vers la droite, on peut dire que le travail total est égal à la somme algébrique des flux de force coupés par le courant.

158. Action électromagnétique sur un élément de courant. — Nous sommes ainsi amenés à considérer l'action qui s'exerce sur un courant comme résultant des actions qui s'exercent sur chacun des éléments dans lequel on peut le supposer décomposé : c'est le même problème que pour un feuillet magnétique (**311**). Pour appliquer le résultat obtenu aux courants, il suffit de remplacer la puissance magnétique du feuillet par l'intensité du courant, et la force qui s'exerce sur chaque élément a pour expression

$$(8) \qquad \mathrm{I}F\,ds \sin \alpha = \mathrm{I}\,dA,$$

dA étant l'aire du parallélogramme construit sur $F\,ds$. Ainsi :

L'action qui s'exerce sur un élément de courant placé dans un champ magnétique est égale au produit de l'intensité du courant par l'aire du parallélogramme construit sur une droite représentant l'intensité du champ et sur l'élément de courant. Cette force est normale au parallélogramme et dirigée vers la gauche de l'observateur placé dans le courant et qui regarde dans la direction de la force.

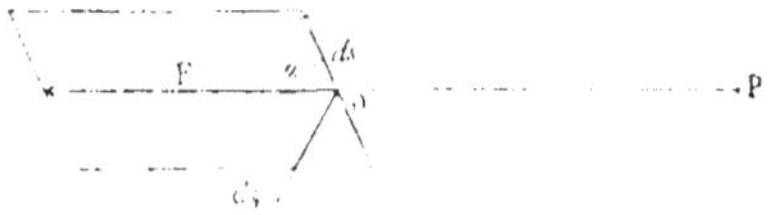

Fig. 103

Si le champ est dû à un pôle unique de masse m placé en P (fig. 103) à une distance r de l'élément, on a $F \dfrac{m}{r^2}$: il en résulte que l'action réciproque d'un élément de courant et d'un pôle a pour expression

$$(9) \qquad d\varphi = \frac{m\mathrm{I}}{r^2}\,ds \sin \alpha.$$

L'action est donc en raison inverse du carré de la distance du pôle à l'élément; elle est appliquée à l'élément et perpendiculaire au plan qui passe par l'élément et par le pôle.

459. Action réciproque de deux éléments de courant. — Nous avons vu (**317**) que l'action de deux feuillets peut s'exprimer en fonction des deux contours. L'action de deux courants peut donc être considérée comme la résultante des actions exercées entre les éléments de courant qui les constituent.

Cette action élémentaire $d^2\varphi$ n'est pas déterminée, mais, si l'on admet qu'elle a lieu suivant la droite qui joint les deux éléments, elle a pour expression

$$d^2\varphi = -\frac{4\, \mathrm{II}'\, ds\, ds'}{\sqrt{r}}\, \frac{\partial^2 \sqrt{r}}{\partial s\, \partial s'}.$$

En appelant θ et θ' les angles des deux éléments avec la droite qui les joint et ε l'angle que font entre eux les deux éléments, on obtient

$$(10) \qquad d^2\varphi = +\frac{2\,\mathrm{II}'}{r^2}\left\{ \cos\varepsilon - \frac{3}{2}\cos\theta\cos\theta' \right\} ds\, ds'.$$

Les formules (9) et (10) représentent les lois élémentaires découvertes par Ampère.

La méthode suivie par Ampère pour arriver à ce résultat était toute différente, elle fera l'objet du chapitre suivant.

160. Intensité électromagnétique du courant. — Nous avons défini jusqu'ici l'intensité du courant par la quantité d'électricité qui passe par une section de circuit dans chaque unité de temps. L'intensité ainsi définie est appelée l'*intensité électrostatique*; elle peut être déterminée par des mesures de capacités et de potentiels ou par les phénomènes électrochimiques. L'intensité électromagnétique, introduite plus haut (**150**), se trouve définie par la condition d'être exprimée par le même nombre que la puissance magnétique du feuillet de même contour qui lui est équivalent. On en déduit

$$(11) \qquad \mathrm{I} = \frac{ki}{2}.$$

Nous verrons plus loin quelle est la signification de ce facteur $\dfrac{k}{2}$.

Avec la nouvelle expression de l'intensité, l'action d'un courant rectiligne indéfini à la distance a devient

$$(12) \qquad \frac{2\mathrm{I}}{a}.$$

Par suite, l'intensité électromagnétique égale à l'unité est celle du courant rectiligne indéfini qui exerce à l'unité de distance une force magnétique égale à 2.

461. Unités électromagnétiques. — Ce changement dans l'expression de l'intensité amène nécessairement des modifications correspondantes dans l'évaluation des autres quantités électriques. Si l'on veut que l'intensité représente toujours la quantité d'électricité qui traverse une section du conducteur dans l'unité de temps, l'équation

$$Q = It$$

déterminera Q et par suite l'unité d'électricité.

Si le courant ne produit pas d'autre travail que l'échauffement du circuit, la loi de Joule déterminera l'expression de la résistance, et par suite l'unité de résistance, par la relation

$$W = I^2 R t,$$

dans laquelle W représente l'énergie calorifique recueillie pendant le temps t.

Enfin, la force électromotrice sera donnée par l'équation

$$W = E I t.$$

Les unités ainsi définies et qu'on appelle *unités électromagnétiques* sont celles que nous emploierons dans les chapitres suivants. Nous établirons plus loin les relations qui existent entre elles et les *unités électrostatiques*.

CHAPITRE DEUXIÈME

ACTIONS ÉLÉMENTAIRES

462. Méthode d'Ampère. — La marche que nous venons de suivre est, pour ainsi dire, l'inverse de celle qui a conduit Ampère à la loi des actions élémentaires. L'importance du sujet et l'intérêt que présentent les raisonnements et les expériences d'Ampère justifieront le nouvel exposé que nous allons faire de la question d'après les idées de l'illustre physicien.

Ampère considère les actions exercées par les courants, sur les aimants ou sur les courants, comme la résultante des actions dues à chacun des éléments de longueur dans lesquels on peut décomposer le courant, et il cherche à déduire de l'expérience la loi de ces actions élémentaires.

Si on examine jusqu'à quel point une loi élémentaire, ainsi définie, est directement accessible à l'expérience, on voit qu'à la rigueur il est possible d'étudier l'action d'un seul pôle sur un élément de courant, en opérant avec un aimant solénoïdal assez long pour qu'on puisse négliger l'action de l'autre pôle et une portion du courant rendue mobile aussi petite qu'on le voudra ; mais il n'en est plus de même lorsqu'on envisage l'action d'un élément de courant sur un pôle ou l'action réciproque de deux éléments de courant. Sur un élément de courant rendu mobile, comme sur un pôle, on ne peut faire agir que le circuit entier du courant ou, dans tous les cas, un *courant fermé*.

La recherche d'une loi élémentaire, à la manière dont Ampère envisage le problème, répond donc, au moins dans le second cas, à une conception purement mathématique ; mais la méthode n'en est pas moins légitime tant qu'on se propose seulement de déterminer l'action résultante du circuit tout entier, la loi élémentaire étant alors soumise à la seule condition que l'intégrale relative à un circuit fermé donne un résultat conforme à l'expérience. Mais il est évident aussi que le problème ainsi posé n'est pas complètement déterminé et qu'il peut y avoir plusieurs lois élémentaires satisfaisant à cette condition fondamentale.

463. Action d'un pôle sur un élément de courant. — Principes fondamentaux. — Dans l'exposé de sa méthode, Ampère s'appuie sur les principes suivants qui peuvent être considérés, les uns comme des axiômes évidents, et les autres comme des faits d'expérience.

I. *Égalité de l'action et de la réaction.* — L'action d'un aimant sur un courant est égale et directement opposée à l'action du courant sur l'aimant. Cette loi générale de la nature se vérifie par expérience dans le cas actuel, car si on lie un aimant et un courant, le système rendu libre ne prend aucun mouvement.

II. *L'action change de signe avec le signe du pôle et avec le sens du courant.* — Ce fait est un résultat d'expérience. L'action reste la même quand on change à la fois le signe du pôle et le sens du courant.

III. *Principe des courants sinueux.* — L'action d'un courant sinueux sur un aimant est identique à celle du courant rectiligne qui aurait les mêmes extrémités.

Pour vérifier ce principe, Ampère a montré que deux fils conducteurs aboutissant aux mêmes extrémités, l'un rectiligne et l'autre sinueux, ont une action nulle sur un aimant quelconque quand ils sont traversés en sens contraires par le même courant.

Quelques restrictions sont ici nécessaires : le courant sinueux doit être de même ordre de grandeur que le courant rectiligne, et s'en écarter très peu ; il ne faut pas non plus qu'il tourne autour du courant rectiligne. On ne se servira d'ailleurs de ce principe que pour remplacer un élément par ses trois projections.

IV. *L'action d'un aimant quelconque et, par suite, d'un pôle sur un élément de courant est normale à l'élément.*

Ampère a vérifié ce principe de la manière suivante. Un arc de cercle métallique mobile autour d'un axe passant par son centre et perpendiculaire à son plan peut glisser sur deux gouttes de mercure par lesquelles entre et sort le courant qui le traverse. Un aimant quelconque placé dans le voisinage laisse l'arc immobile. L'action de l'aimant est donc située dans un plan qui passe par l'axe de rotation et, par suite, perpendiculaire au courant mobile. L'arc se met d'ailleurs en mouvement sitôt que l'axe cesse de passer par le centre.

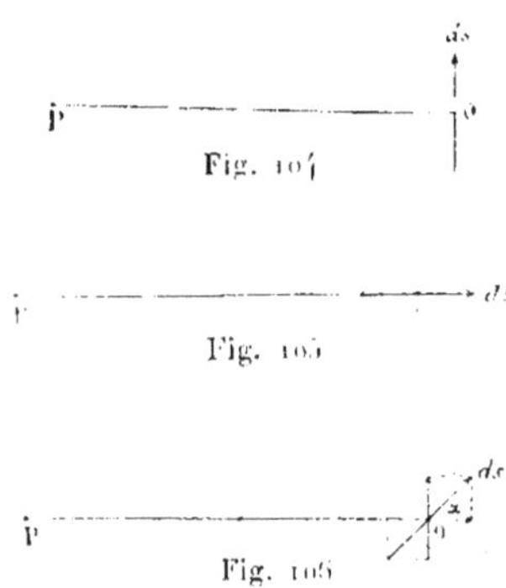

Fig. 104

Fig. 105

Fig. 106

V. *L'action d'un aimant sur un élément de courant est appliquée à l'élément.* — Cela résulte de l'expérience suivante due à M. Liouville. Une portion de courant rectiligne est rendue mobile autour de son axe ; à cet effet, elle plonge par ses extrémités dans deux petits godets remplis de mercure et qui amènent le courant. L'élément rectiligne ne prend aucun mouvement de rotation, de quelque manière qu'on lui présente un aimant.

VI. *Principe de symétrie.* — L'application du principe de symétrie achèvera de déterminer la direction de la force.

On voit d'abord que :

1° L'action d'un pôle sur un élément de courant, perpendiculaire à la droite qui le joint au pôle, est normale au plan qui passe par le pôle et par l'élément. Joignons le pôle P au milieu O de l'élément ds (fig. 104). Nous savons déjà que l'action est perpendiculaire à l'élément. Elle est également perpendiculaire à la droite PO, car si on fait tourner la figure de 180° autour de cette droite, la force doit changer de signe sans changer de direction (II);

2° L'action d'un pôle sur un élément de courant dont la direction prolongée passe par le pôle est nulle. Cette action doit être perpendiculaire à l'élément ds (fig. 105); d'autre part, elle ne doit pas changer de direction quand on fait tourner l'élément d'une quantité quelconque autour de la droite PO; elle est donc nulle.

Soit maintenant un élément ds (fig. 106) qui fait un angle α avec la droite qui le joint au pôle; on peut remplacer l'élément de courant ds par ses deux projections $ds\cos\alpha$ et $ds\sin\alpha$, l'une suivant la droite PO, l'autre dans une direction perpendiculaire.

L'action du pôle sur la première est nulle; il ne reste donc que l'action du pôle sur $ds\sin\alpha$. Cette dernière est proportionnelle, comme on l'a vu, à la masse m du pôle, à l'intensité i du courant; elle est aussi proportionnelle à la longueur $ds\sin\alpha$ de l'élément, et enfin à une certaine fonction de la distance $f(r)$. On peut donc écrire, en appelant $d\varphi$ cette force et k un coefficient qui reste à déterminer par expérience,

$$d\varphi = mkids\sin\alpha f(r).$$

La force est d'ailleurs appliquée à l'élément et normale au plan Pds. Quant à sa direction, elle est à la droite du courant, c'est-à-dire à la droite d'un observateur couché dans l'élément et qui regarde le pôle, puisque l'action de l'élément sur le pôle s'exerce dans le sens opposé.

VII. *Loi de Biot et Savart.* — Les expériences de Biot et Savart (**411**) ont établi que l'action magnétique d'un courant rectiligne sur un pôle est en raison inverse de la distance du courant au pôle.

Suivant une remarque de Laplace, on satisfait à cette loi si l'on admet que *l'action d'un pôle sur un élément de*

courant est en raison inverse du carré de la distance, c'est-
à-dire si l'on a $f(r) = \dfrac{1}{r^2}$. On peut démontrer réciproquement
que la loi du carré est la seule qui satisfasse aux expériences
de Biot et Savart.

Considérons, en effet, deux courants rectilignes parallèles,
indéfinis et de même intensité AS et A′S′, à des distances
a et a' du pôle P (fig. 107). Pour deux éléments ds et ds' com-

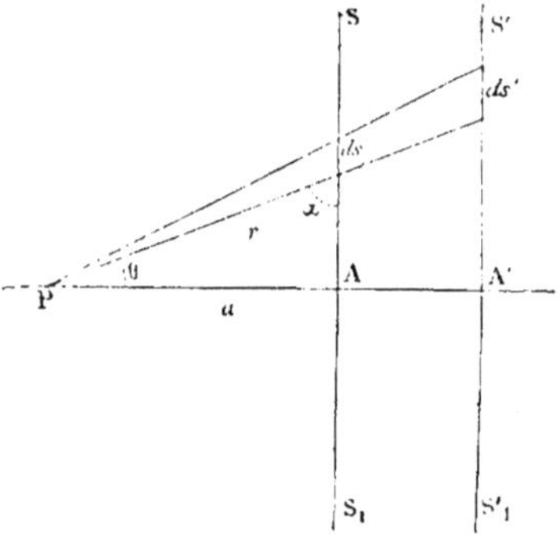

Fig. 107

pris entre deux mêmes rayons vecteurs menés par le point
P, et dont les distances à ce point sont r et r', on a

$$\frac{ds}{ds'} = \frac{r}{r'} = \frac{a}{a'},$$

et, par suite,

$$r\,ds' = r'\,ds.$$

Le rapport des actions $d\varphi$ et $d\varphi'$ du pôle sur les éléments
ds et ds' devient alors

$$\frac{d\varphi}{d\varphi'} = \frac{ds\sin x\,\dfrac{1}{r^2}}{ds'\sin x\,\dfrac{1}{r'^2}} = \frac{r'.r'\,ds}{r.r\,ds'} = \frac{r'}{r} = \frac{a}{a}.$$

Les actions des éléments correspondants étant dans le

rapport inverse des distances a et a', il en sera de même pour les résultantes. C'est la loi donnée par l'expérience. L'action d'un pôle sur un élément de courant a donc pour expression

$$d\varsigma = mki \frac{ds \sin \alpha}{r^2}.$$

Comme toutes ces forces sont parallèles et de même sens, l'action du pôle sur le courant rectiligne indéfini est

$$\varsigma = mki \int \frac{ds \sin \alpha}{r^2} = mki \int \frac{ds \cos \theta}{r^2}.$$

En comptant la longueur du circuit à partir du point A, on a

$$s = a \tang \theta, \quad ds = a \frac{d\theta}{\cos^2 \theta}.$$
$$a^2 = r^2 \cos^2 \theta;$$

il en résulte

$$\frac{ds \cos \theta}{r^2} = \frac{1}{a} \cos \theta \, d\theta,$$

et, par suite,

$$\varsigma = \frac{mki}{a} \int_{-\frac{\pi}{2}}^{+\frac{\pi}{2}} \cos \theta \, d\theta = \frac{2mki}{a}.$$

Cette force est appliquée au point A, par raison de symétrie, et l'action du courant rectiligne sur le pôle est appliquée au même point et en sens opposé.

Ce dernier résultat paraît d'abord contraire à l'expérience, puisqu'en réalité l'action du courant sur le pôle est appliquée au pôle lui-même. La contradiction tient à ce que dans la pratique le courant est nécessairement fermé. Si l'on suppose pour simplifier que le circuit général soit dans un plan passant par le point P, les actions $d\varsigma$ et $d\varsigma'$ de deux éléments correspondants ds et ds' situés dans l'angle $d\theta$ sont de sens contraires et en raison inverse des distances r et r'. La portion qui ferme le circuit étant supposée très éloignée, la différence des deux forces est sensiblement égale à l'action de l'élément ds; mais, comme on a $r\,d\varsigma = r'\,d\varsigma'$, le point d'application de la résultante partielle est le pôle P. Il en est de même pour la résultante générale. Quant à l'action du circuit entier, elle est égale sensiblement à celle de la partie rectiligne.

Si l'on exprime l'intensité au moyen de l'unité électromagnétique (**160**), l'action du courant indéfini sur le pôle m placé à la distance a a pour expression $m\dfrac{2\mathrm{I}}{a}$, et la formule élémentaire devient

$$(1) \qquad d\varphi = \frac{m\,\mathrm{I}\,ds\,\sin\alpha}{r^2}.$$

ou, en remarquant que $\dfrac{m}{r^2}$ est l'action magnétique F de la masse m au point occupé par l'élément de courant

$$(2) \qquad d\varphi = \mathrm{I}\mathrm{F}ds\sin\alpha = \mathrm{I}d\mathrm{A},$$

en désignant par $d\mathrm{A}$ la surface du parallélogramme construit sur l'élément et sur la force F.

L'action qui s'exerce sur le courant $\mathrm{I}ds$ situé dans un champ magnétique ne dépend que de l'intensité du champ en ce point, quel que soit le système d'où provient la force. On a ainsi le théorème déjà énoncé plus haut (**158**) :

L'action qui s'exerce sur un élément de courant placé dans un champ magnétique est égale au produit de l'intensité du courant par l'aire du parallélogramme construit sur l'élément de courant et sur l'intensité du champ. Cette force est normale au plan du parallélogramme et dirigée vers la gauche de l'observateur placé dans le courant qui regarderait dans la direction du champ.

Le plan du parallélogramme, auquel la force électromagnétique est perpendiculaire, a été appelé par Ampère le *plan directeur*.

Bien que nous ayons donné le nom d'élémentaire à la force que nous venons de définir, cette force ne peut être considérée comme telle au sens strict du mot : ainsi que le fait remarquer Ampère, « on ne peut appeler force élémentaire, ni une force qui se manifeste entre deux éléments qui ne sont pas de même nature, ni une force qui n'agit pas suivant la droite qui joint les deux points entre lesquels elle s'exerce. »

461. Action réciproque d'un pôle et d'un courant. — En partant de cette loi élémentaire, on démontrera, comme plus haut (**316**), que l'action d'un pôle égal à l'unité placé à l'origine des coordonnées sur l'élément ds d'un courant, situé en un point dont les coordonnées sont x, y et z, a pour composantes

$$(3) \quad \begin{aligned} d\xi &= \frac{1}{r^3}(y\,dz - z\,dy), \\ d\eta &= \frac{1}{r^3}(z\,dx - x\,dz), \\ d\zeta &= \frac{1}{r^3}(x\,dy - y\,dx). \end{aligned}$$

On peut remarquer que le moment dM_z de cette force par rapport à l'axe de z est

$$dM_z = x\,d\eta - y\,d\xi = \frac{1}{r^3}\left[z(x\,dx + y\,dy) - (x^2 + y^2)\,dz \right].$$

L'équation

$$x^2 + y^2 + z^2 = r^2$$

donne

$$x\,dx + y\,dy + z\,dz = r\,dr.$$

Il en résulte

$$dM_z = \frac{1}{r^3}\left[z(r\,dr - z\,dz) - (r^2 - z^2)\,dz \right] = \frac{1}{r^2}(z\,dr - r\,dz) = -\,1\,d\frac{z}{r}.$$

Or, $\dfrac{z}{r}$ est le cosinus de l'angle γ que fait la droite r avec l'axe des z; on a donc

$$dM_z = -\,1\,d\cos\gamma,$$

de sorte que le moment M_z des actions exercées par le pôle sur un arc quelconque AB a pour valeur

$$(4) \quad M_z = 1\,(\cos\gamma_a - \cos\gamma_b).$$

Si le circuit est fermé, ce moment est nul et, comme la direction de l'axe des z a été choisie arbitrairement, on voit que *l'action d'un pôle sur un courant fermé passe par le pôle.* Inversement, *l'action d'un courant fermé sur un pôle passe aussi par le pôle.*

465. — Au lieu de suivre la marche adoptée, et de vérifier que la loi de Biot et Savart est satisfaite par une action en raison inverse du carré de la distance, on aurait pu, ce qui eût été plus rigoureux, laisser indéterminée la fonction $f(r)$ et admettre comme un fait expérimental que l'action d'un courant fermé sur un pôle passe par le pôle.

Le moment par rapport à l'axe des z de l'action du pôle sur l'élément ds serait alors

$$d\mathbf{M}_z = -1\, r^2 f(r)\, d\cos\gamma,$$

et le moment relatif à un arc AB

$$\mathbf{M}_z = -1 \int_A^B r^2 f(r)\, d\cos\gamma = 1 \int_B^A r^2 f(r)\, d\cos\gamma.$$

En intégrant cette expression par parties, il vient

$$\mathbf{M}_z = 1\,[r^2 f(r)\cos\gamma]_B^A - 1 \int_B^A \cos\gamma\, d[r^2 f(r)].$$

Si le courant est fermé, le premier terme du second membre est nul. Comme le moment doit être nul quel que soit la forme du circuit parcouru par le courant, il faut que le second terme soit identiquement nul, c'est-à-dire que le produit $r^2 f(r)$ soit une constante et, par suite, que la force soit en raison inverse du carré de la distance.

Si l'arc, sans être fermé, aboutit à deux points A et B d'une droite autour de laquelle il puisse tourner, le couple de rotation ne sera pas nul en général.

Supposons, par exemple, que les points A et B soient situés sur une même droite passant par le pôle et d'un même côté du pôle ; le moment des forces par rapport à cet axe est nul, et le courant ne prendra aucun mouvement de rotation autour de la droite.

Au contraire, si les points A et B sont de part et d'autre du pôle, les angles γ_b et γ_a sont égaux l'un à zéro et l'autre à π; dans ce cas, le couple de rotation sera égal à $2I$ et l'arc tournera indéfiniment dans le même sens.

Nous retrouvons ainsi l'explication des diverses particularités de l'expérience de Faraday (**450**).

466. — Les composantes X, Y et Z de l'action d'un courant sur un pôle placé à l'origine des coordonnées sont, d'après ce qui précède,

$$(5) \qquad \begin{aligned} X &= -I \int \frac{y\,dz - z\,dy}{r^3}. \\ Y &= -I \int \frac{z\,dx - x\,dz}{r^3}, \\ Z &= -I \int \frac{x\,dy - z\,dy}{r^3}. \end{aligned}$$

Si on pose

$$(6) \qquad \begin{aligned} A &= \int \frac{y\,dz - z\,dy}{r^2} = G \cos \lambda, \\ B &= \int \frac{z\,dx - x\,dz}{r^3} = G \cos \mu, \\ C &= \int \frac{x\,dy - y\,dx}{r^2} = G \cos \gamma, \end{aligned}$$

avec la condition

$$A^2 + B^2 + C^2 = G^2,$$

on aura

$$\begin{aligned} X &= -IA = -IG \cos \lambda, \\ Y &= -IB = -IG \cos \mu, \\ Z &= -IC = -IG \cos \nu. \end{aligned}$$

et, par suite,

$$(7) \qquad F = \sqrt{X^2 + Y^2 + Z^2} = IG.$$

Le facteur G est l'action au point P du circuit considéré, quand il est traversé par un courant d'intensité égale à l'unité.

On peut représenter cette action par une droite PG proportionnelle à G et faisant les angles λ, μ, ν avec les axes.

467. Équivalence d'un courant et d'un feuillet magnétique. — L'action d'un champ magnétique sur un élément de courant étant identique à celle du même champ sur l'élément correspondant du contour d'un feuillet limité au courant, il en résulte que l'action du courant sur un pôle est identique à celle d'un feuillet de puissance I dont la face positive serait à gauche du courant.

Le potentiel magnétique d'un courant en un point P est donc, à une constante près, égal au produit de l'intensité I par l'angle ω sous lequel on voit de ce point le côté positif d'une surface limitée au circuit, c'est-à-dire la face située à gauche d'un observateur qui suivrait le courant et regarderait l'intérieur. L'angle ω représente aussi le flux de force qu'une masse égale à l'unité placée au point P émettrait vers cette surface.

Comme les composantes de la force sont égales et de signes contraires aux dérivées partielles du potentiel, on voit que l'angle solide correspondant à une surface $d\omega$ vue de l'origine des coordonnées, est donné en fonction du contour par les équations

$$(8) \qquad \begin{aligned} \frac{\partial \omega}{\partial x} &= \int \frac{y\,dz - z\,dy}{r^3}, \\[1ex] \frac{\partial \omega}{\partial y} &= \int \frac{z\,dx - x\,dz}{r^3}. \\[1ex] \frac{\partial \omega}{\partial z} &= \int \frac{x\,dy - y\,dx}{r^3}. \end{aligned}$$

468. Action de deux éléments de courant. — L'action de deux éléments de courant peut être établie, d'après Ampère, par la même méthode, à l'aide de quelques principes et de faits empruntés à l'expérience.

1. *Égalité de l'action et de la réaction.* — Ce principe ne comporte pas de vérification expérimentale quand il s'agit de deux éléments de courants. On doit le considérer comme l'hypothèse fondamentale ; il entraîne comme conséquence que l'action de deux éléments est dirigée suivant la droite qui les joint. D'autre part, l'action réciproque de deux éléments de courant

est évidemment proportionnelle à la longueur de chaque élément, à l'intensité du courant dans chacun d'eux et à une fonction, qui reste à connaître, de la distance des éléments ainsi que de leurs directions relatives.

II. *L'action change de sens quand on change le sens d'un seul des courants; elle reste la même quand on change simultanément le sens des deux courants.* C'est là une propriété générale des courants électriques.

III. *Principe de symétrie.* — Il résulte du principe de symétrie que l'action mutuelle de deux éléments *a* et *b* (fig. 108), dont l'un *a* est situé dans le plan perpendiculaire à l'autre en son milieu, est nulle.

Considérons, en effet, le système *a'b'* symétrique du premier par rapport à un plan P parallèle à l'élément *a* et à la droite OC qui joint les milieux des éléments.

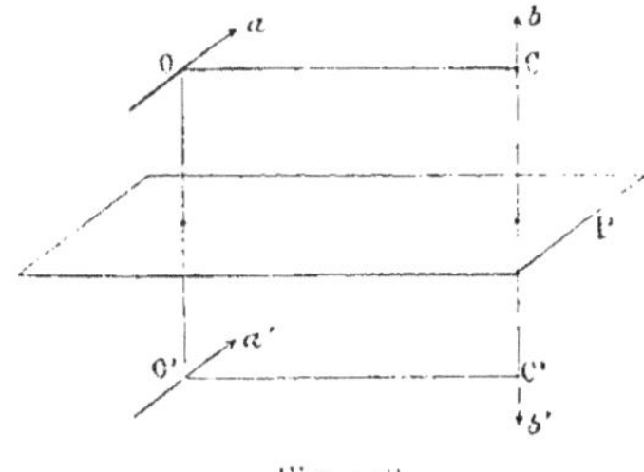

Fig. 108

Les actions de *a* sur *b* et de *a'* sur *b'* sont respectivement dirigées suivant OC et O'C' et dans le même sens par raison de symétrie. Or, le second système n'est autre que le premier où l'on aurait changé le sens du courant dans l'élément *b*; la force aurait dû changer de sens par l'effet de cette inversion, elle est donc nulle.

La force est nulle, en particulier, si l'élément *a* est perpendiculaire à la droite OC qui joint le milieu des deux éléments, ou dirigé suivant cette droite. Ce sont les deux cas dont on aura à faire usage.

IV. *Principe des courants sinueux.* — Le principe des courants sinueux peut être appliqué, comme plus haut (**463**) et avec les mêmes réserves; nous pourrons toujours remplacer un élément de courant par ses projections sur trois axes rectangulaires.

Considérons deux éléments a et b (fig. 109) dans une position quelconque; soient ds et ds' leurs longueurs, i et i' les intensités des deux courants rapportées à une unité quelconque, 0 et $0'$ les angles de leurs directions avec la droite OO' qui joint leurs milieux, r la distance OO', enfin ω l'angle des plans menés par la droite OO' et les deux éléments.

Prenons pour plan de figure le plan qui passe par l'élément ds et la droite OO', et remplaçons chacun des éléments par ses projections sur trois axes rectangulaires; l'un de ces axes

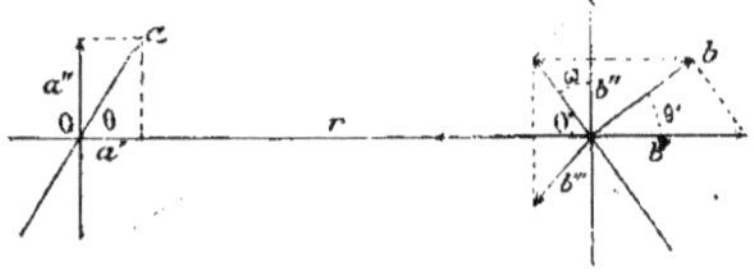

Fig. 109

est la droite OO'; l'autre une droite dans le plan de figure, et le troisième une perpendiculaire à ce plan. L'élément a n'a que deux projections

$$a' = ds \cos 0,$$
$$a'' = ds \sin 0;$$

les trois projections de l'élément b sont

$$b' = ds' \cos 0',$$
$$b'' = ds' \sin 0' \cos \omega,$$
$$b''' = ds' \cos 0' \sin \omega.$$

L'action totale se compose des actions de chacun des éléments a' et a'' sur chacun des éléments b', b'' et b'''.

De ces six actions, quatre sont nulles d'après le principe de symétrie, celles de a' sur b'' et b''' et celles de a'' sur b' et b'''.

Il ne reste donc à examiner que l'action de a' sur b' et celle de a'' et sur b''.

La première s'exerce entre des éléments dirigés suivant une même droite, on pourra la représenter par

$$ii'\,ds\,ds'\,\cos\theta\,\cos\theta'\,\mathrm{F}(r).$$

La seconde s'exerce entre des éléments parallèles entre eux et perpendiculaires à la droite qui joint leurs milieux, on pourra la représenter par

$$ii'\,ds\,ds'\,\sin\theta\,\sin\theta'\,\cos\omega\,f(r),$$

la fonction de la distance étant différente puisque les conditions ne sont pas les mêmes.

L'action $d^2\varphi$ sera donc exprimée par la formule

$$(9) \qquad d^2\varphi = ii'\,ds\,ds'\,\big[\cos\theta\,\cos\theta'\,\mathrm{F}(r) + \sin\theta\,\sin\theta'\,\cos\omega\,f(r)\big].$$

Si on désigne par ε l'angle des deux éléments, on a

$$\cos\varepsilon = \cos\theta\,\cos\theta' + \sin\theta\,\sin\theta'\,\cos\omega,$$

et on peut écrire

$$(10) \qquad d^2\varphi = ii'\,ds\,ds'\,\big[\cos\theta\,\cos\theta'\,[\mathrm{F}(r) - f(r)] + \cos\varepsilon\,f(r)\big].$$

469. Détermination des fonctions $\mathrm{F}(r)$ et $f(r)$. — Pour déterminer les fonctions $\mathrm{F}(r)$ et $f(r)$, il est nécessaire de recourir à l'expérience, et on peut employer des méthodes très différentes suivant le phénomène auquel on s'adresse. Nous adopterons la marche d'Ampère, qui n'est peut-être pas la plus rigoureuse au point de vue mathématique, mais qui conduit le plus rapidement à la formule finale.

On s'appuie sur les deux expériences suivantes imaginées par Ampère.

V. *Lorsque trois courants semblables de même intensité ont leurs dimensions homologues en progression géométrique, c'est-à-dire comme* 1, m, *et* m^2, *et sont en outre homothétiques, les actions des courants extrêmes sur le courant intermédiaire sont égales et de signes contraires. Si ce dernier est mobile* suivant une ligne passant par le centre de similitude et qu'on le dérange de sa position d'équilibre, il y revient de lui-même, c'est-à-dire que l'équilibre est stable.

Ampère a réalisé l'expérience avec trois courants circulaires situés dans le même plan, le circuit intermédiaire étant mobile autour d'un axe perpendiculaire à ce plan.

VI. *L'action d'un courant fermé sur un élément de courant est normale à l'élément.* — La disposition de cette dernière expérience est la même que pour l'action des aimants sur les courants (**163**, IV).

Considérons les trois courants semblables de la première expérience (V). Pour la position d'équilibre, les distances au

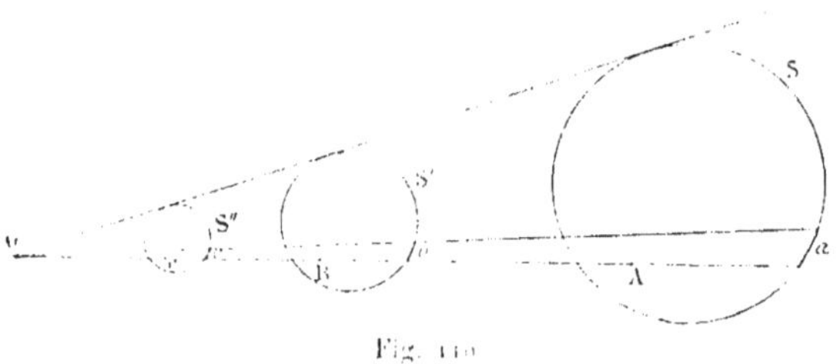

Fig. 110.

centre de similitude O de trois points homologues A, B et C (fig. 110) des cercles satisfont à la relation

$$\frac{OA}{1} = \frac{OB}{m} = \frac{OC}{m^2};$$

on en déduit

$$OA - OB = AB = OA(1 - m),$$
$$OB - OC = BC = OA\,m\,(1 - m),$$

et, par suite,

$$\frac{AB}{BC} = \frac{1}{m}.$$

Pour trois éléments de courant homologues, a, b et c, les longueurs seront ds, $m\,ds$ et $m^2 ds$; la distance des deux premiers étant r, celle du second au troisième sera mr.

Si l'on admet que chaque élément intermédiaire tel que b est en équilibre entre les deux autres a et c qui lui correspondent, le courant tout entier S' sera en équilibre entre les deux courants homothétiques S et S''. Il ne semble pas que cette condition soit toujours nécessaire, mais elle est évidemment suffisante, et elle permet de déterminer la forme des deux fonctions $F(r)$ et $f(r)$.

Il en résulte, en effet, que l'action exercée sur l'élément b ne doit pas changer quand en remplace a par c, c'est-à-dire ds par $m^2 ds$ et r par mr; l'équation (9) donnera alors, en supprimant le facteur commun $ii'ds\,ds'$ et remarquant que les angles θ et θ' sont égaux et l'angle ω nul,

$$\cos^2\theta\, F(r) + \sin^2\theta\, f(r) = m^2 \left[\cos^2\theta\, F(mr) + \sin^2\theta\, f(mr)\right].$$

Cette condition devant être satisfaite quelles que soient les valeurs particulières de m, de θ et de r, il faut qu'on ait séparément

$$m^2 F(mr) = F(r),$$
$$m^2 f(mr) = f(r).$$

En faisant $r = 1$, et $m = r$, il vient

$$r^2 F(r) = C^{te} = h,$$
$$r^2 f(r) = C^{te} = kh,$$

et, par suite,

$$F(r) = \frac{h}{r^2},$$

$$f(r) = k\frac{h}{r^2}.$$

Ainsi les fonctions $F(r)$ et $f(r)$ sont toutes deux en raison inverse du carré de la distance.

L'expression de l'action élémentaire devient alors :

$$(11) \qquad d^2\varphi = \frac{hii'ds\,ds'}{r^2}\left[k\cos\theta\cos\theta' + \sin\theta\sin\theta'\cos\omega\right],$$

ou

$$(12) \qquad d^2\varphi = \frac{hii'ds\,ds'}{r^2}\left[(k-1)\cos\theta\cos\theta' + \cos\varepsilon\right].$$

470. Détermination du rapport des deux constantes. — La dernière expérience (VI) permet de déterminer le rapport de k deux constantes.

Plaçons l'origine des coordonnées au milieu de l'élément mobile ds', et l'axe des x dans la direction de l'élément lui-même. L'action d'un élément ds d'un circuit fermé où l'intensité est ia pour expression, comme on vient de le voir,

$$d^2\varphi = \frac{hii'dsds'}{r^2}\left[(k-1)\cos\theta\cos\theta' + \cos\varepsilon\right].$$

Les coordonnées de l'élément ds étant x, y, z et sa distance à l'origine r, on a

$$\cos\theta' = \frac{x}{r},$$

$$\cos\theta = \frac{dr}{ds},$$

$$\cos\varepsilon = \frac{dx}{ds}.$$

L'action élémentaire peut donc s'écrire sous la forme

$$d^2\varphi = \frac{hii'dsds'}{r^2}\left[(k-1)\frac{x}{r}\frac{dr}{ds} + \frac{dx}{ds}\right]$$
$$= hii'ds'\left[(k-1)\frac{x}{r^3}dr + \frac{dx}{r^2}\right],$$

et la projection de cette force sur l'axe des x est

$$d^2\varphi\cos\theta' = d^2\varphi\frac{x}{r} = hii'ds'\left[(k-1)\frac{x^2dr}{r^4} + \frac{xdx}{r^3}\right].$$

La composante parallèle à l'axe des x de l'action du circuit fermé sur l'élément ds' a donc pour expression

$$d\xi' = \int d^2\varphi\frac{x}{r} = hii'ds'\left[(k-1)\int\frac{x^2dr}{r^4} + \int\frac{xdx}{r^3}\right].$$

L'intégration par parties donne

$$\int x^2 r^{-4}\, dr = \left[-\frac{1}{3} r^{-3} x^2\right] + \frac{2}{3} \int \frac{x\, dx}{r^3}.$$

Pour un circuit fermé, le premier terme du second membre est nul ; il vient donc

$$d\xi' = h i i'\, ds' \left[\frac{2}{3}(k-1) + 1\right] \int \frac{x\, dx}{r^3} = \frac{h i i'\, ds'}{3}\,(2k+1) \int \frac{x\, dx}{r^3}.$$

Comme cette composante doit être nulle d'après l'expérience, il en résulte

$$2k+1 = 0, \quad \text{ou} \quad k = -\frac{1}{2}.$$

Avec cette valeur de k, l'action élémentaire devient

$$(13) \quad d^2 \mathcal{y} = h\, \frac{i i'\, ds'\, ds}{r^2} \left[\cos \varepsilon - \frac{3}{2} \cos \theta \cos \theta'\right],$$

ou

$$d^2 \mathcal{y} = h i i'\, ds' \left[\frac{dx}{r^2} - \frac{3}{2}\, \frac{x\, dr}{r^2}\right].$$

471. Détermination de la constante h. — Les composantes de l'action du courant parallèles aux autres axes sont alors

$$d\eta' = \int d^2\mathcal{y}\, \frac{y}{x} = h i i'\, ds' \left[\int \frac{y\, dx}{r^3} - \frac{3}{2}\, \frac{x y\, dr}{r^4}\right],$$

$$d\zeta' = \int d^2\mathcal{y}\, \frac{z}{r} = h i i'\, ds' \left[\int \frac{z\, dx}{r^3} - \frac{3}{2}\, \frac{x z\, dr}{r^4}\right].$$

L'intégration par parties donne encore

$$\int \frac{x y\, dr}{r^4} = \left(-\frac{1}{3}\, \frac{x y}{r^3}\right) + \frac{1}{3} \int \frac{x\, dy + y\, dx}{r^3}.$$

Le premier terme du second membre étant nul pour un circuit fermé, on a enfin

$$(14) \quad \begin{aligned} d\eta' &= \frac{h i i'\, ds'}{2} \int \frac{y\, dx - x\, dy}{r^3}, \\[2mm] d\zeta' &= \frac{h i i'\, ds'}{2} \int \frac{z\, dx - x\, dz}{r^3}. \end{aligned}$$

L'action F du courant sur une masse magnétique égale à l'unité placée à l'origine et, par conséquent, l'intensité du champ que détermine ce courant au point où est situé l'élément, a pour valeur IG en désignant par I l'intensité électromagnétique du courant (**166**), et ses composantes sont

$$X = IA = I\int\frac{y\,dz - z\,dy}{r^3},$$

$$Y = IB = I\int\frac{z\,dx - x\,dz}{r^3},$$

$$Z = IC = I\int\frac{x\,dy - y\,dx}{r^3}.$$

Les trois composantes $d\xi'$, $d\eta'$, $d\zeta'$ de l'action $d\varphi'$ du circuit sur l'élément ds' peuvent donc s'écrire

$$d\xi' = 0,$$

$$d\eta' = -\frac{hii'ds'}{2}C,$$

$$d\zeta' = +\frac{hii'ds'}{2}B.$$

On en déduit

$$X\,d\xi' + Y\,d\eta' + Z\,d\zeta' = 0,$$

d'où il résulte que les deux forces F et $d\varphi'$ sont perpendiculaires l'une sur l'autre.

Comme l'axe des x est seul déterminé, nous pouvons choisir les deux autres de manière que l'action magnétique F du courant soit dans le plan des xz ; on aura alors

$$Y = 0, \qquad B = 0,$$
$$X = F\cos\alpha, \qquad A = G\cos\alpha,$$
$$Z = F\sin\alpha, \qquad C = G\sin\alpha,$$

α étant l'angle que fait la force F ou la droite G avec l'axe des x.

Il en résulte

$$d\xi' = 0,$$
$$d\zeta' = 0,$$
$$d\eta' = -\frac{hii'ds'}{2}G\sin\alpha = -\frac{hii'ds'}{2I}F\sin\alpha = d\varphi'.$$

L'action du circuit fermé sur l'élément est donc perpendiculaire à la force F et à l'élément ds', c'est-à-dire au *plan directeur* d'Ampère. et proportionnelle à la surface du parallélogramme construit sur la force F et l'élément ds'.

Si la force du champ F = IG. au point où se trouve l'élément ds', était produite par un système magnétique, l'action serait de même dirigée suivant l'axe des y et aurait pour valeur I'ds'F sin α, en désignant par I' l'intensité électromagnétique du courant qui traverse l'élément.

Les deux actions ont la même direction et elles sont proportionnelles ; si nous *admettons* qu'elles sont identiques, il en résultera

$$h = 2\frac{\text{I}'}{\text{I}}.$$

Comme l'expression numérique d'une grandeur est en raison inverse de l'unité avec laquelle on la mesure. on voit que la constante h est égale à deux fois le carré du rapport de l'unité choisie arbitrairement pour mesurer l'intensité du courant à l'unité électromagnétique.

472. — Si l'on suppose que les courants ont été évalués d'abord en unités électromagnétiques, on a alors

$$h = 2 ;$$

on retrouve ainsi la formule d'Ampère, que nous avons obtenue précédemment (**159**),

$$(15) \qquad d^2y = \frac{2\text{II}'\,ds\,ds'}{r^2}\left[\sin\theta\sin\theta'\cos\omega - \frac{1}{2}\cos\theta\cos\theta'\right].$$

$$(16) \qquad d^2y = \frac{2\text{II}'\,ds\,ds'}{r^2}\left[\cos\varepsilon - \frac{3}{2}\cos\theta\cos\theta'\right],$$

et qu'on peut écrire sous la forme plus symétrique (**351**)

$$d^2y = \frac{2\text{II}'\,ds\,ds'}{\sqrt{r}}\frac{d^2\sqrt{r}}{ds\,ds'}.$$

473. Unité électrodynamique d'intensité. — Si, avec Ampère, on faisait immédiatement $h = 1$ dans la formule (13), l'intensité du courant serait exprimée en fonction d'une unité particulière que l'on appelle *unité électrodynamique*.

Cette unité se trouverait définie par la formule même. En y faisant

$$0 = 0' = \frac{\pi}{2},$$
$$\varepsilon = 0,$$
$$ds = ds' = 1,$$
$$i = i' = 1,$$

il vient

$$d^2 g = 1.$$

Dans ce cas les courants sont parallèles entre eux, de longueurs égales à l'unité, perpendiculaires à la ligne qui joint leurs milieux et à une distance égale à l'unité ; l'intensité du courant, égale pour chacun d'eux et prise pour unité, est telle que l'action réciproque soit égale à l'unité de force.

L'équation (14) donnerait alors, en supposant les courants égaux,

$$i^2 = 2\mathrm{I}^2, \qquad i = \mathrm{I}\sqrt{2}.$$

L'intensité électrodynamique d'un courant est donc égale à son intensité électromagnétique multipliée par $\sqrt{2}$.

En vertu de la relation qui lie l'expression numérique d'une grandeur à l'unité qui lui sert de mesure, on voit que *l'unité électrodynamique de courant est égale à l'unité électromagnétique divisée par* $\sqrt{2}$.

174. — L'identité qui existe entre l'action mutuelle des courants et celle des systèmes magnétiques corrélatifs a été confirmée dans toutes les expériences, autant du moins qu'un régime permanent est établi dans les circuits.

Nous citerons, par exemple, les expériences de Weber sur l'action réciproque de deux bobines cylindriques à bases circulaires. Cette action est proportionnelle au produit des intensités des deux courants ; elle varie avec la distance et la direction relative des bobines suivant les mêmes lois que celle de deux aimants dont les axes magnétiques seraient respectivement parallèles aux axes des bobines.

475. Formules équivalentes à celle d'Ampère. — Nous avons vu (**319**) que l'action de deux éléments de contour de deux feuillets magnétiques, laquelle est équivalente à l'action élémentaire électrodynamique, peut être exprimée d'une infinité de manières différentes, soumises à cette condition que la résultante des actions d'un circuit fermé sur un élément ait une valeur déterminée.

476. — 1° *Formule de M. Reynard.* — La première forme que nous avons rencontrée (**318**) pour l'action de ds sur ds' est, en supposant l'élément ds' à l'origine des coordonnées et dirigé suivant l'axe des x, une force dont les composantes sont

$$f_x = 0,$$
$$f_y = -a\frac{x^2}{r^3}d\frac{y}{x} = a\frac{y^2}{r^3}d\frac{x}{y},$$
$$f_z = -a\frac{x^2}{r^3}d\frac{z}{x} = a\frac{z^2}{r^3}d\frac{x}{z}.$$

Le facteur a dans ces équations représente le produit $\mathrm{H}'ds'$, et x, y, z sont les coordonnées de l'élément ds.

La force elle-même est exprimée par la formule

$$f = \frac{\mathrm{H}'ds'\,ds}{r^2}\sin\theta\cos\varphi',$$

dans laquelle θ est l'angle de l'élément ds avec la droite r et φ' l'angle de l'élément ds' avec le plan $r\,ds$.

En appelant $d\beta$ l'angle sous lequel de l'élément ds' on voit l'élément ds, angle qui est égal à $\dfrac{ds\sin\theta}{r}$, cette formule peut encore s'écrire

$$f = \frac{\mathrm{H}'ds'}{r}\cos\varphi'\,d\beta.$$

C'est la formule de M. Reynard.

Pour déterminer la direction de cette force élémentaire, nous remarquerons d'abord qu'elle est normale à l'élément ds' puisque $f_x = 0$.

Elle est située dans le plan rds. Ce plan a, en effet, pour équation, en désignant par X, Y, Z les coordonnées courantes,

$$X\,(y\,dz - z\,dy) + Y\,(z\,dx - y\,dz) + Z\,(x\,dy - y\,dx) = 0.$$

Son intersection avec le plan des yz est

$$Y\,(z\,dx - x\,dz) + Z\,(x\,dy - y\,dx) = 0,$$

d'où il résulte

$$\frac{Y}{f_y} = \frac{Z}{f_z}.$$

On a d'ailleurs

$$r^2 ds^2 \sin^2\theta = (y\,dz - z\,dy)^2 + (z\,dx - x\,dz)^2 + (x\,dy - y\,dx)^2$$
$$= r^6\frac{(f_y'^2 + f_z'^2)}{a^2} + (y\,dz - z\,dy)^2 = \frac{r^6 f'^2}{a^2} + (y\,dz - z\,dy)^2.$$

ce qui donne

$$f^2 = \frac{a^2 ds^2 \sin^2\theta}{r^4}\left[\, - \frac{(y\,dz - z\,dy)^2}{r^2 ds^2 \sin^2\theta}\,\right].$$

Or, l'expression $\dfrac{y\,dz - z\,dy}{r\,ds\,\sin\theta}$ est le cosinus de l'angle que fait avec l'axe des x la normale au plan rds : la parenthèse est donc le carré du sinus de cet angle ou le carré du cosinus de l'angle μ' que fait le plan avec l'axe des x, c'est-à-dire avec l'élément ds', et on a

$$f = \frac{a\,ds\,\sin\theta\,\cos\mu'}{r^2} = \frac{H'\,ds\,ds'}{r^2}\,\sin\theta\,\cos\mu.$$

Ainsi l'action de ds sur ds' est située dans le plan rds, normale à l'élément ds', proportionnelle au sinus de l'angle que fait l'élément ds avec la distance r et au cosinus de l'angle que fait l'élément ds' avec le plan rds, et enfin en raison inverse du carré de la distance.

Prenons comme plan des xz le plan rds et, dans ce plan, la ligne OO' qui joint les deux éléments comme axe des x. La force qui agit sur l'élément ds' placé à l'origine des coordonnées est située dans le plan des xz et perpendiculaire à ds'. Pour avoir sa direction, il suffit de projeter l'élément ds' sur le plan des xz; une droite située dans ce plan et normale à la projection sera la direction demandée; elle est perpendiculaire au plan projetant et, par suite, à l'élément ds' qui passe par son pied dans ce plan.

Les composantes de cette force parallèles aux axes sont

$$f_x = f\cos\beta = \frac{\mathrm{H}' ds \sin\theta}{x^2}\, ds'\cos\varphi'\cos\beta = \frac{\mathrm{H}' dx dz'}{x^2},$$

$$f_y = 0,$$

$$f_z = f\sin\beta = \frac{\mathrm{H}' ds \sin\theta}{x^2}\, ds'\cos\varphi'\sin\beta = \frac{\mathrm{H}' dz dx'}{x^2}.$$

Désignant encore par θ' l'angle de la droite r avec l'élément ds' et par ω l'angle des deux plans rds et rds', on a

$$dz' = ds'\sin\theta'\cos\omega,$$
$$dx' = ds'\cos\omega,$$

ce qui donne

$$f_x = \frac{\mathrm{H}'}{r^2}\sin\theta\sin\theta'\cos\omega\, ds ds'.$$

$$f_z = \frac{\mathrm{H}'}{r^2}\sin\theta\cos\theta'\, ds ds'.$$

L'action de deux éléments de courants consécutifs est évidemment nulle.

En résumé, nous n'avons plus ici une action et une réaction égales et opposées, mais sur chacun des deux éléments une action différente, dirigée normalement à cet élément et dans le plan déterminé par l'autre élément.

L'existence d'une force normale à l'élément est incompatible avec l'idée d'une action à distance ; mais si l'on envisage, au contraire, les forces électrodynamiques comme le résultat d'une modification dans les propriétés élastiques du milieu, on conçoit aisément que la réaction de ce milieu sur un élément de courant puisse être normale.

177. — 2° *Formule générale.* — On peut ajouter à chacune des composantes f_x, f_y, et f_z une différentielle exacte des coordonnées, sans que l'action du circuit fermé sur l'élément ds' soit modifiée. On peut donc prendre comme composantes de l'action élémentaire les expressions générales suivantes, dans lesquelles **X**, **Y** et **Z** désignent des fonctions quelconques de coordonnées :

$$d^2\xi' = a\,d\mathbf{X},$$
$$d^2\eta' = a\left[d\mathbf{Y} - \frac{x^2}{r^3}\,d\frac{y}{x}\right],$$
$$d^2\zeta' = a\left[d\mathbf{Z} - \frac{x^2}{r^3}\,d\frac{z}{x}\right].$$

178. — 3° *Formule d'Ampère.* — Si l'on impose à la force élémentaire la condition d'être dirigée suivant la droite qui joint les deux éléments, on obtient la formule d'Ampère ; cette formule est la seule qui satisfasse au principe général de l'égalité de l'action et de la réaction et, par conséquent, aux conditions essentielles d'une force véritablement élémentaire. Pour toute autre solution, l'action de l'élément ds sur l'élément ds' ne sera pas égale et directement opposée à celle de l'élément ds' sur l'élément ds.

179. — 4° *Formule de Grassmann.* — Remplaçons les fonctions arbitraires **X**, **Y** et **Z** respectivement par xf, yf et zf, en désignant par f une fonction de la distance r. Les composantes de la force élémentaire seront alors

$$d^2\xi' = a\,d(xf),$$
$$d^2\eta' = a\left[d(xf) - \frac{x^2}{r^3}\,d\frac{y}{x}\right],$$
$$d^2\zeta' = a\left[d(zf) - \frac{x^2}{r^3}\,d\frac{z}{x}\right].$$

Cette opération revient à ajouter à la force donnée par la

formule de M. Reynard une autre force $d^2\varphi_1$ dont les composantes sont

$$d^2\xi_1 = a\,d\,(xf) = a\left[f\,dx + x\,df\right],$$
$$d^2\eta_1 = a\,d\,(xf) = a\left[f\,dy + y\,df\right],$$
$$d^2\zeta_1 = a\,d\,(zf) = a\left[f\,dz + z\,df\right].$$

La force elle-même est donnée par l'équation

$$\left[d^2\varphi_1\right]^2 = a^2\left[f^2\,ds^2 + r^2(df)^2 + 2\,frdfdr\right],$$

ou, en tenant compte de la relation $dr = ds\cos\theta$,

$$\frac{1}{a^2}(d^2\varphi_1)^2 = \left[f\,dr + r\,df\right]^2 + f^2\,ds^2\sin^2\theta = \left[d\,(rf)\right]^2 + f^2\,ds^2\sin^2\theta.$$

Cette force fait avec la droite r un angle dont le cosinus est

$$a\frac{xd\,(xf) + yd\,(yf) + rd\,(zf)}{rd^2\varphi_1} + a\cdot\frac{frdr + r^2df}{rd^2\varphi_1} - a\frac{d\,(rf)}{d^2\varphi_1}.$$

Enfin l'angle ε qu'elle fait avec l'élément ds est

$$\cos\varepsilon = \frac{a}{ds\,ds^2\varphi_1}\left[dxd\,(xf) + dy\,d\,(yf) + dzd\,(zf)\right].$$

ou

$$\cos\varepsilon = \frac{a\,dr}{ds\,d^2\varphi_1}d\,(rf) - \frac{afds}{d^2\varphi_2}\sin\theta.$$

Si l'on impose à cette force la condition d'être perpendiculaire à la droite qui joint les deux éléments, on a alors

$$d\,(rf) = 0,$$

d'où l'on déduit

$$rf = A, \qquad f = \frac{A}{r};$$

par suite la force ajoutée a pour valeur

$$d^2\varphi_1 = afds\sin\theta = \frac{Aa}{r}ds\sin\theta.$$

On verrait d'ailleurs que cette force $d^2\varphi_1$ fait avec l'élément ds un angle égal à $\theta + \dfrac{\pi}{2}$.

Lorsque les deux éléments sont dirigés suivant la même droite, comme la force $d^2\varphi_1$ est nulle et que la force donnée par la formule de M. Reynard est aussi nulle, l'action des deux éléments est nulle.

Dans cette hypothèse, qui est celle de Grassmann, la force réelle $d^2\varphi$ serait la résultante d'une force en raison inverse du carré de la distance, définie par la formule de M. Reynard, et d'une force $d^2\varphi_1$ en raison inverse de la simple distance, normale à la droite qui joint les éléments et dont la direction fait avec l'élément ds un angle égal à $\dfrac{\pi}{2} + \theta$.

On pourrait encore imaginer plusieurs autres conditions également compatibles avec l'expérience ; mais ces quelques exemples suffiront pour montrer l'indétermination du problème, et en indiquer les principales solutions.

CHAPITRE TROISIÈME

CAS PARTICULIERS

480. Action de deux courants parallèles. — D'après la formule d'Ampère, deux éléments de courants parallèles entre eux et perpendiculaires à la droite qui joint leurs milieux s'attirent ou se repoussent suivant que les courants sont de même sens ou de sens contraires.

On vérifie habituellement ce résultat en approchant un courant rectiligne, que l'on peut considérer comme indéfini, d'une portion de courant rectiligne mobile parallèlement à elle-même. En réalité l'expérience est plus complexe, car chacun des courants considérés fait partie d'un circuit fermé. De quelque manière qu'on suppose placés l'un par rapport à l'autre les plans des deux courants, un rapprochement des deux parties rectilignes augmentera pour chacun d'eux le flux de force qu'il recevra de l'autre par sa surface négative et diminuera l'énergie relative, si les courants sont de même sens; l'inverse a lieu quand les courants sont de sens contraires.

Soient I l'intensité du courant indéfini, I' celle du courant fini qui lui est parallèle et b sa longueur. Si on fait varier de da la distance a des deux courants supposés de même sens, la variation du flux de force qui entre dans le circuit du courant mobile est

$$dQ = - b\,da\,\frac{2I}{a} = - 2Ib\,\frac{da}{a};$$

la force qui s'exerce sur la partie mobile du circuit a pour expression $- I'\dfrac{dQ}{da} = 2II'\dfrac{b}{a}$, elle est donc en raison inverse de la distance a.

481. Courants angulaires. — Deux courants rectilignes placés dans le voisinage l'un de l'autre tendent à se mettre parallèlement entre eux. On énonce habituellement ce résultat en disant que deux courants qui font un angle s'attirent, si tous deux s'approchent ou s'éloignent en même temps du sommet de l'angle ou de la perpendiculaire commune, et qu'ils se repoussent dans le cas contraire.

L'expérience se fait en approchant un courant rectiligne indéfini de la partie inférieure d'un cadre rectangulaire mobile traversé par un courant. Le cadre mobile tourne de manière à recevoir sur sa face négative le maximum du flux de force émané du courant rectiligne. Le travail relatif à un déplacement quelconque n'a pas d'expression simple; mais le travail total qui correspond au déplacement du cadre depuis la position où son plan est perpendiculaire au courant rectiligne jusqu'à celle où il lui devient parallèle, est proportionnel au flux de force qui traverse le cadre dans le second cas. En appelant a_0 et a_1 les distances au courant indéfini des deux côtés du cadre qui lui sont parallèles et b la longueur d'un de ces côtés, on a

$$Q = -2 I b \int_{a_0}^{a_1} \frac{da}{a} = -2 I b l . \frac{a_1}{a_0},$$

et le travail électromagnétique est égal à $2 I I' b l . \frac{a_1}{a_0}$.

On rendrait facilement compte de ces mouvements en remplaçant les courants par les feuillets magnétiques équivalents, et considérant les actions réciproques de ces feuillets.

On peut encore arriver au même but à la manière de Faraday, par la considération des lignes de force et de leur distribution dans le champ. Les lignes de forces figuratives du champ résultant des divers systèmes en présence sont plus serrées dans certaines régions que dans d'autres. En se représentant ces lignes de force (**105**) comme des fils élastiques soumis à une tension dans le sens de leur longueur et une répulsion dans le sens perpendiculaire, on aura une idée très nette du mouvement relatif qui tend à se produire.

482. Répulsion apparente de deux éléments de courant consécutifs. — Cette expérience importante d'Ampère consiste à mettre les deux pôles d'une pile en communication avec deux auges rectangulaires séparées par une cloison isolante et remplies de mercure. Un fil de fer est contourné de manière à former deux branches horizontales parallèles reposant sur le mercure des auges et une partie transversale en forme de pont qui relie les deux premières. Au moment où l'on ferme le circuit de la pile, on voit le fil glisser à la surface du mercure et s'éloigner des points par lesquels arrive le courant.

Ampère pensait vérifier ainsi que deux éléments de courant dirigés suivant la même droite et dans le même sens se repoussent, comme l'indique la formule élémentaire ; mais il

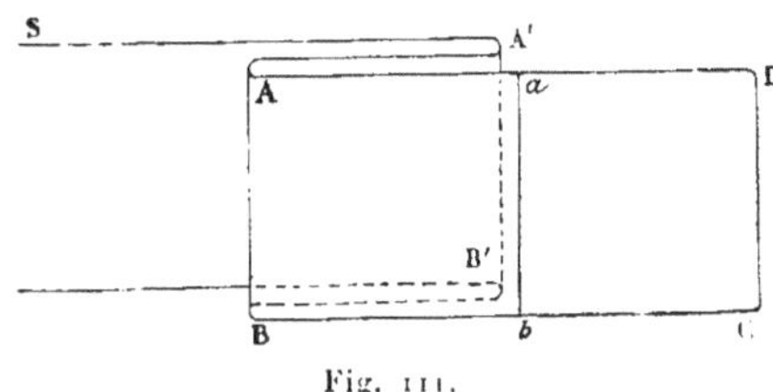

Fig. 111.

est facile de voir que l'interprétation des phénomènes ne comporte point cette conséquence.

Dans cette expérience, le courant parcourt en effet un circuit dont une des portions est mobile, et dont la surface tend à devenir maximum (**155**). On peut du reste retrouver ce résultat directement en remplaçant le courant par un feuillet flexible replié sur lui-même, comme l'indique la figure 111. Les trois feuillets superposés dans l'espace ABB'A' ne donnent lieu entre eux à aucune force parallèle au plan du courant, mais leur action extérieure est équivalente à celle d'un feuillet simple. La portion aDCb tend à s'éloigner et le feuillet se développe pour occuper la plus grande surface.

483. Rotations électromagnétiques. — 1° *Roue de Barlow.* — Une roue métallique dentée, mobile autour d'un axe horizontal, est disposée de manière qu'une ou plusieurs dents plongent à la partie inférieure dans une auge renfermant du mercure. Si l'on fait traverser ce système par un courant qui entre par l'axe et sorte par le mercure, la seule action du courant sur lui-même tendra à faire marcher les dents inférieures dans le sens qui les éloigne du reste du circuit, de manière à en augmenter la surface totale ; mais cette action est généralement trop faible pour vaincre les frottements. On obtient un effet plus énergique en disposant l'auge entre les branches d'un aimant en fer à cheval placé horizontalement. Les lignes de force du champ magnétique traversent alors le plan de la roue ; si on les suppose dirigées d'avant en arrière, c'est-à-dire le pôle nord en avant, la rotation se fera en sens inverse du mouvement des aiguilles d'une montre.

Pour avoir un phénomène facile à calculer, remplaçons l'aimant par un champ magnétique uniforme d'intensité F. parallèle à l'axe de rotation. Appelons a le rayon de la roue, θ l'angle de deux dents consécutives, et supposons la surface du mercure tellement placée que l'une des dents touche le liquide au moment même où la précédente le quitte. Le flux de force Q qui traverse le triangle formé par les rayons qui correspondent à ces deux dents est égal à $F\dfrac{a^2\sin\theta}{2}$, ou sensiblement $F\dfrac{a^2\theta}{2}$, c'est-à-dire au produit de la force par la surface du secteur, et le travail qui correspond est $IF\dfrac{a^2\theta}{2}$. Pour un tour entier. le travail est égal à IFS, c'est-à-dire proportionnel à la surface totale S de la roue.

484. 2° *Expérience d'Ampère.* — Cette expérience, dans laquelle on produit la rotation d'un aimant par un courant, est la réciproque de celle de Faraday dont la théorie a été donnée plus haut (**156**). L'appareil est disposé de telle sorte que l'un seulement des pôles de l'aimant puisse traverser le courant ; on obtient alors une rotation continue. L'aimant (fig. 112), lesté par un contre-poids de platine. flotte sur le mercure et peut tourner sur lui-même autour de son axe ; le courant est amené à la surface du liquide, traverse la partie émergeante de l'aimant et en sort par un conducteur fixe qui plonge à la partie supérieure N dans une goutte de mercure. Si on suppose que le courant suive rigoureusement l'axe de l'aimant, le travail à chaque tour pour une masse magnétique m située en dehors de l'axe est $4\pi m l$ et donne lieu à un couple dont le moment est $2ml$. En réalité, le phénomène est plus complexe parce que le courant traverse la section entière de l'aimant.

Faraday a répété l'expérience en plaçant l'aimant en dehors du circuit. Le courant est amené au centre du vase par une tige

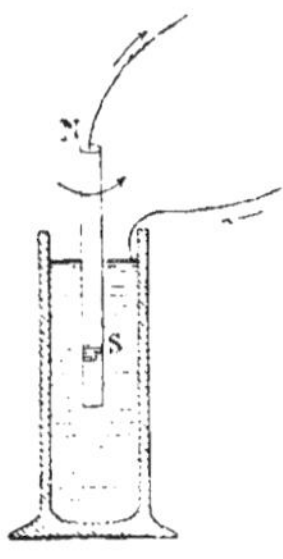

Fig. 112.

métallique et l'aimant flotte dans une position excentrique.

Dans les deux cas, si le courant monte par l'axe et que l'extrémité supérieure de l'aimant soit un pôle nord, la rotation se fait en sens contraire du mouvement des aiguilles d'une montre. La disposition de Faraday donne un frottement beaucoup plus grand et la rotation est moins rapide.

485. Rotation des liquides — Lorsque le courant traverse un liquide, les filets liquides qui coïncident avec les lignes de flux électrique peuvent être considérées comme des circuits mobiles, capables d'obéir aux actions électromagnétiques, et l'expérience montre que le liquide est entraîné avec le courant qu'il transporte.

1° *Expérience de Davy*. — Deux électrodes de platine viennent affleurer dans le mercure un peu au-dessous de sa surface. En plaçant au-dessus de l'une d'elles, l'électrode négative par exemple, le pôle N d'un aimant, on constate une dépression du mercure et en même temps une rotation dans le sens des aiguilles d'une montre.

2° *Expérience de M. Jamin.* — Les deux électrodes d'un voltamètre sont placées dans la même verticale et sur l'axe des pôles d'un aimant en fer à cheval. Si les molécules liquides situées sur un filet de courant formaient un fil rigide, on se trouverait dans l'un des cas de l'expérience de Faraday (**156**) où la rotation n'est pas possible. En réalité les forces électromagnétiques agissent d'une façon indépendante, et de la même manière que dans l'expérience de Davy, sur les portions des filets qui partent en divergeant de chacune des électrodes. Le liquide se divise alors en deux couches superposées qui tournent en sens contraires, et la rotation est rendue visible par l'entraînement des bulles gazeuses qui proviennent de la décomposition de l'eau.

3° *Expériences de M. Bertin.* — Dans les expériences de M. Bertin, le mouvement du liquide est rendu visible par de petits morceaux de liège qui flottent à la surface. Le liquide est placé dans une couronne annulaire qui renferme deux cercles métalliques, l'un intérieur et l'autre extérieur. En prenant ces cercles comme électrodes, on obtient dans le liquide une série de courants radiants, centripètes ou centrifuges. Quand on place un aimant dans l'axe de la couronne, le liquide prend une rotation dans un sens déterminé conforme à la théorie. Le sens de la rotation ne change pas si on remplace l'aimant central par un tube aimanté situé autour de la couronne. En effet, si le pôle nord est à la partie supérieure dans les deux cas, le flux de force magnétique est dirigé de haut en bas, aussi bien à l'intérieur qu'à l'extérieur de l'aimant creux. Il n'en est plus de même quand on remplace l'aimant par une bobine : la rotation du liquide change de sens suivant que la bobine est intérieure ou extérieure à la couronne annulaire. En effet, le flux de force n'a pas le même sens à l'intérieur et à l'extérieur de la bobine, et chacune des lignes de force constitue un circuit fermé.

186. Rotations électrodynamiques. — Considérons un courant rectiligne indéfini X'X d'intensité I (fig. 113) et un courant rectiligne fini AB de longueur a et d'intensité I', perpendiculaire au premier et situé dans le même plan. Si l'on donne au courant a un déplacement dx parallèle au courant I, le travail correspondant sera, en appelant r_0 la distance BC,

$$2 H' dx \int_{r_0}^{r_0 + a} \frac{dr}{r} = 2 H' dx l . \left(1 + \frac{a}{r_0} \right).$$

La force qui agit sur le courant mobile est perpendiculaire à sa direction, parallèle au courant indéfini et a pour valeur $2 H' l . \left(1 + \dfrac{a}{r_0} \right)$. Ce courant sera entraîné parallèlement à lui-même par une force constante et remontera ou descendra le courant indéfini suivant qu'il sera descendant ou ascendant par rapport à ce dernier.

On réalise ordinairement cette expérience en faisant agir un courant circulaire sur une portion de courant mobile autour d'un axe perpendiculaire à son plan et passant par son centre. Le courant mobile prend alors un mouvement de rotation.

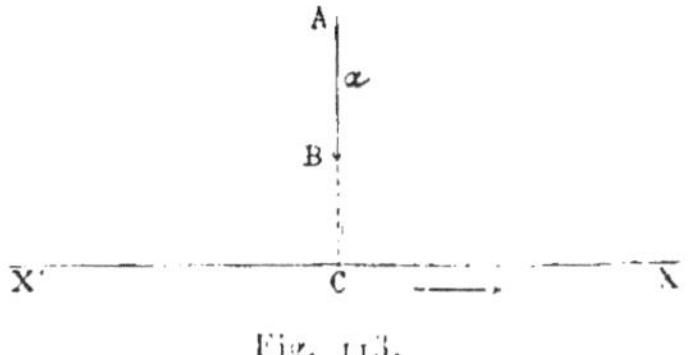

Fig. 113.

Si le courant mobile est fermé ou a ses extrémités sur l'axe, il n'y a évidemment aucun mouvement, car alors chaque ligne de force rencontre deux fois le contour.

187. Action d'un champ uniforme. — Considérons d'abord deux conducteurs rectilignes indéfinis AA',BB' (fig. 114) parallèles à la distance b, et supposons que les deux extrémités A et B étant en communication avec les pôles d'une pile, le circuit soit fermé par une barre transversale CC', mobile parallèlement à elle-même le long des conducteurs AA' et BB'.

Soit Z la composante de l'intensité du champ normale au plan des conducteurs; pour un déplacement dx de la barre mobile, la variation du flux de force magnétique dans le circuit est $bZdx$. S'il s'agit du champ terrestre et que les rails soient horizontaux, la composante Z est dirigée de haut en bas dans notre hémisphère et, avec le sens du courant indiqué par les flèches, le pont mobile CC' s'éloignera de AB sous l'influence des forces électromagnétiques; il s'en rapprocherait pour un courant de sens contraire.

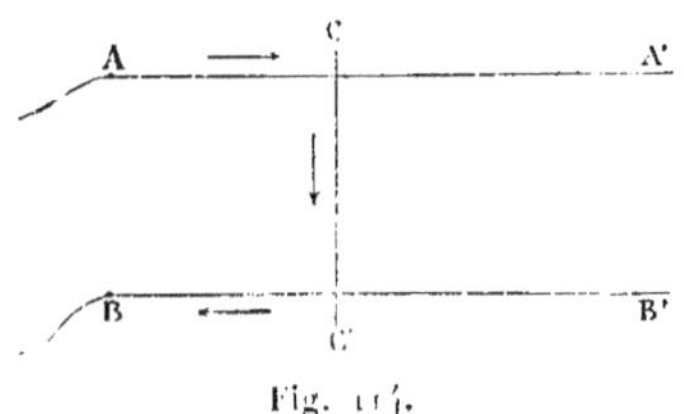

Fig. 114.

Dans l'expérience d'Ampère (**182**) l'action du courant sur lui-même tend à augmenter la surface et à éloigner le pont mobile. Cette action et celle de la Terre s'ajouteront ou se retrancheront suivant le sens du courant; le mouvement du fil est, en effet, plus ou moins facile suivant le cas.

188. — Supposons maintenant que le conducteur mobile forme un circuit fermé; soit S la surface de ce circuit, s'il est plan, ou la projection maximum de sa surface sur un plan que nous appellerons le plan du courant. Lorsqu'un pareil circuit est mobile dans un champ magnétique uniforme, comme celui de la terre, l'équilibre stable correspond au cas où le flux de force qui traverse la face négative du circuit est maximum; le plan du circuit tend donc à se mettre perpendiculaire à la force. Sous l'influence de la terre, ce plan serait perpendiculaire à l'aiguille d'inclinaison, le courant marchant de l'est à l'ouest dans la partie inférieure. Si F est l'intensité du champ, I celle du courant, l'énergie potentielle du courant dans la position d'équilibre est

$$W_1 = -ISF;$$

quand on retourne le courant face pour face, elle devient

$$W_2 = ISF.$$

Le travail dépensé contre les forces électromagnétiques dans cette opération est donc

$$W_2 - W_1 = 2 ISF.$$

Si le courant est assujetti à tourner autour d'un axe vertical, on a seulement à considérer la composante horizontale H du champ. Le travail relatif à une rotation de 180° autour de l'axe à partir de la position d'équilibre est alors

$$W' = 2 ISH.$$

Si le courant tourne autour d'un axe horizontal parallèle au méridien magnétique, la composante verticale Z du champ intervient seule. Pour une rotation de 180° à partir de la position équilibre, le travail est encore

$$W'' = 2 ISZ.$$

Le rapport des travaux dans les deux derniers cas,

$$\frac{W''}{W'} = \frac{Z}{H},$$

est égal à la tangente de l'inclinaison. La mesure de ces travaux permettrait donc de déterminer les éléments du magnétisme terrestre sans avoir recours à des aimants.

Si l'axe de rotation est dans le méridien magnétique, le travail total est nul lorsque le courant, situé d'abord dans ce plan, y revient après une rotation de 180° : les travaux qui correspondent aux deux moitiés de la rotation sont alors égaux et de signes contraires.

Enfin, le travail serait nul pour une rotation quelconque si l'axe de rotation était parallèle à la direction du champ.

189. Circuits astatiques. — Le travail relatif à un déplacement quelconque est encore nul lorsque le circuit comprend deux courbes fermées telles que leurs projections sur un plan quelconque donnent deux surfaces égales S et S' entourées par des courants marchant en sens contraires. C'est à cette condition que doivent satisfaire les courants mobiles.

dits *astatiques*, construits de manière à n'être pas soumis à l'action de la terre. Les figures 115, 116, 117 fournissent des exemples de conducteurs qui réalisent ces conditions.

Si les deux surfaces S et S′ n'étaient pas égales, l'action du champ serait proportionnelle à leur différence S − S′.

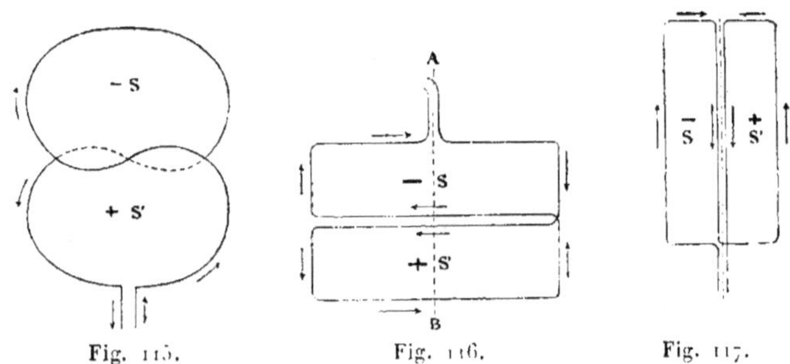

Fig. 115.　　　　Fig. 116.　　　　Fig. 117.

190. Rotation d'un courant sous l'action de la terre. — Une portion de courant non fermée et mobile autour d'un axe prend, en général, un mouvement continu de rotation sous l'influence du magnétisme terrestre.

Remarquons, d'abord, que dans un champ magnétique uniforme comme le champ terrestre, on peut toujours remplacer un courant par ses projections sur trois plans rectangulaires; cela revient, en effet, à remplacer l'intensité du champ par ses trois composantes rectangulaires.

Considérons un courant quelconque mobile autour d'un axe et déterminons ses projections sur trois plans, l'un perpendiculaire à l'axe de rotation, les deux autres passant par cet axe et tels que l'un d'eux soit parallèle à la direction du champ; soient S, S′ et S″ ces trois projections. La projection S′ perpendiculaire au champ ne donnera lieu à aucune action. Sur la projection S′ l'action sera purement directrice : le circuit du courant sera entraîné de manière que la surface S″ soit maximum et présente à la force sa face négative; dans notre hémisphère le courant doit être descendant dans la partie tournée vers l'Est. Reste à considérer la projection S sur le plan perpendiculaire à l'axe. Si elle est fermée et de forme fixe, elle ne subit aucune action; si elle a une partie mobile, la compo-

sante du champ parallèle à l'axe aura un moment constant
par rapport à cet axe et produira une rotation continue.

191. — Soit, par exemple, le système formé par un courant OP de longueur a (fig. 118) mobile autour d'un axe vertical, dont l'une des extrémités O est sur l'axe de rotation et dont l'autre P plonge dans une rigole pleine de mercure. Le courant arrive au mercure en A, parcourt en sens opposés les deux

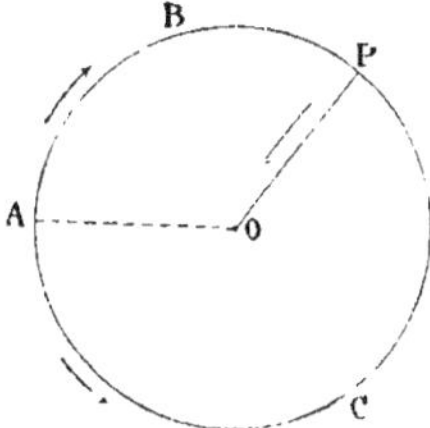

Fig. 118.

parties ABP et ACP, et regagne l'axe par la partie mobile PO.
Soit I l'intensité totale du courant, x l'intensité dans l'arc B,
y dans l'arc C; le courant sera évidemment égal à I dans la
portion mobile PO.

La surface comprise par la projection horizontale S se compose de deux parties, l'une ABPO présentant à la composante Z
de l'action terrestre sa face négative, l'autre ACPO sa face
positive. La première tend donc à augmenter, la seconde à
diminuer, et pour un déplacement angulaire θ du rayon PO,
le travail total est

$$\frac{1}{2}a^2(x+y)Z\theta - \frac{1}{2}a^2 IZ\theta.$$

Ce travail est indépendant de la position du conducteur OP; la
force est donc constante. Le travail correspondant à un tour
entier sera

$$\frac{1}{2}a^2 2\pi IZ = SIZ.$$

Si le courant donne une projection verticale S', le mouvement de rotation sera modifié par l'action directrice correspondant à cette projection. Il est facile de voir que, suivant le rapport des deux surfaces S et S', la vitesse initiale et la valeur des frottements, le moment de l'action directrice pourra l'emporter sur le moment de rotation et maintenir l'appareil en équilibre dans une position perpendiculaire au méridien magnétique. Dans les appareils utilisés pour cette expérience, on prend un courant mobile symétrique par rapport à l'axe de rotation. La projection S' est alors nulle, et le couple de rotation, qui donnerait au système un mouvement uniformément accéléré s'il n'y avait pas de frottement, finit par lui imprimer un mouvement uniforme.

192. Action de deux circuits rectangulaires. — On peut encore calculer l'action de deux cadres rectangulaires AC et A'C',

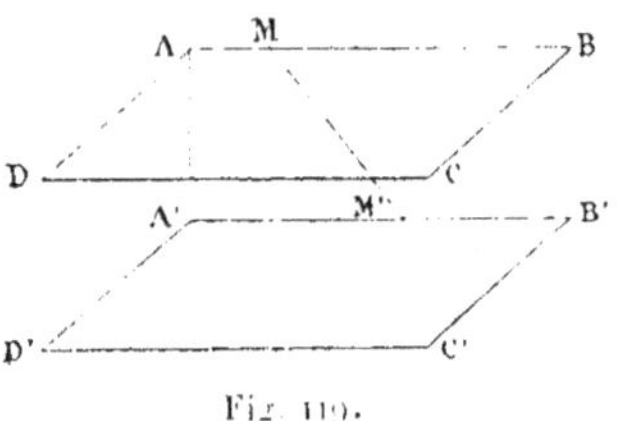

Fig. 119.

dont les côtés sont parallèles. Supposons, pour simplifier, les cadres égaux (fig. 119) et leurs sommets correspondants A et A' sur une perpendiculaire à leur plan. L'énergie réciproque des deux circuits avec des courants égaux à l'unité a pour expression, d'après la formule de Neumann (**352**),

$$ W = \int\int \frac{\cos \varepsilon}{r} \, ds\, ds'. $$

La valeur de $\cos \varepsilon$ est égale à l'unité pour deux côtés parallèles, et nulle pour deux côtés perpendiculaires tels que AB et B'C'. L'énergie devient alors

$$ W = \int\int \frac{ds\, ds'}{r} = \int ds \int \frac{ds'}{r}. $$

Cette expression ne contient que des termes relatifs aux fils parallèles. Considérons d'abord les deux côtés AB et A'B', de longueur a et à la distance h. Soient ds et ds' deux éléments situés respectivement en M et M' et r leur distance ; enfin, supposons que l'on compte les longueurs s et s' à partir des points A et A'. Par suite de la relation

$$r^2 = h^2 + (s' - s)^2,$$

on obtient pour la première intégration, dans laquelle la distance s est considérée comme constante,

$$\int \frac{ds'}{r} = \int_0^a \frac{ds}{\sqrt{(s'-s)^2 + h^2}} = l \cdot \left[s' - s + \sqrt{(s'-s)^2 + h^2} \right]_0^a.$$

ou

$$\int \frac{ds'}{r} = l \cdot \frac{a - s + \sqrt{(a-s)^2 + h^2}}{-s + \sqrt{s^2 + h^2}}.$$

La seconde intégration relative à ds s'effectue facilement, car on a, en général,

$$\int l \cdot (-u + \sqrt{u^2 + h^2})\, du = ul \cdot (-u + \sqrt{u^2 + h^2}) + \sqrt{u^2 + h^2};$$

il vient alors

$$\int_0^a l \cdot \frac{a - s + \sqrt{(a-s)^2 + h^2}}{-s + \sqrt{s^2 + h^2}}\, ds = 2 \left[al \cdot \frac{a + \sqrt{a^2 + h^2}}{h} - \sqrt{a^2 + h^2} + h \right].$$

En changeant le signe de cette expression et remplaçant h par la distance h' des côtés AB et C'D', on obtiendra de même le terme relatif à ce dernier côté. Si le rectangle est un carré, on a $h' = \sqrt{a^2 + h^2}$, et les deux termes de l'énergie correspondant au côté AB donnent

$$\left[al \cdot \frac{a + \sqrt{a^2 + h^2}}{a + \sqrt{2a^2 + h^2}} \frac{\sqrt{a^2 + h^2}}{h} + \sqrt{2a^2 + h^2} - 2\sqrt{a^2 + h^2} + h \right].$$

L'énergie totale est alors

$$W = 8\left[al.\frac{a+\sqrt{a^2+h^2}}{a+\sqrt{2a^2+h^2}}\frac{\sqrt{a^2+h^2}}{h}+\sqrt{2a^2+h^2}-2\sqrt{a^2+h^2}+h\right].$$

Quand on fait varier de dh la distance des cadres, la variation d'énergie dW est égale au travail $-Fdh$ de la force F, considérée comme attractive, qui s'exerce entre les deux circuits et l'on a

$$F = -\frac{dW}{dh}.$$

On obtient ainsi, toutes réductions faites,

$$F = 8\left[\frac{a^2}{h\sqrt{a^2+h^2}}-\frac{a^2h}{(a^2+h^2)\sqrt{2a^2+h^2}}+\frac{2h}{\sqrt{a^2+h^2}}-\frac{h}{\sqrt{2a^2+h^2}}-1\right].$$

Si les intensités des courants dans les deux cadres sont respectivement I et I', l'action réciproque a pour expression, en désignant par P la somme des termes compris dans la parenthèse,

$$F = 8II'P.$$

193. Propriétés des courants circulaires. — Le potentiel d'un courant circulaire est égal, à une constante près, à celui d'un feuillet de même puissance et de même contour. Nous avons donné plus haut (**368**) l'expression de ce potentiel pour un point quelconque. Si le point est situé sur l'axe à une distance x du centre, il suffit dans l'équation (16) de faire $\rho=0$: il vient, en remplaçant Φ par I,

$$V = 2\pi I\left(1-\frac{x}{u}\right) = 2\pi I\left(1-\frac{x}{\sqrt{u^2+x^2}}\right).$$

On en déduit

$$F = 2\pi I\frac{a^2}{u^3} = 2\frac{IS}{u^3},$$

en désignant par S la surface du cercle. Pour un point de l'axe, la force est donc en raison inverse du cube de la distance au contour.

Cette force est maximum au centre du cercle : on a alors

$$F_m = 2\,\frac{IS}{a^3} = 2\pi\,\frac{I}{a} = \frac{IL}{a^2},$$

L étant la longueur de la circonférence.

Ce dernier résultat se déduirait immédiatement de la considération du feuillet équivalent. Soit $2h$ l'épaisseur du feuillet supposé plan, on a, en désignant par I_a l'intensité d'aimantation,

$$I = \Phi = 2h I_a.$$

L'action des deux couches terminales sur un point situé au centre a pour valeur (**322**)

$$F = 4\pi I_a \left(1 - \frac{h}{a} \right),$$

et l'induction magnétique est

$$F_1 = F_m = -F + 4\pi I_a = 4\pi I_a \frac{h}{a} = 2\pi \frac{I}{a}.$$

On peut maintenant rejeter le feuillet en dehors du point considéré, sans changer la valeur de la force (**151**).

194. Solénoïde électromagnétique. — Ampère a donné le nom de *solénoïde* à un système de courants circulaires égaux, infiniment petits et infiniment rapprochés, équidistants et normaux à une courbe quelconque, passant par leur centre, qu'on appelle *directrice*.

Soit dS la surface commune des courants élémentaires, h leur distance et I l'intensité du courant. Chaque courant élémentaire peut être remplacé par un feuillet magnétique de même grandeur, d'épaisseur h et de densité superficielle σ telles que l'on ait

$$\Phi = h\sigma = 1.$$

Les surfaces en contact de tous ces feuillets ayant des charges égales et de signes contraires s'annulent réciproquement, sauf les deux extrêmes, et le système est identique à un filet solénoïdal. L'action extérieure se réduit donc à celle de deux masses magnétiques $\pm M$ placées aux extrémités. Si on désigne par l la longueur du solénoïde, par n le nombre total des courants élémentaires et par n_1 le nombre de ces courants contenus dans l'unité de longueur, on a

$$M = \sigma dS = \frac{l\,dS}{h} = \frac{n\,l\,dS}{l} = n_1\,l\,dS.$$

195. Bobine cylindrique. — Supposons qu'un cylindre soit recouvert de courants normaux à l'axe et équidistants. Le système de ces courants constitue une espèce de solénoïde de forme cylindrique et de dimensions transversales finies ; on le réalise approximativement en enroulant un fil en hélice sur la surface du cylindre. Chacun des éléments de spire peut être remplacé par ses projections sur l'axe et sur un plan perpendiculaire à l'axe. Si la section du cylindre est petite, on détruit sensiblement l'effet des premières en faisant revenir le fil en sens contraire parallèlement à l'axe.

Quel que soit d'ailleurs le diamètre du cylindre, si les spires sont suffisamment rapprochées et que la bobine se compose d'un nombre pair de couches dans lesquelles l'inclinaison des spires soit alternativement de sens contraires, l'effet des projections sur l'axe est encore sensiblement nul, et l'action extérieure diffère très peu de celle des projections normales.

L'ensemble des courants normaux à l'axe équivaut à un aimant solénoïdal de même forme ; on peut, en effet, remplacer chacun d'eux par un feuillet, et décomposer le système en une infinité de solénoïdes parallèles dont chacun équivaut à un filet solénoïdal.

L'action du système sur les points extérieurs au cylindre se réduit donc (**372**) à celle de deux couches égales et de signes contraires répandues uniformément sur les bases, et dont la densité σ a pour valeur $n_1 I$.

Pour les points intérieurs, la force est égale à l'induction du système magnétique équivalent. Si le cylindre est assez long pour que dans une partie de son étendue l'action des bases soit négligeable, les lignes de force sont parallèles a l'axe du cylindre ; le champ est uniforme et a pour intensité

$$F_1 = 4\pi I_a = 4\pi n_1 I.$$

Le flux d'induction qui traverse la section du cylindre est

$$Q = F_1 S = 4\pi n_1 IS ;$$

ce flux est de sens contraire au flux de force intérieur qui provient des bases de l'aimant équivalent.

Il est évident d'ailleurs qu'une bobine n'est pas équivalente à un aimant creux : dans l'aimant creux toutes les lignes de force tant intérieures qu'extérieures partent de la surface positive pour s'absorber a la surface négative ; dans les bobines, au contraire, les lignes de force intérieures sont la continuation des lignes de force extérieures, et constituent des courbes fermées sur elles-mêmes qui n'aboutissent jamais à des masses magnétiques.

496. Bobine annulaire. — Supposons qu'un anneau de révolution soit recouvert de courants égaux, équidistants et situés chacun dans un plan passant par l'axe ; le système peut encore être décomposé en une série de solénoïdes et il est équivalent à un aimant solénoïdal de même forme (**111**).

Tous les solénoïdes élémentaires comprennent alors un même nombre de courants ayant la même intensité I, mais de longueurs différentes. En désignant par n_1 le nombre des courants compris entre deux plans méridiens qui font entre eux un angle égal à l'unité, et par x le rayon d'un solénoïde élémentaire, la distance des spires successives sera $\dfrac{x}{n_1}$; l'intensité d'aimantation du filet magnétique équivalent est alors $\dfrac{n_1 I}{x}$ et l'induction ou la force magnétique $\dfrac{4\pi n_1 I}{x}$. Le flux d'induction qui traverse une surface S, prise dans la section méridienne de l'anneau, a pour valeur $4\pi n_1 I \displaystyle\int \dfrac{dS}{x}$.

Dans le cas où l'anneau est un tore circulaire (**372**), on a

$$\int \frac{dS}{x} = \pi \left(R - \sqrt{R^2 - a^2} \right).$$

Le flux total qui traverse la section est alors

$$Q = 4\pi^2 n_1 \left(R - \sqrt{R^2 - a^2} \right).$$

497. Cas d'une surface quelconque. — Considérons maintenant le cas général où une surface quelconque Σ serait recouverte de courants plans de même intensité, parallèles entre eux et à une distance telle qu'il y en ait n_1 par unité de longueur. On peut encore remplacer l'ensemble des courants par une série de solénoïdes parallèles aboutissant à la surface, et ces solénoïdes eux-mêmes par les filets magnétiques équivalents ; on constituera ainsi un aimant uniforme, dont l'intensité d'aimantation est $n_1 I$, et dont la densité en chaque point de la surface a pour valeur $n_1 I \cos\theta$, en appelant θ l'angle de la normale à la surface au point considéré avec une perpendiculaire au plan des courants.

L'action intérieure de ces courants est égale à l'induction du système magnétique équivalent. Dans le cas de la sphère (**355**), elle est constante et égale à $\frac{8}{3}\pi n_1 I$; le flux d'induction qui traverse le grand cercle perpendiculaire à la ligne des pôles, ou à l'axe commun des courants, a pour valeur

$$Q = \frac{8}{3}\pi^2 R^2 n_1 I = \frac{2}{3} L^2 n_1 I,$$

en désignant par L la circonférence du grand cercle.

Le champ intérieur serait également constant dans le cas de l'ellipsoïde (**356**).

Il résulte de là une manière nouvelle d'envisager le magnétisme terrestre : l'action magnétique de la terre est équivalente à celle d'une série de courants circulaires situés dans des plans équidistants perpendiculaires à l'axe magnétique, ces courants circulant de l'est à l'ouest.

498. Théorie du magnétisme d'Ampère. — On voit qu'il est possible, au moyen de courants situés dans des plans parallèles, de réaliser un système équivalent à un aimant uniforme qui aurait la même surface extérieure : les deux systèmes sont équivalents pour tous les points extérieurs, et produisent à l'intérieur la même induction.

On peut, de même, remplacer un aimant quelconque par un système de courants superficiels, en tant du moins qu'on envisage seulement son action extérieure.

Cette action, en effet (**315**), équivaut à celle d'une couche de masse totale nulle distribuée sur la surface. Si on appelle σ la densité de la couche en un point, F_n et F'_n les composantes normales, comptées à partir de la surface, des actions qu'elle exerce à l'extérieur et à l'intérieur, on a (**38**)

$$4\pi\sigma = F_n + F'_n.$$

Considérons le potentiel intérieur V' de la couche et les surfaces de niveau Σ auxquelles la force F' est normale, et supposons que sur chacune de ces surfaces on place des couches magnétiques égales et de signes contraires dont la densité σ' en chaque point soit déterminée par la condition

$$\sigma' = \frac{1}{4\pi} F' = -\frac{1}{4\pi} \frac{dV'}{dn'}.$$

L'action extérieure de cet ensemble de surfaces est nulle.

Remarquons maintenant que le produit $\sigma' dn' = -\frac{1}{4\pi} dV'$ est constant entre deux surfaces de niveau. Si donc on associe la couche négative de la surface Σ, où le potentiel est V', avec la couche positive de la surface suivante Σ' au potentiel $V' + dV'$, on constitue un feuillet dont la puissance magnétique $\sigma' dn'$ est constante. Un courant de même intensité qui suivrait sur la surface la courbe déterminée par l'intersection du feuillet aurait donc la même action à l'extérieur; on ferait de même pour tous les autres feuillets. Mais, en constituant ce feuillet, on a laissé une couronne négative correspondant à la différence $\Sigma - \Sigma'$ des deux surfaces, et la somme des actions extérieures de ces couronnes est égale et de signe contraire à celle des courants superficiels. Si on appelle $d\Sigma$ et dS deux éléments correspondants de cette couronne et de la surface de l'aimant déterminés par un tube de force, on a

$$F'_n \, dS = F' \, d\Sigma = 4\pi\sigma' \, d\Sigma,$$

ce qui donne

$$\sigma' \, d\Sigma = \frac{F'_n}{4\pi} \, dS.$$

La quantité de magnétisme renfermée dans l'élément $d\Sigma$ est donc la même que celle que contiendrait l'élément dS avec une densité égale à $-\dfrac{F'_n}{4\pi}$.

Il en résulte que l'action extérieure de tous les courants superficiels, définis par les feuillets qui précèdent, équivaut à celle d'une couche de masse totale nulle dont la densité en chaque point serait $+\dfrac{F'_n}{4\pi}$.

En prolongeant dans l'intérieur de l'aimant, par des surfaces continues, les surfaces de niveau qui correspondent au potentiel extérieur V, on verrait, de même, que l'on peut remplacer par un système de courants superficiels une couche dont la densité en chaque point serait $\dfrac{F_n}{4\pi}$.

L'ensemble des deux systèmes de courants est un nouveau système de courants superficiels, ayant la même action extérieure qu'une couche dont la densité serait $\dfrac{1}{4\pi}(F_n + F'_n)$, c'est-à-dire la densité σ de la couche magnétique qui équivaut à l'aimant proposé.

On peut donc remplacer l'action extérieure d'un aimant quelconque par celle d'un système de courants superficiels ; mais l'équivalence n'existerait plus pour les points intérieurs.

Il est possible, au contraire, d'obtenir une représentation exacte de tous les effets magnétiques, tant intérieurs qu'extérieurs, en remplaçant les filets magnétiques, dans lesquels un aimant quelconque peut être décomposé (**313**), par les solénoïdes électromagnétiques correspondants.

Ampère admet que ces solénoïdes élémentaires sont formés par des courants réels qui circulent à l'intérieur des molécules; ces courants ne passent jamais d'une molécule à une autre, et ils préexistent à l'aimantation (**125**) qui a seulement pour effet de les orienter.

Dans cette hypothèse, un aimant n'est plus une substance continue, mais un ensemble de molécules distinctes, donnant lieu à une distribution très complexe de la force magnétique et du potentiel. Mais il en résulte une simplification notable, car la force et l'induction magnétique sont alors définis de la même manière, et la force satisfait à l'équation de Laplace, aussi bien à l'intérieur qu'à l'extérieur des aimants.

L'hypothèse d'Ampère soulève cependant une difficulté capitale, car on ne conçoit pas que des courants puissent exister d'une manière permanente sans dégagement de chaleur et, par suite, sans une dépense continue d'énergie. Mais, si on localise les courants dans les molécules elles-mêmes, dont la constitution est inconnue, il n'est pas impossible d'admettre que la résistance soit nulle et que les courants persistent sous une forme qui n'est pas abordable par l'expérience. Cette conception n'implique donc par elle-même aucune contradiction.

199. Aimantation par les courants. — L'aimantation par les courants a été découverte par Arago en 1820. Arago avait constaté qu'un fil de cuivre parcouru par un courant attire la limaille de fer; chaque parcelle de limaille devenant un petit aimant se place perpendiculairement au fil, le pôle nord à gauche du courant, comme dans l'expérience d'OErsted. Ampère fit remarquer qu'on peut augmenter beaucoup l'action du courant sur un barreau de fer doux ou d'acier en enroulant le fil en hélice autour du barreau; on obtient ainsi, avec le fer doux en particulier, des aimants temporaires auxquels on a donné le nom d'*électro-aimants*.

Les électro-aimants peuvent acquérir une puissance beaucoup plus grande que celle des meilleurs barreaux d'acier; mais leur caractère principal est de pouvoir, lorsque le fer qui les constitue est très doux, gagner ou perdre presque instantanément leurs propriétés magnétiques. Enfin ils présentent cette propriété curieuse qu'en modifiant d'une manière convenable l'enroulement du fil sur le noyau de fer doux, on peut y distribuer le magnétisme à volonté et obtenir dans la longueur du barreau un nombre quelconque de pôles ou de *points conséquents*.

Le calcul des effets des électro-aimants est en général très difficile, lors même que les courants qui entourent le morceau de fer doux sont équidistants et parallèles entre eux. Dans ce cas, le système de courants développe un champ intérieur dont l'intensité est définie par l'induction d'un aimant uniforme terminé à la même surface; le noyau de fer doux placé dans ce champ prend en chaque point une aimantation qui dépend de l'intensité du champ et aussi du magnétisme développé par l'induction sur le corps lui-même. L'aimantation ne peut donc être uniforme que dans les cas particuliers que nous avons examinés (**385**). Quant à l'action extérieure, elle est la résultante de celle du système de courants, ou de l'aimant uniforme équivalent, et de celle du noyau de fer doux.

500. Exemples. — Pour une sphère entourée de courants parallèles et équidistants, l'intensité du champ φ produit par les courants (**197**) a pour valeur $\dfrac{8}{3}\pi n_1 I$.

L'intensité d'aimantation est alors (**385**)

$$\frac{3}{4\pi}\frac{\mu-1}{\mu+2}\,\varphi = 2\frac{\mu-1}{\mu+2}n_1 I,$$

et l'induction

$$F_1 = \frac{3\mu}{\mu+2}\,\varphi = \frac{8\pi\mu}{\mu+2}n_1 I.$$

Si la sphère est placée dans une bobine cylindrique assez

longue pour que l'effet des extrémités puisse être considéré comme négligeable, elle prendra aussi une aimantation uniforme.

Il en serait de même pour un ellipsoïde et aussi très approximativement pour un cylindre dont l'axe coïnciderait avec celui de la bobine.

501. — Dans le cas d'une bobine cylindrique de grande longueur (**195**) l'intensité du champ intérieur est $4\pi n_1 I$; l'intensité d'aimantation d'un long cylindre parallèle au champ aurait pour valeur $k\varphi$ (**292**) ou $4\pi k n_1 I$, et l'induction intérieure F_1 serait $4\pi k\varphi$, ou $16\pi^2 k n_1 I$.

Si S est la section du barreau, le flux d'induction magnétique qui le traverse est

$$F_1 S = 16\pi^2 k n_1 I S,$$

et le flux total, en y comprenant l'induction $4\pi n_1 I S$ du courant, a pour valeur

$$Q = 4\pi n_1 (1 + 4\pi k) I S.$$

Cette quantité est accessible à l'expérience et on pourra en déduire le coefficient d'aimantation k.

502. — La détermination de ce coefficient est encore plus exacte avec un morceau de fer doux, ayant la forme d'un tore qu'on entoure de courants équidistants (**196**). Dans ce cas, l'intensité du champ produit par les courants est en chaque point $\dfrac{4\pi n_1 I}{x}$. Cette force étant la seule efficace, l'intensité d'aimantation au point considéré a pour valeur

$$k\varphi = \frac{4\pi n_1 I}{x}.$$

L'induction est égale à $4\pi k\varphi$, de sorte que le flux total d'induction à travers la section S du fer doux, en comprenant encore celui qui provient des courants, est

$$Q = 4\pi n_1 I (1 + 4\pi k) \int \frac{dS}{x}.$$

Si le fer doux ne remplit pas la totalité de l'espace limité par les courants, mais seulement une partie S' de la section S, le flux total d'induction qui traverse la surface des courants est

$$Q' = 4\pi n_1 I \left[\int \frac{dS}{x} + 4\pi k \int \frac{dS'}{x} \right].$$

Supposons, par exemple, que la section du fer soit un cercle de rayon a' concentrique à la section circulaire d'un tore; le flux total d'induction dans le tore sera

$$Q' = 4\pi^2 n_1 I \left[R - \sqrt{R^2 - a^2} + 4\pi k \left(R - \sqrt{R^2 - a'^2} \right) \right].$$

Si la section de la bobine était un rectangle de hauteur b parallèlement à l'axe de révolution et d'épaisseur $2a$, le rayon moyen étant R, on aurait

$$\int \frac{dS}{x} = b \int_{R-a}^{R+a} \frac{dx}{x} = bl \cdot \frac{R+a}{R-a}.$$

L'anneau de fer pourrait, de même, avoir une section rectangulaire de hauteur b', d'épaisseur $2a'$ et de rayon moyen R'; le flux total d'induction serait alors

$$Q = 4\pi n_1 I \left[bl \cdot \frac{R+a}{R-a} + 4\pi k b'l \cdot \frac{R'+a'}{R'-a'} \right].$$

Nous verrons plus loin (**559**) l'usage que l'on peut faire de ces différentes formules.

503. — Mesure des courants. — Galvanomètres. — On évalue habituellement l'intensité des courants par les actions électromagnétiques ou électrodynamiques qu'ils exercent, et on appelle l'instrument qui sert à cette mesure *galvanomètre* ou *électrodynamomètre*, suivant qu'il repose sur l'une ou sur l'autre des deux actions.

Un galvanomètre se compose d'une aiguille aimantée, ou d'un système magnétique quelconque, sur lequel on fait agir un conducteur traversé par le courant; on évalue l'effet produit à l'aide d'une force antagoniste, telle que la torsion d'un fil métallique ou d'une suspension bifilaire, ou par l'action d'un champ magnétique extérieur.

Considérons seulement le cas d'une aiguille horizontale suspendue à un fil sans torsion appréciable, et placée au centre d'un cadre sur lequel on a enroulé un fil conducteur qui forme une série de spires parallèles.

Si les spires sont parallèles au méridien magnétique, et qu'on les fasse traverser par un courant, elles produiront un champ magnétique dont l'intensité au milieu sera proportionnelle à l'intensité du courant et pourra être représentée par $g\mathrm{I}$. La composante horizontale du champ terrestre en ce point étant H, la composante horizontale du champ est $\sqrt{g^2\mathrm{I}^2 + \mathrm{H}^2}$ et sa direction fait avec le méridien magnétique un angle δ dont la tangente est égale à $\dfrac{g\mathrm{I}}{\mathrm{H}}$.

Une aiguille aimantée infiniment petite placée en ce point, et qui était d'abord en équilibre dans le plan du cadre, sera donc déviée de l'angle δ, et on pourra en déduire l'intensité du courant par l'expression

$$\mathrm{I} = \frac{\mathrm{H}}{g}\,\tang\delta.$$

La formule n'est rigoureuse que si le champ magnétique du courant est uniforme dans tout l'espace qu'occupe l'aiguille. Lorsque l'aiguille a une longueur notable par rapport aux dimensions du cadre, l'intensité du champ n'est généralement pas constante, et la déviation est donnée par une formule moins simple. On pourra alors, par une graduation empirique, déterminer la relation qui existe entre l'intensité du courant et la déviation produite.

Le moment magnétique de l'aiguille n'a aucune influence sur la position d'équilibre; il n'a d'autre effet que de modifier l'intensité des forces et, par suite, la durée des oscillations de l'aiguille

Si l'on veut augmenter la sensibilité du galvanomètre, c'est-à-dire la déviation δ pour un courant donné, il faut augmenter la valeur de g et diminuer, s'il est possible, celle de H. On augmente la valeur de g en multipliant les spires du cadre, suivant la méthode de Schweigger, et en les plaçant aussi près que possible de l'aiguille. Pour diminuer H, on peut placer à une certaine distance un aimant qui produise au centre du cadre un champ magnétique parallèle et de sens contraire à celui de la terre.

Souvent aussi on a recours à un système de deux aiguilles quasi-astatique (**299**), dont l'une est située au centre du cadre et l'autre à l'extérieur ; l'action de la terre sur le système mobile est beaucoup plus faible, sans que l'action du courant, qui s'exerce surtout sur l'aiguille intérieure, soit sensiblement modifiée. On peut encore employer deux cadres, chacun d'eux ayant une des aiguilles en son centre, et y faire passer le courant en sens contraires, de manière que les actions exercées sur les deux aiguilles soient concordantes.

501. Boussole des tangentes. — Si l'on veut déterminer l'intensité d'un courant en valeur absolue, il faut, outre la composante H du champ terrestre, connaître aussi la constante g du galvanomètre. On donne en particulier le nom de *boussole des tangentes* à un galvanomètre dont le fil a été enroulé de manière que ce coefficient puisse être calculé d'après les dimensions du fil et la forme du cadre.

Si le cadre porte un fil de longueur L enroulé sur un cercle de rayon a de manière à faire n tours, et que l'aiguille supposée infiniment petite soit placée en un point de l'axe à une distance u de la circonférence, on aura (**193**)

$$g = n \frac{2\pi a^2}{u^3} = \frac{L a}{u^3} = \frac{4\pi^2 n^2}{L} \left(\frac{a}{u}\right)^3,$$

ce qui donne

$$I = \frac{H u^3}{L a} \tang \delta = \frac{H L}{4\pi^2 n^2} \left(\frac{u}{a}\right)^3 \tang \delta.$$

La distance u devient égale a a lorsque l'aiguille est située au centre du cercle.

Si l'on veut tenir compte de la longueur de l'aiguille, il faut évaluer, par les formules du n° **368**, l'intensité du champ en dehors de l'axe des courants.

La formule de la boussole des tangentes serait rigoureuse et indépendante de la longueur de l'aiguille, si le champ du courant était uniforme. C'est ce qui aurait lieu, par exemple, avec une bobine cylindrique (**195**) ou une bobine sphérique (**197**) à courants équidistants. En appelant n_1 le nombre des spires par unité de longueur, on a $g = 4\pi n_1$ dans le premier cas, et dans le second $g = \dfrac{8}{3}\pi n_1$.

505. Électrodynamomètres. — Dans un électrodynamomètre on évalue directement l'action exercée entre deux circuits, l'un fixe et l'autre mobile, traversés par le même courant ou par deux courants différents. Supposons, par exemple, que l'aimant d'une boussole des tangentes soit remplacé par une petite bobine, où un courant pourra être amené par une suspension bifilaire, et qui est en équilibre quand l'axe de la bobine est dans le méridien magnétique. Si l'on fait passer un courant I dans le cadre de la boussole et un courant i dans la bobine, celle-ci est déviée et par une torsion convenable z de la suspension on la ramène dans sa position primitive.

Le moment magnétique de la bobine mobile est proportionnel à i et peut être représenté par li; le couple produit par l'action du cadre est alors $gliI$. Comme le couple de torsion du bifilaire est proportionnel au sinus de l'angle, on aura, en désignant par T le moment du couple qui correspond à un angle de torsion égale à $\dfrac{\pi}{2}$,

$$gliI = T \sin z.$$

Si les deux fils sont parcourus par le même courant I, cette expression devient

$$I^2 = \dfrac{T \sin z}{gl}.$$

On pourra donc évaluer la valeur absolue de l'intensité du

courant si l'on connaît les constantes T, l et g, ou bien laisser ces constantes indéterminées et se servir de l'appareil comme d'un instrument de comparaison. Tel est le principe des expériences de Weber.

Si l'on suppose que le courant parcourt deux cadres rectangulaires parallèles (**192**), comme dans les expériences de Cazin, l'intensité pourra se déduire de l'action, attractive ou répulsive, qui s'exerce entre les deux circuits.

506. Mesure des décharges. — Lorsque la durée du courant est assez courte pour que l'aiguille n'ait pas eu le temps de subir un déplacement appréciable avant la cessation du courant, elle a reçu cependant une impulsion et acquis une certaine vitesse ; elle est projetée hors de sa position d'équilibre et y revient ensuite par une série d'oscillations. C'est le cas, par exemple, de la décharge d'un condensateur par un fil conducteur qui renferme un galvanomètre ; la quantité totale d'électricité qui s'écoule peut se déduire de l'angle d'impulsion imprimé à l'aiguille.

L'intensité d'un courant permanent dans le galvanomètre considéré serait donnée par une expression de la forme

$$I = \frac{H}{g} f(\delta),$$

dans laquelle $f(\delta)$ se réduit à l'angle δ quand les déviations sont très petites. Si l'on appelle μ le moment magnétique de l'aiguille, l'action du courant sur l'aiguille produit un couple dont le moment est $\mu g I$.

On sait, d'autre part, que lorsqu'un corps est mobile autour d'un axe, le produit du moment d'inertie K par l'accélération angulaire $\dfrac{d\omega}{dt}$ est égal au moment du couple résultant par rapport à l'axe de rotation. On a donc pour l'aiguille considérée, puisque la déviation pendant la décharge est assez petite pour que l'action de la terre soit négligeable,

$$K \frac{d\omega}{dt} = \mu g I.$$

Si l'on appelle dm la quantité d'électricité qui s'écoule pendant le temps dt, cette équation devient

$$K\frac{d\omega}{dt} = \mu g\,\frac{dm}{dt}.$$

On en déduit, en appelant ω_0 la vitesse angulaire initiale et m la décharge totale,

$$K\omega_0 = \mu g m.$$

L'aiguille, une fois lancée avec cette vitesse ω_0 possède une force vive égale à $\dfrac{K\omega_0^2}{2}$ et elle s'arrête sous un angle θ, lorsqu'elle a effectué contre l'action du champ terrestre un travail ayant la même valeur. On a donc

$$\frac{K\omega^2}{2} = H\mu(1 - \cos\theta) = 2H\mu\sin^2\frac{\theta}{2},$$

ou

$$\mu g^2 m^2 = 4HK\sin^2\frac{\theta}{2},$$

$$m = \frac{1}{g}\sqrt{\frac{HK}{\mu}}\,2\sin\frac{\theta}{2}.$$

Si les déviations θ sont assez petites, on peut prendre simplement

$$m = \frac{1}{g}\sqrt{\frac{HK}{\mu}}\,\theta = \frac{H}{g}\theta\sqrt{\frac{K}{H\mu}}.$$

On voit que l'angle d'impulsion θ est proportionnel à la quantité d'électricité qui s'écoule pendant la décharge, et cette loi de proportionnalité suffira pour toutes les expériences de comparaison.

Si l'on veut déterminer m en valeur absolue, il faut connaître la constante g du galvanomètre et les quantités qui entrent sous le radical.

Remarquons que si l'aiguille est abandonnée à elle-même sous l'influence du magnétisme terrestre, la durée τ des oscillations infiniment petites est

$$\tau = \pi \sqrt{\frac{K}{H\mu}}.$$

Il en résulte

$$m = \frac{H}{g} \frac{\tau}{\pi} \theta.$$

En réalité, l'angle réel d'impulsion θ est diminué par la résistance du milieu et par les courants d'induction que le mouvement de l'aiguille produit dans le fil ; mais, si les oscillations ne diminuent pas très rapidement, on tiendra compte de cet effet en ajoutant à l'angle θ le quart de l'excès de cette déviation sur la déviation θ' produite du même côté par l'oscillation suivante. On aura finalement

$$m = \frac{H}{g} \frac{\tau}{\pi} \left[\theta + \frac{1}{4} (\theta - \theta') \right].$$

CHAPITRE QUATRIÈME

INDUCTION

507. Découverte de Faraday. — Les actions électromagnétiques étudiées dans les chapitres précédents sont purement *mécaniques;* elles s'exercent sur les conducteurs traversés par des courants et correspondent à un état permanent des courants et des aimants en présence. Dans tous les cas où les systèmes éprouvaient des déplacements relatifs, nous avons admis d'une manière implicite que ces déplacements étaient sans influence sur l'état électrique des conducteurs. Faraday a découvert en 1831 une classe de phénomènes d'une nature toute différente, qui correspondent à l'état variable des systèmes; ces phénomènes, qu'il a compris sous le nom d'*induction*, sont de nature *électrique* et se manifestent par la production dans les conducteurs de courants temporaires.

On appelle *courants induits* les courants qui en résultent et *circuit induit* le circuit qui est soumis à l'*induction;* enfin, on donne le nom d'*inducteur* au système dont la variation a été la cause du courant induit.

508. — Les phénomènes découverts par Faraday peuvent être classés en plusieurs catégories :

1° Un circuit fermé devient le siège d'un courant temporaire toutes les fois qu'on déplace un aimant dans le voisinage, ou qu'on en fait varier l'aimantation, ou, d'une manière plus générale, qu'on modifie le champ magnétique dans lequel est placé le circuit. C'est l'*induction magnéto-électrique*.

2° On obtient des effets analogues en substituant un système de courants au système magnétique. Le circuit considéré est parcouru par un courant induit toutes les fois qu'on fait varier la distance, l'intensité ou la forme d'un courant extérieur. L'effet est le même que celui que produirait la modification correspondante du système magnétique équivalent au courant. C'est l'*induction électrodynamique ou volta-électrique*.

3° Le changement de forme ou de position relative d'un circuit fermé, par rapport au champ magnétique d'un système d'aimants ou de courants, suffit aussi ordinairement pour donner naissance dans ce circuit à un courant induit qui rentre dans une des catégories qui précèdent.

4° Enfin, le fait seul de modifier par un procédé quelconque l'intensité du courant dans un circuit, même quand il est soustrait à toute action extérieure, provoque dans ce circuit un courant d'induction qui se superpose au courant principal et tend toujours à contrarier la variation d'intensité qu'il subit; on lui donne le nom d'*extra-courant*.

509. — L'expérience fournit sur ces courants d'induction les faits généraux suivants :

1° Quel que soit le mode de variation qui donne lieu à un courant induit, deux variations égales en sens contraires donnent toujours des courants égaux et de sens contraires;

2° La durée du courant induit est égale à celle de la variation du système inducteur;

3° La quantité d'électricité mise en mouvement dans le courant induit par une opération quelconque est indépendante de la durée de la variation et, par suite, de celle du courant induit lui-même;

4° Enfin, la nature du conducteur dans lequel se propagent les courants d'induction n'intervient que par la résistance qu'il apporte dans ce circuit.

510. — En examinant les diverses circonstances dans lesquelles se produisent les courants d'induction, il est facile de reconnaître qu'elles ont pour caractère commun de correspondre à une variation du flux de force magnétique qui traverse le circuit induit. Cela est évident pour tous les phénomènes de déplacement relatif des courants ou des aimants; l'expérience montre, d'ailleurs, que tout déplacement ou toute déformation du circuit induit qui ne modifie pas la valeur du flux qui le traverse ne produit jamais de courants induits.

Il en est encore de même pour l'extra-courant. En effet, un courant donne lieu à un champ magnétique et, par suite, à un flux de force dans la surface du circuit qu'il parcourt. On conçoit que tout changement d'intensité ou de forme modifiant ce flux puisse provoquer un effet analogue à celui que produirait le déplacement d'un aimant extérieur donnant lieu à la même variation.

On est donc conduit à caractériser les phénomènes d'induction de la manière suivante :

Quand on modifie d'une manière quelconque le flux de force magnétique qui traverse un circuit fermé, ce circuit devient le siège d'un courant temporaire dont la durée est égale à celle de la variation du flux.

Cet énoncé définit les conditions dans lesquelles se produisent les courants induits. Il reste à établir les lois qui en déterminent le sens et la grandeur.

511. Loi de Lenz. — Peu de temps après la découverte de Faraday, Lenz a énoncé la loi suivante, qui établit un lien entre l'induction produite par le déplacement du système inducteur et le travail électromagnétique tel que le définit la formule d'Ampère :

Tout déplacement relatif d'un circuit fermé et d'un courant ou d'un aimant développe un courant induit dirigé de façon qu'il tende à s'opposer au mouvement.

512. Théorème de Neumann. — La loi de Lenz, d'une grande utilité pratique, donne seulement le sens du courant induit, sans en faire connaître l'intensité. En admettant, comme un fait expérimental, que *l'induction qui se produit pendant un temps très court est proportionnelle à la vitesse avec laquelle se meut le conducteur*, Neumann a pu donner une théorie complète des courants d'induction qui se produisent dans un conducteur linéaire mobile en présence d'un système magnétique quelconque. Il a démontré ainsi ce théorème, que nous retrouverons plus loin sous une forme plus générale :

La force électromotrice d'induction est égale au travail qui serait accompli dans l'unité de temps par le système magnétique, si l'intensité du courant dans le circuit induit était égale à l'unité.

513. Théorie d'Helmholtz et de Thomson. — L'existence des phénomènes d'induction peut être considérée comme une conséquence nécessaire du principe de la conservation de l'énergie, combiné avec la loi électromagnétique d'Ampère et la loi de Joule. Cette proposition a été mise pour la première fois en lumière en 1847 par M. Helmholtz dans son célèbre mémoire sur la *Conservation de la force.* Sir W. Thomson est arrivé de son côté et d'une manière indépendante aux mêmes conclusions.

Considérons un système magnétique invariable dans le voisinage d'un conducteur fixe S, en communication avec une pile. Si l'aimant est immobile, l'intensité I_0 du courant permanent est déterminée par la loi d'Ohm et l'on a, en appelant E la force électromotrice de la pile et R la résistance du circuit,

$$(1) \qquad E = I_0 R.$$

En multipliant les deux membres par $I_0 dt$, on obtient

$$(2) \qquad E I_0 dt = I_0^2 R \, dt.$$

Cette équation exprime que, pendant le temps dt, l'énergie produite par les actions chimiques est égale à l'énergie calorifique dépensée dans le circuit en vertu de la loi de Joule.

Supposons maintenant qu'au lieu de rester immobile, le système magnétique se déplace en obéissant aux actions électromagnétiques. Le travail extérieur résultant de ce déplacement ne peut être emprunté qu'à la seule source d'énergie qui existe dans le système, c'est-à-dire aux actions chimiques, et l'équation précédente doit être en défaut. D'autre part, aucune raison ne permet de supposer que les lois de Faraday et de Joule cessent d'être applicables : autrement dit, les poids des corps combinés dans les différents couples doivent encore être proportionnels à l'intensité du courant, et l'énergie calorifique dégagée dans le circuit égale au produit de la résistance par le carré de l'intensité. L'intensité du courant n'a donc pu conserver sa valeur primitive.

511. — Supposons que l'aimant soit déplacé de telle manière que la nouvelle valeur de l'intensité reste constante. Tant que cette condition est remplie, l'excès du travail chimique sur l'énergie calorifique dépensée dans le circuit, pendant chaque intervalle de temps dt, sert à effectuer le travail extérieur dT correspondant aux forces électromagnétiques. On a donc, en appelant I l'intensité du courant,

$$(3) \qquad \mathrm{E}\mathrm{I}dt = \mathrm{I}^2\mathrm{R}dt + d\mathrm{T}.$$

Si on appelle Q le flux de force provenant du système magnétique qui traverse le circuit en entrant par sa face néga tive, on a

$$d\mathrm{T} = \mathrm{I}d\mathrm{Q}.$$

En remplaçant dT par cette valeur dans l'équation (3), et divisant par $\mathrm{I}dt$, il vient

$$(4) \qquad \mathrm{E} = \mathrm{I}\mathrm{R} + \frac{d\mathrm{Q}}{dt}.$$

Pour que l'intensité du courant reste constante, il faut, d'après cette équation, que le déplacement s'effectue de manière que la dérivée $\dfrac{d\mathrm{Q}}{dt}$ soit elle-même constante.

Les équations (1) et (4) donnent, en posant $\mathrm{I}_0 - \mathrm{I} = i$,

$$(5) \qquad (\mathrm{I}_0 - \mathrm{I})\,\mathrm{R} = i\mathrm{R} = \frac{d\mathrm{Q}}{dt}.$$

On voit que la dérivée $\dfrac{d\mathrm{Q}}{dt}$ joue le rôle d'une force électro-motrice, agissant en sens inverse de E, et capable de produire un courant i de sens contraire au courant principal, de telle sorte que le courant résultant I satisfait encore à la loi de Ohm, écrite sous la forme

$$(6) \qquad \mathrm{E} - \frac{d\mathrm{Q}}{dt} = \mathrm{I}\mathrm{R}.$$

La quantité $\dfrac{dQ}{dt}$ s'appelle la *force électromotrice d'induction :*
*elle est égale, à chaque instant, à la dérivée par rapport au
temps du flux de force magnétique qui traverse le circuit.*

Si la valeur de dQ est positive, c'est-à-dire si le flux de force
augmente, la force électromotrice d'induction diminue l'intensité du courant et le travail des forces électromagnétiques
est positif. Au contraire, si la valeur de dQ est négative, l'aimant se déplace en résistant aux forces électromagnétiques,
et cette opération introduit une énergie nouvelle dans le système ; l'intensité I du courant est alors plus grande qu'à l'état
de repos.

515. — A chaque instant, la quantité dm ou idt d'électricité
induite dans le fil est donnée par l'équation

$$(7) \qquad iRdt = Rdm = dQ.$$

La quantité totale d'électricité m correspondant à un déplacement fini, pour lequel le flux de force passe de la valeur
Q_1 à la valeur Q_2, est donc

$$(8) \qquad m = \frac{Q_2 - Q_1}{R}.$$

516. — L'établissement du courant dans un circuit exige lui-même un travail dont nous n'avons pas tenu compte, et ce travail, sur lequel nous reviendrons plus loin, est une fonction Ψ
de l'intensité du courant. Pendant la période variable, l'énergie des actions chimiques doit fournir aussi le travail $d\Psi$ qui
correspond à un accroissement dI de l'intensité. Les équations (3) et (5) deviennent alors

$$(9) \qquad \begin{aligned} EIdt &= I^2Rdt + IdQ + d\Psi, \\ iR &= \frac{dQ}{dt} + \frac{1}{I}\frac{d\Psi}{dt}. \end{aligned}$$

On en déduit, par un raisonnement analogue à celui qui a
donné l'équation (8),

$$(8)' \qquad mR = Q_2 - Q_1 + \int_1^2 \frac{I}{I} d\Psi.$$

Quelle que soit la loi suivant laquelle se déplace le système magnétique, si l'intensité du courant est la même aux deux limites, le dernier terme de l'équation (8)′ est nul. C'est ce qui aura lieu, en particulier, si les limites sont choisies avant et après le mouvement, auquel cas les deux valeurs limites du courant sont égales à I_0.

Avec ces restrictions, on peut donc énoncer comme général le théorème exprimé par l'équation (8) :

La quantité totale d'électricité mise en mouvement par le déplacement quelconque d'un système magnétique est égale au quotient de la variation du flux de force qui correspond à ce déplacement par la résistance du circuit.

517. — Les résultats qui précèdent donnent lieu à quelques remarques importantes.

1° On voit d'abord que la force électromotrice d'induction est de nature à s'opposer au mouvement, puisque l'intensité primitive du courant est diminuée ou augmentée suivant que le système magnétique obéit ou résiste aux actions électromagnétiques : c'est la *loi de Lenz*.

2° Si l'intensité du courant était égale à l'unité, le travail extérieur accompli $d\mathrm{T}$ correspondrait à un travail $\dfrac{d\mathrm{Q}}{dt}$ pendant l'unité du temps. La force électromotrice d'induction est égale à ce travail : c'est le *théorème de Neumann*.

3° La force électromotrice d'induction est indépendante de la force électromotrice E de la pile ; l'induction est donc la même, quelle que faible que soit l'intensité du courant primitif. On peut en conclure que l'induction doit se produire également quand le conducteur est à l'état neutre, pourvu qu'il forme un circuit fermé. C'est sous cette forme que les courants d'induction ont été découverts par Faraday.

Toutefois, on doit remarquer que, si le courant était réellement nul dans toute l'étendue du conducteur, l'action réciproque de l'aimant et du circuit serait aussi nulle, et les considérations précédentes ne permettraient pas de prévoir la production de courants induits. Mais on peut dire que cette neutralité parfaite n'est qu'un état d'équilibre instable, impossible à réaliser pratiquement, et qu'il suffirait d'une cause infiniment petite, une variation de température en quelque point du circuit, ou le déplacement d'un corps électrisé extérieur, même très éloigné, pour faire naître un courant si faible qu'il fût dans le conducteur et, par suite, permettre à l'induction de se produire.

518. Loi générale de l'induction. — Les raisonnements qui précèdent s'appliqueraient de la même manière, et presque identiquement dans les mêmes termes, aux autres cas de l'induction.

On le voit d'une manière évidente pour l'induction électrodynamique, c'est-à-dire celle qui serait produite par le déplacement d'un système de courants constants, substitué au système magnétique, puisque nous avons démontré l'équivalence absolue des champs magnétiques produits par les courants et par les aimants.

Dans le cas des courants induits par variation d'intensité d'un aimant ou d'un courant voisin, le résultat peut être considéré comme équivalent à celui qu'on obtiendrait en amenant de l'infini dans la position actuelle, pour le superposer au premier, un aimant ou un courant identique à la variation considérée.

Quant aux extra-courants, produits par les déformations du circuit lui-même ou par les changements d'intensité du courant principal, l'expérience montre qu'ils sont liés également, et de la même manière, aux variations correspondantes du flux de force magnétique.

On peut donc considérer comme une règle générale que toute variation du flux de force dans un circuit, quelle qu'en soit l'origine, correspond à une variation de l'énergie potentielle et donne lieu à la même force électromotrice d'induction que si elle était produite par le déplacement d'un système magnétique extérieur.

Cette conséquence apparaît surtout comme nécessaire, si, abandonnant l'idée des actions à distance, on considère la transmission des forces électriques et magnétiques comme due à une modification des propriétés élastiques du milieu intermédiaire; on comprend alors que la seule cause prochaine des courants induits dans un conducteur puisse être l'état du milieu où il est plongé, quelle que soit l'origine des forces qui agissent dans ce milieu. On peut donc formuler de la manière suivante la loi générale des phénomènes d'induction :

La force électromotrice totale développée dans un circuit, à un instant donné, est égale à la dérivée, par rapport au temps, du flux de force magnétique qui le traverse.

Ou encore :

La quantité totale d'électricité induite dans un circuit est égale au produit de l'inverse de sa résistance par la variation totale du flux de force qui le traverse.

Le flux de force qui traverse le circuit à un instant donné se compose du flux Q qui provient des corps extérieurs, aimants ou courants, et du flux produit par le courant qui parcourt le circuit lui-même. Soit L la valeur de ce dernier flux quand l'intensité du courant est égale à l'unité; il sera égal à LI pour une intensité I, et l'équation générale de l'induction s'écrira, en désignant par E les forces électromotrices ordinaires qui agissent dans le circuit,

$$(10) \qquad (E - RI)\,dt = d(Q + LI).$$

ou

$$E - \frac{d(Q + LI)}{dt} = RI.$$

519. Coefficients d'induction. — Si le système inducteur est un feuillet magnétique ou un courant, le flux Q est égal au produit d'une constante M par la puissance magnétique du feuillet ou l'intensité du courant. Cette constante est une fonction seulement de la forme et de la position relative des deux circuits; nous savons qu'elle est la même pour les deux contours en présence (**311**), et que sa valeur est déterminée (**353**) par l'intégrale

$$(11) \qquad M = -\iint \frac{\cos \varepsilon}{r}\, ds\, ds'.$$

On appelle ce facteur M le *coefficient d'induction réciproque* ou *d'induction mutuelle* des deux circuits.

La constante L est une intégrale de même forme, mais avec cette différence que les deux éléments *ds* et *ds'* appartiennent au même circuit. On l'appelle le *coefficient d'induction propre* ou *de self-induction*.

La valeur du coefficient de self-induction L est la limite vers laquelle tend celle de M quand deux circuits égaux, traversés par des courants de même sens et de même intensité I, s'approchent de la coïncidence. En effet, le flux total qui traverse à ce moment le système des deux circuits est égal à la somme des flux produits par chacun d'eux, c'est-à-dire à 2LI ; on peut le considérer aussi comme la somme 2MI de deux flux égaux entre eux, dont chacun émane de l'un des circuits et traverse l'autre par sa face négative.

520. Induction électromagnétique. — La formule générale (10) appliquée au cas où le système inducteur est un feuillet de puissance Φ donne

$$(12) \qquad (E - RI)\,dt = d(M\Phi + LI).$$

Supposons que, la puissance magnétique Φ étant constante, le feuillet soit amené de l'infini dans une position déterminée en présence du circuit induit supposé fixe ; on a alors

$$(E - RI)\,dt = \Phi\,dM + L\,dI.$$

Si on multiplie les deux membres de cette équation par I et qu'on l'intègre depuis $t = o$ jusqu'à l'instant t où le feuillet prend sa position définitive, on obtient

$$(13) \qquad \int_{o}^{t} (EI - RI^2)\,dt = \Phi \int_{o}^{t} I\frac{dM}{dt}\,dt + \left(L\frac{I^2}{2}\right)_{o}^{t}.$$

Le premier membre de cette équation représente l'excès de l'énergie chimique, fournie par la pile pendant le temps t, sur l'énergie qui apparaît sous forme de chaleur dans le circuit pendant le même temps.

Le premier terme du second membre est le travail total des

actions électromagnétiques; ce travail dépend de la loi du mouvement. On peut concevoir, par exemple, que le feuillet ait été approché très lentement, de manière que l'induction soit très faible et que le courant principal diffère toujours très peu de sa valeur initiale I_0; dans ce cas, en désignant par M le flux de force qui correspond à la position finale du feuillet, le travail électromagnétique serait égal à $\Phi M I_0$.

Le dernier terme représente la variation de l'*énergie potentielle* du courant; il est nul si les deux valeurs limites du courant sont les mêmes, c'est-à-dire si le feuillet magnétique est à l'état de repos dans sa position finale.

521. — Si le feuillet magnétique, étant immobile, avait une puissance variable, on aurait des équations tout à fait analogues

$$(E - RI)\,dt = M\,d\Phi + L\,dI,$$

$$\int_0^t (EI - RI^2)\,dt = M \int_0^t I \frac{d\Phi}{dt}\,dt + \left(L \frac{I^2}{2}\right),$$

qui conduiraient aux mêmes conséquences.

522. — Le cas le plus général est celui où les trois fonctions M, Φ et L varient en même temps, c'est-à-dire que le feuillet magnétique change de puissance, de forme et de position relative, et que le circuit du courant lui-même est déformé. L'équation (12) donne alors pour la force électromotrice d'induction

$$(14) \quad e = \frac{d(M\Phi + LI)}{dt} = M \frac{d\Phi}{dt} + \Phi \frac{dM}{dt} + L \frac{dI}{dt} + I \frac{dL}{dt}.$$

Si le circuit induit ne contient pas de force électromotrice indépendante de l'induction, il suffira de faire $E = 0$ dans les équations précédentes.

523. Induction électrodynamique. — Si le système inducteur était un courant constant, on pourrait le remplacer par le feuillet équivalent et rentrer ainsi dans le cas qui précède; mais il faut remarquer que, par suite des réactions, le circuit inducteur lui-même sera soumis à l'induction et que l'intensité du courant ne restera pas constante. Si nous représentons par R′ et L′ la résistance et le coefficient de self-induction du circuit inducteur, et par E′ la force électromotrice qu'il renferme, l'intensité du courant dans les deux circuits sera déterminée à chaque instant par les deux équations simultanées

$$(15) \qquad \begin{aligned} (E - RI)\,dt &= d(MI' + LI), \\ (E' - R'I')\,dt &= d(MI + L'I'). \end{aligned}$$

La solution complète de ces équations présente en général de grandes difficultés, et nous examinerons dans le chapitre suivant les cas les plus simples où elle peut être obtenue; mais les équations différentielles permettent déjà d'établir quelques remarques importantes.

Si l'on ajoute ces équations après avoir multiplié la première par I et la seconde par I′, on obtient

$$(16) \quad (EI + E'I' - RI^2 - R'I'^2)\,dt = I\,d(MI' + LI) + I'\,d(MI + L'I').$$

Le premier membre représente l'excès de l'énergie fournie par les sources dans les deux circuits sur l'énergie calorifique dépensée dans les conducteurs.

Le second membre peut s'écrire de la manière suivante

$$(17) \quad \tfrac{1}{2}d(LI^2 + 2MII' + L'I'^2) + \tfrac{1}{2}I^2dL + II'dM + \tfrac{1}{2}I'^2dL';$$

il représente la variation totale de l'énergie potentielle des deux circuits et le travail extérieur.

521. Énergie intrinsèque du courant. — Si les circuits sont fixes de forme et de position, les facteurs L, M et L′ sont des constantes; la portion de l'énergie non convertie en chaleur a alors pour expression

$$d\left[\frac{LI^2}{2} + MII' + \frac{L'I'^2}{2}\right].$$

Le terme MII′ est l'énergie relative des deux courants : c'est le travail qu'il aurait fallu dépenser pour amener les circuits traversés par les courants I et I′ de l'infini à leur position actuelle. Chacun des autres termes compris dans la parenthèse peut être appelé l'*énergie intrinsèque* du courant correspondant; il est égal à la moitié du produit du coefficient de self-induction par le carré de l'intensité, et représente le travail que coûterait la création du courant actuel dans chaque circuit, celui-ci étant soustrait à toute action étrangère, ou le travail extérieur que pourrait développer ce courant s'il était abandonné à lui-même et s'annulait dans les mêmes conditions.

Remarquons enfin que l'on peut écrire

$$\frac{LI^2}{2} + MII' + \frac{L'I'^2}{2} = \frac{1}{2}(LI + MI')I + \frac{1}{2}(L'I' + MI)I'.$$

Chacun des deux termes du second membre représente l'énergie potentielle du circuit correspondant : c'est le travail qu'il faut dépenser, pour chacun des circuits, quand on amène le champ de zéro à son état actuel, et par conséquent le travail qu'il rendrait si on annulait en même temps tous les courants. Cette énergie est égale, pour chacun des circuits, à la moitié du produit de l'intensité par le flux de force magnétique qui le traverse.

La portion de l'énergie considérée ici est sous une forme qu'il ne semble pas possible de préciser dans l'état actuel de la science. On ne peut dire, par exemple, si elle existe à l'état d'énergie potentielle ordinaire, comme serait la tension d'un corps élastique, ou d'une énergie actuelle, consistant dans le mouvement d'un fluide particulier, ou bien encore sous les deux formes à la fois; ni si elle est localisée dans le circuit traversé par le courant ou, suivant les idées de Faraday et de Maxwell, répandue dans le milieu tout entier.

525. — Dans le cas général où les facteurs L, M et L' sont variables, le premier terme de l'expression (17) représente toujours la variation de l'énergie potentielle des deux circuits: l'ensemble des autres termes

$$\frac{1}{2} I^2 dL + II' dM + \frac{1}{2} I'^2 dL'$$

représente le travail effectué par les actions électrodynamiques des conducteurs, par suite de leurs variations de forme ou de position relative.

Supposons que les deux circuits aient une forme invariable et qu'on les déplace de telle manière que les deux intensités I et I′ gardent des valeurs constantes, différentes naturellement des valeurs initiales ou finales; le coefficient M étant alors seul variable, le terme de l'énergie potentielle et celui du travail extérieur se réduisent tous deux à la même valeur $II'd$M. On a donc, à chaque instant,

$$(EI + E'I' - RI^2 - R'I'^2)\,dt = 2II'd\mathbf{M}.$$

On voit que l'excès de l'énergie chimique fournie par les piles, sur l'énergie dépensée en chaleur, est égale au double du travail extérieur dépensé pour opérer le déplacement : une moitié de cette énergie est employée à produire le travail extérieur, l'autre à accroître l'énergie potentielle du système.

Cette remarque, due à sir W. Thomson, doit être rapprochée de la proposition analogue relative au déplacement des conducteurs à potentiels constants (**97**).

CHAPITRE CINQUIÈME

CAS PARTICULIERS D'INDUCTION

526. La résistance électromagnétique est une vitesse. — Considérons le cas (fig. 114) d'une barre CC′ glissant parallèlement à elle-même sur deux rails parallèles AA′, BB′, à la distance b, situés dans un plan perpendiculaire au méridien magnétique, et dont les extrémités A et B sont réunies par un conducteur métallique. Supposons que la composante horizontale du champ terrestre soit dirigée d'avant en arrière. Quand on donne au pont CC′ un déplacement qui l'éloigne de AB, parallèlement à lui-même, on l'entraîne dans le sens où le pousserait l'action de la terre si le circuit était traversé par un courant allant de A en B par le pont. Ce mouvement produit un courant d'induction qui parcourt le circuit en sens contraire, c'est-à-dire qui va de B en A par le pont.

Si on considère la résistance des rails comme négligeable devant celle du conducteur extérieur qui réunit les points A et B, et qu'on appelle R la résistance du circuit supposée invariable, x_1 et x_2 les valeurs de la distance AC dans deux positions successives du pont, et H la composante horizontale du champ magnétique terrestre, la quantité M correspondante d'électricité induite sera donnée par l'équation

$$RM = Q_1 - Q_2 = bH(x_1 - x_2).$$

Comme le produit $b(x_1 - x_2)$ représente la surface S décrite par le pont, il en résulte

$$R = \frac{SH}{M}.$$

Dans cette expression, le facteur H est l'intensité d'un champ magnétique, c'est-à-dire une force qui s'exerce sur l'unité de masse ; on peut donc poser, en désignant par r et par l deux longueurs, et m une masse magnétique,

$$SH = \frac{m}{r^2} l^2.$$

D'autre part, la masse électrique M est le produit par un temps d'une intensité de courant, ou de la puissance magnétique d'un feuillet, et l'on peut écrire aussi

$$M = It = \Phi t = h z t = h \frac{m'}{l'^2} t,$$

m' désignant une masse magnétique de grandeur convenable et h et l' des longueurs. On aura donc

$$R = \frac{m}{m'} \frac{l^2}{r^2} \frac{l'}{h} \frac{l'}{t}.$$

Les trois premières fractions étant des nombres abstraits, on voit que la résistance exprimée en unités électromagnétiques est égale au quotient d'une longueur par un temps, c'est-à-dire une quantité de même nature qu'une vitesse.

Il est facile de trouver dans l'expérience même la représentation physique de cette vitesse. Supposons, en effet, qu'on déplace la barre transversale d'un mouvement uniforme avec une vitesse u, et que l'intensité I du courant produit soit mesurée par l'action qu'il exerce sur une aiguille placée au centre d'une boussole des tangentes (**501**) ; on aura

$$\tan \delta = \frac{L\,H}{a^2\,I}.$$

On a, d'autre part, $MR = HS$, ou

$$RIi = Hbui ;$$

il en résulte

$$\tan \delta = \frac{L}{a^2} \frac{bu}{R}.$$

Si la vitesse u est assez grande pour que l'action du courant soit égale à celle de la terre, c'est-à-dire que la déviation de l'aiguille dans la boussole soit de $45°$, on aura

$$R = \frac{Lb}{a^2} u,$$

et, si l'on prend $a^2 = Lb$, il reste $R = u$.

Ainsi, la résistance du circuit considéré est égale à la vitesse avec laquelle il faudrait déplacer le pont d'un mouvement uniforme, dans les conditions indiquées, pour que l'action du courant induit sur une boussole de dimensions convenables produise une déviation de $45°$.

527. — L'expérience suivante, indiquée par Faraday, peut être considérée comme une application du même problème.

Supposons que deux électrodes A et B soient plongées dans l'eau, aux bords opposés d'une rivière, d'un canal ou d'un courant marin, et reliées entre elles par un conducteur métallique. Si u est la vitesse du courant et a la distance des électrodes, il s'établira entre elles, sous l'influence du magnétisme terrestre, une force électromotrice égale à uZa, qui donnerait dans un circuit de résistance R un courant d'intensité $\dfrac{uaZ}{R}$.

L'expérience n'est pas irréalisable ; mais, à moins de pouvoir opérer avec des valeurs très grandes de u et de a, la polarisation des électrodes rendrait, sans doute, difficile la vérification de cette conséquence.

528. Circuit fermé dans un champ uniforme. — Considérons un circuit fermé que nous pouvons supposer plan (**187**), et soit S sa surface. Supposons qu'il soit placé dans un champ uniforme d'intensité F, le champ terrestre par exemple, et perpendiculaire à la direction du champ. Si on fait tourner le cadre d'un angle α, la variation du flux de force magnétique est égale à $FS(1 - \cos\alpha)$, et la quantité M d'électricité mise en mouvement dans le circuit, supposé de résistance R, est donnée par la relation

$$M = \frac{FS(1 - \cos\alpha)}{R}.$$

Si le cadre tourne de 180°, face pour face, on a

$$M = \frac{2FS}{R}.$$

Cette quantité d'électricité peut être mesurée en valeur absolue (**506**) par l'impulsion qu'elle imprime à l'aiguille d'un galvanomètre, ce qui permettrait de déterminer l'intensité du champ magnétique.

Le sens du courant, d'après la loi de Lenz, est celui qui devrait parcourir le circuit dans la position primitive pour que ce circuit soit en équilibre stable.

529. Détermination de l'inclinaison par les courants induits. — Nous avons vu (**187**) que la tangente de l'inclinaison magnétique est égale au rapport des travaux qui correspondent, pour une même intensité de courant, à une rotation de 180° du circuit à partir d'une position perpendiculaire au méridien magnétique : 1° autour d'un axe horizontal perpendiculaire au méridien ; 2° autour d'un axe vertical. Ce rapport est celui des forces électromotrices d'induction pour les mêmes déplacements, et, par suite, celui des quantités correspondantes d'électricité induite (**506**) ; la mesure de ce dernier rapport donnera donc l'inclinaison.

530. Disque de Faraday. — Un disque de métal, mobile dans un champ uniforme autour d'un axe parallèle à la direction du champ, fait partie d'un circuit formé par un conducteur qui communique, d'une part à l'axe de rotation, et d'autre part à une lame de ressort qui appuie sur un point de la circonférence. Lorsqu'on imprime au disque un mouvement de rotation uniforme, il se produit également dans le circuit un courant uniforme. On voit que la disposition de cette expérience est pour ainsi dire l'inverse de celle de Barlow (**183**). Si, le plan du disque étant vertical, la force du champ F le traverse d'avant en arrière et que le sens de la rotation soit celui des aiguilles d'une montre, le courant induit parcourt le disque du centre à la circonférence.

La force électromotrice a pour expression, en désignant par a le rayon du disque et ω la vitesse angulaire,

$$e = \frac{dQ}{dt} = \frac{\omega a^2}{2} F.$$

On obtiendrait un résultat analogue, mais avec un calcul moins simple, en plaçant le disque entre les pôles d'un aimant en fer à cheval ou entre les armatures de deux électro-aimants. Sous cette dernière forme, M. Le Roux a obtenu des courants assez intenses pour produire de vives étincelles entre le disque et le ressort.

D'ailleurs toutes les expériences, en particulier celles qui ont été examinées dans le chapitre III, où le mouvement d'un conducteur est provoqué par des actions électromagnétiques ou électrodynamiques, donneraient lieu à un courant inverse d'induction si le mouvement était entretenu par une cause étrangère.

531. Courants terrestres. — Considérons, par exemple, une sphère aimantée uniformément. Supposons qu'un arc conducteur, s'appuyant par l'une de ses extrémités sur le pôle et par l'autre sur l'équateur, tourne autour de l'axe d'un mouvement uniforme ; cet arc coupera le même flux de force que s'il était appliqué sur la surface le long d'un méridien. Un élément ds, dont la vitesse est v, coupe dans chaque unité de temps un flux de force égal à $Zvds$, Z étant la composante normale de la force magnétique sur le parallèle correspondant. Si on appelle V la vitesse à l'équateur, F_p la force magnétique au pôle, a le rayon de la sphère et λ la latitude de l'élément ds, on a

$$v = V\cos\lambda. \qquad Z = F_p\sin\lambda, \qquad ds = ad\lambda.$$

Le flux de force coupé dans chaque unité de temps par l'arc

entier est égal à la force électromotrice d'induction e, ce qui donne

$$e = \int_0^{\frac{\pi}{2}} V F_p a \sin\lambda \cos\lambda \, d\lambda = \frac{1}{2} F_p V a.$$

Si l'arc est isolé, cette valeur de e représente la différence de potentiel qui s'établit entre ses deux extrémités. Si les extrémités de l'arc étaient reliées à deux corps de même capacité C, ces corps prendraient, au bout d'un temps plus ou moins long, des charges statiques égales et de signes contraires dont la valeur absolue serait $\frac{1}{2} Ce$.

Enfin, si l'arc était fermé par un conducteur immobile situé à l'intérieur ou à l'extérieur de la sphère, le circuit serait parcouru par un courant continu et uniforme, de l'équateur au pôle ou inversement, suivant le sens de la rotation.

Comme la terre peut être assimilée à une sphère aimantée uniformément, on voit qu'un arc extérieur, qui ne participerait pas au mouvement de rotation, devrait être parcouru par un courant d'induction dirigé de l'équateur vers le pôle, puisque le sens et la grandeur des courants induits ne dépendent que du mouvement relatif de l'arc et du système magnétique. Il est probable que cette induction joue un rôle important dans certains phénomènes naturels, comme les aurores polaires, qui semblent être des décharges électriques dans les régions supérieures de l'atmosphère, les courants observés à la surface de la terre dans les fils télégraphiques et les perturbations des éléments magnétiques.

532. État variable du courant. — L'établissement d'un courant dans un circuit correspond à un certain travail, qui représente l'énergie potentielle du courant; cette énergie est absorbée au début du courant, probablement par le milieu (**521**), et restituée au moment où les forces électromotrices disparaissent. Dans tous les cas, les effets de self-induction qui en sont la conséquence déterminent la loi de l'intensité pendant la période variable, soit au moment de la fermeture, soit au moment de la rupture du circuit.

Considérons un circuit unique. Soit R sa résistance totale, L son coefficient de self-induction et E la force électromotrice qu'il renferme. On a l'équation

$$(1) \qquad E = \frac{d(LI)}{dt} + RI.$$

Si on suppose L constant, ainsi que E, l'intensité à chaque instant est donnée par la formule

$$(2) \qquad I = I_1 + (I_0 - I_1)e^{-\frac{Rt}{L}},$$

I_0 étant la valeur initiale et I_1 la valeur finale qui correspond à l'état permanent.

La quantité totale d'électricité qui passe pendant le temps t a pour expression

$$\int_0^t I\, dt = I_1 t + (I_0 - I_1)\frac{L}{R}\left(1 - e^{-\frac{Rt}{L}}\right).$$

Si le temps t est assez grand, il reste simplement

$$(3) \qquad \int_0^t I\, dt = I_1 t + (I_0 - I_1)\frac{R}{L}.$$

On a également, pour un temps suffisamment long,

$$(4) \qquad \int_0^t I^2\, dt = I_1^2 t + (I_0 - I_1)\left(\frac{I_0 + 3I_1}{2}\right)\frac{L}{R};$$

cette expression est proportionnelle à l'énergie calorifique dépensée dans le circuit.

On peut remarquer que les valeurs de ces deux intégrales sont les mêmes que si l'on avait eu dans le circuit un courant d'intensité $\frac{I_0 + I_1}{2}$ pendant le temps $\frac{2L}{R}$, auquel aurait succédé un courant d'intensité normale I_1 pendant le reste du temps $t - \dfrac{2L}{R}$.

Supposons que la force électromotrice soit constante et qu'on compte le temps à partir de la fermeture du circuit; on a alors

$$I_0 = 0, \qquad I_1 = \frac{E}{R},$$

et, par suite,

$$(5) \qquad I = \frac{E}{R}\left(1 - e^{-\frac{Rt}{L}}\right).$$

533. — L'expression $\dfrac{E}{R}\, e^{-\frac{Rt}{L}}$ représente l'intensité de l'extra-courant à l'instant t. On voit qu'en toute rigueur le courant n'atteindra son intensité normale qu'au bout d'un temps infini; mais, si le rapport $\dfrac{R}{L}$ est très grand, ce qui a lieu dans la plupart des cas, l'exponentielle tend rapidement vers zéro et, au bout d'un temps très court, l'intensité réelle ne diffère que d'une quantité négligeable de l'intensité finale. Pour calculer au bout de quel temps cette différence serait au-dessous d'une quantité donnée, $\dfrac{1}{n}$ par exemple, il suffit de poser

$$e^{-\frac{Rt}{L}} = \frac{1}{n},$$

d'où l'on déduit

$$t = \frac{L}{R} l.n.$$

La quantité totale d'électricité qui correspond à l'extra-courant est

$$(6) \qquad \frac{E}{R}\int_0^\infty e^{-\frac{Rt}{L}}\, dt = \frac{EL}{R^2};$$

elle est la même que si le courant avait eu une intensité moitié moindre que la valeur normale, $\dfrac{1}{2}\dfrac{E}{R}$, pendant le temps $\dfrac{2L}{R}$.

531. Extra-courant de rupture. — Supposons que, le régime permanent étant établi, on introduise subitement une résistance r dans le circuit; on aura, aux deux limites,

$$I_0 = \frac{E}{R},$$

$$I_1 = \frac{E}{R+r},$$

et l'intensité sera donnée à chaque instant par l'équation

$$(7) \qquad I = \frac{E}{R+r}\left(1 + \frac{r}{R}e^{-\frac{R+r}{L}t}\right).$$

La quantité totale d'électricité qui correspond à l'extra-courant a pour valeur

$$(8) \qquad \frac{Er}{(R+r)R}\int_0^\infty e^{-\frac{R+r}{L}t}dt = \frac{EL}{(R+r)^2}\frac{r}{R}.$$

Ce cas présente une certaine analogie avec celui où l'on rompt le circuit dans l'air, la résistance r étant celle de la couche de gaz traversée par l'étincelle de rupture; mais, en réalité, cette résistance est loin de rester constante pendant la durée du phénomène.

Supposons qu'au lieu de rompre le circuit, on l'ait séparé de la pile en remplaçant celle-ci par un fil de même résistance, de manière que la résistance totale du circuit soit toujours représentée par R, ce qui revient simplement à supprimer la force électromotrice. L'équation (1) se réduit à

$$(9) \qquad L\frac{dI}{dt} + RI = 0.$$

En déterminant la constante par la condition que pour $t=0$, on ait $I = \frac{E}{R}$, on obtient

$$(10) \qquad I = \frac{E}{R}e^{-\frac{Rt}{L}}.$$

Dans ce cas, la loi de l'extra-courant de rupture est la même que celle du courant de fermeture (**533**), et les quantités d'électricité mises en mouvement sont identiques.

535. Force électromotrice variable. — Supposons que la force électromotrice, au lieu d'être constante comme avec les piles ordinaires, présente des variations périodiques et soit représentée par une expression de la forme

$$(11) \qquad E = E_0 \sin 2\pi \frac{t}{T}.$$

Lorsque le régime définitif est établi, l'intensité du courant suit évidemment la même période, et on peut la représenter par l'expression

$$(12) \qquad I = A \sin 2\pi \left(\frac{t}{T} - \varphi \right).$$

En substituant cette valeur dans l'équation (11), et déterminant les constantes A et φ par la condition qu'elle soit satisfaite pour un temps quelconque, on trouve

$$(13) \qquad A^2 = \frac{E_0^2}{R^2 + \dfrac{4\pi^2 L^2}{T^2}},$$

et

$$(14) \qquad \tan 2\pi\varphi = \frac{2\pi}{T} \frac{L}{R}.$$

On voit par là que le coefficient de self-induction a pour effet d'augmenter la résistance apparente du circuit. L'intensité du courant est nulle toutes les fois que l'on a $t - \varphi T = n \dfrac{T}{2}$.

La quantité φT exprime le temps qui s'écoule entre le moment où la force électromotrice est nulle et celui où le courant passe lui-même par zéro. C'est une sorte de *retard* à la transmission de la force électromotrice, qui tient uniquement aux effets d'induction.

Quelles que soient les valeurs de L, de R et de T, la valeur maximum de $2\pi\varphi$ est $\dfrac{\pi}{2}$, c'est-à-dire que la différence de phase φ est égale à $\dfrac{1}{4}$. Le retard maximum du courant induit est donc égal au quart de la période entière ou à la moitié de la demi-période.

Pendant une demi-période, la quantité d'électricité qui passe dans le circuit est

$$(15) \qquad Q = A \int_0^{\frac{T}{2}} \sin 2\pi \frac{t}{T}\, dt = \frac{AT}{\pi},$$

et le travail calorifique correspondant

$$(16) \qquad W = RA^2 \int_0^{\frac{T}{2}} \sin^2 2\pi \frac{t}{T}\, dt = R\frac{A^2 T}{4}.$$

On en déduit, pour l'intensité moyenne I' du courant, abstraction faite du signe,

$$(17) \qquad I' = \frac{2A}{\pi},$$

et, pour l'intensité moyenne I'' qui donnerait la même quantité de chaleur,

$$(18) \qquad I'' = \frac{A}{\sqrt 2}.$$

536. Courant de décharge. — Décharges oscillantes. — Considérons enfin, d'après sir W. Thomson, les phénomènes qui accompagnent la décharge d'un conducteur. Soit C la capacité en mesures électromagnétiques du corps électrisé, Q_0 sa charge ; on le met en communication avec le sol par un fil de résistance R et dont le coefficient de self-induction est L. A un instant donné t, la charge du conducteur est Q et son potentiel $\dfrac{Q}{C}$, ce qui donne l'équation

$$\frac{Q}{C} = L\frac{dI}{dt} + RI.$$

En remarquant que $I = -\dfrac{dQ}{dt}$, on peut l'écrire sous la forme

$$(19) \qquad \frac{d^2Q}{dt^2} + \frac{R}{L}\frac{dQ}{dt} + \frac{1}{CL}Q = 0.$$

L'intégrale générale de cette équation est

$$(20) \qquad Q = Ae^{\rho t} + A'e^{\rho' t},$$

ρ et ρ' étant les racines de l'équation du deuxième degré

$$(21) \qquad \rho^2 + \frac{R}{L}\rho + \frac{1}{CL} = 0,$$

qui donne

$$\rho = -\frac{R}{2L} \pm \sqrt{\frac{R^2}{4L^2} - \frac{1}{CL}}.$$

Suivant que l'on a $L \lessgtr \dfrac{R^2 C}{4}$, ces racines sont réelles ou imaginaires.

Les constantes A et A' sont déterminées par la condition que, pour $t = 0$, on ait $Q = Q_0$ et $I = 0$, ce qui donne $Q_0 = A + A'$, et $0 = A\rho + A'\rho'$.

Si les racines de l'équation (21) sont réelles, on a, en représentant par z le radical $\sqrt{\dfrac{R^2}{4L^2} - \dfrac{1}{CL}}$,

$$Q = Q_0 e^{-\frac{Rt}{2L}}\left[\left(\frac{1}{2} + \frac{R}{4zL}\right)e^{zt} + \left(\frac{1}{2} - \frac{R}{4zL}\right)e^{-zt}\right],$$

$$(22)$$

$$I = \frac{Q_0}{2zLC}\, e^{-\frac{Rt}{2L}}\left(e^{zt} - e^{-zt}\right).$$

Lorsque les racines sont imaginaires, on peut encore prendre l'intégrale (20) sous la même forme, et remplacer les constantes par leurs valeurs imaginaires. En ne conservant ensuite que les termes réels, et posant $\alpha' = \sqrt{\dfrac{1}{CL} - \dfrac{R^2}{4L^2}}$, on obtient,

$$(23) \qquad \begin{aligned} Q &= Q_0 e^{-\frac{Rt}{2L}}\left[\cos\alpha't + \frac{R}{2\alpha'L}\sin\alpha't\right], \\ I &= \frac{Q_0}{\alpha'LC} e^{-\frac{Rt}{2L}}\sin\alpha't. \end{aligned}$$

On déduit de ces équations, dans les deux cas,

$$(24) \qquad \begin{aligned} \int_0^\infty I\,dt &= Q_0, \\ \int_0^\infty I^2\,dt &= \frac{1}{2}\frac{Q_0^2}{RC}. \end{aligned}$$

Ces résultats étaient évidents *à priori*, puisque la décharge est complète et que le travail qu'elle produit se réduit à un dégagement de chaleur; le travail calorifique $\int_0^\infty RI^2 dt$ doit être égal à l'énergie électrique (**89**) que possédait le conducteur avant la décharge, c'est-à-dire $\dfrac{1}{2}\dfrac{Q_0^2}{C}$.

537. — Le caractère de la décharge est très différent, suivant que la solution est donnée par les équations (22) ou les équations (23).

Dans le premier cas, la décharge est *continue*. L'intensité du courant commence par être nulle, passe par un maximum, puis décroît jusqu'à zéro. Le maximum a lieu à l'époque déterminée par la condition $\dfrac{dI}{dt} = 0$, ou

$$\left(\frac{R}{2L} - \alpha\right)e^{2\alpha t} = \frac{R}{2L} + \alpha,$$

qui donne

$$t = \frac{1}{2\left(\dfrac{R^2}{4L^2} - \dfrac{1}{CL}\right)^{\frac{1}{2}}}\, l.\, \frac{\dfrac{R}{2L} + \sqrt{\dfrac{R^2}{4L^2} - \dfrac{1}{CL}}}{\dfrac{R}{2L} - \sqrt{\dfrac{R^2}{4L^2} - \dfrac{1}{CL}}}.$$

538. — Dans le second cas, les valeurs de Q et de I sont données par des fonctions périodiques : le conducteur prend des charges alternativement de sens contraires et le fil est le siège de *courants alternatifs*.

Les instants des maxima et des minima de charge correspondent à $I = 0$, c'est-à-dire à

$$\sin x't = 0 \quad \text{ou} \quad x't = n\pi.$$

Les oscillations de la décharge sont donc régulières et la période complète T a pour valeur

$$T = \frac{2\pi}{x'} = \frac{2\pi}{\sqrt{\dfrac{1}{CL} - \dfrac{R^2}{4L^2}}}.$$

Les valeurs de charge maxima alternatives sont

$$+ Q_0,$$
$$- Q_0 e^{-\frac{R\pi}{2Lx'}},$$
$$+ Q_0 e^{-\frac{2R\pi}{2Lx'}},$$
$$- Q_0 e^{-\frac{3R\pi}{2Lx'}}, \text{ etc.} ;$$

elles décroissent comme les termes d'une progression géométrique dont la raison est $e^{-\frac{R\pi}{2Lx'}}$.

Les maxima d'intensité du courant dans les deux sens correspondent à $\dfrac{dI}{dt} = 0$, ce qui donne

$$\tan x't = \frac{2Lx'}{R},$$

ou

$$\sin x't = \pm x'\sqrt{CL} ;$$

ils sont encore équidistants, séparés par une demi-période $\dfrac{\pi}{x'} = \dfrac{T}{2}$, et éloignés des époques de courant nul, qui les précèdent immédiatement, du temps θ déterminé par le plus petit angle $\alpha'\theta$ qui satisfait à la condition

$$\sin \alpha'\theta = \alpha'\sqrt{\overline{CL}}.$$

Les valeurs des maxima d'intensité sont successivement

$$I_1 = +\frac{Q_0}{\sqrt{CL}}e^{-\frac{R\theta}{2L}},$$

$$I_2 = -\frac{Q}{\sqrt{CL}}e^{-\frac{R}{2L}\left(\theta+\frac{\pi}{\alpha}\right)} = -I_1 e^{-\frac{R\pi}{2\alpha L}},$$

$$I_3 = +\frac{Q}{\sqrt{CL}}e^{-\frac{R}{2L}\left(\theta+\frac{2\pi}{\alpha}\right)} = +I_1 e^{-\frac{2R\pi}{2\alpha L}}, \text{etc.} ;$$

ils décroissent également en progression géométrique.

Quant à la quantité totale d'électricité mise en mouvement, abstraction faite du signe, elle est

$$(25) \quad Q_0\left(1+2e^{-\frac{R\pi}{2L\alpha'}}+2e^{-\frac{2R\pi}{2L\alpha'}}+\ldots\right)=Q_0\frac{1+e^{-\frac{R\pi}{2L\alpha'}}}{1-e^{-\frac{R\pi}{2L\alpha'}}}.$$

Cette masse totale est d'autant plus grande que la quantité $e^{-\frac{R\pi}{2L\alpha'}}$ est plus voisine de l'unité, c'est-à-dire que le facteur $\frac{2L\alpha'}{R}$ ou le rapport $\frac{L}{CR^2}$ est plus grand.

539. — On passerait au cas d'un courant continu en faisant $Q_0 = \infty$, $C = \infty$ et $\frac{Q}{C} = E$. Les racines de l'équation (21) sont alors réelles et la décharge continue ; on retombe aussi sur la formule déjà trouvée (**532**).

$$I = \frac{E}{R}\left(1-e^{-\frac{Rt}{L}}\right).$$

Si on suppose que le coefficient de self-induction L est très petit, on se trouve toujours dans le cas des racines réelles ; le coefficient z devient alors égal à $\dfrac{R}{2L}\left(1-\dfrac{2L}{CR^2}\right)$ ou $\dfrac{R}{2L}-\dfrac{1}{CR}$, et les équations (22) deviennent

$$(26)\qquad
\begin{aligned}
Q &= Q_0\, e^{-\frac{t}{RC}},\\
I &= \frac{Q_0}{CR}\, e^{-\frac{t}{RC}}.
\end{aligned}$$

Le courant s'établit alors immédiatement avec sa valeur maximum, puis diminue indéfiniment.

On doit remarquer cependant que toute la discussion qui précède repose sur l'hypothèse implicite que l'électricité n'a pas par elle-même *d'inertie* et que l'intensité est la même à chaque instant dans toute l'étendue du fil. Ces hypothèses paraissent justifiées dans tous les cas de courants permanents ou de variations lentes, mais il n'est plus permis de les admettre quand il s'agit de décharges brusques ; les résultats auxquels nous sommes arrivés ne doivent donc être considérés que comme une première approximation.

510. Cas de deux circuits. — Considérons deux circuits voisins C et C', dont la position relative soit invariable et qui renferment des forces électromotrices constantes ; nous représentons par E, R et L la force électromotrice, la résistance et le coefficient de self-induction du premier circuit ; par les mêmes lettres accentuées les quantités analogues du second ; et par M le coefficient d'induction mutuelle. Tous ces coefficients étant supposés constants, on aura (523) les deux équations simultanées

$$(27)\qquad
\begin{aligned}
M\frac{dI'}{dt}+L\frac{dI}{dt}+RI-E &= 0,\\
M\frac{dI}{dt}+L'\frac{dI'}{dt}+R'I'-E' &= 0,
\end{aligned}$$

dont la solution est de la forme

$$(28)\qquad
\begin{aligned}
RI-E &= Ae^{zt}+Be^{z't},\\
R'I'-E' &= A'e^{zt}+B'e^{z't}.
\end{aligned}$$

Les coefficients A, B. A', B' sont des constantes à déterminer d'après les conditions relatives aux limites.

En exprimant la condition que ces valeurs des intensités satisfassent aux équations différentielles (27), quel que soit le temps, on trouve que les exposants ρ et ρ' sont les racines de l'équation du second degré

$$(29) \qquad \left(1 - \frac{M^2}{LL'}\right)\rho^2 + \left(\frac{R}{L} + \frac{R'}{L'}\right)\rho + \frac{RR'}{LL'} = 0.$$

Ces racines sont toujours réelles; de plus, elles doivent être négatives attendu que l'intensité ne peut dans aucun des circuits croître indéfiniment avec le temps. Il faut donc qu'on ait $LL' > M^2$, ce qui est d'ailleurs évident (519); on ne pourrait avoir $LL' = M^2$ que si les deux circuits coïncidaient.

Il résulte aussi de cette condition que si le coefficient de self-induction L d'un fil est très petit, le coefficient d'induction mutuelle M de ce fil avec un autre fil quelconque est également très petit.

511. — Considérons le cas où $E' = 0$, c'est-à-dire que le second circuit ne renferme pas de force électromotrice.

Si on veut avoir seulement les quantités d'électricité m et m' qui traversent les deux circuits pendant un temps t, il suffit de calculer par les équations (27) les intégrales $\int I\,dt$ et $\int I'\,dt$.

En désignant par I_0 et I'_0 les intensités des deux courants à l'origine du temps considéré, on aura

$$(30) \qquad \begin{aligned} Rm &= Et + L(I_0 - I) + M(I'_0 - I'), \\ R'm' &= M(I_0 - I) + L'(I'_0 - I'). \end{aligned}$$

Supposons qu'on ferme le circuit C, et que l'on considère le phénomène au bout d'un temps suffisamment grand, on aura

$$I_0 = 0, \qquad I'_0 = 0,$$
$$I = \frac{E}{R}, \qquad I' = 0;$$

et, par suite,

$$(31) \qquad m = \mathrm{I}\left(t - \frac{\mathrm{L}}{\mathrm{R}}\right) = \frac{\mathrm{E}}{\mathrm{R}}\left(t - \frac{\mathrm{L}}{\mathrm{R}}\right),$$
$$m' = -\frac{\mathrm{M}}{\mathrm{R}'}\mathrm{I} = -\frac{\mathrm{E}}{\mathrm{R}}\frac{\mathrm{M}}{\mathrm{R}'}.$$

Si, au contraire, le régime permanent étant établi, on ouvre le circuit C, on a, aux deux limites,

$$\mathrm{I}_0 = \frac{\mathrm{E}}{\mathrm{R}}, \qquad \mathrm{I}'_0 = 0,$$
$$\mathrm{I} = 0, \qquad \mathrm{I}' = 0.$$

Les quantités d'électricité induite dans les deux circuits sont alors égales et de signes contraires à celles du cas précédent, ce qui était évident, puisque la variation du flux de force a été le même dans les deux cas.

Il est à remarquer que l'extra-courant de C est indépendant du circuit C' et, d'autre part, que l'induction sur le circuit C' ne dépend que de sa résistance R', du coefficient d'induction mutuelle des deux circuits, et de l'intensité I du courant permanent dans le circuit C. La considération directe des flux de force permettait encore de prévoir ces résultats.

Pour connaître l'intensité des courants à chaque instant, il faut compléter la solution du problème par la détermination des constantes.

512. Courant de rupture. — Considérons d'abord le cas où, le courant étant établi dans le circuit principal C, on rompt la communication avec la pile en laissant le circuit ouvert; il se forme un courant induit dans le circuit secondaire C', mais le courant principal est *entièrement* supprimé. La première des équations (27) n'existe plus et la seconde se réduit à

$$\mathrm{L}'\frac{d\mathrm{I}'}{dt} + \mathrm{R}'\mathrm{I}' = 0;$$

elle est identique à l'équation (9) et, par suite, la loi de l'extra-courant sera la même dans les deux cas.

On peut même, dans l'hypothèse que la rupture du circuit C a été instantanée, et que le courant ne s'est point prolongé avec une résistance variable, comme dans le cas où il se produit une étincelle, déterminer la valeur initiale du courant produit en C'.

Intégrons la seconde des équations (27), en y supposant $E' = o$, depuis $t = o$ jusqu'à un temps τ infiniment petit par rapport à la durée du courant d'induction dans C' : on aura, en désignant par I'_1 l'intensité du courant induit à l'instant τ, l'équation

$$(32) \qquad - M \frac{E}{R} + L' I_1 + R' \int_0^\tau I' dt = o.$$

Si on fait tendre τ vers zéro, le dernier terme tend lui-même vers zéro, attendu que τ a une valeur infiniment petite et que l'intensité I' du courant garde une valeur finie ; on a donc, à la limite,

$$(33) \qquad I'_1 = \frac{M}{L'} \frac{E}{R}.$$

Ainsi l'intensité initiale du courant induit est à l'intensité du courant inducteur dans le rapport des coefficients M et L'.

On aura à un instant quelconque, d'après l'équation (10),

$$(34) \qquad I' = \frac{ME}{L'R} e^{-\frac{R't}{L'}}.$$

On en déduit, pour la quantité d'électricité mise en mouvement,

$$\int_0^\infty I' dt = \frac{ME}{L'R} \frac{L'}{R'} = \frac{E}{R} \frac{M}{R'},$$

et, pour le travail calorifique dépensé dans le circuit,

$$R \int_0^\infty I'^2 dt = \frac{E^2}{R} \frac{M^2}{2R'L'}.$$

543. Courant de fermeture. — Au moment où l'on ferme le

circuit inducteur, les deux circuits réagissent l'un sur l'autre
et il faut tenir compte des deux équations simultanées (27).

Si on pose

$$(35) \qquad \alpha = \sqrt{\left(\frac{RL' - R'L}{2RM}\right)^2 + \frac{R'}{R}},$$

les racines de l'équation (29) sont

$$\rho' = \frac{-(RL' + R'L) - 2RM\alpha}{2(LL' - M^2)},$$

$$\rho = \frac{-(RL' + R'L) + 2RM\alpha}{2(LL' - M^2)}.$$

On déterminera les coefficients à l'aide des équations (27)
et (28) par la condition que, pour $t = 0$, on ait $I = 0$ et $I' = 0$, ce
qui donne

$$\frac{M}{R}(A'\rho + B'\rho') + \frac{L}{R}(A\rho + B\rho') = E,$$

$$\frac{M}{R}(A\rho + B\rho') + \frac{L'}{R'}(A'\rho + B'\rho') = 0,$$

$$A + B + E = 0,$$

$$A' + B' = 0.$$

On obtient alors

$$(36) \quad I = \frac{E}{R}\left\{ 1 - \frac{1}{2}\left[\left(1 + \frac{R'L - RL'}{2RM\alpha}\right) e^{\rho t} - \left(1 - \frac{R'L - RL'}{2MR\alpha}\right) e^{\rho' t} \right]\right\},$$

$$I' = -\frac{E}{2R\alpha}\left\{ e^{\rho t} - e^{\rho' t} \right\}.$$

La dérivée de la dernière équation

$$\frac{dI'}{dt} = -\frac{E}{2R\alpha}\left(\rho e^{\rho t} - \rho' e^{\rho' t} \right)$$

montre que, dans le circuit secondaire C', le courant induit,
qui est toujours négatif puisqu'on a $\rho' > \rho$ en valeurs abso-

lues, part de zéro, sans que sa dérivée initiale soit nulle, passe par un maximum et décroît ensuite jusqu'à zéro.

Quant au courant inducteur, on voit que, partant de zéro, il tend progressivement vers sa valeur maximum $\dfrac{E}{R}$ relative au régime permanent.

Si on suppose les deux circuits C et C' identiques, les formules se réduisent à

$$(37) \qquad \begin{aligned} I &= \frac{E}{R}\left[1 - \frac{1}{2}\left(e^{-\frac{Rt}{L+M}} - e^{-\frac{Rt}{L-M}} \right) \right], \\ I' &= -\frac{E}{2R}\left[e^{-\frac{Rt}{L+M}} - e^{-\frac{Rt}{L-M}} \right]. \end{aligned}$$

Si, en outre, les deux circuits sont en contact, les coefficients L et M diffèrent très peu l'un de l'autre et l'on a sensiblement

$$(38) \qquad \begin{aligned} I &= \frac{E}{R}\left[1 - \frac{1}{2}\, e^{-\frac{Rt}{2L}} \right], \\ I' &= -\frac{E}{2R}\, e^{-\frac{Rt}{2L}}. \end{aligned}$$

Dans ce dernier cas, l'intensité du courant direct produit au moment de l'ouverture du circuit (**531**) a pour valeur

$$(39) \qquad\qquad I'_1 = \frac{E}{R}\, e^{-\frac{Rt}{2L}}.$$

Les deux courants induits atteignent leur maximum pour $t=0$, et ce maximum est deux fois aussi grand pour le courant direct que pour le courant inverse.

541. Deux circuits avec une force électromotrice variable. — Supposons que l'on ait

$$E = E_0 \sin\frac{2\pi}{T}t,$$

et que le second circuit soit fermé sur lui-même, sans renfermer de force électromotrice.

Lorsque le régime régulier est établi, les deux courants sont encore périodiques, et on peut écrire, comme au n° **535**,

$$(40) \qquad \begin{aligned} I &= A \sin 2\pi \left(\frac{t}{T} - \varphi \right), \\ I' &= A' \sin 2\pi \left(\frac{t}{T} - \varphi' \right). \end{aligned}$$

La condition que les équations différentielles (27) soient satisfaites, pour une époque quelconque, par ces valeurs de E, I, I' donne, en posant

$$r = R + \frac{4\pi^2}{T^2} \frac{M^2 R'}{R'^2 + \frac{4\pi^2}{T^2} L'^2},$$

$$l = L - \frac{4\pi^2}{T^2} \frac{M^2 L'}{R'^2 + \frac{4\pi^2}{T^2} L'^2},$$

les valeurs suivantes pour les constantes du premier courant :

$$(41) \qquad \begin{aligned} A^2 &= \frac{E_0^2}{r^2 + \frac{4\pi^2 l^2}{T^2}}, \\ \tan 2\pi\varphi &= \frac{2\pi}{T} \frac{l}{r}. \end{aligned}$$

Ces expressions ont la même forme que plus haut (**535**). On voit que la présence du second circuit a pour effet d'augmenter encore la résistance apparente du premier, et de diminuer son coefficient apparent de self-induction.

On trouverait, de même, pour le second circuit,

$$(42) \qquad \begin{aligned} A'^2 &= A^2 \frac{4\pi^2}{T^2} \frac{M^2}{R'^2 + \frac{4\pi^2}{T^2} L'^2}, \\ \tan 2\pi\varphi' &= \frac{T}{2\pi} \frac{\frac{4\pi^2}{T^2} L' l - R' r}{L' r + R' l}. \end{aligned}$$

L'amplitude A′ est d'abord en raison inverse de la période, tant que les oscillations ne sont pas rapides; pour une période très petite, on aurait

$$\frac{A'}{A} = \frac{M}{L}.$$

Ce problème correspond au cas d'une bobine d'induction dont le courant inducteur serait sinusoïdal.

515. Téléphones et microphones. — Pour un circuit placé dans un champ magnétique variable, l'équation (10) du n° **518** devient

$$(43) \qquad \frac{dQ}{dt} + L\frac{dI}{dt} + I\frac{dL}{dt} + RI - E = 0.$$

Imaginons que le circuit renferme une force électromotrice constante et que le coefficient Q varie d'une manière périodique. C'est ce qui aurait lieu, par exemple, pour un électro-aimant devant lequel on ferait osciller un aimant. On peut écrire alors

$$Q = Q_0 + Q_1 \sin \frac{2\pi t}{T}.$$

Le résultat est le même que si la force électromotrice de la pile éprouvait une variation périodique égale à $Q_1 \dfrac{2\pi}{T} \cos 2\pi \dfrac{t}{T}$.

Lorsque le régime définitif est établi, le courant induit oscille suivant la même période et peut encore être représenté par l'expression

$$I = I_0 + A \sin 2\pi \left(\frac{t}{T} - \varphi\right).$$

En substituant cette valeur dans l'équation (43), on en déduit

$$\tan 2\pi\varphi = -\frac{TR}{2\pi L},$$

$$A^2 = \frac{4\pi^2}{T^2}\, \frac{Q_1^2}{R^2 + \dfrac{4\pi^2 L^2}{T^2}}.$$

Si la force électromotrice E est nulle, le courant transmis est périodique ; c'est le cas du *téléphone*.

Toutes les autres quantités étant constantes, il peut arriver que la résistance R varie d'une manière périodique : le courant sera encore périodique, et l'amplitude des variations sera proportionnelle à l'intensité du courant permanent qui se produirait avec une résistance constante, c'est-à-dire proportionnelle à la force électromotrice.

Un pareil courant provoquera dans un circuit voisin des courants induits périodiques. C'est ce qui a lieu dans le *microphone*, où les variations de résistance sont produites par les vibrations de deux corps en contact, tels que des morceaux de charbon ; il en est de même dans le *photophone* à sélénium, où l'on utilise les variations de résistance qu'un éclairage périodique produit dans ce corps.

On arriverait au même résultat si le coefficient de self-induction L était variable, ce qu'on pourrait obtenir, soit en déformant le circuit d'une manière périodique, soit en faisant osciller l'armature en fer d'un électro-aimant.

516. Lois des courants dérivés dans le régime variable. — La loi qui lie dans un polygone fermé les intensités des courants aux forces électromotrices (**211**) est encore applicable dans le régime variable, à la condition que l'on ajoute aux forces électromotrices ordinaires celles qui proviennent des effets d'induction.

Nous examinerons seulement le cas simple où le courant se bifurque entre deux points A et B, en suivant deux conducteurs de résistances r et r' qui ne renferment pas de forces électromotrices. Pour fixer les idées, nous supposerons que ces conducteurs sont enroulés sous forme de bobines et nous appellerons L, L' et M leurs coefficients d'induction. Si, à un instant donné, on désigne par i et i' les intensités des courants dans les deux branches, on a

$$(44) \qquad ri + \frac{d}{dt}(\mathbf{L} - \mathbf{M})i = r'i' + \frac{d}{dt}(\mathbf{L}' - \mathbf{M})i'.$$

Considérons d'abord le cas où le second fil est déroulé ; le coefficient L' est très petit, et il en est de même du coefficient d'induction mutuelle M (**510**). L'équation (44) se réduit à

$$(45) \qquad ri - r'i' + L\frac{di}{dt} = 0.$$

Tant que le courant général est croissant, on voit que l'intensité i' dans la branche rectiligne est plus grande qu'elle ne serait pour l'état permanent. La branche qui renferme une bobine a donc une résistance *apparente* supérieure à sa résistance *réelle*. La différence est d'autant plus grande que le coefficient L est plus grand et la variation de l'intensité plus rapide ; l'inverse a lieu quand l'intensité est décroissante. L'effet est le même dans le cas général où aucun des coefficients n'est nul, et l'équation (44) montre que chaque conducteur se comporte pour un courant croissant comme s'il avait une résistance d'autant plus grande que son coefficient de self-induction est plus grand.

517. — Soient m et m' les quantités d'électricité qui parcourent les deux conducteurs pendant le temps t, on a

$$rm - r'm' + \left[Li - L'i' + M(i' - i)\right]_o^t = 0.$$

Dans le cas d'une décharge, les intensités initiale et finale sont nulles ; si les coefficients L, L' et M sont restés constants, le terme entre parenthèses est nul, et il reste

$$(46) \qquad rm - r'm' = 0.$$

Il en résulte que les quantités totales d'électricité se sont partagées entre les deux branches en suivant la loi ordinaire, bien qu'à chaque instant le partage ait eu lieu d'une autre manière : il y a finalement compensation.

Cette conclusion n'est exacte que si les deux circuits n'ont produit extérieurement aucun travail ; en particulier si, pendant la durée de la décharge, aucun aimant n'a été déplacé dans le voisinage de l'un d'eux. Aussi est-il difficile, pour la mesure des décharges, d'employer un galvanomètre en dérivation.

518. — Si le courant principal est sinusoïdal, avec l'amplitude I_0, les deux courants dérivés finiront évidemment par avoir le même caractère périodique, avec une différence de phase inégale. Par des calculs analogues aux précédents, on trouvera, entre les amplitudes A et A' et les différences de phases φ et φ', les relations

$$\frac{A^2}{r'^2+\dfrac{4\pi^2}{T^2}(L'-M)^2}=\frac{A'^2}{r^2+\dfrac{4\pi^2}{T^2}(L-M)^2}=\frac{I_0^2}{(r+r')^2+\dfrac{4\pi^2}{T^2}(L+L'-2M)^2},$$

$$\tang 2\pi\varphi=\frac{2\pi}{T}\frac{Lr'-L'r+M(r-r')}{(r+r')r'+\dfrac{4\pi^2}{T^2}(L+L'-2M)(L'-M)},$$

$$\tang 2\pi\varphi'=\frac{2\pi}{T}\frac{L'r-Lr'+M(r'-r)}{(r+r')r+\dfrac{4\pi^2}{T^2}(L+L'-2M)(L-M)}.$$

Il y a évidemment une différence de phase entre le courant principal et la force électromotrice sinusoïdale qui le produit.

519. — Considérons encore, comme application, l'expérience par laquelle Faraday a démontré l'existence de l'extra-courant direct qui se produit au moment de la rupture d'un circuit. Une pile est fermée par un circuit à deux branches, comme celui que nous venons de considérer ; l'un des fils de résistance r' est rectiligne, l'autre de résistance r forme une bobine d'un grand nombre de spires.

Si on appelle E la force électromotrice de la pile, R sa résistance, et I le courant principal, on a, après la fermeture du circuit, les équations

$$(47)\qquad\begin{aligned}
I &= i+i',\\
E &= RI+r'i',\\
L\frac{di}{dt}+ri &= r'i'.
\end{aligned}$$

En posant

$$\rho^2 = Rr+Rr'+rr',$$

et remarquant que les courants sont nuls pour $t=0$, on en

déduit, pour le courant qui parcourt la bobine à l'époque t,

$$i = \frac{r'\mathrm{E}}{\rho^2}\left(1 - e^{-\frac{\rho^2 t}{\mathrm{L}(\mathrm{R}+r')}}\right),$$

et, pour celui qui traverse le fil rectiligne,

$$i' = \frac{r\mathrm{E}}{\rho^2}\left(1 + \frac{\mathrm{R}r'}{(\mathrm{R}+r')r}\, e^{-\frac{\rho^2 t}{\mathrm{L}(\mathrm{R}+r')}}\right).$$

Si, une fois le régime établi, on rompt le circuit principal, sans que l'étincelle de rupture ait une durée sensible, les équations (17) donnent, en faisant $\mathrm{R} = \infty$,

$$i + i'' = 0,$$

et, par suite,

$$\mathrm{L}\frac{di}{dt} + (r + r')i = 0.$$

L'intégrale de cette équation détermine le courant induit qui parcourt les deux branches. Si l'on remarque que le courant i est d'abord défini par le régime permanent, on aura, pour une époque t' à partir de la rupture du circuit,

$$i = \frac{\mathrm{E}r'}{\rho^2} e^{-\frac{(r+r')t'}{\mathrm{L}}}.$$

Ce courant est dirigé dans la branche rectiligne en sens contraire du courant primitif.

La quantité totale d'électricité induite a pour valeur

$$m = \frac{\mathrm{E}\mathrm{L}}{\rho^2}\,\frac{r'}{r+r'}.$$

Si l'aiguille d'un galvanomètre, placé sur le fil rectiligne, bute contre un obstacle qui l'empêche d'obéir au courant permanent, cette aiguille sera projetée en sens contraire, au moment de la rupture du circuit principal, par le courant d'induction. C'est la méthode employée par Faraday.

550. Phénomènes d'induction dans les câbles. — En étudiant la propagation de l'électricité dans les conducteurs cylindriques pendant l'état variable, nous avons négligé (**223**) les effets d'induction électrodynamique qui sont dus aux changements d'intensité du courant. Il résulte de là une nouvelle cause de retard dans l'établissement et la suppression du courant principal, et ce retard ne peut plus être calculé comme nous l'avons fait précédemment (**535**), parce que la durée de propagation est très notable par rapport à la durée des phénomènes d'induction ; il n'est pas possible d'admettre alors que l'intensité du courant a la même valeur à chaque instant dans toute l'étendue du circuit.

Si le fil éprouve une série de charges et de décharges alternatives, comme on le fait pour les transmissions télégraphiques, on peut considérer le phénomène comme étant dû à une force électromotrice variable et il se produira des effets analogues à ceux qui ont été indiqués plus haut.

En outre, le câble considéré peut être voisin d'autres câbles qui réagissent sur le premier, soit par leur simple présence, soit par les variations des courants propres qui les parcourent. Les effets qui en résultent sont très manifestes dans les fils aériens suspendus aux poteaux télégraphiques.

Enfin, lorsque plusieurs conducteurs sont renfermés dans une même gaine diélectrique, comme dans les câbles souterrains ou sous-marins, le potentiel en chaque point de l'un des fils dépend de la charge des fils voisins. Il en résulte un nouveau mode d'influence ou d'induction, purement électrostatique, et que sir W. Thomson a appelé *péristaltique* pour la distinguer de celle de Faraday. Ce phénomène présente une analogie parfaite avec l'influence mutuelle de tubes élastiques, réunis ensemble sur toute leur longueur, qui seraient remplis et entourés d'un même liquide, quand on fait circuler le liquide dans un ou plusieurs tubes, pendant que les autres ont leurs extrémités ouvertes ou fermées, ou soumises à toute autre condition particulière ; un tube fermé correspondrait à un fil conducteur isolé et un tube ouvert à un fil non isolé.

On voit, d'après ces indications, combien le problème de la propagation de l'électricité est complexe, quand on veut tenir compte de toutes les circonstances capables d'influer sur le phénomène.

551. Calcul des coefficients d'induction. Solénoïdes. — Les exemples qui précèdent montrent le rôle important que jouent les coefficients M et L dans le calcul des phénomènes d'induction. Nous examinerons ici quelques cas simples, où ces coefficients peuvent être évalués directement.

Considérons d'abord un solénoïde cylindrique assez long pour qu'on puisse, dans une partie notable de sa longueur, négliger l'action des extrémités.

Si S est la section du cylindre, que nous supposerons circulaire, I l'intensité du courant et n_1 le nombre des spires par unité de longueur ; le flux de force ou d'induction magnétique est égal à $4\pi n_1 \mathrm{IS}$ (**495**) et, quand le courant est égal à l'unité, ce flux a pour valeur

$$g = 4\pi n_1 \mathrm{S}.$$

Supposons qu'on enroule sur le cylindre n' spires nouvelles d'un diamètre quelconque, le flux de force du premier circuit traverse n' fois la surface du second ; le coefficient d'induction mutuelle est donc

$$(48) \qquad \mathrm{M} = n'g = 4\pi n_1 n' \mathrm{S}.$$

Le même flux traverse n_1 fois par unité de longueur la surface du premier circuit, de sorte que le coefficient de self-induction du solénoïde, par unité de longueur, est

$$(49) \qquad \mathrm{L}_1 = n_1 g = 4\pi n_1^2 \mathrm{S}.$$

Les valeurs trouvées pour les coefficients M et L_1 sont un maximum, car le flux de force réel est inférieur à $4\pi n_1 \mathrm{IS}$, et ce flux diminue quand on s'approche des extrémités du solénoïde, où il devient même plus petit que $2\pi n_1 \mathrm{IS}$. En effet, l'induction magnétique dans le cylindre aimanté uniformément qui équivaut au solénoïde (**373**) est égale à la résultante de la force $4\pi n_1 \mathrm{I}$ parallèle à l'axe et de l'action des deux couches terminales, de densités uniformes $\pm \sigma = n_1 \mathrm{I}$, laquelle est dirigée en sens contraire. Or, dans une section voisine de la surface positive, cette surface émet vers l'intérieur un flux de force égal à $2\pi n_1 lS$, auquel il faut encore ajouter, pour obtenir le flux réel, la portion du flux émis par la surface négative et qui traverse le même contour.

552. Solénoïdes concentriques. — Supposons que les n' spires considérées forment un solénoïde concentrique au premier et de même longueur l. Désignons par r_1 et r_2 les deux rayons, et par n_1 et n_2 les nombres de spires contenues dans l'unité de longueur de chacun d'eux. Si l'on fait abstraction de l'action des extrémités, on peut écrire

$$M = n_2 l g = N g = 4\pi n_1 n_2 lS,$$

en posant

$$N = n_2 l,$$
$$g = 4\pi n_1 S = 4\pi^2 n_1 r_1^2.$$

Le facteur N représente le nombre total des spires du solénoïde extérieur, et g le flux de force produit dans le solénoïde intérieur par un courant égal à l'unité.

553. Bobines concentriques. — Considérons, de même, deux bobines concentriques, composées de plusieurs couches de fils également serrés en tous sens, de sorte que dans l'unité de surface d'un plan méridien le nombre des fils soit respectivement n_1^2 et n_2^2. Pour des couches d'épaisseurs dr_1 et dr_2 et de longueurs égales à l'unité, le nombre des fils sera de même $n_1^2 dr_1$ et $n_2^2 dr_2$. On aura donc

$$N = l n_2^2 \int dr_2,$$
$$g = 4\pi^2 n_1^2 \int r_1^2 dr_1,$$

l'intégrale devant être, pour chaque bobine, étendue à toute l'épaisseur. En désignant les rayons extrêmes par y_1 et x_1 pour la première bobine, et par y_2 et x_2 pour la seconde, il vient

$$N = n_2^2 l (y_2 - x_2),$$
$$g = \frac{4\pi^2 n_1^2}{3} (y_1^3 - x_1^3).$$

Si l'on fait abstraction de l'effet des extrémités, le coefficient d'induction mutuelle aura pour valeur

$$(5\text{o}) \qquad M = N g = \frac{4}{3} \pi^2 n_1^2 n_2^2 l\, (y_2 - x_2)(y_1^3 - x_1^3).$$

Lorsque les couches des deux bobines sont en contact, on peut poser $x_2 = y_1 = y$. Si l'on veut alors disposer du rayon intermédiaire y de manière que le coefficient M soit un maximum, on devra satisfaire a la condition

$$\frac{y_2 - y}{y - x_1} = \frac{y^3 - x_1^3}{3 y^2 (y - x_1)} - \frac{1}{3}\left(1 + \frac{x_1}{y} + \frac{x_1^2}{y^2}\right).$$

Comme le dernier membre de cette équation est plus petit que l'unité, la bobine extérieure doit être moins épaisse que la bobine intérieure.

Pour obtenir le coefficient de self-induction d'une bobine, on peut supposer, par exemple, que deux bobines identiques sont superposées et déterminer ce que devient alors leur coefficient d'induction mutuelle (**512**). En faisant ainsi, dans les équations qui précèdent,

$$n_1 = n_2,$$
$$y_1 = y_2 = y,$$
$$x_1 = x_2 = x,$$

on obtient

$$(5\text{1}) \qquad L = \frac{4}{3} \pi^2 n_1^4 l\, (y - x)(y^3 - x^3).$$

554. Bobines avec noyau de fer doux. — Supposons que la bobine intérieure renferme un noyau de fer doux cylindrique de rayon a, et dont le coefficient d'aimantation est k. La valeur de N ne change pas ; mais, autant du moins qu'on reste dans les limites entre lesquelles l'aimantation est proportionnelle à la force magnétisante, l'induction magnétique dans l'espace occupé par le fer doux est égale (**379**) à la valeur primitive de la force multipliée par $1 + 4\pi k$. La valeur de g devient alors, dans le cas d'un solénoïde,

$$g = 4\pi n_1 (S + 4\pi k \pi a^2) = 4\pi^2 n_1 (r_1^2 + 4\pi k a^2).$$

Si la bobine se compose de plusieurs couches, on a

$$g = 4\pi^2 n_1^2 \int (r_1^2 + 4\pi k a^2) dr_1 = 4\pi^2 n_1^2 \left[\frac{y_1^3 - x_1^3}{3} + 4\pi k a^2 (y_1 - x_1) \right];$$

il en résulte

$$(52) \quad M = \frac{4}{3} \pi^2 n_1^2 n_2^2 l (y_2 - x_2) \left[y_1^3 - x_1^3 + 12\pi k a^2 (y_1 - x_1) \right].$$

Lorsque le noyau de fer remplit la cavité intérieure et que les deux bobines sont en contact, on peut poser

$$a = x_1 = x,$$
$$x_2 = y_1 = y,$$
$$y_2 = z;$$

il vient alors

$$(53) \quad M = \frac{4}{3} \pi^2 n_1^2 n_2^2 l (z - y)(y - x) \left[y^2 + xy + x^2 + 12\pi k x^2 \right].$$

Si le rayon du noyau est seul variable, et qu'on veuille en disposer de manière à rendre maximum le coefficient d'induction mutuelle, la dérivée partielle de M par rapport à x doit être nulle ; il en résulte

$$x = y \, \frac{8\pi k}{1 + 12\pi k},$$

ou sensiblement $3x = 2y$, puisque le coefficient d'aimantation k est très grand.

Si on se donne le rayon extérieur z, ainsi que le mode d'enroulement des fils, et qu'on veuille disposer de x et de y de manière à rendre le coefficient M maximum, on trouvera de même, en égalant à zéro les dérivées partielles $\dfrac{\partial M}{\partial x}$ et $\dfrac{\partial M}{\partial y}$,

$$\frac{x}{2} = \frac{y}{3} = \frac{z}{4}.$$

Enfin le coefficient de self-induction d'une bobine ayant pour rayon extérieur z, pour rayon intérieur y, et qui renferme un noyau de fer doux de rayon x, aura pour expression

$$(54) \qquad L = \frac{4}{3}\,\pi^2 n_1^4 l (z - y)^2 \left[z^2 + zy + y^2 + 12\pi k x^2 \right].$$

Le problème que l'on vient d'étudier est celui qui se présente dans la construction des bobines d'induction.

555. Bobines annulaires. — Dans une bobine formée par l'enroulement régulier d'un fil sur un anneau circulaire, le coefficient g (**196**) devient

$$g = 4\pi n_1 \int \frac{dS}{x}.$$

Supposons qu'un second fil soit enroulé n' fois d'une manière quelconque autour du premier; le coefficient d'induction mutuelle sera

$$(55) \qquad\qquad M = 4\pi n_1 n' \int \frac{dS}{x}.$$

Si la première bobine renferme un noyau de fer doux, de révolution autour du même axe et de section S', la valeur de g est alors

$$g = 4\pi n_1 \left[\int \frac{dS}{x} + 4\pi k \int \frac{dS'}{x} \right].$$

Lorsque le noyau remplit la cavité du solénoïde, cette valeur se réduit à

$$g = 4\pi n_1 (1 + 4\pi k) \int \frac{dS}{x}.$$

Dans ce cas, le coefficient d'induction mutuelle sur un fil extérieur qui fait n' tours est

$$(56) \qquad M = 4\pi n_1 n' (1 + 4\pi k) \int \frac{dS}{x},$$

et le coefficient de self-induction de la bobine elle-même, qui renferme $2\pi n_1$ spires, est

$$(57) \qquad L = 8\pi^2 n_1^2 (1 + 4\pi k) \int \frac{dS}{x}.$$

Nous avons vu (**502**) quelles sont les valeurs des intégrales $\int \frac{dS}{x}$ dans certains cas particuliers.

556. Moteurs électriques. — Les *moteurs électriques* sont des machines renfermant des fils conducteurs, des électro-aimants ou des aimants permanents, et combinées de façon que, lorsqu'on y introduit un courant produit par une source étrangère, les actions réciproques électromagnétiques ou électrodynamiques, qui s'exercent entre différents organes, sont utilisées pour provoquer un déplacement relatif de ces organes. La continuité du mouvement est obtenue, soit à l'aide de contacts glissants, soit avec des commutateurs qui modifient la direction du courant dans la machine.

Ces machines pourraient être construites de manière à recevoir un travail uniforme lorsque l'intensité du courant est constante, ce serait le cas de la roue de Faraday (**530**) ; mais le plus souvent les actions sont périodiques, et le mouvement relatif des organes, oscillatoire ou rotatif, fait naître à chaque instant une force électromotrice d'induction E de sens contraire à celle E_0 du courant excitateur.

Lorsqu'un régime régulier est établi, le travail des actions réciproques est utilisé uniquement à vaincre des résistances extérieures, puisque la vitesse reprend la même valeur au bout de chaque période.

L'énergie dépensée par la source, pendant chaque période θ, est égale au travail extérieur augmenté de l'énergie qui correspond à l'échauffement des conducteurs. Si l'on appelle R la résistance du circuit, on a donc

$$(58) \qquad \int_0^\theta E_0 I\, dt = \int_0^\theta I^2 R\, dt + \int_0^\theta E I\, dt.$$

Dans le cas général, les valeurs des intégrales dépendent de la loi suivant laquelle varie le courant pendant la durée d'une période ; mais, si l'intensité est sensiblement constante, l'équation (58) se réduit à

$$(59) \qquad (E_0 - E) = IR.$$

Le rendement ρ d'un pareil moteur est le quotient du travail extérieur EI, pendant l'unité de temps, par l'énergie totale dépensée $E_0 I$, ou le rapport $\dfrac{E}{E_0}$ de forces électromotrices. En désignant par I_0 l'intensité du courant que produirait dans le circuit en repos la force électromotrice E_0, on a donc

$$(60) \qquad \rho = \frac{E}{E_0} = 1 - \frac{IR}{E_0} = 1 - \frac{I}{I_0}.$$

Le travail extérieur lui-même a pour expression

$$(61) \qquad EI = \frac{E\,(E_0 - E)}{R} = RI\,(I_0 - I).$$

Si la force électromotrice extérieure est constante, ce travail est maximum lorsque le mouvement réduit de moitié l'intensité du courant, et le rendement est alors égal à 0.50.

Si le travail extérieur est très faible, la vitesse du moteur croît très rapidement, avec ou sans limite, suivant le mode de construction ; la force électromotrice d'induction tend à devenir égale à la force électromotrice extérieure et le rendement tend vers l'unité.

557. Électromoteurs. — Lorsqu'un moteur électrique est mis en mouvement par une machine étrangère, il devient le siège d'une force électromotrice de signe contraire à celle

qui produirait le mouvement et le circuit qui le constitue,
s'il est fermé, est en général parcouru par un courant électrique. L'appareil devient alors un producteur d'électricité,
ou un *électromoteur*.

Supposons que, pour une cause temporaire quelconque, il
existe dans le circuit un courant d'intensité i ; si le travail
Ei, absorbé par la force électromotrice d'induction, est supérieur à l'énergie calorifique dégagée dans les conducteurs, le
courant ira croissant jusqu'à ce que l'on ait

$$(62) \qquad\qquad EI = I^2R.$$

Si la condition $E > iR$ est satisfaite pour un courant infiniment petit, la machine, une fois en mouvement, s'amorcera
d'elle-même et donnera pour le régime régulier un courant
déterminé par l'équation précédente (62). Lorsque l'on a, au
contraire, $E < iR$ pour un courant infiniment petit, le travail
extérieur ne peut faire naître et maintenir un courant électrique, à moins que l'on n'introduise d'une manière artificielle
dans le circuit un courant d'intensité telle que la condition
$E \geq iR$ soit réalisée, après quoi la force électromotrice étrangère pourra être supprimée, sans que le courant cesse de se
maintenir.

Une machine employée comme électromoteur pourra donc
être capable ou non de créer un courant électrique ou d'entretenir un courant déjà établi, suivant la valeur de la résistance totale, ou, ce qui produit un effet analogue, suivant la
nature du travail extérieur que l'on veut faire produire au
courant. Comme la force électromotrice d'induction, toutes
choses égales d'ailleurs, est proportionnelle à la vitesse de
la machine, on voit que, pour une résistance totale et un
travail extérieur donnés, l'électromoteur sera d'autant plus
facilement capable de produire et d'entretenir un courant
que sa vitesse sera plus grande.

Considérons deux cas extrêmes :

1° Si une machine est composée d'aimants permanents qui
produisent un champ magnétique invariable dans lequel
se meuvent des fils conducteurs, comme serait la roue de

Faraday, par exemple, la force électromotrice est simplement proportionnelle au nombre n de tours ou d'oscillations de la machine, pendant l'unité de temps, et peut être représentée par $n E_1$. A vitesse constante, une pareille machine se comporte exactement comme une pile ordinaire. Elle est toujours capable de produire un courant dans un circuit métallique, puisque la condition $E > iR$ a toujours lieu lorsque le couran est très faible.

2° Si la machine est composée de fils fixes et de fils mobiles (ou de deux systèmes d'électro-aimants, pourvu qu'on reste entre les limites dans lesquelles l'aimantation est proportionnelle à la force magnétisante), la force électromotrice E est proportionnelle à l'intensité du courant et peut être représentée par $n A I$. Une machine de cette nature ne peut produire et entretenir un courant, que si la vitesse est assez grande pour qu'on ait $n A > R$. Pour toute valeur de n supérieure à $\dfrac{R}{A}$, l'intensité du courant augmente rapidement jusqu'à ce que la résistance du circuit, par suite de la chaleur dégagée, ait atteint la valeur $n A$.

Supposons que le courant ait à vaincre à l'extérieur une force électromotrice E'.

Le rendement de l'appareil, comme dans le cas d'une pile, a pour valeur

$$\rho = \frac{E'}{E} = 1 - \frac{IR}{E},$$

et le travail utilisé pendant l'unité de temps est

$$E'I = \frac{E'(E - E')}{R}.$$

Le rendement est encore d'autant plus voisin de l'unité que le courant est plus faible, mais on ne peut plus dire, pour une machine quelconque, dans quelles conditions le travail utile sera maximum.

Si le travail extérieur n'est autre que la mise en mouvement d'une seconde machine identique à la première, les forces électromotrices E et E′ sont proportionnelles aux nombres de tours n et n' des deux machines et à une même fonction $\varphi(I)$ de l'intensité. Le rendement

$$\rho = \frac{n'\varphi(I)}{n\varphi(I)} = \frac{n'}{n}$$

est égal au rapport des vitesses des deux machines, et le travail utile pendant l'unité de temps a pour expression

$$E'I = \frac{n'(n-n')}{R}\varphi^2(I).$$

L'intensité I étant une fonction de $n-n'$, le travail utile maximum ne peut être déterminé que si l'on connaît la forme de la fonction φ.

558. — L'étude particulière des différentes machines dépend de la loi suivant laquelle la force électromotrice est liée à l'intensité du courant.

Dans les machines à électro-aimants, par exemple, l'aimantation est d'abord proportionnelle à l'intensité du courant, et tend ensuite vers une limite maximum. La force électromotrice d'induction E est aussi proportionnelle à l'intensité du courant pour les courants faibles et tend vers une valeur maximum.

Lorsque l'intensité du courant est voisine de celle qui donne le maximum d'aimantation, la force électromotrice est sensiblement constante et le rendement de la machine employée comme moteur est encore égal à 0,50 quand le travail utile est maximum.

Toutefois, le problème des électromoteurs est en réalité moins simple, même lorsque le sens des courants ne change pas, soit par le jeu naturel de la machine, soit que par un commutateur on redresse les courants dans le circuit extérieur. Il y a presque toujours des oscillations périodiques de l'intensité dont on ne peut pas négliger l'influence.

La difficulté est encore plus grande quand on utilise directement les courants alternatifs que produisent certains types de machines. Nous y reviendrons avec plus de détails dans la seconde partie de cet ouvrage.

559. Application à l'étude du magnétisme. — Nous sommes maintenant en mesure de justifier la méthode indiquée au n° **417** pour étudier la distribution du magnétisme, méthode employée dans les expériences de van Rees et de Gaugain.

Quand on entoure, en un point, un barreau aimanté par une bobine formée d'un nombre n' de spires reliée à un galvanomètre, et qu'on fait brusquement glisser cette bobine d'une certaine quantité parallèlement au barreau, en la laissant en repos dans sa nouvelle position, il passe dans le fil une certaine quantité m d'électricité; si R est la résistance totale du circuit, l'expression $\dfrac{m\mathrm{R}}{n'}$ est égale au flux de force magnétique qui sort de l'aimant entre les deux positions de la bobine. En opérant par déplacements successifs, on peut déterminer la loi de variation du flux de force latéral.

Si la bobine est située d'abord au milieu de l'aimant, ou plus exactement au point neutre, et qu'on l'éloigne brusquement jusqu'à une grande distance, on obtiendra le flux total de force magnétique qui émane de l'aimant et, par suite, la masse totale du magnétisme libre contenu dans la portion correspondante du barreau.

Si la bobine auxiliaire entoure ainsi, soit le milieu d'une longue bobine cylindrique qui renferme un morceau de fer doux, soit un point quelconque d'une bobine annulaire, on peut, à un moment donné, établir ou supprimer brusquement un courant d'intensité connue I dans la bobine aimantante. L'expression $\dfrac{m\mathrm{R}}{n'}$, qui correspond dans le circuit induit à la rupture ou à l'établissement du courant principal, représentera le flux total LI d'induction magnétique qui traverse l'une des spires.

On pourra donc déterminer, par expérience, la valeur de L et en déduire, particulièrement par les formules (53) et (56), le coefficient d'aimantation k. Tel est le principe de la méthode employée récemment par M. Rowland.

**560. Hypothèses de Weber sur le magnétisme et le diamagné-
tisme.** — On a vu plus haut (**198**) comment Ampère explique
le magnétisme par les courants moléculaires ; nous pouvons
examiner maintenant quelles sont les propriétés physiques de
ces courants.

Considérons un de ces courants défini par les valeurs L, l
et R, et soit Q le flux de force extérieure qu'il renferme dans
son contour ; l'équation (10) du n° **518** devient, puisque la
force électromotrice est nulle,

$$\frac{d}{dt}(LI+Q)+RI=0.$$

On doit admettre également que la résistance est nulle ; il
en résulte

$$(63) \qquad\qquad LI+Q=C^{te}=LI_0.$$

L'intensité I_0 est celle du courant qui parcourrait le circuit
considéré, si le flux de force extérieure était nul. Si l'on suppose $I_0=0$, c'est-à-dire le courant moléculaire primitivement
nul, ce qui correspondrait au cas d'un milieu magnétique à
l'état neutre, on a finalement

$$LI=-Q.$$

Le courant induit dans la molécule par un champ extérieur
produit donc un flux de force de signe contraire à Q. En
d'autres termes, l'aimantation équivalente au courant est de
signe contraire à la force magnétisante : l'aimantation des
corps magnétiques ne peut donc pas s'expliquer uniquement
par les courants induits dans les molécules du milieu.

561. — Ces courants peuvent, au contraire, rendre compte
des phénomènes diamagnétiques. L'hypothèse de Weber
consiste à admettre qu'il y a dans chaque molécule d'un milieu diamagnétique des canaux le long desquels des courants
peuvent se propager sans résistance. Si ces canaux existaient
dans toutes les directions, la molécule serait un conducteur

parfait. Pour un courant linéaire primitivement nul, l'intensité est donnée par l'équation (63). En appelant θ l'angle que fait la force magnétisante X avec la normale au plan du circuit, on a

$$Q = XA \cos \theta.$$

Le moment magnétique du courant est IA et sa projection sur la direction de la force magnétisante est

$$IA \cos \theta = -\frac{XA^2}{L} \cos^2 \theta.$$

Supposons qu'il y ait n molécules par unité de volume, et que les axes des circuits soient distribués indifféremment dans toutes les directions. La zone qui correspond à l'angle $d\theta$ autour de la direction de la force magnétisante est $2\pi \sin\theta\, d\theta$, de sorte que la valeur moyenne de $\cos^2\theta$ est

$$\frac{1}{2\pi} \int_0^\pi 2\pi \cos^2\theta \sin\theta\, d\theta = \frac{1}{3}.$$

Le moment magnétique est donc $-\dfrac{n}{3}\dfrac{A^2}{L}X$; l'aimantation est directement opposée à la force magnétisante, ce qui est conforme aux phénomènes de diamagnétisme, et le coefficient d'aimantation a pour valeur

$$k = -\frac{n}{3}\frac{A^2}{L}.$$

Si les axes des canaux moléculaires ont une distribution systématique non uniforme, la somme $\Sigma\dfrac{A^2}{L}\cos^2\theta$ étendue à toutes les molécules aura des valeurs différentes, suivant la direction de la force magnétisante, et on retrouvera les propriétés connues des corps anisotropes diamagnétiques.

562. — Supposons que chaque molécule soit un conducteur parfait ou, ce qui revient au même, qu'elle soit entourée par une couche d'une conductibilité absolue.

Pour un circuit quelconque tracé sur cette surface, le flux total d'induction magnétique $LI + Q$ qui traverse ce circuit est constant.

Il en résulte que la composante normale de la force en chaque point de la surface est constante. Si le flux d'induction qui sort de la molécule est primitivement nul, tout système magnétique extérieur produira des courants induits tels que l'induction magnétique résultante restera nulle sur toute la surface et dans l'intérieur de la couche qui enveloppe la molécule.

Supposons que la molécule ait la forme d'une sphère de rayon r, les courants superficiels produisent à l'intérieur une force $-X$ égale et de signe contraire à la force magnétique extérieure; la sphère est aimantée uniformément, avec une intensité (**355**) égale à $-\dfrac{3X}{8\pi}$, et son moment magnétique a pour valeur $-\dfrac{1}{2}r^3X$.

Si l'on imagine qu'il y ait dans l'unité de volume n sphères pareilles, assez petites et assez éloignées pour ne pas réagir les unes sur les autres, l'intensité d'aimantation moyenne du milieu sera $-\dfrac{n}{2}r^3X = \dfrac{-3hX}{8\pi}$, en appelant h le rapport de la somme des volumes des petites sphères au volume total de l'espace qui les renferme.

563. Écrans conducteurs absolus. — Il est évident que ces conséquences de la formule (63) s'appliqueraient également à une surface d'étendue finie qui jouirait d'un pouvoir conducteur absolu : les courants induits que ferait naître dans cette surface une variation quelconque du champ, seraient toujours tels que le flux relatif à chacune des portions de la surface resterait constant, autrement dit que la composante normale de l'induction magnétique en chaque point garderait une valeur fixe. Si donc, à un instant donné, cette composante était nulle, elle resterait nulle quelles que fussent les variations du champ. Il en résulte qu'une surface fermée ou indéfinie, de résistance nulle, est un écran absolu pour tous les points intérieurs contre les effets de la variation du champ de l'autre côté de la surface ; ces effets se réduisent à la production de courants superficiels qui maintiennent constamment nul le champ intérieur.

Autour d'un conducteur parfait la distribution des forces magnétiques est entièrement comparable à la distribution des vitesses dans un fluide incompressible qui entourerait le même corps.

564. Pour expliquer dans le même ordre d'idées les phénomènes magnétiques, il faut admettre que le courant primitif dans une molécule ou autour d'un canal conducteur n'est pas nul, et prendre l'équation générale (63). En considérant toujours un circuit dont la normale fait un angle θ avec la direction de la force magnétisante, on aura

$$L I + X A \cos \theta = L I_0,$$

ou

$$I = I_0 - \frac{X A}{L} \cos \theta.$$

Si le courant primitif I_0 était nul, le moment de l'action du champ sur la molécule serait

$$- I A X \sin \theta - \frac{X^2 A^2}{L} \sin \theta \cos \theta = \frac{X^2 A^2}{2 L} \sin^2 \theta.$$

Il y aurait équilibre stable pour $\theta = \frac{\pi}{2}$, c'est-à-dire quand le plan du courant serait perpendiculaire à la direction du champ. Tel est le cas, par exemple, d'un anneau que l'on introduit brusquement dans un champ magnétique très intense.

Dans le cas général, le moment du couple qui agit sur la molécule peut s'écrire

$$\frac{X^2 A^2}{L} \cos \theta \sin \theta - I_0 A X \sin \theta = m X \sin \theta \left[B X \cos \theta - 1 \right],$$

en posant $m = I_0 A$ et $B = L I_0$.

En admettant encore, avec Weber (**127**), que la réaction du milieu est constante en grandeur et en direction, on aura l'équation d'équilibre

$$X \sin\theta (1 - BX \cos\theta) = D \sin(\alpha - \theta).$$

La composante, parallèle à la force magnétisante X, du moment magnétique de la molécule est

$$IA \cos\theta = \left(I_0 = \frac{XA}{L} \cos\theta \right) A \cos\theta = m \cos\theta (1 - BX \cos\theta).$$

Si le coefficient B est très petit, c'est-à-dire si le courant moléculaire primitif I_0 est très intense, on retrouve la formule de Weber pour l'aimantation des corps magnétiques. Si ce coefficient B est très grand, on obtient les phénomènes de diamagnétisme.

Dans les cas intermédiaires, l'aimantation serait d'abord proportionnelle à la force magnétisante pour des forces faibles, puis passerait par un maximum et irait ensuite en décroissant. L'expérience ne semble indiquer aucun phénomène de cette nature, de sorte que l'intervention des courants d'induction moléculaires ne peut pas encore être considérée comme absolument démontrée.

CHAPITRE SIXIÈME

PROPRIÉTÉS DU CHAMP ÉLECTROMAGNÉTIQUE

565. Théorie de Maxwell. — Les considérations qui précèdent suffisent, comme on l'a vu, pour rendre compte de tous les phénomènes d'induction dans les conducteurs linéaires ; mais il est utile d'envisager le problème d'un autre point de vue, qui permettra de mettre en relief l'intervention du milieu, comme on l'a fait déjà en électrostatique. Nous exposerons ici les principes de la théorie de Maxwell.

566. Équations du champ magnétique. — Supposons, pour plus de généralité, que les conducteurs soient situés dans un milieu magnétique dont le coefficient de perméabilité (**383**) soit égal à μ. Lorsqu'on annule le flux total d'induction magnétique Q qui traverse un circuit fermé, celui-ci devient le siège d'une force électromotrice totale qui met en mouvement une quantité d'électricité égale à $\dfrac{Q}{R}$.

Cette force électromotrice totale peut être considérée comme la résultante de forces électromotrices élémentaires agissant sur chacun des éléments du circuit, et provenant de l'état du milieu. En chaque point, la réaction élastique du milieu due à la suppression des forces a une direction déterminée ; elle produirait sur un élément de conducteur ds, situé dans la même direction, une force électromotrice proportionnelle à la longueur de cet élément et qui peut être représentée par $J ds$; sur un élément qui ferait l'angle ε avec sa direction, la force électromotrice serait égale à $J ds \cos \varepsilon$.

Si le milieu est homogène et isotrope, la force électromotrice J par unité de longueur est une fonction des coordonnées ; elle peut être remplacée par ses composantes F, G et H parallèles aux axes, qui donneront sur les projections dx, dy et dz de l'élément ds les forces électromotrices Fdx, Gdy et Hdz. On aura donc l'équation

$$(1) \qquad Q = \int Jds \cos\varepsilon = \int \left(F\frac{dx}{ds} + G\frac{dy}{ds} + H\frac{dz}{ds} \right) ds,$$

l'intégrale étant étendue à tout le circuit.

D'un autre côté, si l'on considère une surface quelconque S terminée au circuit, et qu'on désigne par X, Y et Z les composantes de la force magnétique en un point de la surface, et par α, β et γ les cosinus des angles de cette force avec la normale, le flux total d'induction magnétique qui traverse le circuit est aussi exprimé par l'intégrale $\displaystyle \int (X\alpha + Y\beta + Z\gamma)\,dS$ étendue à toute la surface.

567. — Pour déterminer les relations qui existent entre la force électromotrice J et l'induction magnétique, nous calculerons la valeur de l'intégrale $\displaystyle \int Jds\cos\varepsilon$ pour un circuit rectangulaire infiniment petit, ayant son centre à l'origine des coordonnées, perpendiculaire à l'axe des x, et dont les côtés sont égaux à dy et dz.

Soient F_0, G_0, H_0, les valeurs des fonctions F, G, H à l'origine ; on aura, pour le côté supérieur du rectangle,

$$G_1 = G_0 + \frac{1}{2}\frac{\partial G}{\partial z}dz ;$$

et, pour le côté inférieur,

$$G_2 = G_0 - \frac{1}{2}\frac{\partial G}{\partial z}dz.$$

Si l'on suit le contour dans le sens où le courant tend à se produire par la suppression du champ, la somme des deux termes de la force électromotrice correspondant aux côtés parallèles à l'axe des y est $G_1 dy - G_2 dy$; on obtient ainsi

$$G_1 dy - G_2 dy = \frac{\partial G}{\partial z} dz dy .$$

On aurait, de même, pour les deux autres côtés,

$$- H_1 dz + H_2 dz = - \frac{\partial H}{\partial y} dy dz.$$

La force électromotrice relative au contour est donc

$$\int J ds \cos \varepsilon = \left(\frac{\partial G}{\partial z} - \frac{\partial H}{\partial y} \right) dy dz.$$

D'autre part, cette expression doit représenter aussi le flux d'induction magnétique qui traverse le circuit $dy\,dz$ en entrant par la face négative ; comme ce flux a pour expression $\mu X dy\,dz$, la composante μX est égale à $\frac{\partial G}{\partial z} - \frac{\partial H}{\partial y}$.

Les autres composantes de l'induction magnétique, parallèles à l'axe des y et à l'axe des z, satisferaient à des conditions analogues, ce qui donne les équations

$$(2) \quad \begin{aligned} \mu X &= \frac{\partial G}{\partial z} - \frac{\partial H}{\partial y}, \\ \mu Y &= \frac{\partial H}{\partial x} - \frac{\partial F}{\partial z}, \\ \mu Z &= \frac{\partial F}{\partial y} - \frac{\partial G}{\partial x}. \end{aligned}$$

Considérons maintenant un circuit fermé quelconque ; nous pouvons diviser sa surface en éléments par deux séries de courbes arbitraires. Si on fait la somme $\int J ds \cos \varepsilon$ des forces électromotrices en suivant le contour de tous les éléments, on obtiendra le flux total d'induction magnétique qui traverse le circuit, et cette somme se réduira aux seuls termes fournis par le contour primitif, puisque les portions de courbe communes à deux éléments contigus donnent une somme nulle. La force électromotrice totale d'un circuit ne dépend donc que des valeurs des composantes F, G et H aux différents points du contour, et ces composantes sont liées à l'induction magnétique par les équations (2).

568. — Remarquons que la composante F représente, en un point donné, et pour l'unité de longueur parallèle à l'axe des x, la force électromotrice totale qui correspondrait à la suppression du champ. Cette force électromotrice peut aussi être considérée comme l'intégrale, par rapport au temps, des forces électromotrices élémentaires correspondant à la suppression graduelle du champ. Le produit de la force électromotrice P, qui agit à un instant donné sur l'unité de longueur parallèle à l'axe de x, par le temps dt est égal à la diminution correspondante de la valeur de F, ce qui donne

$$P\,dt = -\frac{\partial F}{\partial t}\,dt,$$

ou

$$P = -\frac{\partial F}{\partial t}.$$

En appelant, de même, Q et R les composantes analogues suivant les autres axes, on aura, pour déterminer la force électromotrice à chaque instant, les trois équations

$$(3) \qquad \begin{aligned} P &= -\frac{\partial F}{\partial t}, \\[4pt] Q &= -\frac{\partial G}{\partial t}, \\[4pt] R &= -\frac{\partial H}{\partial t}. \end{aligned}$$

La fonction $-P$ exprime la différence de potentiel qui se produit en un point, à l'instant considéré, entre les deux extrémités d'une longueur égale à l'unité parallèle à l'axe de x, en vertu des variations qui ont lieu en même temps dans la valeur du flux d'induction magnétique.

S'il existait aussi des masses électrisées donnant au même point un potentiel ψ, la différence totale de potentiel pour un élément dx serait égale à $\dfrac{\partial F}{\partial t} dx - \dfrac{\partial \psi}{\partial x} dx$; mais cette dernière partie est une différentielle exacte qui disparaît d'elle-même quand on applique la formule à un circuit fermé.

569. Équations des courants. — Soient u, v, w les composantes du courant en un point, c'est-à-dire les quantités d'électricité qui traversent respectivement, pendant l'unité de temps, l'unité de surface perpendiculaire à chacun des axes.

On sait que le travail d'un courant I sur un pôle égal à l'unité, mobile sur une courbe fermée qui traverse le plan d'un courant (**152**), est égal à 4πI pour chaque révolution complète du pôle autour du courant.

Si l'on applique cette propriété au cas d'un pôle qui parcourt un circuit rectangulaire $dy\,dz$ dont le milieu est situé à l'origine des coordonnées, c'est-à-dire qui renferme une surface à travers laquelle l'intensité du courant est $u\,dy\,dz$, et qu'on évalue le même travail par les forces magnétiques, on trouve, par un calcul analogue à celui qui a été appliqué au n° **567**, les trois nouvelles équations

$$(1)\qquad\begin{aligned}
4\pi u &= \frac{\partial Y}{\partial z} - \frac{\partial Z}{\partial y},\\[4pt]
4\pi v &= \frac{\partial Z}{\partial x} - \frac{\partial X}{\partial z},\\[4pt]
4\pi w &= \frac{\partial X}{\partial y} - \frac{\partial Y}{\partial x}.
\end{aligned}$$

570. Énergie potentielle des courants. — Considérons différents circuits $C_1, C_2, C_3,\ldots$ dans lesquels les intensités des courants sont $I_1, I_2, I_3,\ldots$; soient $L_1, L_2, L_3,\ldots$ leurs coefficients de self-induction, et $M_{1.2}, M_{1.3}, M_{2.3},\ldots$, leurs coefficients d'induction mutuelle.

Les flux de force qui traversent chaque circuit sont

$$\begin{aligned}
Q_1 &= L_1 I_1 + M_{1.2} I_2 + M_{1.3} I_3 + \cdots,\\
Q_2 &= L_2 I_2 + M_{2.1} I_1 + M_{2.3} I_3 + \cdots,\\
&\ \cdots\cdots\cdots\cdots\cdots\cdots\cdots,
\end{aligned}$$

et l'énergie potentielle de l'ensemble des courants (**524**) est

$$(5) \qquad W = \frac{1}{2}(Q_1 I_1 + Q_2 I_2 + \cdots) = \frac{1}{2} \Sigma Q I.$$

D'après l'équation (1), on a donc

$$W = \frac{1}{2} \Sigma I \int \left(F \frac{dx}{ds} + G \frac{dy}{ds} + H \frac{dz}{ds} \right) ds.$$

Le courant qui traverse la section S de l'un des conducteurs a pour composantes, en donnant à u, v et w la même signification que plus haut (**569**),

$$I \frac{dx}{ds} = u S,$$

$$I \frac{dy}{ds} = v S,$$

$$I \frac{dz}{ds} = w S.$$

Si l'on remarque, en outre, que le produit $S ds$ représente un élément de volume, on aura

$$W = \frac{1}{2} \int\int\int (F u + G v + H w) dx\, dy\, dz.$$

Remplaçant enfin les composantes u, v, w par leurs valeurs tirées des équations (4), on obtient

$$W = \frac{1}{8\pi} \int\int\int \left[F \left(\frac{\partial Y}{\partial z} - \frac{\partial Z}{\partial y} \right) + G \left(\frac{\partial Z}{\partial x} - \frac{\partial X}{\partial z} \right) + H \left(\frac{\partial X}{\partial y} - \frac{\partial Y}{\partial x} \right) \right] dx\, dy\, dz.$$

On peut intégrer par parties chacun des termes, ce qui donne, par exemple,

$$\int F \frac{\partial Y}{\partial z} dx\, dy\, dz = F Y dx\, dy - \int Y \frac{\partial F}{\partial z} dx\, dy\, dz.$$

En répétant la même opération pour tous les autres termes, il vient

$$W = \frac{1}{8\pi} \iint \left[X(Hdz - Gdy) dx + Y(Fdx - Hdz) dy + \cdots \right]$$

$$+ \frac{1}{8\pi} \iiint \left[X\left(\frac{\partial G}{\partial z} - \frac{\partial H}{\partial y}\right) + Y\left(\frac{\partial H}{\partial x} - \frac{\partial F}{\partial z}\right) + Z\left(\frac{\partial F}{\partial y} - \frac{\partial G}{\partial x}\right) \right] dx\,dy\,dz.$$

Si l'on étend cette expression à tout l'espace renfermé dans une surface très éloignée qui comprend le système total des aimants et des courants, la première intégrale, relative à la surface même, est nulle, puisque les composantes de la force magnétique sont en raison inverse du cube de la distance. D'autre part, en remplaçant dans la seconde intégrale les termes compris entre parenthèses par leurs valeurs tirées des équations (2), on obtient

$$W = \frac{\mu}{8\pi} \iiint (X^2 + Y^2 + Z^2)\, dx\,dy\,dz,$$

ou, en appelant φ l'induction magnétique en un point, c'est-à-dire le produit de la force par μ,

$$(6) \qquad W = \frac{1}{8\pi\mu} \iiint \varphi^2\, dx\,dy\,dz.$$

L'énergie potentielle des courants peut donc être exprimée par une intégrale (5) qui renferme les courants eux-mêmes, ou par une intégrale (6) relative à toutes les parties de l'espace dans lequel existent des forces magnétiques. Dans le premier cas, l'action réciproque des courants est considérée comme s'exerçant directement à distance ; dans le second cas, cette action résulte de l'élasticité du milieu intermédiaire. Si l'on adopte cette manière de voir, on voit que l'énergie potentielle du milieu en chaque point, par unité de volume, a pour expression

$$(7) \qquad W_1 = \frac{1}{8\pi\mu} \varphi^2.$$

571. Déplacement relatif des circuits. — Les formules (3) correspondent au cas où, le circuit étant immobile, l'induction est due aux seules variations du champ; alors les quantités F, G et H sont en chaque point seulement des fonctions du temps. Mais si, tout en laissant le champ variable, on déplace ou on déforme le circuit, les coordonnées x, y, z doivent être considérées elles-mêmes comme des fonctions du temps. L'équation (1) doit s'écrire alors

$$(8) \qquad Q = \int \left(F \frac{\partial x}{\partial s} + G \frac{\partial y}{\partial s} + H \frac{\partial z}{\partial s} \right) ds.$$

La force électromotrice utilisée pendant le temps dt est $-dQ$, de sorte que la force électromotrice d'induction e, à un instant donné, a pour expression

$$
\begin{aligned}
(9) \quad e = -\frac{dQ}{dt} = {} & -\int \left(\frac{\partial F}{\partial x}\frac{\partial x}{\partial s} + \frac{\partial G}{\partial x}\frac{\partial y}{\partial s} + \frac{\partial H}{\partial x}\frac{\partial z}{\partial s} \right) \frac{\partial x}{\partial t}\, ds \\
& -\int \left(\frac{\partial F}{\partial y}\frac{\partial x}{\partial s} + \frac{\partial G}{\partial y}\frac{\partial y}{\partial s} + \frac{\partial H}{\partial y}\frac{\partial z}{\partial s} \right) \frac{\partial y}{\partial t}\, ds \\
& -\int \left(\frac{\partial F}{\partial z}\frac{\partial x}{\partial s} + \frac{\partial G}{\partial z}\frac{\partial y}{\partial s} + \frac{\partial H}{\partial z}\frac{\partial z}{\partial s} \right) \frac{\partial z}{\partial t}\, ds \\
& -\int \left(F \frac{\partial^2 x}{\partial s\,\partial t} + G \frac{\partial^2 y}{\partial s\,\partial t} + H \frac{\partial^2 z}{\partial s\,\partial t} \right) ds \\
& -\int \left(\frac{\partial F}{\partial t}\frac{\partial x}{\partial s} + \frac{\partial G}{\partial t}\frac{\partial y}{\partial s} + \frac{\partial H}{\partial t}\frac{\partial z}{\partial s} \right) ds.
\end{aligned}
$$

Considérons le premier terme de l'intégrale, et substituons aux dérivées partielles $\frac{\partial G}{\partial x}$ et $\frac{\partial H}{\partial x}$ leurs valeurs tirées des équations (2); ce terme devient

$$\int \left(\mu Y \frac{\partial z}{\partial s} - \mu Z \frac{\partial y}{\partial s} + \frac{\partial F}{\partial x}\frac{\partial x}{\partial s} + \frac{\partial F}{\partial y}\frac{\partial y}{\partial s} + \frac{\partial F}{\partial z}\frac{\partial z}{\partial s} \right) \frac{\partial x}{\partial t}\, ds,$$

ou

$$\int \left(\mu Y \frac{\partial z}{\partial s} - \mu Z \frac{\partial y}{\partial s} + \frac{\partial F}{\partial s} \right) \frac{\partial x}{\partial t}\, ds.$$

On obtiendra des résultats analogues en opérant de même pour le deuxième et le troisième termes. Remarquons, en outre, que l'on a

$$\int \left(\frac{\partial F}{\partial s}\frac{\partial x}{\partial t} + F\frac{\partial^2 x}{\partial s\partial t} \right) ds = F\frac{\partial x}{\partial t},$$

et que les groupes de cette forme disparaissent quand on étend l'intégrale à un contour fermé.

La valeur de la force électromotrice se réduit donc à

$$e = \int \left[\left(\mu Y\frac{\partial z}{\partial t} - \mu Z\frac{\partial y}{\partial t} - \frac{\partial F}{\partial t} \right)\frac{\partial x}{\partial s} + \left(\mu Z\frac{\partial x}{\partial t} - \mu X\frac{\partial z}{\partial t} - \frac{\partial G}{\partial t} \right)\frac{\partial y}{\partial s} + \ldots \right] ds.$$

Chacun des trois groupes que renferme la parenthèse représente la force électromotrice qui agit à un instant donné sur l'unité de longueur parallèle à l'un des axes. Si on suppose, en outre, que le champ renferme des masses électriques donnant un potentiel ψ, les valeurs les plus générales des composantes P', Q', R' de la force électromotrice seront

$$(10)\qquad \begin{aligned}
P' &= \mu Y\frac{\partial z}{\partial t} - \mu Z\frac{\partial y}{\partial t} - \frac{\partial F}{\partial t} - \frac{\partial \psi}{\partial x}, \\[4pt]
Q' &= \mu Z\frac{\partial x}{\partial t} - \mu X\frac{\partial z}{\partial t} - \frac{\partial G}{\partial t} - \frac{\partial \psi}{\partial y}, \\[4pt]
R' &= \mu X\frac{\partial y}{\partial t} - \mu Y\frac{\partial x}{\partial t} - \frac{\partial H}{\partial t} - \frac{\partial \psi}{\partial z}.
\end{aligned}$$

572. Équations du champ électrique. — Considérons enfin, d'une manière plus générale, un champ isotrope dans lequel peuvent exister en même temps des courants continus et des courants qui correspondent à une variation du déplacement électrique (**126**).

Si on appelle f, g, h les composantes du déplacement électrique, les quantités réelles d'électricité u', v', w', qui traversent respectivement, pendant l'unité de temps, l'unité de surface perpendiculaire aux axes, se composent des courants continus u, v, w (**569**) et des variations du déplacement électrique. On a alors

$$(11) \qquad \begin{aligned} u' &= u + \frac{\partial f}{\partial t}, \\ v' &= v + \frac{\partial g}{\partial t}, \\ w' &= w + \frac{\partial h}{\partial t}. \end{aligned}$$

Les équations des courants (4) deviennent

$$(12) \qquad \begin{aligned} 4\pi u' &= \frac{\partial Y}{\partial z} - \frac{\partial Z}{\partial y}, \\ 4\pi v' &= \frac{\partial Z}{\partial x} - \frac{\partial X}{\partial z}, \\ 4\pi w' &= \frac{\partial X}{\partial y} - \frac{\partial Y}{\partial x}. \end{aligned}$$

Lorsque le milieu est diélectrique, il s'établit un équilibre entre la force électromotrice, dont les composantes sont données par l'équation (10), et les réactions élastiques développées par le déplacement. Si on représente par $\frac{4\pi}{K}$ la valeur, en unités électromagnétiques, du coefficient d'élasticité électrique, c'est-à-dire le rapport de la force électromotrice au déplacement, on aura

$$(13) \qquad \begin{aligned} KP &= 4\pi f, \\ KQ &= 4\pi g, \\ KR &= 4\pi h. \end{aligned}$$

Lorsqu'il s'agit, au contraire, d'un corps conducteur, le déplacement est nul et, si on désigne par c la conductibilité spécifique du milieu, la loi d'Ohm donne

$$(14) \qquad \begin{aligned} Pc &= u, \\ Qc &= v, \\ Rc &= w. \end{aligned}$$

Enfin, si on appelle ρ la densité de l'électricité libre au point considéré, on aura, dans le cas d'un diélectrique, la condition

$$(15) \qquad \rho + \frac{\partial f}{\partial x} + \frac{\partial g}{\partial y} + \frac{\partial h}{\partial z} = 0,$$

et, dans le cas d'un conducteur,

$$(16) \qquad \frac{\partial \rho}{\partial t} + \frac{\partial u}{\partial x} + \frac{\partial v}{\partial y} + \frac{\partial w}{\partial z} = 0.$$

Les vingt équations comprises sous les n^{os} (2), (10), (11), (12), (13), (14), (15) et (16) permettront de déterminer les vingt quantités: F, G, H ; P, Q, R ; X, Y, Z ; u, v, w ; f, g, h ; u', v', w' ; ρ et ψ, quand on connaîtra dans chaque cas particulier les conditions du problème.

CHAPITRE SEPTIÈME

573. Magnétisme de rotation. — A la suite d'une observation de Gambey sur l'amortissement des oscillations d'une boussole, Arago a montré en 1824 qu'une aiguille aimantée, placée au-dessus d'un disque métallique animé d'un mouvement de rotation, est entraînée par le disque et tend à prendre une rotation de même sens.

L'action qui s'exerce sur un pôle magnétique dans ces conditions a trois composantes : l'une tangentielle qui entraîne le pôle dans le sens du mouvement, une autre normale qui tend à l'éloigner du disque, enfin une troisième dirigée suivant le rayon. Cette dernière est nulle quand le pôle est à une distance de l'axe égale environ aux deux tiers du rayon du disque ; plus près de l'axe, le pôle est attiré vers le centre ; plus près des bords, il semble repoussé vers le bord.

L'entraînement de l'aiguille est plus marqué avec un métal bon conducteur comme le cuivre, qu'avec un métal moins conducteur, comme le laiton et surtout l'antimoine. Quand on produit une interruption dans la continuité du disque, par exemple avec des traits de scie suivant les rayons, on voit diminuer très notablement l'effet produit.

Ces phénomènes ont été attribués d'abord à une forme particulière de magnétisme et désignés sous le nom de *magnétisme de rotation*. Ils sont produits, en réalité, par les courants d'induction développés dans le métal ; mais c'est seulement après la grande découverte de Faraday qu'ils ont été rapportés à leur véritable cause.

574. Feuillets conducteurs. — Le problème soulevé par l'expérience d'Arago est celui de l'induction dans un conducteur à deux dimensions. Maxwell a résolu ce problème d'une manière très élégante, en employant une méthode analogue à celle des images électriques.

Considérons un conducteur homogène infiniment mince, qu'on pourra supposer réduit à une surface, et dans lequel existent, pour une cause quelconque, des courants qui ne sont point amenés de l'extérieur par des électrodes. Ces courants sont nécessairement fermés sur eux-mêmes, et les lignes de courant ne peuvent se couper entre elles. L'espace annulaire compris entre deux lignes de courant infiniment voisines peut être considéré comme un conducteur linéaire parcouru par un courant d'intensité $d\Phi$. Ce courant peut être remplacé par un feuillet de même puissance et de même contour.

Si l'on décompose ainsi la surface du conducteur en bandes infiniment minces par des lignes de courant, on voit que, pour un point extérieur, l'ensemble des courants sera équivalent à un feuillet complexe (**333**), dont la puissance magnétique Φ en chaque point est égale à la somme de celles des feuillets superposés. Sur la face positive du feuillet, les courants tournent en sens inverse des aiguilles d'une montre autour des régions où la valeur de Φ est maximum. Cette valeur est d'ailleurs nulle sur le contour, si la lame est limitée.

Le long d'une ligne de courant, la valeur de Φ est constante ; les lignes de courant sont les lignes de niveau de la fonction Φ. Un élément dn d'une orthogonale n aux lignes de courant est coupé normalement par un courant d'intensité $\dfrac{d\Phi}{dn}\,dn$, dirigé à droite d'un observateur qui, en suivant cette ligne, marcherait vers les points où la fonction Φ est croissante. Enfin un élément ds' d'une courbe quelconque est coupé par un courant d'intensité $\dfrac{\partial\Phi}{\partial s}\,ds'$, mais qui n'est plus normal.

Le potentiel magnétique du feuillet à l'extérieur a pour expression

$$V = \int \Phi\,d\omega.$$

Cette fonction est discontinue quand on traverse la surface : les deux valeurs V_2 et V_1 qu'elle prend de part et d'autre du feuillet, sur la face positive et sur la face négative (**330**), sont liées par la relation

$$V_2 - V_1 = 4\pi\Phi.$$

La composante de la force magnétique normale à la surface est continue, car elle représente, de part et d'autre, le flux d'induction magnétique par unité de surface. Il en est de même pour la composante tangentielle suivant une ligne de courant, puisqu'on a alors $\dfrac{\partial\Phi}{\partial s} = 0$.

Au contraire, la composante tangentielle suivant une orthogonale aux lignes de courant est discontinue, et on a, de part et d'autre de la surface,

$$\frac{\partial V_2}{\partial n} = \frac{\partial V_1}{\partial n} + 4\pi\frac{d\Phi}{dn}.$$

La valeur de V peut être exprimée aussi (**360**) en fonction du potentiel Q d'une couche qui recouvrirait la même surface et dont la densité serait égale, en chaque point, à la puissance Φ du feuillet.

575. Cas d'un feuillet plan. — Considérons, en particulier, une lame conductrice plane, située dans le plan des xy, et supposons que la face positive des courants soit à la partie supérieure ; le potentiel du feuillet magnétique correspondant, en un point dont les coordonnées sont x, y et z, a pour expression (**362**)

$$(1) \qquad\qquad V = -\frac{\partial Q}{\partial z}.$$

La fonction Q, qui représente le potentiel d'une couche dont la densité serait en chaque point égale à la puissance magnétique du feuillet, est symétrique par rapport au plan des xy et ne change pas quand on remplace z par $-z$. La fonction V, au contraire, change de signe avec z, et sa valeur absolue est

la même en deux points symétriques par rapport au feuillet.
On a donc, pour les points correspondants de la face positive
et de la face négative,

$$(2) \qquad \begin{aligned} V_2 &= -\frac{\partial Q}{\partial z} = 2\pi\Phi, \\ V_1 &= -\frac{\partial Q}{\partial z} = -2\pi\Phi. \end{aligned}$$

Les composantes X et Y de la force magnétique parallèles
aux axes sur la face positive, et les valeurs de ces composantes X' et Y' sur la face négative, sont données par les équations

$$(3) \qquad \begin{aligned} X &= -\frac{\partial V_2}{\partial x} = -2\pi\frac{\partial\Phi}{\partial x} = -X', \\ Y &= -\frac{\partial V_2}{\partial y} = -2\pi\frac{\partial\Phi}{\partial y} = -Y'. \end{aligned}$$

576. — Examinons maintenant les courants dans la lame.
La composante u du courant parallèle à l'axe des x, qui coupe
une longueur égale à l'unité parallèle à l'axe des y, est

$$u = -\frac{\partial\Phi}{\partial y},$$

et la composante v du courant parallèle à l'axe des y

$$v = \frac{\partial\Phi}{\partial x}.$$

Si on appelle σ la résistance de la lame par unité de surface,
la chute de potentiel électrique, pour une longueur égale à
l'unité, sera σu parallèlement à l'axe des x, et σv parallèlement
à l'axe des y ; cette chute de potentiel n'est autre chose que la
force électromotrice suivant les mêmes directions. On a donc,
en vertu des expressions trouvées plus haut (**568**) dans le cas
d'un champ variable avec le temps,

$$\begin{aligned} -\sigma\frac{\partial\Phi}{\partial y} &= -\frac{\partial F}{\partial t}, \\ \sigma\frac{\partial\Phi}{\partial x} &= -\frac{\partial G}{\partial t}. \end{aligned}$$

Pour la face positive, les équations (2) donnent

$$\Phi = -\frac{1}{2\pi}\frac{\partial Q}{\partial z};$$

il en résulte

$$(\text{i})\qquad \frac{\varepsilon}{2\pi}\frac{\partial^2 Q}{\partial y\,\partial z} = -\frac{\partial F}{\partial t},$$
$$-\frac{\varepsilon}{2\pi}\frac{\partial^2 Q}{\partial z\,\partial x} = -\frac{\partial G}{\partial t}.$$

Les équations générales (**367**) qui lient les composantes de la force électromotrice totale d'induction avec le potentiel magnétique donnent, dans le cas actuel,

$$\frac{\partial G}{\partial z} - \frac{\partial H}{\partial y} - X - \frac{\partial V}{\partial x} = \frac{\partial^2 Q}{\partial x\,\partial z},$$
$$\frac{\partial H}{\partial x} - \frac{\partial F}{\partial z} - Y - \frac{\partial V}{\partial y} = \frac{\partial^2 Q}{\partial y\,\partial z},$$
$$\frac{\partial F}{\partial y} - \frac{\partial G}{\partial x} - Z - \frac{\partial V}{\partial z} = \frac{\partial^2 Q}{\partial z^2}.$$

Ces équations sont satisfaites en posant

$$F = -\frac{\partial Q}{\partial y},\qquad G = \frac{\partial Q}{\partial x},\qquad H = 0.$$

577. — S'il existe en même temps un système extérieur d'aimants ou de courants, on sait (**198**) que son action sur une surface qui l'entoure est équivalente à celle d'un ensemble convenable de courants superficiels. Le potentiel magnétique de ce système, à la surface positive du feuillet que nous considérons, pourra donc être exprimé par une fonction Q' analogue à la fonction Q ; on aura alors

$$V = -\frac{\partial(Q + Q')}{\partial z},$$

ce qui donne

$$F = -\frac{\partial(Q + Q')}{\partial y},\qquad G = \frac{\partial(Q + Q')}{\partial x}.$$

Les équations (4) deviennent, en posant $\dfrac{z}{2\pi} = R$,

$$(5) \qquad \begin{aligned} R\,\frac{\partial^2 Q}{\partial y\,\partial z} &= \frac{\partial^2(Q+Q')}{\partial y\,\partial t}, \\ R\,\frac{\partial^2 Q}{\partial z\,\partial x} &= \frac{\partial^2(Q+Q')}{\partial x\,\partial t}. \end{aligned}$$

En intégrant la première par rapport à y, ou la seconde par rapport à x, on obtient

$$(6) \qquad R\,\frac{\partial Q}{\partial z} = \frac{\partial(Q+Q')}{\partial t}.$$

On devrait ajouter, pour l'intégration complète, une fonction arbitraire de t, mais il faut remarquer que cette fonction disparaîtra toutes les fois que l'on prendra une dérivée partielle par rapport à x ou à y pour calculer les composantes du courant; il n'y a donc pas à en tenir compte.

578. — Supposons d'abord qu'il n'y ait pas de corps magnétique extérieur, c'est-à-dire que Q' soit nul. Ce serait le cas d'un système de courants établis dans le feuillet et abandonnés à eux-mêmes; ces courants agiraient l'un sur l'autre par leur induction mutuelle et perdraient rapidement leur énergie par l'effet de la résistance du conducteur. L'équation

$$R\,\frac{\partial Q}{\partial z} = \frac{\partial Q}{\partial t}$$

donne alors

$$(7) \qquad Q = f(x, y, z + Rt).$$

Par suite, la valeur de la fonction Q, à l'époque t, en un point situé à la distance z du plan, du côté de la face positive, et dont les coordonnées sont x, y et z, est la même que pour l'époque $t = 0$ au point x, y et $z + Rt$.

Il en résulte que si un système de courants a été établi dans un plan indéfini et uniforme, et ensuite abandonné à lui-même, l'effet magnétique de ces courants sur un point situé du côté de la face positive est le même que si le plan se déplaçait parallèlement à lui-même suivant la normale et du côté négatif, avec la vitesse constante R. La diminution de force électromotrice due à l'affaiblissement des courants est exactement représentée par la diminution du champ magnétique qui résulte en chaque point de ce mouvement imaginaire.

579. Images magnétiques. — L'intégrale de l'équation (6) par rapport à t donne, pour les points situés à la surface du feuillet,

$$(8) \qquad Q + Q' = \int R \frac{\partial Q}{\partial z} dt.$$

Si nous supposons que. Q et Q' étant d'abord nuls, le système extérieur soit créé subitement du côté positif de manière que le potentiel Q' qui lui correspond passe brusquement de 0 à Q', on aura alors au début et pour la surface du feuillet, puisque l'intégrale est nulle,

$$Q = - Q'.$$

Ainsi, pour tous les points de la lame et, par suite, pour tous les points situés du côté de la face négative, le système initial des courants produit un effet égal et de signe contraire à celui du système réel placé du côté positif. Leur effet est donc le même que celui d'un système magnétique identique et de signe contraire au système réel, et qui coïnciderait avec lui.

Pour les points situés du côté positif, l'effet des courants est le même que celui d'un système de même signe que le système réel et qui lui serait symétrique par rapport au plan conducteur ; nous l'appellerons l'*image positive* du système.

L'action des courants de chaque côté du feuillet peut donc être considérée comme produite par une *image* du système magnétique, positive ou négative, c'est-à-dire de même signe que le système ou de signe contraire, suivant que le point considéré est du côté positif ou négatif du feuillet.

Si la conductibilité du feuillet était infinie, on aurait $R = 0$; le second membre de l'équation (8) serait toujours nul et la condition $Q = - Q'$ serait satisfaite à tout instant. La lame serait un écran absolu (**563**) pour tous les points situés du côté négatif. Les courants seraient permanents et leur effet représenté à chaque instant pour tous les points de l'espace par celui de l'une ou de l'autre des deux images immobiles.

Dans un feuillet réel, la résistance R a une valeur finie. Les courants produits par l'introduction brusque d'un système magnétique commencent immédiatement à décroître et leur effet, de part et d'autre, est à chaque instant représenté par celui des deux images du système qui s'éloigneraient normalement du feuillet de part et d'autre avec la vitesse R.

580. Induction d'un système magnétique mobile. — Le principe des images permet de déterminer les courants induits par les variations d'un système magnétique quelconque M situé du côté positif du feuillet.

La fonction Q′, qui détermine l'action magnétique, variera de $\dfrac{\partial Q'}{\partial t} dt$ pendant que le système lui-même variera de $\dfrac{\partial M}{\partial t} dt$.

On peut considérer cette dernière variation comme étant elle-même un système magnétique, et supposer qu'à l'instant t il s'est formé brusquement, du côté négatif du feuillet, une image positive de $\dfrac{\partial M}{\partial t} dt$, qui s'éloigne ensuite normalement avec une vitesse constante R. Si le système varie d'une manière continue, on imaginera que les différentes images des variations, relatives aux différents intervalles de temps, se meuvent suivant la même loi, dès qu'elles sont formées, et constituent ainsi des traînées continues d'images.

581. — Supposons, par exemple, qu'un pôle positif $+ m$ se meuve en ligne droite avec une vitesse constante u, parallèlement au feuillet, et admettons que ce pôle ait été créé brusquement au point A (fig. 120), ce qui donne naissance à une image $+ m$ au point symétrique B. Au bout d'un temps infiniment petit ∂t, le pôle vient en A′ (fig. 121) à la distance $u\partial t$: c'est comme si l'on introduisait brusquement et simultanément un pôle $- m$ en A et un pôle $+ m$ en A′, donnant des images de même signe en B et B′ ; mais, à ce moment, la première image $+ m$ qui se trouvait en B est venue en C à la distance R∂t. A l'époque $2\partial t$, la masse $+ m$ se trouve en A′

(fig. 122): il y a alors deux images égales à $- m$ en C et B′ et trois images positives en B″, C′ et D; et ainsi de suite.

Si le mouvement est continu, on voit que l'action que subit le pôle mobile est celle de deux lignes magnétiques, l'une positive et l'autre négative. En désignant par U la résultante $\sqrt{u^2 + R^2}$ des deux vitesses, la densité de ces deux lignes serait $\dfrac{m}{U\,\partial t}$ et leur distance $\dfrac{Ru}{U}\partial t$; le produit de la densité par la distance est donc $m\dfrac{Ru}{U^2}$. Ces deux lignes forment un ruban indéfini aimanté qui part du point symétrique de la position

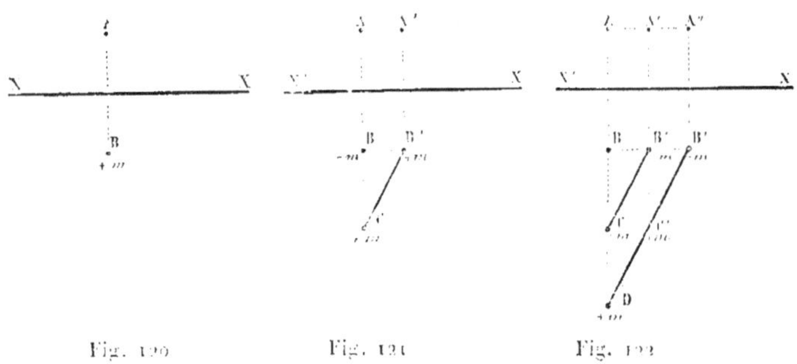

actuelle du pôle, est situé dans un plan passant par la trajectoire du pôle, et fait avec le plan du feuillet un angle dont la tangente est égale à $\dfrac{u}{R}$.

582. — Si le pôle $+ m$, au lieu de décrire une ligne droite, est animé d'un mouvement de rotation uniforme autour d'un axe perpendiculaire au feuillet, il suffit de supposer que le ruban qui précède forme une hélice sur le cylindre droit qui a pour base la circonférence décrite par le pôle.

Pour un aimant réduit à ses deux pôles et tournant autour de son centre, les courants induits sont aussi équivalents au système de deux rubans magnétiques enroulés sur le même cylindre. Enfin, les courants produits par le déplacement d'un système magnétique quelconque animé d'un mouvement uniforme, sont équivalents à un ensemble de rubans

magnétiques qui correspondent, point par point, aux diffé
rentes masses du système.

583. Calcul de l'action des courants induits. — Pour calculer l'effet de ces images, désignons par Q_τ la valeur du
potentiel Q, déterminé par les courants du feuillet, au point
dont les coordonnées sont $x, y, z + R\tau$, et à l'époque $t - \tau$;
par Q'_τ la valeur du potentiel Q', déterminé par le système
magnétique, au point $x, y, - (z + R\tau)$, et à la même époque
$t - \tau$. Le potentiel Q_τ étant une fonction des coordonnées
$x, y, z + R\tau$ et de $t - \tau$, on a

$$(9) \qquad \frac{\partial Q_\tau}{\partial \tau} = R \frac{\partial Q_\tau}{\partial z} - \frac{\partial Q_\tau}{\partial t}.$$

L'équation (6) appliquée à cette fonction devient alors

$$\frac{\partial Q_\tau}{\partial \tau} = \frac{\partial Q'_\tau}{\partial t}.$$

En intégrant cette équation par rapport à τ entre les limites
$\tau = o$ et $\tau = \infty$, on aura la valeur de la fonction Q pour l'époque t, ce qui donne

$$(10) \qquad Q = \int_o^\infty \frac{\partial Q'_\tau}{\partial t} d\tau = \frac{\partial}{\partial t} \int_o^\infty Q'_\tau d\tau.$$

La fonction Q dont dépend la solution du problème, puisqu'elle permet de calculer en chaque point l'action des courants induits, est ainsi déterminée par la fonction Q'_τ définie
à chaque instant par l'état et le mouvement du système magnétique extérieur.

584. Cas d'un pôle unique. — On peut appliquer ce mode
de calcul au cas considéré plus haut, d'un pôle unique de
masse m, qui se meut d'un mouvement rectiligne et uniforme
en présence d'un plan conducteur indéfini ; mais il est plus
simple de traiter le problème directement par la considération
des images magnétiques.

Examinons d'abord l'action qu'exerce sur un point A (fig. 123) une ligne homogène de densité λ située suivant la droite XX'. L'action d'un élément MM' ou ds, à la distance r du point A, est égale à $\dfrac{\lambda\,ds}{r^2}$. Désignons par $d\alpha$ l'angle des deux rayons AM et AM', et abaissons les deux perpendiculaires MQ sur AM'

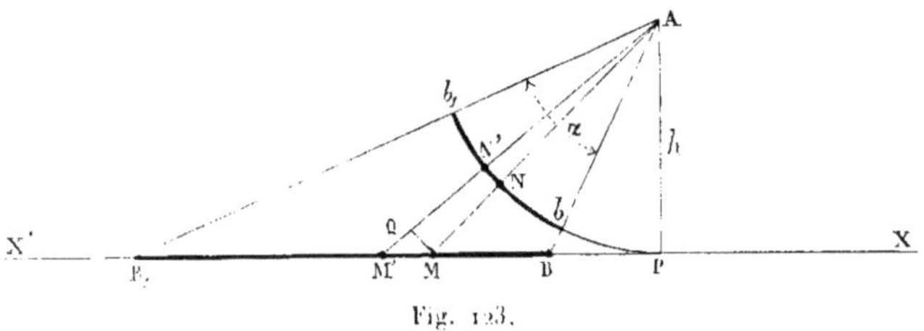

Fig. 123.

et AP ou h sur XX'. On a, par la similitude des triangles APM et MQM', la relation

$$\frac{MQ}{MM'} = \frac{AP}{AM}, \qquad \text{ou} \qquad \frac{r\,d\alpha}{ds} = \frac{h}{r};$$

il en résulte

$$\frac{\lambda\,ds}{r^2} = \lambda\,\frac{d\alpha}{h} = \lambda\,\frac{h\,d\alpha}{h^2} = \lambda\,\frac{NN'}{h^2}.$$

L'action de l'élément ds sur le point A est donc égale à celle de l'élément NN' de la circonférence de rayon h qui aurait la même densité λ, ou à celle de l'élément correspondant de la circonférence du rayon 1, où la densité serait $\dfrac{\lambda}{h}$. Si la ligne considérée est limitée aux points B et B_1, son action est égale à celle de l'arc de cercle bb_1. On voit aisément que cette dernière action f est proportionnelle à la longueur de la corde, ce qui donne

$$f = \frac{\lambda}{h^2}\,2h\sin\frac{\alpha}{2} = \frac{2\lambda}{h}\sin\frac{\alpha}{2}.$$

585. — Supposons maintenant qu'un pôle mobile, de

masse m, animé d'un mouvement rectiligne et uniforme avec la vitesse u, et ayant déjà marché depuis un temps infini avant l'époque que l'on envisage, se trouve au point A, à une distance c du feuillet conducteur X'X (fig. 124), et provienne d'une

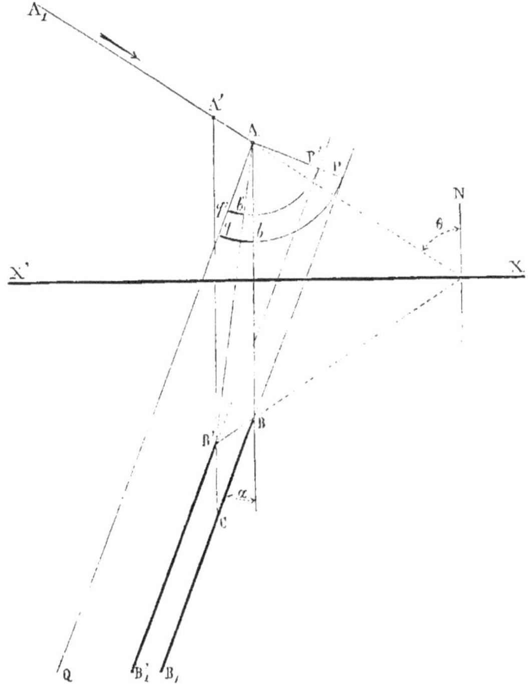

Fig. 124.

direction $A_1 A$ telle qu'il n'ait pas encore traversé le feuillet. Soit θ l'angle de cette direction avec la normale N au feuillet.

L'angle α que font avec la normale les traînées magnétiques $B_1' B'$ et $B_1 B$, relatives à deux positions successives A' et A du pôle, est déterminé par le triangle BB'C, qui donne

$$U^2 = R^2 + u^2 + 2 R u \cos\theta,$$
$$\sin\alpha = \frac{u \sin\theta}{U}.$$

La distance des deux lignes suivant B'B est $u\,\delta t$ et, suivant la perpendiculaire commune, $R\,\delta t \sin\alpha$. Enfin, la densité de chacune d'elles est

$$\lambda = \frac{m}{U\,\delta t}.$$

Menons la droite AQ parallèlement aux traînées magnétiques ; appelons α et α' les angles des arcs de cercle bq et $b'q'$ qui leur correspondent, h et h' les perpendiculaires AP et AP'. Les actions f et f'' de ces deux lignes sont respectivement dirigées suivant les bissectrices des angles α et α', et en sens opposés ; elles font donc avec la normale des angles respectivement égaux à $\dfrac{\alpha}{2}$ et $\alpha - \dfrac{\alpha'}{2}$, et on a

$$f = \frac{2m}{U\,h\,\delta t}\sin\frac{\alpha}{2},$$

$$f' = \frac{2m}{U\,h'\,\delta t}\sin\frac{\alpha'}{2}.$$

Les composantes Z et X de la force résultante, comptées normalement et parallèlement au feuillet, la première vers le haut et la seconde dans le sens du mouvement du pôle mobile, sont

$$Z = f\cos\frac{\alpha}{2} - f''\cos\left(\alpha-\frac{\alpha'}{2}\right) = -\frac{m}{U\,\delta t}\left[\frac{\sin\alpha}{h} - \frac{2\sin\frac{\alpha'}{2}\cos\left(\alpha-\frac{\alpha'}{2}\right)}{h'}\right],$$

$$X = f\sin\frac{\alpha}{2} - f'\sin\left(\alpha-\frac{\alpha'}{2}\right) = \frac{2m}{U\,\delta t}\left[\frac{\sin^2\frac{\alpha}{2}}{h} - \frac{\sin\frac{\alpha'}{2}\sin\left(\alpha-\frac{\alpha'}{2}\right)}{h'}\right].$$

On a d'ailleurs

$$h = 2c\sin\alpha,$$

$$h' = h - R\sin\alpha\,\delta t = h\left(1 - \frac{R\sin\alpha}{h}\,\delta t\right) = h\left(1 - \frac{R}{2c}\,\delta t\right),$$

ou, en négligeant les infiniment petits du second ordre,

$$\frac{1}{h'} = \frac{1}{h}\left(1 + \frac{R}{2c}\,\partial t\right).$$

Le triangle ABB' donne aussi

$$\frac{x - x'}{u\partial t} = \frac{\sin \theta}{2c},$$

ou

$$x' = x - \frac{u\sin\theta}{2c}\,\partial t = x - \frac{U\sin\alpha}{2c}\,\partial t.$$

En substituant ces valeurs de h' et de x' dans les expressions des composantes, et négligeant les quantités du second ordre, on obtient

$$Z = \frac{m}{4c^2}\frac{U - R}{U},$$
$$X = -\frac{m}{4c^2}\frac{R}{U}\,\text{tang}\,\frac{\alpha}{2}.$$

La force elle-même fait avec la surface un angle β déterminé par la condition

$$\text{tang}\,\beta = -\frac{Z}{X} = \frac{U - R}{R}\,\text{cotg}\,\frac{\alpha}{2}.$$

L'action des courants induits s'oppose bien au mouvement du pôle, comme on pouvait le prévoir, mais elle ne lui est pas directement opposée.

Si le mouvement du pôle est normal au feuillet, on $\theta = 0$, $\alpha = 0$ et $U = R + u$; il vient alors

$$Z = \frac{m}{4c^2}\frac{u}{R + u},$$
$$X = 0.$$

L'action est la même que celle d'une masse unique, égale

à $m \dfrac{u}{R+u}$, située à chaque instant au point B symétrique de la position du pôle, ou d'une masse $\dfrac{m}{4} \dfrac{u}{R+u}$ située au pied de la perpendiculaire abaissée du pôle sur le plan.

Si le pôle se déplace parallèlement à la lame, on a

$$U^2 = R^2 + u^2, \qquad \tang \alpha = \frac{u}{R};$$

ce qui donne

$$Z = \frac{m}{4c^2} \frac{u^2}{U(R+U)}, \qquad F = \frac{mu}{4c^2(R+U)},$$

$$X = -\frac{m}{4c^2} \frac{uR}{U(R+U)}, \qquad \tang \beta = \frac{u}{R} = \tang \alpha.$$

La force est donc perpendiculaire à la direction des traînées magnétiques ; elle est la même que s'il existait dans le plan, sur sa direction, une masse égale à $\dfrac{m}{4} \dfrac{U^2}{(R+U)u}$.

On peut encore imaginer que la force F est produite par un aimant infiniment petit situé dans le plan. En appliquant, par exemple, les formules de Gauss (**151**), on trouve que cet aimant est situé en arrière de la projection du pôle, à une distance x donnée par l'équation

$$x = \frac{3cR}{4u} \left(\sqrt{1 + \frac{8u^2}{9R^2}} - 1 \right),$$

l'aimantation étant parallèle au sens du mouvement. Le moment de cet aimant serait d'ailleurs facile à calculer.

La composante X est maximum, pour une valeur donnée de R, lorsque l'on a $u = 1{,}27R$; elle est nulle pour $R = 0$ et pour $R = \infty$.

La composante Z tend à éloigner le pôle de la lame ; elle croît avec la vitesse et tend vers la valeur $\dfrac{1}{4c^2}$ quand la vitesse tend vers l'infini.

586. — Dans le cas d'un mouvement rectiligne et uniforme parallèle au plan, on peut encore considérer les phénomènes d'une autre manière.

Le ruban magnétique qui part du point B (fig. 125) est formé de deux lignes magnétiques dont la densité est $\dfrac{m}{U\partial t}$ et la distance horizontale $u\partial t$.

Désignons par s la distance M'B d'un point quelconque M' et par x' la distance M'K. Pour un élément ds du ruban, le moment magnétique ϖ' est

$$\varpi' = m\,\frac{u}{V}\,ds = m\,ds\,\sin \alpha.$$

Comme on a $x' = s \sin \alpha$, il vient $\varpi' = m\,dx'$.

L'action sur le point A de cet aimant infiniment petit placé en M', à la distance r', est équivalente à celle d'un aimant infiniment petit de moment ϖ placé en M, à la distance r, et tel qu'on ait

$$\frac{\varpi}{r^3} = \frac{\varpi'}{r'^3} = \frac{m\,dx'}{r'^3}\,.$$

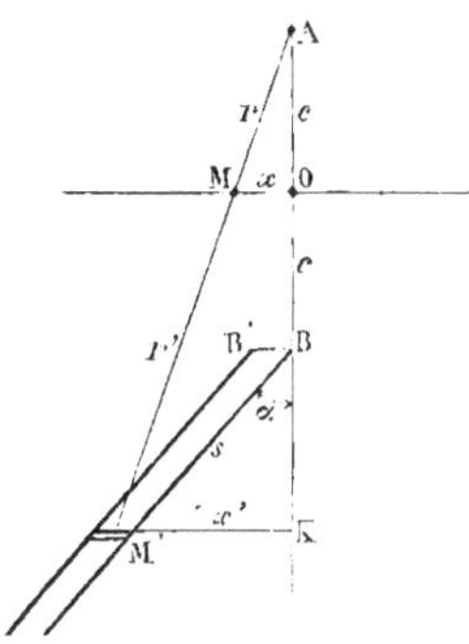

Fig. 125.

En appelant x et c les distances MO et AO, on a

$$\frac{r}{r'} = \frac{x}{x'} = \frac{c}{2c + x'\cot g\,\alpha} = \frac{c - x\cot g\,\alpha}{2c}\,.$$

Il en résulte

$$\varpi = \frac{1}{4} \, \frac{m \, c - x \, \cotg x}{c} \, dx.$$

On voit que l'action des courants induits sur le point A est équivalente à celle d'un solénoïde complexe (**327**) situé sur le plan, partant du point O, dans une direction opposée à celle du mouvement, et dont l'intensité d'aimantation en chaque point serait

$$\frac{\varpi}{dx} = \frac{m}{4} \, \frac{c - x \, \cotg x}{c}.$$

On trouverait ainsi, pour les composantes X et Z de la force, les mêmes valeurs que précédemment.

587. Expérience d'Arago. — Cette méthode peut être généralisée. Supposons que le pôle décrive une circonférence de

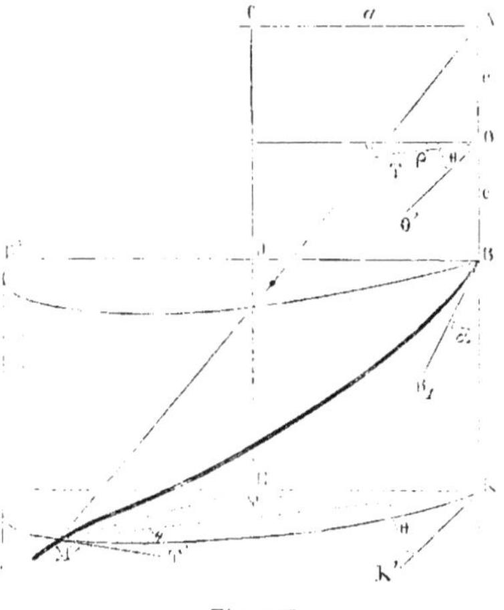

Fig. 126.

rayon a, en sens contraire du mouvement des aiguilles quand on le regarde de la partie supérieure. L'action des courants induits est celle de deux hélices homogènes de signes contraires, ou d'un ruban hélicoïdal BM' (fig. 126) enroulé sur un cylindre ayant pour axe l'axe de rotation et passant par le pôle. Chaque élément de cette hélice est aimanté suivant une tangente au cylindre menée perpendiculairement à l'axe, et son action sur le pôle équivaut à celle d'un aimant infiniment petit situé en un point M dans le plan conducteur. Le lieu des points M est la courbe perspective de l'hélice vue du point A. En désignant par ρ le rayon vecteur MO, par θ l'angle qu'il fait avec la tangente au point O, et remarquant que cet angle θ est la moitié de l'angle ρ des deux plans qui passent par l'axe et par les points B et M', on a, par les triangles AMO et AM'K.

$$\frac{\rho}{c} = \frac{M'K}{AK} = \frac{2a\sin\frac{\rho}{2}}{2c + a\rho\,\mathrm{cotg}\,\chi} = \frac{a\sin\theta}{c + a\theta\,\mathrm{cotg}\,\chi}.$$

Cette courbe se compose d'une série de boucles fermées ayant une tangente commune au point O.

L'arc KM' étant égal à $a\rho$ ou $2a\theta$, le moment magnétique ϖ' de l'élément d'hélice en M' est $2ma\,d\theta$. Le moment magnétique ϖ de l'aimant correspondant en M est donné par la relation

$$\frac{\varpi}{r^3} = \frac{\varpi'}{r'^3} = \frac{2ma}{r'^3}\,d\theta.$$

Remarquant que l'on a

$$\frac{r}{r'} = \frac{MO}{M'K} = \frac{\rho}{2a\sin\theta},$$

il en résulte

$$\varpi = \frac{m}{4a^2}\frac{\rho^3\,d\theta}{\sin^3\theta}.$$

L'aimant ϖ au point M est parallèle à l'aimantation de l'hélice en M'; il fait donc l'angle θ avec le rayon vecteur ρ de la courbe perspective.

Le calcul de la force en A serait très compliqué, mais il est évident que les portions de la courbe qui correspondent à la première partie BM′ de l'hélice sont prédominantes. D'après la direction des aimants élémentaires sur la courbe perspective, on voit que l'action sur le point A aura une composante verticale, une autre directement opposée à la vitesse du pôle, et une troisième dirigée vers le centre de la circonférence qu'il décrit. Le système entier équivaut encore à un petit aimant situé en arrière du point O, perpendiculaire à un rayon du disque qui fait un certain angle, du côté opposé au mouvement, avec le rayon qui correspond au pôle, l'aimantation étant dans le sens du mouvement, si le pôle considéré est un pôle nord.

Si le plan était indéfini, cet aimant serait à une distance de l'axe plus grande que celle du pôle ; mais l'effet des bords tend à le ramener de plus en plus vers le centre, à mesure que le rayon diminue. On retrouve ainsi toutes les particularités de l'expérience d'Arago, entre autres ce fait que la composante radiale est centripète, tant que le pôle est éloigné des bords, et qu'elle devient centrifuge quand il s'en rapproche.

588. — Si le pôle décrit une courbe quelconque parallèle au plan, on obtiendra de même, par la traînée d'images magnétiques correspondantes, l'aimantation en chaque point de la courbe perspective. L'action sur le point A, dans le cas d'un plan indéfini, aura encore une composante verticale, une autre directement opposée au mouvement et une troisième normale à la trajectoire du pôle et dirigée vers la concavité de la courbe.

589. Amortisseurs des boussoles. — L'action d'un disque conducteur sur un système magnétique en mouvement est utilisée dans les boussoles et les galvanomètres, pour amortir les oscillations des aiguilles, sous la forme même où le phénomène a été observé d'abord par Gambey.

Cette action réciproque équivaut à une sorte de frottement qui s'oppose au mouvement relatif des deux systèmes ; il en résulte une absorption d'énergie qui correspond précisément à l'échauffement du conducteur par les courants induits.

590. Induction sur un conducteur quelconque. — D'une manière plus générale, lorsqu'un conducteur de forme quelconque se déplace dans un champ magnétique, il en résulte des courants induits qui s'opposent au mouvement ; mais le calcul des effets d'induction présente alors de plus grandes difficultés, parce qu'il faut faire intervenir les trois dimensions du conducteur. Faraday a constaté ainsi que, si l'on place entre les pôles d'un électro-aimant non excité un cube de cuivre rouge suspendu à un fil et animé d'un mouvement de rotation rapide, le cube s'arrête rapidement sitôt qu'on fait passer un courant dans les bobines, et on éprouve une grande résistance pour le remettre en mouvement.

Foucault a eu l'idée d'utiliser cette expérience pour mettre en évidence l'échauffement du conducteur. A l'aide d'un système de roues dentées commandées par une manivelle, il entretient la rotation d'un disque conducteur entre les branches d'un électro-aimant très énergique : le travail dépensé est considérable et la température du disque s'élève très rapidement. La mesure du travail dépensé et de la chaleur correspondante fournit même un moyen de déterminer l'équivalent mécanique de la chaleur ; c'est le principe de la méthode employée par M. Violle.

CHAPITRE HUITIÈME

591. Découverte de Faraday. — Après de nombreuses recherches, demeurées longtemps infructueuses, Faraday a découvert en 1845 qu'un corps transparent, dénué par lui-même de pouvoir rotatoire, devient capable, sous l'influence du magnétisme, de faire tourner le plan de polarisation d'un rayon lumineux. L'effet est maximum quand le rayon polarisé traverse le corps parallèlement aux lignes de force; il est nul quand les deux directions sont rectangulaires.

Ce phénomène, constaté d'abord pour le flint lourd, se produit avec des intensités diverses pour tous les corps liquides et les solides monoréfringents; l'action du magnétisme est moins sensible sur les corps biréfringents; elle est extrêmement faible pour les gaz et les vapeurs, et ce n'est que dans des expériences toutes récentes qu'on est parvenu à la constater. Les corps doués naturellement du pouvoir rotatoire donnent lieu au même phénomène: les deux rotations s'ajoutent ou se retranchent, suivant leurs sens respectifs.

592. Corps positifs et négatifs. — Toutes les substances étudiées par Faraday font tourner le plan de polarisation dans le même sens sous l'influence du magnétisme; c'est le sens du courant qui, tournant autour du rayon, donnerait au champ sa direction actuelle. Toutes ces substances sont diamagnétiques. Verdet a trouvé que la plupart des substances magnétiques, par exemple les dissolutions de perchlorure de fer dans l'esprit-de-vin ou l'éther, font tourner le plan de polarisation dans le sens inverse. En considérant la première rotation comme positive, on peut dire, en général, sinon d'une manière absolue, que les substances diamagnétiques font tourner le plan de polarisation dans le sens positif, et les substances magnétiques dans le sens négatif.

593. — Il y a une différence importante dans la manière dont s'effectue la rotation du plan de polarisation, suivant que l'on considère la rotation naturelle ou la rotation magnétique. Dans les deux cas, l'angle de rotation est proportionnel, toutes choses égales d'ailleurs, à l'épaisseur traversée du milieu; mais dans le quartz, l'eau sucrée, l'essence de térébenthine, la rotation est liée à la propagation de la lumière, de sorte qu'elle a toujours lieu dans le même sens pour l'observateur qui reçoit le rayon. Il en résulte que si le rayon, après avoir traversé la substance transparente, revient sur ses pas, à la suite d'une réflexion normale, il éprouve au retour une rotation égale et contraire à la première, et le plan de polarisation retrouve au point de départ sa position primitive.

La rotation magnétique, au contraire, est indépendante du sens de la propagation et ne dépend que de la direction de la force magnétique. Le rayon qui revient sur ses pas, après une réflexion normale, éprouve une rotation, de même sens absolu, qui s'ajoute à la première; on peut ainsi, en faisant réfléchir le rayon normalement un nombre impair de fois, $2n+1$, observer la même rotation que s'il avait traversé une épaisseur $2n+1$ fois plus grande de la substance.

594. Lois de Verdet. — Verdet a démontré par l'expérience que, pour un rayon polarisé homogène, la rotation du plan de polarisation est proportionnelle :

1° A l'épaisseur traversée ;

2° A la composante de la force magnétique suivant la direction du rayon ;

3° A un coefficient qui dépend de la nature du corps et qui est positif ou négatif, suivant que le corps est diamagnétique ou magnétique.

Ces lois peuvent être résumées dans l'énoncé suivant :

La rotation du plan de polarisation entre deux points est proportionnelle à la différence de potentiel magnétique qui existe entre ces deux points.

Soient V et V' les valeurs du potentiel en deux points A et A' pris sur le trajet du rayon ; l'angle θ dont le plan de polarisation aura tourné entre ces deux points sera exprimé par la relation

$$\theta = \omega(V - V'),$$

ω étant la rotation qui, pour la substance considérée, correspond à une différence de potentiel égale à l'unité. Cette quantité a reçu le nom de *constante de Verdet* ; elle définit le pouvoir rotatoire magnétique du corps.

Verdet a démontré que, lorsqu'un sel est dissous dans l'eau, l'eau et le sel apportent chacun dans la dissolution leur pouvoir rotatoire magnétique spécial ; la rotation produite par la dissolution est la somme algébrique des rotations dues à chacun des corps qui la composent. C'est ainsi que, l'eau ayant un pouvoir rotatoire positif et le perchlorure de fer un pouvoir rotatoire négatif, une dissolution de perchlorure de fer fait tourner le plan de polarisation dans un sens ou dans l'autre suivant son degré de concentration. La loi peut être considérée comme générale.

595. Dispersion rotatoire magnétique. — Pour un même corps, la valeur de la constante ω varie avec la longueur d'onde. Le sens de la variation est le même que pour la rotation naturelle : dans les deux cas, en effet, la rotation est approximativement en raison inverse du carré de la longueur d'onde. En réalité, le produit de la rotation par le carré de la longueur d'onde va toujours en augmentant à mesure que la longueur d'onde diminue. Qu'il s'agisse de rotation naturelle ou de rotation magnétique, les substances pour lesquelles cet accroissement est le plus sensible sont celles qui ont le plus grand pouvoir dispersif.

Quelques mois après la publication des découvertes de Faraday, M. Airy a fait remarquer qu'il suffisait, pour rendre compte des phénomènes, d'ajouter aux équations connues du mouvement vibratoire des corps isotropes certains termes proportionnels aux dérivées d'ordre impair des déplacements par rapport au temps. Parmi les différentes formules aux-

quelles on parvient en faisant des hypothèses particulières
sur la nature des termes ajoutés aux équations, la suivante

$$\omega = m\,\frac{n^2}{\lambda^2}\left(n - \lambda\frac{dn}{d\lambda}\right),$$

dans laquelle m est une constante et n l'indice de réfraction
de la substance pour un rayon de longueur d'onde λ, présente
un accord presque complet avec l'expérience. La constante m,
comme nous le verrons plus loin, serait en raison inverse de
la perméabilité magnétique.

M. H. Becquerel a remarqué que le quotient du pouvoir
rotatoire par le produit $n^2(n^2-1)$ varie très peu pour les
diverses substances, et que ce quotient est constant pour les
corps d'une même famille chimique.

596. Expérience de M. Kerr. — Lorsqu'un rayon de lumière
polarisée se réfléchit sur le pôle d'un aimant, son plan de
polarisation, d'après les expériences de M. Kerr, éprouve une
rotation manifeste; il est avantageux de rendre la réflexion
normale afin d'éviter les effets de polarisation elliptique. Sur
un pôle positif ou nord, la rotation s'effectue de gauche à
droite pour l'observateur, c'est-à-dire en sens inverse du courant qui produirait l'aimantation. Il est difficile de dire si
c'est là une rotation magnétique simple due au gaz, ou, comme
le croit M. Kerr, un phénomène nouveau.

597. Interprétation de la polarisation rotatoire. — Les principes de la théorie donnée par Fresnel pour expliquer la polarisation rotatoire du quartz et des liquides actifs peuvent
être appliqués à la polarisation rotatoire magnétique.

On sait qu'un rayon de lumière polarisée dans un plan
équivaut à deux rayons polarisés circulairement en sens contraires, de même période, marchant avec la même vitesse, et
dont l'amplitude de vibration est moitié moindre que celle
de la vibration rectiligne résultante.

Pour se représenter chacun des rayons circulaires, on supposera que, toutes les molécules d'une même droite étant
écartées de leur position d'équilibre et disposées suivant une
hélice ayant cette droite pour axe, on imprime au système une

rotation uniforme autour de l'axe. Chaque point de l'hélice, qui représente une molécule vibrante, décrit une circonférence autour de l'axe et, en même temps, l'hélice prend un mouvement longitudinal apparent qui figure la propagation de l'ondulation. La longueur d'onde, qui est l'espace parcouru pendant une période, est représentée par le pas de l'hélice. Si l'hélice est dextrorsum, comme une vis ordinaire, la vibration a lieu dans le sens du mouvement des aiguilles d'une montre pour un observateur vers lequel se fait la propagation. On dit que le rayon est polarisé circulairement à droite ou, plus simplement, que c'est un rayon circulaire droit. Le rayon circulaire est gauche quand la vibration se fait en sens contraire des aiguilles d'une montre, pour un observateur vers lequel il se propage.

Si l'on superpose ainsi deux hélices de sens contraires partant du même point A, et que chaque molécule du milieu participe au double mouvement, les positions successives qu'elle occupera en vertu des deux vibrations circulaires seront toujours symétriques par rapport au plan passant par le rayon et le point A ; le mouvement vibratoire résultant est toujours dans ce plan et, par suite, le rayon reste polarisé rectilignement dans son plan primitif.

On peut admettre que les choses se passent ainsi quand un rayon polarisé rectilignement traverse un corps transparent isotrope à l'état naturel, comme le flint de Faraday. Mais si ce flint est placé dans un champ magnétique, par exemple à l'intérieur d'une bobine cylindrique, et que la lumière se propage parallèlement aux lignes de force et dans leur direction, le rayon reste encore polarisé à la sortie, mais le plan de polarisation a tourné d'un certain angle dans le sens des courants extérieurs de la bobine, c'est-à-dire vers la gauche de l'observateur qui reçoit le rayon. La rotation a lieu vers la droite, au contraire, si la lumière se propage dans une direction opposée.

Dans l'hypothèse des vibrations circulaires, il faut donc que, pendant le passage à travers le milieu actif, l'un des rayons ait pris sur l'autre une avance de phase égale au double de l'angle de rotation du plan de polarisation. Pour le flint et les substances diamagnétiques, c'est le rayon circulaire gauche qui se met en avance lorsque la propagation se fait dans le sens des lignes de force ; l'inverse a lieu pour les milieux magnétiques.

Quoi qu'il en soit, la conception de deux rayons circulaires inverses, qui se propagent dans le milieu avec des vitesses différentes n'est point une pure hypothèse ; l'expérience montre, en effet, qu'un rayon circulaire donné n'a pas le même indice de réfraction, suivant qu'il traverse la substance soumise à l'action du magnétisme dans le sens des lignes de force ou en sens contraire.

M. Cornu a vérifié, en outre, que dans les deux cas les variations des indices sont égales et de signes contraires par rapport à celui qu'aurait le rayon dans le même milieu soustrait à l'action du magnétisme.

598. — Cette différence de phase peut être expliquée de plusieurs manières : on peut admettre que, pour les deux rayons, la période reste la même avec une vitesse de propagation différente ; ou bien que, la vitesse de propagation restant la même, la période cesse d'être égale pour les deux rayons et différente pour chacun d'eux de ce qu'elle est dans le milieu extérieur ; ou enfin, ce qui serait peut-être plus vraisemblable, eu égard aux lois ordinaires de la dispersion, qu'il y a en même temps modification de la période et de la vitesse de propagation.

En général, il est impossible de concevoir un état vibratoire permanent ayant une période différente de celle de la cause qui le produit ; mais dans le cas actuel la difficulté ne paraît pas exister, si l'on admet que le milieu qui transmet la lumière est animé lui-même d'un mouvement de rotation dans un sens déterminé ; la période du mouvement relatif resterait la même pour les deux rayons et la même que dans le milieu extérieur ; l'avance de phase serait due seulement à la différence des mouvements absolus et précisément égale à la moitié de cette différence.

Dans tous les cas, lorsque les deux rayons circulaires sortent du milieu, ils reprennent la même période et la même vitesse de propagation et reconstituent un rayon polarisé rectilignement. La différence des temps que mettent ces deux rayons de vitesse V' et V'', à parcourir une épaisseur e du milieu est

$$t = e\left(\frac{1}{V''} - \frac{1}{V'}\right).$$

En appelant T la période du rayon dans l'air, l'interférence à la sortie a donc lieu entre deux rayons dont la différence de phase à l'entrée était

$$(1) \qquad 2\pi\frac{t}{T} = 2\pi\frac{e}{T}\left(\frac{1}{V''} - \frac{1}{V'}\right).$$

Ces rayons ayant dans le milieu des périodes T' et T'', les nombres m' et m'' d'oscillations qu'ils ont effectuées sont

$$m'T' = \frac{e}{V'} \quad \text{et} \quad m''T'' = \frac{e}{V''},$$

ce qui donne

$$m'' - m' = e\left(\frac{1}{V''T''} - \frac{1}{V'T'}\right).$$

La différence de phase à la sortie est donc

$$(2) \qquad 2\pi\left(m'' - m' + \frac{t}{T}\right) = 2\pi e\left[\frac{1}{V''}\left(\frac{1}{T''} + \frac{1}{T}\right) - \frac{1}{V'}\left(\frac{1}{T'} + \frac{1}{T}\right)\right],$$

et la rotation du plan de polarisation

$$(3) \qquad \theta = \pi e\left[\frac{1}{V''}\left(\frac{1}{T''} + \frac{1}{T}\right) - \frac{1}{V'}\left(\frac{1}{T'} + \frac{1}{T}\right)\right].$$

Désignant par V et λ la vitesse et la longueur d'onde du rayon dans l'air, on peut écrire

$$(4) \qquad \theta = \frac{\pi e}{\lambda}\left[\frac{V}{V''}\left(1 + \frac{T}{T''}\right) - \frac{V}{V'}\left(1 + \frac{T}{T'}\right)\right].$$

599. — Quelle que soit la cause qui modifie les vibrations circulaires, il est à prévoir que les effets, étant très petits, devront être égaux et de signes contraires sur les deux rayons circulaires inverses, et qu'ils sont proportionnels à la force magnétique X.

On peut donc écrire, en désignant par U et T la vitesse et la période qu'aurait le rayon considéré, si le champ magnétique était supprimé, et par n l'indice de réfraction relatif à la vitesse U,

$$(5) \quad \begin{aligned} \frac{V}{V'} &= \frac{V}{U}(1 - \alpha X) = n(1 - \alpha X), \\ \frac{V}{V''} &= \frac{V}{U}(1 + \alpha X) = n(1 + \alpha X); \end{aligned}$$

et

$$(6) \quad \frac{T}{T'} = 1 - \beta X, \quad \frac{T}{T''} = 1 + \beta X.$$

La rotation du plan de polarisation devient alors

$$\theta = \frac{2\pi c n}{\lambda}(2\alpha + \beta)X.$$

Le champ étant supposé uniforme, le produit cX représente la différence de potentiel à l'entrée et à la sortie du rayon ; on aura donc

$$(7) \quad \omega = \frac{\theta}{cX} = \frac{2\pi n}{\lambda}(2\alpha + \beta).$$

Pour la rotation naturelle, Fresnel admet que la période ne change pas. Si l'on adopte cette hypothèse, le coefficient β est nul ; en appelant n' et n'' les indices de réfraction des deux rayons circulaires, on a simplement

$$(8) \quad \omega = \frac{2\pi}{\lambda X}\left(\frac{V}{V''} - \frac{V}{V'}\right) = \frac{2\pi}{\lambda}\frac{n'' - n'}{X} = \alpha\frac{4\pi n}{\lambda}.$$

600. — Telle serait la rotation si la vitesse de propagation était indépendante de la longueur d'onde ; mais il faut remarquer encore que la polarisation rotatoire introduit une dispersion entre les deux rayons circulaires.

Les vitesses V' et V'' se rapportent à deux longueurs différentes λ' et λ'', et les valeurs de U et de n que l'on introduit dans le second membre de l'équation (1) sont relatives à la propagation, dans le milieu à l'état naturel, de vibrations de ces deux longueurs d'ondes. On doit donc écrire, en se bornant aux termes du premier ordre,

$$(8) \quad \begin{aligned} n' &= \left[n + \frac{dn}{d\lambda}(\lambda' - \lambda) \right](1 - zX) = n - nzX + \frac{dn}{d\lambda}(\lambda' - \lambda), \\ n'' &= \left[n + \frac{dn}{d\lambda}(\lambda'' - \lambda) \right](1 + zX) = n + nzX + \frac{dn}{d\lambda}(\lambda'' - \lambda); \end{aligned}$$

il en résulte

$$(9) \qquad \omega = z\frac{4\pi}{\lambda}\left[n + \frac{1}{2zX}\frac{dn}{d\lambda}(\lambda'' - \lambda') \right].$$

On a d'ailleurs

$$\frac{\lambda''}{\lambda'} = \frac{V''}{V'} \cdot \frac{1 - zX + \frac{1}{n}\frac{dn}{d\lambda}(\lambda' - \lambda)}{1 + zX + \frac{1}{n}\frac{dn}{d\lambda}(\lambda'' - \lambda)} = 1 - 2zX + \frac{1}{n}\frac{dn}{d\lambda}(\lambda' - \lambda'');$$

ce qui donne, au même degré d'approximation,

$$\frac{\lambda'' - \lambda'}{2zX} = -\lambda\left(1 - \frac{\lambda}{n}\frac{dn}{d\lambda}\right) = -\lambda.$$

La rotation magnétique devient alors

$$(10) \qquad \omega = z\frac{4\pi}{\lambda}\left(n - \lambda\frac{dn}{d\lambda}\right).$$

On voit qu'il faut multiplier le résultat indépendant de la dispersion par le facteur $\left(1 - \frac{\lambda}{n}\frac{dn}{d\lambda}\right)$.

Le coefficient z est lui-même une fonction de la longueur d'onde. Pour retrouver la formule du n° **595**, qui satisfait le mieux aux expériences, il suffit que ce coefficient soit pro-portionnel à $\dfrac{n^3}{\lambda^2}$. Nous verrons dans quel ordre d'idées on peut retrouver cette formule par la théorie.

601. Remarques de sir W. Thomson. — Les phénomènes de polarisation rotatoire magnétique, d'après sir W. Thomson, paraissent être la confirmation des idées d'Ampère sur la nature intime du magnétisme.

« L'influence du magnétisme sur la lumière, découverte « par Faraday, dépend du sens du mouvement des particules « mobiles. Par exemple, dans un milieu qui possède cette « propriété, les particules situées sur une droite parallèle aux « lignes de force, déplacées sur une hélice ayant cette ligne « comme axe, puis projetées tangentiellement avec une vi-« tesse capable de leur faire décrire des cercles, auront des « vitesses différentes suivant que leur mouvement s'effectuera « dans un sens (par exemple celui du courant qui produit le « champ) ou dans le sens opposé. Mais la réaction élastique « du milieu doit être la même pour des déplacements égaux, « quelles que soient les vitesses et la direction des parti-« cules ; c'est-à-dire, les forces qui font équilibre à la force « centrifuge du mouvement circulaire doivent être égales, « bien que les mouvements lumineux soient inégaux.

« Les mouvements circulaires absolus étant ou égaux ou « capables de donner des forces centrifuges égales aux parti-« cules considérées en premier lieu, il faut que les mouve-« ments lumineux soient seulement des composantes du mou-« vement total ; et que la moindre composante lumineuse dans « une direction, composée avec le mouvement qui existe dans « le milieu quand il ne transmet pas de lumière, donne la « même résultante que le plus grand mouvement lumineux « composé avec le même mouvement non lumineux.

« A mon avis, il est non seulement impossible de concevoir « autrement que par cette explication dynamique comment « un rayon polarisé circulairement qui traverse un morceau « de verre aimanté parallèlement aux lignes de force peut, « tout en conservant la même qualité, c'est-à-dire en restant « toujours droit ou toujours gauche, se propager avec une

« vitesse différente, suivant qu'il se meut dans le sens des
« lignes de force ou en sens contraire, mais je pense qu'on
« peut démontrer qu'il n'y a pas d'autre explication possible.

« Il semble résulter de là que la découverte *de Faraday
« apporte une démonstration de la réalité de l'hypothèse
« d'Ampère sur la nature intime du magnétisme, et donne
« une définition de l'aimantation dans la théorie mécanique
« de la chaleur.

« L'introduction du principe de la conservation des aires
« dans l'hypothèse des tourbillons (*vortices*) moléculaires
« conduit à ce résultat que la ligne, perpendiculaire au plan
« sur lequel la somme des projections des aires des mouve-
« ments thermiques est un maximum (plan maximum des
« aires), pourrait bien être l'axe magnétique du corps aimanté
« et suggère l'idée que le moment magnétique se trouverait
« alors défini par la valeur de cette projection.

« L'explication de tous les phénomènes d'attraction et de
« répulsion électromagnétique, ainsi que d'induction électro-
« magnétique, doit dès lors être cherchée simplement dans
« l'inertie et la pression de la matière dont le mouvement
« constitue la chaleur. Maintenant, que cette matière soit ou
« non l'électricité, qu'elle soit un fluide continu remplissant
« les espaces inter-moléculaires, ou qu'elle soit elle-même
« groupée moléculairement ; ou encore, toute matière est-elle
« continue et l'hétérogénéité moléculaire n'est-elle due qu'à
« des tourbillons finis ou à d'autres mouvements relatifs des
« parties contiguës d'un corps ; ce sont des points qu'il est
« impossible de décider et sur lesquels il serait peut-être oiseux
« de faire des spéculations dans l'état actuel de la science. »
(*Reprint of Papers*, p. 419.)

602. Double réfraction électrique. — On sait que, toutes
les fois qu'un corps transparent monoréfringent est soumis à
une action mécanique, telle qu'une pression ou une tension
suivant une direction déterminée, ce corps acquiert d'une
manière passagère les propriétés d'un corps biréfringent, l'axe
de double réfraction étant dirigé suivant la ligne de pression
ou de traction.

M. Kerr a montré que tout corps diélectrique monoréfringent solide ou liquide, placé dans un champ électrique, acquiert la double réfraction accidentelle ; l'axe de double réfraction coïncide avec la ligne de force, et, suivant la nature du corps, la vitesse du rayon extraordinaire est plus grande ou plus petite que celle du rayon ordinaire.

Appelons δ l'intensité de la double réfraction, c'est-à-dire la différence de marche qui s'établit entre les deux rayons ordinaire et extraordinaire, pour une épaisseur du diélectrique égale à l'unité, et V la différence de potentiel électrostatique entre deux points situés à une distance d; la force électrique F dans la région considérée est égale à $\dfrac{V}{d}$. M. Kerr déduit de ses expériences la relation

$$\delta = k\,\frac{V^2}{d^2} = k F^2,$$

k étant une constante caractéristique du corps, positive ou négative suivant les cas. Il en résulte que *l'intensité de double réfraction électrique est proportionnelle au carré de la force électrique*.

Nous avons vu (**107**) que le diélectrique peut être considéré comme soumis dans le sens des lignes de force à une tension proportionnelle au carré de la force. Il semble donc que le phénomène observé par M. Kerr peut être considéré comme une double réfraction accidentelle due à la tension électrostatique du milieu.

CHAPITRE NEUVIÈME

UNITÉS ÉLECTRIQUES

603. Unités fondamentales. Unités dérivées. — Pendant longtemps on s'est borné, dans les phénomènes d'électricité et de magnétisme, à évaluer les diverses quantités en fonction d'unités arbitraires dont le choix était déterminé pour chaque cas particulier par la commodité des expériences. Cette méthode, alors même que les unités employées ont été convenablement définies, a le grave inconvénient, non seulement de rendre très difficile la comparaison des résultats obtenus par différents observateurs, mais surtout de masquer les relations qui peuvent exister entre les divers ordres de phénomènes. Il est donc de la plus grande importance, pour les progrès de la science, d'établir une entente commune sur le choix des unités, et, en même temps, que les unités adoptées présentent entre elles ce caractère de coordination qui fait la supériorité du système métrique.

Les unités qui correspondent aux diverses espèces de grandeurs pourraient, en effet, être choisies d'une manière arbitraire et indépendamment les unes des autres; mais il y a un avantage manifeste à les faire dépendre d'un nombre aussi petit que possible d'unités simples. C'est ainsi qu'en géométrie, par exemple, l'unité de surface et l'unité de volume peuvent être dérivées de l'unité de longueur. En cinématique s'introduit, avec la vitesse, une nouvelle notion et une nouvelle unité, celle du temps. L'étude de la dynamique amène une troisième unité, indépendante des deux premières, l'unité de force ou l'unité de masse. Toutes les grandeurs mécaniques peuvent ainsi être évaluées en fonction des trois unités de longueur, de temps et de masse, ou de longueur, de temps et de force. Dans un système coordonné, les unités irréductibles sont appelées *unités fondamentales;* les autres sont désignées sous le nom d'*unités dérivées.*

Toutes les grandeurs que l'on considère en électricité et en magnétisme ont été définies par leurs propriétés mécaniques ; elles peuvent donc être mesurées, comme les quantités mécaniques elles-mêmes, en fonction des trois unités fondamentales de longueur, de temps et de masse.

Un système de mesures fondé sur ces principes est appelé un *système absolu,* le mot absolu étant employé par opposition au mot *relatif,* qui caractériserait un système de mesures indépendantes les unes des autres.

604. Dimensions d'une unité dérivée. — Soient n l'expression numérique d'une quantité, c'est-à-dire le nombre d'unités qu'elle renferme, et $[N]$ la grandeur de l'unité de comparaison ; si cette unité était prise égale à $[N']$, la grandeur mesurée serait exprimée par un autre nombre n' et on aurait la relation

$$n\,[N] = n'\,[N'],$$

qui donne

$$\frac{n'}{n} = \frac{[N]}{[N']}.$$

Il en résulte que *le rapport des valeurs numériques d'une quantité donnée est égal au rapport inverse des grandeurs des unités qui lui ont servi de mesure.*

Quand l'unité est une unité dérivée et qu'elle varie par suite d'un changement dans la grandeur des unités fondamentales, il faut, pour connaître ce dernier rapport, savoir de quelle manière l'unité dérivée dépend des unités fondamentales. On appelle *dimensions* d'une unité dérivée la relation qui lie cette unité aux unités fondamentales.

Nous représenterons par les symboles $[L]$, $[M]$ et $[T]$ les unités fondamentales de longueur, de masse et de temps, et par une lettre entre crochets $[x]$ la grandeur d'une unité quelconque. Les dimensions de l'unité de surface seront représentées par le symbole [L²] et celles de l'unité de volume par le symbole [L³] ; cela signifie que l'unité de surface varie comme le carré, et l'unité de volume comme le cube de l'unité de longueur.

Plus généralement, si les dimensions d'une unité dérivée sont exprimées par le symbole $[L^p M^q T^r]$, et qu'on prenne successivement, comme unités fondamentales, des valeurs L, M, T et L', M', T', le rapport des valeurs de l'unité dérivée dans les deux systèmes sera

$$\frac{[N']}{[N]} = \left(\frac{L'}{L}\right)^p \left(\frac{M'}{M}\right)^q \left(\frac{T'}{T}\right)^r.$$

605. Unités dérivées mécaniques. — Les principales grandeurs dérivées en mécanique sont la *vitesse*, l'*accélération*, la *force*, et le *travail* ou l'*énergie*.

Vitesse [v]. — La vitesse v est le chemin parcouru par un mobile dans l'unité de temps, ou le quotient d'une longueur par un temps. Les dimensions de l'unité de vitesse seront donc exprimées par la formule

$$[v] = [LT^{-1}].$$

Accélération [γ]. — L'accélération γ est le rapport de l'accroissement de la vitesse à l'accroissement du temps; par suite, le quotient d'une vitesse par un temps, et l'on a, pour les dimensions de l'unité,

$$[\gamma] = [LT^{-2}].$$

Force [f]. — La force f est le produit d'une masse par une accélération, ce qui donne

$$[f] = [LMT^{-2}].$$

Travail, Énergie [W]. — Le travail ou l'énergie W est le produit d'une force par une longueur; la force vive, qui est une quantité de même espèce, est le produit d'une masse par le carré d'une vitesse. On obtient, dans les deux cas,

$$[W] = [L^2 M T^{-2}].$$

L'unité de force est celle qui, agissant sur l'unité de masse, lui communique pendant l'unité de temps une accélération égale à l'unité.

L'unité de travail est le travail produit par l'unité de force, quand son point d'application se déplace de l'unité de longueur dans sa propre direction.

Ces deux dernières unités ne sont pas celles de la pratique ordinaire : on prend plus habituellement le poids d'un corps comme unité de force, par exemple le gramme ou le kilogramme, et le kilogrammètre comme unité de travail. Cela revient à choisir l'unité de force, au lieu de l'unité de masse, comme troisième unité fondamentale. Le choix d'un poids, tel que celui du kilogramme des Archives à Paris, comme unité de force, présente l'inconvénient que si ce corps, ou tout autre équivalent, est transporté en un autre point du globe, son poids réel ne représentera plus l'unité de force, par suite du changement de l'intensité de la pesanteur ; la masse d'un corps, au contraire, est une quantité invariable, en quelque lieu qu'il soit placé.

Il est facile de voir la relation qui existe entre ces deux unités : la formule $p = mg$, dans laquelle m représente la masse d'un corps, et p son poids en un lieu où l'accélération de la pesanteur est g, montre que, si la masse d'un corps est égale à l'unité, son poids lui imprimera une accélération égale à g et vaut, par suite, g fois l'unité de force, telle qu'elle a été définie plus haut, l'accélération g étant exprimée en fonction de la longueur choisie comme unité fondamentale.

Ainsi, si l'on prend comme unités le mètre et la masse du kilogramme, l'unité de force est $\dfrac{1}{9,81}$ kilogramme, ou environ 100 grammes. Avec le kilogramme comme unité de force, l'unité de masse est celle d'un corps qui pèse 9,81 kilogrammes.

606. Unités dérivées électriques et magnétiques. — Les grandeurs électriques les plus importantes sont la *quantité d'électricité*, l'*intensité du champ électrique*, le *potentiel* ou la *force électromotrice*, la *capacité*, l'*intensité du courant*, la *résistance*, etc. On aura, de même, pour les grandeurs magnétiques, la *quantité de magnétisme*, l'*intensité du champ magnétique*, la *puissance magnétique d'un feuillet*, etc. Toutes ces grandeurs sont reliées entre elles par les relations qui les définissent; et, si l'une est donnée, toutes les autres s'en déduisent.

Pour constituer un système absolu, il faut que la quantité qui sert de point de départ puisse être mesurée directement en unités mécaniques. Ainsi, on pourra définir la quantité d'électricité par la loi de Coulomb (**7**), ou bien la quantité de magnétisme par la loi correspondante (**293**), ou encore l'intensité du courant par la formule électrodynamique d'Ampère (**173**). De là, trois systèmes de mesures absolus, indépendants et incompatibles, dans lesquels les diverses unités sont liées d'une manière différente aux unités fondamentales, et auxquels on a donné les noms de *système électrostatique, système électromagnétique, système électrodynamique.*

Il n'y a aucune raison théorique pour préférer l'un de ces systèmes aux autres; deux cependant ont une plus grande importance pratique, ce sont les systèmes électrostatique et électromagnétique. Les unités du système électrodynamique ne diffèrent d'ailleurs que par un facteur numérique (**173**) des unités électromagnétiques correspondantes, et elles se présentent d'une manière moins simple dans les applications. Nous nous occuperons exclusivement des deux premières; nous représenterons par de petites lettres les quantités qui seront évaluées dans le système électrostatique, et par des majuscules les expressions des mêmes grandeurs dans le système électromagnétique.

607. Système électrostatique. — *Quantité d'électricité* $[q]$. — La loi de Coulomb donne, pour la répulsion f qui s'exerce entre deux masses égales q à la distance d,

$$f = \frac{q^2}{d}, \quad \text{ou} \quad q = d\sqrt{\bar{f}}.$$

On en déduit, pour les dimensions de l'unité d'électricité,

$$[q] = [d][f^{\frac{1}{2}}] = [L^{\frac{3}{2}}M^{\frac{1}{2}}T^{-1}].$$

Densité superficielle. Déplacement électrique $[\sigma]$. — La densité est la quantité d'électricité par unité de surface (**18**); le déplacement aussi est la quantité qui a traversé l'unité de surface (**126**); on aura donc

$$[\sigma] = [q][L^{-2}] = [L^{-\frac{1}{2}}M^{\frac{1}{2}}T^{-1}].$$

Force électrique. Intensité du champ $[h]$. — C'est la force qui agit sur l'unité de masse électrique au point considéré, ce qui donne, pour les dimensions de l'unité,

$$[h] = [f][q^{-1}] = [L^{-\frac{1}{2}}M^{\frac{1}{2}}T^{-1}];$$

elles sont les mêmes que celles de la densité, comme on pouvait le prévoir par le théorème de Coulomb (**35**).

Le *flux électrique*, qui est le produit de la force électrique par une surface, a pour dimensions $[L^{\frac{3}{2}}M^{\frac{1}{2}}T^{-1}]$.

Pouvoir inducteur spécifique $[k]$. — Le pouvoir inducteur spécifique est un nombre dans le système électrostatique.

Force électromotrice ou *potentiel électrostatique* $[e]$. — Le potentiel d'une masse électrique à une distance d est le quotient de la masse par cette distance ; on a donc

$$[e] = L^{\frac{1}{2}}M^{\frac{1}{2}}T^{-1}].$$

Capacité électrostatique $[c]$. — La capacité d'un condensateur est le quotient de sa charge par la différence de potentiel des armatures, et l'on a

$$c = \frac{q}{e}, \quad \text{ou} \quad [c] = [L].$$

La capacité électrostatique est donc une longueur, comme on l'a déjà vu (**73**).

Intensité du courant [i]. — L'intensité d'un courant (**201**) est la quantité d'électricité qui traverse la section d'un fil dans l'unité de temps, ou le quotient d'une quantité q par le temps t qu'elle met à traverser cette section. On a ainsi

$$i = \frac{q}{t}, \quad \text{ou} \quad [i] = [\mathrm{L}^{\frac{3}{2}} \mathrm{M}^{\frac{1}{2}} \mathrm{T}^{-2}].$$

Résistance [r]. — La résistance d'un conducteur se trouve définie par la loi d'Ohm (**204**). C'est le quotient de la force électromotrice entre deux points par l'intensité du courant, ce qui donne

$$r = \frac{e}{i}, \quad \text{et} \quad [r] = [\mathrm{L}^{-1}\mathrm{T}].$$

La résistance électrostatique est donc l'inverse d'une vitesse, comme nous l'avons déjà démontré (**206**).

Quantité de magnétisme [q']. — Dans le système électrostatique, la quantité de magnétisme est définie par la condition que l'action d'un pôle magnétique de masse q' sur une portion de courant d'intensité i et de longueur l très petite, située à la distance d du pôle et perpendiculaire à la droite qui joint son milieu au pôle, soit exprimée par la loi élémentaire (**158**)

$$f = \frac{ilq'}{d^2}, \quad \text{ou} \quad q' = \frac{fd^2}{il};$$

on en déduit

$$[q'] = [\mathrm{L}^{\frac{1}{2}}\mathrm{M}^{\frac{1}{2}}].$$

Densité magnétique [σ']. — La densité superficielle étant la quantité de magnétisme par unité de surface, on a

$$[\sigma'] = [\mathrm{L}^{-\frac{3}{2}}\mathrm{M}^{\frac{1}{2}}].$$

Force magnétique. Champ magnétique [h']. — C'est la force qui agit sur l'unité de masse magnétique ; par suite

$$[h'] = [f][q'^{-1}] = [\mathrm{L}^{\frac{1}{2}}\mathrm{M}^{\frac{1}{2}}\mathrm{T}^{-2}].$$

Potentiel magnétique $[e']$. — **Le** potentiel magnétique est le travail de la force magnétique, c'est-à-dire le produit de cette force par une longueur ; on aura donc

$$[e'] = [L^{\frac{1}{2}} M^{\frac{3}{2}} T^{-2}].$$

Puissance magnétique $[\varphi]$. — La puissance magnétique d'un feuillet est le produit de la densité superficielle par l'épaisseur du feuillet, ce qui donne

$$[\varphi] = [L^{-\frac{1}{2}} M^{\frac{1}{2}}].$$

608. Système électromagnétique. — *Quantité de magnétisme* $[Q']$. — Dans le système électromagnétique, le point de départ des mesures est la définition de la quantité de magnétisme par la loi de Coulomb,

$$f = \frac{Q'^2}{d^2}; \quad \text{d'où} \quad [Q'] = [L^{\frac{3}{2}} M^{\frac{1}{2}} T^{-1}].$$

Ce sont naturellement les mêmes dimensions que celles de l'unité d'électricité dans le système électrostatique.

Densité superficielle magnétique $[\Sigma']$. *Force magnétique ; Intensité du champ* $[H']$. *Potentiel magnétique* $[E']$. — Il résulte de la remarque qui précède que les dimensions de ces diverses unités seront les mêmes que celles des quantités électriques correspondantes dans le système électrostatique, savoir :

$$[\Sigma'] = [H'] = [L^{-\frac{1}{2}} M^{\frac{1}{2}} T^{-1}],$$
$$[E'] = [L^{\frac{1}{2}} M^{\frac{1}{2}} T^{-1}].$$

Puissance magnétique $[\Phi]$. *Intensité du courant* $[I]$. — La puissance magnétique d'un feuillet étant le produit de la densité superficielle par l'épaisseur, on a

$$[\Phi] = [L^{\frac{1}{2}} M^{\frac{1}{2}} T^{-1}].$$

Ces dimensions sont les mêmes que celles du potentiel, résultat qui était évident (**329**).

L'intensité du courant a la même valeur et les mêmes dimensions que la puissance magnétique d'un feuillet (**150**).

Quantité d'électricité [Q]. — La quantité d'électricité étant le produit d'une intensité de courant par un temps, on a

$$[Q] = [L^{-\frac{1}{2}} M^{\frac{1}{2}}].$$

Ces dimensions sont les mêmes que celles de la quantité de magnétisme dans le système électrostatique; par conséquent, dans le système électromagnétique, la *densité superficielle*, la *force* et le *potentiel électriques* auront les mêmes dimensions que les quantités magnétiques correspondantes dans le système électrostatique.

Pouvoir inducteur spécifique [K]. — Le pouvoir inducteur spécifique (**126**) est en raison inverse du coefficient d'élasticité électrique du milieu, c'est-à-dire proportionnel au rapport du déplacement à la force correspondante, ce qui donne

$$[K] = [L^{-2} T^2];$$

il est donc égal à l'inverse du carré d'une vitesse.

Résistance [R]. — La résistance d'un conducteur peut être définie par la loi de Joule (**211**), qui donne

$$W = I^2 R t,$$

d'où l'on déduit

$$[R] = [L T^{-1}].$$

La résistance électromagnétique est donc une vitesse; nous avons obtenu ce résultat directement (**107**). Supposons que les deux rails et la barre de l'expérience considérée dans ce paragraphe soient sans résistance appréciable, et qu'il n'y ait d'autre résistance dans le circuit que celle du fil qui réunit les deux points A et B. La résistance de ce fil sera égale à l'unité absolue, si la barre, étant égale à l'unité de longueur et se déplaçant dans un champ égal à l'unité, avec une vitesse égale à l'unité, perpendiculairement aux lignes de force, produit un courant capable de dégager dans le fil, sous forme de chaleur, une unité d'énergie par seconde.

Force électromotrice [E]. — La force électromotrice se déduit de la loi d'Ohm

$$E = IR,$$

et ses dimensions sont

$$[E] = [L^{\frac{3}{2}} M^{\frac{1}{2}} T^{-2}].$$

Capacité [C]. — La capacité étant le rapport de la quantité d'électricité qui charge un condensateur à la différence de potentiel des deux armatures, on a encore

$$C = \frac{Q}{E}, \quad \text{ou} \quad [C] = [L^{-1} T^2].$$

609. Dimensions des principales unités. — On déterminerait de la même manière les dimensions des autres quantités que nous n'avons pas examinées. Nous résumerons dans les tableaux suivants les dimensions des quantités les plus importantes.

UNITÉS FONDAMENTALES.

Longueur.	[L],
Masse.	[M],
Temps	[T].

UNITÉS DÉRIVÉES MÉCANIQUES.

Vitesse	[LT^{-1}],
Accélération.	[LT^{-2}].
Force.	[LMT^{-2}],
Énergie.	[L^{2}MT^{-2}].

UNITÉS DÉRIVÉES ÉLECTRIQUES.

	Système électrostatique.	Système électromagnétique.
Quantité d'électricité.	$[L^{\frac{3}{2}}M^{\frac{1}{2}}T^{-1}]$	$[L^{\frac{1}{2}}M^{\frac{1}{2}}]$
Densité électrique superficielle. Déplacement électrique. . . .	$[L^{-\frac{1}{2}}M^{\frac{1}{2}}T^{-1}]$	$[L^{-\frac{3}{2}}M^{\frac{1}{2}}]$
Force électrique. . . . . . . Champ électrique	$[L^{\frac{1}{2}}M^{-\frac{1}{2}}T^{-1}]$	$[L^{\frac{1}{2}}M^{\frac{1}{2}}T^{-2}]$
Flux de force électrique.	$[L^{\frac{3}{2}}M^{\frac{1}{2}}T^{-1}]$	$[L^{\frac{5}{2}}M^{\frac{1}{2}}T^{-2}]$
Pouvoir inducteur spécifique . .	1	$[L^{-2}T^{2}]$
Potentiel électrostatique. . . . Force électromotrice.	$[L^{\frac{1}{2}}M^{\frac{1}{2}}T^{-1}]$	$[L^{\frac{3}{2}}M^{\frac{1}{2}}T^{-2}]$
Capacité électrostatique.	$[L]$	$[L^{-1}T^{2}]$
Intensité de courant.	$[L^{\frac{3}{2}}M^{\frac{1}{2}}T^{-2}]$	$[L^{\frac{1}{2}}M^{\frac{1}{2}}T^{-1}]$
Résistance	$[L^{-1}T]$	$[LT^{-1}]$

UNITÉS DÉRIVÉES MAGNÉTIQUES.

	Système électrostatique.	Système électromagnétique.
Quantité de magnétisme. . . .	$[L^{\frac{1}{2}}M^{\frac{1}{2}}]$	$[L^{\frac{3}{2}}M^{\frac{1}{2}}T^{-1}]$
Densité superficielle.	$[L^{-\frac{3}{2}}M^{\frac{1}{2}}]$	$[L^{-\frac{1}{2}}M^{\frac{1}{2}}T^{-1}]$
Force magnétique. . . . . . Champ magnétique.	$[L^{\frac{1}{2}}M^{\frac{1}{2}}T^{-2}]$	$[L^{-\frac{1}{2}}M^{\frac{1}{2}}T^{-1}]$
Flux de force magnétique. . . .	$[L^{\frac{5}{2}}M^{\frac{1}{2}}T^{-2}]$	$[L^{\frac{3}{2}}M^{\frac{1}{2}}T^{-1}]$
Potentiel magnétique.	$[L^{\frac{3}{2}}M^{\frac{1}{2}}T^{-2}]$	$[L^{\frac{1}{2}}M^{\frac{1}{2}}T^{-1}]$
Puissance magnétique	$[L^{-\frac{1}{2}}M^{\frac{1}{2}}]$	$[L^{\frac{1}{2}}M^{\frac{1}{2}}T^{-1}]$
Moment magnétique.	$[L^{\frac{3}{2}}M^{\frac{1}{2}}]$	$[L^{\frac{5}{2}}M^{\frac{1}{2}}T^{-1}]$
Intensité d'aimantation.	$[L^{-\frac{3}{2}}M^{\frac{1}{2}}]$	$[L^{-\frac{1}{2}}M^{\frac{1}{2}}T^{-1}]$
Coefficient d'aimantation. . . Perméabilité magnétique. . .	$[L^{-2}T^{2}]$	1
Constante de Verdet.	$[L^{-\frac{3}{2}}M^{-\frac{1}{2}}T^{2}]$	$[L^{-\frac{1}{2}}M^{-\frac{1}{2}}T]$
Coefficients d'induction mutuelle et de self-induction.	$[L^{-1}T^{2}]$	$[L]$

610. Relations entre les deux systèmes d'unités. — Pour établir la relation qui existe entre les unités correspondantes des deux systèmes, il suffit de comparer leurs dimensions. ou encore d'égaler les expressions numériques d'une même quantité en fonction de chacune d'elles. Considérons, par exemple, les diverses expressions d'une même quantité W d'énergie ; on aura les égalités

$$W = i^2 r t = I^2 R t,$$
$$W = e i t = E I t,$$
$$W = e q = E Q,$$
$$W = e^2 c = E^2 C.$$

On en déduit, en désignant par a une constante,

$$a = \sqrt{\frac{R}{r}} = \frac{i}{I} = \frac{E}{e} = \frac{q}{Q} = \sqrt{\frac{c}{C}}.$$

Ces relations existant entre les valeurs numériques, on aura pour les rapports des unités correspondantes (**601**)

$$\frac{[I]}{[i]} = \frac{[e]}{[E]} = \frac{[Q]}{[q]} = a,$$
$$\frac{[r]}{[R]} = \frac{[C]}{[c]} = a^2.$$

La constante a désigne donc le nombre d'unités électrostatiques $[q]$ d'électricité qui existent dans une unité électromagnétique $[Q]$.

Puisque la résistance électromagnétique R est une vitesse et la résistance électrostatique r l'inverse d'une vitesse, le rapport $\dfrac{R}{r}$ ou $\dfrac{[r]}{[R]}$ est carré d'une vitesse. Ce rapport étant égal à a^2, il en résulte que la constante a est elle-même une vitesse.

Un grand nombre d'expériences ont été faites pour déterminer la valeur de cette constante. Il se présente évidemment autant de méthodes qu'il y a de quantités pouvant être mesurées à la fois directement en unités électrostatiques et en unités électromagnétiques. Tous les résultats obtenus oscillent autour du nombre qui exprime la vitesse de la lumière dans l'air. Il est probable que ce n'est pas une coïncidence fortuite et que l'égalité des deux nombres tient à une corrélation dans la nature des phénomènes. La vitesse de la lumière est très approximativement de 300,000 kilomètres par seconde. C'est ce nombre que nous adopterons pour le rapport a, en l'exprimant en fonction de la longueur qui aura été choisie comme unité fondamentale.

611. Choix des unités fondamentales. — Le choix des grandeurs adoptées comme unités de temps, de longueur et de masse est évidemment arbitraire. Pour l'unité de temps, la seconde sexagésimale de temps moyen adoptée par toutes les nations civilisées s'imposait naturellement ; pour l'unité de longueur, il convenait également de prendre le mètre ou une fraction décimale du mètre. Quant à l'unité de masse, il y a intérêt à adopter la masse de l'unité de volume de l'eau à son maximum de densité ; on conserve ainsi l'avantage que le poids spécifique de l'eau est égal à l'unité et que le poids d'un corps est égal au produit de son volume par sa densité.

Le système absolu qui s'éloignerait le moins des habitudes établies dans l'usage des mesures métriques consisterait à prendre, comme unités fondamentales, le décimètre et la masse du kilogramme.

Gauss et Weber, qui ont introduit dans la science le premier système absolu, avaient choisi le millimètre et la masse du milligramme. L'association Britannique a admis, sur la proposition de sir W. Thomson, le centimètre et la masse du gramme. Ces dernières unités ont été adoptées définitivement, pour les mesures électriques et magnétiques, par le Congrès international des Électriciens réuni à Paris en 1881.

612. Système absolu C.G.S. — Il a été convenu que les unités dérivant du *centimètre*, de la *masse du gramme* et de la *seconde de temps moyen* constitueraient le système absolu proprement dit et qu'on les désignerait par le symbole C.G.S.

Ces unités n'ont pas reçu de dénominations spéciales. Ainsi l'unité de force C.G.S. est la force qui, agissant sur la masse d'un gramme, lui communique en une seconde une accélération d'un centimètre. Il en résulte qu'un gramme vaut g unités de force C.G.S. et un kilogramme $g.10^3$ unités C.G.S., la valeur de g étant exprimée en centimètres. De même, un kilogrammètre vaut $g.10^5$, c'est-à-dire 981.10^5 ou environ 10^8 unités de travail C.G.S. Dans ce système, la valeur de a est 3.10^{10}.

613. Système pratique. — Les valeurs des unités absolues du système C.G.S. ne se trouvent malheureusement pas en rapport convenable avec les grandeurs que l'on doit mesurer dans la pratique. Ainsi l'unité absolue de résistance électromagnétique C.G.S. n'est guère que la résistance d'un vingt-millième de millimètre d'un fil de cuivre d'un millimètre de diamètre, et l'unité de force électromotrice serait la cent-millionième partie de celle d'un couple Daniell. Aussi le Comité de l'Association Britannique, institué en 1861 pour l'établissement d'un système rationnel de mesures électriques, avait-il été conduit à choisir des unités plus conformes aux nécessités de la pratique et à donner à ces unités des noms spéciaux, afin de faciliter le langage. Ce système a été consacré, sous la forme suivante, par le Congrès de Paris :

L'unité pratique de résistance est égale à 10^9 unités absolues C.G.S. et prend le nom d'*Ohm* (1) ;

On appelle *Volt* l'unité pratique de force électromotrice : le volt vaut 10^8 unités C.G.S. (2) ;

On appelle *Ampère* le courant produit par la force électromotrice d'un volt dans un circuit ayant une résistance d'un ohm : l'ampère vaut 10^{-1} unités C.G.S.

(1) Le Comité de l'Association Britannique a fait de nombreuses expériences pour déterminer la valeur de l'ohm et construire des étalons matériels présentant la même résistance. Les premières recherches semblaient indiquer que l'ohm est représenté très approximativement par la résistance d'une colonne de mercure à la température de $0°$ centigrade qui aurait un millimètre carré de section et une longueur de 104 centimètres ; mais il semble que certaines erreurs aient été commises dans le calcul des expériences et que cette longueur doive être augmentée d'un centième environ, c'est-à-dire portée à 105 centimètres. Des travaux récents conduisent au même résultat, mais la question ne paraît pas encore définitivement résolue. Comme il n'est pas certain, d'autre part, que les métaux solides conservent leurs propriétés électriques sans altération, le Congrès de Paris a décidé que l'ohm serait représenté par une colonne de mercure à la température de $0°$ ayant un millimètre carré de section, et qu'une commission internationale serait chargée de déterminer, par de nouvelles expériences, la longueur que l'on adoptera pour cette unité dans la pratique.

(2) La force électromotrice d'un couple Daniell est d'environ 1,08 volt.

On appelle *Coulomb* la quantité d'électricité qui dans une seconde traverse la section d'un conducteur parcouru par un courant d'un ampère : le coulomb vaut 10^{-1} unités C.G.S.

On appelle *Farad* la capacité d'un condensateur dont les armatures prennent une différence de potentiel d'un volt quand la charge est d'un coulomb : le farad vaut 10^{-9} unités C.G.S.

Dans certaines applications il est utile d'exprimer les différentes grandeurs à l'aide d'unités qui soient un million de fois plus petites ou plus grandes que l'unité pratique correspondante. On désigne ces nouvelles unités par le même nom, précédé du préfixe *méga* ou *micro*, suivant qu'elles sont des multiples ou des sous-multiples par un million.

Ainsi le multiple appelé *megohm* vaut 10^6 ohms; le sous-multiple appelé *microhm* vaut 10^{-6} ohms. De même, pour la capacité, le millionième du farad ou *microfarad* vaut 10^{-6} farads ou 10^{-15} unités C.G.S.

Le microfarad est en réalité l'unité pratique de capacité, car le farad a encore une valeur beaucoup trop grande. Par exemple, la capacité électrostatique de la terre est égale à son rayon R : sa capacité électromagnétique C est égale au quotient du rayon par a^2, ce qui donne

$$C = \frac{R}{a^2} = \frac{2 \cdot 10^9}{\pi} \frac{1}{3^2 \cdot 10^{20}} = 708 \cdot 10^{-15} \text{ unités C.G.S.,}$$

c'est-à-dire 708 microfarads.

Il est important de faire observer que les unités pratiques constituent elles-mêmes un système absolu, dans lequel les unités fondamentales sont :

$$[L] = 10^7 \text{ mètres ou le quart du méridien terrestre,}$$
$$[M] = 10^{-11} \text{ de la masse d'un gramme,}$$
$$[T] = \text{une seconde.}$$

Une autre remarque utile à signaler est que, dans le système pratique, il suffit de diviser par g exprimé en mètres, c'est-à-dire sensiblement par 10, l'expression du travail électrique pour avoir sa valeur en kilogrammètres.

En effet, l'unité pratique de travail électrique s'obtiendra, par exemple, en multipliant un volt par un ampère, ce qui donne 10^7 unités C.G.S. Or, nous avons vu (**612**) qu'un kilogrammètre vaut environ 10^8 unités C.G.S., c'est-à-dire 10 fois plus. Le même travail en kilogrammètres sera donc exprimé par un nombre 10 fois moindre.

614. Valeurs comparatives des principales unités. — Nous résumerons dans le tableau suivant les valeurs des unités pratiques en unités absolues C.G.S., et aussi en fonction des unités de Gauss et Weber, qui ont été employées dans un certain nombre de mémoires sur l'électricité.

UNITÉS FONDAMENTALES.	UNITÉS PRATIQUES.	UNITÉS C.G.S.	UNITÉS DE GAUSS ET WEBER.
Longueur,	10^7 mètres,	Centimètre,	Millimètre,
Masse,	10^{-11} gramme,	Gramme.	Milligramme,
Temps.	Seconde.	Seconde.	Seconde.
Résistance	Ohm	10^9	10^{10}
Force électromotrice	Volt	10^8	10^{11}
Courant	Ampère	10^{-1}	10
Quantité	Coulomb	10^{-1}	10
Capacité	Farad	10^{-9}	10^{-10}

615. Conception physique de la vitesse a. — On peut donner une représentation physique de la vitesse a qui exprime le rapport des unités d'électricité dans les deux systèmes.

Supposons, par exemple, qu'une sphère de rayon R. ou un condensateur de même capacité, étant chargée de manière que son potentiel électrostatique soit égal à l'unité, on la décharge n fois pendant le temps t à travers un conducteur : l'intensité moyenne du courant en unités électrostatiques sera $\dfrac{n\mathrm{R}}{t}$. Si l'on détermine n de manière que l'intensité de ce courant soit égale à l'unité électromagnétique, l'expression $\dfrac{n\mathrm{R}}{t}$ représentera le nombre d'unités électrostatiques d'électricité qui existent dans une unité électromagnétique, c'est-à-dire la valeur de a, et cette expression est une vitesse.

616. — Maxwell indique un autre mode de représentation, fondé sur l'hypothèse que l'action extérieure d'une masse électrique en mouvement équivaut à celle d'un courant.

Considérons un plan recouvert d'une charge uniforme d'électricité de densité σ, et se déplaçant d'un mouvement uniforme suivant sa propre surface avec une vitesse u.

Chaque bande de largeur égale à l'unité et parallèle à la direction du mouvement est l'équivalent d'un courant dont l'intensité est σu en mesures électrostatiques, et $\dfrac{\sigma u}{a}$ en mesures électromagnétiques. Supposons maintenant qu'un second plan parallèle au premier, à une distance δ, se meuve de la même manière et dans la même direction avec une vitesse u', et soit σ' sa densité. Deux espèces d'actions vont se produire entre ces plans : une répulsion électrostatique en vertu de leurs charges de même signe, et une attraction électrodynamique due aux courants parallèles et de même sens.

Prenons dans le second plan une bande de longueur l et de largeur infiniment petite b, et dans le premier plan une bande parallèle indéfinie de largeur dx, située à une distance x de la projection de la bande bl. L'action électromagnétique exercée par cette bande indéfinie sur la première, située à la distance $\sqrt{\delta^2+x^2}$, a pour valeur (**180**)

$$2\,\frac{\sigma u}{a}\,dx\,\frac{\sigma' u'}{a}\,b\,\frac{l}{\sqrt{\delta^2+x^2}}=2\,\frac{\sigma\sigma' uu'}{a^2}\,bl\,\frac{dx}{\sqrt{\delta^2+x^2}},$$

et sa composante df suivant la normale aux plans est

$$df=2\,\frac{\sigma\sigma' uu'}{a^2}\,bl\,\frac{\delta\,dx}{\delta^2+x^2}.$$

Pour avoir l'action totale du premier plan mobile sur la portion considérée bl du second, il faut intégrer cette expression depuis $x=-\infty$ jusqu'à $x=+\infty$, ce qui donne

$$f=2\,\frac{\sigma\sigma' uu'}{a^2}\,bl\int_{-\infty}^{+\infty}\frac{\delta\,dx}{\delta^2+x^2}=2\,\frac{\sigma\sigma' uu'}{a^2}\,bl\left[\operatorname{arc\,tg}\,\frac{x}{\delta}\right]_{-\infty}^{+\infty},$$

ou

$$f=2\pi\,\frac{\sigma\sigma' uu'}{a^2}\,bl.$$

D'autre part, la charge électrostatique de cette surface est $bl\sigma'$. Comme l'action du premier plan indéfini sur l'unité de masse est égale à $2\pi\sigma$, la répulsion f'' exercée sur cette surface est normale et a pour valeur

$$f'' = 2\pi\sigma\sigma' bl.$$

Si ces deux actions sont égales, il en sera de même pour toutes les autres portions du second plan, et l'équilibre existera entre eux. Il faut, pour cela, qu'on ait $uu' = a^2$, ou, si les vitesses u et u' sont égales, $u = a$.

La constante a est donc la vitesse qu'il faudrait donner à deux plans parallèles indéfinis, uniformément électrisés et se mouvant dans la même direction, pour que leur attraction électrodynamique soit égale à leur répulsion électrostatique. La vitesse a étant celle de la lumière, l'expérience est irréalisable sous cette forme.

617. — Pour évaluer l'ordre de grandeur des effets qu'on peut obtenir, remarquons qu'une bande indéfinie de largeur b et de densité σ, mobile dans sa direction avec une vitesse u, équivaut à un courant dont l'intensité électro-magnétique est $\dfrac{u\sigma}{a}b$. Si on la suppose placée à la distance e d'une autre bande semblable, et qu'on charge le condensateur ainsi formé à un potentiel électrostatique V, on aura (**71**)

$$\sigma = \frac{V}{4\pi e}.$$

Or, on peut obtenir avec les machines électriques des potentiels équivalents à 100,000 couples Daniell, c'est-à-dire environ 10^5 volts ou $10^5 \cdot 10^8$ unités C.G.S. Avec de pareilles machines, on aura donc, en unités électrostatiques,

$$V = \frac{10^5 \cdot 10^8}{a} = \frac{10^{13}}{3 \cdot 10^{10}} = 333,$$

ce qui donne sensiblement $\sigma = \dfrac{3o}{}$.

Si l'on suppose $b = 10$ et $e = 1$, l'intensité électromagnétique du courant sera

$$I = \frac{u.300}{3.10^{10}} = \frac{u}{10^8}\ \text{C.G.S.}$$

Comme un volt dans un circuit de n ohms donne un courant d'intensité

$$I' = \frac{1}{10n}\ \text{C.G.S.,}$$

on voit que la vitesse qu'il faudra donner à la bande, pour obtenir le même courant, sera

$$u = \frac{10^7}{n} = \frac{100000}{n}\ \text{mètres.}$$

Il faut remarquer que le courant I, produit par le mouvement d'un corps électrisé, est beaucoup plus difficile à constater que celui d'un couple électrique ordinaire, parce qu'il faudra le faire agir directement sur l'aiguille et sans effet de multiplication.

M. Rowland a vérifié, par expérience, que la rotation d'un disque électrisé produit un effet sensible sur une aiguille aimantée, et que l'action est de même ordre que celle qui serait indiquée par les considérations qui précèdent.

CHAPITRE DIXIÈME

THÉORIES GÉNÉRALES

618. Idées d'Ampère. — Pour établir la formule élémentaire des actions électrodynamiques, Ampère s'est appuyé seulement sur l'hypothèse des forces centrales et sur certains faits d'expérience, sans faire intervenir aucune vue particulière sur la nature même des courants électriques. Toutefois, dès l'année 1822, il « cherchait à rendre raison de la force « qui a lieu entre deux éléments de fils conducteurs par la réac- « tion du fluide répandu dans l'espace et dont les vibrations « produisent les phénomènes de la lumière. » Ampère indique encore une autre manière de concevoir les phénomènes : « Quand on suppose que les molécules électri- « ques, mises en mouvement dans les fils conducteurs par « l'action de la pile, y changent continuellement de lieu, s'y « réunissent à chaque instant en un fluide neutre, se séparent « de nouveau, et vont aussitôt se réunir à d'autres molécules « du fluide de nature opposée, il n'est plus contradictoire d'ad- « mettre que des actions en raison inverse des carrés des dis- « tances qu'exerce chaque molécule, il puisse résulter entre « deux éléments de fils conducteurs une force qui dépende « non seulement de leur distance, mais encore des directions « des deux éléments suivant lesquels les molécules électriques « se meuvent, se réunissent à des molécules de l'espèce opposée, « et s'en séparent l'instant suivant pour aller s'unir à d'autres. » (*Mémoires de l'Institut* pour 1823, p. 294 et 299.) Ampère n'a pas poursuivi le développement de ces idées; il ne pensait pas que le moment fût encore venu de le faire utilement.

Les hypothèses d'Ampère ont été reprises par différents physiciens, en particulier par Weber et par Maxwell; nous donnerons un exposé sommaire des théories proposées.

619. Formules de Gauss et de Weber. — Si l'on fait intervenir les actions réciproques des masses électriques qui circulent dans les conducteurs, il est nécessaire que l'action de deux masses électriques m et m' soit une fonction, non seulement de leur distance r, mais aussi de leur mouvement relatif, et le problème ainsi posé paraît indéterminé. Une des hypothèses consiste à admettre que cette action, tout en restant dirigée suivant la droite qui les joint, et proportionnelle au produit des masses et en raison inverse du carré de la distance, comprend un terme proportionnel à une puissance de la vitesse relative u des deux masses et un autre terme proportionnel à une puissance de leur vitesse relative $\dfrac{dr}{dt}$ parallèlement à leur distance. Ces puissances doivent être paires, si l'on veut que l'action ne soit pas modifiée quand on change à la fois le sens des deux mouvements, comme pour les courants eux-mêmes, et on satisfait au problème en les prenant égales à 2. ce qui donne la loi élémentaire

$$(1) \qquad \frac{mm'}{r^2}\left[1 + \alpha u^2 + \beta \left(\frac{dr}{dt}\right)^2 \right].$$

Weber a examiné d'abord les cas simples de deux éléments situés sur le prolongement l'un de l'autre ou perpendiculaires à une même droite. Dans le premier cas, il faut admettre que l'action de deux masses renferme un terme qui dépend de leur vitesse relative, et il a supposé que ce terme était proportionnel au carré de la vitesse. Le second cas conduisit Weber à faire intervenir l'accélération suivant la même droite, et l'hypothèse la plus simple était d'admettre que ce nouveau terme est proportionnel à l'accélération. Il en résulte une autre loi élémentaire

$$(2) \qquad \frac{mm'}{r^2}\left[1 + \alpha' \left(\frac{dr}{dt}\right)^2 + \beta' \frac{dr^2}{dt^2} \right].$$

Il reste à déterminer les coefficients α, β, α' et β' qui entrent dans ces deux expressions (1) et (2).

620. — Considérons d'abord deux mobiles qui se meuvent respectivement sur deux courbes fixes s et s', avec des vitesses constantes v et v'. Lorsque les deux mobiles parcourent les éléments ds et ds', situés à la distance r et faisant entre eux l'angle ε, on a

$$u^2 = v^2 - 2vv'\cos\varepsilon + v'^2,$$

$$v = \frac{ds}{dt} \quad \text{et} \quad v' = \frac{ds'}{dt}.$$

On en déduit

$$\frac{dr}{dt} = \frac{\partial r}{\partial s}\frac{ds}{dt} + \frac{\partial r}{\partial s'}\frac{ds'}{dt} = v\frac{\partial r}{\partial s} + v'\frac{\partial r}{\partial s'}.$$

$$\frac{d^2 r}{dt^2} = v^2\frac{\partial^2 r}{\partial s^2} + 2vv'\frac{\partial^2 r}{\partial s\,\partial s'} + v'^2\frac{\partial^2 r}{\partial s'^2}.$$

Si l'on suppose que les deux courbes s et s' sont le siège de courants d'intensités I et I', l'action des éléments ds et ds' est, d'après la formule d'Ampère (**351**), et en considérant la force comme répulsive,

$$(3) \qquad -\frac{2II'\,ds\,ds'}{r^2}\left[\cos\varepsilon + \frac{3}{2}\frac{\partial r}{\partial s}\frac{\partial r}{\partial s'}\right] = -\frac{2II'\,ds\,ds'}{r^2}\left[r\frac{\partial^2 r}{\partial s\,\partial s'} - \frac{1}{2}\frac{\partial r}{\partial s}\frac{\partial r}{\partial s'}\right].$$

621. — Supposons maintenant que l'élément ds contienne des masses électriques m et m_1, animées respectivement des vitesses v et v_1, et que l'élément ds' renferme, de même, des masses m' et m'_1 avec les vitesses v' et v'_1. Si on évalue les actions des masses m et m_1 sur les masses m' et m'_1 d'après les formules (1) et (2), la résultante devra reproduire la loi d'Ampère, sous l'une ou l'autre des deux formes (3), et, par suite, ne renfermer que les termes dans lesquels le produit vv' des vitesses est en facteur.

Les termes qui renferment les carrés des vitesses sont, à un facteur près,

$$(mv^2 + m_1 v_1^2)(m' + m'_1), \quad \text{et} \quad (m'v'^2 + m'_1 v'^2_1)(m + m_1).$$

Pour que ces termes soient nuls, il faut qu'on ait

$$(4) \qquad mv^2 + m_1 v_1^2 = 0, \quad \text{ou} \quad m' + m_1' = 0.$$

Ces deux conditions sont réalisées à la fois, si l'on admet, avec **Weber**, qu'un courant électrique d'intensité I est formé de deux courants d'électricités contraires, marchant avec la même vitesse v en sens opposés, et ayant chacun une intensité moitié moindre. Il est même nécessaire d'admettre que la somme algébrique des masses électriques qui existent dans chaque élément de courant pour l'état permanent est nulle, si l'on veut satisfaire à la condition (**203**) que la densité dans le conducteur soit nulle ; mais, sans rien préciser sur le rapport des masses électriques de signes contraires, il suffirait que la somme $mv^2 + m_1 v_1^2$ fût nulle dans chaque élément, c'est-à-dire qu'il s'y trouvât des masses électriques de signes contraires ayant la même force vive.

La quantité d'électricité qui traverse la section du premier conducteur pendant l'unité de temps est égale à $mv + m_1 v_1$; si l'on désigne par a le nombre d'unités électrostatiques que renferme l'unité électromagnétique, on a

$$(5) \qquad \begin{aligned} mv + m_1 v_1 &= a\,\mathrm{I}\,ds, \\ m'v' + m_1' v_1' &= a\,\mathrm{I}'\,ds'. \end{aligned}$$

En admettant l'existence de courants égaux et opposés, ces équations deviendraient

$$(6) \qquad \begin{aligned} 2mv &= a\,\mathrm{I}\,ds, \\ 2m'v' &= a\,\mathrm{I}'\,ds'. \end{aligned}$$

Quand on évalue l'action des masses m et m_1 sur les masses m' et m_1', les termes qui dépendent du produit des vitesses sont, avec la première hypothèse,

$$\frac{2\beta}{r^2}\frac{\partial r}{\partial s}\frac{\partial r}{\partial s'}(mv + m_1 v_1)(m'v' + m_1' v_1') - \frac{2\alpha}{r^2}(mv + m_1 v_1)(m'v' + m_1' v_1')\cos\varepsilon,$$

c'est-à-dire

$$-\frac{2\mathrm{H}'\,ds\,ds'}{r^3}\left[\,a^2\chi\cos\varepsilon-a^2\beta\,\frac{\partial r}{\partial s}\frac{\partial r}{\partial s'}\right];$$

et, avec celle de Weber,

$$2\frac{(mv+m_1v_1)(m'v'+m_1'v_1')}{r^2}\left[\chi\,\frac{\partial^2 r}{\partial s\,\partial s'}+\beta'\,\frac{\partial r}{\partial s}\frac{\partial r}{\partial s'}\right].$$

ou

$$\frac{2\mathrm{H}'\,ds\,ds'}{r^2}\left[a^2\beta'\,\frac{\partial^2 r}{\partial s\,\partial s'}+a^2\chi'\,\frac{\partial r}{\partial s}\frac{\partial r}{\partial s'}\right].$$

Quant au terme indépendant du mouvement relatif, il est dans les deux cas égal à $\dfrac{(m+m_1)(m'+m_1')}{r^2}$. Ce terme doit être nul s'il y a dans chaque fil deux courants égaux et de sens contraires; sinon, il représenterait une action électrostatique entre les conducteurs, phénomène que l'expérience n'a pas constaté jusqu'à présent.

Pour satisfaire à la loi d'Ampère, il faut donc qu'on ait, dans le premier cas,

$$a^2\chi=1,\qquad a^2\beta=-\frac{3}{2},$$

et, dans le second,

$$a^2\beta'=1,\qquad a^2\chi'=-\frac{1}{2}.$$

Les expressions (1) et (2), qui donnent l'action élémentaire de deux masses électriques, deviennent alors

$$(1)'\qquad \frac{mm'}{r^2}\left[1+\frac{1}{a^2}\left(u^2-\frac{3}{2}\left(\frac{dr}{dt}\right)^2\right)\right],$$

$$(2)'\qquad \frac{mm'}{r^2}\left[1+\frac{1}{a^2}\left(r\,\frac{d^2 r}{dt^2}-\frac{1}{2}\left(\frac{dr}{dt}\right)^2\right)\right]=mm'\left[\frac{1}{r^2}+\frac{1}{a^2\sqrt{r}}\frac{d^2\sqrt{r}}{dt^2}\right].$$

622. — La première expression $(1)'$, trouvée dans les manuscrits de Gauss, est incompatible avec le principe de la conservation de l'énergie, car elle conduirait à cette conséquence qu'un système physique limité peut produire une quantité d'énergie indéfiniment croissante.

La formule de Weber, au contraire, est compatible avec ce principe. En effet, l'expression de la force $(2)'$ peut être considérée comme la dérivée par rapport à r, prise en signe contraire, de la fonction

$$(7) \qquad \psi = \frac{mm'}{r}\left[1 - \frac{1}{2a^2}\left(\frac{dr}{dt}\right)^2 \right].$$

Le travail produit par la répulsion d'une masse fixe sur une masse mobile est égal à la différence $\psi_0 - \psi_1$ des valeurs de la fonction ψ relative à ces deux masses pour la position initiale et la position finale. La fonction ψ peut être considérée comme représentant l'énergie potentielle du système des deux masses : elle ne dépend que de leur distance et de leur vitesse relative suivant la droite r ; elle reprend la même valeur lorsque l'une des masses décrit par rapport à l'autre un chemin fermé et reprend la même vitesse aux mêmes points.

Puisque l'induction est une conséquence de la loi d'Ampère et du principe de la conservation de l'énergie, la formule de Weber, qui satisfait également à ces deux conditions. doit donner l'induction.

623. — Cette formule permet aussi d'obtenir directement l'énergie potentielle relative de deux circuits fermés. En effet, si on remplace $\dfrac{dr}{dt}$ par sa valeur en fonction des vitesses des masses électriques, on trouve, dans l'hypothèse de Weber, que le potentiel d'un des éléments sur l'autre a pour expression

$$\psi\,(ds,ds') = - \mathrm{II}'dsds'\,\frac{1}{r}\frac{\partial r}{\partial s}\frac{\partial r}{\partial s'}.$$

L'énergie potentielle de deux circuits est donc

$$(8) \qquad \mathrm{W} = - \mathrm{II}'\iint\frac{1}{r}\frac{\partial r}{\partial s}\frac{\partial r}{\partial s'}\,dsds' = \mathrm{II}'\iint\frac{\cos\varepsilon}{r}\,dsds'.$$

C'est la formule de Neumann trouvée plus haut (**353**).

Lorsque les courants sont constants et parcourent des circuits de forme invariable, la résultante des actions exercées par l'un des courants sur une masse quelconque m' de l'autre est normale à sa trajectoire.

624. Phénomènes d'induction. — Supposons maintenant que les circuits se déplacent et que les intensités soient variables. La distance r, au lieu d'être, comme ci-dessus, fonction seulement de deux variables indépendantes s et s', est en outre une fonction du temps, et l'on a $r = \varphi(s,s',t)$. Pour une valeur donnée de t, la fonction φ représente la distance de deux éléments du circuit; si t est variable et que l'on considère s et s' comme des fonctions de t, la valeur de φ représente la distance de deux masses électriques en mouvement sur les conducteurs mobiles. Quant aux vitesses v et v', si le conducteur a une section constante, elles ne dépendent point de s et de s', en tant que variables indépendantes, puisque à chaque instant l'intensité a la même valeur en tous les points du circuit. On aura donc, pour la vitesse relative des deux masses,

$$\frac{dr}{dt} = v\frac{\partial r}{\partial s} + v'\frac{\partial r}{\partial s'} + \frac{\partial r}{\partial t};$$

et, en considérant les dérivées $\dfrac{\partial r}{\partial s}$ et $\dfrac{\partial r}{\partial s'}$ comme des fonctions de s et s' seulement, l'accélération relative sera

$$\frac{d^2 r}{dt^2} = v^2\frac{\partial^2 r}{\partial s^2} + 2vv'\frac{\partial^2 r}{\partial s\,\partial s'} + v'^2\frac{\partial^2 r}{\partial s'^2} + \frac{\partial v}{\partial t}\frac{\partial r}{\partial s} + \frac{\partial v'}{\partial t}\frac{\partial r}{\partial s'} + v\frac{\partial v}{\partial t}\frac{\partial r}{\partial s}$$

$$+ v'\frac{\partial v'}{\partial s'}\frac{\partial r}{\partial s'} + \frac{\partial^2 r}{\partial t^2}.$$

La vitesse $\dfrac{dr}{dt}$ et l'accélération $\dfrac{d^2 r}{dt^2}$ sont relatives aux masses électriques, tandis que les termes $\dfrac{\partial r}{\partial t}$ et $\dfrac{\partial^2 r}{\partial t^2}$ du second membre sont relatifs aux distances de deux éléments des deux circuits.

L'action mécanique de ds sur ds' s'obtiendra, comme plus haut, en faisant la *somme* des actions que les masses de l'élément ds exercent sur celles de l'élément ds'. Avec la formule et l'hypothèse de **Weber**, on reconnaît aisément qu'il ne reste dans cette somme, comme précédemment, que les termes en vv', et avec les coefficients déjà trouvés. Il en résulte que, dans l'état variable, l'action mécanique est à chaque instant conforme à celle que donnerait la formule d'Ampère.

625. — La force électromotrice qui agit sur l'élément ds' est la force qui tend à séparer les masses égales et de signes contraires contenues dans cet élément, et à les entraîner en sens opposés. On en obtiendra la valeur en prenant la *différence* des actions exercées dans la direction de l'élément ds', sur chacune des masses qu'il contient, par les deux masses de l'élément ds. Or, quand on fait la somme des actions des deux masses $+m$ et $-m$ de l'élément ds sur l'une des masses m' de l'élément ds', les termes qui subsistent sont les termes en v, vv' et $\dfrac{dv}{dt}$, qui changent de signe en même temps que m. Parmi ceux-ci, les seuls qui resteront dans la différence finale sont ceux qui changent de signe avec la vitesse v, quel que soit d'ailleurs le signe de v'. Ces termes se réduisent à deux, l'un provenant de $\left(\dfrac{dr}{dt}\right)^{2}$ et qui est $2v\,\dfrac{\partial r \partial r}{\partial s \partial t}$, l'autre provenant de $\dfrac{d^{2}r}{dt^{2}}$, qui est $\dfrac{\partial v \partial r}{\partial t \partial s}$.

La différence ainsi calculée est égale à

$$\frac{4mm'}{a^{2}r^{2}}\left[r\frac{\partial v}{\partial t}\frac{\partial r}{\partial s} - v\frac{\partial r}{\partial s}\frac{\partial r}{\partial t}\right] - \frac{1}{r^{2}}\left[r\frac{\partial l}{\partial t}\frac{\partial r}{\partial s} - 1\frac{\partial r}{\partial s}\frac{\partial r}{\partial t}\right]ds\,ds',$$

en tenant compte des équations (6) et supposant l'intensité égale à l'unité dans l'élément ds'.

Il faut prendre la composante de cette action suivant ds' et, par suite, multiplier l'expression précédente par $\dfrac{\partial r}{\partial s}$; en remarquant que l'on a

$$r\frac{\partial l}{\partial t} - 1\frac{\partial r}{\partial t} = r^{2}\frac{\partial}{\partial t}\left(\frac{1}{r}\right),$$

la force électromotrice élémentaire devient

$$d^2\mathrm{E} = -\frac{\partial r}{\partial s}\frac{\partial r}{\partial s'}\frac{\partial}{\partial t}\left(\frac{1}{r}\right)ds\,ds'.$$

La force électromotrice totale, produite dans le circuit s' par le circuit s, s'obtiendra en intégrant cette expression par rapport à s et à s'. Comme l'intensité I est seulement une fonction du temps, et que les limites de l'intégrale sont elles-mêmes indépendantes du temps, on peut écrire

$$(9) \qquad \mathrm{E} = \frac{d}{dt}\mathrm{I}\int\int\frac{1}{r}\frac{\partial r}{\partial s}\frac{\partial r}{\partial s'}ds\,ds'.$$

On aura donc (**353**)

$$(10) \qquad \mathrm{E} = -\frac{d}{dt}\mathrm{I}\int\int\frac{\cos\varepsilon}{r}ds\,ds' = -\frac{d}{dt}(\mathrm{IM}) = \frac{d\mathrm{Q}}{dt},$$

ce qui donne l'expression générale (**518**) de la force électromotrice produite dans un circuit par un courant extérieur. On retrouverait, de même, les autres cas d'induction.

626. Différents essais de théorie. — De nombreuses tentatives ont été faites, à l'exemple de Weber, pour réunir dans une même théorie les phénomènes de l'électricité statique, les courants permanents et les effets d'induction, et pour établir un lien entre l'électricité, le magnétisme et la lumière.

Gauss a émis l'opinion que les actions électriques ne doivent pas se produire instantanément et qu'on doit trouver la clef des phénomènes électrodynamiques si l'on peut établir la loi de propagation des forces électriques.

Différents mathématiciens ont traité le problème dans cet ordre d'idées. On peut expliquer, par exemple, les phénomènes d'induction en admettant que le potentiel électrique se propage dans le milieu avec une certaine vitesse, qui serait la vitesse même de la lumière, d'après B. Riemann, ou d'un ordre tout différent, suivant la théorie de C. Neumann.

M. Betti assimile l'action des courants à celle d'un système d'aimants élémentaires, tangents en chaque point au contour des circuits et polarisés périodiquement en sens contraires, et il considère la force magnétique comme transmise dans le milieu avec une certaine vitesse.

M. Lorenz a montré, de son côté, qu'en ajoutant aux équations données par M. Kirchhoff sur les courants électriques des termes convenablement choisis, qui n'altèrent aucune conséquence expérimentale, on obtient une nouvelle série d'équations, qui indiquent une action de proche en proche entre les éléments du milieu, et un phénomène d'ondulation se propageant avec la vitesse de la lumière. Il arrive ainsi à des résultats tout à fait semblables à ceux que Maxwell avait déduits d'une théorie entièrement différente.

Dans le même ordre d'idées, M. Edlung a essayé de montrer que les phénomènes électriques, tant statiques que dynamiques, se laissent expliquer à l'aide d'un seul fluide qui, selon toute probabilité, n'est autre chose que l'éther.

M. Edlung admet que tous les corps à l'état neutre renferment une quantité normale d'éther, et qu'une électrisation, positive ou négative, correspond à une dose d'éther supérieure ou inférieure à la charge normale. Un corps électrisé dans un espace neutre ne subira aucune action, par raison de symétrie, quelle que soit sa charge électrique. On en déduit facilement que l'action de deux corps est proportionnelle à l'excès de leurs charges respectives sur les charges normales.

Un courant électrique n'est alors qu'un transport d'éther dans un sens déterminé; si l'on admet ensuite que l'action des deux masses dépend de leur vitesse et de leur accélération relative suivant la droite qui les joint, on arrive, par une marche analogue à celle de Weber, et en déterminant certains coefficients par l'identification des formules avec les résultats de l'expérience, à rendre compte des lois d'Ampère et des phénomènes d'induction.

Toutes les théories qui précèdent impliquent l'existence d'un milieu intermédiaire; car, si un effet mécanique quelconque, force ou potentiel, se transmet avec une vitesse finie d'une particule à une autre, il est nécessaire qu'un milieu de

structure convenable en ait été le siège pendant que cet effet
a quitté la première particule et n'a pas encore atteint la
seconde. Maxwell a fait intervenir directement les propriétés
de ce milieu et il est parvenu à établir, entre les phénomènes
électriques et les phénomènes lumineux, des relations numériques remarquables, conformes à l'expérience.

627. Théorie électromagnétique de la lumière. — Nous avons
vu, à plusieurs reprises, combien les différents phénomènes
d'électricité et de magnétisme sont favorables à la conception
de Faraday, qui consiste à abandonner l'idée des actions à distance, et à considérer les forces comme transmises par les réactions élastiques d'un milieu intermédiaire. C'est une hypothèse
analogue à celle qui sert de base aujourd'hui à la théorie physique de la lumière, mais il serait contraire à l'esprit scienti-
fique d'imaginer ainsi autant de milieux différents qu'il y a
de phénomènes à expliquer, comme on le faisait autrefois par
les hypothèses distinctes du fluide calorifique, des fluides électriques et des fluides magnétiques.

Le grand problème que soulève la philosophie de la science
est donc de connaître la constitution d'un milieu unique qui
permette d'expliquer en même temps tous les phénomènes
physiques. Si le calcul montre que les perturbations électromagnétiques se propagent, non seulement dans l'air, mais
dans tous les corps, avec la vitesse de propagation de la
lumière, la question aura déjà fait un grand pas, car il sera
démontré que ce milieu existe et que, selon toute probabilité,
les phénomènes électriques et lumineux ne sont que des mani-
festations différentes des propriétés dont il est doué. Telle
est la conséquence de la théorie de Maxwell. L'action, découverte par Faraday, d'un champ magnétique sur la polarisation
de la lumière qui la traverse sera une conséquence naturelle
du lien que le milieu commun établit entre les deux ordres
de phénomènes.

628. Équations générales. — Pour déterminer les conditions
de propagation d'une perturbation électromagnétique dans
un milieu, nous supposerons ce milieu en repos, c'est-à-dire
soustrait à tout autre mouvement que celui qui résulte de la
perturbation elle-même.

Les équations (11), (13) et (14) du n° **572** donnent

$$u' = u + \frac{\partial f}{\partial t},$$
$$4\pi f = KP,$$
$$u = Pc.$$

On en déduit

$$u' = cP + \frac{K}{4\pi}\frac{\partial P}{\partial t},$$

équation qu'on peut écrire sous la forme symbolique

$$(11) \qquad u' = \left(c + \frac{K}{4\pi}\frac{\partial}{\partial t}\right) P.$$

Le milieu étant immobile, les dérivées des coordonnées par rapport au temps sont nulles. Les équations (10) du n° **571** donnent alors

$$P = -\frac{\partial F}{\partial t} - \frac{\partial \psi}{\partial x};$$

il en résulte

$$(12) \qquad 4\pi u' = -\left(4\pi c + K\frac{\partial}{\partial t}\right)\left(\frac{\partial F}{\partial t} + \frac{\partial \psi}{\partial u}\right).$$

On a d'autre part, par les équations (12) du n° **572**,

$$(13) \qquad 4\pi u' = \frac{\partial Y}{\partial z} - \frac{\partial Z}{\partial y},$$

et les équations (2) du n° **567** donnent

$$2\left(\frac{\partial Y}{\partial z} - \frac{\partial Z}{\partial y}\right) = \frac{\partial}{\partial x}\left(\frac{\partial F}{\partial x} + \frac{\partial G}{\partial y} + \frac{\partial H}{\partial z}\right) - \Delta F = \frac{\partial \Theta}{\partial x} - \Delta F,$$

en posant

$$\Theta = \frac{\partial F}{\partial x} + \frac{\partial G}{\partial y} + \frac{\partial H}{\partial z},$$
$$\Delta F = \frac{\partial^2 F}{\partial x^2} + \frac{\partial^2 F}{\partial y^2} + \frac{\partial^2 F}{\partial z^2}.$$

Si on substitue cette valeur dans l'équation (13), il vient

$$(14) \qquad 4\pi u' = \mu \left(\frac{\partial \Theta}{\partial x} - \Delta F \right).$$

En éliminant u' entre les équations (13) et (14) et répétant des opérations analogues pour les autres coordonnées, on obtient finalement

$$(15) \quad \begin{aligned} &\mu \left(4\pi c + K \frac{\partial}{\partial t} \right) \left(\frac{\partial F}{\partial t} + \frac{\partial \psi}{\partial x} \right) + \frac{\partial \Theta}{\partial x} - \Delta F = 0, \\ &\mu \left(4\pi c + K \frac{\partial}{\partial t} \right) \left(\frac{\partial G}{\partial t} + \frac{\partial \psi}{\partial y} \right) + \frac{\partial \Theta}{\partial y} - \Delta G = 0, \\ &\mu \left(4\pi c + K \frac{\partial}{\partial t} \right) \left(\frac{\partial H}{\partial t} + \frac{\partial \psi}{\partial z} \right) + \frac{\partial \Theta}{\partial z} - \Delta H = 0. \end{aligned}$$

Si on prend les dérivées partielles de ces équations, respectivement par rapport à x, y, z, et qu'on les ajoute, il vient

$$(16) \qquad \mu \left(4\pi c + K \frac{\partial}{\partial t} \right) \left(\frac{\partial \Theta}{\partial t} + \Delta \psi \right) = 0.$$

Lorsque le milieu n'est pas conducteur, $c = 0$, et la valeur de $\Delta \psi$, qui est proportionnelle à la densité de l'électricité libre, est indépendante du temps. Il reste alors $\dfrac{\partial^2 \Theta}{\partial t^2} = 0$, c'est-à-dire que Θ est une fonction linéaire du temps, ou une quantité constante. Ces deux fonctions Θ et ψ ne joueront donc aucun rôle dans les phénomènes dus aux perturbations périodiques.

629. Propagation des ondulations dans un diélectrique. — Dans le cas d'un diélectrique, les équations (15) peuvent donc se réduire à

$$(17) \quad \begin{aligned} &K\mu \frac{\partial^2 F}{\partial t^2} - \Delta F = 0, \\ &K\mu \frac{\partial^2 G}{\partial t^2} - \Delta G = 0, \\ &K\mu \frac{\partial^2 H}{\partial t^2} - \Delta H = 0. \end{aligned}$$

Ces équations définissent la manière dont les fonctions F, G, H varient avec le temps et, par suite, la propagation des perturbations électromagnétiques ; elles ont la même forme que celles qui déterminent les mouvements vibratoires dans un corps solide élastique.

La vitesse V de propagation d'un ébranlement est donnée par l'expression

$$(13) \qquad V = \frac{1}{\sqrt{K\mu}}.$$

630. Ondes planes. — Supposons, en effet, qu'à un instant les perturbations électromagnétiques constituent une onde plane perpendiculaire à l'axe de z. Le milieu sera parcouru par des ondes planes parallèles à la première, et toutes les quantités dont les variations déterminent ces ondes sont seulement des fonctions de z et de t, indépendantes de x et y. Les équations (2) du n° **562** deviennent alors

$$\mu X = \frac{G}{\partial z},$$

$$\mu Y = -\frac{\partial F}{\partial z},$$

$$\mu Z = 0.$$

Les équations analogues à (13) donnent, de même,

$$4\pi u' = \frac{\partial Y}{\partial z} = -\frac{1}{\mu}\frac{\partial^2 F}{\partial z^2},$$

$$(19) \qquad 4\pi v' = -\frac{\partial X}{\partial z} = -\frac{1}{\mu}\frac{\partial^2 G}{\partial z^2},$$

$$4\pi w' = 0.$$

On voit déjà que la perturbation électrique est aussi dans le plan de l'onde et perpendiculaire à la perturbation électromagnétique, car si l'on a $Y = 0$, c'est-à-dire si la perturbation électromagnétique est parallèle à l'axe de x, on aura $u' = 0$, et la perturbation électrique sera parallèle à l'axe de y.

Pour un milieu non conducteur, l'équation (12) et les relations analogues relatives aux autres coordonnées donnent

$$(20) \qquad \begin{aligned} 4\pi u' &= -\,\mathrm{K}\,\frac{\partial^2 \mathrm{F}}{\partial t^2}, \\ 4\pi v' &= -\,\mathrm{K}\,\frac{\partial^2 \mathrm{G}}{\partial t^2}, \\ 4\pi w' &= -\,\mathrm{K}\,\frac{\partial^2 \mathrm{H}}{\partial t^2}; \end{aligned}$$

il en résulte

$$(21) \qquad \begin{aligned} \frac{\partial^2 \mathrm{F}}{\partial t^2} &= \frac{1}{\mathrm{K}\mu}\,\frac{\partial^2 \mathrm{F}}{\partial z^2}, & \qquad \frac{\partial^2 \mathrm{F}}{\partial t^2} &= \mathrm{V}^2\,\frac{\partial^2 \mathrm{F}}{\partial z^2}, \\ \frac{\partial^2 \mathrm{G}}{\partial t^2} &= \frac{1}{\mathrm{K}\mu}\,\frac{\partial^2 \mathrm{G}}{\partial z^2}, & \frac{\partial^2 \mathrm{G}}{\partial t^2} &= \mathrm{V}^2\,\frac{\partial^2 \mathrm{G}}{\partial z^2}, \\ \frac{\partial^2 \mathrm{H}}{\partial t^2} &= 0; & \frac{\partial^2 \mathrm{H}}{\partial t^2} &= 0. \end{aligned}$$

La dernière de ces équations a pour intégrale

$$(22) \qquad \mathrm{H} = \mathrm{A} + \mathrm{B}t,$$

expression dans laquelle A et B sont des fonctions de z. Cette quantité H est donc constante ou varie proportionnellement au temps. En tous cas, elle n'intervient pas dans la propagation des phénomènes périodiques.

Les deux premières équations ont pour intégrales des expressions de la forme

$$(23) \qquad \begin{aligned} \mathrm{F} &= f_1(z - \mathrm{V}t) + f_2(z + \mathrm{V}t), \\ \mathrm{G} &= \varphi_1(z - \mathrm{V}t) + \varphi_2(z + \mathrm{V}t). \end{aligned}$$

Les valeurs de F et de G se composent de deux parties distinctes. La première ne change pas quand on fait successivement $z = 0$, $t = 0$, ou $z = \mathrm{V}$ et $t = 1$; elle représente une onde plane qui se meut parallèlement à l'axe des z avec une vitesse égale à V. La seconde représente également une onde plane qui se meut dans la direction opposée avec la même vitesse.

631. — Une perturbation magnétique, sous forme d'onde plane, produit donc deux ondes planes qui se propagent de part et d'autre avec la même vitesse.

Lorsque l'on a $G = 0$, la force magnétique est parallèle à l'axe de y et égale à $-\dfrac{\partial F}{\partial z}$; la force électromotrice est parallèle à l'axe de x et a pour valeur $-\dfrac{\partial F}{\partial t}$. Si l'on admet l'identité de ces phénomènes avec la lumière, le cas actuel correspondra à un rayon de lumière polarisé. Le plan de polarisation coïncidera, soit avec le plan de perturbation magnétique, soit avec le plan de perturbation électrique qui lui est perpendiculaire.

Si la perturbation primitive est périodique et forme une vibration simple proportionnelle à $\sin 2\pi \dfrac{t}{T}$, le même caractère se retrouvera dans chacun des plans parallèles à l'onde primitive, et la longueur d'onde du phénomène est la distance VT parcourue par la propagation du mouvement pendant la durée T d'une période.

Si la perturbation est circulaire, c'est-à-dire si elle peut être figurée par un mobile qui décrit une circonférence d'un mouvement uniforme, le même caractère se reproduira dans les ondes propagées, et les plans qui passent par le rayon et la force magnétique ou le déplacement électrique sont toujours perpendiculaires entre eux. Ce serait le cas d'un rayon de lumière polarisé circulairement.

632. Partage des énergies. — Nous avons vu (**120**) que dans un système électrisé l'énergie du milieu par unité de volume est égale à la moitié du produit du déplacement par la force électrique. De même, dans le champ d'un système de courants (**570**), l'énergie par unité de volume est égale au quotient du carré de l'induction par $8\pi\mu$.

Supposons que l'onde plane considérée soit polarisée et que la perturbation électrique soit dirigée suivant l'axe des x. On aura alors $X = Z = 0$; $v' = w' = 0$; $g = h = 0$; $Q = R = 0$; $G = H = 0$.

L'énergie électrique par unité de volume a pour expression

$$\frac{1}{2} f P = \frac{K}{8\pi} P^2 = \frac{K}{8\pi} \left(\frac{\partial F}{\partial t} \right)^2,$$

et l'énergie électromagnétique

$$\frac{1}{8\pi\mu}\,(\mu^2 Y^2) = \frac{1}{8\pi\mu}\left(\frac{\partial F}{\partial z}\right)^2.$$

Ces deux expressions sont égales, car, si on multiplie les deux membres de la première des équations (21) par les facteurs égaux $\dfrac{\partial F}{\partial t}$ et $\dfrac{\partial F}{\partial z}\dfrac{\partial z}{\partial t}$, et qu'on intègre par rapport à t, on obtien‘

$$\left(\frac{\partial F}{\partial z}\right)^2 = K\mu\left(\frac{\partial F}{\partial t}\right)^2.$$

L'énergie totale du milieu dans lequel se propagent les ondes est donc moitié sous forme d'énergie électrostatique et moitié sous forme d'énergie électromagnétique.

Désignons par p chacune de ces énergies par unité de volume. En vertu de son état électrique (**104**) le milieu est soumis à une tension $\dfrac{p}{2}$ parallèle à l'axe des x et une pression de même valeur parallèlement aux axes des y et des z. En vertu de son état électromagnétique, le milieu est soumis aux mêmes effets, sauf qu'il faut remplacer l'axe des x par l'axe des y et inversement. Ces actions se détruisent dans le plan de l'onde et il reste normalement à ce plan une pression p égale à a moitié de l'énergie totale par unité de volume.

Un rayon de lumière produit donc dans un milieu une pression parallèle au sens de la propagation et exercerait une répulsion sur une lame de métal qu'il rencontrerait. Il est possible que cet effet intervienne pour une part dans le mouvement des radiomètres.

633. Vitesse de propagation de la lumière. — Le véritable contrôle de cette théorie est donc que, dans tous les milieux, la vitesse de propagation des perturbations magnétiques soit la même que la vitesse de la lumière.

Supposons d'abord que le milieu considéré soit de l'air. Le coefficient K serait égal à l'unité si l'on avait adopté les unités électrostatiques. Dans le système électromagnétique, la valeur de ce coefficient (**608**) est $\dfrac{1}{a^2}$.

Il en résulte

$$V = \frac{1}{\sqrt{K}} = a.$$

Ainsi la vitesse de propagation d'une perturbation électromagnétique dans l'air est égale au rapport des unités ; ce rapport doit donc être égal à la vitesse de propagation de la lumière. Or, l'expérience indique pour ces deux vitesses des valeurs qui diffèrent extrêmement peu de 3oo,ooo kilomètres par seconde, et les travaux les plus récents s'accordent à donner des nombres d'autant plus voisins l'un de l'autre que les mesures ont été faites avec plus d'exactitude. Une pareille coïncidence ne peut être un effet du hasard, et la théorie ingénieuse de Maxwell trouve ainsi dans l'expérience une confirmation éclatante.

634. Pouvoir inducteur spécifique. — Considérons maintenant un milieu diélectrique dont l'indice de réfraction soit n et le pouvoir inducteur spécifique plus grand que celui de l'air. En désignant par V la vitesse de propagation de la lumière dans l'air et par V' sa vitesse dans le milieu considéré, on a

$$nV' = V, \qquad \text{ou} \qquad n^2 V'^2 = V^2.$$

D'autre part, la vitesse V'' de propagation des perturbations électromagnétiques s'obtiendra en remplaçant K par K', ce qui donne

$$K'V''^2 = KV^2 = 1.$$

Pour que les vitesses V'' et V' soient encore égales, il faut qu'on ait $n^2 = \dfrac{K'}{K}$.

Il résulte donc de cette théorie que le pouvoir inducteur spécifique d'un diélectrique, par rapport à celui de l'air, est égal au carré de son indice de réfraction.

Il se présente ici, pour la vérification expérimentale de cette conséquence, une difficulté qui tient à la dispersion des milieux réfringents. L'indice de réfraction étant variable avec la longueur d'onde, l'idée la plus naturelle est de considérer la valeur limite de l'indice, c'est-à-dire celle qui correspond à la plus grande longueur d'onde. Pour la paraffine, par exemple, les indices de réfraction des rayons lumineux extrêmes varient de $1,43$ à $1,45$, et les meilleures expériences montrent que le pouvoir inducteur spécifique est égal à $2,29$, dont la racine carrée $1,51$ n'est pas très éloignée de l'indice de réfraction. L'accord est beaucoup moins satisfaisant avec la plupart des diélectriques solides transparents, tels que les différentes espèces de verre, le spath d'Islande, le spath fluor et le quartz ; leur pouvoir inducteur spécifique est toujours plus élevé, quelquefois le double du carré de l'indice de réfraction. Il en est de même pour les huiles végétales et animales, d'après les expériences récentes de M. Hopkinson.

Pour les gaz, dont la réfraction est plus faible et la dispersion négligeable, la puissance réfractive $n^2 - 1$ est proportionnelle au poids spécifique, ou à la pression, si la température est constante ; il doit en résulter que le pouvoir inducteur spécifique croît aussi proportionnellement à la pression, et par le même coefficient que la puissance réfractive. Cette conséquence paraît avoir été vérifiée par les recherches de M. Boltzmann.

Le contrôle de l'expérience ne peut donc pas être considéré comme suffisant pour confirmer la théorie ; mais on ne doit pas attacher trop d'importance à ce désaccord apparent, si l'on tient compte du fait que le pouvoir inducteur spécifique diminue d'une manière notable avec la durée de l'électrisation. Or, la période des oscillations électriques qu'il faut admettre pour expliquer les phénomènes lumineux est hors de toute proportion avec le plus court intervalle de temps que l'on puisse réaliser dans les expériences d'électricité.

Dans tous les cas, cette corrélation des propriétés optiques et électriques d'un milieu peut être considérée, au moins, comme une première approximation d'une théorie qui reste à préciser davantage.

635. Milieux anisotropes. — Pour étendre la théorie aux milieux anisotropes, il serait nécessaire, en toute rigueur, de connaître la relation qui existe entre la constitution moléculaire d'un milieu et ses propriétés électriques ; mais, sans formuler aucune conception hypothétique, il suffit d'admettre

que le pouvoir inducteur spécifique du milieu n'est pas le
même dans les différentes directions, en d'autres termes, que
la force électromotrice, au lieu d'être proportionnelle au déplacement et dans la même direction, est liée au déplacement
par un système d'équations linéaires, comme pour les phénomènes de dilatation calorifique.

Dans ce cas, il existe trois directions rectangulaires suivant
lesquelles la force électromotrice est dans la direction du
déplacement ; en prenant ces directions pour axes de coordonnées, et appelant K_1, K_2 et K_3 les trois valeurs principales
du pouvoir inducteur spécifique, ou a, b et c les trois vitesses
principales de propagation, on peut écrire

$$
(24) \qquad
\begin{aligned}
4\pi f &= K_1 P = \frac{1}{a^2} P, \\[4pt]
4\pi g &= K_2 Q = \frac{1}{b^2} Q, \\[4pt]
4\pi h &= K_3 R = \frac{1}{c^2} R.
\end{aligned}
$$

Dans un milieu non conducteur, dont la densité électrique
est constante en chaque point, les équations générales de propagation (15) deviennent alors

$$
(25) \qquad
\begin{aligned}
K_1 \frac{\partial^2 F}{\partial t^2} &= \Delta F - \frac{\partial \Theta}{\partial x} = \frac{1}{a^2}\frac{\partial^2 F}{\partial t^2}, \\[4pt]
K_2 \frac{\partial^2 G}{\partial t^2} &= \Delta G - \frac{\partial \Theta}{\partial y} = \frac{1}{b^2}\frac{\partial^2 G}{\partial t^2}, \\[4pt]
K_3 \frac{\partial^2 H}{\partial t^2} &= \Delta H - \frac{\partial \Theta}{\partial z} = \frac{1}{c^2}\frac{\partial^2 H}{\partial t^2}.
\end{aligned}
$$

En désignant par l, m et n les cosinus des angles que fait
avec les axes la normale à une onde plane qui se propage
avec la vitesse V, on peut écrire

$$
l x + m y + n z - V t = w.
$$

Représentons par F'', G'', H'' les dérivées secondes par rapport à w des différentes fonctions F, G, H; les équations (25) deviennent

$$(26) \quad \begin{aligned}
\left(\frac{V^2 - a^2}{a^2} + l^2\right) F'' + l(mG'' + nH'') &= 0, \\
\left(\frac{V^2 - b^2}{b^2} + m^2\right) G'' + m(nH'' + lF'') &= 0, \\
\left(\frac{V^2 - c^2}{c^2} + n^2\right) H'' + n(lF'' + mG'') &= 0.
\end{aligned}$$

En éliminant les fonctions F'', G'' et H'' entre ces trois équations, on obtient

$$(27) \qquad \frac{l^2}{V^2 - a^2} + \frac{m^2}{V^2 - b^2} + \frac{n^2}{V^2 - c^2} = 0.$$

C'est une équation de même forme que celle qui détermine la vitesse de propagation de la lumière dans les milieux réfringents à deux axes. Elle donne, pour une direction quelconque, deux vitesses correspondant à deux ondes distinctes qui se propagent dans le même sens. Si l'onde est, par exemple, perpendiculaire à l'axe de x, on a $m = 0$, $n = 0$, et les valeurs de la vitesse sont b et c.

636. — Si le milieu est symétrique par rapport à un axe, par exemple l'axe de x, les deux vitesses b et c sont égales et l'équation (27) se réduit à

$$l^2(V^2 - b^2)^2 + (1 - l^2)(V^2 - a^2)(V^2 - b^2) = 0.$$

Pour une onde perpendiculaire à l'axe, $l = 1$; il n'y a alors qu'une vitesse de propagation, $V = b$, quelle que soit la direction des ébranlements électriques et magnétiques dans le plan de l'onde. Si l'onde est parallèle à l'axe, $l = 0$, et l'on a deux vitesses de propagation, $V = a$ et $V = b$. L'onde qui se propage avec la vitesse b a le caractère de l'onde ordinaire dans les phénomènes d'optique, et correspond à une perturbation électrique perpendiculaire à l'axe. Comme cette onde est polarisée dans le plan de l'axe et du rayon, on voit que le plan de polarisation de la lumière est perpendiculaire au plan de perturbation électrique.

637. Corps imparfaitement isolants. — Supposons que le milieu soit imparfaitement isolant et isotrope, et que les effets de déplacement et de conductibilité soient de même ordre. Alors l'énergie se transforme partiellement en chaleur, et l'onde qui se propage s'affaiblit graduellement.

Considérons une onde plane perpendiculaire à l'axe de z, la perturbation étant parallèle à l'axe de x. Les équations (15) donnent alors

$$(28) \qquad 4\pi c\,\frac{\partial F}{\partial t} + K\,\frac{\partial^2 F}{\partial t^2} = \frac{\partial^2 F}{\partial z^2}.$$

L'intégrale est une fonction de la forme

$$F = e^{-pz}\cos(nt - qz),$$

les coefficients devant satisfaire aux conditions

$$q^2 - p^2 = Kn^2,$$
$$2pq = 4\pi cn.$$

Cette expression représente une onde, qui se propage parallèlement à l'axe de z avec une vitesse V égale à $\dfrac{n}{q}$, et dont l'amplitude diminue rapidement.

Le coefficient d'absorption p a pour valeur $2\pi cV$. L'absorption de la lumière doit donc augmenter avec la conductibilité électrique. L'expérience indique, en effet, que la plupart des corps transparents sont diélectriques, et que tous les bons conducteurs sont très opaques.

Toutefois, cette relation n'est pas absolue, car certains métaux sont transparents sous une faible épaisseur et plusieurs diélectriques sont opaques. On doit mettre à part les électrolytes, qui sont presque tous transparents, car la décomposition qui accompagne le passage de l'électricité change complètement la nature du phénomène, et on ne se trouve plus en présence d'un simple effet de conductibilité.

638. Corps conducteurs. — Considérons enfin un milieu isotrope conducteur, ou du moins un milieu dans lequel les phénomènes de conduction soient dominants par rapport à ceux du déplacement électrique. Si on néglige alors dans les équations (15) les termes qui renferment le facteur K, ainsi que les fonctions Θ et ψ, il vient

$$4\pi c \frac{\partial F}{\partial t} = \Delta F,$$

$$(29) \qquad 4\pi c \frac{\partial G}{\partial t} = \Delta G.$$

$$4\pi c \frac{\partial H}{\partial t} = \Delta H.$$

Chacune de ces équations a la même forme que celle qui donne la diffusion de la chaleur dans la théorie de Fourier.

En effet, si on appelle k, comme on l'a fait plus haut (**70**), le coefficient de conductibilité calorifique d'un milieu isotrope, et si l'on considère la fonction F comme désignant la température en chaque point, l'expression $k\Delta F$ représente le flux de chaleur qui pénètre pendant l'unité de temps dans l'unité de volume; $\dfrac{\partial F}{\partial t}$ est l'élévation correspondante de température, de sorte que le coefficient $4\pi ck$ est la capacité calorifique du milieu par unité de volume.

Les propriétés électromagnétiques, une fois établies dans un milieu, éprouvent donc une diffusion analogue à celle de la chaleur; mais on doit remarquer que le coefficient k de conductibilité du milieu qui produirait la même diffusion calorifique est en raison inverse de c. La diffusion des effets électromagnétiques est donc en raison inverse de la conductibilité électrique, de sorte qu'un milieu doué d'une conductibilité parfaite opposerait un obstacle absolu à cette diffusion.

Considérons, par exemple, le cas d'un courant linéaire entouré d'un milieu conducteur. Au moment où on établit le courant principal, le courant induit dans le milieu qui l'entoure a la même intensité, et leur action sur un point éloigné est nulle; le régime ne s'établit qu'après l'extinction des courants induits par la résistance du milieu. Mais, à mesure que le courant induit s'affaiblit, il produit autour de lui un courant de même sens, de sorte que l'espace occupé dans le milieu par le courant induit s'agrandit de plus en plus, à mesure que l'intensité diminue.

Si le courant principal est maintenu constant, les courants induits se diffusent graduellement; quand le régime permanent est atteint, les valeurs de ΔF, ΔG et ΔH sont nulles dans tout le milieu et ne conservent de valeurs finies que dans la portion occupée par le circuit du courant.

639. Polarisation rotatoire magnétique. — La théorie ordinaire des ondulations admet que les phénomènes lumineux sont produits par les vibrations de l'éther; mais on doit reconnaître qu'une interprétation aussi formelle dépasse la portée des expériences. On ignore, en réalité, quelle est la nature même de la lumière. La seule chose qui puisse être considérée comme démontrée, c'est que, dans un rayon de lumière, il y a un effet mécanique de la nature d'un vecteur en géométrie, c'est-à-dire caractérisé par une grandeur et une direction; cette direction est normale au rayon, et elle varie périodiquement dans un même plan lorsque le rayon est polarisé. C'est la conséquence des phénomènes d'interférence.

Dans le cas d'un rayon polarisé circulairement, la grandeur de cet effet mécanique, de ce vecteur, reste constante, mais sa direction tourne autour du rayon et effectue une révolution complète pendant chaque période. Lorsqu'un pareil rayon traverse un milieu sous l'action d'une force magnétique, sa vitesse de propagation est modifiée; on en doit conclure qu'il existe dans le milieu quelque mouvement rotatoire dont l'axe est parallèle à la direction des forces magnétiques. Cette rotation ne s'applique à aucune portion finie du milieu, prise comme un ensemble, et l'on doit concevoir qu'elle est limitée aux moindres particules du corps, dont chacune tourne autour d'un axe qui lui est propre. C'est l'hypothèse (**601**) des tourbillons moléculaires (*vortices*).

Maxwell a expliqué ainsi les phénomènes de polarisation rotatoire magnétique par l'idée des tourbillons moléculaires;

mais, sans entrer dans l'exposé de cette théorie, on peut arriver au même résultat, comme l'a montré M. Rowland, en faisant intervenir une action nouvelle découverte par M. Hall.

640. Phénomène de Hall. — Soit ABCD (fig. 127) un conducteur en forme de croix taillé dans une feuille métallique très mince, une feuille d'or, par exemple ; les deux extrémités A et B de la branche principale sont en communication avec

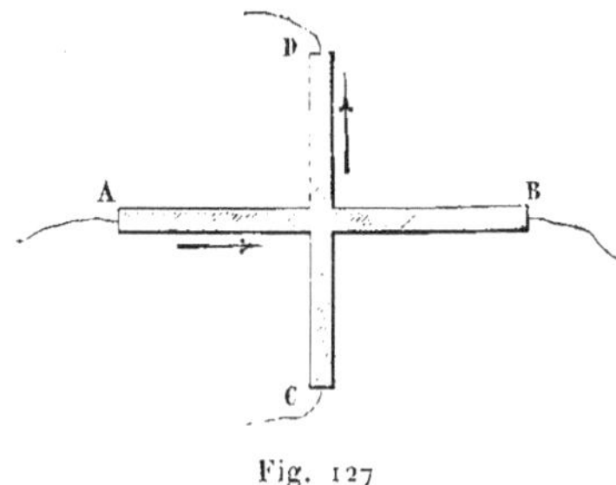

Fig. 127

les pôles d'une pile, les extrémités C et D de la branche transversale en communication avec un galvanomètre. On arrive facilement à disposer l'appareil de manière qu'aucune portion du courant ne traverse le galvanomètre.

Quand on place ce conducteur dans un champ magnétique très intense, de manière que les lignes de force soient perpendiculaires à son plan, une déviation permanente de l'aiguille montre qu'un courant constant traverse le galvanomètre. Si le courant va de A en B dans la branche principale, et que les lignes de force traversent d'avant en arrière le plan de la figure, le courant dérivé va de D en C à travers le galvanomètre, lorsque le conducteur est formé d'une feuille d'or, d'argent, de platine ou d'étain, et en sens contraire lorsque le métal est du fer. L'action cesse d'être appréciable quand on augmente l'épaisseur des conducteurs.

Dans le premier cas, le courant est entraîné dans le sens de la force électromagnétique qui s'exercerait sur un fil parallèle à AB et traversé par un courant de A en B ; on peut dire qu'il en est encore de même dans le second cas, puisqu'à l'intérieur d'une lame de fer, par suite de l'aimantation, le sens des lignes de force et la direction de la force électromagnétique ont changé de signe.

Ainsi interprété, le phénomène de Hall serait en contradiction avec l'opinion généralement adoptée que, dans les phénomènes électromagnétiques, l'action s'exerce sur les *supports* des courants et non sur le courant lui-même. Mais, de quelque manière qu'on explique l'expérience, il en résulte qu'un champ magnétique à l'état stationnaire développe une force électromotrice qui tend à entraîner l'électricité dans le sens de l'action électromagnétique, c'est-à-dire vers la gauche d'un observateur placé dans le courant et qui regarde dans la direction de la force magnétique.

Comme l'effet dont il s'agit est très petit, l'hypothèse la plus naturelle, vérifiée d'ailleurs approximativement par les expériences de M. Hall, est d'admettre qu'il est proportionnel à la force électromagnétique.

611. Équations générales. — Soient A, B, C les composantes de cette force électromotrice nouvelle, et supposons qu'il s'agisse d'un milieu magnétique. La composante A, qui agit suivant l'axe des x, est la somme algébrique des deux actions exercées sur les composantes v' et w' du flux d'électricité suivant l'axe des y et suivant l'axe des z : la première est proportionnelle à $-Zv'$, et la seconde à Yw'. En désignant par γ le coefficient de proportionnalité, on aura donc

$$A = \gamma(Yw' - Zv'),$$
$$(30) \qquad B = \gamma(Zu' - Xw').$$
$$C = \gamma(Xv' - Yu').$$

Les composantes de la force électromotrice totale du champ deviennent alors

$$P = -\frac{\partial F}{\partial t} + A,$$
$$(31) \qquad Q = -\frac{\partial G}{\partial t} + B,$$
$$R = -\frac{\partial H}{\partial t} + C.$$

Les équations (15) donnent, en introduisant les forces électromotrices nouvelles,

$$(32) \quad \mu\left(4\pi c + K\frac{\partial}{\partial t}\right)\left(\frac{\partial F}{\partial t} - A + \frac{\partial \psi}{\partial x}\right) + \frac{\partial \Theta}{\partial x} - \Delta F = 0, \text{ etc.}$$

Comme les fonctions ψ et Θ ne jouent pas de rôle dans les phénomènes périodiques, on aura donc, si le milieu n'est pas conducteur,

$$(33) \quad \begin{aligned} K\mu\left(\frac{\partial^2 F}{\partial t^2} - \frac{\partial A}{\partial t}\right) &= \Delta F, \\ K\mu\left(\frac{\partial^2 G}{\partial t^2} - \frac{\partial B}{\partial t}\right) &= \Delta G, \\ K\mu\left(\frac{\partial^2 H}{\partial t^2} - \frac{\partial C}{\partial t}\right) &= \Delta H. \end{aligned}$$

612. Propagation d'une onde plane. — Considérons une onde plane perpendiculaire à l'axe des z. On n'aura à tenir compte que de la composante Z de la force magnétique parallèle à cet axe ; dans ce cas, si le champ est constant, les équations (33) se réduisent à

$$(34) \quad \begin{aligned} K\mu\left(\frac{\partial^2 F}{\partial t^2} + \gamma Z\frac{\partial v'}{\partial t}\right) &= \frac{\partial^2 F}{\partial z^2}, \\ K\mu\left(\frac{\partial^2 G}{\partial t^2} - \gamma Z\frac{\partial u'}{\partial t}\right) &= \frac{\partial^2 G}{\partial z^2}, \\ K\mu\frac{\partial^2 H}{\partial t^2} &= 0. \end{aligned}$$

Les équations (2) et (12) des n^{os} **567** et **572** donnent

$$4\pi u' = +\frac{\partial Y}{\partial z} = -\frac{1}{\mu}\frac{\partial^2 F}{\partial z^2},$$
$$4\pi v' = -\frac{\partial X}{\partial z} = -\frac{1}{\mu}\frac{\partial^2 G}{\partial z^2}.$$

Il en résulte

$$\frac{\partial u'}{\partial t} = -\frac{1}{4\pi\mu}\frac{\partial^3 F}{\partial z^2 \partial t},$$

$$\frac{\partial v'}{\partial t} = -\frac{1}{4\pi\mu}\frac{\partial^3 G}{\partial z^2 \partial t}.$$

En substituant ces valeurs dans les équations (34), il vient

$$(35) \qquad
\begin{aligned}
&K\mu\left(\frac{\partial^2 F}{\partial t^2} - \frac{\gamma Z}{4\pi\mu}\frac{\partial^3 G}{\partial z^2 \partial t}\right) = \frac{\partial^2 F}{\partial z^2}, \\
&K\mu\left(\frac{\partial^2 G}{\partial t^2} - \frac{\gamma Z}{4\pi\mu}\frac{\partial^3 F}{\partial z^2 \partial t}\right) = \frac{\partial^2 G}{\partial z^2}.
\end{aligned}$$

Ces équations ont une solution de la forme

$$(36) \qquad
\begin{aligned}
&F = r\cos(pt - qz)\cos mt, \\
&G = r\cos(pt - qz)\sin mt.
\end{aligned}$$

On déterminera les coefficients par la condition que les équations différentielles soient satisfaites pour toutes les valeurs de z et de t, ce qui donne

$$(37) \qquad
\begin{aligned}
&K\mu(p^2 + m^2) - q^2\left(1 + \gamma\frac{m ZK}{4\pi}\right) = 0, \\
&2mp\mu - \gamma\frac{Zq^2}{4\pi} = 0.
\end{aligned}$$

Les valeurs de F et de G sont les projections sur les axes d'une force électromotrice $r\cos(pt - qz)$, qui fait avec l'axe des x un angle mt proportionnel au temps.

613. Rotation du plan de polarisation. — Le phénomène représente donc un rayon de lumière qui se propage suivant l'axe des z avec une vitesse $V = \dfrac{p}{q}$, dont la période de vibration est $T = \dfrac{2\pi}{p}$; la longueur d'onde, c'est-à-dire l'espace parcouru pendant une période, est $\lambda = \dfrac{p}{q}\dfrac{2\pi}{p} = \dfrac{2\pi}{q}$.

Ce rayon est polarisé rectilignement ; mais le plan de polarisation tourne, comme dans un milieu actif, et la rotation complète s'effectue en un temps $\tau = \dfrac{2\pi}{m}$.

Les équations de condition (37) donnent

$$m = \frac{\gamma}{2\mu}\frac{Zq^2}{4\pi} = \frac{\pi\gamma Z}{2\mu\lambda^2},$$
$$V = \frac{p}{q} = \frac{1}{\sqrt{K\mu}}\sqrt{1 + \frac{mZK}{8\pi}} = \frac{1}{\sqrt{K\mu}}\sqrt{1 - \frac{K\mu m^2\lambda^2}{4\pi^2}}.$$

Comme le terme en γ est très petit, on peut prendre la racine carrée par approximation, et il vient finalement :

$$m = \gamma\frac{\pi Z}{2\mu\lambda^2},$$
$$V = \frac{1}{\sqrt{K\mu}}\left(1 + \frac{K\mu m^2\lambda^2}{8\pi^2}\right),$$
$$\tau = \frac{4\mu\lambda^2}{\gamma Z}.$$

Il en résulte les conséquences suivantes :

1° Lorsqu'un rayon polarisé se propage suivant la direction d'une ligne de force magnétique, le plan de polarisation tourne dans une direction qui dépend du signe de γ.

C'est le phénomène découvert par Faraday, avec l'inversion pour les corps magnétiques observée par Verdet.

2° La vitesse de propagation est augmentée par l'action électromagnétique ; mais cet effet est sans doute trop faible pour être mis en évidence.

Si l'on désigne par λ_0 et V_0 la longueur d'onde et la vitesse du rayon dans le vide, lorsqu'il est soustrait à l'action magnétique, et n l'indice de réfraction quand il passe dans le milieu considéré, on a $n\lambda = \lambda_0$ et $nV = V_0$. Le temps que met ce rayon à parcourir une épaisseur e du milieu est $\dfrac{e}{V} = \dfrac{ne}{V_0}$; la rotation θ qu'éprouve le plan de polarisation a pour valeur

$$\theta = m\frac{e}{V} = \gamma e Z \frac{\pi n^3}{2\mu V \lambda^2}.$$

et la rotation ω, pour une différence de potentiel égale à l'unité, devient

$$\omega = \gamma \frac{\pi n^3}{2\pi V \lambda^2}.$$

Si l'indice de réfraction était indépendant de la dispersion du milieu, la rotation du plan de polarisation serait en raison inverse du carré de la longueur d'onde, ce qui est la loi approchée de la rotation magnétique.

Nous avons vu (**597**) que, pour tenir compte de la dispersion, il suffit de multiplier ce résultat par le facteur $\left(1 - \dfrac{\lambda}{n}\dfrac{dn}{d\lambda}\right)$; il vient alors

$$\omega = \gamma \frac{\pi n^2}{2\mu V \lambda^2}\left(n - \lambda\frac{dn}{d\lambda}\right).$$

C'est, à part le facteur μ, la formule à laquelle était parvenu Maxwell par la théorie des tourbillons moléculaires, et celle qui s'accorde le mieux avec l'expérience. On voit que, toutes choses égales d'ailleurs, le pouvoir rotatoire est en raison inverse du coefficient de perméabilité μ.

CHAPITRE ONZIÈME

COMPLÉMENT

611. Conséquences du principe de Carnot. — Sir W. Thomson a montré que les principes qui servent de base à la théorie de la chaleur, c'est-à-dire le principe de la conservation de l'énergie et le principe de Carnot, permettent d'établir quelque propriétés importantes relatives aux phénomènes électriques et magnétiques.

Toutes les fois qu'un corps perd de la chaleur ou change de dimensions, malgré des forces extérieures qui tendent à le déformer en sens contraire, il effectue un travail. Quel que soit le cycle de transformations, le travail mécanique extérieur ne dépend que de l'état final et de l'état initial du corps. Dans tous les cas, ce travail mécanique ou calorifique correspond à une perte d'énergie du corps considéré.

L'énergie intrinsèque ou potentielle d'un corps est le travail total qu'il pourrait effectuer par un refroidissement indéfini et par une extension ou une contraction sans limites, suivant que les forces moléculaires sont répulsives ou attractives. Il n'existe aucun moyen d'évaluer cette énergie, ni même de savoir si elle est finie pour une masse limitée ; mais on peut mesurer les changements qu'elle éprouve à partir d'un état déterminé, pris comme *état normal*.

L'état mécanique d'un corps homogène qui a subi une déformation quelconque homogène, c'est-à-dire une déformation qui se reproduit de la même manière dans chaque élément du volume, peut être exprimé par six variables indépendantes, par exemple les longueurs des côtés et les valeurs des angles d'un parallélipipède, ou les six éléments d'un ellipsoïde, qui renfermerait toujours la même portion du corps solide.

615. — L'énergie potentielle E d'un corps par unité de poids, à partir de son état normal, est une fonction de son état mécanique (forme et dimensions) et de sa température. Quand le corps éprouve une transformation quelconque, il absorbe une certaine quantité H d'énergie qui dépend de la déformation qu'il a subie et de la variation de température. Si l'une des variables seulement x a varié de dx et la température de dT, on peut écrire

$$(1) \qquad dH = adx + ldT.$$

Les fonctions a et l ont une signification physique évidente. En les divisant par l'équivalent mécanique de la chaleur, la première représente la chaleur latente relative à la variable x, et la seconde l la chaleur spécifique pour un état mécanique constant.

Le travail dW effectué par les forces extérieures ne dépend que du changement de forme, et l'on a

$$dW = bdx.$$

L'accroissement d'énergie potentielle est la somme de ces deux expressions, ce qui donne

$$(2) \qquad dE = (a + b)dx + ldT.$$

Pour un cycle fermé quelconque, la variation totale d'énergie potentielle est nulle; la variation élémentaire doit donc être une différentielle exacte des variables indépendantes, ce qui donne la condition

$$(3) \qquad \frac{\partial(a+b)}{\partial T} = \frac{\partial l}{\partial x}.$$

Cette équation peut être considérée comme traduisant le principe de la conservation de l'énergie, ou l'équivalence mécanique de la chaleur.

616. — Pour appliquer le principe de Carnot, il est nécessaire que le cycle des transformations soit reversible et que
l'état final du corps soit identique à l'état initial.

La somme des quotients de l'énergie calorifique absorbée
par la température absolue correspondante est alors nulle, et
l'on a

$$\int \frac{d\mathrm{H}}{\mathrm{T}} = \int \left(\frac{a}{\mathrm{T}} d\mathfrak{r} + \frac{i}{\mathrm{T}} d\mathrm{T} \right) = 0.$$

L'expression comprise entre parenthèses devant être aussi
une différentielle exacte, il en résulte

$$(4) \qquad \frac{\partial a}{\partial \mathrm{T}} - \frac{a}{\mathrm{T}} = \frac{\partial i}{\partial \mathfrak{r}}.$$

Cette équation (4) peut être considérée egalement comme
la traduction du principe de Carnot.

En comparant les équations (3) et (4), on en déduit

$$(5) \qquad \frac{a}{\mathrm{T}} = \frac{\partial b}{\partial \mathrm{T}}.$$

On obtiendrait une équation analogue pour toute autre
variable indépendante. Si on désigne par A la dérivée totale
de l'énergie calorifique absorbée pour une transformation
quelconque du corps à température constante, ce qui correspond a la chaleur latente relative à cette transformation, et
par B la dérivée correspondante du travail extérieur, on
aura donc

$$(6) \qquad A = T \frac{\partial B}{\partial T}.$$

617. — On peut déduire de cette équation (6) les conséquences suivantes :

Toutes les fois que le travail extérieur a lieu dans un sens
tel que la dérivée $\dfrac{\partial B}{\partial T}$ est négative, la valeur de A est positive.

En d'autres termes, quand la déformation produite par le travail extérieur est telle qu'une déformation de même nature pourrait être provoquée par un refroidissement du corps, ce travail est accompagné d'un dégagement de chaleur et, par conséquent, d'une élévation de température. L'inverse aurait lieu si la dérivée $\dfrac{\partial B}{\partial T}$ était positive. C'est ainsi qu'un gaz s'échauffe quand on le comprime, et qu'il se refroidit quand on le dilate.

Comme les corps solides se dilatent, en général, lorsque la température s'élève, on voit que la compression uniforme d'un corps solide produira aussi une élévation de température, et la décompression un refroidissement.

Il en est autrement pour les corps dont la dilatation est anormale, tels que l'eau à une température inférieure à 4° et l'iodure d'argent aux températures ordinaires. La compression de ces corps produirait un abaissement de température.

De même encore, un fil métallique tordu doit se refroidir quand on le tord davantage (si l'on admet comme certain que le coefficient de torsion diminue quand la température augmente). Un fil tordu doit aussi s'échauffer, indépendamment du travail extérieur produit, quand on le laisse se détordre.

Dans chaque cas, la quantité d'énergie absorbée ou dégagée Il se déduit du travail extérieur et des propriétés du corps. Sans insister davantage sur les phénomènes purement calorifiques qu'on pourrait ainsi déduire du principe de Carnot, nous examinerons quelques conséquences de l'équation (6) relatives aux phénomènes électriques ou magnétiques.

648. Variations de température pendant l'aimantation. — Les relations que nous avons indiquées (**132**) entre les variations de température et les coefficients d'aimantation permettent de prévoir les résultats suivants :

1° Si l'on opère à une température inférieure au rouge, mais assez élevée pour que le coefficient d'aimantation du fer soit décroissant, un morceau de fer doux doit s'échauffer quand on l'approche lentement d'un aimant et se refroidir si on l'éloigne. Nous supposons que ces mouvements sont lents, afin d'éviter l'influence des courants d'induction.

L'inverse aurait lieu aux températures ordinaires, si le coefficient d'aimantation, comme il semble probable, croit avec la température.

2° Le cobalt doit se comporter comme le fer : se refroidir quand on l'approche d'un aimant à la température ordinaire, et s'échauffer, au contraire, si l'on opère à une température supérieure à celle du maximum d'aimantation.

3° Pour le nickel, il n'y a pas de maximum d'aimantation : à toute température, ce métal doit s'échauffer quand on l'approche, et se refroidir quand on l'éloigne d'un aimant.

D'une manière plus générale, le nickel et le cobalt aux températures ordinaires doivent se refroidir quand le mouvement exige un travail extérieur opposé à celui des forces magnétiques. Pour le nickel à une température quelconque, et pour les deux premiers métaux à des températures supérieures à celles du maximum d'aimantation, tout déplacement qui exige un travail opposé aux actions magnétiques produit, au contraire, un échauffement du corps.

4° Dans un champ magnétique, un cristal se refroidit quand son axe de plus grande induction magnétique, ou de plus petite induction diamagnétique, passe d'une direction parallèle à une direction perpendiculaire à celle du champ.

619. Échauffement électrique de la tourmaline. — Les phénomènes pyroélectriques donnent lieu à des considérations analogues.

La pyroélectricité des cristaux s'explique, dans les idées de Faraday (**118**), en admettant que le cristal est dans un état de polarisation électrique dont l'effet extérieur est équivalent à celui de deux couches, de masses égales et de signes contraires, distribuées sur la surface. Lorsque le cristal est à une température constante, le milieu qui l'entoure ne tarde pas à prendre, soit par sa conductibilité propre, soit par la surface du cristal lui-même, une électrisation superficielle qui fait équilibre à la première et annule son action sur tout point extérieur.

Lorsqu'on brise le cristal normalement à l'axe électrique, les deux fragments se montrent dans leur ensemble électrisés en sens contraires, non seulement par les couches nouvelles que produit la polarisation sur les surfaces de la fracture, mais à cause aussi de l'électrisation induite sur les anciennes surfaces et dont l'équilibre est rompu.

Quand la température change, la polarisation électrique change aussitôt, mais l'équilibre produit par l'électrisation du milieu ambiant ne s'établit que par degrés, plus ou moins lentement, suivant la conductibilité du milieu ou de la surface du cristal.

Si cette explication de la pyroélectricité est exacte, il en résulte qu'un cristal pyproélectrique doit s'échauffer ou se refroidir quand on le déplace dans un champ électrique, comme le fer aimanté dans un champ magnétique.

La tourmaline s'échauffe si on la déplace de façon que l'influence du champ tende à augmenter sa polarisation intérieure, et se refroidit dans le cas contraire.

L'effet produit sur la tourmaline ne dépend pas de l'électrisation de la surface, et l'on arrive ainsi à ce résultat remarquable : un cristal pyproélectrique qui paraît à l'état naturel, ses propriétés étant neutralisées par l'électrisation du milieu, éprouve, quand on le déplace dans un champ, les mêmes variations de température que si ses propriétés électriques étaient apparentes, c'est-à-dire que s'il venait d'être porté à une température élevée, puis desséché et refroidi rapidement.

650. Principe de la conservation de l'électricité. — Toutes les fois qu'un système de corps, soustrait à toute communication extérieure, est le siège d'un phénomène électrique quelconque (s), la quantité totale d'électricité qu'il possède reste invariable. Ce principe se vérifie dans toutes les expériences, et il est une conséquence des vues émises par Maxwell sur la constitution des milieux qui servent à propager les forces électriques. Sans être en mesure d'affirmer que la quantité totale d'électricité qui existe dans la nature est rigoureusement nulle, on doit admettre, au moins, que les phénomènes physiques actuels n'y apportent aucun changement, et qu'elle reste constante, au même titre que la quantité totale d'énergie ou de matière. En d'autres termes, une quantité d'électricité peut être considérée comme indestructible par toute autre cause que par une quantité égale d'électricité de signe contraire. M. Lippmann a montré que ce principe conduit à des conséquences analogues à celles du théorème de Carnot : quand on l'associe avec le principe de la conservation de l'énergie, on peut en déduire l'explication d'un certain nombre de phénomènes connus et, en outre, faire prévoir d'autres phénomènes non encore observés.

Supposons qu'un corps A parcoure dans un système un cycle fermé, c'est-à-dire qu'après avoir subi une série de transformations, il revienne à son état primitif, la somme des quantités dm d'électricité qu'il a reçues le long du cycle est nulle, de sorte que l'on a

$$(7) \qquad \int dm = 0.$$

Cette condition exige que le gain élémentaire dm soit intégrable, c'est-à-dire la différentielle exacte d'une fonction des variables indépendantes. Si le phénomène ne dépend que de deux variables x et y, ce qui est le cas le plus général, on peut écrire

$$(8) \qquad dm = X dx + Y dy,$$

et la condition d'intégrabilité est

$$(9) \qquad \frac{\partial X}{\partial y} = \frac{\partial Y}{\partial x}.$$

L'équation (9) peut être considérée comme la traduction du principe de la conservation de l'électricité ; nous en indiquerons, d'après M. Lippmann, quelques applications.

651. Phénomènes électrocapillaires. — M. Lippmann a reconnu (**270**) que les effets capillaires qui se manifestent entre le mercure et l'eau acidulée dépendent de la différence de potentiel des deux liquides, et qu'inversement la différence de potentiel des liquides est modifiée quand on change, par des forces extérieures, la grandeur de la surface de contact. Cette réciprocité des phénomènes est une conséquence du principe précédent.

Appelons S la surface de contact d'une masse de mercure avec l'eau acidulée, A la tension superficielle du liquide et x l'excès du potentiel de l'eau sur celui du mercure. Lorsque la surface pour une cause quelconque augmente de dS, le travail de la tension superficielle est $- AdS$.

Supposons maintenant qu'une quantité d'électricité dm, fournie par une source étrangère, arrive à la surface de l'eau ; il en résultera un accroissement dx de la différence de potentiel, en même temps qu'une dilatation dS de la surface. Les quantités x et S sont alors les variables indépendantes du phénomène. Comme la masse dm est, toutes choses égales, proportionnelle à la surface, on peut écrire

$$(10) \qquad dm = YS\,dx + X\,dS.$$

Le facteur X représente la capacité de l'unité de surface, à potentiel constant, et Y la capacité électrique de l'unité de surface, la surface restant constante et le potentiel variable. Le principe de la conservation de l'électricité donne déjà la condition

$$(11) \qquad Y = \frac{\partial X}{\partial x}.$$

D'autre part, le travail électrique $x\,dm$, introduit dans le système, produit un accroissement d'énergie potentielle de la surface et un travail extérieur $- AdS$. Si on répète plusieurs fois l'opération en sens contraires, de manière à revenir à l'état initial, et qu'il n'y ait ni perte ni gain de chaleur, la variation d'énergie du système sera nulle, ce qui donne

$$\int (x\,dm + A\,dS) = 0,$$

c'est-à-dire, en remplaçant dm par sa valeur,

$$(12) \qquad \int \left[x\,YS\,dx + (A + xX)\,dS \right] = 0.$$

Comme cette expression doit être nulle pour tout circuit fermé, on a aussi

$$(13) \qquad x\mathrm{Y} = \frac{\partial(\mathrm{A} + x\mathrm{X})}{\partial x}.$$

On déduit des deux équations (11) et (13)

$$\mathrm{X} = -\frac{\partial \mathrm{A}}{\partial x}, \quad \mathrm{Y} = -\frac{\partial^2 \mathrm{A}}{\partial x^2};$$

et, par suite,

$$dm = -\mathrm{S}\frac{\partial^2 \mathrm{A}}{\partial x^2}dx - \frac{\partial \mathrm{A}}{\partial x}d\mathrm{S} = -d\left(\mathrm{S}\frac{\partial \mathrm{A}}{\partial x}\right).$$

Les capacités X et Y sont donc des fonctions de la tension superficielle. Il en résulte que, si cette tension est une fonction de la différence de potentiel, comme l'indique l'expérience, la capacité X n'est pas nulle. Si on déforme la surface en maintenant constante la différence des potentiels, on doit donc, d'après l'équation (10), produire ou absorber de l'électricité ; et, si on opère à charge constante, on modifie la différence des potentiels. Les deux ordres de phénomènes sont corrélatifs, ce que l'expérience a confirmé.

652. Condensateurs à gaz. — M. Boltzmann a vérifié, conformément à la théorie de Maxwell (**631**), que la capacité d'un condensateur dont les deux armatures sont séparées par une couche de gaz, varie proportionnellement à la pression. Il doit en résulter, comme réciproque, que la pression d'une masse déterminée de gaz, située entre les armatures d'un condensateur, est une fonction de la différence de potentiel.

Les deux variables indépendantes, dont dépend ici le phénomène, sont la différence de potentiel x et la pression p du gaz. Quand l'armature positive reçoit une quantité dm d'électricité, on a

$$(14) \qquad dm = \mathrm{C}dx + hdp.$$

Le facteur C représente la capacité du condensateur à pression constante, h un coefficient que l'expérience indique être

positif, puisque la capacité augmente avec la pression, et qui
est déterminé par la théorie de Maxwell. Le principe de la
conservation de l'électricité donne

$$(15) \qquad \frac{\partial C}{\partial p} = \frac{\partial h}{\partial x}.$$

Considérons maintenant un cycle fermé, sans variations de
température. Le travail nécessaire pour augmenter de dm la
charge de l'armature positive est égal à $x\,dm$; d'autre part,
une masse de gaz en contact avec le condensateur produit
un travail extérieur $p\,dv$ quand son volume augmente de dv.
Si le gaz et le condensateur reviennent à leur état primitif,
la variation d'énergie du système est nulle, et l'on a

$$(16) \qquad \int (x\,dm - p\,dv) = 0,$$

ce qui exige que l'expression comprise entre parenthèses soit
une différentielle exacte.

Le volume v du gaz considéré est une fonction de la pression p et, peut-être aussi, de la différence du potentiel x ; on
posera donc

$$(17) \qquad dv = a\,dx + b\,dp,$$

et la suite du raisonnement montrera si le coefficient a diffère
de zéro. Comme cette expression est aussi une différentielle
exacte, on en déduit

$$(18) \qquad \frac{\partial a}{\partial p} = \frac{\partial b}{\partial x}.$$

En substituant dans l'expression (16) les valeurs de dv et de
dm, on obtient

$$\int \left[(Cx - ap)\,dx + (hx - bp)\,dp \right] = 0.$$

La condition d'intégrabilité est alors

$$(19) \qquad \frac{\partial (Cx - ap)}{\partial p} = \frac{\partial (hx - bp)}{\partial x}.$$

En tenant compte des équations (15) et (18), cette condition se réduit à

$$a = -h.$$

Le coefficient a est donc différent de zéro et négatif. Il en résulte, d'après l'équation (17), qu'à pression constante le volume d'une masse de gaz qui entoure un condensateur doit diminuer proportionnellement à la différence de potentiel des armatures. Ce résultat paraît avoir été vérifié par M. Quincke, au moins pour l'acide carbonique.

653. Dilatation électrique du verre. — Une bouteille de Leyde se dilate lorsqu'elle est électrisée et se contracte aussitôt qu'on la décharge. Ce phénomène, entrevu par Volta, a été mis en évidence par M. Govi, et M. Duter a montré que la dilatation du verre est proportionnelle au carré de la différence de potentiel des armatures. Considérons le phénomène sous la forme que lui a donnée M. Righi, c'est-à-dire un condensateur formé par un tube de verre dont les deux faces sont couvertes d'étain ; désignons par l sa longueur, et supposons qu'en même temps le tube soit soumis dans le sens de sa longueur à la tension exercée par un poids p.

Comme la longueur est une fonction de la différence de potentiel x et du poids tenseur p, on a

$$(20) \qquad dl = a\,dx + b\,dp.$$

Le coefficient a est positif et mesure l'allongement électrique, et b est le coefficient d'élasticité du tube.

Si l'on admet que le tube n'éprouve pas de déformation permanente, il en résulte

$$(21) \qquad \frac{\partial a}{\partial p} = \frac{\partial b}{\partial x}.$$

D'autre part, il est à présumer que la charge du condensateur est aussi une fonction du poids tenseur, de sorte que l'on peut poser

$$(22) \qquad dm = C\,dx + h\,dp,$$

C étant la capacité de la bouteille et h un coefficient que nous ne savons pas *à priori* être différent de zéro.

Le principe de la conservation de l'électricité donne

$$(23) \qquad \frac{\partial C}{\partial p} = \frac{\partial h}{\partial x}.$$

La variation d'énergie de la bouteille, pour un accroissement dm de la charge et un allongement dl, est

$$x\,dm + p\,dl = (Cx + ap)\,dx + (hx + bp)\,dp.$$

Comme cette expression doit être une différentielle exacte, on en déduit

$$(24) \qquad \frac{\partial (Cx + ap)}{\partial p} = \frac{\partial (hx + bp)}{\partial x},$$

ou, en tenant compte des équations (21) et (23),

$$h = a.$$

Il en résulte, d'après l'équation (22), qu'à potentiel constant, la charge électrique augmente avec le poids tenseur, et qu'à charge constante, le potentiel diminue quand le poids tenseur augmente, c'est-à-dire quand on allonge le tube.

L'expérience indique d'ailleurs que l'allongement est proportionnel au carré de la différence de potentiel, et qu'on a, en désignant par k une constante,

$$\Delta l = kx^2.$$

Il en résulte

$$a = \frac{\partial l}{\partial x} = 2kx = h,$$

et, d'après l'équation (23),

$$C = C_0 + 2kp.$$

La capacité électrique de la bouteille croît donc proportionnellement au poids tenseur.

On peut remarquer que l'attraction électrique des deux armatures d'un condensateur produirait aussi un écrasement de la couche intermédiaire et donnerait des effets analogues, mais il ne semble pas que cette cause suffise pour expliquer les phénomènes.

651. Compression de la tourmaline. — Nous appliquerons enfin la même analyse à un phénomène récemment découvert par MM. P. et J. Curie. Quand on comprime une tourmaline suivant l'axe, le cristal prend une polarisation électrique, de même sens que celle qui serait produite par une élévation de température. Cette polarisation est proportionnelle à la compression et disparaît avec elle. D'autres cristaux hémiédriques, tels que le quartz et la topaze, se comportent comme la tourmaline quand on les comprime suivant un axe d'hémiédrie.

Supposons que les bases d'un prisme de tourmaline soient couvertes de lames métalliques A et B, dont l'une B est en communication avec le sol, et dont l'autre A pourra être reliée avec des sources à potentiel constant.

On peut ainsi faire varier la pression p et le potentiel x de l'armature A en faisant parcourir au système un cycle fermé, et prendre ces deux quantités comme variables indépendantes. La quantité dm d'électricité reçue par la lame A a pour expression

$$dm = C\,dx + h\,dp.$$

Le coefficient C est la capacité de l'armature A, à pression constante, et h est un coefficient négatif si l'extrémité A du cristal s'électrise positivement par la compression. Le principe de la conservation de l'électricité donne

$$(25) \qquad \frac{\partial C}{\partial p} = \frac{\partial h}{\partial x}.$$

Appelant l la longueur du cristal, on posera aussi l'équation

$$(26) \qquad dl = a\,dx + b\,dp,$$

dans laquelle b est le coefficient d'élasticité du cristal. Si l'on applique, comme plus haut pour la bouteille de M. Righi, le principe de la conservation de l'énergie, on en déduit

$$a = -h.$$

Comme la valeur de h est négative, l'équation (26) montre qu'une tourmaline s'allonge, quand on l'électrise de la même manière qu'elle le ferait par une élévation de température, et cet allongement est proportionnel au potentiel. Il en résulte un changement de structure et, sans doute aussi, une altération de propriétés optiques, analogue à celle qui a été observée par M. Kerr dans les corps transparents.

Puisque, d'après MM. Curie, l'électrisation est proportionnelle à la pression, le facteur h est constant ; par suite, la capacité d'un condensateur à lame de tourmaline est indépendante de la compression qu'on fait subir au cristal.

655. Généralisation de la loi de Lenz. — Dans tous les cas qui précèdent, le phénomène réciproque, dont l'existence est démontrée par le principe de la conservation de l'électricité, est de nature à s'opposer à la production du phénomène primitif. On retrouve ainsi, sous une forme générale, la loi de Lenz (**511**) relative aux phénomènes d'induction.

Ces quelques exemples suffiront à montrer comment les principes généraux de la science permettent de relier entre eux les phénomènes les plus variés, et même de déterminer leurs rapports numériques, sans qu'il soit nécessaire de connaître la nature intime des forces qui entrent en jeu.

TABLE DES MATIÈRES

PREMIÈRE PARTIE
ÉLECTRICITÉ STATIQUE

CHAPITRE PREMIER
PRÉLIMINAIRES

CHAPITRE DEUXIÈME
DU POTENTIEL

CHAPITRE TROISIÈME

THÉORÈMES GÉNÉRAUX

CHAPITRE QUATRIÈME

ÉQUILIBRE ÉLECTRIQUE

CHAPITRE CINQUIÈME

TRAVAIL DES FORCES ÉLECTRIQUES

CHAPITRE SIXIÈME

DES DIÉLECTRIQUES

CHAPITRE SEPTIÈME

CAS PARTICULIERS D'ÉQUILIBRE

CHAPITRE HUITIÈME

SOURCES D'ÉLECTRICITÉ

DEUXIÈME PARTIE

COURANTS ÉLECTRIQUES

CHAPITRE PREMIER

PROPAGATION DE L'ÉLECTRICITÉ DANS L'ÉTAT PERMANENT

CHAPITRE DEUXIÈME

RÉGIME VARIABLE

CHAPITRE TROISIÈME

ÉNERGIE DES COURANTS

CHAPITRE QUATRIÈME

COURANTS THERMOÉLECTRIQUES

TROISIÈME PARTIE

MAGNÉTISME

CHAPITRE PREMIER

PRÉLIMINAIRES

CHAPITRE DEUXIÈME

CONSTITUTION DES AIMANTS

CHAPITRE TROISIÈME

CAS PARTICULIERS

CHAPITRE QUATRIÈME

INDUCTION MAGNÉTIQUE

CHAPITRE CINQUIÈME

DES AIMANTS

CHAPITRE SIXIÈME

ÉTAT MAGNÉTIQUE DU GLOBE

QUATRIÈME PARTIE

ÉLECTROMAGNÉTISME

CHAPITRE PREMIER

COURANTS ET FEUILLETS MAGNÉTIQUES

CHAPITRE DEUXIÈME

ACTIONS ÉLÉMENTAIRES

CHAPITRE TROISIÈME

CAS PARTICULIERS

CHAPITRE QUATRIÈME

INDUCTION

CHAPITRE CINQUIÈME

CAS PARTICULIERS D'INDUCTION

CHAPITRE SIXIÈME

PROPRIÉTÉS DU CHAMP ÉLECTROMAGNÉTIQUE

CHAPITRE SEPTIÈME

PHÉNOMÈNES D'INDUCTION DANS LES CONDUCTEURS NON LINÉAIRES

CHAPITRE HUITIÈME

PHÉNOMÈNES OPTIQUES

CHAPITRE NEUVIÈME

UNITÉS ÉLECTRIQUES

CHAPITRE DIXIÈME

THÉORIES GÉNÉRALES

CHAPITRE ONZIÈME

COMPLÉMENT

1661-81. — CORBEIL. Typ. et ster. CRÉTÉ.

www.ingramcontent.com/pod-product-compliance
Lightning Source LLC
La Vergne TN
LVHW010553180726
843502LV00001B/22